大气中尺度动力学基础及暴雨动力预报方法

高守亭　冉令坤　李小凡　著

气象出版社
China Meteorological Press

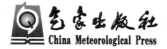

内 容 简 介

本书给出了中尺度系统的运动方程组，提出了中尺度运动的动力学参数和广义锋生理论；在非均匀饱和湿空气概念的基础上，给出了广义位温，实现了干位温和饱和湿空气相当位温的无缝链接。在位涡的基础上，发展了二阶位涡理论和中尺度系统的平衡方程；在标量场理论的基础上，发展了暴雨动力预报方法；在矢量场理论的基础上，发展了对流涡度矢量预报方法、动力涡度矢量预报方法及非地转 Q 矢量动力预报方法；通过发展多个具有物理意义明确且能反映暴雨发生信息的动力因子，给出了集合暴雨动力预报方法，使理论研究与实际暴雨预报紧密结合。本书不仅为天气预报人员和大气科学领域科技人员的理论提高和业务应用提供了重要的工具和理论方法，也可作为相关院校大气科学学科研究生教材使用。

图书在版编目(CIP)数据

大气中尺度动力学基础及暴雨动力预报方法/高守亭，冉令坤，李小凡著.
—北京：气象出版社，2015.9

ISBN 978-7-5029-6177-0

Ⅰ.①大… Ⅱ.①高…②冉…③李… Ⅲ.①中尺度－大气动力学－研究
②暴雨预报－研究 Ⅳ.①P433②P457.6

中国版本图书馆 CIP 数据核字(2015)第 186291 号

Daqi Zhongchidu Donglixue Jichu ji Baoyu Dongli Yubao Fangfa

大气中尺度动力学基础及暴雨动力预报方法

高守亭 冉令坤 李小凡 著

出版发行：气象出版社

地 址：北京市海淀区中关村南大街 46 号 **邮政编码**：100081

总 编 室：010-68407112 **发 行 部**：010-68409198

网 址：http://www.qxcbs.com **E-mail**： qxcbs@cma.gov.cn

责任编辑：李太宇 **终 审**：邵俊年

封面设计：易普锐创意 **责任技编**：赵相宁

印 刷：北京京科印刷有限公司 **彩 插**：2

开 本：710 mm×1000 mm 1/16 **印 张**：21.5

字 数：430 千字

版 次：2015 年 9 月第 1 版 **印 次**：2015 年 9 月第 1 次印刷

定 价：65.00 元

前　言

《大气中尺度动力学基础及暴雨动力预报方法》是一部学术专著，也是一部中尺度天气动力学的研究生教材。该书在我们2007年出版的《大气中尺度运动的动力学基础及预报方法》的基础上，将近几年的我们作者及我的学生的部分研究新成果扩充其中，集中反映了我毕生在教学和研究中的有关中尺度动力学和暴雨预报方法上的成果，是作者们多年来有关中尺度理论追求和探索的概述。

这些成果的取得，要感谢我的导师陶诗言先生对我的指导和培养，感谢老一辈科学家叶笃正、曾庆存、周秀骥、伍荣生、丑纪范、陈联寿、李泽椿以及黄荣辉、吴国雄、李崇银、丁一汇、吕达仁、徐祥德等先生对我科研工作的支持和关心。刘式达、刘式适等先生的相关动力学理论研究成果，给予了我不少启迪。我的老同学许秦教授长期同我合作，以各种形式讨论问题，使我受益匪浅。陈秋士教授近几年来协助我带研究生，把他对物理过程分解的思想和方法带到了我的研究当中。曾与我合作过的王兴荣研究员关于非均匀饱和湿大气的观点对我也有很大启发，在此一并表示衷心的感谢。我也特别感谢寿绍文、孙淑清、洪钟祥、杨培才和万军教授对我学习和工作的支持。

本书共分15章。第1章论述了大气基本普适动力参数及其意义，着重讨论了魏萨拉频率和里查森数的物理意义。第2章从正压和斜压的基本方程组出发，结合中尺度的特征得到中尺度动力学基本方程组，推导了中尺度位涡方程、位涡物质方程。第3章主要介绍了风场的性质，包括流线和迹线、流函数和势函数以及风的显示表达。第4章主要介绍了涡度方程及平流涡度方程，涡度的“冻结”性质，流线涡和螺旋度。第5章介绍了散度、不同形式的散度方程及位势散度。第6章介绍了总变形及变形方程，填补了以往没有变形方程的空白；同时介绍了变形场与涡度场、散度场之间的相互作用。第7章介绍了表示水汽的有关物理量，特别提出了非均匀饱和大气中的广义位温，并证明了它的守恒性，为暴雨落区预报奠定了理论基础。第 8 章介绍了位涡概念及位涡倾向方程，发展了二阶位涡及广义湿位涡，并论证了热力质量强迫下的湿位涡异常及其不可渗透性原理等。第 9 章介绍了广义标量锋生函数，非均匀饱和湿大气中的广义标量锋生以及锋生函数倾向的研究。第 10 章介绍了重力波的控制方程、三维惯性重力波和对称惯性重力波的波动特征、极化性质和波作用量方程，并简要地介绍了如何从资料中识别重力波的分析方法。第 11 章介绍了平衡方程与非平衡方程的定义，中尺度平衡方程及其非平衡方程以及相关的位涡反演技术。第 12 章通过对稳定性的分类和一些基本分析方法的简要介绍，论述了中尺度的静力不稳定、对称不稳定、切变不稳定等几类常见的不稳定分析方法。第 13 章基于标量场理论的动力预报方法，着眼于研究涡度、散度及变形和其他因素结合而成的如位涡、湿位涡以及广义湿位涡等新标量的临近预报意义，用到了大城市夏季的高温高湿天气的识别与预测、气旋移动的追踪与预报、暴雨落区预报、强降水预报等领域。第 14 章阐述了对流涡度矢量、动力涡度矢量、非均匀饱和湿大气中非地转 $\boldsymbol{Q}$ 矢量、$\boldsymbol{E}$ 矢量、波作用矢量等新的矢量场理论及其动力预报方法。第 15 章介绍了几种动力因子，以及集合动力因子暴雨预报方法及其应用。

本书写作特色之一是，力求对中尺度动力学知识从理论上加以认识深化，使基本概念阐述清晰，在理论上尽量反映新的研究成果；同时，书中各章节也反映了作者自己的研究特色与著作风格，力求具有学术价值的创新性，经得住国际同行的比较。在内容上，书中加强了近来长时间没有受到足够重视而为中尺度动力学发展所依赖的理论，如非均匀饱和湿大气的广义湿位涡理论、对流涡度矢量理论、二阶位涡、波作用守恒、中尺度平衡方程及广义锋生理论等，旨在为湿大气过程的研究奠定理论基础并开辟新方法。书中加强了重力波的分析方法，还创造性地提出了一些在动力预报中将发挥显著作用的新矢量等等。本书的另一写作特色在于理论知识与实际预报应用相结合，特别介绍了具有理论基础的集合动力因子暴雨预报方法。该方法已在全国不少地区使用，使理论同实际紧密联系。这本书的部分内容还在中国科学院大学、浙江大学、成都信息工程大学多次讲授过。

本书的写作目的在于：把我多年来在教学和研究中的成果奉献给读者，拓宽和深化中尺度研究领域的内容，希望与读者在学术思路方面互相启发，互相交流，促进中尺度研究的进一步发展。由于作者研究水平的局限性，书中不足之处在所难免，请读者给予指正。

本著作主要是在中国科学院重点部属项目（项目号：KZZD-EW-05-01）、973项目（项目号：2012CB417201、2013CB430105）的资助下得以完成的。在写作过程中，冉令坤、李小凡对本书部分内容的写作做出了贡献，我的学生崔晓鹏、平凡、周玉淑、杨帅、周菲凡、陆慧娟、曹洁、李娜和孙石沿高工以及博士生王成鑫、刘璐、张哲、李驰钦等做了许多具体工作，在此深表感谢。同时，我也要感谢我的夫人盛蓉玉长期以来对我生活和工作的无私支持。最后，对大力支持和关心本书完稿的各有关单位和个人，特别是中国科学院、中国科学院大气物理研究所、国家自然科学基金委员会地球科学部和中国气象局，也表示衷心的感谢。

高守亭

2015年7月于北京

目　　录

第 1 章　基本大气动力参数及其意义

为了研究大气中中尺度系统发生、发展的原理及动力结构，首先要了解一些描述中尺度特征的基本动力学参数，例如表示大气旋转效应的罗斯贝(Rossby)数、表示大气层结程度的内弗劳德(Froude)数以及表示大气不稳定度的里查森(Richardson)数等等，还要知道它们的具体内涵以及如何应用到中尺度大气运动的研究之中。因此，本书的第 1 章，首先介绍一些重要的中尺度动力学参数。

1.1　与旋转及层结有关的参数及动力相似性

大气是包围地球具有层结的(温度层结和湿度层结)旋转流体，地球的旋转效应在大气运动中有时起着重要的作用。因此，需要弄清楚什么时间尺度的系统旋转对它是重要的。为说明这一问题，在此首先给出旋转率，即：

$$\Omega=\frac{2\pi}{\text{地球完成一次自转的时间}}=\frac{2\pi}{1\text{天}}=7.29\times10^{-5}/\text{s}$$

如果大气运动的时间尺度同地球完成一次自转的时间尺度是可比较的或更长，那么这种大气运动会感受到地球自转的效应，于是通常定义无量纲数

$$\omega=\frac{\text{地球完成一次自转的时间}}{\text{大气运动的时间尺度}}=\frac{\frac{2\pi}{\Omega}}{T}=\frac{2\pi}{T\Omega}\tag{1.1.1}$$

如果 $\omega\leqslant1$，那么要考虑旋转效应，这对应于时间尺度 T 超过 1 天的大气运动(约 24 h)。通常还可以用大气运动的位移特征尺度 L 同其特征速度 U 之比作为大气运动的时间尺度 T，这时有如下的无量纲参数

$$\tau=\frac{\frac{2\pi}{\Omega}}{\frac{L}{U}}=\frac{2\pi U}{\Omega L}\tag{1.1.2}$$

若 $\tau\leqslant1$，则旋转是重要的。

除了旋转之外，大气层结也是十分重要的。若对参考密度为 ρ_0、在 H 高度内密度变化值为$\Delta\rho$、基本运动速度为 U 的大气而言，相应的单位体积内有位能变化为$(\rho_0+\Delta\rho)gH-\rho_0gH=\Delta\rho gH$，基本动能为$\frac{1}{2}\rho_0U^2$，则可组成无量纲数

$$\sigma_N = \frac{\frac{1}{2}\rho_0 U^2}{\Delta\rho g H} \tag{1.1.3}$$

若 $\sigma_N \sim 1$，则认为层结是需要考虑的。因为要在这样的层结下，大气扰动充分发展，需消耗与基本动能相当的位能。若 $\sigma_N \ll 1$，则说明该层结大气中远没有足够的动能使扰动充分发展，层结起着决定性的作用；若 $\sigma_N \gg 1$，说明位能变化对基本动能影响很小，即层结是不重要的，这时层结效应可以被忽略（Cushman-Roisin，1994）。

在大气动力学中经常用一些无量纲参数来表示大气旋转或层结的程度。这些无量纲参数是在用尺度分析方法对大气方程组进行无量纲化的过程中得到的，它们分别是罗斯贝数、内弗劳德数、伯格（Burger）数和里查森数等。

罗斯贝数 Ro 是平流惯性力同科氏力之比，其数学表达式为

$$Ro = \frac{\frac{U^2}{L}}{fU} = \frac{U}{fL} \tag{1.1.4}$$

罗斯贝数 Ro 表示大气的旋转效应。

内弗劳德数 Fr_i 是平流惯性力对浮力的比或是动能对重力位能的比，其数学表达式为

$$Fr_i = \left[\frac{\text{惯性力}}{\text{浮力}}\right]^{\frac{1}{2}} \propto \left[\frac{\rho_0 U^2/L}{(\rho_2-\rho_1)g}\right]^{\frac{1}{2}} = \frac{U}{\sqrt{g'L}} \tag{1.1.5}$$

其中 $g'=g(\rho_2-\rho_1)/\rho_0$，$\rho_1$，$\rho_2$ 分别是上下流体层的密度，ρ_0 是参考密度。

由于 $$g'=g(\rho_2-\rho_1)/\rho_0=-g\frac{1}{\rho_0}\frac{\mathrm{d}\rho}{\mathrm{d}z}H=N^2H$$

则(1.1.5)式可表示为

$$Fr_i = \frac{U}{\sqrt{g'L}} = \frac{U}{N\sqrt{HL}} \tag{1.1.6}$$

对 $L \sim H$ 的中尺度系统则有 $Fr_i = U/NH$。

可见，内弗劳德数表示了大气的层结效应。

伯格数定义为

$$B_u = \frac{f^2L^2}{N^2H^2} \tag{1.1.7}$$

且伯格数同罗斯贝数 Ro 及内弗劳德数 Fr_i 有如下的关系：

$$B_u = \left(\frac{f^2L^2}{N^2H^2}\right) = \frac{\left(\frac{U}{N\sqrt{HL}}\right)^2}{\left(\frac{U}{fL}\right)^2} = \left(\frac{Fr_i}{R_0}\right)^2 \tag{1.1.8}$$

对典型的深对流系统常有 $L \sim H$，有

$$B_u = \frac{f^2}{N^2}$$

从以上表达式中可以看出伯格数体现了大气旋转效应和层结效应的相对大小。具体可以分为以下几种情况（Norbury *et al.*，2002）：$B_u \ll 1$ 表示层结效应处于主要地位，此种大气中黏性作用会使重力惯性波破碎，例如低纬度的环流或次天气尺度现象；$B_u \gg 1$ 表示旋转效应处于主要地位，重力惯性波维持，地转调整过程不起作用，副热带行星尺度波就属于此种类型；$B_u = O(1)$，表示层结效应和旋转效应同等重要，例如斜压不稳定情况；$B_u = 0$ 对应于没有旋转的层结流体，此时若 $F_r \ll 1$，则流体是近于水平无辐散的，垂直速度很小；$B_u = \infty$，表示只有旋转没有层结，一般只能在中性层结下发生，在实际大气中较为少见。另外，由罗斯贝变形半径 $\hat{R} = NH/f$，则伯格数又可以写为：$B_u = (L/\Lambda)^2$。由此可以确定层结效应和旋转效应对不同尺度系统的作用大小。

里查森数通常分为整体里查森数 $Ri = \frac{N^2 H^2}{U^2}$ 及梯度里查森数 $Ri(z) = \frac{N^2(z)}{(\partial U/\partial z)^2}$（$Ri(z)$的物理意义见 1.3 节）。因为 $Ri = \frac{N^2 H^2}{U^2} = \frac{1}{Fr_i^2}$，所以整体里查森数同弗劳德数平方的倒数 $1/Fr_i^2$ 具有动力相似性。

不同的中尺度系统，涡度和散度具有不同的量级，因此，其旋转或层结的重要性程度也就不一样。对典型的中尺度运动系统，涡度和散度具有同一量级，即都可以用 U/L 的大小来表征。不妨这里改变传统的大尺度研究中常以涡度为主要保留对象，而忽略散度效应的做法（因为大尺度运动中散度的大小通常比涡度的大小至少要小一个量级，所以涡度为主要保留对象是合理的），对中尺度系统，可以用散度为主要参考对象来考证以上无量纲参数的作用（Cushman-Roisin，1994）。

因为 $\Delta\rho = \left|\frac{d\rho}{dz}\right|\Delta z$，而 $\Delta z = WT = WL/U$，$\frac{d\rho}{dz} = \frac{\rho_0 N^2}{g}$，故静力平衡下的气压扰动特征尺度为 $\Delta P = gH\Delta\rho = \frac{\rho_0 N^2 HLW}{U}$，或写为 $\frac{\Delta P}{\rho_0} = \frac{N^2 HLW}{U}$。

又因为在典型的中尺度运动系统中气压梯度力、科氏力和平流惯性力三力平衡，有 $\Delta P/L \sim \rho_0 U^2/L$，则可得到 U^2 的特征大小为

$$U^2 = \frac{\Delta P}{\rho_0} = \frac{N^2 HLW}{U} \tag{1.1.9}$$

对中尺度运动系统特征垂直伸长和水平辐散的比为

$$\frac{\frac{W}{H}}{\frac{U}{L}} = \frac{U^2}{N^2 H^2} = Fr_i^2 \tag{1.1.10}$$

可见在水平散度同涡度具有同量级的典型中尺度运动系统中，特征垂直伸长同水平辐散的比完全由内弗劳德数 Fr_i 所表征，这说明在典型的中尺度运动系统中层结起着比旋转更为关键的作用。

若对散度仍比涡度小一个量级的中尺度系统，则有水平散度的特征大小为 $\delta = R_0 \dfrac{U}{L}$。而垂直伸长 $\dfrac{\partial w}{\partial z}$ 是由水平辐合来实现的，即 $R_0 \dfrac{U}{L} \sim \dfrac{W}{H}$。因此有

$$R_0 = \frac{\dfrac{W}{H}}{\dfrac{U}{L}} \tag{1.1.11}$$

这说明在这种中尺度运动系统中旋转比层结相对重要。

当旋转很强时 $Ro \to 0$，则由(1.1.11)即可导出 $W \to 0$，垂直运动就基本消失了。通常泰勒(Taylor)柱就是发生在迅速旋转的流体中，因为这时由于 $\delta \sim R_0 \dfrac{U}{L}$。当 $R_0 \to 0$ 时，$\delta \to 0$ 则流动为水平无辐散的，故由不可压流体的连续性方程而知 $\dfrac{\partial W}{\partial z} = 0$。若 W 在某一高处为零，如在地表，则在所有高度处有 $W = 0$，则运动完全变成二维的，即使在有地形的情况下也是如此。空气质点既不能沿地形上爬，同时地形坡度上的质点也不能沿地形下滑。于是遇到地形的质点必须偏转绕着地形走。在这种情况下，对正压流体，质点流动必须保持垂直方向上的刚性，结果使得在所有层次上的流体质点也必须同样的绕流，而在地形以上的质点就不能离开地形，被保留在那里而形成泰勒柱。

泰勒柱是发生在强旋转的流体中，但对层结很强而旋转相对很弱的流体($Fr_i \ll 1$)，由于层结强，空气质点的垂直位移在很大程度上被限制了，这就意味着当强层结空气遇到障碍物时，也必须水平的偏转，而在障碍物以上的空气流照旧可以流过障碍物而不受下层的影响，如果障碍物挡住了整个流域，那么空气就没法绕流，这时空气流就被阻塞在障碍物的上游，在层结流中这种水平的阻塞实质上就类似于旋转流中的泰勒柱。

以上是对旋转及层结的一些无量纲参数的表示及其物理意义的描述，那么它们有何重要性呢？我们知道，在实际物理实验(如转盘或转槽实验)以及数值实验中，依据无量积设置变数是非常有用的，如一个球形雨滴在一个具有黏性的湿空气内运动，则其受到的拖曳力可写成函数关系：

$$\widetilde{D} = f(d, u, \rho_l, \mu) \tag{1.1.12}$$

其中 d 是球形雨滴的直径，u 是雨滴的运动速度，密度为 ρ_l，黏性为 μ，如果不进行无量纲化，构成无量纲群，我们必须要作一系列的实验来决定 $\widetilde{D}$，如固定 ρ_l，u 和 μ 来做 $\widetilde{D}$ 与 d 的关系，然后又固定 d，ρ_l，μ 来做 $\widetilde{D}$ 与 u 的关系等等，这

显然是一个愚笨的做法。如果进行无量纲化，进行无量纲分析，则拖曳函数可写为

$$C_D = \frac{\widetilde{D}}{\rho_m u^2 d^2} = f\left(\frac{\rho_l u d}{\mu}\right) = f(Re) \tag{1.1.13}$$

这里 Re 是雷诺数。这样方程变数由(1.1.12)式中的 5 个变成了(1.1.13)中的两个，即拖曳数 C_D 与雷诺数 Re，因此就可以通过函数关系画出一条 C_D 同 Re 的关系曲线。这样，任给一个 Re，便可从曲线上找到一个对应的拖曳系数 C_D。完全不必关心雨滴密度、黏性等，我们就可以得到所有的有关 C_D 的信息。

若雷诺数 Re 很小时，显然惯性力是不重要的，即在关系式(1.1.12)中可去掉 ρ_l，则变为 $\widetilde{D}=f(d,u,\mu)$，这时只有一个无量纲积 $\widetilde{D}/\mu ud$，因这个无量纲参数没有其他参数依赖，所以 $\widetilde{D}\propto\mu ud$，这就等价于 $C_D\sim 1/Re$。这时拖曳力线性的比例于速度 u，即为 Stokes(斯托克斯)阻力定律。

动力相似性的概念同无量纲积的思想紧密相联系，显然如上面的雨滴在湿空气中运动的问题，只要构成的无量纲数 $Re=\rho_l ud/\mu$ 是一样的，那么流动就是动力相似的。

同样的在中尺度冷空气遇山受阻的研究中可以无量纲化，得出冷空气遇山受阻的无量纲长度 L 同弗劳德数的关系 $L=f(Fr_i)$，并通过这种函数关系画出关于 L 对 Fr_i 的依赖关系曲线。利用这种曲线还可以预报冷空气遇山受阻时 Fr_i 对受阻长度 L 的影响(Xu and Gao, 1995)。

如对一个过山无黏气流在布西内斯克(Boussinesq)近似下，当具有不变的稳定度 N 及初始入流速度 U 时，运动满足伯努利方程(Smith, 1988)

$$u^2 = \frac{2}{\rho_0}\left[-p^* - \frac{1}{2}\rho_0 N^2 h^2\right] + U^2 \tag{1.1.14}$$

当气流移近山脉时，在近山处会出现流动的驻点，这时 u 为零，则知驻点扰动气压 P^* 为 ρ_0，N，h 和 U 的函数，由无量纲分析可给出局地气压系数为

$$\frac{P^*}{\rho U^2} = f\left(\frac{Nh}{U}\right) = f\left(\frac{1}{Fr_i}\right) \tag{1.1.15}$$

这就要求无量纲局地变数在相应点具有动力相似性。

1.2　魏萨拉频率

若只考虑大气的热力性质，而不考虑大气的运动情况，我们可以用魏萨拉频率(Brunt-Vaisala frequency)来判断大气的层结稳定度。然而，不同的大气干湿度对应的魏萨拉频率的表示也是不一样的。

在斜压大气中空气密度 ρ 为 T 和 p 的函数即

$$\rho = \rho(T, p) \tag{1.2.1}$$

由状态方程

$$p = \rho RT \tag{1.2.2}$$

这里 $$R = c_p - c_v$$

在绝热条件下可写成

$$\frac{p}{p_0} = \left(\frac{\rho}{\rho_0}\right)^{\gamma} \tag{1.2.3}$$

这里 $\gamma = c_p/c_v$。p_0，ρ_0 是参考气压和密度，对应有参考温度为 T_0，同样应满足 $T_0 = p_0/R\rho_0$。

由此又可得

$$\frac{p}{p_0} = \left(\frac{T}{T_0}\right)^{\frac{\gamma}{(\gamma-1)}} \tag{1.2.4}$$

$$\frac{\rho}{\rho_0} = \left(\frac{T}{T_0}\right)^{\frac{1}{(\gamma-1)}} \tag{1.2.5}$$

对中尺度仍可用静力平衡近似，即

$$\frac{\mathrm{d}p}{\mathrm{d}z} = -\rho g \tag{1.2.6}$$

由于浮力效应主要是在垂直方向上，所以考察浮力不稳定时，只需认为 p，ρ，T 为 $p(z)$，$\rho(z)$，$T(z)$ 就够了（虽然可以写成 $p(x,y,z)$，$\rho(x,y,z)$，$T(x,y,z)$ 但不必要）。

若位于 z 处的空气质点向上位移了 δz，则引起气压变化为 $\delta P = -\rho g \delta z$，这也引起密度和温度的改变，依据(1.2.3)式、(1.2.4)式可知

$$\delta\rho = -\frac{\rho g \delta z}{\gamma RT}, \quad \delta T = -(\gamma - 1) g \delta \frac{z}{\gamma RT} \tag{1.2.7}$$

质点在新位置上的密度为

$$\rho_1 = \rho + \delta\rho = \rho - \rho g \delta \frac{z}{\gamma RT} \tag{1.2.8}$$

但在这个新位置，环境密度已变为

$$\rho_2(z + \delta z) = \rho(z) + \frac{\mathrm{d}\rho}{\mathrm{d}z}\delta z \tag{1.2.9}$$

则向上的浮力为

$$\begin{aligned} \boldsymbol{F} &= g(\rho_2 - \rho_1) \\ &= g\left(\rho(z) + \frac{\mathrm{d}\rho}{\mathrm{d}z}\delta z - \rho + \rho g \delta \frac{z}{\gamma RT}\right) \\ &= g\left(\frac{\mathrm{d}\rho}{\mathrm{d}z} + \frac{\rho g}{\gamma RT}\right)\delta z \end{aligned} \tag{1.2.10}$$

由于在等熵条件下定义声速为

$$C=\left(\frac{\partial p}{\partial \rho}\right)^{\frac{1}{2}} \quad \text{或写为} \quad C^2=\gamma RT$$

所以

$$\boldsymbol{F}=g\left(\frac{\mathrm{d}\rho}{\mathrm{d}z}+\frac{\rho g}{C^2}\right)\delta z \tag{1.2.11}$$

则浮力加速度为

$$\boldsymbol{a}=\frac{g}{\rho}\left(\frac{\mathrm{d}\rho}{\mathrm{d}z}+\frac{\rho g}{C^2}\right)\delta z \tag{1.2.12}$$

记

$$N^2=-\frac{g}{\rho}\left(\frac{\mathrm{d}\rho}{\mathrm{d}z}+\frac{\rho g}{C^2}\right) \tag{1.2.13}$$

则 N 为魏萨拉频率。

代(1.2.13)式进入(1.2.12)式有

$$\boldsymbol{a}=-N^2\delta z \tag{1.2.14}$$

若用温度表示，则浮力可写为

$$\boldsymbol{F}=-\frac{\rho g}{T}\left(\frac{\mathrm{d}T}{\mathrm{d}z}+\frac{g}{c_p}\right)\delta z \tag{1.2.15}$$

所以 N^2 可表示为

$$N^2=\frac{g}{T}\left(\frac{\mathrm{d}T}{\mathrm{d}z}+\frac{g}{c_p}\right) \tag{1.2.16}$$

为了避免每次系统的减去 g/c_p，所以通常使用位温代替温度。由位温定义

$$\theta=T\left(\frac{p_0}{p}\right)^{\frac{R}{c_p}}=T\left(\frac{p_0}{p}\right)^{\frac{\gamma-1}{\gamma}} \tag{1.2.17}$$

则 N^2 可被表示为

$$N^2=g\,\frac{\mathrm{d}\ln\theta}{\mathrm{d}z} \tag{1.2.18}$$

(1.2.18)式同(1.2.16)式是等价的。

同位温相应的密度被称为势密度(或中位密度)即

$$\rho^*=\rho\left(\frac{p_0}{p}\right)^{1/\gamma} \tag{1.2.19}$$

这时 N^2 还可以定义为

$$N^2=-\frac{g}{\rho^*}\frac{\mathrm{d}\rho^*}{\mathrm{d}z} \tag{1.2.20}$$

这样就可以把可压流体用不可压流体方式来表示。

再讨论用魏萨拉频率判断大气层结稳定度的问题。

由(1.2.14)知 $N^2>0$ 稳定，$N^2<0$ 不稳定。要满足 $N^2>0$，$\frac{\rho g}{C^2}>0$，又由

(1.2.13)，则$\frac{\mathrm{d}\rho}{\mathrm{d}z}$不仅小于零，而且为明显的负值，可见对稳定层结仅有$\frac{\mathrm{d}\rho}{\mathrm{d}z}<0$是不够的，必须有$\left(\frac{\mathrm{d}\rho}{\mathrm{d}z}+\frac{\rho g}{C^2}\right)<0$才能保持静力稳定性。

1.3 里查森数及其重要性

当考虑实际大气的运动状况时，如上节分析，用魏萨拉频率来判断大气的稳定性可能导致错误的结论了，这时可用里查森数来判断。里查森数既考虑了大气的热力性质，又考虑了大气层结切变流的情况，其值大小经常作为大气中切变不稳定、对称不稳定乃至层结大气的混合时的稳定性判据，在研究大气的稳定性方面有着相当的重要性。在阐述中尺度的稳定性之前，先对里查森数有一个认识是十分必要的。

1.3.1 里查森数的定义及简单应用

英国气象学家 Lewis Fry Richardson 早在 1920 年在研究层结切变流时，首先得到里查森数。定义为

$$Ri=\frac{N^2}{\left(\frac{\mathrm{d}\overline{u}}{\mathrm{d}z}\right)^2},$$

N 为浮力频率(Brunt-vaisala frequency)，$\overline{u}$ 为平均水平速度。研究已证实当 $Ri<1$ 时，对称不稳定发生，当 $Ri<\frac{1}{4}$时，层结切变不稳定发生。里查森数的大小已成为有关稳定性问题的重要判据之一。为阐明里查森数的物理实质，下面讨论两层切变流的混合过程(Cushman-Roisin，1994)。在层结切变流中有

$$\rho=(\rho_1+\rho_2)/2, U=(U_1+U_2)/2,\quad \frac{\mathrm{d}\overline{u}}{\mathrm{d}z}=\frac{U_1-U_2}{H}, N^2=\frac{g}{\rho}\frac{\rho_2-\rho_1}{H} \tag{1.3.1}$$

则里查森数可写为

$$Ri=\frac{N^2}{\left(\frac{\mathrm{d}\overline{u}}{\mathrm{d}z}\right)^2}=\frac{(\rho_2-\rho_1)gH}{\rho\,(U_1-U_2)^2} \tag{1.3.2}$$

在混合前由于下层的空气密度 ρ_2 大于上层的空气密度 ρ_1(图 1.3.1)，整个流域内的质量重心在整层的中间偏下位置。混合过程发生后，轻、重空气混合，质量重心抬高到中间偏上的位置。因此，充分混合后(图 1.3.2)，整个流域内单位面积上获得的位能为

$$PE=\int_0^H \rho gz\ \mathrm{d}z-\int_0^H \rho_{初}\ gz\ \mathrm{d}z$$
$$=\frac{1}{2}\rho gH^2-\left[\frac{1}{2}\rho_2 g\,\frac{H^2}{4}+\frac{1}{2}\rho_1 g\,\frac{3H^2}{4}\right]$$
$$=\frac{1}{8}(\rho_2-\rho_1)gH^2 \tag{1.3.3}$$

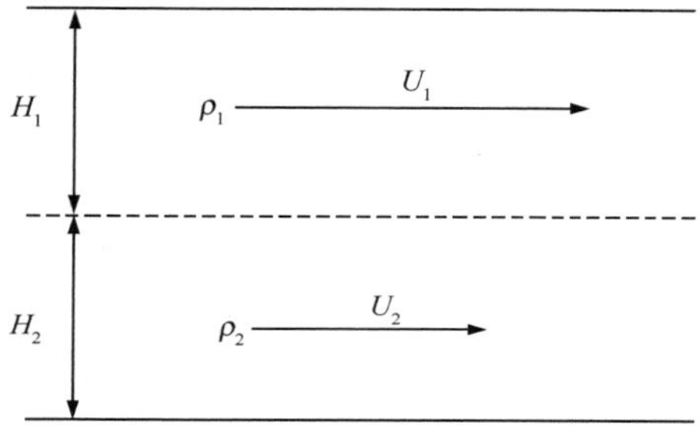

图 1.3.1　初始状态下的层结切变流

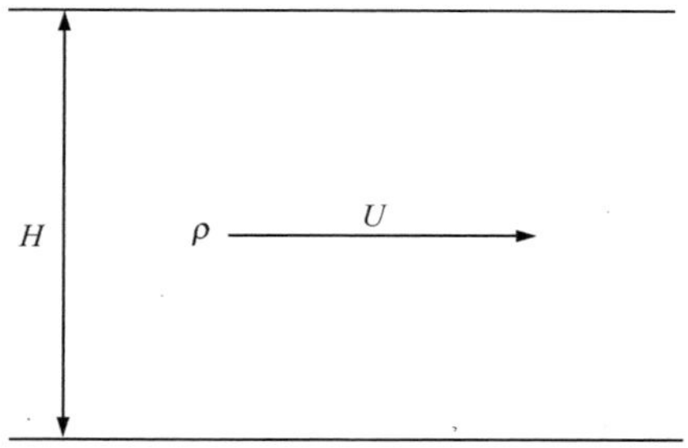

图 1.3.2　充分混合后的均匀流

增加的位能来源于动能的损失，因为混合后动能损失可表示为

$$KE=\int_0^H \frac{1}{2}\ (\rho u^2)_{初}\ \mathrm{d}z-\int_0^H \frac{1}{2}\ (\rho u^2)_{末}\ \mathrm{d}z$$
$$=\frac{H}{4}\rho_2 U_2^2+\frac{H}{4}\rho_1 U_1^2-\frac{\rho U^2}{2}H$$
$$=\frac{H}{8}(U_1^2-U_2^2)(\rho_1-\rho_2)+\frac{H}{8}\rho(U_1-U_2)^2$$
$$\cong\frac{H}{8}\rho(U_1-U_2)^2 \tag{1.3.4}$$

由于 $\rho_1-\rho_2\ll 1$，所以(1.3.4)中的右边第一项作为小量被忽略。

从里查森数的定义(1.3.2)知

$$Ri = PE/KE = \frac{(\rho_2 - \rho_1)gH}{\rho(U_1 - U_2)^2} \tag{1.3.5}$$

可见里查森数表征了在层结切变流混合过程中位能增加和动能损失之比。不稳定过程能发生，即 $Ri<Ri_c$，意味着或者上下层的密度差足够小，以克服不稳定发生时的重力障碍，或者上下风速差足够大，以供给不稳定发生时所必需的动能。因为在没有其他能源供应情况下，不稳定发生过程中的动能损失必须要大于其位能的获得，所以 $Ri<1$ 是不稳定发生的最基本的必要条件。

为了使读者对里查森数有一个更全面的认识，下面我们用气块法再推导一次里查森数(Dutton,1976)。假设在高度 z 有一气块，密度为ρ_0；高度 $z+\zeta$ 处有另一气块，密度为$\rho_1=\rho_0-\zeta|\rho'_0|$。两个气块位置互换，互换后密度分别为$\rho_1^*$ 和 ρ_0^*，Z 处环境风速为U_0。下面考虑混合过程中两个气块总位能和动能的变化情况。

假设 ζ 很小，我们可以只考虑环境变量的线性变化，则有：

$$\theta(z+\zeta)=\theta(z)+\zeta\left(\frac{\partial\theta}{\partial z}\right)_0=\theta_0+\zeta\theta'_0 \tag{1.3.6}$$

$$\rho(z+\zeta)=\rho(z)+\zeta\left(\frac{\partial\rho}{\partial z}\right)_0=\rho_0-\zeta|\rho'_0| \tag{1.3.7}$$

$$U(z+\zeta)=U(z)+\zeta\left(\frac{\partial U}{\partial z}\right)_0=U_0+\zeta U'_0 \tag{1.3.8}$$

则初始状况，两个气块总位能：

$$\begin{aligned} P &= g[\rho_0 z+\rho_1(z+\zeta)] \\ &= g[\rho_0 z+(\rho_0-\zeta|\rho'_0|)(z+\zeta)] \\ &= g[2\rho_0 z+\rho_0\zeta-\zeta|\rho'_0|(z+\zeta)] \end{aligned} \tag{1.3.9}$$

在气块法假设中，假设气块的气压是立刻随着环境气压调整的。设气块的物理参数下标为 p，环境的物理参数下标为 e。由位温的定义，有：$\theta=T\left(\frac{p_0}{p}\right)^{\frac{R}{c_p}}$，利用理想气体公式 $p=\rho RT$，把 T 用 p 和 ρ 代入，得：$\theta=\frac{p}{R\rho}\left(\frac{p_0}{p}\right)^{\frac{R}{c_p}}$，即 $\theta\rho=\frac{p}{R}\left(\frac{p_0}{p}\right)^{\frac{R}{c_p}}$ 可见 θ 与 ρ 的乘积只与气压 p 有关。在气块法假设中，由于气块气压和环境气压是时时相等的，故有

$$\theta_p\rho_p=\theta_e\rho_e \tag{1.3.10}$$

因此，对于初始在 z 处交换至 $z+\zeta$ 处的气块，其密度变为：

$$\rho_1^*=\frac{\theta_1\rho_1}{\theta_0}=\frac{(\theta_0+\zeta\theta'_0)(\rho_0-\zeta|\rho'_0|)}{\theta_0}=\rho_0-\zeta|\rho'_0|+\zeta\frac{\rho_0\theta'_0}{\theta_0} \tag{1.3.11}$$

这里我们略去了ζ^2项。

同理，对于初始在 $z+\zeta$ 交换至 z 处的气块，其密度变为：

$$\rho_0^* = \frac{\theta_0\ \rho_0}{\theta_1} = \frac{\theta_0\ \rho_0}{\theta_0 + \zeta\theta'_0} = \rho_0(1 - \frac{\zeta\theta'_0}{\theta_0}) \tag{1.3.12}$$

这里采用了二项式定理，略去了高于一阶的项。

那么交换后两个气块的总位能为：

$$P^* = g[\rho_1^*(z+\zeta)+\rho_0^* z] = g\left[2\rho_0 z + \rho_0\zeta - \zeta|\rho'_0|(z+\zeta) + \zeta^2\frac{\rho_0\ \theta'_0}{\theta_0}\right] \tag{1.3.13}$$

则交换后增加的总位能为：

$$\Delta p = p^* - p = g\,\zeta^2\ \rho_0\left(\frac{1}{\theta}\frac{\partial\theta}{\partial z}\right)_0 = \zeta^2\ \rho_0\ \omega_g^2 \tag{1.3.14}$$

气块的内能为$(c_v/R)p$，故两个气块交换后，其总位能不变，都是$(c_v/R)(2p_0+\zeta p'_0)$。根据热力学第一定律，能量是守恒的。那么在交换过程总位能的增加必须有其他能量作为补充。假设动能是唯一的补充来源，那么有

$$\Delta k + \Delta K + \Delta p = 0 \tag{1.3.15}$$

其中 Δk 和 ΔK 分别是垂直方向和水平方向动能的变化。

风速的变化导致的动能差异比密度导致的动能差异大，因此我们可以忽略密度差异，认为水平初始总动能：

$$K = \frac{\rho_0}{2}[(U_0+\zeta U'_0)^2 + U_0^2] = \rho_0\left[U_0^2 + \zeta U'_0\,U_0 + \frac{1}{2}\zeta^2\ (U'_0)^2\right] \tag{1.3.16}$$

我们假设气块的水平速度与它所经过的环境的平均风速相等。由于平均风速是$U_0+\frac{1}{2}\zeta U'_0$，所以最后两个气块都达到这个数值，依旧忽略密度的差异，交换后的水平总动能：

$$K^* = \frac{\rho_0}{2}\left[2\left(U_0+\frac{1}{2}\zeta U'_0\right)^2\right] = \rho_0\left[U_0^2 + \zeta U'_0\,U_0 + \frac{1}{4}\zeta^2\ (U'_0)^2\right] \tag{1.3.17}$$

所以 $\Delta K = K^* - K = -\frac{\rho_0}{4}\zeta^2(U'_0)^2$。

如果运动是稳定的，交换后的垂直动能要比初始状态垂直动能小，故

$$\Delta k = -\Delta K - \Delta p = \zeta^2\ \rho_0\left[\frac{1}{4}\left(\frac{\partial U}{\partial z}\right)_0^2 - \omega_g^2\right] \leqslant 0 \tag{1.3.18}$$

这就要求
$$\frac{1}{4} \leqslant \frac{\omega_g^2}{(\partial U/\partial z)_0^2}$$

这个比我们就称为里查森数：

$$Ri = \frac{\omega_g^2}{(\partial U/\partial z)^2} = \frac{\frac{g}{\theta}\frac{\partial \theta}{\partial z}}{(\partial U/\partial z)^2} \tag{1.3.19}$$

可见,里查森数表征了在层结切变混合过程中位能增加和动能损失之比。

1.3.2 里查森数的重要性

里查森数可以用作判断多种不稳定的工具并非偶然的,而是由其内在物理意义和动力特性决定的。它是非地转绝热无摩擦假不可压大气运动控制方程中的唯一的无量纲参数,因而里查森数可以作为多种不稳定的动力判据。高守亭等(1986)从大气的基本控制方程组出发给出了具体说明。

绝热无摩擦、假不可压的稳定层结大气中,有如下基本方程组:

$$\frac{du}{dt} - fv = -\frac{1}{\rho}\frac{\partial p}{\partial x} \tag{1.3.20}$$

$$\frac{dv}{dt} + fu = -\frac{1}{\rho}\frac{\partial p}{\partial y} \tag{1.3.21}$$

$$\frac{\partial p}{\partial z} = -\rho g \tag{1.3.22}$$

$$\frac{\partial u}{\partial x} + \frac{\partial v}{\partial y} + \frac{\partial w}{\partial z} = 0 \tag{1.3.23}$$

$$\frac{ds}{dt} = 0 \tag{1.3.24}$$

其中 s 是熵。且 $s=\frac{s^*}{c_p}$,$s^*=c_p\ln\frac{\theta}{\theta_0}$是惯用形式。对(1.3.20)、(1.3.21)式求 z 的偏微分并利用等熵过程

$$s = \frac{1}{r}\log p - \log\rho \tag{1.3.25}$$

其中 $r=c_p/c_v$,可得到整理后的

$$\left(\frac{\partial}{\partial z} - \frac{\partial s}{\partial z}\right)\left(\frac{du}{dt} - fv\right) = -g\frac{\partial s}{\partial x} \tag{1.3.26}$$

$$\left(\frac{\partial}{\partial z} - \frac{\partial s}{\partial z}\right)\left(\frac{dv}{dt} + fu\right) = -g\frac{\partial s}{\partial y} \tag{1.3.27}$$

由大量的观测事实已经证明,在暴雨将发生的前期,$\frac{\partial s}{\partial z}$是非常小的,在低空近于零(寿绍文,1981)。作为一种较好的近似,(1.3.26)、(1.3.27)式可写成:

$$\frac{\partial}{\partial z}\left(\frac{du}{dt} - fv\right) = -g\frac{\partial s}{\partial x} \tag{1.3.28}$$

$$\frac{\partial}{\partial z}\left(\frac{dv}{dt} + fu\right) = -g\frac{\partial s}{\partial y} \tag{1.3.29}$$

通过运算$\frac{\partial}{\partial x}$(1.3.28)式$+\frac{\partial}{\partial y}$(1.3.29)式得：

$$\frac{\partial}{\partial z}\left\{f_0\zeta-\frac{\mathrm{d}\delta}{\mathrm{d}t}-\left[\left(\frac{\partial u}{\partial x}\right)^2+2\frac{\partial u}{\partial y}\frac{\partial v}{\partial x}+\left(\frac{\partial v}{\partial y}\right)^2\right]-\left(\frac{\partial w}{\partial x}\frac{\partial u}{\partial z}+\frac{\partial w}{\partial y}\frac{\partial v}{\partial z}\right)\right\}=g\nabla_H^2 s \tag{1.3.30}$$

其中 $\delta=\frac{\partial u}{\partial x}+\frac{\partial v}{\partial y}$，$\zeta=\frac{\partial v}{\partial x}-\frac{\partial u}{\partial y}$，$f_0=f$，$\nabla_H^2$为二维算子。

同时由(1.3.20)、(1.3.21)式可得涡度方程

$$\frac{\mathrm{d}}{\mathrm{d}t}(f_0+\zeta)+\left(\frac{\partial w}{\partial x}\frac{\partial v}{\partial z}-\frac{\partial w}{\partial y}\frac{\partial u}{\partial z}\right)+\delta(\zeta+f_0)=0 \tag{1.3.31}$$

低空急流的大量观测事实表明，急流轴以下风速垂直切变很强，风速随高度近于线性变化。鉴于这种事实，高守亭等(1986)着重考虑斜压作用的情况下，取基本场风速为$U(z)$，$U(z)$可认为是z的线性函数，其熵为$\bar{s}=Ay+Bz$。尽管低空急流一般是超地转的，并不一定满足热成风关系，但其基本气流$U(z)$，可认为满足热成风关系：

$$\frac{\mathrm{d}U(z)}{\mathrm{d}z}=-\frac{gA}{f} \tag{1.3.32}$$

引进小扰动：

$$u=U(z)+u'(x,y,z,t),v=v'(x,y,z,t),$$
$$w=w'(x,y,z,t),s=\bar{s}(y,z)+s'(x,y,z,t)$$

将上述扰动代入(1.3.23)、(1.3.24)、(1.3.30)及(1.3.31)式后得：

$$\frac{\partial u'}{\partial x}+\frac{\partial v'}{\partial y}+\frac{\partial w'}{\partial z}=0 \tag{1.3.33}$$

$$f_0^2(aV'+bw')+\frac{\delta}{Dt}(gs')=0 \tag{1.3.34}$$

$$f_0\delta'+\frac{\delta\zeta'}{Dt}+f_0 a\frac{\partial w'}{\partial y}=0 \tag{1.3.35}$$

$$\frac{\partial}{\partial z}\left[f_0\zeta'-\frac{\delta\delta'}{Dt}+f_0 a\frac{\partial w'}{\partial x}\right]=\nabla_H^2(gs') \tag{1.3.36}$$

其中

$$a=\frac{gA}{f_0^2},\quad b=\frac{gB}{f_0^2},\quad \frac{D}{Dt}=\frac{\partial}{\partial t}+U(z)\frac{\partial}{\partial x}$$
$$\zeta'=\frac{\partial v'}{\partial x}-\frac{\partial u'}{\partial y}\delta'=\frac{\partial u'}{\partial x}+\frac{\partial v'}{\partial y}$$

由公式(1.3.33)—(1.3.36)中消去s'、v'、ζ'、δ'后得：

$$\begin{aligned}&\frac{D}{Dt}\left(f_0^2+\frac{\delta^2}{Dt^2}\right)\frac{\partial^2 w'}{\partial z^2}+2f_0^2 a\left(f_0\frac{\partial}{\partial x}-\frac{\delta}{Dt}\frac{\partial}{\partial y}\right)\frac{\partial w'}{\partial z}\\&+f_0^2\left[b\frac{\delta}{Dt}\left(\frac{\partial^2}{\partial x^2}+\frac{\partial^2}{\partial y^2}\right)-2f_0 a^2\frac{\partial^2}{\partial x\partial y}\right]w'=0\end{aligned} \tag{1.3.37}$$

设扰动 w' 具有波动形式

$$w' = \bar{\phi}(z)e^{i(\bar{k}x+\bar{\lambda}y+\bar{\sigma}t)} \tag{1.3.38}$$

并选取特征水平尺度 L，特征高度 H，特征速度 $U_0=-\frac{gA}{f_0}H$，则有

$$(x,y)=L(x_1,y_1),\quad z=Hz_1,$$

$$U(z)=U_0u_1=-\frac{gA}{f_0}Hz_1,\quad \bar{\phi}(z)=\Phi(H)\phi(z_1)$$

同样取特征频率为 f_0，特征波数为 $\frac{f_0}{U_0}$，则有

$$\bar{k}=\frac{f_0}{U_0}k,\ \bar{\lambda}=\frac{f_0}{U_0}\lambda,\ \bar{\sigma}=f_0\sigma$$

这里 x_1、y_1、z_1、u_1、$\phi(z_1)$、k、λ、σ 为无量纲量。

将 w' 及这些无量纲代入(1.3.37)式后得无量纲方程：

$$[1-(\sigma+kz_1)^2]\frac{\mathrm{d}^2\phi}{\mathrm{d}z_1^2}-\left(\frac{2k}{\sigma+kz_1}-2i\lambda\right)\frac{\mathrm{d}\phi}{\mathrm{d}z_1}-\left[Ri(k^2+\lambda^2)+\frac{2ik\lambda}{\sigma+kz_1}\right]\phi=0 \tag{1.3.39}$$

其中 $Ri=gB\bigg/\left(\frac{\mathrm{d}\overline{U}}{\mathrm{d}z}\right)^2$ 为里查森数。

该方程是一个只含有参数 Ri 的无量纲方程，可见，Ri 将在天气系统的发生发展判别以及各种稳定性判据的构造中有着极其重要的作用。公式(1.3.39)与1949年Eady模式在形式上是一样的，只是这里是在非地转情况下求得的，故称非地转Eady模式。

参考文献

高守亭，等. 1986. 应用里查森数判别中尺度波动的不稳定. 大气科学，**10**(2)：171-182.

寿绍文. 1981. 强对流天气前期的层结特征. 南京气象学院学报，**1**(1)：1-7.

Cushman-Roisin B. 1994. *Introduction to Geophysical Fluid Dynamics*, Printice-Hall, Inc. 312.

Dutton J A. 2002. *The ceaseless wind: an introduction to the theory of atmospheric motion*. McGra-Hill. pp. 579.

Norbury J, Roulstone I. 2002. *Large-scale Atmosphere-ocean Dynamics* Volume I: *Analytical Methods and Numerical Models*. Cambridge University Press, 370.

Xu Q, Gao S. 1995. An analytic model of cold air damming and its applications, *J. Atmos. Sci.*, **52**: 353-365.

Smith R B. 1988. Linear theory of hydrostatic flow over an isolated mountain inisosteric coordinates. *J. Atmos. Sci.*, **45**: 3889-3896.

第 2 章　中尺度动力学的基本方程

“中尺度”这一术语最早出现在 Ligda 的一篇回顾天气雷达应用的论文中(Markowski and Richardson,2010)。后来 Orlanski(1975)定义空间尺度 2～2000 km 的天气系统为中尺度系统,并进一步分类空间尺度 200～2000 km 的天气尺度为 α 中尺度天气系统,20～200 km 的天气系统为 β 中尺度天气系统,2～20 km 的天气尺度为中 γ 尺度天气系统。Fujita(1981)进一步提出中尺度天气系统空间范围为 4～400 km,并认为 40～400 km 的天气系统定义为 α 中尺度天气系统,4～40 km 的天气系统定义为 β 中尺度天气系统。但 Orlanski(1975)的分类方法被学者所公认。按照 Orlanski 的分类,中尺度天气系统包括气旋波,台风,对流复合体,中尺度对流单体,低涡,切变线,中尺度涡旋,中尺度急流,海陆风,飑线,龙卷等。

对于大尺度系统,一般用原始方程组及由它推得的涡度方程、散度方程及位涡方程来描写大尺度大气旋转强弱、辐合辐散程度以及包含热力学过程的大气涡旋运动等等。同样,对于中尺度系统,相应地也有中尺度基本方程组及建立在此之上的涡度方程、散度方程及位涡方程。另外,根据中尺度系统的特殊性,还有流线涡、螺旋度及变形场等物理量可以较好地描述中尺度运动,由此又发展了流线涡方程、螺旋度方程及变形场方程,这些在以后的章节中会一一介绍的。本章将结合中尺度系统的特点介绍各种常用的中尺度方程。

2.1　中尺度运动基本方程组

2.1.1　理想正压未饱和湿空气方程组

有很多中尺度系统发生,大气处于湿度较大而又是未饱和的状态,且表现出相当的正压性(例如在热带地区),所以对这种中尺度问题的研究最好使用浅水方程组。因为浅水方程不仅体现了大气的正压性而且其连续性方程中能体现气流整体的辐散、辐合效应。其方程形式为

$$\frac{\partial u}{\partial t}+u\frac{\partial u}{\partial x}+v\frac{\partial u}{\partial y}-fv=-g\frac{\partial h}{\partial x} \tag{2.1.1}$$

$$\frac{\partial v}{\partial t}+u\frac{\partial v}{\partial x}+v\frac{\partial v}{\partial y}+fu=-g\frac{\partial h}{\partial y} \tag{2.1.2}$$

$$\frac{\partial h}{\partial t}+u\frac{\partial h}{\partial x}+v\frac{\partial h}{\partial y}+h\left(\frac{\partial u}{\partial x}+\frac{\partial v}{\partial y}\right)=0 \tag{2.1.3}$$

这里 u、v 是水平速度分量，h 是正压大气的深度。对任何一个具体研究对象，利用该方程组的线性化形式，可以描述浅水方程的一些基本特征，特别是波动的特征。

假设基本流 $U,V,H(x,y)$ 满足地转平衡关系

$$fV=g\frac{\partial H}{\partial x} \quad 和 \quad fU=-g\frac{\partial H}{\partial y} \tag{2.1.4}$$

将其线性化

$$h=H+h',\ u=U+u',\ v=V+v' \tag{2.1.5}$$

方程(2.1.1)—(2.1.3)则可约化为(Durran,1999)

$$\frac{\partial \boldsymbol{v}^*}{\partial t}+A\frac{\partial \boldsymbol{v}^*}{\partial x}+B\frac{\partial \boldsymbol{v}^*}{\partial y}+C\boldsymbol{v}^*=0 \tag{2.1.6}$$

其中

$$\boldsymbol{v}^*=\begin{pmatrix}u'\\v'\\h'\end{pmatrix},\ A=\begin{pmatrix}U&0&g\\0&U&0\\H&0&U\end{pmatrix},\ B=\begin{pmatrix}V&0&0\\0&V&g\\0&H&V\end{pmatrix},\ C=\begin{pmatrix}0&-f&0\\f&0&0\\f\dfrac{V}{g}&-f\dfrac{U}{g}&0\end{pmatrix}$$

如果再令 $\boldsymbol{v}^*=T^{-1}\boldsymbol{u}^*$，这里

$$T^{-1}=\begin{pmatrix}C_s&0&0\\0&C_s&0\\0&0&g\end{pmatrix},\quad C_s=\sqrt{gH}$$

则(2.1.6)式可化为

$$\frac{\partial \boldsymbol{u}^*}{\partial t}+\overline{A}\frac{\partial \boldsymbol{u}^*}{\partial x}+\overline{B}\frac{\partial \boldsymbol{u}^*}{\partial y}+\overline{C}\boldsymbol{u}^*=0 \tag{2.1.7}$$

这里

$$\overline{A}=T^{-1}AT=\begin{pmatrix}U&0&C_s\\0&U&0\\C_s&0&U\end{pmatrix},\ \overline{B}=T^{-1}BT=\begin{pmatrix}V&0&C_s\\0&V&C_s\\C_s&C_s&V\end{pmatrix}$$

$$\overline{C}=T^{-1}\left(A\frac{\partial T}{\partial x}+B\frac{\partial T}{\partial y}+CT\right)=\begin{pmatrix}0&-f&0\\f&0&0\\\dfrac{1}{2}f\dfrac{V}{C_s}&-\dfrac{1}{2}f\dfrac{V}{C_s}&0\end{pmatrix}$$

从方程(2.1.7)中可以看出 $\overline{A}$ 和 $\overline{B}$ 都是对称矩阵，依据数理方程关于方程类型的基本知识，可知方程(2.1.7)是双曲型波动方程。可见，正压大气中的中尺度系统为纯波动系统，不具有涡旋特性。如是，我们便可以把扰动量 $\boldsymbol{u}^*$ 也就是 u',

v',h'写成波解的形式代入方程(2.1.7)来进行有关波动特性的讨论,这方面在一般教科书中都有所涉及,这里不再详述。

2.1.2　理想斜压未饱和湿空气的方程组

在中纬温带地区,大气显示出较强的斜压性,若进一步假设大气是绝热、无黏的,则有如下基本方程组(高守亭等,2006)

$$\frac{\mathrm{d}\boldsymbol{v}}{\mathrm{d}t}+f\boldsymbol{k}\times\boldsymbol{v}=-\frac{1}{\rho}\nabla p-g\boldsymbol{k} \tag{2.1.8}$$

$$\frac{\partial\rho}{\partial t}+\nabla\cdot(\rho\boldsymbol{v})=0 \tag{2.1.9}$$

$$\frac{\mathrm{d}\theta}{\mathrm{d}t}=0 \tag{2.1.10}$$

这里$\frac{\mathrm{d}(\ )}{\mathrm{d}t}=\frac{\partial(\ )}{\partial t}+\boldsymbol{v}\cdot\nabla(\ )$,$\boldsymbol{v}$ 是三维速度矢,ρ 是湿空气密度,p 是气压,g 是重力加速度,$\boldsymbol{k}$ 是垂直向上方向的单位矢量,θ 是位温。方程组(2.1.8)—(2.1.10)若写成分量形式,实际上是 5 个方程,但有 6 个未知数,所以通常还要利用状态方程 $p=\rho RT$ 而使方程组闭合。

由位温 $\theta=T\left(\frac{p_0}{p}\right)^{\frac{R}{c_p}}$,$p_0=1000\ \mathrm{hPa}$,其中 $R=R_d(1+0.61q)$,R_d 是干空气气体常数,q 是比湿,$c_p=c_{pd}(1+0.85q)$,c_p 是湿空气定压比热,c_{pd}是干空气定压比热,又因为一般情况下,比湿 q 比较小($q<4\times10^{-2}\ \mathrm{g/g}$),因此 $R=R_d(1+0.61q)\approx R_d=$常数,$c_p=c_{pd}(1+0.85q)\approx c_{pd}=$常数。并利用状态方程,可以得到如下形式气压诊断方程

$$p=p_0\left(\frac{R}{p_0}\rho\theta\right)^{\frac{c_p}{c_v}} \tag{2.1.11}$$

为了突出中尺度的热力效应,并计算方便,我们引入无量纲数

$$\pi=\left(\frac{p}{p_0}\right)^{\frac{R}{c_p}} \tag{2.1.12}$$

利用状态方程及位温定义,则气压梯度力项可写为

$$\frac{1}{\rho}\nabla p=c_p\theta\nabla\pi \tag{2.1.13}$$

故运动方程变为

$$\frac{\mathrm{d}\boldsymbol{v}}{\mathrm{d}t}+f\boldsymbol{k}\times\boldsymbol{v}=-c_p\theta\nabla\pi-g\boldsymbol{k} \tag{2.1.14}$$

利用方程(2.1.11),则方程(2.1.12)进一步可以写为

$$\pi=\left(\frac{R\rho\theta}{p_0}\right)^{\frac{R}{c_v}} \tag{2.1.15}$$

上式两边取自然对数，并求导数得

$$\frac{\mathrm{d}}{\mathrm{d}t}\ln(\pi)=\frac{R}{c_v}\left[\frac{\mathrm{d}\ln\rho}{\mathrm{d}t}+\frac{\mathrm{d}\ln\theta}{\mathrm{d}t}\right] \tag{2.1.16}$$

利用方程(2.1.9)和(2.1.10)，方程(2.1.16)可进一步写为

$$\frac{\mathrm{d}\pi}{\mathrm{d}t}+\frac{R\pi}{c_v}\nabla\cdot\boldsymbol{v}=0 \tag{2.1.17}$$

其中，c_v 是湿空气定容比热，$c_v=c_p-R$。

则得适用于中尺度的基本方程组：

$$\frac{\mathrm{d}\boldsymbol{v}}{\mathrm{d}t}+f\boldsymbol{k}\times\boldsymbol{v}=-c_p\theta\nabla\pi-g\boldsymbol{k} \tag{2.1.18}$$

$$\frac{\mathrm{d}\pi}{\mathrm{d}t}+\frac{R\pi}{c_v}\nabla\cdot\boldsymbol{v}=0 \tag{2.1.19}$$

$$\frac{\mathrm{d}\theta}{\mathrm{d}t}=0 \tag{2.1.20}$$

它们构成了有 5 个未知数的并有 5 个方程的闭合方程组，该方程组的最大优点在于隐含了密度，且能自然闭合。这为计算带来了方便。同时，它把位温 θ 显示地出现在动量方程中，以加强位温场的变化对中尺度系统发生、发展的作用，因为从观测资料诊断、预报经验及理论分析(吴国雄等，1995)三方面均表明，局地位温面的倾斜是中尺度系统中垂直涡度发展的重要原因。所以在方程中显含位温为研究局地等熵面倾斜及中尺度系统的发生、发展提供了方便。这也是为什么把原来常用的大气方程组转换到以上方程组的主要原因。所以对研制中尺度模式，采用以上方程组是有其方便之处。

2.1.3 布西内斯克近似(Boussinesq Approximation)与假不可压近似

最后我们介绍一下布西内斯克近似(Boussinesq Approximation)和假不可压近似，这两种近似也经常用于中尺度过程的分析。

布西内斯克近似是地球流体动力学中最常用的近似。它的本质含义是在连续性方程中忽略了流体密度变化对质量平衡的影响以及在动量方程中忽略了流体密度的变化对惯性的影响而保留了流体密度变化对浮力的影响。

令密度 $\rho=\rho_0+\delta\rho(x,y,z,t)=\rho_0+\tilde{\rho}(z)+\rho'(x,y,z,t)$

其中 $|\delta\rho|,|\tilde{\rho}|,|\rho'|\ll\rho_0$

气压 $p=p_0(z)+\delta p(x,y,z,t)=\tilde{p}(z)+p'(x,y,z,t)$

其中 $|\delta p|\ll p_0,|p'|\ll|\tilde{p}|$

又 $\frac{\mathrm{d}p_0}{\mathrm{d}z}=-g\rho_0$，$\frac{\mathrm{d}\tilde{p}}{\mathrm{d}z}=-g\tilde{\rho}$，以及对于梯度算子有

$$\nabla_z p = \nabla_z p' = \nabla_z \delta p$$

则动量方程可以写成

$$(\rho_0 + \delta\rho)(\frac{dv}{dt} + 2\Omega \times v) = -\nabla\delta p - \frac{\partial p_0}{\partial z}\boldsymbol{k} - g(\rho_0 + \delta\rho)\boldsymbol{k} = -\nabla\delta p - g\delta\rho\boldsymbol{k} \tag{2.1.21}$$

$\delta\rho$ 非常小，上式简化成

$$(\frac{dv}{dt} + 2\Omega \times v) = -\nabla\Phi + b\boldsymbol{k} \tag{2.1.22}$$

其中 $\Phi = \frac{\delta p}{\rho_0}$，$b = -g\frac{\delta\rho}{\rho_0}$，我们把 b 称为浮力项。

公式(2.1.22)就是布西内斯克近似下的动量方程。

在垂直方向上，我们认为垂直加速度很小，因此有

$$\frac{\partial\Phi}{\partial z} = b \tag{2.1.23}$$

由连续性方程，有

$$\frac{d\delta\rho}{dt} + (\rho_0 + \delta\rho)\nabla\cdot\boldsymbol{v} = 0 \tag{2.1.24}$$

假设局地变化时间特征尺度和平流变化的时间特征尺度相等，则上式可以简化成

$$\nabla\cdot\boldsymbol{v} = 0 \tag{2.1.25}$$

这是因为　$\frac{d\delta\rho}{dt} = \frac{\partial\delta\rho}{\partial t} + v\cdot\nabla\delta\rho = \frac{\delta\rho - 0}{\tau} + \frac{L}{\tau}\frac{0 - \delta\rho}{L} = 0$

但是这绝不是说 $\frac{d\delta\rho}{dt} = 0$，因为密度的演变是由理想状态方程和热力学方程共同决定的。定义 $\tilde{b} = -g\frac{\tilde{\rho}}{\rho_0}$，$b' = -g\frac{\rho'}{\rho_0}$

由热流量方程

$$\frac{d\rho}{dt} - \frac{1}{c_s^2}\frac{dp}{dt} = -\frac{\rho\dot{Q}}{c_p T} \tag{2.1.26}$$

在不考虑非绝热加热的条件下，作如下近似

$$\frac{d\delta\rho}{dt} - \frac{1}{c_s^2}\frac{dp_0}{dt} = 0 \tag{2.1.27}$$

利用 $\frac{dp_0}{dz} = -g\rho_0$，可得

$$\frac{d}{dt}(\delta\rho + \frac{\rho_0 g}{c_s^2}z) = 0 \tag{2.1.28}$$

也即

$$\frac{\mathrm{d}}{\mathrm{d}t}(\tilde{\rho}+\rho'+\frac{\rho_0 g}{c_s^2}z)=0 \tag{2.1.29}$$

方程两边同乘$\frac{g}{\rho_0}$，得

$$\frac{\mathrm{d}}{\mathrm{d}t}(\frac{g\tilde{\rho}}{\rho_0}+\frac{g\rho'}{\rho_0}+\frac{g^2}{c_s^2}z)=0 \tag{2.1.30}$$

也就是

$$\frac{\mathrm{d}}{\mathrm{d}t}(-\tilde{b}-b'+\frac{g^2}{c_s^2}z)=0 \tag{2.1.31}$$

即

$$\frac{\mathrm{d}\tilde{b}}{\mathrm{d}t}+\frac{\mathrm{d}b'}{\mathrm{d}t}-\frac{g^2}{c_s^2}w=0 \tag{2.1.32}$$

令

$$N_b^2=\frac{\mathrm{d}b'}{\mathrm{d}t}-\frac{g^2}{c_s^2}w \tag{2.1.33}$$

则上式变成

$$\frac{\mathrm{d}\tilde{b}}{\mathrm{d}t}+N_b^2=0 \tag{2.1.34}$$

故布西内斯克近似的方程组为公式(2.1.22)(2.1.25)和(2.1.34)。

尽管布西内斯克近似对流体浮力效应提供了一个定性正确的描述，但当流体密度在垂直方向上存在明显变化时，特别是对于深对流系统，系统发展可达10 km以上，系统上下密度分布差别很大，它就不是一个正确的定量描述了。在这种情况下，我们用θ和π来表示p,b,N_b^2：

$$p=c_p\theta_0\pi',\ b=g\frac{\theta-\bar{\theta}}{\theta_0},\ N_b^2=\frac{g}{\theta_0}\frac{\mathrm{d}\bar{\theta}}{\mathrm{d}z} \tag{2.1.35}$$

这里θ_0是常参考位温，$\pi=\bar{\pi}(z)+\pi'(x,y,z,t)$，$\theta=\bar{\theta}(z)+\theta''(x,y,z,t)$，$\bar{\pi}$，$\bar{\theta}$是基本态，$\pi'$，$\theta''$是扰动量。那么则有布西内斯克近似在形式上完全同于公式(2.1.22)(2.1.25)和(2.1.34)。故这时近似程度要比通常意义下的布西内斯克近似要高，由于在大气中流体密度ρ并不是像位温θ接近θ_0那样而近于ρ_0。这也是本章中给出新形式下的方程组(2.1.18)，(2.1.19)及(2.1.20)的主要原因之一。不过，对大气中的深对流系统发展的问题最好使用滞弹性近似或假不可压近似。

滞弹性近似最早是由 Ogura 和 Phillips(1962)提出的，他们是运用尺度分析得到小参数$\varepsilon=\frac{\delta\theta}{\theta_0}$(这里$\delta\theta$是位温偏离其常参考态$\theta_0$的偏差值)。凡是在方程中具有$o(\varepsilon)$量级的量就被忽略了，以致于对干对流，仍可保持环境递减率是十分接近绝热的。由于ε是小量，滞弹性方程组仍可以用于表示滤去声波的模态。但是，深而湿的对流系统，平均态的稳定性就有可能使得ε不再是小量，如当$\delta\theta$跨过10 km深的高度时，$\delta\theta$的值可达到θ_0的40%。在这种情况下，滞弹性近似就不是一个好的近似了。因此有必要推导适合深对流的近似方程组，这里

称假不可压方程组(Durran *et al*.,1982)。具体推导如下：

由前面 π 及 θ 的定义式,可推得

$$\pi = \left(\frac{R}{p_0}\rho\theta\right)^{\frac{R}{c_v}} \tag{2.1.36}$$

对上式取对数再求导可得

$$\frac{c_v}{R\pi}\frac{\mathrm{d}\pi}{\mathrm{d}t} = \frac{1}{\rho}\frac{\mathrm{d}\rho}{\mathrm{d}t} + \frac{1}{\theta}\frac{\mathrm{d}\theta}{\mathrm{d}t} \tag{2.1.37}$$

其中

$$\frac{\mathrm{d}}{\mathrm{d}t} = \frac{\partial}{\partial t} + u\frac{\partial}{\partial x} + v\frac{\partial}{\partial y} + w\frac{\partial}{\partial z}$$

由前面推得的连续性方程和热力方程,考虑非绝热加热作用,则(2.1.17)可进一步写为

$$\frac{c_v}{R\pi}\frac{\mathrm{d}\pi}{\mathrm{d}t} + \nabla\cdot\boldsymbol{v} = \frac{\dot{Q}}{c_p\rho\theta\pi} \tag{2.1.38}$$

这里 $\dot{Q}$ 是单位体积的加热率。

若把变数分为基本态和扰动量,即

$$\pi = \bar{\pi}(z) + \pi'(x\cdot y\cdot z\cdot t)$$
$$\rho = \bar{\rho}(z) + \rho'(x\cdot y\cdot z\cdot t)$$
$$\theta = \bar{\theta}(z) + \theta''(x\cdot y\cdot z\cdot t)$$

把展开式代入(2.1.36)式和(2.1.37)式中并利用 $\pi'\ll\bar{\pi}$,则(2.1.38)式可以写为

$$\frac{c_v}{R\bar{\pi}}\frac{\mathrm{d}\pi'}{\mathrm{d}t} + \frac{c_v w}{R\bar{\pi}}\frac{\mathrm{d}\bar{\pi}}{\mathrm{d}z} + \nabla\cdot\boldsymbol{v} = \frac{R\dot{Q}}{c_p p_o\bar{\pi}^{\frac{c_p}{R}}} \tag{2.1.39}$$

由于 $\pi'\ll\bar{\pi}$,所以有$\frac{\mathrm{d}\pi'}{\mathrm{d}t}/\bar{\pi}\ll\frac{\pi'}{\pi}$,则含$\frac{\mathrm{d}\pi'}{\mathrm{d}t}$的项在公式(2.1.39)中可以完全忽略。如是,则(2.1.39)式可写为

$$\frac{w}{\bar{\rho}\bar{\theta}}\frac{\mathrm{d}(\bar{\rho}\bar{\theta})}{\mathrm{d}z} + \nabla\cdot\boldsymbol{v} = \frac{\dot{Q}}{c_p\,\bar{\rho}\bar{\theta}\bar{\pi}} \tag{2.1.40}$$

或

$$\nabla\cdot(\bar{\rho}\bar{\theta}\boldsymbol{v}) = \frac{\dot{Q}}{c_p\bar{\pi}} \tag{2.1.41}$$

这便是假不可压近似方程。

再由中尺度斜压大气基本方程组,可得到如下的一套假不可压方程组：

$$\frac{\mathrm{d}u}{\mathrm{d}t} - fv + c_p\theta\frac{\partial\pi'}{\partial x} = 0 \tag{2.1.42}$$

$$\frac{\mathrm{d}v}{\mathrm{d}t} + fu + c_p\theta\frac{\partial \pi'}{\partial y} = 0 \tag{2.1.43}$$

$$\frac{\mathrm{d}w}{\mathrm{d}t} - g\frac{\theta'}{\bar{\theta}} + c_p\theta\frac{\partial \pi'}{\partial z} = 0 \tag{2.1.44}$$

$$\theta\frac{\mathrm{d}\theta}{\mathrm{d}t} = \frac{\dot{Q}}{c_p\,\bar{\rho}\bar{\theta}\bar{\pi}} \tag{2.1.45}$$

$$\nabla\cdot(\bar{\rho}\bar{\theta}\boldsymbol{v}) = \frac{\dot{Q}}{c_p\bar{\pi}} \tag{2.1.46}$$

在给定平均变数$\bar{\rho}$,$\bar{\theta}$,π后，则方程是闭合的可以用于深对流问题的研究。

总体而言，布西内斯克近似适用于对浅对流的研究（不论干湿），而滞弹性近似适用于深干对流的研究，假不可压近似适用于深湿对流的研究。

2.2　中尺度系统的涡度方程、散度方程

2.2.1　涡度方程

由上节，中尺度常用的基本方程组

$$\frac{\mathrm{d}\boldsymbol{v}}{\mathrm{d}t} + f\boldsymbol{k}\times\boldsymbol{v} = -c_p\theta\nabla\pi - \nabla\phi \tag{2.2.1}$$

$$\frac{\mathrm{d}\pi}{\mathrm{d}t} + \frac{R\pi}{c_v}\nabla\cdot\boldsymbol{v} = 0 \tag{2.2.2}$$

$$\frac{\mathrm{d}\theta}{\mathrm{d}t} = 0 \tag{2.2.3}$$

这里ϕ是重力位势。

利用关系式

$$\frac{\mathrm{d}\boldsymbol{v}}{\mathrm{d}t} = \frac{\partial\boldsymbol{v}}{\partial t} + \left[\nabla\left(\frac{1}{2}v^2\right) - \boldsymbol{v}\times(\nabla\times\boldsymbol{v})\right] \tag{2.2.4}$$

对(2.2.1)式两边进行叉乘，则有

$$\frac{\partial\boldsymbol{\xi}_a}{\partial t} = -\nabla\times(\boldsymbol{\xi}_a\times\boldsymbol{v}) - c_p\nabla\theta\times\nabla\pi \tag{2.2.5}$$

这便是由基本方程组推出的理想斜压未饱和湿空气下的中尺度绝对涡度方程，这里

$$\boldsymbol{\xi}_a = f\boldsymbol{k} + \nabla\times\boldsymbol{v} \tag{2.2.6}$$

该绝对涡度方程(2.2.5)将位温显示在右边，强调了位温面的倾斜对中尺度系统发生、发展的作用。方程右端第一项包含了涡度的平流输送，散度作用及扭转效应对绝对涡度变化的影响，第二项说明了大气的斜压效应及力管在绝对涡度发

生变化中的作用。

在实际应用中经常考虑相对涡度($\nabla \times \boldsymbol{V}$)的垂直分量(以下简称垂直涡度),由中尺度基本水平动量方程:

$$\frac{\partial u}{\partial t}+u\frac{\partial u}{\partial x}+v\frac{\partial u}{\partial y}+w\frac{\partial u}{\partial z}-fv+c_p\theta\frac{\partial \pi}{\partial x}=0 \tag{2.2.7}$$

$$\frac{\partial v}{\partial t}+u\frac{\partial v}{\partial x}+v\frac{\partial v}{\partial y}+w\frac{\partial v}{\partial z}+fu+c_p\theta\frac{\partial \pi}{\partial y}=0 \tag{2.2.8}$$

$\frac{\partial}{\partial x}$(2.2.8)式$-\frac{\partial}{\partial y}$(2.2.7)式,得

$$\frac{\partial \zeta}{\partial t}=-\boldsymbol{v}\cdot\nabla\zeta-(\zeta+f)\delta+c_pJ_h(\pi,\theta)-\beta v+\frac{\partial w}{\partial y}\frac{\partial u}{\partial z}-\frac{\partial w}{\partial x}\frac{\partial v}{\partial z} \tag{2.2.9}$$

此即为β平面近似下适用于中尺度的垂直涡度方程。其中,$\zeta=\frac{\partial v}{\partial x}-\frac{\partial u}{\partial y}$为垂直涡度,$\delta=\frac{\partial u}{\partial x}+\frac{\partial v}{\partial y}$为水平散度,$J_h(\pi,\theta)=\frac{\partial \pi}{\partial x}\frac{\partial \theta}{\partial y}-\frac{\partial \pi}{\partial y}\frac{\partial \theta}{\partial x}$为斜压效应,$\frac{\partial w}{\partial y}\frac{\partial u}{\partial z}-\frac{\partial w}{\partial x}\frac{\partial v}{\partial z}$为力管项。

2.2.2 散度方程

对(2.2.1)式两边进行的∇点乘,则有

$$\frac{\partial D}{\partial t}=-\nabla\cdot[(\boldsymbol{V}\cdot\nabla)\boldsymbol{V}]+f\boldsymbol{k}\cdot(\nabla\times\boldsymbol{v})-(\nabla\times f\boldsymbol{k})\cdot\boldsymbol{v}-c_p(\nabla\theta\cdot\nabla\pi+\theta\nabla^2\pi)-\nabla^2\phi \tag{2.2.10}$$

这即为由基本方程组推出的中尺度三维散度方程,其中$D=\nabla\cdot\boldsymbol{v}$。

然而对于中尺度系统,常常是近似不可压的。所以对于三维散度D,常有$D\approx 0$,因此,我们考虑二维水平散度变化。由前面得假不可压近似下的中尺度水平动量方程为

$$\frac{\partial u}{\partial t}+u\frac{\partial u}{\partial x}+v\frac{\partial u}{\partial y}+w\frac{\partial u}{\partial z}-fv+c_p\theta\frac{\partial \pi'}{\partial x}=0 \tag{2.2.11}$$

$$\frac{\partial v}{\partial t}+u\frac{\partial v}{\partial x}+v\frac{\partial v}{\partial y}+w\frac{\partial v}{\partial z}+fu+c_p\theta\frac{\partial \pi'}{\partial y}=0 \tag{2.2.12}$$

$\frac{\partial}{\partial x}$(2.2.11)式$+\frac{\partial}{\partial y}$(2.2.12)式,得

$$\frac{\partial \delta}{\partial t}=-\boldsymbol{v}\cdot\nabla\delta-\delta^2+2J_h(u,v)-\nabla_h w\cdot\frac{\partial \boldsymbol{v}_h}{\partial z}+f\zeta-\beta u-c_p\nabla_h\theta\cdot\nabla_h\pi'-c_p\theta\nabla_h^2\pi' \tag{2.2.13}$$

此即为中尺度系统的水平散度方程。下标“h”表示水平,$J_h(u,v)=\frac{\partial u}{\partial x}\frac{\partial v}{\partial y}-\frac{\partial v}{\partial x}\frac{\partial u}{\partial y}$。

该方程右端第一项为散度平流及铅直输送项；第二项为散度平方项，该项总是引起辐合加强或者辐散减弱；第三项为形变项，表示风场的水平切变对散度变化的作用；第四项表示水平风速的铅直切变效应；第五项与地球的旋转效应有关，对于中尺度而言，这一项往往可以略去；第六项为水平气压梯度力与位温梯度共同作用项；第七项为位温作用下的气压拉普拉斯项。

至于这两个方程中各项因子的相对重要性，则需根据具体的实例进行具体分析。因为这些项的量级特别是垂直运动项在不同的中尺度系统下相差甚远，所以用尺度分析方法得到的各项大小不符合实际情况，因此在此不对各项进行尺度分析。

2.3 中尺度系统的位涡方程以及位涡物质方程

涡度是表征风场旋转特性的微分物理量，涡度方程表示涡度的局地变化情况，当考虑的是其受约束关系时应采用位涡这一概念。Ertel(1942)提出，在绝热、无摩擦干空气中，位涡定义为 $Q=\boldsymbol{\xi}_a \cdot \nabla\theta/\rho$。后来，它又被称为 Ertel 位涡。Ertel 位涡不仅具有绝热、无摩擦条件下的守恒性质，而且还具有平衡系统中的可逆性，被广泛应用于斜压不稳定(Robinson，1989；Gao *et al.*，1990)、赤道外气旋(Hoskins and Berridford，1988；Davis and Emanuel，1991)、热带气旋(Schubert and Alworth，1987)、极涡(Montgomery and Farrell，1992)及锋面(Thorpe，1990；Keyser and Rotunno，1990)等天气系统的分析和诊断中。Pedlosky(1979)曾指出位涡具有不可低估的重要性。Hoskins 等(1985)对 Ertel 位涡在大气诊断中的应用做了系统的分析，提出等熵位涡的概念(简称 IPV)。IPV 对于许多中高纬度的天气系统的移动与发展具有指示意义，但在对流层低层和中低纬度，存在局限性。在必须考虑降水凝结潜热效应时，例如研究暴雨过程中，仍然可以使用位涡的概念，但此时在位涡的表达式当中，位温 θ 应该由相当位温 θe 取代，并且由于考虑了水汽的影响，此时称之为湿位涡(简称 MPV)。考虑到降水凝结潜热效应，Bennetts 等(1979)从布西内斯克近似出发，导出了湿位涡的变化方程。Wu 等(1998)从严格的原始运动方程出发，引入水汽的影响，推导了湿位涡方程，证明绝热、无摩擦、饱和湿空气湿位涡守恒；并研究了(湿)斜压过程中涡旋垂直涡度的发展，提出倾斜涡度发展理论(简称 SVD)；指出涡旋易于在等熵面陡立的地方发展。为了研究暴雨系统，Gao 等(2002)和 Cui 等(2003)进一步在连续方程中引入降水造成的质量强迫效应，重新推导了考虑非绝热加热、摩擦以及质量强迫等外强迫的湿位涡方程，并证明了湿位涡的不可穿透性，指出位涡物质可以作为暴雨系统落区预报的重要示踪物，进而为暴雨预报提供依据。我们知道，对中尺度系统而言，散度的重要性不可忽视，它与中尺度系统的发生、发展有着比涡度更加密切的关系(Zhao and Liu,1999);因此,若能把辐合、辐散效应显含在位涡方程中,则将有利于中尺度的研究与位涡方程的应用。为此,我们重新定义了新的位涡表达式 $Q=\frac{\boldsymbol{\xi}_a\cdot\nabla\theta}{\pi}$,实为位涡物质。并导出了相应的位涡物质方程。

由 2.2 节推得的常用中小尺度涡度方程

$$\frac{\partial\boldsymbol{\xi}_a}{\partial t}+\nabla\times(\boldsymbol{\xi}_a\times\boldsymbol{v})=-c_p\nabla\theta\wedge\nabla\pi \tag{2.3.1}$$

其中,

$$\boldsymbol{\xi}_a=f\boldsymbol{k}+\nabla\times\boldsymbol{v}$$

用$\nabla\theta$点乘(2.3.1)式,可得

$$\nabla\theta\cdot\frac{\mathrm{d}\boldsymbol{\xi}_a}{\mathrm{d}t}-\nabla\theta\cdot(\boldsymbol{\xi}_a\cdot\nabla)\boldsymbol{V}+\nabla\theta\cdot\boldsymbol{\xi}_a(\nabla\cdot\boldsymbol{V})=0 \tag{2.3.2}$$

若用原始的连续方程

$$\frac{\mathrm{d}\rho}{\mathrm{d}t}+\rho\nabla\cdot\boldsymbol{V}=0$$

代入(2.3.2)式,可得

$$\nabla\theta\cdot\frac{\mathrm{d}\boldsymbol{\xi}_a}{\mathrm{d}t}-\nabla\theta\cdot(\boldsymbol{\xi}_a\cdot\nabla)\boldsymbol{V}-\nabla\theta\cdot\boldsymbol{\xi}_a\cdot\frac{1}{\rho}\frac{\mathrm{d}\rho}{\mathrm{d}t}=0 \tag{2.3.3}$$

又位温守恒,有

$$\frac{\mathrm{d}\nabla\theta}{\mathrm{d}t}=-\nabla\boldsymbol{V}\cdot\nabla\theta \tag{2.3.4}$$

其中

$$\nabla\boldsymbol{V}\cdot\nabla\theta=\nabla u\frac{\partial\theta}{\partial x}+\nabla v\frac{\partial\theta}{\partial y}+\nabla w\frac{\partial\theta}{\partial z}$$

用$\frac{\boldsymbol{\xi}_a}{\rho}$点乘上式,$\frac{1}{\rho}$点乘(2.3.3)式,然后两式相加,可得

$$\frac{\mathrm{d}}{\mathrm{d}t}\frac{(\boldsymbol{\xi}_a\cdot\nabla\theta)}{\rho}=0 \tag{2.3.5}$$

上式即为 Ertel 位涡守恒方程。

若用(2.1.2)式代入(2.3.2)式,可得

$$\nabla\theta\cdot\frac{\mathrm{d}\boldsymbol{\xi}_a}{\mathrm{d}t}-\nabla\theta\cdot(\boldsymbol{\xi}_a\cdot\nabla)\boldsymbol{V}-\frac{c_v}{R}\nabla\theta\cdot\boldsymbol{\xi}_a\cdot\frac{1}{\pi}\frac{\mathrm{d}\pi}{\mathrm{d}t}=0 \tag{2.3.6}$$

用$\frac{\boldsymbol{\xi}_a}{\pi}$点乘上式,$\frac{1}{\pi}$点乘(2.3.3)式,然后与(2.3.6)式相加,可得

$$\frac{\mathrm{d}}{\mathrm{d}t}\left(\frac{\boldsymbol{\xi}_a\cdot\nabla\theta}{\pi}\right)=\frac{1}{\pi}\left(\frac{R}{c_v}-1\right)(\boldsymbol{\xi}_a\cdot\nabla\theta)\nabla\cdot\boldsymbol{v} \tag{2.3.7}$$

定义位涡物质 $Q=\frac{\boldsymbol{\xi}_a\cdot\nabla\theta}{\pi}$,则有,

$$\frac{\mathrm{d}}{\mathrm{d}t}(Q)=\frac{1}{\pi}\left(\frac{R}{c_v}-1\right)(\boldsymbol{\xi}_a\cdot\nabla\theta)\nabla\cdot\boldsymbol{v} \tag{2.3.8}$$

此即为适用于中尺度系统研究的包含散度效应的新的位涡方程，也即位涡物质方程。其中 c_v 为湿空气定容比热，R 为湿空气比气体常数。该方程主要特点是，方程中散度项显式出现在方程的右端（这里由于考虑的是绝热、无黏未饱和湿空气，对位涡有贡献的非绝热项和摩擦项不出现在方程中）；可见，该方程对研究辐合辐散对中尺度系统位涡变化的影响是十分有利的。

参考文献

高守亭，崔晓鹏. 2006. 适用于中尺度系统研究的位涡方程. 中国科学院研究生院学报，**23**(3)：337-341.

吴国雄，蔡雅萍，唐晓菁. 1995. 湿位涡和倾斜涡度发展，气象学报，**53**(4)：387-405.

Bennetts D A, and Hoskins B J. 1979. Conditional symmetric instability-a possible explanation for frontal rainbands. *Quart. J. R. Met. Soc.*, **105**: 945-962.

Cui X P, Gao S T, Wu G X. 2003. Up-sliding slantwise vorticity development and the complete vorticity equation with mass forcing. *Advs. Atmos. Sci.*, **20**:825-836.

Durran D R, Klemp J B. 1982. On the Effects of Moisture on the Brunt-Väisalä Frequency. *J. Atmos. Sci.*, **39**: 2152-2158.

Durran D R, 1999. *Numerical Methods for Wave Equations in Geophysical Fluid Dynamics*, Springer-Verlag New York, Inc. pp361.

Davis C A and Emanuel K A. 1991. Potential vorticity Diagnostics of cyclogenesis. *Mon. Wea. Rev.*, **119**: 1929-1953.

Ertel H. 1942. Ein neuer hydrodynamischer wir-belsatz. *Meteor. Z.*, **59**: 277-281.

Fujita T T. 1985. The Downburst. SMRP Research Paper 210.

Gao S T, Lei T and Zhou Y S. 2002. Moist potential vorticity anomaly with heat and mass forcings in torrential rain systems. *Chin. Phys. Lett.*, **19**: 878-880.

Gao S T, Tao S Y and Ding Y H. 1990. The generalized E-P flux of wave-mean flow interactions. *Sciences in China* (*Series B*), **33**: 704-715.

Hoskins B J and Berridford P. 1988. A potential vorticity perspective of the storm of 15-16 October 1987. *Weather*, **43**: 122-129.

Hoskins B J. 1985. On the use and significance of isentropic potential vorticity maps. *Quart. J. R. Met. Soc.*, **111**: 877-946.

Keyser D, and Rotunno R. 1990. On the formation of potential vorticity anomalies of upper-level jet front systems. *Mon. Wea. Rev.*, **118**: 1914-1921.

Ligda M G H. 1951. Radar Storm Observation, Compendium of Meteorology. *Bull. Am. Meteor. Soc*, 1265-1282.

Markowski P and Richardson Y. 2010. Mesoscale Meteorology in Midlatitudes. Wiley-blackwell, A John Wiley & Sons, Ltd, pp. 399.

Montgomery M T and Farrell B F. 1992. Polar low dynamics. *J. Atmos. Sci.*, **48**: 2484-2505.

Ogura Y, Phillips N A. 1962. Scale analysis of deep and shallow convection in the atmosphere. *J. Atmos. Sci.*, **19**(2):173-179.

Orlanski I. 1975. A Rational Subdivision of Scales for Atmospheric Processes. *Bull. Am. Meteor. Soc*, **38**:572-582.

Pedlosky J. 1979. Geophsical Fluid Dynamics. New York: Springer-Verlag.

Robinson W A. 1989. On the structure of potential vorticity in baroclinic instability. *Tellus*, 1989, 41A: 275284.

Schubert W H and Alworth B T. 1987. Evolution of potential vorticity in tropical cyclones. *Quart. J. R. Met. Soc.*, **113**: 147-162.

Thorpe A J. 1990. Frontogenesis at the boundary between air-masses of different potential vorticity. *Quart. J. R. Met. Soc.*, **116**: 561-572.

Wu G X, Liu H Z. 1998. Vertical Vorticity development owing to down-sliding at slantwise isentropic surface. *Dynamics of Atmospheres and Oceans*, **27**: 715-743.

Zhao Q, Liu S K. 1999. Barotropic mesoscale semi-balanced and quasi-balanced dynamic models. *Chinese J. Atmos. Sci*, **23**:559-570(in Chinese with English abstract).

第3章　风及其性质

3.1　流线与迹线

3.1.1　流线与迹线的定义

在天气分析工作中，一般用流线来表示风向（Petterssen，1956）。流线的定义为处处与瞬时的风矢量相切的一条线。应该注意的是，流线是指瞬时的情形，而不是空气质点前后连续所在的位置。

以 $\mathrm{d}r$ 代表某一条流线上的一段线元，其分量是 $\mathrm{d}x$ 和 $\mathrm{d}y$，若 $\boldsymbol{V}$ 是速度，两者相切条件是 $\boldsymbol{V}\times \mathrm{d}\boldsymbol{r}=0$，用分量形式表示则为：$\dfrac{\mathrm{d}y}{\mathrm{d}x}=\dfrac{v(x,y)}{u(x,y)}$，这就是流线的微分形式。这说明，流线相对于 x 轴的坡度，处处与风矢量坡度相同。

在某些问题中，我们还需考虑空气质点在某一段时间中的运动情况。于是我们有迹线的如下定义：某一空气质点的迹线，是指这个气块在各个连续时刻所在位置所构成的曲线。

由迹线的定义可知，在任何一个时刻，风矢量必须与迹线相切。而由流线的定义可知，在流线图所示的时刻，在空气质点所在位置上，迹线和流线是相切的。除此之外，在一段时间里，流线和迹线通常不重合，重合现象只发生在风场驻停不移的情况下。

对流线和迹线，我们给它们规定一个正方向，一般都以风的去向表示这两种线的正方向。同时，一般流线和迹线都是弯曲的，所以有必要规定曲率的正负号。对于气象学来说，当空气质点沿着流线或者迹线的正前方移动时，如果它按照地球自转方向旋转，这样的曲率为正曲率，反之则为负曲率。这一定义在南北半球都同样适用。

3.1.2　流线与迹线的关系

设 β 为风向，K_s 和 K_t 分布表示流线和迹线的曲率。在单位时间内随着空气块的移动，β 的变化可以表示成

$$\dot{\beta}=VK_t \tag{3.1.1}$$

这里 V 是风速。将上式展开，得到

$$\dot{\beta} = \frac{\partial\beta}{\partial t} + \mathbf{V}\cdot\nabla\beta = VK_t \tag{3.1.2}$$

若假设 $\mathbf{V}$ 是水平的，$\mathbf{V}\cdot\nabla\beta$ 可以写成

$$\mathbf{V}\cdot\nabla\beta = V\frac{\partial\beta}{\partial s} \tag{3.1.3}$$

$\frac{\partial\beta}{\partial s}$是沿流线上单位距离内风场的变化，也就是流线的曲率。于是 $\mathbf{V}\cdot\nabla\beta=VK_s$。则(3.1.2)式可以写成

$$\frac{\partial\beta}{\partial t} = V(K_t - K_s) \tag{3.1.4}$$

这里的$\frac{\partial\beta}{\partial t}$是风的局地变化率。可见凡是在风向随时间不改变的地点上，流线与迹线的曲率是一致的。如果风向在某一个地区都是定常的，则流线和迹线重合。

3.1.3　流函数与势函数

考虑水平风速，假设其速度在 x 和 y 方向上分别为 u 和 v。对于不可压流体，其二维连续性方程为：

$$\frac{\partial u}{\partial x} + \frac{\partial v}{\partial y} = 0 \tag{3.1.5}$$

这时我们可以引进流函数 ψ，使

$$u = -\frac{\partial\psi}{\partial y}, v = \frac{\partial\psi}{\partial x} \tag{3.1.6}$$

把(3.1.6)式代入(3.1.5)式可得

$$-\frac{\partial^2\psi}{\partial x\partial y} + \frac{\partial^2\psi}{\partial x\partial y} = 0 \tag{3.1.7}$$

可见我们引入的这个流函数是满足连续性方程的。

若考虑沿着曲线 C 上的两点 $A(x_1, y_1)$和 $B(x_2, y_2)$。从 A 到 B 通过 C 的体通量为

$$\int_c \mathbf{V}_h \cdot n\mathrm{d}S \tag{3.1.8}$$

其中 S 是沿 C 从 A 到 B 的弧长，$\boldsymbol{n}=\left(\frac{\mathrm{d}y}{\mathrm{d}S}, -\frac{\mathrm{d}x}{\mathrm{d}S}\right)$是垂直于曲线 C 的单位法向量，于是有

$$\int_c \mathbf{V}_h \cdot \boldsymbol{n}dS = \int_c\left(-\frac{\partial\psi}{\partial y}\mathrm{d}y - \frac{\partial\psi}{\partial x}\mathrm{d}x\right) = -\int_c d\psi = \psi_1 - \psi_2 \tag{3.1.9}$$

可见 ψ 值在这两点之间的变化等于通过这两点的体通量，根据前面流线的微分形式，则有$\frac{\mathrm{d}x}{\mathrm{d}u}=\frac{\mathrm{d}y}{\mathrm{d}v}$，也即$\frac{\mathrm{d}x}{-\partial\psi/\partial y}=\frac{\mathrm{d}y}{\partial\psi/\partial x}$。化简可得

$$\frac{\partial\psi}{\partial x}\mathrm{d}x+\frac{\partial\psi}{\partial y}\mathrm{d}y=\mathrm{d}\psi=0 \tag{3.1.10}$$

也即 ψ 是常数。可见，流线就是流函数为常数的线。

如果运动是非旋转的，我们可引入速度势 χ，即

$$\boldsymbol{V}_h=\nabla\chi=\left(\frac{\partial\chi}{\partial x},\frac{\partial\chi}{\partial y}\right) \tag{3.1.11}$$

由以上条件可以定义一个复速度势为

$$w(z)=\chi(x,y)+i\psi(x,y) \tag{3.1.12}$$

如果 $w(z)$可微，有

$$\frac{\mathrm{d}w}{\mathrm{d}z}=\frac{\partial\chi}{\partial x}+i\frac{\partial\psi}{\partial x}=\frac{\partial\psi}{\partial y}-i\frac{\partial\chi}{\partial y} \tag{3.1.13}$$

这就是说

$$\frac{\partial\chi}{\partial x}=\frac{\partial\psi}{\partial y},\ \frac{\partial\chi}{\partial y}=-\frac{\partial\psi}{\partial x} \tag{3.1.14}$$

$z=x+iy$ 是复变数。$w(z)$的实部和虚部都满足拉普拉斯方程。

$$\frac{\partial^2\chi}{\partial x^2}+\frac{\partial^2\chi}{\partial y^2}=0,\ \frac{\partial^2\psi}{\partial x^2}+\frac{\partial^2\psi}{\partial y^2}=0 \tag{3.1.15}$$

且有$\nabla\chi\cdot\nabla\psi=0$，这意味着 χ 线和 ψ 线成直角交叉。
$w(z)$可以称为流速，且有如下计算公式

$$w'(z)=\frac{\mathrm{d}w}{\mathrm{d}z}=\frac{\partial\chi}{\partial x}+i\frac{\partial\psi}{\partial x}=\frac{\partial\chi}{\partial x}-i\frac{\partial\psi}{\partial y}=u-iv \tag{3.1.16}$$

一般二维速度可以表示为$\boldsymbol{V}_h=\boldsymbol{k}\times\nabla\psi-\nabla\chi$，但它的解不是唯一的。如变换 $\chi'=\chi+c$，$\psi'=\psi+\nabla b$，其中 c 是常量，∇b 是常矢量，也是方程的解。这很好证明。因为$\nabla\times\nabla b=0$，$\nabla c=0$，故$\nabla\times\chi=\nabla\times\chi'$，$\nabla\psi=\nabla\psi'$

3.2 风场性质

3.2.1 风场的微分性质

风在 x 方向分量 u 和 y 方向分量 v 可以看作是 x 和 y 的函数，即

$$u=u(x,y),v=v(x,y) \tag{3.2.1}$$

取任意一点作原点，将两式展开成泰勒级数，可得(Petterssen，1956)

$$u=u_0+\left(\frac{\partial u}{\partial x}\right)_0 x+\left(\frac{\partial u}{\partial y}\right)_0 y+\text{高次项} \tag{3.2.2}$$

$$v = v_0 + \left(\frac{\partial v}{\partial x}\right)_0 x + \left(\frac{\partial v}{\partial y}\right)_0 y + \text{高次项} \tag{3.2.3}$$

其中u_0,v_0是在所选的原点上风速的分量。现在我们只讨论一级近似的情况,不考虑高次项。

如果不用$(\frac{\partial v}{\partial x})$,$(\frac{\partial v}{\partial y})$等表示泰勒级数,这四个微商项,也可以用它们的和与差来代替,即

$$\delta = \left(\frac{\partial u}{\partial x} + \frac{\partial v}{\partial y}\right)_0,\ E_{st} = \left(\frac{\partial u}{\partial x} - \frac{\partial v}{\partial y}\right)_0$$

$$\zeta = \left(\frac{\partial v}{\partial x} - \frac{\partial u}{\partial y}\right)_0,\ E_{sh} = \left(\frac{\partial v}{\partial x} + \frac{\partial u}{\partial y}\right)_0$$

因此,(3.2.2)和(3.2.3)两个方程式可以写成

$$u = u_0 + \frac{1}{2}(\delta + E_{st})x + \frac{1}{2}(E_{sh} - \zeta)y \tag{3.2.4}$$

$$v = v_0 + \frac{1}{2}(E_{sh} + \zeta)x + \frac{1}{2}(\delta - E_{st})y \tag{3.2.5}$$

如果将坐标系旋转一个角度 ψ,系数 δ 和 ζ 不受转变影响,而 E_{st} 和 E_{sh} 则与所选取坐标系有关,但是$\frac{1}{2}(E_{st}{}^2 + E_{sh}{}^2)$则不因坐标系而变。因此我们可以旋转一个角度$-\psi_0$,使得 $E_{sh}=0$(证明见本章后附录一),这样公式(3.2.4)和(3.2.5)又可以写成

$$u = u_0 + \frac{1}{2}\delta x + \frac{1}{2}E_{st}x - \frac{1}{2}\zeta y \tag{3.2.6}$$

$$v = v_0 - \frac{1}{2}E_{st}y + \frac{1}{2}\delta y\ \frac{1}{2}\zeta x \tag{3.2.7}$$

下面我们来分析一下(3.2.6)和(3.2.7)式。首先,由于高次项都省略了,这两个方程属于线性方程,只能应用在高次项可以省略了的小块面积上。方程中的各项,表示了四种不同的运动形式,其性质截然不同,这四种方式分别为平移、变形、扩张和旋转。这四种运动的方式决定于以下各项的组合。

(1)平移 u_0,v_0

平移 u_0 和 v_0 代表均匀的平移,平移与 x 和 y 无关。参与这种运动的空气质点所组成的气块并不变形,各个质点以相同速度和方向移动。

(2)扩张与收缩(即散度)$\delta=\frac{\partial u}{\partial x}+\frac{\partial v}{\partial y}$

散度这种运动形式会使得一个空气块的面积扩张或者收缩。考虑一个长方形微元 $\delta A=\delta x\delta y$。随运动作微分,得

$$\frac{\mathrm{d}(\delta x\delta y)}{\mathrm{d}t}=\delta x\,\frac{\mathrm{d}(\delta y)}{\mathrm{d}t}+\delta y\,\frac{\mathrm{d}(\delta x)}{\mathrm{d}t} \tag{3.2.8}$$

又有 $\delta y\,\frac{\mathrm{d}(\delta x)}{\mathrm{d}t}=\delta y\delta u=\delta y\,\frac{\partial u}{\partial x}\delta x$ 和 $\delta y\,\frac{\mathrm{d}(\delta x)}{\mathrm{d}t}=\delta y\delta u=\delta y\,\frac{\partial u}{\partial x}\delta x$

因此(3.2.8)可化成

$$\frac{\mathrm{d}(\delta x\delta y)}{\mathrm{d}t}=\left(\frac{\partial u}{\partial x}+\frac{\partial v}{\partial y}\right)\delta x\delta y=\delta\delta x\delta y \tag{3.2.9}$$

所以,二维空间气流的散度,是单位时间内单位面积的扩张或收缩,而且它与平移、变形和旋转都无关。在中小尺度系统中,散度可以和涡度达到同一个量级,对于中小尺度系统的发展十分重要。

(3)变形 $E_{st}=\frac{\partial u}{\partial x}-\frac{\partial v}{\partial y}$

变形这种运动形式一般会引起闭合物质线发生形变。这里也以长方体微元 $\delta A=\delta x\delta y$ 来作分析。该长方体面的形状可以用比值 $\frac{\delta x}{\delta y}$ 来表示。随运动作微分,得

$$\frac{\mathrm{d}}{\mathrm{d}t}\left(\frac{\delta x}{\delta y}\right)=\frac{\delta y\,\mathrm{d}(\delta x)/\mathrm{d}t-\delta x\,\mathrm{d}(\delta y)\mathrm{d}t}{(\delta y)^2} \tag{3.2.10}$$

化简,可得 $\frac{1}{\delta x/\delta y}\frac{\mathrm{d}}{\mathrm{d}t}\left(\frac{\delta x}{\delta y}\right)=\frac{\partial u}{\partial x}-\frac{\partial v}{\partial y}=E_{st}$。变形与平移、辐散、旋转无关。

如果在一开始 $\delta A=\delta x\delta y$ 的单元是正方形。$\delta x/\delta y=1$,变形(E_{st})表示这个单元正方形转变为同等面积长方形的转变率,也就是面积沿膨胀轴伸长,又沿收缩轴收缩。如果当初用圆形做考虑,则 E_{st} 表示圆面转变为椭圆面的转变率。

(4)旋转(即涡度)$\zeta=\frac{\partial v}{\partial x}-\frac{\partial u}{\partial y}$

涡度表示的运动形式是围绕中心($x=0,y=0$)的旋转。沿 x 轴和 y 轴的速度分量分别是 $-\frac{1}{2}\zeta y$ 和 $\frac{1}{2}\zeta x$。所以速度矢量是与半径相垂直的,且速度大小与距中心的距离成正比。可见在旋转这种运动形式中,由空气块组成的任何面都绕中心旋转而不改变形状和大小。

3.2.2 风场的分解

在这一小节中,我们将利用散度和涡度场来重建风矢量场(Dutton,2002,149-152pp)。在 3.1.3 节中,我们知道了如果风场是无辐散的,可以用流函数来表示风场,如果风场是无旋转的,可以用势函数来表示风场。那么对于一般的风场来说,它既不是无辐散的也不是无旋转的,我们该如何表示它呢?下面我们将

做解释和证明。

令 $r=|x'-x|$,∇ 表示在 x'坐标下的哈密顿算子,∇_x表示在 x 坐标下的哈密顿算子。我们最终希望得到的结果是得到一个势,其表达式为

$$\boldsymbol{P} = \frac{1}{4\pi}\int \frac{\boldsymbol{v}_h}{\boldsymbol{r}}\mathrm{d}V(x') \tag{3.2.11}$$

使得

$$\chi = \frac{1}{4\pi}\int_V \boldsymbol{v}_h \cdot \nabla \frac{1}{\boldsymbol{r}}\mathrm{d}V(x') = -\nabla_x \cdot \left[\frac{1}{4\pi}\int \frac{\boldsymbol{v}_h}{\boldsymbol{r}}\mathrm{d}V(x')\right] \tag{3.2.12}$$

$$\boldsymbol{\Psi} = \frac{1}{4\pi}\int_V \boldsymbol{v}_h \times \nabla \frac{1}{\boldsymbol{r}}\mathrm{d}V(x') = \nabla_x \times \left[\frac{1}{4\pi}\int \frac{\boldsymbol{v}_h}{\boldsymbol{r}}\mathrm{d}V(x')\right] \tag{3.2.13}$$

这样风场可以表示成如下的形式

$$\boldsymbol{v}_h = \nabla X + \nabla \times \boldsymbol{\Psi} \tag{3.2.14}$$

于是风场就可以通过用散度场和涡度场来表示出来。

下面我们来进行证明。

首先我们要证明的是 $\boldsymbol{P}$ 是存在且收敛的。在实际应用中,我们一般认为速度 v_h 是连续且有界的。我们把 $\boldsymbol{P}$ 的积分界限分为一个有限区域 E 和剩下的无限区域 I。那么对于一个有限的体积 $\boldsymbol{E} = \frac{1}{4\pi}\int_0^R \frac{\boldsymbol{v}_h}{\boldsymbol{r}}\mathrm{d}V(x')$ 来说,v 是有界的,因此 E 必定是个有界的数。对于剩余部分,我们可以假设一个正数 e,c 和 R,使得当 $r>R$ 时,有 $v<\frac{c}{r^{2+e}}$。我们可以估计 $|\boldsymbol{I}|<c\int_R^\infty \frac{\mathrm{d}r}{r^{1+e}} = \frac{c}{e}R^{-e}$。因此,$\boldsymbol{P}=\boldsymbol{E}+\boldsymbol{I}$ 是有界的。

下一步要证明 $\boldsymbol{P}$ 是连续可微的,这样我们才能对它进行散度运算。这个证明过于复杂,因此我们直接使用 $\boldsymbol{P}$ 是连续可微的结论,有兴趣的读者可以查阅(Phillips,1933)的证明。利用这个结论,我们有:

$$\nabla_x \cdot \boldsymbol{P} = \frac{1}{4\pi}\int_V \boldsymbol{v}_h \cdot \nabla_x \frac{1}{\boldsymbol{r}}\mathrm{d}V(x') \tag{3.2.15}$$

我们考虑一个在 V 中的闭合区域 W,在这个闭合区域中用法向量与 $\nabla_x \cdot \boldsymbol{P}$ 点乘,得:

$$\int_{s(W)} \boldsymbol{n} \cdot \nabla_x P_i d\sigma(x) = \frac{1}{4\pi}\int_V v_i \left[\int_{s(W)} \boldsymbol{n} \cdot \nabla_x \frac{1}{r}\mathrm{d}\sigma(x)\right]\mathrm{d}V(x') \tag{3.2.16}$$

上式中 $\boldsymbol{n}$ 是单位法向量,P_i 和 v_i 分别是 $\boldsymbol{P}$ 和 v_h 的分量。如果点 x'在 V 内但是在 W 外,那么在 W 中 r 不为 0。故有

$$\int_{s(W)} \boldsymbol{n} \cdot \nabla_x \frac{1}{r}\mathrm{d}\sigma(x) = \int_W \nabla_x^2 \frac{1}{r}\mathrm{d}W(x) = 0 \tag{3.2.17}$$

这是因为除了在原点，$\nabla_x^2 \frac{1}{r}$均为 0。

如果 x'在 W 内，那么根据高斯定理，$\int_{s(W)} \boldsymbol{n} \cdot \nabla_x \frac{1}{r} \mathrm{d}\sigma(x) = -4\pi$。因此(3.2.16)变成

$$\int_{s(W)} \boldsymbol{n} \cdot \nabla_x P_i \mathrm{d}\sigma(x) = -\int_W v_i \mathrm{d}W(x) \tag{3.2.18}$$

因为 $\boldsymbol{P}$ 是连续可微的，因此有

$$\int_{s(W)} \boldsymbol{n} \cdot \nabla_x P_i \mathrm{d}\sigma(x) = \int_W \nabla^2 P_i \mathrm{d}W(x) = -\int_W v_i \mathrm{d}W(x) \tag{3.2.19}$$

对于在区域里面的每一个体积 W，(3.2.19)均成立，那么必定有 $\nabla^2 P_i = v_i$，于是有

$$\nabla^2 \boldsymbol{P} = -\boldsymbol{v}_h \tag{3.2.20}$$

以上，我们已经证明了 $\boldsymbol{P}$ 是可微的，而且它满足泊松方程(3.2.20)。

由于 $\boldsymbol{P}$ 是可微的，因此我们可以定义以下两个函数：

$$X = -\nabla_x \cdot \boldsymbol{P} = \frac{1}{4\pi}\int_V \boldsymbol{v}_h \cdot \nabla \frac{1}{r} \mathrm{d}V(x') \tag{3.2.21}$$

$$\boldsymbol{\Psi} = \nabla_x \times \boldsymbol{P} = \frac{1}{4\pi}\int_V \boldsymbol{v}_h \times \nabla \frac{1}{r} \mathrm{d}V(x') \tag{3.2.22}$$

利用如下的运算法则：

$$\nabla^2 \boldsymbol{P} = \nabla(\nabla \cdot \boldsymbol{P}) - \nabla \times (\nabla \times \boldsymbol{P}) \tag{3.2.23}$$

可得

$$\boldsymbol{v}_h = \nabla \chi + \nabla \times \boldsymbol{\Psi} \tag{3.2.24}$$

以上证明了可以用 $\boldsymbol{P}$ 来对风矢量场 $\boldsymbol{v}$ 进行重建。但是尚未证明函数 χ 和 $\boldsymbol{\Psi}$ 是由散度场和涡度场决定的。下面我们将来证明这一点。考虑一块体积 $V-V_0$，其中 V_0 是包含原点的一个小体积，假设其半径为 e，那么有：

$$\left| \int_{S_0} \frac{\boldsymbol{v}_h \cdot \boldsymbol{n}}{r} \mathrm{d}\sigma \right| \leqslant \frac{\max[\boldsymbol{v}_h \cdot \boldsymbol{n}]}{e} \int_{S_0} \mathrm{d}\sigma = 4\pi \max[\boldsymbol{v}_h \cdot \boldsymbol{n}] \tag{3.2.25}$$

利用高斯定理，在 $V-V_0$ 中，有

$$\int_{V-V_0} \nabla \frac{\boldsymbol{v}_h}{\boldsymbol{r}} \mathrm{d}V(x') = \int_{S_1} \frac{\boldsymbol{n} \cdot \boldsymbol{v}_h}{\boldsymbol{r}} \mathrm{d}\sigma + \int_{S_0} \frac{\boldsymbol{n} \cdot \boldsymbol{v}_h}{\boldsymbol{r}} \mathrm{d}\sigma \tag{3.2.26}$$

其中 S_1 是 V 的外边界。由(3.2.25)式知，当取极限的时候，(3.2.26)式右边第二项为 0。故(3.2.21)式可以写成

$$\chi(x) = -\frac{1}{4\pi}\int_V \frac{\nabla \cdot \boldsymbol{v}_h}{\boldsymbol{r}} \mathrm{d}V(x') + \frac{1}{4\pi}\int_{S_1} \frac{\boldsymbol{n} \cdot \boldsymbol{v}_h}{\boldsymbol{r}} \mathrm{d}\sigma(x') \tag{3.2.27}$$

类似可得

$$\boldsymbol{\Psi}(x) = \frac{1}{4\pi}\int_V \frac{\boldsymbol{\xi}(x')}{\boldsymbol{r}} \mathrm{d}V(x') - \frac{1}{4\pi}\int_{S_1} \frac{\boldsymbol{n} \times \boldsymbol{v}_h}{\boldsymbol{r}} \mathrm{d}\sigma(x') \tag{3.2.28}$$

综上所述，我们可以利用涡度和散度来把风场分为旋转部分和无旋部分。在实际中，风场并不是通过涡度和散度来获得，但是这样的分解，可以把风场的辐散性质和旋转性质得以分别体现，对我们研究大气运动的性质，是极其有帮助的。

3.2.3　等熵流运动方程

在运动方程中，风场（风速 $\boldsymbol{v}$）并不是以显式表达给出的，而是以其加速度的形式（$\frac{\mathrm{d}\boldsymbol{v}}{\mathrm{d}t}$）给出。为了能更直观的展示风场的特性，我们希望风场能有显式的表达式。下面我们进行风速显式表达式的推导（Dutton，2002）。

我们先定义两个直角坐标系。一个是欧拉坐标系 $\boldsymbol{x}$，一个是追随流体运动的拉格朗日坐标系 $\boldsymbol{\xi}$。上标为小写字母的物理量，用 $\boldsymbol{x}^i$ 表示在欧拉坐标系下的分量，而上标为大写字母的物理量如 $\boldsymbol{\xi}^I$ 表示在拉格朗日坐标系下的分量。定义下面两个矩阵：

$$\nabla\boldsymbol{\xi} = \left(\frac{\partial\xi^I}{\partial x^i}\right) \quad 和 \quad \overset{\xi}{\nabla}\boldsymbol{x} = \left(\frac{\partial x^i}{\partial\xi^I}\right) \tag{3.2.29}$$

其中 $I=1,2,3;i=1,2,3$。

利用（3.2.29）有：

$$\boldsymbol{v}\cdot\nabla\boldsymbol{\xi} = v^k\left(\frac{\partial\xi}{\partial x^k}\right) \tag{3.2.30}$$

$$\overset{\xi}{\nabla}\boldsymbol{x}\cdot\boldsymbol{v} = (\nabla^{\xi}x^i)v^i = v^i\overset{\xi}{\nabla}x^i \tag{3.2.31}$$

$$\nabla(\boldsymbol{\xi}\cdot\boldsymbol{v}) = \nabla(\xi^i v^i) \tag{3.2.32}$$

流体的风速在两个坐标系下的表达式不同，可写为

$$\dot{\boldsymbol{x}} = \frac{\partial x}{\partial t_{\xi}} = \frac{\mathrm{d}x}{\mathrm{d}t} = \boldsymbol{v} \tag{3.2.33}$$

现在我们考虑一个无摩擦的等熵流体，在绝对坐标系下，其运动方程为

$$\frac{\mathrm{d}\boldsymbol{v}}{\mathrm{d}t} = T\nabla S - \nabla(H+\phi) \tag{3.2.34}$$

热力学方程为

$$\frac{\mathrm{d}S}{\mathrm{d}t} = 0 \tag{3.2.35}$$

其中 S 是熵，H 是比焓，ϕ 表示的是外力（如重力等）的潜势。

利用（3.2.33）式我们有

$$\frac{\mathrm{d}}{\mathrm{d}t}(\overset{\xi}{\nabla}\boldsymbol{x}\cdot\boldsymbol{v}) = \frac{\partial}{\partial t_{\xi}}(\overset{\xi}{\nabla}\boldsymbol{x}\cdot\boldsymbol{v}) = \overset{\xi}{\nabla}\boldsymbol{x}\cdot\dot{\boldsymbol{v}} + \overset{\xi}{\nabla}\frac{v^2}{2} \tag{3.2.36}$$

把（3.2.34）式代入（3.2.36）式我们有

$$\frac{\mathrm{d}}{\mathrm{d}t}(\overset{\xi}{\nabla}\boldsymbol{x}\cdot\boldsymbol{v}) = \overset{\xi}{\nabla}\boldsymbol{x}\cdot[(T\nabla S)-\nabla(H+\phi)]+\overset{\xi}{\nabla}\frac{v^2}{2}$$

$$= T\overset{\xi}{\nabla}S-\overset{\xi}{\nabla}(H+\phi-\frac{v^2}{2}) \qquad (3.2.37)$$

令 $\dot{\Lambda}=T,\dot{\Psi}=h+\phi+\dfrac{v^2}{2}$。把(3.2.37)式对时间积分，并利用(3.2.35)式，有

$$\overset{\xi}{\nabla}\boldsymbol{x}\cdot\boldsymbol{v}-\boldsymbol{v}_0 = \Lambda\overset{\xi}{\nabla}S-\overset{\xi}{\nabla}\Psi \qquad (3.2.38)$$

(3.2.28) · ∇ξ，我们得到：

$$\boldsymbol{v} = \Lambda\nabla S-\nabla\Psi+\nabla\boldsymbol{\xi}\cdot\boldsymbol{v}_0 \qquad (3.2.39)$$

这就是无摩擦等熵流的运动方程，它可以把风速 $\boldsymbol{v}$ 显式的表达出来。利用这一方程，我们可以计算一个气块沿其迹线运动的时候各点的速度。特别是过去在讨论适应问题时，得到了一个明确的结论：对于系统的水平尺度大于罗斯贝变形半径 $\widehat{R}(=NH/f)$ 的系统气压场决定风场，而对于系统的水平尺度小于罗斯贝变形半径 $\widehat{R}(=NH/f)$ 的系统风场决定气压场，这个明确的结论从来没有物理解释，因为没有给出风场与气压场之间的直接关系。这里的(3.2.39)却给出了风场与气压场之间的直接关系。这为物理解释以上的明确结论成为可能。

附录 1

由公式(3.2.2)和(3.2.3)推导公式(3.2.4)和(3.2.5)

证明：将 u,v 展开成泰勒级数，有

$$u = u_0+\left(\frac{\partial u}{\partial x}\right)_0 x+\left(\frac{\partial u}{\partial y}\right)_0 y+\text{高次项}$$

$$v = v_0+\left(\frac{\partial v}{\partial x}\right)_0 x+\left(\frac{\partial v}{\partial y}\right)_0 y+\text{高次项}$$

忽略掉高次项，在 x,y 坐标下，以上两式可以写成：

$$\begin{pmatrix}u\\v\end{pmatrix}=\begin{bmatrix}u_0\\\boldsymbol{v}_0\end{bmatrix}+\begin{bmatrix}\dfrac{\partial u}{\partial x} & \dfrac{\partial u}{\partial y}\\ \dfrac{\partial v}{\partial x} & \dfrac{\partial v}{\partial x}\end{bmatrix}\begin{pmatrix}x\\y\end{pmatrix}$$

$$=\begin{bmatrix}u_0\\\boldsymbol{v}_0\end{bmatrix}+\begin{bmatrix}\dfrac{1}{2}(\delta+E_{st}) & \dfrac{1}{2}(E_{sh}-\zeta)\\ \dfrac{1}{2}(E_{sh}+\zeta) & \dfrac{1}{2}(\delta-E_{st})\end{bmatrix}\begin{pmatrix}x\\y\end{pmatrix}$$

$$=\begin{bmatrix}u_0\\\boldsymbol{v}_0\end{bmatrix}+\frac{1}{2}\begin{bmatrix}\delta & E_{sh}\\E_{sh} & \delta\end{bmatrix}\begin{pmatrix}x\\y\end{pmatrix}+\frac{1}{2}\begin{bmatrix}E_{st} & \zeta\\\zeta & -E_{st}\end{bmatrix}\begin{pmatrix}x\\y\end{pmatrix}$$

在 x',y' 坐标下的表达式则为

$$\begin{pmatrix} u \\ v \end{pmatrix} = \begin{bmatrix} u'_0 \\ v'_0 \end{bmatrix} + \frac{1}{2}\begin{bmatrix} \delta' & E_{sh}' \\ E_{sh}' & \delta' \end{bmatrix}\begin{pmatrix} x' \\ y' \end{pmatrix} + \frac{1}{2}\begin{bmatrix} E_{st}' & \zeta' \\ \zeta' & -E_{sh}' \end{bmatrix}\begin{pmatrix} x' \\ y' \end{pmatrix}$$

坐标(x',y')和(x,y)的夹角为 θ，即将(x',y')旋转 θ 后得(x,y)。看是否能消去 E_{sh}'，使其为 0。

即

$$\begin{pmatrix} x \\ y \end{pmatrix} = \begin{pmatrix} \cos\theta & -\sin\theta \\ \sin\theta & \cos\theta \end{pmatrix}\begin{pmatrix} x' \\ y' \end{pmatrix}$$

$$T = \begin{pmatrix} \cos\theta & -\sin\theta \\ \sin\theta & \cos\theta \end{pmatrix}$$

为转换方阵。则 $\begin{bmatrix} \delta & E_{sh} \\ E_{sh} & \delta \end{bmatrix} = A$ 在新坐标的表达式为 $\begin{bmatrix} \delta' & E_{sh}' \\ E_{sh}' & \delta' \end{bmatrix} = A'$，$T^{-1} = \begin{pmatrix} \cos\theta & \sin\theta \\ -\sin\theta & \cos\theta \end{pmatrix}$为 T 的逆矩阵。也就是转了 θ 再转 $-\theta$ 后 $TT^{-1} = I$，这样就可以消去 E_{sh}'，使其为 0。

参考文献

Dutton J A. 2002. The ceaseless wind: an introduction to the theory of atmospheric motion. Courier Corporation, 149-152pp, 384pp, 387-388pp.

Petterssen S. 1956. Weather Analysis and Forecasting, ***I***, motion and motion systems MCGRAW-Hill, 450pp.

第 4 章 涡度及其有关方程

4.1 涡度概念及其计算

在第 3 章中，已经就涡度进行了简单的介绍。涡度对于中尺度系统发展的影响是十分重要的，因此在本章中，将对涡度这一重要概念进行进一步说明。

4.1.1 涡度概念

在流体力学中，涡度用来表示流体质块的旋转程度和旋转方向，是流体动力学的一个基本概念，而流场中质点的涡度定义为流体质点的旋度，其表达式为：

$$\boldsymbol{\xi} = \nabla \times \boldsymbol{v} \tag{4.1.1}$$

这里的 $\boldsymbol{v}$ 是三维全速度。由于大气运动是准水平的，一般只讨论水平面上的旋转，对应的就是涡度的垂直分量：

$$\zeta = \frac{\partial v}{\partial x} - \frac{\partial u}{\partial y} \tag{4.1.2}$$

4.1.2 涡度方程

涡度是一个微分量。因此可以通过对原始运动方程进行微分运算来获得大气动力学中的一个重要的方程——涡度方程。下面将利用原始运动方程对涡度方程进行推导。

大气运动的原始运动方程为：

$$\frac{\partial \boldsymbol{v}}{\partial t} + \boldsymbol{v} \cdot \nabla \boldsymbol{v} + f\boldsymbol{k} \times \boldsymbol{v} = -\frac{1}{\rho} \nabla p + \nabla \Phi + \boldsymbol{F} \tag{4.1.3}$$

利用恒等式 $\boldsymbol{v} \cdot \nabla \boldsymbol{v} = \frac{1}{2} \nabla v^2 + \boldsymbol{\xi} \times \boldsymbol{v}$，可以把(4.1.3)式化为：

$$\frac{\partial \boldsymbol{v}}{\partial t} + \boldsymbol{\xi} \times \boldsymbol{v} + f\boldsymbol{k} \times \boldsymbol{v} = -\frac{1}{\rho} \nabla p + \nabla \left(\Phi - \frac{v^2}{2}\right) + \boldsymbol{F} \tag{4.1.4}$$

也即：

$$\frac{\partial \boldsymbol{v}}{\partial t} + (\boldsymbol{\xi} + f\boldsymbol{k}) \times \boldsymbol{v} = -\frac{1}{\rho} \nabla p + \nabla \left(\Phi - \frac{v^2}{2}\right) + \boldsymbol{F} \tag{4.1.5}$$

利用数学恒等式：

$$\nabla\times(\boldsymbol{a}\times\boldsymbol{b})=(\boldsymbol{b}\cdot\nabla)\boldsymbol{a}-(\boldsymbol{a}\cdot\nabla)\boldsymbol{b}+\boldsymbol{a}\nabla\cdot\boldsymbol{b}-\boldsymbol{b}\nabla\cdot\boldsymbol{a} \tag{4.1.6}$$

对(4.1.5)式进行旋度运算，即 $\nabla\times$(4.1.5)式，因为 $\nabla\times\nabla(\Phi-\frac{v^2}{2})=0$，所以有

$$\frac{\partial(\nabla\times\boldsymbol{v})}{\partial t}+\nabla\times[(\boldsymbol{\xi}+f\boldsymbol{k})\times\boldsymbol{v}]=\frac{1}{\rho^2}\nabla\rho\times\nabla p+\nabla\times\boldsymbol{F} \tag{4.1.7}$$

记 $(\boldsymbol{\xi}+f\boldsymbol{k})=\boldsymbol{\xi}_a$ 为绝对涡度，(4.1.7)式可以变成

$$\frac{\partial\boldsymbol{\xi}}{\partial t}+\nabla\times(\boldsymbol{\xi}_a\times\boldsymbol{v})=\frac{1}{\rho^2}\nabla\rho\times\nabla p+\nabla\times\boldsymbol{F} \tag{4.1.8}$$

再次利用(4.1.6)式，有

$$\begin{aligned}\nabla\times(\boldsymbol{\xi}_a\times\boldsymbol{v})&=(\boldsymbol{v}\cdot\nabla)\boldsymbol{\xi}_a-(\boldsymbol{\xi}_a\cdot\nabla)\boldsymbol{v}+\boldsymbol{\xi}_a\nabla\cdot\boldsymbol{v}-\boldsymbol{v}\nabla\cdot\boldsymbol{\xi}_a\\&=(\boldsymbol{v}\cdot\nabla)\boldsymbol{\xi}_a-(\boldsymbol{\xi}_a\cdot\nabla)\boldsymbol{v}+\boldsymbol{\xi}_a\nabla\cdot\boldsymbol{v}\end{aligned} \tag{4.1.9}$$

代入(4.1.8)式，整理得

$$\frac{\partial\boldsymbol{\xi}}{\partial t}+\boldsymbol{v}\cdot\nabla\boldsymbol{\xi}_a=(\boldsymbol{\xi}_a\cdot\nabla)\boldsymbol{v}-\boldsymbol{\xi}_a\nabla\cdot\boldsymbol{v}+\frac{1}{\rho^2}\nabla\rho\times\nabla p+\nabla\times\boldsymbol{F} \tag{4.1.10}$$

因为 $\frac{\partial\boldsymbol{\xi}_a}{\partial t}=\frac{\partial\boldsymbol{\xi}}{\partial t}$，(4.1.10)式又可以写为

$$\frac{\mathrm{d}\boldsymbol{\xi}_a}{\mathrm{d}t}=(\boldsymbol{\xi}_a\cdot\nabla)\boldsymbol{v}-\boldsymbol{\xi}_a\nabla\cdot\boldsymbol{v}+\frac{1}{\rho^2}\nabla\rho\times\nabla p+\nabla\times\boldsymbol{F} \tag{4.1.11}$$

公式(4.1.11)就是三维涡度方程。可以看得出，涡度的个别变化由四项决定，分别称其为扭转项、散度项、力管项和摩擦耗散项。

4.1.3　涡度的“冻结”性质

首先我们定义一条“涡线”。涡线上每一点的切线方向是该点的涡度方向。这个定义可以和流线作类比：流线上每一点的切线方向是该点的速度方向。假设我们画一条涡线穿过流体，这条涡线是和流体元相关联的，于是就形成了一条物质线。随着流体运动，物质线会发生变形，涡线也会随着发生演变，这种演变是由运动方程所控制的。涡线有一个值得注意的性质：在无外强迫和无摩擦的流体中，涡线和它最初相联系的物质线是保持一致的。也就是说，涡线永远保持着相同的物质元，涡度就像被“冻结”在流体里面了一样(Vallis，2006)。下面为了证明这个性质。我们来考虑一个无穷小的物质线元 $\delta\boldsymbol{l}$ 的演变。$\delta\boldsymbol{l}$ 是连接 $\boldsymbol{l}$ 和 $\boldsymbol{l}+\delta\boldsymbol{l}$ 的无限小的物质元。$\delta\boldsymbol{l}$ 变化率为：

$$\frac{\mathrm{d}\delta\boldsymbol{l}}{\mathrm{d}t}=\frac{1}{\delta t}[\delta\boldsymbol{l}(t+\delta t)-\delta\boldsymbol{l}(t)] \tag{4.1.12}$$

利用泰勒公式和速度的定义，我们有

$$\begin{aligned}\delta\boldsymbol{l}(t+\delta t)&=\boldsymbol{l}(t)+\delta\boldsymbol{l}(t)+(\boldsymbol{v}+\delta\boldsymbol{v})\delta t-[\boldsymbol{l}(t)+\boldsymbol{v}\delta t]\\&=\delta\boldsymbol{l}+\delta\boldsymbol{v}\delta t\end{aligned} \tag{4.1.13}$$

上述两式相减，得到：

$$\frac{\mathrm{d}\delta \boldsymbol{l}}{\mathrm{d}t}=\delta \boldsymbol{v} \tag{4.1.14}$$

又由于 $\delta\boldsymbol{v}=(\delta\boldsymbol{l}\cdot\nabla)\boldsymbol{v}$，可以得到

$$\frac{\mathrm{d}\delta \boldsymbol{l}}{\mathrm{d}t}=(\delta\boldsymbol{l}\cdot\nabla)\boldsymbol{v} \tag{4.1.15}$$

对于正压无摩擦不可压的流体，其涡度方程为：

$$\frac{\mathrm{d}\boldsymbol{\xi}}{\mathrm{d}t}=(\boldsymbol{\xi}\cdot\nabla)\boldsymbol{v} \tag{4.1.16}$$

对比这两式可以发现，涡度的演变和线元的演变是一致的。下面我们来详细说明这个性质。

在某一个初始时刻，我们可以找到一个无穷小的物质线元，它和此处的涡度相平行，于是有：

$$\delta\boldsymbol{l}(x,t=0)=A\boldsymbol{\xi}(x,t=0) \tag{4.1.17}$$

A 是一个常数。那么在接下来的时间里，即使流体元移动到了一个新位置 x' 它的涡度大小仍和流体元在那点的长度成比例，方向也和流体元方向相等，就是说

$$\delta\boldsymbol{l}(x',t)=A\boldsymbol{\xi}(x',t) \tag{4.1.18}$$

下面我们来证明这个性质。$\delta\boldsymbol{l}=A\boldsymbol{\xi}$，也就是说，$\delta\boldsymbol{l}\times\boldsymbol{\xi}=0$，如果能证明 $\delta\boldsymbol{l}\times\boldsymbol{\xi}$ 的时间导数为 0，那么就可以证明 $\delta\boldsymbol{l}$ 和 $\boldsymbol{\xi}$ 保持平行。

对于线元，有：

$$\frac{\mathrm{d}(\boldsymbol{\xi}\times\delta\boldsymbol{l})}{\mathrm{d}t}=\frac{\mathrm{d}\boldsymbol{\xi}}{\mathrm{d}t}\times\delta\boldsymbol{l}-\frac{\mathrm{d}\delta\boldsymbol{l}}{\mathrm{d}t}\times\boldsymbol{\xi} \tag{4.1.19}$$

同时我们又有 $\frac{\mathrm{d}\delta\boldsymbol{l}}{\mathrm{d}t}=(\delta\boldsymbol{l}\cdot\nabla)\boldsymbol{v}$ 和 $\frac{\mathrm{d}\boldsymbol{\xi}}{\mathrm{d}t}=(\boldsymbol{\xi}\cdot\nabla)\boldsymbol{v}$。在 $t=0$ 时刻，$\delta\boldsymbol{l}=A\boldsymbol{\xi}$。把这三式代入，可以得到

$$\begin{aligned}\frac{\mathrm{d}(\boldsymbol{\xi}\times\delta\boldsymbol{l})}{\mathrm{d}t}&=(\boldsymbol{\xi}\cdot\nabla)\boldsymbol{v}\times\delta\boldsymbol{l}-(\delta\boldsymbol{l}\cdot\nabla)\boldsymbol{v}\times\boldsymbol{\xi}\\&=(\boldsymbol{\xi}\cdot\nabla)\boldsymbol{v}\times A\boldsymbol{\xi}-(A\boldsymbol{\xi}\cdot\nabla)\boldsymbol{v}\times\boldsymbol{\xi}=0\end{aligned} \tag{4.1.20}$$

所以，$\boldsymbol{\xi}\times\delta\boldsymbol{l}$ 倾向为 0，涡线继续保持是一条物质线。为了让读者更好理解，作如下的类比。

对于一个气块，我们知道，它的位温是保守的，就是说，随着气块的发展，它的位温保持不变。涡度也有这个性质。随着一个物质线元的发展，其涡度方向永远和物质线元的方向保持一致，大小和物质线元大小成比例。涡度就像被“冻结”在流体里面一样。涡度的这个性质，使我们可以把涡度当做示踪物一样，用来追踪流体元的位置。

下面我们考虑复杂一点的情况，对于正压无摩擦流体，涡度的“冻结”性质，是否依然存在呢？

正压无摩擦流体的涡度方程为：

$$\frac{\mathrm{d}\boldsymbol{\xi}}{\mathrm{d}t} = (\boldsymbol{\xi} \cdot \nabla)\boldsymbol{v} - \boldsymbol{\xi}\nabla \cdot \boldsymbol{v} \tag{4.1.21}$$

连续方程为

$$\frac{1}{\rho}\frac{\mathrm{d}\rho}{\mathrm{d}t} + \nabla \cdot \boldsymbol{v} = 0 \tag{4.1.22}$$

把(4.1.22)式代入(4.1.21)式整理得

$$\frac{\mathrm{d}}{\mathrm{d}t}\left(\frac{\boldsymbol{\xi}}{\rho}\right) = \left(\frac{\boldsymbol{\xi}}{\rho} \cdot \nabla\right)\boldsymbol{v} \tag{4.1.23}$$

可以看到，(4.1.23)式和(4.1.16)式在形式上完全一致，所以涡度的“冻结”性质，并不要求流体是不可压。在正压无摩擦流体中，依然存在涡度的“冻结”性质。

再进一步，我们考虑斜压流体。对于斜压流体，运动方程为：

$$\frac{\mathrm{d}\boldsymbol{v}}{\mathrm{d}t} + 2\Omega \times \boldsymbol{v} + \frac{1}{\rho}\nabla p + g\boldsymbol{k} = 0 \tag{4.1.24}$$

气块的熵可以定义为：

$$S = c_p \ln\theta + C \tag{4.1.25}$$

其中 c_p 是定压比热，C 是常数。则熵的梯度可以表示为

$$\nabla S = \frac{c_p}{\theta}\nabla\theta = \frac{c_p}{T}\nabla T - \frac{R}{p}\nabla p = \frac{c_p}{T}\nabla T - \frac{1}{T\rho}\nabla p \tag{4.1.26}$$

因此

$$\frac{1}{\rho}\nabla p = T\nabla S - \nabla c_p T = T\nabla S - \nabla H \tag{4.1.27}$$

其中 $H = c_p T$ 称为焓。把(4.1.27)式代入(4.1.24)式并进行旋度计算，得

$$\frac{\mathrm{d}\boldsymbol{\xi}}{\mathrm{d}t} = (\boldsymbol{\xi} \cdot \nabla)\boldsymbol{v} - \boldsymbol{\xi}\nabla \cdot \boldsymbol{v} + \nabla T \times \nabla S \tag{4.1.28}$$

代入连续方程(4.1.22)整理得

$$\frac{\mathrm{d}}{\mathrm{d}t}\left(\frac{\boldsymbol{\xi}}{\rho}\right) = \left(\frac{\boldsymbol{\xi}}{\rho} \cdot \nabla\right)\boldsymbol{v} + \frac{1}{\rho}(\nabla T \times \nabla S) \tag{4.1.29}$$

我们再令 $T = \frac{\mathrm{d}\Lambda}{\mathrm{d}t}$，有

$$\frac{\mathrm{d}\left(\frac{1}{\rho}\nabla\Lambda \times \nabla S\right)}{\mathrm{d}t} = \frac{1}{\rho}(\nabla\Lambda \times \nabla S) \cdot \nabla\boldsymbol{v} + \frac{1}{\rho}(\nabla T \times \nabla S) \tag{4.1.30}$$

又有

$$\frac{\mathrm{d}\rho}{\mathrm{d}t}=-\rho\nabla\cdot\boldsymbol{v} \tag{4.1.31}$$

$$\frac{\mathrm{d}\,\nabla S}{\mathrm{d}t}=\nabla\frac{\mathrm{d}S}{\mathrm{d}t}-\nabla S\cdot\nabla\boldsymbol{v}-\nabla S\times\nabla\times\boldsymbol{v} \tag{4.1.32}$$

$$\frac{\mathrm{d}\,\nabla\wedge}{\mathrm{d}t}=\nabla\frac{\mathrm{d}\wedge}{\mathrm{d}t}-\nabla\wedge\cdot\nabla\boldsymbol{v}-\nabla\wedge\times\nabla\times\boldsymbol{v} \tag{4.1.33}$$

$$\frac{\mathrm{d}S}{\mathrm{d}t}=0 \tag{4.1.34}$$

把(4.1.31)—(4.1.34)式代入(4.1.30)式整理得：

$$\frac{\mathrm{d}\left(\frac{1}{\rho}\nabla\wedge\times\nabla S\right)}{\mathrm{d}t}=\frac{1}{\rho}(\nabla\wedge\times\nabla S)\cdot\nabla\boldsymbol{v}+\frac{1}{\rho}(\nabla T\times\nabla S) \tag{4.1.35}$$

(4.1.29)式与(4.1.35)式相减，整理得

$$\frac{\mathrm{d}[(\boldsymbol{\xi}-\nabla\wedge\times\nabla S)/\rho]}{\mathrm{d}t}=(1/\rho)(\boldsymbol{\xi}-\nabla\wedge\times\nabla S)\cdot\nabla\boldsymbol{v} \tag{4.1.36}$$

这就是斜压大气涡度方程的一种形式。可以看到，(4.1.36)式和(4.1.16)式在形式上也完全一致，所以涡度的"冻结"性质，对于斜压流体同样适用。

4.2 平流涡度方程

经典涡度方程在以往的研究中得到了广泛应用，在推动数值天气预报的发展中起了重要作用。但是，天气实践表明，激烈的天气过程和气候异常往往与大气的稳定度和斜压性的变异紧密相关，但这些热力因子均没有考虑在该方程中，因此经典涡度方程的应用存在局限性。基于位涡理论，吴国雄等(1999)得到全型垂直涡度方程为：

$$\frac{\mathrm{d}\zeta}{\mathrm{d}t}+\beta v+(f+\zeta)(\nabla_h\cdot\boldsymbol{v}_h)=-\frac{1}{\alpha}\frac{1}{T}\frac{\mathrm{d}}{\mathrm{d}t}\left(\frac{P}{\theta_z}-c_d\right)$$

其中$\frac{\mathrm{d}}{\mathrm{d}t}=\frac{\partial}{\partial t}+v\cdot\nabla$为全微分。$Q=\alpha\boldsymbol{\xi}_a\nabla\theta$为位涡。$\theta_z=\frac{\partial\theta}{\partial z}$为静力稳定度。$c_d=\frac{\alpha_s\theta_s}{\theta_z}$为热力学参数。

该方程克服了经典涡度方程中没有包含热力因子的局限，同时包含了外界动力和热力强迫对涡度变化的影响。全型涡度能够准确地表征激烈天气系统的发展过程。而一个明显的事实是，大气运动中，水平风除了有散度效应外，更显著的是其平流效应，即水平风场对各个物理量的水平输送，如：温度平流，涡度平流，水汽平流等，都被广泛用于天气系统发生发展的分析。如姚秀萍等(2007)在分析热带对流层上空东风带影响西太平洋副热带高压活动时，对垂直涡度方程

的分析表明，在对涡度倾向变化的贡献中，水平涡度平流的贡献最大，而β效应的贡献最小。水平涡度平流的增强对应的是水平风场平流作用的增强，但经典涡度方程和全型涡度方程中都没有显式出现水平风场的平流作用对涡度变化的作用。如果水平风场的平流作用对垂直涡度变化有直接影响，其作用是什么样的？因此，我们推导了气压坐标中的平流涡度方程，以体现平流作用对涡度变化的影响。

4.2.1　平流涡度方程

在气压坐标中，设水平风矢量为$\boldsymbol{v}_h=(u,v)$，则有$\boldsymbol{v}_h=u\boldsymbol{i}+v\boldsymbol{j}$。其中 u 为纬向风，v 为经向风。ω 为垂直速度。ϕ 为位势高度，ρ 为密度。则有：$u=u(x,y,p,t)$，$v=v(x,y,p,t)$，$\omega=\omega(x,y,p,t)$，$\phi=\phi(x,y,p,t)$和 $\rho=\rho(x,y,p,t)$。则对应的水平动量方程为：

$$\frac{\partial u}{\partial t}+\boldsymbol{v}_h\cdot\nabla u+\omega\frac{\partial u}{\partial p}-(f+\beta y)v=-\frac{\partial\phi}{\partial x} \tag{4.2.1a}$$

$$\frac{\partial v}{\partial t}+\boldsymbol{v}_h\cdot\nabla v+\omega\frac{\partial v}{\partial p}+(f+\beta y)u=-\frac{\partial\phi}{\partial y} \tag{4.2.1b}$$

静力方程为：

$$\frac{\partial\phi}{\partial p}=-\frac{1}{\rho} \tag{4.2.1c}$$

连续方程为

$$\nabla\cdot\boldsymbol{v}_h+\frac{\partial\omega}{\partial p}=0 \tag{4.2.1d}$$

对方程(4.2.1a)取 y 方向的偏导，对方程(4.2.1b)取 x 方向的偏导，并做相减运算，有：

$$\begin{aligned}\frac{\partial^2 v}{\partial x\partial t}-\frac{\partial^2 u}{\partial y\partial t}=&-\frac{\partial u}{\partial x}\frac{\partial v}{\partial x}-u\frac{\partial^2 v}{\partial x^2}-\frac{\partial v}{\partial x}\frac{\partial v}{\partial y}-v\frac{\partial^2 v}{\partial x\partial y}-\frac{\partial\omega}{\partial x}\frac{\partial v}{\partial p}-\omega\frac{\partial^2 v}{\partial x\partial p}\\&-(f+\beta y)\frac{\partial u}{\partial x}+\frac{\partial u}{\partial y}\frac{\partial u}{\partial x}+u\frac{\partial^2 u}{\partial y\partial x}+\frac{\partial v}{\partial y}\frac{\partial u}{\partial y}\\&+v\frac{\partial^2 u}{\partial y^2}+\frac{\partial\omega}{\partial y}\frac{\partial u}{\partial p}+\omega\frac{\partial^2 u}{\partial y\partial p}-\beta v-(f+\beta y)\frac{\partial v}{\partial y}\end{aligned} \tag{4.2.2}$$

垂直涡度的定义为

$$\zeta=\frac{\partial v}{\partial x}-\frac{\partial u}{\partial y} \tag{4.2.3}$$

对公式(4.2.3)分别取时间偏导数和 x,y,p 方向的偏导数并相加，有：

$$\begin{aligned}\frac{\partial\zeta}{\partial t}+u\frac{\partial\zeta}{\partial x}+v\frac{\partial\zeta}{\partial y}+\omega\frac{\partial\zeta}{\partial p}=&\frac{\partial^2 v}{\partial x\partial t}-\frac{\partial^2 u}{\partial y\partial t}+u\left(\frac{\partial^2 v}{\partial x^2}-\frac{\partial^2 u}{\partial y\partial x}\right)+\\&v\left(\frac{\partial^2 v}{\partial x\partial y}-\frac{\partial^2 u}{\partial y^2}\right)+\omega\left(\frac{\partial^2 v}{\partial x\partial p}-\frac{\partial^2 u}{\partial y\partial p}\right)\end{aligned} \tag{4.2.4}$$

把公式(4.2.2)中的$\frac{\partial^2 v}{\partial x\partial t}-\frac{\partial^2 u}{\partial y\partial t}$代入(4.2.4)式,得

$$\frac{\partial\zeta}{\partial t}+u\frac{\partial\zeta}{\partial x}+v\frac{\partial\zeta}{\partial y}+\omega\frac{\partial\zeta}{\partial p}=-\frac{\partial u}{\partial x}\frac{\partial v}{\partial x}-\frac{\partial v}{\partial x}\frac{\partial v}{\partial y}-\frac{\partial\omega}{\partial x}\frac{\partial v}{\partial p}-(f+\beta y)\frac{\partial u}{\partial x}+\frac{\partial u}{\partial y}\frac{\partial u}{\partial x}+\frac{\partial v}{\partial y}\frac{\partial u}{\partial y}+\frac{\partial\omega}{\partial y}\frac{\partial u}{\partial p}-\beta v-(f+\beta y)\frac{\partial v}{\partial y} \tag{4.2.5}$$

合并整理公式(4.2.5),得

$$\frac{\partial\zeta}{\partial t}=-\left(\frac{\partial u}{\partial x}-\frac{\partial v}{\partial y}\right)\zeta-\left(\frac{\partial u}{\partial x}+\frac{\partial v}{\partial y}\right)f-\left(\frac{\partial\zeta}{\partial y}+\beta\right)v-u\frac{\partial\zeta}{\partial x}-\frac{\partial\omega}{\partial x}\frac{\partial v}{\partial p}-\omega\frac{\partial\zeta}{\partial p}-\beta y\frac{\partial u}{\partial x}-\frac{\partial\omega}{\partial y}\frac{\partial u}{\partial p}-\beta y\frac{\partial v}{\partial y} \tag{4.2.6}$$

对$-[\nabla\cdot V_h(\zeta+f+\beta y)]$展开,得

$$-[\nabla\cdot V_h(\zeta+f+\beta y)]=-u\frac{\partial\zeta}{\partial x}-(\zeta+f+\beta y)\frac{\partial u}{\partial x}-\left(\frac{\partial\zeta}{\partial y}+\beta\right)v-(\zeta+f+\beta y)\frac{\partial v}{\partial y} \tag{4.2.7}$$

把公式(4.2.3)代入公式(4.2.7)得

$$-[\nabla\cdot V_h(\zeta+f+\beta y)]=-u\frac{\partial^2 v}{\partial x^2}+u\frac{\partial^2 u}{\partial y\partial x}-\frac{\partial u}{\partial x}\frac{\partial v}{\partial x}+\frac{\partial u}{\partial x}\frac{\partial u}{\partial y}-f\frac{\partial u}{\partial x}-\beta y\frac{\partial u}{\partial x}-v\frac{\partial^2 v}{\partial y\partial x}+v\frac{\partial^2 u}{\partial y^2}-\beta v-\frac{\partial v}{\partial y}\frac{\partial v}{\partial x}+\frac{\partial v}{\partial y}\frac{\partial u}{\partial y}-f\frac{\partial v}{\partial y}-\beta y\frac{\partial v}{\partial y} \tag{4.2.8}$$

取垂直方向单位矢量$\boldsymbol{k}=(0,0,1)$,把$-\boldsymbol{k}\cdot[\boldsymbol{v}_h\times(\omega\frac{\partial\boldsymbol{v}_h}{\partial p})]$展开,得

$$-\boldsymbol{k}\cdot\left[\nabla\times\left(\omega\frac{\partial\boldsymbol{v}_h}{\partial p}\right)\right]=-\frac{\partial\omega}{\partial x}\frac{\partial v}{\partial p}-\omega\frac{\partial^2 v}{\partial x\partial p}+\frac{\partial\omega}{\partial y}\frac{\partial u}{\partial p}+\omega\frac{\partial^2 u}{\partial y\partial p} \tag{4.2.9}$$

把(4.2.7)式和(4.2.9)式代入(4.2.6)式得

$$\frac{\partial\zeta}{\partial t}=-[\nabla\cdot\boldsymbol{v}_h(\zeta+f+\beta y)]-\boldsymbol{k}\cdot\left[\nabla\times\left(\omega\frac{\partial\boldsymbol{v}_h}{\partial p}\right)\right] \tag{4.2.10}$$

定义两个矢量$\hat{\boldsymbol{F}}$和$\hat{\boldsymbol{\tau}}$分别为:

$$\hat{\boldsymbol{F}}=(u-fy-\frac{1}{2}\beta y^2)\boldsymbol{i}+v\boldsymbol{j} \tag{4.2.11a}$$

$$\hat{\boldsymbol{\tau}}=\boldsymbol{v}_h\cdot\nabla(u-fy+\frac{1}{2}\beta y^2)\boldsymbol{i}+\boldsymbol{v}_h\cdot(\nabla v)\boldsymbol{j} \tag{4.2.11b}$$

则$\hat{\boldsymbol{\tau}}$可以进一步展开表示为

$$\hat{\boldsymbol{\tau}}=\left[u\frac{\partial u}{\partial x}+v\left(\frac{\partial u}{\partial y}-f-\beta y\right)\right]\boldsymbol{i}+\left(u\frac{\partial v}{\partial x}+v\frac{\partial v}{\partial y}\right)\boldsymbol{j} \tag{4.2.12}$$

可见 $\hat{\boldsymbol{\tau}}$ 在 $\boldsymbol{i}$ 和 $\boldsymbol{j}$ 方向各自包含了纬向风和经向风的平流作用项 $u\frac{\partial u}{\partial x}+v\frac{\partial u}{\partial y}$ 和 $u\frac{\partial v}{\partial x}+v\frac{\partial v}{\partial y}$，尤其是在 $\boldsymbol{j}$ 方向，只有纯粹的经向风的平流。

$\hat{\boldsymbol{\tau}}$ 的旋度在垂直方向的投影为：

$$-\boldsymbol{k}\cdot(\nabla\times\hat{\boldsymbol{\tau}})=-\frac{\partial u}{\partial x}\frac{\partial v}{\partial x}-u\frac{\partial^2 v}{\partial x^2}-\frac{\partial v}{\partial y}\frac{\partial v}{\partial x}-v\frac{\partial^2 v}{\partial y\partial x}+\frac{\partial u}{\partial x}\frac{\partial u}{\partial y}+u\frac{\partial^2 u}{\partial y\partial x}+\frac{\partial v}{\partial y}\left(\frac{\partial u}{\partial y}-f-\beta y\right)+v\left(\frac{\partial^2 u}{\partial y^2}-\beta\right)\tag{4.2.13}$$

把 $\hat{\boldsymbol{F}}$ 和 $\hat{\boldsymbol{\tau}}$ 代入(4.2.10)式，最终的垂直涡度方程可以表示为：

$$\frac{\partial\zeta}{\partial t}=-\boldsymbol{k}\cdot(\nabla\times\hat{\boldsymbol{\tau}})-\boldsymbol{k}\cdot\left[\nabla\times\left(\omega\frac{\partial\hat{\boldsymbol{F}}}{\partial p}\right)\right]-(f+\beta y)\frac{\partial u}{\partial x}\tag{4.2.14}$$

在涡度方程(4.2.14)中，右端第一项就包含了水平风场的平流旋转效应对垂直涡度变化的影响，因此把这一项称为平流项。第二项展开后与经典涡度方程中的倾侧项类似，这里还是称为涡度倾侧项，第三项与地转涡度和水平散度有关，称为地转涡度和水平散度项，与经典涡度方程类似。

由于 $\hat{\boldsymbol{\tau}}$ 中包含了水平风场的平流旋转作用，平流项是以往经典垂直涡度方程和全型垂直涡度方程中没有以平流形式表示出的项，因此，本文把这一垂直涡度方程称为平流涡度方程。

4.2.2　平流涡度方程的应用

我们以 2006 年 Bilis 台风为例，介绍平流涡度方程在台风分析中的应用(周玉淑等，2010)。

2006 年西北太平洋热带气旋活动频繁，其中，4 号台风 Bilis 于 7 月 8 日下午在菲律宾以东的西北太平洋洋面上生成，并向西北方向移动。9 日下午加强为热带风暴，11 日下午加强为强热带风暴，并向台湾岛东北沿海靠近，13 日在宜兰附近登陆，登陆后向偏西方向移动穿过台湾岛北部，于 13 日晚进入台湾海峡并继续向福建北部沿海靠近。14 日在福建霞浦地区再次登陆，之后向偏西方向移动，强度逐渐减弱，当天下午在福建闽侯县境内减弱为热带风暴，但继续向偏西方向进发。15 日凌晨进入江西，下午在江西境内减弱为热带低气压，随后减弱为低压，向西偏南方向移动，在穿越湖南、广西及云南等省区后，于越南北部地区消亡。该强热带风暴减弱成低气压后深入内陆，其生命史之长，降雨强度之大，影响范围之广，在历史上极为少见。Bilis 台风在整个发展过程中，结构松散，中心附近对流不强，没有眼壁和风眼结构，没有统一的台风中心，风力不是特别强，但含水量大，造成南方地区大面积洪涝，以及山体滑坡、泥石流等次生灾害，是近十年来台风灾害导致伤亡人数最多的一次。图 4.2.1 是台风 Bilis 从生成、发展为强热带风暴到登陆、消亡整个过程的移动路径。

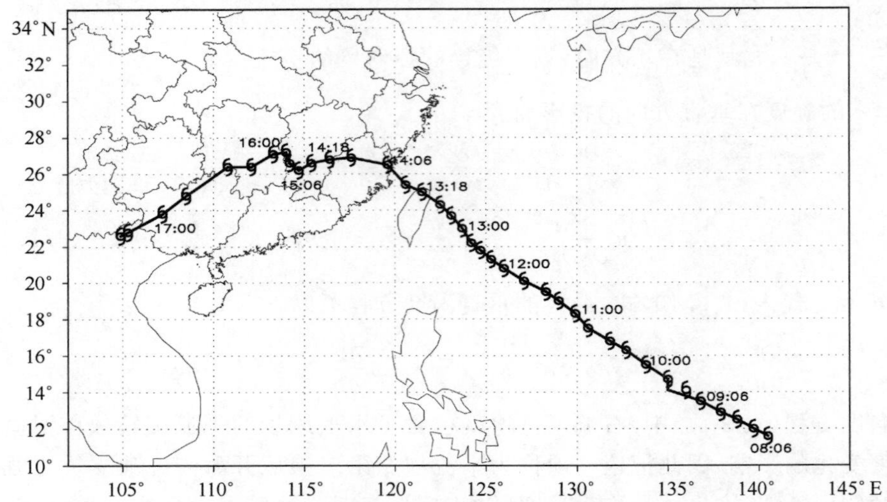

图 4.2.1　台风 Bilis 移动路径

台风 Bilis 的风场有明显的非对称结构，7 月 12 日 12 时，风速大值区在台风 Bilis 南部，到了 13 日 18 时，风速大值区则旋转到台风 Bilis 的东北象限，移动方向呈偏西北方向，登陆前 850 hPa 上最大风速也是逐渐增加的，7 月 12 日 12 时为 $32\ m/s^{-1}$，到了 7 月 13 日 18 时增大到 $44\ m \cdot s^{-1}$(图 4.2.2a 和 b)。在图 4.2.2 中，除了有较强的水平风速外，从矢量箭头所表示的水平风矢量分布来看，台风 Bilis 的水平风场还有明显的旋转。下面我们来看台风 Bilis 移动发展中的涡度及其倾向变化，针对上一节推导得到的平流涡度方程右端的各项进行对比，分析平流项在涡度方程中所起的作用如何。

图 4.2.3 是 7 月 12 日 18 时 850 hPa 等压面上的涡度场、经典涡度方程计算得到的涡度倾向，平流涡度方程计算得到的涡度倾向，以及平流涡度方程右端三项(平流项、涡度倾侧项、地转涡度和水平散度项)的分布。从图 4.2.3a 可见，7 月 12 日 18 时，正涡度区主要在台风 Bilis 环流控制的区域，涡度中心偏于台风 Bilis 环流的东部。经典涡度方程计算得到的涡度倾向表明(图 4.2.3b)，Bilis 台风的西南部和东部主要是负涡度倾向区，而正涡度倾向区则分为断裂的三小块，主要位于 Bilis 的西部和北部小范围地区，负涡度倾向的数值明显大于正涡度倾向的数值；平流涡度方程计算得到的涡度倾向分布(图 4.2.3c)则是明显的正涡度倾向。出现在台风 Bilis 移动前端的西北区域，而负涡度倾向区域出现在台风 Bilis 移动路径后端的东北部，正负倾向的分布形势比较清楚。虽然两个涡度方程的计算结果量级一致，反映的趋势也大体一致，都是西北部为正，东南部为负，与台风移动路径大致一致，但平流涡度方程的大值中心偏于台风移动路径

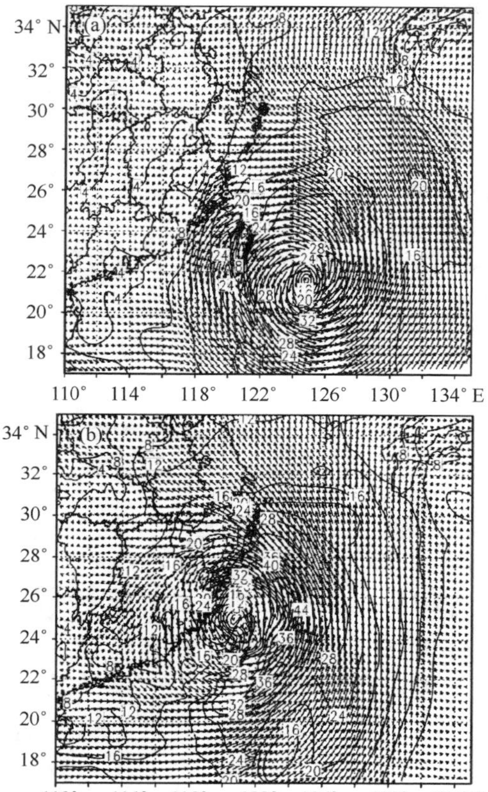

图 4.2.2　台风 Bilis 在 850 hPa 上的风场分布

(a)7 月 12 日 12 时；(b)7 月 13 日 18 时

的右侧，平流涡度方程的计算结果正负变化趋势分布相对简单，对于判断台风未来的强度变化和移动趋势更清楚一些。进一步分析平流涡度方程右端三项的分布(图 4.2.3d，e，f)可见平流项导致的涡度正倾向分布形势与整个涡度变化的趋势基本一致，且正倾向的中心值($5\times10^{-5}\,s^{-1}$)明显大于另外两项(正倾向中心值分别为 $2\times10^{-5}s^{-1}$ 和 $0.8\times10^{-5}s^{-1}$)。这说明影响 Bilis 台风涡度变化的主要因素是平流项，这也是平流涡度方程能体现出的平流项的作用，而这个作用在经典涡度方程中没有明显反映出来。在台风移动前方的倾侧项变化(图 4.2.3e)很小，对台风强度变化及移动指示意义都不明确，而地转涡度和水平散度项虽然量级明显小于平流项，但其变化趋势的正值区及正中心与台风移动路径比较一致，可用来判断台风未来的走向。而平流项的数值明显大于其他两项，可用于近似表示台风的涡度变化。

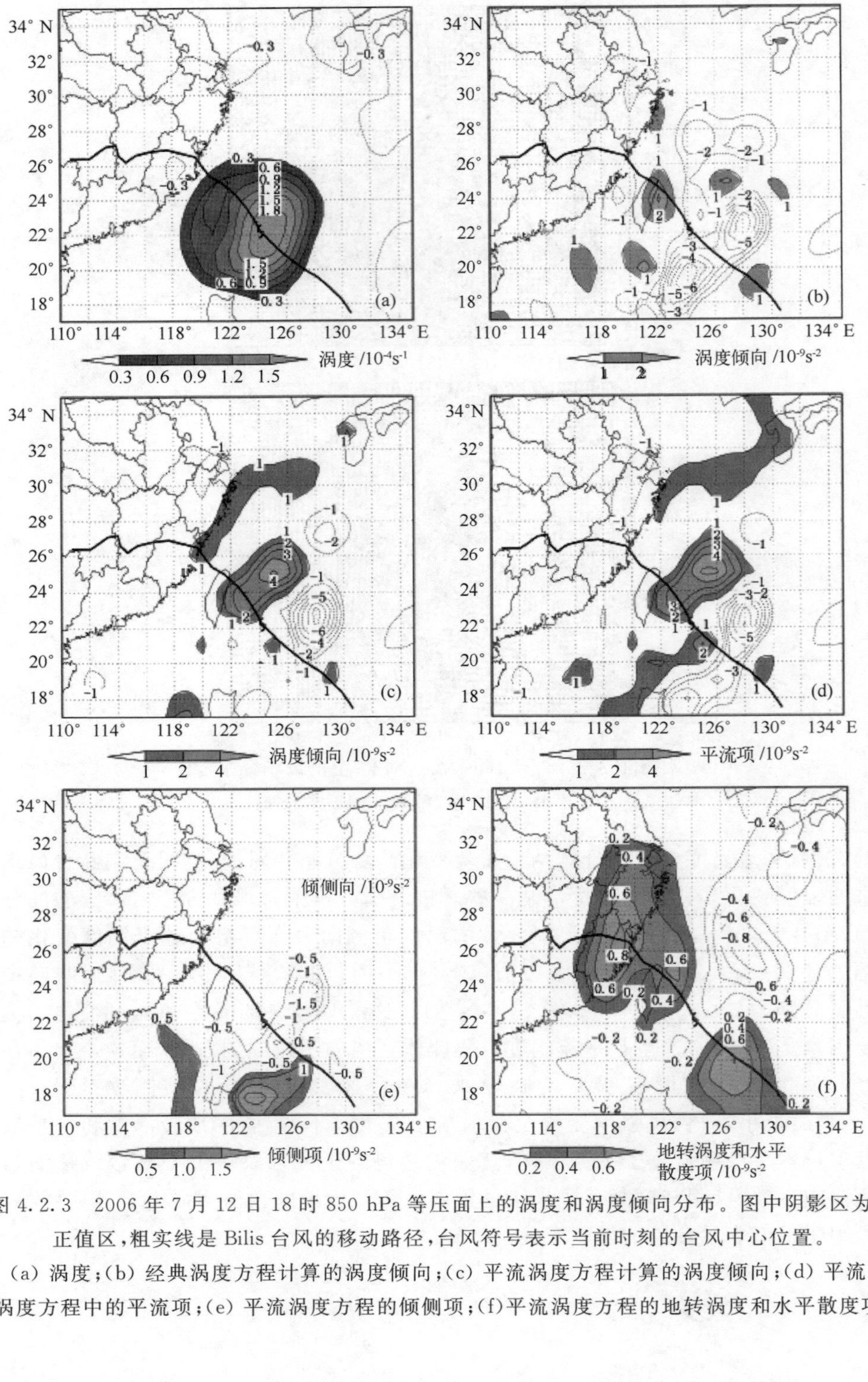

图 4.2.3　2006 年 7 月 12 日 18 时 850 hPa 等压面上的涡度和涡度倾向分布。图中阴影区为正值区，粗实线是 Bilis 台风的移动路径，台风符号表示当前时刻的台风中心位置。
(a) 涡度；(b) 经典涡度方程计算的涡度倾向；(c) 平流涡度方程计算的涡度倾向；(d) 平流涡度方程中的平流项；(e) 平流涡度方程的倾侧项；(f)平流涡度方程的地转涡度和水平散度项

4.3 流线涡方程

流线涡这一概念是人们在研究超级单体风暴的动力学机制中发展起来的。Davies—Jones(1984)首次提出用流线涡的概念(定义为环境场涡度在相对风暴的平均风向上的分量,后来又进一步发展为相对螺旋度概念),来解释超级单体风暴中上升气流具有较强旋转性的现象。其研究表明,在风暴参考系下,若涡度具有流线方向上的分量,垂直速度与垂直涡度是正相关的。Brandes 等(1988)根据观测资料讨论了流线涡对超级单体风暴形态和维持的影响。结果表明,速度与涡度的相互关系使上升运动具有强旋转性。Markowski 等(1998),用水平面上的自然坐标系和垂直高度构成的三维坐标系,将风场分解为水平和垂直两个方向来研究影响流线涡个别变化或局地变化的因子。Scorer (1997)还研究了通风道及河道中由于通风道及河道的弯曲而引起的流线涡或说次涡流现象。可见在强对流风暴的动力学机制研究中,流线涡是具有重要作用的。

在大尺度运动中,涡度的垂直分量是涡度的最主要部分,所以在描述大尺度运动的涡度方程中,我们只需考虑涡度的垂直分量就足够了。通常忽略次一级的其他方向上的涡度分量的变化,比如涡度沿流线方向的变化,因为大尺度运动是准水平运动,流线主要在水平平面内,所以质点的绝对涡度在流线方向上的投影分量通常很小,可称为次涡。但是,在研究中尺度问题时,如在强风暴系统中,由于空气质点的垂直运动分量十分明显,则流线由于水平运动和垂直运动的合成而出现明显的弯曲,而且由于垂直运动很强而使得流线由水平变为近垂直方向,这时沿水平方向的涡度已不再是仅起次要作用的所谓次涡了。正因如此,在中尺度问题研究中,我们不能再沿用大尺度涡度方程中只保留涡度垂直分量的方法来处理问题,应根据中尺度运动的特点,采用新的涡度方程来刻画和描述中尺度运动中经常出现流线弯曲及流线由水平转为竖直的那些典型特征,而流线涡度的变化恰好能较好地体现中尺度运动的上述特点,因此研究流线涡度的演变是十分有意义的(Gao *et al.*,2000)。流线涡不同于一般的涡度,若只采用局地坐标系,其表示将会十分复杂。下面我们介绍一套新的坐标系——广义自然坐标系,在该坐标系中可以较清晰地表示流线涡,然而其梯度仍定义在局地坐标系上。联合采用广义自然坐标系和局地坐标系可以较为简便清晰地表示出流线涡度变化方程。

4.3.1 广义自然坐标系与流线涡度

若我们记沿速度方向的单位矢量为 $\boldsymbol{t}$,则有

$$\boldsymbol{t} = \boldsymbol{v}/q_\eta,\ \boldsymbol{t}\cdot\boldsymbol{t} = 1,\ \boldsymbol{t}\cdot\partial\boldsymbol{t}/\partial s = 0 \tag{4.3.1}$$

这里 $\partial/\partial s$ 表示沿流线的变化。$q_\eta=|\boldsymbol{v}|$ 表示速度的大小。$\boldsymbol{t}$ 和 $\partial\boldsymbol{t}/\partial s$ 就构成了一个平面，通常称密切平面。$\partial\boldsymbol{t}/\partial s$ 的单位矢量由 $\boldsymbol{n}$ 表示，并称 $\boldsymbol{n}$ 为单位法矢量，则有

$$\partial\boldsymbol{t}/\partial s=\kappa\boldsymbol{n} \tag{4.3.2}$$

κ 是流线的曲率，其大小可记为

$$\kappa=\boldsymbol{n}\cdot\partial\boldsymbol{t}/\partial s$$

因为 $\boldsymbol{t}\cdot\boldsymbol{n}=0$，则又可推知

$$\kappa=\boldsymbol{n}\cdot\partial\boldsymbol{t}/\partial s=-\boldsymbol{t}\cdot\partial\boldsymbol{n}/\partial s \tag{4.3.3}$$

而与 $\boldsymbol{n}$ 和 $\boldsymbol{t}$ 同时垂直，称为单位双法矢量的 $\boldsymbol{b}$ 为

$$\boldsymbol{b}=\boldsymbol{t}\times\boldsymbol{n} \tag{4.3.4}$$

则 $\boldsymbol{t},\boldsymbol{n},\boldsymbol{b}$ 构成了一个右手坐标系，我们称为广义自然坐标系。

对单位矢量 $\boldsymbol{n}$ 进行沿流线方向的微分，则有

$$\frac{\partial\boldsymbol{n}}{\partial s}=-\kappa\boldsymbol{t}+\tau\boldsymbol{b} \tag{4.3.5}$$

这里 τ 是 $\boldsymbol{n}$ 和 $\boldsymbol{b}$ 绕 $\boldsymbol{t}$ 的旋转率。对平面上的曲线其旋转率 τ 为零。

由于 $\boldsymbol{t}\cdot\boldsymbol{b}=0$，利用(4.3.2)则知

$$\boldsymbol{t}\cdot\frac{\partial\boldsymbol{b}}{\partial s}=-\boldsymbol{b}\cdot\frac{\partial\boldsymbol{t}}{\partial s}=0 \tag{4.3.6}$$

由 $\boldsymbol{b}\cdot\boldsymbol{n}=0$，而可推知

$$\frac{\partial\boldsymbol{b}}{\partial s}=-\tau\boldsymbol{n} \tag{4.3.7}$$

由于空气质点运动的加速度是在由 $\boldsymbol{t}$ 和 $\boldsymbol{n}$ 构成的密切平面里，则加速度 $\boldsymbol{a}$ 可表示为

$$\begin{aligned}\boldsymbol{a}&=\frac{D\boldsymbol{v}}{Dt}=\frac{\partial\boldsymbol{v}}{\partial t}+(\boldsymbol{v}\cdot\nabla)\boldsymbol{v}=\frac{\partial\boldsymbol{v}}{\partial t}+q_\eta(\boldsymbol{t}\cdot\nabla)q_\eta\boldsymbol{t}\\&=\frac{\partial\boldsymbol{v}}{\partial t}+q_\eta^2(\boldsymbol{t}\cdot\nabla)\boldsymbol{t}+q_\eta\boldsymbol{t}(\boldsymbol{t}\cdot\nabla q_\eta)\end{aligned} \tag{4.3.8}$$

因为 $\boldsymbol{t}\cdot\nabla=\partial/\partial s$，利用(4.3.2)式则(4.3.8)式可以写为

$$\begin{aligned}\boldsymbol{a}&=\frac{D\boldsymbol{v}}{Dt}=\frac{\partial\boldsymbol{v}}{\partial t}+q_\eta{}^2(\boldsymbol{t}\cdot\nabla)\boldsymbol{t}+q_\eta\boldsymbol{t}(\boldsymbol{t}\cdot\nabla q)\\&=\frac{\partial\boldsymbol{v}}{\partial t}+\kappa q_\eta{}^2\boldsymbol{n}+q_\eta\frac{\partial q}{\partial s}\boldsymbol{t}=\frac{\partial\boldsymbol{v}}{\partial t}+\kappa q_\eta{}^2\boldsymbol{n}+a_d\boldsymbol{t}\end{aligned} \tag{4.3.9}$$

这里 $a_d=q_\eta\boldsymbol{t}\cdot\nabla q_\eta=q_\eta\partial q_\eta/\partial s$ 是切向加速度。

同时定义流线涡度为

$$\xi_s=\boldsymbol{\xi}_a\cdot\boldsymbol{t}=\frac{1}{q_\eta}\boldsymbol{\xi}_a\cdot\boldsymbol{v} \tag{4.3.10}$$

4.3.2 流线涡方程

由流线涡度的定义，则知其个别变化为

$$\frac{\mathrm{d}\xi_s}{\mathrm{d}t}=\frac{\partial\xi_s}{\partial t}+(\boldsymbol{v}\cdot\nabla)\xi_s=\frac{\partial(\boldsymbol{\xi}_a\cdot\boldsymbol{t})}{\partial t}+(\boldsymbol{v}\cdot\nabla)(\boldsymbol{\xi}_a\cdot\boldsymbol{t})$$

$$=\boldsymbol{t}\cdot\frac{\partial\boldsymbol{\xi}_a}{\partial t}+\boldsymbol{\xi}_a\cdot\frac{\partial\boldsymbol{t}}{\partial t}+\boldsymbol{\xi}_a\cdot(\boldsymbol{v}\cdot\nabla)\boldsymbol{t}+\boldsymbol{t}\cdot(\boldsymbol{v}\cdot\nabla)\boldsymbol{\xi}_a \quad (4.3.11)$$

因为 $f\boldsymbol{k}\times\boldsymbol{v}=f\boldsymbol{k}\times q_\eta\boldsymbol{t}$，则知其必定要垂直于 $\boldsymbol{t}$，故 $f\boldsymbol{k}\times\boldsymbol{v}$ 的两个分量必在 $\boldsymbol{n}$ 和 $\boldsymbol{b}$ 的方向上。记在 $\boldsymbol{n}$ 方向上的分量为 f_n，在 $\boldsymbol{b}$ 方向上的分量为 f_b，于是在新坐标系中的科氏力项就可以被写为 $f_n\boldsymbol{n}+f_b\boldsymbol{b}$，同时假设无耗散，并利用(4.3.2)式则(4.3.11)式可以被写为

$$\frac{\partial\xi_s}{\partial t}+(\boldsymbol{v}\cdot\nabla)\xi_s=\boldsymbol{\xi}_a\cdot\frac{\partial\boldsymbol{t}}{\partial t}+\boldsymbol{t}\cdot\frac{\partial\boldsymbol{\xi}_a}{\partial t}+\boldsymbol{\xi}_a\cdot(\kappa q_\eta\boldsymbol{n})+\boldsymbol{t}\cdot(\boldsymbol{v}\cdot\nabla)\boldsymbol{\xi}_a$$

$$=\boldsymbol{\xi}_a\cdot\frac{\partial\boldsymbol{t}}{\partial t}+\boldsymbol{\xi}_a\cdot(\kappa q_\eta\boldsymbol{n})+\boldsymbol{t}\cdot[-\boldsymbol{\xi}_a(\nabla\cdot\boldsymbol{v})+$$

$$(\boldsymbol{\xi}_a\cdot\nabla)\boldsymbol{v}+\boldsymbol{\lambda}\times(\boldsymbol{g}-\boldsymbol{a}-f_n\boldsymbol{n}-f_b\boldsymbol{b})] \quad (4.3.12)$$

这里 $\boldsymbol{\lambda}=\nabla\ln\rho$。

由(4.3.9)可得 $\boldsymbol{a}$ 的表示，再将 $\boldsymbol{a}$ 的表示代入(4.3.12)，其中项：

$$\boldsymbol{t}\cdot[\boldsymbol{\lambda}\times(\boldsymbol{g}-\boldsymbol{a}-f_n\boldsymbol{n}-f_b\boldsymbol{b})]$$

$$=\boldsymbol{t}\cdot[\boldsymbol{\lambda}\times(\boldsymbol{g}-q_\eta\frac{\partial\boldsymbol{t}}{\partial t}-\frac{\partial q}{\partial t}\boldsymbol{t}+q_\eta\frac{\partial q}{\partial s}\boldsymbol{t}+q_\eta{}^2\frac{\partial\boldsymbol{t}}{\partial s}-f_n\boldsymbol{n}-f_b\boldsymbol{b})]$$

$$=\boldsymbol{t}\cdot[\boldsymbol{\lambda}\times(\boldsymbol{g}-q_\eta\frac{\partial\boldsymbol{t}}{\partial t}+q_\eta^2k\boldsymbol{n}-f_n\boldsymbol{n}-f_b\boldsymbol{b})] \quad (4.3.13)$$

则(4.3.12)式进一步可写为：

$$\frac{\partial\xi_s}{\partial t}+(\boldsymbol{v}\cdot\nabla)\xi_s=\boldsymbol{\xi}_a\cdot\frac{\partial\boldsymbol{t}}{\partial t}+\boldsymbol{\xi}_a\cdot[\kappa q_\eta\boldsymbol{n}]+\boldsymbol{t}\cdot\frac{\partial\boldsymbol{\xi}_a}{\partial t}+\boldsymbol{t}\cdot[\boldsymbol{v}\cdot\nabla]\boldsymbol{\xi}_a$$

$$=\boldsymbol{\xi}_a\cdot\frac{\partial\boldsymbol{t}}{\partial t}+\boldsymbol{\xi}_a\cdot[\kappa q_\eta\boldsymbol{n}]+\boldsymbol{t}\cdot[-\boldsymbol{\xi}_a(\nabla\cdot\boldsymbol{v})+(\boldsymbol{\xi}_a\cdot\nabla)\boldsymbol{v}+$$

$$\boldsymbol{\lambda}\times(\boldsymbol{g}-q_\eta\frac{\partial\boldsymbol{t}}{\partial t}+q_\eta^2k\boldsymbol{n}-f_n\boldsymbol{n}-f_b\boldsymbol{b})] \quad (4.3.14)$$

(4.3.14)式是没有作过任何简化的流线涡方程。从方程中可以看出流线涡的变化，主要取决于以下几个方面：其一是流线的非定常性；其二是流线曲率的变化；其三是流速沿流线的变化；其四是力管项在流线方向上的投影。流线涡度方程的最大特点是把流线涡的变化同流线本身的变化紧密地联系起来，强调了在强风暴系统中流线分析的重要性。

4.3.3 流线涡方程的简化及讨论

流线涡方程的另一个优点是，针对不同研究对象和不同环境条件，方程很容易进行简化。下面就针对小尺度系统和中尺度系统分别讨论。

(1)对龙卷风、飑线、雷暴单体等小尺度系统，由于不需要考虑科氏力和地转牵连涡度，则(4.3.14)式可以简化为

$$\frac{\partial \xi_s}{\partial t}+(\boldsymbol{v}\cdot\nabla)\xi_s=\boldsymbol{\xi}_a\frac{\partial \boldsymbol{t}}{\partial t}+\boldsymbol{\xi}_a\cdot[\kappa q_\eta \boldsymbol{n}]+\boldsymbol{t}\cdot\left[-\boldsymbol{\xi}_a(\nabla\cdot\boldsymbol{v})+(\boldsymbol{\xi}_a\cdot\nabla)\boldsymbol{v}+\boldsymbol{\lambda}\times\left(\boldsymbol{g}-q_\eta\frac{\partial \boldsymbol{t}}{\partial t}+q_\eta^2 k\boldsymbol{n}\right)\right] \tag{4.3.15}$$

若又在正压情况下，在笛卡尔坐标系中有 $\boldsymbol{\lambda}=\nabla\ln\rho=\boldsymbol{k}\dfrac{\partial}{\partial z}\ln\rho$，且 $\boldsymbol{g}=-g\boldsymbol{k}$，则知 $\boldsymbol{\lambda}\times\boldsymbol{g}=0$，故(4.3.15)式可进一步简化为

$$\frac{\partial \xi_s}{\partial t}+(\boldsymbol{v}\cdot\nabla)\xi_s=\boldsymbol{\xi}_a\frac{\partial \boldsymbol{t}}{\partial t}+\boldsymbol{\xi}_a\cdot[\kappa q_\eta \boldsymbol{n}]+\boldsymbol{t}\cdot\left[-\boldsymbol{\xi}_a(\nabla\cdot\boldsymbol{v})+(\boldsymbol{\xi}_a\cdot\nabla)\boldsymbol{v}+\boldsymbol{\lambda}\times\left(-q_\eta\frac{\partial \boldsymbol{t}}{\partial t}+q_\eta^2 k\boldsymbol{n}\right)\right] \tag{4.3.16}$$

则方程(4.3.16)便是小尺度强风暴系统中的流线涡方程。

对半径只有 50 m 左右的龙卷风而言，若其风速 $q_\eta=25$ m/s，则(4.3.16)式右侧的第二项为 $\boldsymbol{\xi}_a\cdot(\kappa q_\eta\boldsymbol{n})=\boldsymbol{\xi}_a\cdot\boldsymbol{n}\dfrac{25\ \text{m/s}}{50\ \text{m}}=0.5\boldsymbol{\xi}_a\cdot\boldsymbol{n}/s$。若 $\boldsymbol{\xi}_a$ 和 $\boldsymbol{n}$ 的夹角为 45°，则知仅由此项引起的流线涡的个别变化率为

$$\frac{\mathrm{d}\xi_s}{\mathrm{d}t}=0.5\boldsymbol{\xi}_a\cdot\boldsymbol{n}=0.5|\boldsymbol{\xi}_a|\cdot\cos\frac{\pi}{4}=0.5|\boldsymbol{\xi}_a|\cdot\frac{\sqrt{2}}{2}\approx 0.355|\boldsymbol{\xi}_a|$$

可见仅由流线曲率这一项的作用就会引起流线涡的个别变化，达到 $0.355\boldsymbol{\xi}_a$ 的量级。这足以说明在强风暴系统中流线曲率的变化对流线涡的变化起着重要的作用，绝不可忽略。

由运动方程可知

$$\frac{\mathrm{d}\boldsymbol{v}}{\mathrm{d}t}+\boldsymbol{f}\times\boldsymbol{v}=\frac{\partial\boldsymbol{v}}{\partial t}+\nabla\left(\frac{1}{2}q_\eta^2\right)-\boldsymbol{v}\times\boldsymbol{\xi}+\boldsymbol{f}\times\boldsymbol{v}=\frac{\partial\boldsymbol{v}}{\partial t}+\nabla\left(\frac{1}{2}q_\eta^2\right)-\boldsymbol{v}\times\boldsymbol{\xi}_a$$
$$=-\boldsymbol{g}-RT\nabla(\ln\rho)-R\nabla T \tag{4.3.17}$$

因此，

$$\boldsymbol{\lambda}=\nabla\ln\rho=-\frac{1}{RT}\left[\frac{\partial\boldsymbol{v}}{\partial t}+\nabla\left(\frac{1}{2}q_\eta^2\right)+\boldsymbol{\xi}_a\times\boldsymbol{v}+\boldsymbol{g}+R\nabla T\right] \tag{4.3.18}$$

其中，$\dfrac{\partial\boldsymbol{v}}{\partial t}=\dfrac{\partial q_\eta}{\partial t}\boldsymbol{t}+q_\eta\dfrac{\partial \boldsymbol{t}}{\partial t}$，且在公式(4.3.12)至公式(4.3.16)各式中，由于在 $\boldsymbol{\lambda}$ 中包含的$\dfrac{\partial q_\eta}{\partial t}\boldsymbol{t}$ 先叉乘一矢量再与 $\boldsymbol{t}$ 点乘，则其结果为零，因此，$\boldsymbol{\lambda}$ 中的$\dfrac{\partial q_\eta}{\partial t}\boldsymbol{t}$ 项自动

消失。这样,在整个(4.3.18)式中,只有$\frac{\partial \boldsymbol{v}}{\partial t}$中的$q_{\eta}\frac{\partial \boldsymbol{t}}{\partial t}$不能直接从风温场诊断出来,但是在发展的风暴等系统中,流线方向随时间的变化较小(或说是随时间相对缓变的),因此,略去该项不会给计算带来较大的误差。因此,利用(4.3.18)式,只需风场及温度场,不需气压场,即可较准确地计算出 $\boldsymbol{\lambda}$。

在流线为准定常情况下,则小尺度的流线涡方程(4.3.16)可以被简化为

$$\frac{\partial \xi_s}{\partial t}+(\boldsymbol{v}\cdot\nabla)\xi_s=\boldsymbol{\xi}\cdot[\kappa q_{\eta}\boldsymbol{n}]+\boldsymbol{t}\cdot[-\boldsymbol{\xi}(\nabla\cdot\boldsymbol{v})+(\boldsymbol{\xi}\cdot\nabla)\boldsymbol{v}+\boldsymbol{\lambda}\times q_{\eta}^2k\boldsymbol{n}] \tag{4.3.19}$$

可见在小尺度的强风暴系统中流线涡的变化一方面取决于流线的曲率,另一方面取决于风速沿流线的变化。这一点是非常重要的,因为若我们仅关心流线涡的变化时,只考虑流线涡方程中流线曲率项及风速沿流线的变化就足够了,这大大地使问题得以简化。

(2)对中尺度运动而言,虽然垂直运动比大尺度运动明显,但同水平运动相比仍是很小的,因此仅对流线涡方程中的力管项这一项可按大尺度运动的流线方式来处理,因为这里的力管项中气压梯度力项已被分解为重力项、加速度项和科氏力项,而科氏力的大小主要是由水平风所决定的。因此在科氏力项中可以把风场分布视为水平的。如是,则(4.3.14)式可以被简写为

$$\begin{aligned}\frac{\partial \xi_s}{\partial t}+(\boldsymbol{v}\cdot\nabla)\xi_s&=\boldsymbol{\xi}_a\cdot\frac{\partial \boldsymbol{t}}{\partial t}+\boldsymbol{\xi}_a\cdot(\kappa q_{\eta}\boldsymbol{n})+\boldsymbol{t}\cdot\frac{\partial \boldsymbol{\xi}_a}{\partial t}+\boldsymbol{t}\cdot[\boldsymbol{v}\cdot\nabla]\boldsymbol{\xi}_a\\&=\boldsymbol{\xi}_a\cdot\frac{\partial \boldsymbol{t}}{\partial t}+\boldsymbol{\xi}_a\cdot(\kappa q_{\eta}\boldsymbol{n})+\boldsymbol{t}\cdot[-\boldsymbol{\xi}_a(\nabla\cdot\boldsymbol{v})+(\boldsymbol{\xi}_a\cdot\nabla)\boldsymbol{v}+\\&\qquad\boldsymbol{\lambda}\times(\boldsymbol{g}-q_{\eta}\frac{\partial \boldsymbol{t}}{\partial t}+q_{\eta}^2k\boldsymbol{n}-f_n\boldsymbol{n})]\end{aligned} \tag{4.3.20}$$

若在正压条件下,则(4.3.20)可以被写为

$$\begin{aligned}\frac{\partial \xi_s}{\partial t}+(\boldsymbol{v}\cdot\nabla)\xi_s&=\boldsymbol{\xi}_a\cdot\frac{\partial \boldsymbol{t}}{\partial t}+\boldsymbol{\xi}_a\cdot(\kappa q_{\eta}\boldsymbol{n})+\boldsymbol{t}\cdot\frac{\partial \boldsymbol{\xi}_a}{\partial t}+\boldsymbol{t}\cdot(\boldsymbol{v}\cdot\nabla)\boldsymbol{\xi}_a\\&=\boldsymbol{\xi}_a\cdot\frac{\partial \boldsymbol{t}}{\partial t}+\boldsymbol{\xi}_a\cdot(\kappa q_{\eta}\boldsymbol{n})+\boldsymbol{t}\cdot[-\boldsymbol{\xi}_a(\nabla\cdot\boldsymbol{v})+(\boldsymbol{\xi}_a\cdot\nabla)\boldsymbol{v}+\\&\qquad\boldsymbol{\lambda}\times(-q_{\eta}\frac{\partial \boldsymbol{t}}{\partial t}+q_{\eta}^2k\boldsymbol{n}-f_n\boldsymbol{n})]\end{aligned} \tag{4.3.21}$$

方程(4.3.20)、(4.3.21)便是描述中尺度运动的流线涡方程。特别在流线定常情况(应用三维无辐散条件)有

$$\begin{aligned}\frac{\partial \xi_s}{\partial t}+(\boldsymbol{v}\cdot\nabla)\xi_s&=\boldsymbol{\xi}_a\cdot(\kappa q_{\eta}\boldsymbol{n})+\boldsymbol{t}\cdot(\boldsymbol{v}\cdot\nabla)\boldsymbol{\xi}_a\\&=\boldsymbol{\xi}_a\cdot(\kappa q_{\eta}\boldsymbol{n})+\boldsymbol{t}\cdot[(\boldsymbol{\xi}_a\cdot\nabla)\boldsymbol{v}-\boldsymbol{\xi}_a(\nabla\cdot\boldsymbol{v})+\\&\qquad\boldsymbol{\lambda}\times(q_{\eta}^2k\boldsymbol{n}-f_n\boldsymbol{n})]\end{aligned} \tag{4.3.22}$$

可见定常情况下，中尺度流线涡的平流变化仍由流线涡方程中的流线曲率项及速度沿流线的变化项所决定。

通常，在研究强风暴系统的发生、发展时，人们关心的不是其涡度本身，而是涡度的个别变化或者是涡度随时间的变化，只有在涡度的个别变化不断加强时，强风暴系统才能得以维持和发展，所以流线涡的个别变化或局地变化是我们在研究强风暴系统时最关心的问题。以往传统的涡度方程中主要是通过力管项来决定涡度的个别变化。但在强风暴系统中，因气压场向风场适应，使得气压场不断地变化，很难较准确给出气压场，所以气压梯度力项在强风暴系统中很难计算准确。同时因目前观测资料被主要限制在不同层次的等压面上，并不具有垂直方向上资料的连续性，所以涡度方程中的力管项只能在有观测资料的各等压面上计算，而在相邻的两等压面之间的层次，究竟是如何都无法预料或难以估计准确。因此用传统的涡度方程去研究强风暴系统中的涡度发展是困难的，若硬加以使用，很可能会因计算不准确而使涡度变化与实际情况相反，造成误导产生错误。流线涡度方程恰恰避免了原涡度方程的那些不足，一方面流线涡方程中主要用风速或与风速有关的加速度来表示流线涡变化的源项，同时还用流线的弯曲程度(曲率)和方向的变化来刻画流线涡的变化。这样一来，流线涡方程的最大优点就体现在它对流线本身及速度本身的依赖上，而避免了使用气压及气压梯度项；又因为无论用资料分析或进行数值模拟，空间的流线图是最容易求得的，流线具有较好的连续性和光滑性，所以在资料缺乏的空间，依据流线的连续性和光滑性就可以较合理地增补或连接。所以利用流线及其速度去决定流线涡的发展更具有可靠性和准确性。同时，流线涡方程中辐散风效应明显，可以较好地体现辐散风对涡旋发生发展变化的作用。

4.4 螺旋度及螺旋度方程

螺旋度是表征流体边旋转边沿旋转方向运动的动力特性的物理量，最早用来研究流体力学中的湍流问题，在等熵流体中具有守恒性质(Moffat，1969，1981)。其严格定义为 $H_e = \iiint \mathbf{V} \cdot (\nabla \times \mathbf{V}) \mathrm{d}\tau$，通常人们所说的螺旋度是局地螺旋度 h_e，定义为：

$$
\begin{aligned}
h_e &= \mathbf{V} \cdot (\nabla \times \mathbf{V}) \\
&= (\mathbf{V}_\chi + \mathbf{V}_\psi) \cdot [\nabla \times (\mathbf{V}_\chi + \mathbf{V}_\psi)] \\
&= (-\nabla\chi + \boldsymbol{k} \times \nabla\psi) \cdot [\nabla \times (-\nabla\chi + \boldsymbol{k} \times \nabla\psi)] \\
&= (-\nabla\chi + \boldsymbol{k} \times \nabla\psi) \cdot [\nabla \times (\boldsymbol{k} \times \nabla\psi)] \\
&= (\mathbf{V}_\chi + \mathbf{V}_\psi) \cdot \nabla \times \mathbf{V}_\psi
\end{aligned}
$$

其中，$\boldsymbol{V}_\chi$，$\boldsymbol{V}_\psi$ 分别表示速度的辐散分量和旋转分量；χ，ψ 分别为势函数和流函数。可见，螺旋度的重要性还在于它包含了辐散风效应，可以较好地反映涡度和散度共同作用的结果。同时，它更能体现大气的运动状况，其值的正负情况反映涡度和速度的配合程度。自 20 世纪 80 年代以来，国内外的气象学者将螺旋度应用到强对流风暴的发展维持机制和其他相关的大气现象研究中，并对其在强对流天气分析预报中的应用进行了数值实验和诊断分析。

Lilly(1986)最早将螺旋度正式地引入到强对流风暴的研究中。他指出强对流风暴具有高螺旋度特征，螺旋度从环境场中获得并在浮力效应下增强，同时，高螺旋度阻碍了扰动能量耗散，对超级单体风暴的维持有重要作用；稳定的强对流风暴常发生在螺旋度值大的地方。Etling(1985)讨论总结了大气中存在的几种典型螺旋流，并指出流体稳定性与螺旋度密切相关。Wu 等(1992)对切变热对流扰动中螺旋度的产生以及螺旋度与非线性能量传输之间的关系进行了研究。国内的气象学者也较早对螺旋度的性质及应用做了研究。伍荣生等(1989，2002)推导出完全的螺旋度方程，并指出若不计摩擦、在准地转运动中，大气的螺旋度具有守恒的性质。Tan 等(1994)讨论研究了螺旋度在边界层和锋区内的动力性质。刘式适等(1997)研究指出定常准地转模式中的螺旋度紧密地与大气垂直运动有关，即对于定常的大气大尺度运动，稳定层结下的上升运动对应正螺旋度，下沉运动对应负螺旋度；同样，螺旋度也紧密地与温度平流有关，暖平流对应正螺旋度，冷平流对应负螺旋度。

螺旋度的重要性不仅体现在理论研究方面，还在于它在强对流天气分析预报中的应用。基于螺旋度的理论研究(Lilly，1986，Davies-Jones，1984)，以及后来的数值模拟结果(Brooks *et al.*，1990；Droegemeier *et al.*，1993；李耀辉等，1999；Fei *et al.*，2001)和观测资料分析(Leftwich，1990；Droegemeier *et al.*，1993；Johns *et al.*，1993；杨越奎等，1994；Hales *et al.*，1996；吴宝俊等，1996)，螺旋度逐渐成为引入天气分析预报中的一个重要物理量。

众所周知，大气是一个动力系统，人们关心表征其运动状态的物理量的变化趋势甚于关心这些物理量本身。因此，对影响螺旋度变化的因子进行研究是重要而有意义的。Lilly(1986a，b)在研究具有强螺旋性对流风暴的结构、能量及其传播时，在假设密度为常数和忽略科氏力影响的条件下，曾推导过螺旋度方程，并强调浮力效应对螺旋度的时间倾向影响很大。在实际情况下，密度不是常数，忽略密度变化主要是影响力管效应，即大气斜压性不能很好体现出来，而观测事实表明，强风暴天气常发生于风垂直切变大，即斜压性强的地方；另一方面，造成我国灾害性天气的大气系统常为中尺度或次天气尺度，科氏力的作用可能对螺旋度变化也有一定的影响。本节将针对这些问题进行进一步地讨论(陆慧娟等，2003)。

4.4.1 螺旋度方程

由第一节常用中尺度运动方程

$$\frac{\partial \boldsymbol{V}}{\partial t}+(\boldsymbol{V}\cdot\nabla)\boldsymbol{V}=-c_p\theta\nabla\pi-f\boldsymbol{k}\times\boldsymbol{V}-g\boldsymbol{k} \tag{4.4.1}$$

对该方程进行简化，假设任一大气热力学变量 A 可看成是满足静力平衡的基态 $\overline{A}$ 和中尺度扰动量 A' 之和，即 $A=\overline{A}(z)+A'$。

则垂直分量运动方程又写为

$$\frac{\mathrm{d}w}{\mathrm{d}t}=-c_p\theta\frac{\partial\pi}{\partial z}-g=-c_p(\bar{\theta}+\theta')\frac{\partial\overline{\pi}+\pi'}{\partial z}-g\doteq-c_p\bar{\theta}\frac{\partial\pi'}{\partial z}+g\frac{\theta'}{\bar{\theta}} \tag{4.4.2}$$

于是运动方程可写为：

$$\frac{\partial \boldsymbol{V}}{\partial t}+(\boldsymbol{V}\cdot\nabla)\boldsymbol{V}=-c_p\bar{\theta}\nabla\pi'-f\boldsymbol{k}\times\boldsymbol{V}+b\boldsymbol{k} \tag{4.4.3}$$

这里 $b=g\dfrac{\theta'}{\bar{\theta}}$。

对(4.4.3)式进行叉乘运算，相对涡度

$$\boldsymbol{\xi}=\nabla\times\boldsymbol{V},\ \boldsymbol{T}^{**}=-c_p\bar{\theta}\nabla\pi'-f\boldsymbol{k}\times\boldsymbol{V}+b\boldsymbol{k}$$

则得相对涡度方程：

$$\frac{\partial\boldsymbol{\xi}}{\partial t}+(\boldsymbol{V}\cdot\nabla)\boldsymbol{\xi}+\boldsymbol{\xi}(\nabla\cdot\boldsymbol{V})-(\boldsymbol{\xi}\cdot\nabla)\boldsymbol{V}=\nabla\times\boldsymbol{T}^{**} \tag{4.4.4}$$

分别对(4.4.3)式和(4.4.4)式点乘 $\boldsymbol{\xi}$ 和 $\boldsymbol{V}$ 得

$$\boldsymbol{\xi}\cdot\frac{\partial\boldsymbol{V}}{\partial t}+\boldsymbol{\xi}\cdot[(\boldsymbol{V}\cdot\nabla)\boldsymbol{V}]=\boldsymbol{\xi}\cdot\boldsymbol{T}^{**} \tag{4.4.5}$$

$$V\cdot\frac{\partial\boldsymbol{\xi}}{\partial t}+\boldsymbol{V}\cdot[(\boldsymbol{V}\cdot V)\boldsymbol{\xi}+\boldsymbol{\xi}(\nabla\cdot\boldsymbol{V})-(\boldsymbol{\xi}\cdot\nabla)\boldsymbol{V}]=\boldsymbol{V}\cdot(\nabla\times\boldsymbol{T}^{**}) \tag{4.4.6}$$

记 $h_e=\boldsymbol{\xi}\cdot\boldsymbol{V}$，并(4.4.5)式加(4.4.6)式得

$$\frac{\partial h_e}{\partial t}+(\boldsymbol{V}\cdot\nabla)h_e+h_e(\nabla\cdot\boldsymbol{V})-\boldsymbol{V}\cdot[(\boldsymbol{\xi}\cdot\nabla)\boldsymbol{V}]=\boldsymbol{V}\cdot(\nabla\times\boldsymbol{T}^{**})+\boldsymbol{\xi}\cdot\boldsymbol{T}^{**} \tag{4.4.7}$$

即

$$\frac{\partial h_e}{\partial t}+\nabla\cdot(\boldsymbol{V}h_e)-\frac{1}{2}\nabla\cdot(\boldsymbol{\xi}\,|\boldsymbol{V}|^2)=\boldsymbol{V}\cdot(\nabla\times\boldsymbol{T}^{**})+\boldsymbol{\xi}\cdot\boldsymbol{T}^{**} \tag{4.4.8}$$

将方程(4.4.8)右边展开有

$$\boldsymbol{\xi}\cdot\boldsymbol{T}^{**}=\boldsymbol{\xi}\cdot(-c_p\bar{\theta}\nabla\pi'-f\boldsymbol{k}\times\boldsymbol{V}+b\boldsymbol{k})$$

$$
\begin{aligned}
& c_p\bar{\theta}\nabla\pi' - \boldsymbol{\xi}\cdot(f\boldsymbol{k}\times\boldsymbol{V}) + b\zeta \\
=& -\boldsymbol{\xi}\cdot c_p\bar{\theta}\nabla\pi' - f\boldsymbol{k}\cdot(\boldsymbol{V}\times\boldsymbol{\xi}) + b\zeta \\
=& -\boldsymbol{\xi}\cdot c_p\bar{\theta}\nabla\pi' - f\boldsymbol{k}\cdot\left[\frac{1}{2}\nabla(\boldsymbol{V}\cdot\boldsymbol{V}) - (\boldsymbol{V}\cdot\nabla)\boldsymbol{V}\right] + b\zeta \\
& \boldsymbol{V}\cdot(\nabla\times\boldsymbol{T}^{**}) \\
=& \boldsymbol{V}\cdot[\nabla\times(-c_p\bar{\theta}\nabla\pi' - f\boldsymbol{k}\times\boldsymbol{V} + b\boldsymbol{k})] \\
=& \boldsymbol{V}\cdot(\nabla\pi'\times\nabla c_p\bar{\theta}) - \boldsymbol{V}\cdot[\nabla\times(f\boldsymbol{k}\times\boldsymbol{V})] + \boldsymbol{V}\cdot(\nabla\times b\boldsymbol{k}) \\
=& \boldsymbol{V}\cdot(\nabla\pi'\times\nabla c_p\bar{\theta}) - \boldsymbol{V}\cdot[f\boldsymbol{k}(\nabla\cdot\boldsymbol{V}) - (f\boldsymbol{k}\cdot\nabla)\boldsymbol{V}] + \boldsymbol{V}\cdot(\nabla b\times\boldsymbol{k})
\end{aligned}
\tag{4.4.9}
$$

对于中尺度问题 $f\boldsymbol{k}$ 可看为常数，即相当于采用 f 平面近似。

则螺旋度方程可写为

$$
\begin{aligned}
\frac{\partial h_e}{\partial t} =& \underset{(1)}{-\nabla\cdot(h_e\boldsymbol{V})} + \underset{(2)}{\frac{1}{2}\nabla\cdot(\boldsymbol{\xi}\,|\boldsymbol{V}|^2)} + \underset{(3)}{\boldsymbol{V}\cdot(\nabla\pi'\times\nabla c_p\bar{\theta})} - \underset{(4)}{\boldsymbol{\xi}\cdot c_p\bar{\theta}\nabla\pi'} \\
& \underset{(5)}{+b\zeta} \underset{(6)}{- f\boldsymbol{k}\cdot\boldsymbol{V}(\nabla\cdot\boldsymbol{V}) + f\boldsymbol{k}\cdot(\boldsymbol{V}\cdot\nabla)\boldsymbol{V}} + \underset{(7)}{\boldsymbol{V}\cdot(\nabla b\times\boldsymbol{k})}
\end{aligned}
\tag{4.4.10}
$$

从这个方程可以看到螺旋度的变化不仅与其平流输送式(4.4.10)中的(1)、大气的能量梯度(2)，气压梯度力与涡度共同作用(3)有关，还和力管(4)，浮力(5)，地转偏向力(6)以及位温扰动(7)有关。

接下来对上面推导出的螺旋度方程各项大小进行讨论，采用尺度分析办法。

记 U、V 和 W 为速度水平和垂直分量的特征尺度；L_x、L_y 和 D_w 为扰动的水平和垂直尺度；θ、Θ 分别为 θ' 和 $\bar{\theta}$ 的特征尺度，$\Delta_h\theta$ 为 θ' 的水平变动尺度，$\Delta_z\Theta$ 为 $\bar{\theta}$ 的垂直变动尺度；H 为等熵大气在 Θ 下的大气高度，定义为 $H=\frac{c_p\Theta}{g}$；$\Delta_h\pi$ 和 $\Delta_z\pi$ 为 π' 的水平和垂直变动尺度。简单起见设 $L_x\sim L_y\sim L$，$U\sim V$。

方程(4.4.10)右边各项分别为

$$
\text{第一项}=-\nabla\cdot(h_e\boldsymbol{V}) = -\underset{\frac{U^3}{LD_w}}{\left(\frac{\partial uh_e}{\partial x}+\frac{\partial vh_e}{\partial y}\right)} - \underset{\frac{WU^2}{D_w^2}}{\frac{\partial wh_e}{\partial z}}
$$

$$
\text{第二项}=\frac{1}{2}V\cdot\boldsymbol{\xi}\,|\boldsymbol{V}|^2
$$

$$
=\frac{1}{2}\Big[\underset{\frac{WU^2}{2L^2}}{\frac{\partial w}{\partial y}\frac{\partial(u^2+v^2)}{\partial x}} - \frac{\partial w}{\partial x}\frac{\partial(u^2+v^2)}{\partial y} - \frac{\partial v}{\partial z}\frac{\partial w^2}{\partial x} + \underset{\frac{UW^2}{2LD_w}}{\frac{\partial u}{\partial z}\frac{\partial w^2}{\partial y}} + \left(\frac{\partial v}{\partial x}-\frac{\partial u}{\partial y}\right)\frac{\partial w^2}{\partial z} +
$$

$$\frac{\partial u}{\partial z}\frac{\partial(u^2+v^2)}{\partial y}-\frac{\partial v}{\partial z}\frac{\partial(u^2+v^2)}{\partial x}+\left(\frac{\partial v}{\partial x}-\frac{\partial u}{\partial y}\right)\frac{\partial(u^2+v^2)}{\partial z}+\frac{\partial w}{\partial y}\frac{\partial w^2}{\partial x}-\frac{\partial w}{\partial x}\frac{\partial w^2}{\partial y}\Big]$$

$$\frac{U^3}{2LD_w} \qquad\qquad \frac{W^3}{2L^2}$$

第三项$=\boldsymbol{V}\cdot(\nabla\pi'\times\nabla c_p\bar{\theta})$

$$\frac{c_pU\Delta_z\Theta\Delta_h\pi}{\mathrm{LD_w}}$$

第四项$=-\boldsymbol{\xi}\cdot c_p\bar{\theta}\nabla\pi'$

$$=c_p\bar{\theta}\frac{\partial\pi'}{\partial z}\left(\frac{\partial u}{\partial y}-\frac{\partial v}{\partial x}\right)+c_p\bar{\theta}\left(\frac{\partial\pi'}{\partial x}\frac{\partial v}{\partial z}-\frac{\partial\pi'}{\partial y}\frac{\partial u}{\partial z}\right)+c_p\bar{\theta}\left(\frac{\partial\pi'}{\partial y}\frac{\partial w}{\partial x}-\frac{\partial\pi'}{\partial x}\frac{\partial w}{\partial y}\right)$$

$$\frac{c_pU\Theta\Delta_z\pi}{LD_w} \qquad \frac{c_pU\Theta\Delta_h\pi}{LD_w} \qquad \frac{c_pW\Theta\Delta_h\pi}{L^2}$$

第五项$=b\zeta=g\dfrac{\theta'}{\bar{\theta}}\left(\dfrac{\partial v}{\partial x}-\dfrac{\partial u}{\partial y}\right)$

$$g\frac{\theta}{\Theta}\frac{U}{L}=\frac{c_p\theta}{HL}\frac{U}{L}$$

第六项$=-f\boldsymbol{k}\cdot\boldsymbol{V}\nabla\cdot\boldsymbol{V}+f\boldsymbol{k}\cdot(\boldsymbol{V}\cdot\nabla)\boldsymbol{V}$ $(f=2\Omega\sin\phi)$

$$=-fw\left(\frac{\partial u}{\partial x}+\frac{\partial v}{\partial y}\right)+f\left(u\frac{\partial w}{\partial x}+v\frac{\partial w}{\partial y}\right)$$

$$\frac{fWU}{L}$$

第七项$=\boldsymbol{V}\cdot(\nabla b\times\boldsymbol{k})=u\dfrac{\partial b}{\partial y}-v\dfrac{\partial b}{\partial x}=u\dfrac{g}{\partial y}\dfrac{\partial\theta'}{}-v\dfrac{g}{\partial x}\dfrac{\partial\theta'}{}$

$$g\frac{\Delta_h\theta}{\Theta}\frac{U}{L}$$

中纬度的中尺度运动各基本尺度的量级分别可取为

$c_p\sim10^3\,\mathrm{J\cdot K^{-1}\cdot kg^{-1}}$，$\Theta\sim3\times10^2\,\mathrm{K}$，$H=\dfrac{c_p\Theta}{g}\sim10^4\ \mathrm{m}$，$U\sim10\ \mathrm{m\cdot s^{-1}}$，

$\theta\sim\Delta_h\Theta\sim10^0-10^1\ \mathrm{K}$，$\Delta_z\Theta\sim10^1\ \mathrm{K}$，$W\sim10^{-1}-10^1\ \mathrm{m\cdot s^{-1}}$，$f\sim10^{-4}\mathrm{s^{-1}}$

又虽然一般而言中尺度系统的气压梯度比大尺度系统的大，但主要原因是系统的水平和垂直方向的尺度不同，而气压的水平和垂直变动与大尺度的相当，故我们可以用大尺度的水平和垂直变动来做估计。对大尺度运动，由地转关系有

$$c_p\Theta\frac{\Delta_h\pi}{L}\sim f_0U\sim10^{-3}\text{，}L\sim10^6\ \mathrm{m}$$

可推得 $\Delta_h\pi\sim10^{-2}$；类似由静力平衡关系，我们可以估计 $\Delta_z\pi\sim10^0$。

Lilly(1986a,b)强调浮力效应对螺旋度具有重要影响，故我们将螺旋度方程各项除以 $b\zeta$，然后在不同情况下讨论它们的大小。

(A)对于深对流$\frac{D_w}{H}<1$,但不是很小,垂直运动较强$W\sim U$,则对于平流项与大气的辐合辐散项而言,无论温度扰动是强还是弱,一般地这两项相对于浮力项都是可忽略的,除非当水平尺度较大时平流项可与浮力相当。

虽然一般而言中尺度系统的气压梯度比大尺度系统的大,但主要原因是系统的水平和垂直方向的尺度不同,而气压的水平和垂直变动与大尺度的相当,故可以用大尺度的水平和垂直变动来做估计。因此利用大尺度的地转关系和静力平衡关系,我们可以分析出;在深对流情况下,压力梯度与涡度共同作用项和力管项对螺旋度的变化有重要影响,甚至比 Lilly 强调的浮力效应大;地转偏向力(无论是在水平方向还是垂直方向)的作用要在系统水平尺度较大(α 中尺度)时才能体现出来,而位温扰动除在锋面附近外该项的作用远远不及位温的作用。

(B)对于浅对流$\frac{D_w}{H}\ll 1$,类似地通过尺度分析我们可得:

在浅对流的情况下,压力梯度与涡度共同作用项和力管项仍是影响螺旋度变化的重要因子;浮力的水平分布不均在锋区对螺旋度的影响也不可忽略,而螺旋度的输送、大气的辐散、辐合对螺旋度变化的影响比深对流时大;地转偏向力的作用只有当垂直运动很强,水平尺度较大时才能体现出来;而位温扰动除锋区之外影响仍是很小。

综合上述分析,保留螺旋度方程中一般而言与浮力相当和大于浮力的相应项,则简化的螺旋度方程可写为

$$\frac{\partial h_e}{\partial t}=c_p u\frac{\partial\bar{\theta}}{\partial z}\frac{\partial\pi'}{\partial y}-c_p v\frac{\partial\bar{\theta}}{\partial z}\frac{\partial\pi'}{\partial x}+c_p\bar{\theta}\frac{\partial\pi'}{\partial x}\frac{\partial v}{\partial z}-c_p\bar{\theta}\frac{\partial\pi'}{\partial y}\frac{\partial u}{\partial z}-c_p\bar{\theta}\frac{\partial\pi'}{\partial z}\zeta+b\zeta \tag{4.4.11}$$

从上式我们不难看出,螺旋度的变化趋势不仅与风场和涡度现有的状况有关,还与制造风场、涡度的源项有关,而有趣的是螺旋度反映涡度和速度的配合程度,影响其变化趋势的因子也可说是一些反映配合程度的量,当水平风场和水平力管(水平涡度源项)、涡度和气压梯度(风源项)及浮力(垂直风的另一源项)与垂直涡度配合时,即乘积为正,有利于螺旋度的增加。另外,前四项与水平方向的力管、涡度和气压梯度相联系,而后两项则与垂直方向的涡度、浮力场、气压梯度联系;在量级上前五项会比第六项,即浮力效应项大一些。

4.4.2　不同方向上的螺旋度的讨论

根据向量分析中的定义,螺旋度属于假标量(柯青 H E. ,1954),

$$h_e=\mathbf{V}\cdot(\nabla\times\mathbf{V})=u\left(\frac{\partial w}{\partial y}-\frac{\partial v}{\partial z}\right)+v\left(\frac{\partial u}{\partial z}-\frac{\partial w}{\partial x}\right)+w\left(\frac{\partial v}{\partial x}-\frac{\partial u}{\partial y}\right)$$

右端三项有着各自不同的意义,它们分别与 x,y,z 方向的风速和涡度的分量联

系在一起，其值相同时也可能会有不同的运动形式。故有必要进一步讨论不同方向上螺旋度在暴雨、强对流天气过程中的演化情况、相互关系以及影响它们的因子。方便起见，我们不妨称之为 x—螺旋度，y—螺旋度(合称为水平螺旋度)，z—螺旋度，分别记为 h_{e1}，h_{e2}，h_{e3}。

水平螺旋度即水平风速和水平涡度的积。其正值异常增大(即二者同号，相互配合)可以是水平风速增大也可是水平涡度增大或二者都增大，都会对应大气的异常状态，与预报强对流风暴的一些参数联系，具有预示性。一方面，水平风速增大可以对应常与暴雨联系的急流。西南低空急流可以造成强的暖湿空气输送，加强层结不稳定度和低层扰动，进而触发不稳定能量释放；在其左前方有水汽辐合，其左侧有气旋性切变，可产生或增加垂直涡度。通过该地区的高空急流可以增强风的垂直切变，Ri 数减小，有利于对流发展并使水平方向涡度增加。另一方面，水平涡度主要由水平风场的垂直切变决定，而水平风垂直切变是预报强风暴的一个重要参数，与大气不稳定、强对流天气联系紧密；另外，也许更重要的是：水平涡度大表明在适当情况下空气可形成强的垂直环流，并有助于垂直环流的维持；水平涡度可以通过对流上升运动发生扭转使得垂直方向的涡度增大，进而促进系统发展。从这个角度上说，它是垂直涡度获得或增加的一个重要源泉。

从量级上，(至少在风暴初期)水平螺旋度比垂直螺旋度大，它较大程度上决定了总螺旋度的情况，一些诊断、研究工作也证实了这一点(李耀辉等，1999；Fei *et al.*，2001；杨越奎等，1994)。同时，其预示性和重要性充分体现在业务预报中。通常人们计算的螺旋度实质上是水平螺旋度，确切地说是忽略垂直运动水平分布不均下的相对风暴水平螺旋度：$H_e=\int_0^h(\overline{\boldsymbol{V}}_H-\boldsymbol{C})\cdot\boldsymbol{\zeta}_H\mathrm{d}z$(式中$\overline{\boldsymbol{V}}_H=(u(z),v(z))$为环境风场，$\boldsymbol{C}=(C_x,C_y)$为风暴传播速度，$\boldsymbol{\zeta}_H=\boldsymbol{k}\times\dfrac{\mathrm{d}\overline{\boldsymbol{V}}_H}{\mathrm{d}z}$为水平涡度矢量，$h$ 为气层厚度，通常取 3 km)，实际中常利用单站探空风资料上式转换为 $H_e=\sum\limits_{n=0}^{N-1}(u_{n+1}-C_x)(v_n-C_y)-(u_n-C_x)(v_{n+1}-C_y)$，并将螺旋度$H_e=150\ \mathrm{m^2\cdot s^{-2}}$作为强对流风暴发生发展的临界值(Davies-Jones *et al.*，1990)。

垂直螺旋度是垂直涡度和垂直速度的积。垂直涡度大的系统与剧烈天气现象联系紧密，如中气旋，故垂直涡度变化在气象研究和业务预报中一向是重点关注对象。另一方面，垂直速度是实际大气中造成天气现象的最直接的原因。单有涡旋缺乏垂直上升运动、大气辐散辐合，天气现象发生不了；而单有垂直上升运动、大气辐散辐合，运动难以维持，系统持续时间不长、影响小。因此，尽管垂直螺旋度的量级一般比水平螺旋度小，业务中计算螺旋度也常忽略它，但它充分反映了两个与天气现象紧密联系的物理量的配合情况，在一定程度上不仅能反映系统的维持状况，还能反映系统发展、天气现象的剧烈程度。不少实际诊断(杨越奎等，1994；吴宝俊等，1996；谭志华等，2000；刘惠敏等，2003)表明垂直螺旋度的分布与雨区配合较好。

为了进一步研究，水平和垂直螺旋度的关系和各自作用我们利用(4.4.1)式和(4.4.2)式的分量方程，并计 $\boldsymbol{\xi}=(\zeta_1,\zeta_2,\zeta)$ 推导了三个方向上的螺旋度方程：

$$\frac{\partial h_{e1}}{\partial t}=-(\mathbf{V}\cdot\nabla)h_{e1}-h_{e1}\left(\frac{\partial v}{\partial y}+\frac{\partial w}{\partial z}\right)-u\left(\frac{\partial u}{\partial y}\frac{\partial w}{\partial x}-\frac{\partial u}{\partial z}\frac{\partial v}{\partial x}\right)+ c_p u\frac{\partial\bar{\theta}}{\partial z}\frac{\partial\pi'}{\partial y}-c_p\bar{\theta}\zeta_1\frac{\partial\pi'}{\partial x}+u\frac{\partial b}{\partial y}+f\left(u\frac{\partial u}{\partial z}+\zeta_1 v\right) \tag{4.4.12}$$

$$\frac{\partial h_{e2}}{\partial t}=-(\mathbf{V}\cdot\nabla)h_{e2}-h_{e2}\left(\frac{\partial u}{\partial x}+\frac{\partial w}{\partial z}\right)-v\left(\frac{\partial v}{\partial z}\frac{\partial u}{\partial y}-\frac{\partial v}{\partial x}\frac{\partial w}{\partial y}\right)- c_p v\frac{\partial\bar{\theta}}{\partial z}\frac{\partial\pi'}{\partial x}-c_p\bar{\theta}\zeta_2\frac{\partial\pi'}{\partial x}-v\frac{\partial b}{\partial x}+f\left(v\frac{\partial v}{\partial z}-\zeta_2 u\right) \tag{4.4.13}$$

$$\frac{\partial h_{e3}}{\partial t}=-(\mathbf{V}\cdot\nabla)h_{e3}-h_{e3}\left(\frac{\partial u}{\partial x}+\frac{\partial v}{\partial y}\right)-w\left(\frac{\partial v}{\partial z}\frac{\partial w}{\partial x}-\frac{\partial w}{\partial y}\frac{\partial u}{\partial z}\right)- c_p\bar{\theta}\zeta\frac{\partial\pi'}{\partial z}+b\zeta-f\left(w\frac{\partial u}{\partial x}+w\frac{\partial v}{\partial y}\right) \tag{4.4.14}$$

根据前面的量纲分析结果，上三式可简化为：

$$\frac{\partial h_{e1}}{\partial t}=c_p u\frac{\partial\bar{\theta}}{\partial z}\frac{\partial\pi'}{\partial y}+c_p\bar{\theta}\frac{\partial v}{\partial z}\frac{\partial\pi'}{\partial x} \tag{4.4.15}$$

$$\frac{\partial h_{e2}}{\partial t}=-c_p v\frac{\partial\bar{\theta}}{\partial z}\frac{\partial\pi'}{\partial x}-c_p\bar{\theta}\frac{\partial u}{\partial z}\frac{\partial\pi'}{\partial y} \tag{4.4.16}$$

$$\frac{\partial h_{e3}}{\partial t}=b\zeta-c_p\bar{\theta}\zeta\frac{\partial\pi'}{\partial z} \tag{4.4.17}$$

我们不难发现影响不同方向上螺旋度的因子区分明显，对照第二节中的简化螺旋度方程，可以看到，总的螺旋度变化是不同方向上螺旋度变化的综合体现：简化螺旋度方程中前四个与水平方向的涡管、涡度和气压梯度相联系的影响因子都出现在水平方向螺旋度方程中；而简化方程的后两个与垂直方向的涡度、浮力场、气压场联系的因子则出现在垂直方向螺旋度方程中。当这些影响因子相互配合时，有利于水平螺旋度和垂直螺旋度的增加。

从以上方程，我们还发现这样的差别存在：影响水平螺旋度变化的两个主要因子分别与组成水平螺旋度的水平风和水平涡度有关；而影响垂直螺旋度变化的两个主要因子尽管都来源于垂直运动方程，都与垂直涡度有关，而不直接与垂直速度联系。因此，初始垂直涡度的性状十分重要。另外，正如 Lilly 所强调的，浮力效应对螺旋度增长也有重要作用，既体现在促进垂直速度增长上，又体现在与垂直涡度配合促进垂直螺旋度增长上。

综合以上分析，我们得到如下结论：水平和垂直方向上的螺旋度既相互区别又相互联系,它们在暴雨、强对流天气过程中表现出不同的作用。水平螺旋度更具预示性,对预报强风暴有指示意义;垂直螺旋度更倾向为能反映系统的维持状况和系统发展、天气现象的剧烈程度的一个参数。因为水平螺旋度为垂直螺旋度的形成或增长提供有利条件,所以水平涡管对水平螺旋度的作用不可忽视,同时垂直运动的触发、浮力效应和水平涡度的扭转对垂直螺旋度的生成和发展有重要作用。

参考文献

柯青H E. 1954. 向量计算及张量计算初步. 北京:商务印书馆,54-56.

李耀辉,寿绍文. 1999. 旋转风螺旋度及其在暴雨演变过程中的作用,南京气象学院学报,**22**:95-102.

刘惠敏,郑兰芝. 2002. 螺旋度诊断分析与短时强降水雨量预报,气象,**28**(10):37-40.

刘式适,刘式达. 1997. 大气运动的螺-极分解和 Beltrami 流. 大气科学,**21**(2):151-160.

陆慧娟,高守亭. 2003. 螺旋度及螺旋度方程的讨论. 气象学报,**61**(6):684-691.

谭志华,杨晓霞. 2000. "99·8"山东特大暴雨的螺旋度分析,气象,**26**(9):7-10.

吴宝俊,许晨海,刘延英,等. 1996. 螺旋度在分析一次三峡大暴雨中的应用. 应用气象学报,**7**(1):108-112.

吴国雄,刘还珠. 1999. 全型垂直涡度倾向方程和倾斜涡度发展. 气象学报,**57**(1):1-15.

伍荣生. 2002. 大气动力学. 北京:高等教育出版社,pp314.

伍荣生,谈哲敏. 1989. 广义涡度与位势涡度守恒定律及应用. 气象学报,**47**:436-442.

杨越奎,刘玉玲,万振拴,等. 1994. "91.7"梅雨锋暴雨的螺旋度分析. 气象学报,**52**(3):379-384.

姚秀萍,吴国雄,刘屹岷,等. 2007. 热带对流层上空东风带扰动影响西太平洋副热带高压的个例分析. 气象学报,**65**(2):198-207.

周玉淑,冉令坤. 2010. 平流涡度方程及其在 2006 年 Bilis 台风分析中的应用. 物理学报,(2):1366-1377.

Brandes E A, Davies-Jones R P and Brenda C J. 1988. Streamwise vorticity effects on supercell morphology and persistence. *J. Atmos Sci.*, **45**(6): 947-963.

Brooks H E, Doswell Ⅲ C A, Davies-Jones R P. 1990. Environmental helicity and the maintenance and evolution of low-level meso-cyclones, The Tornado: Its Structure, Dynamics, Prediction, and Hazards, Geophys, Monogr, No. 79, Amer Geophys Union, 97-104.

Brooks H E, Wilhelmson R B. 1990. The effect of low-level hodograph curvature on supercell structure, Preprints, 16th Conf, on Severe Local Storms, Kananaskis Park, AB, Canada. *Amer Meteor Soc*, 34-39.

Davies-Jones R. 1984. Streamwise vorticity: The origin of updraft rotation in supercell storms. *J. Atmos Sci*, **41**: 2991-3006.

Davies-Jones R, Burgess D W, Foster M. 1990. Test ofhelicity as a forecast parameter, Preprints, 16 th Conf. on Severe Local Storms, Kananaskis Park, AB, Canada. *Amer. Me-*

teor. Soc. , 588-592.

Droegemeier K K, Lazarus S M, Davies-Jones R P. 1993. The influence of helicity on numerically simulated convective storms. *Mon. Wea. Rev.* , **121**: 2005-2029.

Etling D. 1985. Some aspects of helicity in atmosphere flows. *Beitr. Phys. Atmos.* , **58**: 88-100.

Fei Shiqiang, Tan Zhemin. 2001. On the helicity dynamics of severe convective storms. *Adv. Atmos. Sci.* , **18**: 67-86.

Gao shouting, Lei Ting. 2000. Streamwise vorticity equation. *Adv. Atmos. Sci.* ,**17**(3):339-347.

Hales J E, Vescio M D. 1996. The March 1994 tornado outbreak in the southeast US, "The forecast process from an SPC perspective," Preprints, 18th Conf, on Severe Local Storms, San Francisco, CA, Amer. Meteor. Soc. , 32-36.

Johns R H, Davies J M, Leftwich P W. 1993. Some wind and instability parameters associated with strong and violent tornadoes. Part Ⅱ: Variations in the combinations of wind and stability parameters. The Tornado: Its Structure, Dynamics, Prediction, and Hazards, Geophys. Monogr, No. 79, Amer. Geophys Union, 583-590.

Leftwich P W. 1990. On the use of helicity in operational assessment of severe local storm potential. In preprint, 16th Conf. on Severe Local Storms, Kananaskis Park, AB, Canada, Amer. Meteor. Soc. , pp. 306-310.

Lilly D K. 1986a. The structure, energetics and propagation of rotating convective storms, Part Ⅰ: Energy exchange with the mean flow. *J. Atmos. Sci.* , **43**: 113-125.

Lilly D K. 1986b. The structure, energetics and propagation of rotating convective storms, Part Ⅱ: Helicity and storm stabilization. *J. Atmos. Sci.* , **43**: 126-140.

Markowski P M, Jerry M S, Rasmussen E N and David O B. 1998. Variability of storm-relative helicity during vortex. *Mon. Wea. Rev.* , **126**: 2959-2971.

Moffat H K. 1969. On theknottedness of tangled vortex lines. *J. Fluid Mech.* , **35**: 117-128.

Moffat H K. 1981. Some developments in the theory of turbulence. *J. Fluid Mech.* , **106**: 27-47.

Scorer Richard S. 1997. Dynamics of Meteorology and Climate. Praxis Publishing Ltd. pp686.

Tan Zhemin, Wu Rongsheng. 1994. Helicity dynamics of atmospheric flow. *Adv. Atmos. Sci.* , **11**: 175-188.

Vallis G K. 2006. Atmospheric and oceanic fluid dynamics: fundamentals and large-scale circulation. Cambridge University Press, pp168-169.

Wu W S, Lilly D K, Kerr R M. 1992. Helicity and thermal convection with shear. *J. Atmos. Sci.* , **49**: 1800-1809.

第5章　散度及其有关方程

夏季我国经常遭受暴雨的袭击，暴雨引起的洪涝、泥石流等灾害给人民的生命和财产造成严重损失，因此对暴雨灾害的预报一直是我国汛期业务预报的重点之一。暴雨是一种中尺度现象，它的发生与中尺度系统的发生发展有密切关系。气象学家利用涡度、位涡等来分析暴雨的发展取得了许多有意义的成果。但是近些年来很多的观测表明，暴雨的产生与对流层低层大气的强烈辐合也密不可分。分析暴雨系统中散度的变化，对我们更全面的理解暴雨中尺度系统的发生发展机理十分重要。因此，我们将在本章中对散度及其有关的方程进行介绍。

5.1　散度及散度方程

5.1.1　散度

在流体力学中，散度是用来表示流体体积膨胀或者收缩的量。表示为：

$$D = \nabla \cdot \boldsymbol{v} = \frac{\partial u}{\partial x} + \frac{\partial v}{\partial y} + \frac{\partial w}{\partial z} \tag{5.1.1}$$

我们取一个小立方体，其边长分别为 δx、δy 和 δz。那么其体积为 $\delta x \delta y \delta z$。当流体运动时，其单位体积的体积变化率称为体胀速度，即

$$\text{体胀速度} = \frac{1}{\delta x \delta y \delta z} \frac{\mathrm{d}}{\mathrm{d}t}(\delta x \delta y \delta z) \tag{5.1.2}$$

化简，得

$$\begin{aligned} \text{体胀速度} &= \frac{\delta}{\delta x}\frac{\mathrm{d}x}{\mathrm{d}t} + \frac{\delta}{\delta y}\frac{\mathrm{d}y}{\mathrm{d}t} + \frac{\delta}{\delta z}\frac{\mathrm{d}z}{\mathrm{d}t} \\ &= \frac{\delta u}{\delta x} + \frac{\delta v}{\delta y} + \frac{\delta w}{\delta z} = \nabla \cdot \boldsymbol{v} \end{aligned} \tag{5.1.3}$$

可见，流体的散度，其实就是单位体积流体膨胀或者收缩的速度。

5.1.2　散度方程

对于尺度在 100 km 以上的大、中尺度运动，准静力平衡近似是适宜的。此时，在 p 坐标下的水平运动方程为：

$$\frac{\partial \boldsymbol{v}_h}{\partial t} + (\boldsymbol{v}_h \cdot \nabla_h)\boldsymbol{v}_h + \omega \frac{\partial \boldsymbol{v}_h}{\partial p} - f\boldsymbol{v}_h \times \boldsymbol{k} = -\nabla_h \varphi \tag{5.1.4}$$

其中$\boldsymbol{v}_h$是二维风矢量，∇_h是二维微分算子，$\nabla_h = \frac{\partial}{\partial x}\boldsymbol{i} + \frac{\partial}{\partial y}\boldsymbol{j}$。利用矢量微分运算：

$$(\boldsymbol{v}_h \cdot \nabla_h)\boldsymbol{v}_h = \nabla_h\left(\frac{\boldsymbol{v}_h \cdot \boldsymbol{v}_h}{2}\right) - \boldsymbol{v}_h \times \nabla_h \times \boldsymbol{v}_h \tag{5.1.5}$$

把(5.1.5)式代入(5.1.4)式，得

$$\frac{\partial \boldsymbol{v}_h}{\partial t} + \omega \frac{\partial \boldsymbol{v}_h}{\partial p} - (f+\zeta)\boldsymbol{v}_h \times \boldsymbol{k} = -\nabla_h\left(\varphi + \frac{\boldsymbol{v}_h \cdot \boldsymbol{v}_h}{2}\right) \tag{5.1.6}$$

式中$\zeta = \boldsymbol{k} \cdot \nabla_h \times \boldsymbol{v}_h$是涡度的垂直分量。用$\nabla_h \cdot$(5.1.6)式，得

$$\frac{\partial(\nabla_h \cdot \boldsymbol{v}_h)}{\partial t} + \nabla_h \cdot \left(\omega \frac{\partial \boldsymbol{v}_h}{\partial p}\right) - \nabla_h \cdot (f+\zeta)\boldsymbol{v}_h \times \boldsymbol{k} = -\nabla_h^2\left(\varphi + \frac{\boldsymbol{v}_h \cdot \boldsymbol{v}_h}{2}\right) \tag{5.1.7}$$

记$\delta = \nabla_h \cdot \boldsymbol{v}_h$为水平散度，$E = \varphi + \frac{\boldsymbol{v}_h \cdot \boldsymbol{v}_h}{2}$称为压能，整理(5.1.7)式得

$$\frac{\partial \delta}{\partial t} = -\nabla_h \omega \cdot \frac{\partial \boldsymbol{v}_h}{\partial p} - \omega \cdot \frac{\partial \delta}{\partial p} + \boldsymbol{k} \cdot [\nabla_h \times (f+\zeta)\boldsymbol{v}_h] - \nabla_h^2 E \tag{5.1.8}$$

这便是经典二维散度方程。该方程表明，影响散度变化的主要因子被局限于风场和质量场。而热力因子并没有考虑，这是传统散度方程的一个缺陷。利用这一方程很难直接分析大气热力学作用及层结特性对散度的影响。对此，陈忠明等(2009)推导了包含相当位温项的新型二维散度方程。推导过程较为复杂，有兴趣的读者可以自行查阅。

在此，我们推导一种较为简单形式下的包含热力作用的三维散度方程。

对于中小尺度运动，使用z坐标系比p坐标更为准确，z坐标系下的运动方程为：

$$\frac{\partial v}{\partial t} + (\boldsymbol{v} \cdot \nabla)\boldsymbol{v} - f\boldsymbol{v} \times \boldsymbol{k} = -\nabla \varphi + T\nabla S - \nabla H \tag{5.1.9}$$

其中$\boldsymbol{v}$是三维风矢量，∇是三维微分算子，$\nabla = \frac{\partial}{\partial x}\boldsymbol{i} + \frac{\partial}{\partial y}\boldsymbol{j} + \frac{\partial}{\partial z}\boldsymbol{k}$，$S$和$H$分别为熵和焓，具体定义见4.1.3小节。

利用$(\boldsymbol{v} \cdot \nabla)\boldsymbol{v} = \nabla\left(\frac{\boldsymbol{v} \cdot \boldsymbol{v}}{2}\right) - \boldsymbol{v} \times \nabla \times \boldsymbol{v}$，将其代入(5.1.9)，可得

$$\frac{\partial \boldsymbol{v}}{\partial t} - f\boldsymbol{v} \times \boldsymbol{k} - \boldsymbol{v} \times \boldsymbol{\xi} = T\nabla S - \nabla H - \nabla\left(\varphi + \frac{\boldsymbol{v} \cdot \boldsymbol{v}}{2}\right) \tag{5.1.10}$$

式中$\boldsymbol{\xi} = \nabla \times \boldsymbol{v}$为三维涡度。用$\nabla \cdot$(5.1.10)式，整理得

$$\frac{\partial(\nabla \cdot \boldsymbol{v})}{\partial t} - \nabla \cdot (f\boldsymbol{v} \times \boldsymbol{k}) + \nabla \cdot (\boldsymbol{v} \times \boldsymbol{\xi}) = \nabla \cdot (T\nabla S - \nabla H) - \nabla^2\left(\varphi + \frac{\boldsymbol{v} \cdot \boldsymbol{v}}{2}\right) \tag{5.1.11}$$

记 $D=\nabla\cdot\boldsymbol{v}$ 为散度，$E=\varphi+\frac{\boldsymbol{v}\cdot\boldsymbol{v}}{2}$ 为压能，并利用矢量运算法则：

$$\nabla\cdot(\boldsymbol{a}\times\boldsymbol{b})=\boldsymbol{b}\cdot(\nabla\times\boldsymbol{a})-\boldsymbol{a}\cdot(\nabla\times\boldsymbol{b}) \tag{5.1.12}$$

其中 $\boldsymbol{a},\boldsymbol{b}$ 均为矢量，整理(5.1.11)式得

$$\frac{\partial D}{\partial t}=f\zeta-\xi^2+\boldsymbol{v}\cdot(\nabla\times\boldsymbol{\xi})+\nabla^2E-\nabla\cdot(T\nabla S-\nabla H) \tag{5.1.13}$$

可见，在(5.1.13)式这个形式的散度方程中，热力作用得以保留，以熵和焓的形式体现。

5.2 位势散度

为了考虑散度效应，把水平风矢量旋转 90°后的旋度在广义位温梯度方向上的投影定义为位势散度，并把其二阶扰动量定义为位势散度波作用密度，该波作用密度代表扰动热量的扰动输送，与位势稳定度的发展演变有关。下面我们对其定义及其应用进行介绍(冉令坤等，2013)。

5.2.1 位势散度与散度形式表达的波作用密度方程

湿位涡是综合表征湿大气动力学性质和热力学特点的重要宏观物理量，广泛应用在各种天气现象的分析研究中，在局地直角坐标系中其表达式为

$$Q^*=-\frac{\partial v}{\partial z}\frac{\partial\theta^*}{\partial x}+\frac{\partial u}{\partial z}\frac{\partial\theta^*}{\partial y}+\left(\frac{\partial v}{\partial x}-\frac{\partial u}{\partial y}+f\right)\frac{\partial\theta^*}{\partial z} \tag{5.2.1}$$

其中，θ^* 为广义位温。陶祖钰等(2012)研究表明，位涡主要代表涡度与位势稳定度的耦合效应。为了反映暴雨过程中水平风场散度的动力学性质，与位涡类似，这里提出位势散度的概念，即，

$$M^*=-\left(\frac{\partial u}{\partial z}\frac{\partial\theta^*}{\partial x}+\frac{\partial v}{\partial z}\frac{\partial\theta^*}{\partial y}\right)+\left(\frac{\partial u}{\partial x}+\frac{\partial v}{\partial y}\right)\frac{\partial\theta^*}{\partial z} \tag{5.2.2}$$

虽然 Q^* 和 M^* 的定义相似，但二者的物理意义不同。上式可改写为：

$$M^*=[\nabla\times(\boldsymbol{v}_h\times\boldsymbol{k})]\cdot\nabla\theta^* \tag{5.2.3}$$

其中，$\boldsymbol{v}_h=\left(u,v,0\right)$ 为水平风速。可见，M^* 代表水平风矢量旋转 90 度后的旋度在广义位温梯度方向上的投影，而 Q^* 代表水平风矢量的旋度在广义位温梯度方向上的投影。另外，Q^* 体现了相对垂直涡度 $\left(\frac{\partial v}{\partial x}-\frac{\partial u}{\partial y}\right)$ 的动力性质，而 M^* 体现了水平散度 $\left(\frac{\partial u}{\partial x}+\frac{\partial v}{\partial y}\right)$ 的动力学效应。

M^* 可以进一步分解为基本态，一阶扰动量和二阶扰动量等三部分

$$M^*=M_0+M_e+A,$$

其中，

$$M_0 = [\nabla \times (\boldsymbol{v}_{0h} \times \boldsymbol{k})] \cdot V\theta_0^* \tag{5.2.4}$$

$$M_e = [\nabla \times (\boldsymbol{v}_{0\ h} \times \boldsymbol{k})] \cdot \nabla\theta_e^* + [\nabla \times (\boldsymbol{v}_{eh} \times \boldsymbol{k})] \cdot \nabla\theta_0^* \tag{5.2.5}$$

$$A = [\nabla \times (\boldsymbol{v}_{eh} \times \boldsymbol{k})] \cdot \nabla\theta_e^* \tag{5.2.6}$$

其中，下标“0”代表基本态，下标“e”代表扰动态。M_0 描述大尺度动、热力场的综合特征，M_e 包含大尺度和中尺度系统的综合信息，A 是二阶扰动量，代表扰动能量，表征扰动水平风垂直切变和扰动散度与广义位温扰动梯度的耦合效应，称之为位势散度波作用密度（简称波作用密度）。由于本书研究对象是中尺度扰动系统，因此重点关注 A。

（5.2.6）式还可写为

$$A = \frac{\partial}{\partial x}\left(u_e \frac{\partial\theta_e^*}{\partial z}\right) + \frac{\partial}{\partial y}\left(v_e \frac{\partial\theta_e^*}{\partial z}\right) - \frac{\partial}{\partial z}\left(u_e \frac{\partial\theta_e^*}{\partial x} + v_e \frac{\partial\theta_e^*}{\partial y}\right) \tag{5.2.7}$$

上式右端前两项代表热力学属性（广义位温扰动垂直梯度）的水平通量散度，第三项代表扰动热量扰动水平平流的垂直梯度。

对（5.2.7）式两端取时间偏导数，可以得到

$$\frac{\partial A}{\partial t} = -\frac{\partial}{\partial x}\left[\left(\frac{\partial\theta_e^*}{\partial t}\frac{\partial u_e}{\partial z} + \theta_e^* \frac{\partial^2 u_e}{\partial z\partial t}\right)\right] - \frac{\partial}{\partial y}\left[\left(\frac{\partial\theta_e^*}{\partial t}\frac{\partial \boldsymbol{v}_e}{\partial z} + \theta_e^* \frac{\partial^2 \boldsymbol{v}_e}{\partial z\partial t}\right)\right] + \frac{\partial}{\partial z}\left\{\left[\frac{\partial\theta_e^*}{\partial t}\left(\frac{\partial u_e}{\partial x} + \frac{\partial \boldsymbol{v}_e}{\partial y}\right) + \theta_e^* \left(\frac{\partial^2 u_e}{\partial x\partial t} + \frac{\partial^2 \boldsymbol{v}_e}{\partial y\partial t}\right)\right]\right\} \tag{5.2.8}$$

采用微扰动法将局地直角坐标系大气运动基本方程组（刘式适等，1991）进行线性化，可得到

$$\frac{\partial u_e}{\partial t} = -\boldsymbol{v}_e \cdot \nabla u_0 - \boldsymbol{v}_0 \cdot \nabla u_e + f v_{ae} \tag{5.2.9}$$

$$\frac{\partial \boldsymbol{v}_e}{\partial t} = -\boldsymbol{v}_e \cdot \nabla \boldsymbol{v}_0 - \boldsymbol{v}_0 \cdot \nabla \boldsymbol{v}_e - f u_{ae} \tag{5.2.10}$$

$$\frac{\partial\theta_e^*}{\partial t} = -\boldsymbol{v}_e \cdot \nabla\theta_0^* - \boldsymbol{v}_0 \cdot \nabla\theta_e^* + S_{\theta^*} \tag{5.2.11}$$

其中，$\boldsymbol{v}_e = (u_e, v_e, w_e)$，$\boldsymbol{v}_0 = (u_0, v_0, w_0)$，$\boldsymbol{v}_{ae} = (u_{ae}, v_{ae}, 0)$，$u_a = u + \frac{1}{f\rho}\frac{\partial p}{\partial y}$，$S_{\theta^*}$ 是汇源项。

和 $v_a = v - \frac{1}{f\rho}\frac{\partial p}{\partial x}$ 分别为纬向和经向非地转风分量。利用（5.2.9）式—（5.2.11）式消去（5.2.8）式右端的局地变化项，则可得到散度形式表达的波作用密度方程

$$\frac{\partial A}{\partial t} = \nabla \cdot \boldsymbol{F}_1 + \nabla \cdot \boldsymbol{F}_2 + \nabla \cdot \boldsymbol{F}_e + \nabla \cdot [S_{\theta_e^*} \nabla \times (\boldsymbol{k} \times \boldsymbol{v}_{he})] \tag{5.2.12}$$

其中，

$$\boldsymbol{F}_1 = f\boldsymbol{v}_{ae} \times \nabla\theta_e^* \tag{5.2.13}$$

$$\boldsymbol{F}_2 = \begin{pmatrix} \left[\left(u_0 \dfrac{\partial\theta_e^*}{\partial x} + v_0 \dfrac{\partial\theta_e^*}{\partial y} + u_e \dfrac{\partial\theta_0^*}{\partial x} + v_e \dfrac{\partial\theta_0^*}{\partial y}\right)\dfrac{\partial u_e}{\partial z} - \left(u_0 \dfrac{\partial u_e}{\partial x} + v_0 \dfrac{\partial u_e}{\partial y} + u_e \dfrac{\partial u_0}{\partial x} + v_e \dfrac{\partial u_0}{\partial y}\right)\dfrac{\partial\theta_e^*}{\partial z}\right] \\ \left[\left(u_0 \dfrac{\partial\theta_e^*}{\partial x} + v_0 \dfrac{\partial\theta_e^*}{\partial y} + u_e \dfrac{\partial\theta_0^*}{\partial x} + v_e \dfrac{\partial\theta_0^*}{\partial y}\right)\dfrac{\partial v_e}{\partial z} - \left(u_0 \dfrac{\partial \boldsymbol{v}_e}{\partial x} + v_0 \dfrac{\partial \boldsymbol{v}_e}{\partial y} + u_e \dfrac{\partial \boldsymbol{v}_0}{\partial x} + v_e \dfrac{\partial \boldsymbol{v}_0}{\partial y}\right)\dfrac{\partial\theta_e^*}{\partial z}\right] \\ \left[\left(v_0 \dfrac{\partial \boldsymbol{u}_e}{\partial y} + w_0 \dfrac{\partial \boldsymbol{u}_e}{\partial z} + v_e \dfrac{\partial u_0}{\partial y} + w_e \dfrac{\partial u_0}{\partial z}\right)\dfrac{\partial\theta_e^*}{\partial x} + \left(u_0 \dfrac{\partial \boldsymbol{v}_e}{\partial x} + w_0 \dfrac{\partial \boldsymbol{v}_e}{\partial z} + u_e \dfrac{\partial \boldsymbol{v}_0}{\partial x} + w_e \dfrac{\partial \boldsymbol{v}_0}{\partial z}\right)\dfrac{\partial\theta_e^*}{\partial y} - \right. \\ \left. \left(v_0 \dfrac{\partial\theta_e^*}{\partial y} + w_0 \dfrac{\partial\theta_e^*}{\partial z} + v_e \dfrac{\partial^*\theta_0}{\partial y} + w_e \dfrac{\partial\theta_0^*}{\partial z}\right)\dfrac{\partial u_e}{\partial x} - \left(u_0 \dfrac{\partial\theta_e^*}{\partial x} + w_0 \dfrac{\partial\theta_e^*}{\partial z} + u_e \dfrac{\partial\theta_0^*}{\partial x} + w_e \dfrac{\partial\theta_0^*}{\partial z}\right)\dfrac{\partial v_e}{\partial y}\right] \end{pmatrix} \tag{5.2.14}$$

$$\boldsymbol{F}_e = \boldsymbol{F}_{eD} + \boldsymbol{F}_{eT}, \tag{5.2.15}$$

$$\boldsymbol{F}_{eD} = \begin{pmatrix} w_e \dfrac{\partial u_e}{\partial z} \dfrac{\partial\theta_0^*}{\partial z} \\ w_e \dfrac{\partial \boldsymbol{v}_e}{\partial z} \dfrac{\partial\theta_0^*}{\partial z} \\ -u_e \dfrac{\partial u_e}{\partial x} \dfrac{\partial\theta_0^*}{\partial x} - v_e \dfrac{\partial \boldsymbol{v}_e}{\partial y} \dfrac{\partial\theta_0^*}{\partial y} \end{pmatrix} \tag{5.2.16}$$

$$\boldsymbol{F}_{eT} = \begin{pmatrix} -w_e \dfrac{\partial\theta_e^*}{\partial z} \dfrac{\partial u_0}{\partial z} \\ -w_e \dfrac{\partial\theta_e^*}{\partial z} \dfrac{\partial \boldsymbol{v}_0}{\partial z} \\ u_e \dfrac{\partial\theta_e^*}{\partial x} \dfrac{\partial u_0}{\partial x} + v_e \dfrac{\partial\theta_e^*}{\partial y} \dfrac{\partial \boldsymbol{v}_0}{\partial y} \end{pmatrix} \tag{5.2.17}$$

方程(5.2.12)左端为 A 的局地变化项，右端前三项为二阶扰动通量散度项，第四项为 A 的源汇项。由于 A 代表扰动能量，因此散度形式表达的波作用密度方程(5.2.12)在一定程度上描述扰动能量的发展演变。由于推导过程采用微扰动法，因此(5.2.12)适用于研究小振幅扰动。

5.2.2 位势散度的应用

下面我们利用台风 Morakot 的诊断分析，来具体说明位势散度的应用。

2009 年 8 月 4 日凌晨第 8 号热带风暴 Morakot 生成于西北太平洋，5 日加强为台风，7 日 23:45(北京时)登陆台湾花莲，9 日 16:20 登陆福建省霞浦市，10 日凌晨减弱为热带风暴，12 日 02 时消散。台风 Morakot 在我国多省市造成强降水，导致严重的洪涝灾害，其中浙江和福建省受灾比较严重。

7日1800 UTC台风刚登陆台湾岛，西侧眼墙位于台湾海峡，大陆地区受其影响较小，闽浙沿海仅有少量降水，并伴有波作用密度低值区，代表较弱的扰动热量输送。8日1800 UTC台风移入台湾海峡，其西侧眼墙覆盖大陆，降水增大。

在时间演变趋势上(图5.2.1)，大陆地区(25°N以北)波作用密度⟨|A|⟩高值区的水平范围与降水区相当，伴随降水区向北移动，并且波作用密度高值中心主要位于强降水中心的周围，表明降水区扰动热量的扰动输送比较明显。台湾海峡(24°—25°N)以及8日18:00—11日0000 UTC 24°N以南地区没有观测降水与波作用密度高值区对应，这主要是因为缺乏观测。

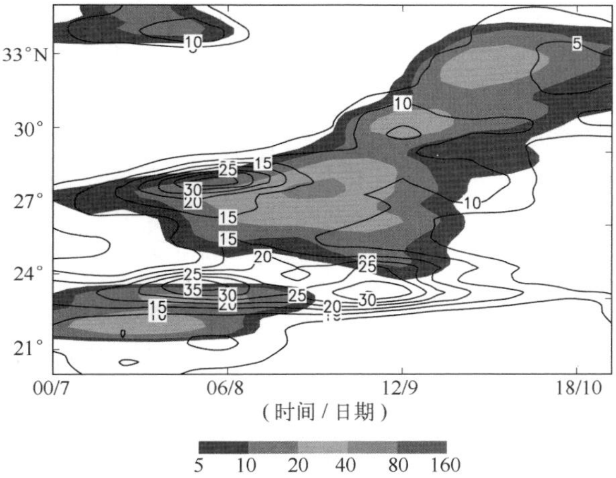

图5.2.1　2009年8月7日00时—10日18时(UTC)波作用密度⟨|A|⟩(等值线，10^{-5}K·s^{-2})在沿着120°E的经向一时间剖面内的分布，其中，阴影区为观测的6 h累积降水(mm)

为了分析影响波作用密度发展演变的主要物理因素，本节计算波作用通量散度$\nabla \cdot \boldsymbol{F}=\nabla \cdot \boldsymbol{F}_1+\nabla \cdot \boldsymbol{F}_2+\nabla \cdot \boldsymbol{F}_e$。如图5.2.2所示，7日1800 UTC波作用通量散度的异常值区主要位于弱降水区对流层中低层，表明台风登陆台湾花莲后，波作用通量散度引起波作用密度局地变化。8日1800 UTC台风中心移至台湾海峡，降水区波作用通量散度依然很强，意味着波作用密度将持续发展变化。9日1800 UTC台风登陆后，波作用通量散度异常值区移至强降水区北侧，强度较前两时次有所减小，表明波作用密度的变化趋于减弱。需要强调的是，由于波作用密度的符号是不确定的，因此波作用通量的辐散($\nabla \cdot \boldsymbol{F}>0$)或辐合($\nabla \cdot \boldsymbol{F}<0$)对扰动起促进作用还是抑制作用取决于波作用密度的符号。

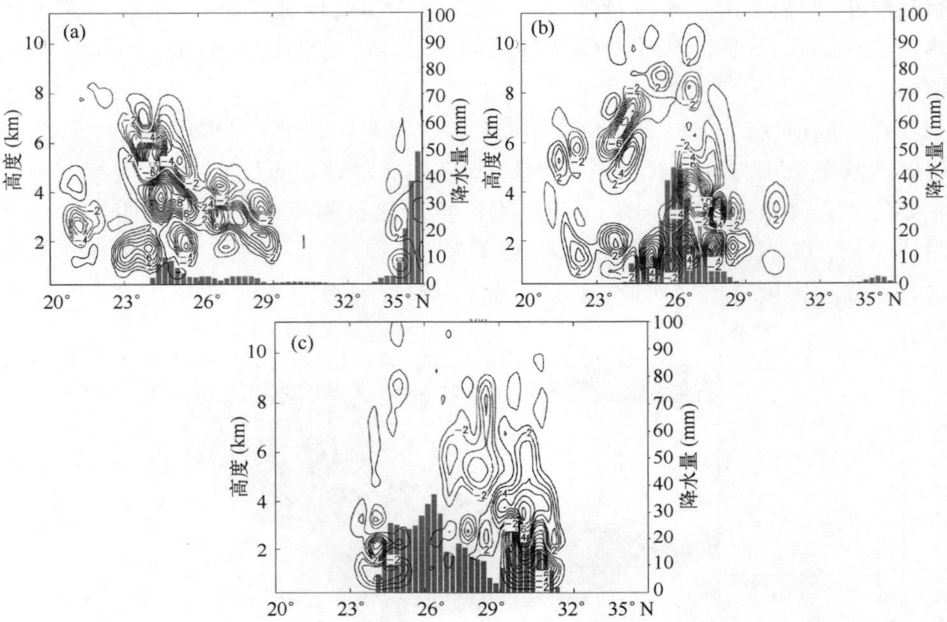

图 5.2.2 2009 年 8 月 7 日 1800 UTC(a)，8 日 1800 UTC(b)和 9 日 1800 UTC(c)波作用通量散度$\nabla \cdot \boldsymbol{F}$(等值线，$10^{-11}\mathrm{K} \cdot \mathrm{m}^{-1} \cdot \mathrm{s}^{-2}$)在沿 119°E 的经向一垂直剖面内的分布，其中，灰色直方图代表观测的 6 h 累积降水(mm)

在台风移动路径上，如图 5.2.3 所示，波作用通量散度$\langle|\nabla \cdot \boldsymbol{F}|\rangle$在台风登陆台湾花莲后(7 日 1200 UTC)迅速增加，在 8 日 1200 UTC 达到次极大值，随后略有衰减，9 日 0000 UTC 继续增长，9 日 0600 UTC 达到极大值，随后持续减小。波作用通量散度三个组成项在台风登陆福建霞浦(9 日 0820 UTC)之前达到极大值，在台风登陆后开始减小。扰动非地转风位涡项$\langle|\nabla \cdot \boldsymbol{F}_1|\rangle$的极大值大于一阶扰动平流与扰动切变耦合项$\langle|\nabla \cdot \boldsymbol{F}_2|\rangle$和二阶扰动平流与基本态切变耦合项$\langle|\nabla \cdot \boldsymbol{F}_e|\rangle$，因此扰动非地转位涡项是波作用密度的主要强迫项，而一阶扰动平流与扰动切变的耦合项是次要强迫项，二阶扰动平流与基本态切变的耦合项相对较弱。

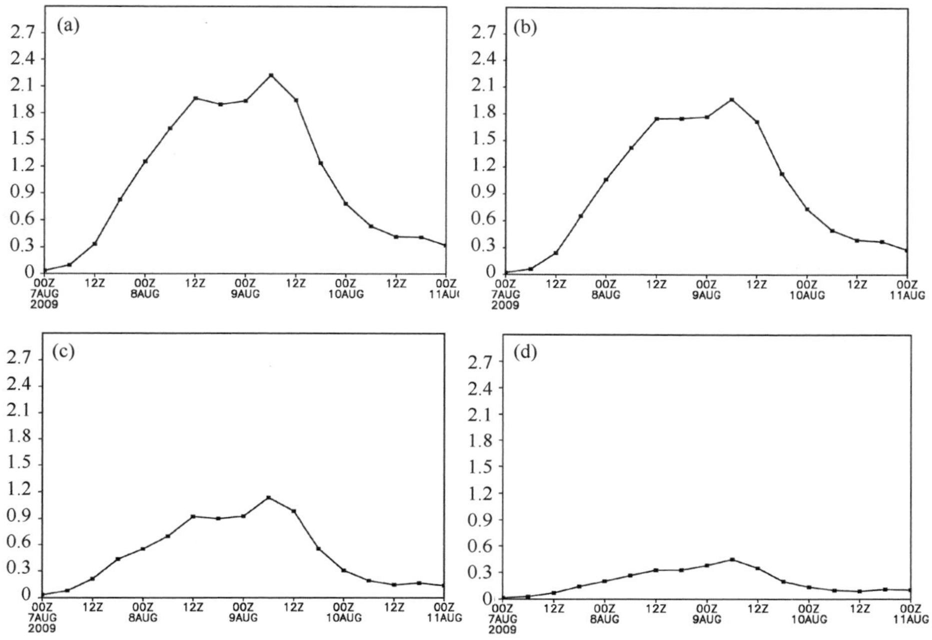

图 5.2.3　台风中心区$\langle|\nabla\cdot\boldsymbol{F}|\rangle$(a),$\langle|\nabla\cdot\boldsymbol{F}_1|\rangle$(b),$\langle|\nabla\cdot\boldsymbol{F}_2|\rangle$(c)和$\langle|\nabla\cdot\boldsymbol{F}_e|\rangle$(d)($10^{-7}\mathrm{K}\cdot\mathrm{s}^{-2}$)的时间演变

参考文献

陈忠明，杨康权，伍红雨. 2009. 湿斜压热动力耦合强迫激发辐合增长和暴雨维持的一种机制. 物理学报，(6)：4362-4371.

刘式适，刘式达. 1991. 大气动力学. 北京：北京大学出版社，77-109，135-137.

冉令坤，刘璐，李娜，等. 2013. 台风暴雨过程中位势散度波作用密度分析和预报应用研究. 地球物理学报，**56**(10)：3285-3301.

陶祖钰，周小刚，郑永光. 2012. 从涡度，位涡，到平流层干侵入——位涡问题的缘起，应用及其歧途. 气象，**38**(1)：28-40.

第 6 章　变形场及其有关方程

温压湿风是大气中最重要的四大要素，而在这四大要素中，唯有风是矢量场，所以风场的性质可谓四大要素之首，特别是对那些运动特征尺度小于 Rossby 变形半径的中尺度天气系统。大量研究已经证明风场通过地转调整决定气压场(Rossby，1937，1938；Yeh，1957；曾庆存，1963a，b，c；Yeh and Li，1982；伍荣生和谈哲敏，1989)。对于更小的对流风暴尺度，风场的作用更为重要。环境风廓线对风暴类型（Weisman and Klemp，1982）和风暴动力学（Walter and Thorpe，1979）有强的控制作用。

风场的重要性早期就被学者们认识到。Petterssen(1956a，b)将二维风场泰勒展开（取一阶近似）成散度、涡度以及变形等的组合形式。Wiin-Nielsen (1973)和 Norbury(2002)也详细讨论了上面的风场性质。传统的，比较关注的是涡度和散度这两个量，针对涡度和散度，相应地分别推导出了涡度方程和散度方程，但却一直没有变形场方程，这是动力学上的一个缺陷。为了填补这一空白，本章将推导变形场方程及与变形有关的方程。另外，变形场在扰动发展方面也具有重要作用。例如，Farrell(1989)研究非均匀气流中扰动稳定性问题时指出，适当配置下变形场中的扰动可出现瞬态增长，且增长率能够达到与切变流相当的量级。Mak 和 Cai(1989)指出正压流中，扰动为了能够从基本场中获得能量，扰动的主轴应该沿着变形场的压缩轴方向，若扰动沿着变形场伸展轴，其将丢失能量给基本流。王兴宝和伍荣生(2000)指出在锋区斜压气流对称稳定的条件下，大尺度变形场强迫能够对对称扰动的发展产生作用，变形场锋生时，锋区环流的上升支下方有利于对称扰动发展。姜永强(2011)通过理想数值实验，分析了鞍形场背景下中尺度涡旋激发的过程，并指出鞍形场中的风场较弱的鞍点区域最有利于中尺度涡旋的形成，鞍形场的特殊流型有助于涡旋偶在膨胀轴或鞍点附近停留较长时间而得到发展。基于这些理论研究变形场对扰动发展的作用在本章中也将进一步讨论。

6.1　总变形及变形方程

6.1.1　总变形

Petterssen(1956a，b)将二维的水平风场(u,v)作泰勒展开，并取一阶近似后

可得

$$u = u_0 + \frac{1}{2}(\delta + E_{st})x + \frac{1}{2}(E_{sh} - \zeta)y \tag{6.1.1a}$$

$$v = \boldsymbol{v}_0 + \frac{1}{2}(E_{sh} + \zeta)x + \frac{1}{2}(\delta - E_{st})y \tag{6.1.1b}$$

这里 u_0,v_0 是在坐标原点的风速分量，$\delta = (\frac{\partial u}{\partial x} + \frac{\partial v}{\partial y})$，$\zeta = (\frac{\partial v}{\partial x} - \frac{\partial u}{\partial y})$，$E_{st} = (\frac{\partial u}{\partial x} - \frac{\partial v}{\partial y})$，$E_{sh} = (\frac{\partial v}{\partial x} + \frac{\partial u}{\partial y})$，分别为散度，涡度，伸缩变形和切变变形。总变形定义为 $E = \sqrt{E_{st}^2 + E_{sh}^2}$ (Petterssen，1956a,b；Keyser *et al.*，1986,1988；Norbury，2002)。

逆时针旋转 (x, y) 坐标系 θ 角，新坐标系为 (x', y')。坐标转换关系为 $x' = x\cos\theta + y\sin\theta$，$y' = y\cos\theta - x\sin\theta$ ；逆变换为 $x = x'\cos\theta - y'\sin\theta$，$y = x'\sin\theta + y'\cos\theta$。因此有 $u = u'\cos\theta - v'\sin\theta$，$v = u'\sin\theta + v'\cos\theta$。所以有

$$\begin{bmatrix} \dfrac{\partial u}{\partial x} \\ \dfrac{\partial v}{\partial y} \end{bmatrix} = \begin{bmatrix} \left(\dfrac{\partial u'}{\partial x'} \cdot \cos\theta - \dfrac{\partial v'}{\partial x'}\sin\theta\right)\cos\theta + \left(\dfrac{\partial u'}{\partial y'} \cdot \cos\theta - \dfrac{\partial v'}{\partial y'}\sin\theta\right) \cdot (-\sin\theta) \\ \left(\dfrac{\partial u'}{\partial x'} \cdot \sin\theta + \dfrac{\partial v'}{\partial x'}\cos\theta\right)\sin\theta + \left(\dfrac{\partial u'}{\partial y'} \cdot \sin\theta + \dfrac{\partial v'}{\partial y'}\cos\theta\right) \cdot \cos\theta \end{bmatrix} \tag{6.1.2}$$

可以得到

$$\begin{aligned} E_{st} &= \frac{\partial u}{\partial x} - \frac{\partial v}{\partial y} = (\frac{\partial u'}{\partial x'} - \frac{\partial v'}{\partial y'})\cos 2\theta - (\frac{\partial v'}{\partial x'} + \frac{\partial u'}{\partial y'})\sin 2\theta \\ &= E_{st}'\cos(2\theta) - E_{sh}'\sin(2\theta) \end{aligned} \tag{6.1.3a}$$

$$\begin{aligned} E_{sh} &= \frac{\partial v}{\partial x} + \frac{\partial u}{\partial y} = \left(\frac{\partial u'}{\partial x'} - \frac{\partial v'}{\partial y'}\right)\sin 2\theta + \left(\frac{\partial v'}{\partial x'} + \frac{\partial u'}{\partial y'}\right)\cos 2\theta \\ &= E_{st}'\sin(2\theta) + E_{sh}'\cos(2\theta) \end{aligned} \tag{6.1.3b}$$

因此 $E^2 = E_{st}^2 + E_{sh}^2 = E_{st}'^2 + E_{sh}'^2$，这里上标的撇号代表旋转后的新坐标中的量。也就是说，总变形是独立于坐标系的旋转的一个量。正是这个原因，分析总变形比分析其分量（伸缩变形和切变变形）更有意义，因此我们下面推导总变形方程。

6.1.2　变形方程

p 坐标下的水平运动方程为

$$\frac{\partial u}{\partial t} + u\frac{\partial u}{\partial x} + v\frac{\partial u}{\partial y} + \omega\frac{\partial u}{\partial p} - fv = -g\frac{\partial z}{\partial x} + F_x \tag{6.1.4a}$$

$$\frac{\partial v}{\partial t} + u\frac{\partial v}{\partial x} + v\frac{\partial v}{\partial y} + \omega\frac{\partial v}{\partial p} + fu = -g\frac{\partial z}{\partial y} + F_y \tag{6.1.4b}$$

通过运算 $\frac{\partial}{\partial x}$(6.1.4a)式$-\frac{\partial}{\partial y}$(6.1.4b)式，得到

$$\frac{\partial E_{st}}{\partial t}+\mathbf{V}\cdot\nabla E_{st}+E_{st}\delta+\left(\frac{\partial\omega}{\partial x}\frac{\partial u}{\partial p}-\frac{\partial\omega}{\partial y}\frac{\partial v}{\partial p}\right)-f\left(\frac{\partial v}{\partial x}+\frac{\partial u}{\partial y}\right)-u\frac{\partial f}{\partial y}$$
$$=-g\left(\frac{\partial^2 z}{\partial x^2}-\frac{\partial^2 z}{\partial y^2}\right)+\left(\frac{\partial F_x}{\partial x}-\frac{\partial F_y}{\partial y}\right) \tag{6.1.5}$$

通过运算 $\frac{\partial}{\partial y}$(6.1.4a)式$+\frac{\partial}{\partial x}$(6.1.4b)式，得到

$$\frac{\partial E_{sh}}{\partial t}+\mathbf{V}\cdot\nabla E_{sh}+E_{sh}\delta+\left(\frac{\partial\omega}{\partial y}\frac{\partial u}{\partial p}+\frac{\partial\omega}{\partial x}\frac{\partial v}{\partial p}\right)+f\left(\frac{\partial u}{\partial x}-\frac{\partial v}{\partial y}\right)-v\frac{\partial f}{\partial y}$$
$$=-2g\frac{\partial^2 z}{\partial x\partial y}+\left(\frac{\partial F_x}{\partial y}+\frac{\partial F_y}{\partial x}\right) \tag{6.1.6}$$

而后由算子$\frac{E_{st}}{\sqrt{E_{st}^2+E_{sh}^2}}$(6.1.5)式$+\frac{E_{sh}}{\sqrt{E_{st}^2+E_{sh}^2}}$(6.1.6)式，得到总变形 E 的方程(Gao *et al.*,2008)

$$\frac{\partial E}{\partial t}=T_1+T_2+T_3+T_4+T_5+T_6 \tag{6.1.7a}$$

这里

$$T_1=-\mathbf{V}\cdot\nabla E \tag{6.1.7b}$$
$$T_2=-E\nabla_h\cdot\mathbf{V} \tag{6.1.7c}$$
$$T_3=\frac{uE_{st}+vE_{sh}}{E}\frac{\partial f}{\partial y} \tag{6.1.7d}$$
$$T_4=-\frac{E_{st}}{E}\left(g\frac{\partial^2 z}{\partial x^2}-g\frac{\partial^2 z}{\partial y^2}\right)-\frac{E_{sh}}{E}\left(2g\frac{\partial^2 z}{\partial x\partial y}\right) \tag{6.1.7e}$$
$$T_5=\frac{E_{st}}{E}\left(\frac{\partial\omega}{\partial x}\frac{\partial u}{\partial p}-\frac{\partial\omega}{\partial y}\frac{\partial v}{\partial p}\right)+\frac{E_{sh}}{E}\left(\frac{\partial\omega}{\partial y}\frac{\partial u}{\partial p}+\frac{\partial\omega}{\partial x}\frac{\partial v}{\partial p}\right) \tag{6.1.7f}$$
$$T_6=\frac{E_{st}}{E}\left(\frac{\partial F_x}{\partial x}-\frac{\partial F_y}{\partial y}\right)+\frac{E_{sh}}{E}\left(\frac{\partial F_x}{\partial y}+\frac{\partial F_y}{\partial x}\right) \tag{6.1.7g}$$

这里 $\mathbf{V}$ 是三维风速矢量，$\nabla_h\cdot\mathbf{V}$ 是水平散度，$\omega=\mathrm{d}p/\mathrm{d}t$ 是气压坐标中的垂直风速。由 (6.1.7a) 式，可以看出总变形的局地变化项取决于:平流项 (T_1)，水平散度项 (T_2)，β-效应项 (T_3)，气压梯度项 (T_4)，垂直速度作用项(T_5)，摩擦或湍流混合作用项(T_6)。

6.1.3　各项的物理意义

为了便于讨论，我们选取典型的纯伸缩变形场(通过旋转坐标系使得切变变形场等于 0)。考虑一个由 $u=ax$ 和 $v=-ay$ 定义的纯伸缩变形场，这样在坐标原点附近为两高(压)两低(压)的配置。对于这种流型，$\partial u/\partial x>0$，

$\partial v/\partial y<0$，并且在第一象限，$u>0$，$v<0$。

(6.1.7a) 式中，T_1 代表总变形的平流。这一项 $(-\mathbf{V}\cdot\nabla E)$ 的符号由风速矢量和总变形梯度的夹角来决定。当夹角小于 90°，$\mathbf{V}$ 在 $-\nabla E$ 方向上的投影为正，因此 T_1 为正；否则，这一项为负。T_2 代表由于水平辐合辐散导致的总变形的变化。对于纯变形场，$\nabla_h\cdot\mathbf{V}=0$，所以这一项为 0。

T_3 是 β-效应或者说科氏参数 f 的经向梯度项。它的符号由新坐标系下（使得 $r=0$）u 和 $\dfrac{\partial f}{\partial y}$ 的相互作用共同决定。

T_4 是气压梯度项。在纯伸缩变形流型中，它可以简化为 $-\left(g\dfrac{\partial^2 z}{\partial x^2}-g\dfrac{\partial^2 z}{\partial y^2}\right)$。它对总变形的贡献由气压梯度力在 x 和 y 方向（x 和 y 代表使得切变变形等于 0 的新坐标轴）的共同作用所决定。

T_5 代表新坐标系中，垂直风速的水平切变与水平风速的垂直切变的相互作用对总变形的贡献。在上面的假设条件下 $(E_{sh}=0)$，T_5 被简化为 $\dfrac{\partial\omega}{\partial x}\dfrac{\partial u}{\partial p}-\dfrac{\partial\omega}{\partial y}\dfrac{\partial v}{\partial p}$。它对总变形的贡献取决于各分量的符号，以及他们的相互作用。

T_6 是新坐标系中摩擦力或湍流混合对总变形的作用。

6.2　变形场与涡度场、散度场的相互作用

6.2.1　涡度、散度和变形拟能

为了讨论涡度、散度和变形三者之间的相互作用。本节直接从涡度、散度和形变的定义出发，首先引入同样能够表征旋转、辐合辐散和形变强弱的涡度拟能、散度拟能和形变拟能，通过推导三个物理量的倾向方程讨论涡度、散度和形变的相互作用，并进一步探讨这种相互作用在天气系统发生发展过程中的作用。需要注意的是，本节所讨论的并非风场形态的变化，虽然旋转风、辐散风和变形风有明确的物理意义，但实际中难以将变形风与旋转风和辐散风完全分离，所以本节主要讨论的是风场性质之间的转化。

同时注意到在讨论物理量的变化时，物理量的符号常常使问题复杂化，为此，需要讨论物理量的绝对值或平方，例如，对于垂直涡度 ζ，有 $\dfrac{\mathrm{d}\zeta}{\mathrm{d}t}>0$ 时，其既可表征气旋性旋转的增大，也可表示反气旋性旋转的减小，而垂直涡度的平方——涡度拟能则能较好地反映旋转强度的变化（伍荣生，1984）。另外，总形变虽然也有符号的正负，但其符号主要表征了变形场伸展轴的大致走向，实际分析起来较为困难。因此，为了使问题简化，首先引入涡度拟能、散度拟能和形变拟能的概念：

$$\varepsilon_e = \frac{1}{2}\zeta^2 = \frac{1}{2}\left(\frac{\partial v}{\partial x}\right)^2 + \frac{1}{2}\left(\frac{\partial u}{\partial y}\right)^2 - \frac{\partial v}{\partial x}\frac{\partial u}{\partial y} \tag{6.2.1}$$

$$\delta_e = \frac{1}{2}\delta^2 = \frac{1}{2}\left(\frac{\partial u}{\partial x}\right)^2 + \frac{1}{2}\left(\frac{\partial v}{\partial y}\right)^2 + \frac{\partial u}{\partial x}\frac{\partial v}{\partial y} \tag{6.2.2}$$

$$\begin{aligned}\sigma_e &= \frac{1}{2}E^2 = \frac{1}{2}(E_{sh}^2 + E_{st}^2)\\ &= \frac{1}{2}\left(\frac{\partial v}{\partial x}\right)^2 + \frac{1}{2}\left(\frac{\partial u}{\partial y}\right)^2 + \frac{\partial v}{\partial x}\frac{\partial u}{\partial y} + \frac{1}{2}\left(\frac{\partial u}{\partial x}\right)^2 + \frac{1}{2}\left(\frac{\partial v}{\partial y}\right)^2 - \frac{\partial u}{\partial x}\frac{\partial v}{\partial y}\end{aligned} \tag{6.2.3}$$

其中，ε_e 为涡度拟能，δ_e 为散度拟能，σ_e 为形变拟能，$\zeta=\frac{\partial v}{\partial x}-\frac{\partial u}{\partial y}$为垂直涡度，$\delta=\frac{\partial u}{\partial x}+\frac{\partial v}{\partial y}$为水平散度，$E_{sh}=\frac{\partial v}{\partial x}+\frac{\partial u}{\partial y}$为切变形变，$E_{st}=\frac{\partial u}{\partial x}-\frac{\partial v}{\partial y}$为伸缩形变，$E$ 为总形变。式(6.2.1)—(6.2.3)所定义的拟能与能量类似，分别可表征大气在运动过程中的旋转、辐合辐散及形变的强度。流体的旋转、辐合辐散和形变之间的相互作用能够通过讨论它们所对应的拟能之间的相互作用来实现。根据式(6.2.1)和(6.2.3)，涡度拟能和形变拟能之间存在符号相反项$-\frac{\partial v}{\partial x}\frac{\partial u}{\partial y}$，该符号相反项随时间的增大可以引起涡度拟能的增大，而同时也会引起形变拟能的减小，通过该项，涡度拟能和形变拟能发生相互转化，故称该项为涡形转化因子。根据式(6.2.2)和(6.2.3)，散度拟能和形变拟能之间也存在符号相反项$\frac{\partial u}{\partial x}\frac{\partial v}{\partial y}$，该符号相反项随时间的增大将引起散度拟能的增大，同时引起形变拟能的减小，通过该项，散度拟能和形变拟能发生相互转化，故称该项为散形转化因子。

引入风速梯度张量(velocity gradient tensor)$[\nabla \boldsymbol{U}]$，

$$[\nabla \boldsymbol{U}] = \begin{bmatrix}\frac{\partial u}{\partial x} & \frac{\partial u}{\partial y}\\ \frac{\partial v}{\partial x} & \frac{\partial v}{\partial y}\end{bmatrix} \tag{6.2.4}$$

同时将涡度、散度和形变代入式(6.2.4)，$[\nabla \boldsymbol{U}]$可写作

$$[\nabla \boldsymbol{U}] = \frac{1}{2}\begin{bmatrix}E_{st} & E_{sh}\\ E_{sh} & -E_{st}\end{bmatrix} + \frac{1}{2}\begin{bmatrix}0 & -\zeta\\ \zeta & 0\end{bmatrix} + \frac{1}{2}\begin{bmatrix}\delta & 0\\ 0 & \delta\end{bmatrix} \tag{6.2.5}$$

风速梯度张量的行列式为：

$$\det[\nabla \boldsymbol{U}] = \frac{\partial u}{\partial x}\frac{\partial v}{\partial y} - \frac{\partial v}{\partial x}\frac{\partial u}{\partial y} = \frac{1}{2}(\varepsilon_e + \delta_e - \sigma_e) = \Delta \tag{6.2.6}$$

同样对风场的平流项取散度有：

$$\nabla\cdot(\boldsymbol{U}\cdot\nabla\boldsymbol{U})=\frac{\partial}{\partial x}(u\frac{\partial u}{\partial x}+v\frac{\partial u}{\partial y})+\frac{\partial}{\partial y}(u\frac{\partial v}{\partial x}+v\frac{\partial v}{\partial y})$$
$$=U\cdot\nabla\delta-2\det[\nabla\boldsymbol{U}]$$
$$=\sigma_e-\varepsilon_e-\delta_e+\boldsymbol{U}\cdot\nabla\delta \tag{6.2.7}$$

上式表明涡度拟能、散度拟能与形变拟能是风场平流散度的组成部分。除了能够表征流体的运动形态，涡度、散度和形变拟能还表征了风场梯度特征。引入能够表征风场梯度强度的风场梯度矢量模，其表达式为：

$$|\nabla\boldsymbol{U}|^2=\left(\frac{\partial u}{\partial x}\right)^2+\left(\frac{\partial u}{\partial y}\right)^2+\left(\frac{\partial v}{\partial x}\right)^2+\left(\frac{\partial v}{\partial y}\right)^2=\frac{1}{2}\left(\frac{1}{2}\zeta^2+\frac{1}{2}\delta^2+\frac{1}{2}E^2\right) \tag{6.2.8}$$

上式表明涡度拟能、散度拟能和形变拟能之和的大小实际是具有切变、辐合和旋转等性质的风场梯度的量度。

可见涡度拟能、散度拟能和形变拟能共同表征了大气流场分布及流场梯度特征，它们之间的相互作用表征了流场的运动形态。

6.2.2　拟能倾向方程

忽略摩擦作用，f 平面上局地直角 p 坐标系中描述大气运动的基本方程组为

$$\frac{\partial u}{\partial t}+\mathbf{V}\cdot\nabla u=fv-g\frac{\partial z}{\partial x} \tag{6.2.9}$$

$$\frac{\partial v}{\partial t}+\mathbf{V}\cdot\nabla \mathrm{v}=-fu-g\frac{\partial z}{\partial y} \tag{6.2.10}$$

其中 $\mathbf{V}=\left(u,v,\omega\right)$ 为三维速度矢量，z 为位势高度，g 为重力加速度，f 为科氏参数，这里取为常数。对式(6.2.1)—(6.2.3)求时间 t 的偏导，可得

$$\frac{\partial\varepsilon_e}{\partial t}=\zeta\frac{\partial\zeta}{\partial t}=\zeta\left[\frac{\partial}{\partial y}\left(\frac{\partial v}{\partial t}\right)-\frac{\partial}{\partial x}\left(\frac{\partial u}{\partial t}\right)\right] \tag{6.2.11}$$

$$\frac{\partial\delta_e}{\partial t}=\delta\frac{\partial\delta}{\partial t}=\delta\left[\frac{\partial}{\partial x}\left(\frac{\partial u}{\partial t}\right)+\frac{\partial}{\partial y}\left(\frac{\partial v}{\partial t}\right)\right] \tag{6.2.12}$$

$$\frac{\partial\sigma_e}{\partial t}=E_{sh}\frac{\partial E_{sh}}{\partial t}+E_{st}\frac{\partial}{\partial t}E_{st}$$
$$=E_{sh}\left[\frac{\partial}{\partial y}\left(\frac{\partial v}{\partial t}\right)+\frac{\partial}{\partial x}\left(\frac{\partial u}{\partial t}\right)\right]+E_{st}\left[\frac{\partial}{\partial x}\left(\frac{\partial u}{\partial t}\right)-\frac{\partial}{\partial y}\left(\frac{\partial v}{\partial t}\right)\right] \tag{6.2.13}$$

将式(6.2.9)—(6.2.10)代入式(6.2.11)中整理得到涡度拟能倾向方程：

$$\frac{\partial\varepsilon_e}{\partial t}=-\mathbf{V}\cdot\nabla\varepsilon_e-f\zeta\delta-\zeta^2\delta+\zeta\left(\frac{\partial\omega}{\partial y}\frac{\partial u}{\partial p}-\frac{\partial\omega}{\partial x}\frac{\partial v}{\partial p}\right) \tag{6.2.14}$$

将式(6.2.9)—(6.2.10)代入式(6.2.12)中整理得到散度拟能倾向变化方程：

$$\frac{\partial \delta_e}{\partial t} = -\boldsymbol{V} \cdot \nabla \delta_e - \delta \left(\frac{\partial u}{\partial x}\right)^2 - \delta \left(\frac{\partial v}{\partial y}\right)^2 - 2\frac{\partial v}{\partial x}\frac{\partial u}{\partial y}\delta - \delta\left(\frac{\partial \omega}{\partial x}\frac{\partial u}{\partial p} + \frac{\partial \omega}{\partial y}\frac{\partial v}{\partial p}\right) + f\zeta\delta - \delta g \nabla_h^2 z \tag{6.2.15}$$

将式(6.2.9)—(6.2.10)代入式(6.2.13)中整理得到形变倾向局地变化方程：

$$\frac{\partial \sigma_e}{\partial t} = -\boldsymbol{V} \cdot \nabla \sigma_e - E^2\delta - E_{sh}\left(\frac{\partial \omega}{\partial y}\frac{\partial u}{\partial p} + \frac{\partial \omega}{\partial x}\frac{\partial v}{\partial p}\right) - E_{st}\left(\frac{\partial \omega}{\partial x}\frac{\partial u}{\partial p} - \frac{\partial \omega}{\partial y}\frac{\partial v}{\partial p}\right) - 2E_{sh}g\frac{\partial^2 z}{\partial x \partial y} - E_{st}g\frac{\partial^2 z}{\partial x^2} + E_{st}g\frac{\partial^2 z}{\partial y^2} \tag{6.2.16}$$

为了讨论涡度、散度和形变之间的相互作用，可提取三个拟能方程之间的符号相反项作为它们之间的相互作用项。然而，需要注意的是，所提取的符号相反项与方程中其他项之间有无相互抵消的部分(详细讨论见李娜，2014)。

6.3 涡度、散度和变形相互作用对低涡发展的作用

本节以 2009 年 8 月 17 日发生在华东地区的一次低涡暴雨为例，从涡度、散度与变形相互作用角度探讨变形对该低涡暴雨系统发展演变的作用。图 6.3.1 为低涡发展过程中低层(800 hPa)流场、涡度拟能及降水分布，其中涡度拟能用以表征低涡的强度。这里我们主要关注变形与涡度、散度的相互作用对低涡生成的作用。如图 6.3.1a，8 月 16 日 18 UTC，图中划定的关键区内盛行南风，虽未出现闭合气旋性环流，但气流在(113.5°E，35.5°N)附近开始出现汇合及较弱的南风—东南风的气旋性切变，该地区正是未来低涡生成的地区(黑色三角)。在该低涡生成位置上，如图 6.3.2a，涡形相互作用项表现为正值，说明形变拟能向涡度拟能转化，通过这种方式，变形能够直接促进垂直涡度增长，从而促进低涡生成。另一方面低涡生成时期，涡散相互作用项也表现为强正值区，散度拟能向涡度拟能转化，从而促进低涡生成。引入涡散相互作用项，

$$\frac{\mathrm{d}\varepsilon_e}{\mathrm{d}t} \sim -f\zeta\delta + \frac{\partial v_1}{\partial x}\frac{\partial u_1}{\partial y}\delta \tag{6.3.1}$$

$$\frac{\mathrm{d}\delta_e}{\mathrm{d}t} \sim f\zeta\delta - \frac{\partial v_1}{\partial x}\frac{\partial u_1}{\partial y}\delta \tag{6.3.2}$$

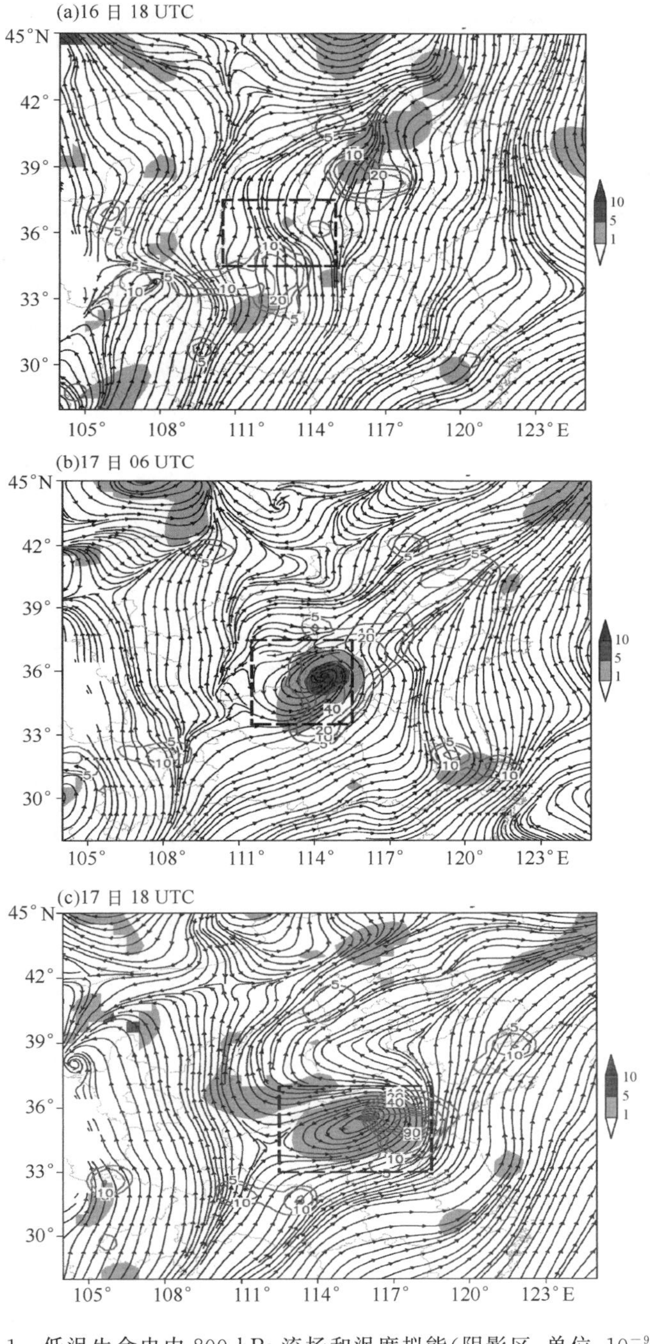

图 6.3.1　低涡生命史内 800 hPa 流场和涡度拟能(阴影区,单位:$10^{-9}\,s^{-2}$),其中实线为 6 h 累积降水,黑色框为低涡关键区

可见，涡散相互作用项与科氏参数项及旋转风的非线性项两项有关。如图6.3.3a—b，对比这两项，科氏参数项是涡散转化的主要项，也即影响低涡发展的主要因子。因低涡内的垂直涡度基本为正值，根据该项，决定散度拟能与涡度拟能转化方向的主要因子就是散度，当气流辐合时，涡散转化项大于0，散度拟能向涡度拟能转化，当气流辐散时，涡散转化项小于0，涡度拟能向散度拟能转化，也正是由于这种机制，使得散度的变化在低涡发展的过程中至关重要。如图6.3.3c，低涡生成位置上，水平散度表现为负值，气流辐合，从而有散度拟能向涡度拟能的转化。另外，还注意到，低涡生成位置上，散形相互作用项表现为正值（图6.3.2c），形变拟能向散度拟能转化，散度拟能将增长，而此时水平散度表现为负值，表明气流辐合将进一步增强，气流辐合的增强通过涡散相互作用项也会进一步促进涡度拟能增长，从而促进低涡的发展。以上分析说明，变形一方面可通过与涡度的相互作用直接促进低涡发展，另一方面还可通过与散度的相互作用间接促进低涡发展。

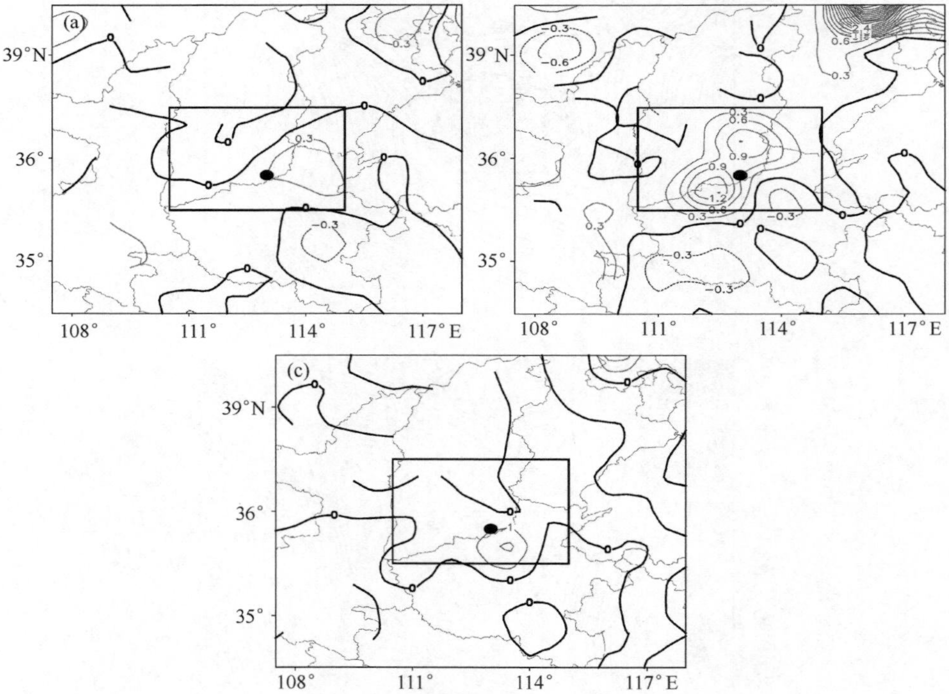

图6.3.2　2009年8月16日1800 UTC 800 hPa(a)涡形相互作用项 $F^2_{\zeta E}$，
(b)涡散相互作用项 $F^2_{\zeta\delta}$ 和(c)散形相互作用项 $F^2_{\delta E}$ 的水平分布。
单位：$10^{-13}\,s^{-3}$

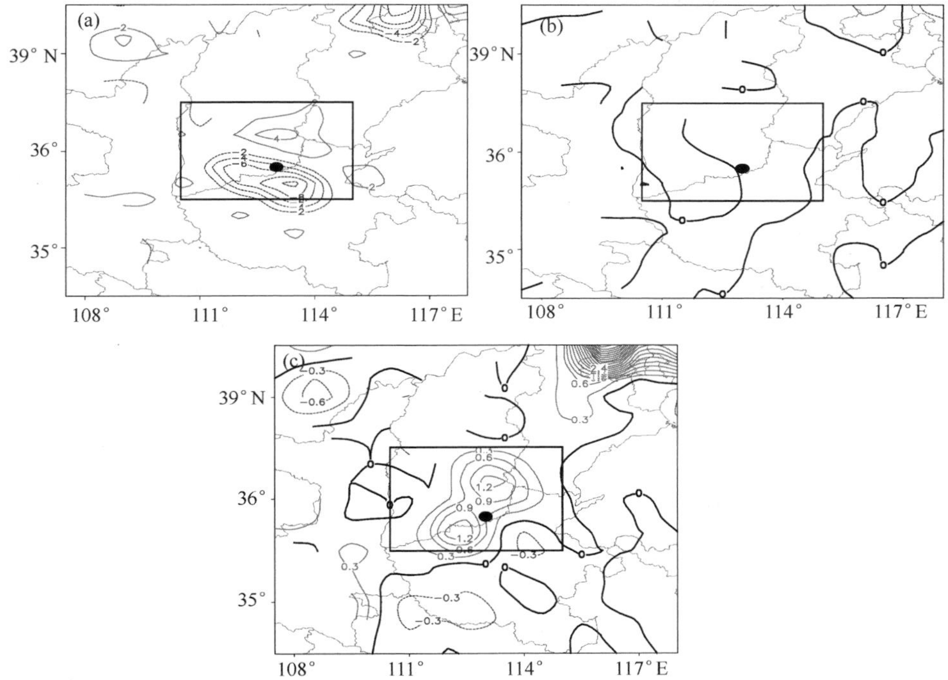

图 6.3.3　2009 年 8 月 16 日 1800 UTC 800 hPa 涡散相互作用的两个分项：(a)科氏参数相关项(单位：$10^{-13}\,s^{-3}$) (b)旋转风切变相关项(单位：$10^{-13}\,s^{-3}$)，(c)水平散度(单位：$10^{-5}\,s^{-1}$)的水平分布。

参考文献

姜永强. 2011. 风场扰动激发中尺度天气系统的动力机制研究. 南京大学博士论文.

李娜. 2014. 暴雨过程中变形场作用研究及其在降水诊断分析中的应用. 中国科学院大学博士论文.

王兴宝，伍荣生. 2000. 变形场锋生条件下斜压锋区上对称波包的发展. 气象学报，**58**：404-417.

伍荣生. 1984. 论涡度拟能的变化. 科学通报，**22**：1384-1386.

伍荣生，谈哲敏. 1989. 广义涡度和位势涡度守恒定律及其应用. 气象学报，**47**：436-442.

曾庆存. 1963a. 大气中的适应过程和发展过程(一)——物理分析和线性理论. 气象学报，**35**：163-174.

曾庆存. 1963b. 大气中的适应过程和发展过程(二)——非线性问题. 气象学报，**35**：181-189.

曾庆存. 1963c. 扰动特性对大气适应过程的影响和测风资料的使用问题. 气象学报，**33**：37-50.

Farrell B F. 1989. Transient development in confluent and diffluent flow. *J. Atmos. Sci.*,

46:3279-3288.

Gao Shouting, Yang Shuai, Xue Ming, and Cui Chunguang. 2008. Total deformation and its role in heavy precipitation events associated with deformation-dominant flow patterns. *Advances in Atmospheric Sciences*, **25**(1): 11-23.

Keyser D, Pecnick M J and Shapiro M A. 1986. Diagnosis of the role of vertical deformation in a two-dimensional primitive equation model of upper-level frontogenesis. *J. Atmos. Sci.*, **43**: 839-850.

Keyser D, Reeder M J, and Reed R J. 1988. A generalization of Petterssen′s frontogenesis function and its relation to the forcing of vertical motion. *Mon. Wea. Rev.* **16**: 762-780.

Mak M, Cai M. 1989. Local barotropic instability. *J. Atmos. Sci.*, **46**:3289-3311.

Norbury J. 2002. *Large-Scale Atmosphere-Ocean Dynamics*, Vol I. Cambridge University Press.

Petterssen S. 1956a. *Weather Analysis and Forecasting*, Vol I. Science Press. P32-40.

Petterssen S. 1956b. Weather analysis and forecasting, Vol. 1, Motion and motion systems. 2nd ed. McGraw-Hill, 428pp.

Rossby C G. 1937. On the mutual adjustment of pressure and velocity distribution in certain simple current systems. I. *J. Marine. Res.*, **1**: 15-28.

Rossby C G. 1938. On the mutual adjustment of pressure and velocity distribution in certain simple current systems. Ⅱ. *J. Marine. Res.*, **2**: 239-263.

Walter F, and Thorpe A J. 1979. An Evaluation of Theories of Storm Motion Using Observations of Tropical Convective Systems. *Mon. Wea. Rev.* **107**: 1306-1319.

Weisman M L and Klemp J B. 1982. The Dependence of Numerically Simulated Convective Storms on Vertical Wind Shear and Buoyancy. *Mon. Wea. Rev.*, **110**: 504-520.

Wiin-Nielsen A. 1973. *Compendium of Meteorology*, Vol I., WMO No. 364.

Yeh T C. 1957. On the formation of quasi-geostrophic motion in the atmosphere, *J. Met. Soc. Japan.*, The 75th Anniversary Volume, 130-137.

Yeh T C and Li M. 1982. On the characteristics of scales of the atmospheric motions, *J. Met. Soc. Japan.*, **60**: 16-23.

第 7 章　非均匀饱和湿空气动力参数及有关方程

早在 20 世纪 70 年代谢义炳就倡导了开展湿空气动力学的研究(谢义炳,1978)。在他的倡导下,国内不少学者从不同的角度探讨了这方面的工作(王两铭等,1980;吴国雄等,1995;王兴荣等,1999)。国外也有很多关于湿空气动力学方面的研究(Holton,1972;Betts and Dugan,1973; Bennets and Hoskins,1979;Emanuel,1979,1994)。特别是最近 Bannon 提出了一套湿空气动力学方程组(Bannon,2002)。但是过去的研究主要是针对饱和湿空气,然而实际大气既不是处处是干的,也不是处处是饱和的,而是非均匀饱和的,即在大气中存在着干湿混合,饱和与非饱和共存。即使在云中,由于空气的夹卷效应也不是处处饱和的。因此,本章将建立非均匀饱和大气中的动力参数及其广义位涡理论,为真实大气动力学的研究奠定理论基础。

7.1　表示水汽的有关物理量

表示水汽的有关物理量主要包括:露点温度 T_d、相对湿度 RH、混合比 r 等。露点温度是在气压保持一定情况下,温度下降达饱和状态时的温度,相对湿度为大气所持有的水汽量与该大气在此温度下所可能含有的最大水汽量之比。混合比则为水汽的密度 ρ_v 与干大气的密度 ρ_d 的比值,若改用质量替代时,则混合比为水汽质量 m_v 与干大气质量 m_d 的比,在不会发生凝结的条件下,因质量不会改变,可知混合比在大气中是守恒的,此时的水汽量可以用混合比表示。

混合比的定义可以写成如下表示式:

$$r = \frac{m_v}{m_d} = \frac{\rho_v}{\rho_d} \tag{7.1.1}$$

若水汽分压以 e 表示,则水汽的状态方程为:

$$e = R_v \rho_v T \tag{7.1.2}$$

上式 R_v 为水汽的气体常数,因水分子量 $M_v = 18.02\ \mathrm{kg \cdot kmol^{-1}}$,根据通用气体常数 R^* $(=8314.3\ \mathrm{J \cdot K^{-1} \cdot kmol^{-1}})$则得 $R_v = R^* / M_v = 461\ \mathrm{J \cdot K^{-1} \cdot kg^{-1}}$,再者,水汽与干大气的气体常数之比为 M_v,与干大气的平均分子量 $M_d =$

28.96 kg·kmol^{-1}之比可表示如下

$$\frac{R_d}{R_v} = \frac{M_v}{M_d} \equiv \varepsilon = 0.622 \tag{7.1.3}$$

将大气的状态方程式减掉水汽分压，即得：

$$p - e = R_d \rho_d T \tag{7.1.4}$$

因此，(7.1.1)式所定义的混合比，依据(7.1.2)－(7.1.4)式可得：

$$r = \frac{e}{p-e}\frac{R_d}{R_v} = \varepsilon\frac{e}{p-e} \tag{7.1.5}$$

除了混合比以外，可用来表示水汽量为守恒的另有比湿 q，比湿为水汽密度 ρ_v 与湿大气密度 ρ 之比(改用质量表示时为 m_v，与湿大气质量 $m=m_d+m_v$ 之比)，依据式(7.1.1)与(7.1.5)式得：

$$q = \frac{m_v}{m_d + m_v} = \frac{1}{1+\dfrac{1}{q_v}} = \varepsilon\frac{e}{p-(1-\varepsilon)e} \tag{7.1.6}$$

因相对于 p，e 很小，公式(7.1.5)与(7.1.6)式分母中的水汽分压 e 可以忽略。

7.2　饱和水汽量

在一个密闭容器中，若存在二种不同相态，如气体与该气体的液相，或气体与该气体的固相，当两相态达到平衡状态时，则该气体对另一相态而言为饱和。现在考虑水汽与水同时存在的情形，此时水的饱和水汽压用 e_s 来表示，且水转变成水汽的蒸发热用 L 表示，则可得：

$$\frac{\mathrm{d}e_s}{e_s} = \frac{L}{R_v T^2}\mathrm{d}T = \frac{\varepsilon L}{R_d T^2}\mathrm{d}T \tag{7.2.1}$$

上式称为克劳克拉方程式。在(7.2.1)式导出过程中，因水的体积与水汽体积相比小了很多，因而得以忽略。另外，因 L 为温度的函数，使用水汽与水的定压比热(c_{pv} 与 c_w)，则得如下关系式：

$$\frac{\mathrm{d}L}{\mathrm{d}T} = c_{pv} - c_w \tag{7.2.2}$$

上式关系式称为克希何夫(Kirchhoff)近似式。因 L 为温度的函数，为了方便，常使用坦登公式(Tetens)来代替。

$$e_s(T) = e_{s0}\exp\left(\frac{17.27(T-T_0)}{T-35.86}\right) \tag{7.2.3}$$

上式之 T_0 为 273.15 K，e_{s0} 为 6.11 hPa。

由此可知饱和水汽压就温度而言属于增加函数。

对水汽的饱和混合比，由(7.1.5)式可定义如下：

$$r_s = \varepsilon \frac{e_s}{p - e_s} \tag{7.2.4}$$

将以上(7.2.4)式微分后可得：

$$\frac{\mathrm{d}r_s}{r_s} = \frac{L(\varepsilon + r_s)}{R_d T^2}\mathrm{d}T - \frac{\mathrm{d}p}{p - e_s} \tag{7.2.5}$$

在等压条件($\mathrm{d}p=0$)下，则$\frac{L}{R_d T^2}\approx 0.1$，且$\varepsilon + r_s \approx \varepsilon$，将此代入(7.2.5)式并积分则得以下关系式：

$$\frac{r_s + \Delta r_s}{r_s} \approx \exp(0.0622\Delta T) \tag{7.2.6}$$

若温度上升约为10 K的情况时，因 exp(0.622)=1.86，可知 r_s 约增为2倍。例如，在1000 hPa下，r_s 在温度0℃时为 3.84×10^{-3} kg · kg^{-1}，10℃时为 7.76×10^{-3} kg · kg^{-1}，20℃时则高达 14.95×10^{-3} kg · kg^{-1}。

7.3　湿绝热直减率

湿空气因绝热上升而产生水汽凝结，现在思考湿空气块从某一状态(p,T)变化到另一状态($p+\mathrm{d}p$,$T+dT$)时的变化过程，因适用热力学第一定律，可得关系式如下：

$$-Ldr_s = (c_{pd} + r_s c_{pv} + l_w c_w)\mathrm{d}T - R_d T\frac{\mathrm{d}(p - e_s)}{p - e_s} - r_s R_v T\frac{\mathrm{d}e_s}{e_s} \tag{7.3.1}$$

(7.3.1)式左边表示伴随水汽凝结时所释放的潜热增加量，由于 $\mathrm{d}r_s<0$，因此左边>0，右边第1项为干大气，水汽与其凝结为水的温度变化，第2与第3项表示干大气与水汽的压力变化所伴随的能量变化值，将(7.2.1)、(7.2.4)及(7.2.5)代入(7.3.1)式可得气压影响温度变化率的关系式：

$$\frac{\mathrm{d}T}{\mathrm{d}p} = \frac{\frac{R_d T}{p - e_s}\left(1 + \frac{Lr_s}{R_d T}\right)}{c_{pd} + r_s c_{pv} + l_w c_w + \frac{L^2 r_s(\varepsilon + r_s)}{R_d T^2}} \tag{7.3.2}$$

由湿大气的静力方程及状态方程 $p=\rho RT$ 还可求得：

$$\frac{\mathrm{d}p}{\mathrm{d}z} = -\rho g = -\frac{p}{RT}g \tag{7.3.3}$$

而且湿大气的平均分子量以 M 表示时，可写为：

$$M = \frac{m_d + m_v}{\frac{m_d}{M_d} + \frac{m_v}{M_v}} = \frac{m_d + m_d r_s}{\frac{m_d}{M_d} + \frac{m_d r_s}{M_v}} = \frac{1 + r_s}{1 + \frac{r_s}{\varepsilon}}M_d$$

因为湿大气的气体常数 R 与干大气的气体常数 R_d，有如下关系：

$$\frac{R_d}{R}=\frac{M}{M_d}=\frac{1+r_s}{1+r_s/\varepsilon}\approx 1+\left(1-\frac{1}{\varepsilon}\right)r_s=1-0.61r_s \tag{7.3.4}$$

由(7.3.2)—(7.3.4)式，求得湿绝热直减率 $\Gamma_m=-\dfrac{\mathrm{d}T}{\mathrm{d}z}$ 为：

$$\Gamma_m=\frac{g}{c_{pd}}\frac{1+\left(\dfrac{L}{RT}-0.61\right)r_s}{\left(1+\dfrac{r_s c_{pv}+l_w c_w}{c_{pd}}\right)\left(1-\dfrac{r_s}{\varepsilon+r_s}\right)+\dfrac{\varepsilon L_{rs}^2 r_s}{c_{pd}R_d T^2}} \tag{7.3.5}$$

若凝结后的水全部脱落($l_w=0$：假绝热过程)。(7.3.5)式又进一步简化为：

$$\Gamma_m\approx\frac{g}{c_{pd}}\frac{1+\left(\dfrac{L}{R_d T}(1-0.61r_s)-0.61\right)r_s}{1+\left(\dfrac{c_{pv}}{c_{pd}}-\dfrac{1}{\varepsilon+r_s}\right)r_s+\dfrac{\varepsilon L^2 r_s}{c_{pd}R_d T^2}}$$

且因分母第 2 项比 1 小很多，而分子括弧内的 $\dfrac{L}{R_d T}>25(T<353\ \mathrm{K})$ 且 $r_s\ll 1$，因此可求出近似解如下：

$$\Gamma_m\approx\frac{g}{c_{pd}}\frac{1+\dfrac{Lr_s}{R_d T}}{1+\dfrac{\varepsilon L^2 r_s}{c_{pd}R_d T^2}} \tag{7.3.6}$$

(7.3.6)式在实际计算湿绝热直减率时常被使用。

7.4　饱和相当位温

从(7.2.2)式可获得以下的关系式：$\mathrm{d}\left(\dfrac{Lr_s}{T}\right)=\dfrac{L\mathrm{d}r_s}{T}+\dfrac{r_s(c_{pv}-c_w)\mathrm{d}T}{T}-\dfrac{L\mathrm{d}r_s\mathrm{d}T}{T^2}$，将此式代入(7.3.1)式后即得：

$$(c_{pd}+(r_s+l_w)c_w)\frac{\mathrm{d}T}{T}-R_d\frac{\mathrm{d}(p-e_s)}{p-e_s}+\mathrm{d}\left(\frac{L\mathrm{d}r_s}{T}\right)=0 \tag{7.4.1}$$

在此乃考虑假绝热过程($l_w=0$)情况，因此使用以下之近似式

$$c_{pd}\gg r_s c_w\Rightarrow c_{pd}+r_s c_w\approx c_{pd} \tag{7.4.2}$$

上式如忽略 $r_s c_w$ 一项对于 c_{pd} 所造成的影响最大可能达到约 10%左右。将(7.4.1)式用(7.4.2)之近似值代入即可得如下：

$$\frac{\mathrm{d}T}{T}-\frac{R_d}{c_{pd}}\frac{\mathrm{d}(p-e_s)}{p-e_s}+\mathrm{d}\left(\frac{L\mathrm{d}r_s}{c_{pd}T}\right)=0 \tag{7.4.3}$$

将(7.4.3)式积分即得饱和相当位温为：

$$\theta_e^* = T\left(\frac{p_0}{p-e_s}\right)^{\frac{R_d}{c_{pd}}}\exp\left(\frac{Lr_s}{c_{pd}T}\right) \equiv \theta_d \exp\left(\frac{Lr_s}{c_{pd}T}\right) \tag{7.4.4}$$

上式之 θ_d 为干位温。

对于非饱和状态的大气来说，绝热上升（沿干绝热线）至凝结高度时，θ_d 及 r 为守恒量，此高度称为抬升凝结高度（LCL），从而对非饱和状态的大气而言，也可定义守恒量如下：

$$\theta_e^* = \theta_d \exp\left(\frac{Lr}{c_{pd}T_{LCL}}\right) = T\left(\frac{p_0}{P_{LCL}-e_{sLCL}}\right)^{\frac{R_d}{c_{pd}}}\exp\left(\frac{L(T_{LCL})r}{c_{pd}T_{LCL}}\right) \tag{7.4.5}$$

上式 T_{LCL}、P_{LCL} 与 e_{sLCL} 分别为 LCL 的气温、气压及水的饱和蒸气压，$L(T_{LCL})$ 为温度 T_{LCL} 时之 L，而 r 则在 LCL 时与 r_s 一致。(7.4.5)式中所定义的称为相当位温，无论干绝热过程或湿绝热过程均为守恒。为什么会这样呢？因干绝热过程时 $\exp\left(\frac{L(T_{LCL})r}{c_{pd}T_{LCL}}\right)$ 为常数，而在湿绝热过程时(7.4.5)式与(7.4.4)式两者乃为一致的缘故（以上这些讨论请参考：张泉湧译，2009；David，2000）。

7.5　饱和湿空气的魏萨拉频率及修正的相当位温

7.5.1　饱和湿空气的魏萨拉频率

对饱和湿空气，人们常借鉴干空气魏萨拉频率的数学表达式来表示饱和湿空气的魏萨拉频率：

$$N_m^2 = g\frac{\mathrm{d}\ln\theta_e}{\mathrm{d}z} \tag{7.5.1}$$

其中，θ_e 是相当位温：

$$\theta_e = \theta\exp\left(\frac{Lq_s}{c_pT}\right) \tag{7.5.2}$$

这里 L 是单位质量的凝结潜热，q_s 是饱和比湿。表达式(7.5.1)初看起来似乎合理，但实际上隐含着一个问题，因为 θ_e 的定义前提是从饱和湿空气块中凝结出的液态水全部脱落该气块，只剩有潜热对气块的加热作用。但这种情况下对流比较旺盛，有明显降水发生，已不是层结稳定的状态，不适用魏萨拉频率了。所以有时采用如下定义

$$N_m^2 = \frac{g}{T}\left(\frac{\mathrm{d}T}{\mathrm{d}z} + \Gamma_m\right) \tag{7.5.3}$$

这里 Γ_m 是饱和湿绝热递减率。

公式(7.5.1)和(7.5.3)式两者的定义是不等价的（Fraser *et al.*，1973）。后来有人（Durran and Klemp，1982）认为 N_m^2 如下的表达式（Lalas 和 Einaudi，

1974)较为正确,即

$$N_m^2 = \frac{g}{T}\left(\frac{\mathrm{d}T}{\mathrm{d}z} + \Gamma_m\right)\left(1 + \frac{Lr_s}{RT}\right) - \left[\frac{g}{1+r_w}\frac{\mathrm{d}r_w}{\mathrm{d}z}\right]_e - \left[\frac{g}{1+r_w}\frac{\mathrm{d}r_w}{\mathrm{d}z}\right]_p \tag{7.5.4}$$

这里 r_w 是总的水混合比,等于饱和混合比 r_s 和液态水混合比 r_L 的和,下标 e 和 p 分别表示环境变量和气块变量。如果气块按可逆湿绝热过程抬升,液态水不脱离气块,则有

$$\left.\frac{\mathrm{d}r_w}{\mathrm{d}z}\right|_p = 0 \tag{7.5.5}$$

因此

$$N_m^2 = \frac{g}{T}\left(\frac{\mathrm{d}T}{\mathrm{d}z} + \Gamma_m\right)\left(1 + \frac{Lr_s}{RT}\right) - \frac{g}{1+r_w}\frac{\mathrm{d}r_w}{\mathrm{d}z} \tag{7.5.6}$$

注意,(7.5.6)式成立的前提是:(1)大气总是处于湿饱和状态;(2)液态水的浓度低且液态水以非常小的液滴形式分布在饱和湿空气中,这种小液滴并不下落,所以对湿空气运动没有拖曳作用。

客观地说,实际湿饱和大气中若有液态水凝结,如一块云团发展成降水云系过程中,饱和空气块在其上升过程中必有部分液态水从气块中脱落。所以对于带有降水甚至产生暴雨的云系来说,在其发展的初期,应考虑带有弱降水的饱和湿空气块的浮力效应(刘栋、高守亭,2003)。

由(7.5.6)式可知,对可逆湿绝热过程中的气块有

$$\frac{\mathrm{d}r_w}{\mathrm{d}z} = \frac{\mathrm{d}(r_s + r_L)}{\mathrm{d}z} = \frac{\mathrm{d}r_s}{\mathrm{d}z} + \frac{\mathrm{d}r_L}{\mathrm{d}z} = 0 \tag{7.5.7}$$

$$\frac{\mathrm{d}r_L}{\mathrm{d}z} = -\frac{\mathrm{d}r_s}{\mathrm{d}z} \tag{7.5.8}$$

假设这种情况下由 z_0 到 z 高度气块中液态水混合比变为 $r_L(z) = r_L(z_0) + \Delta r_L$,而当气块在抬升过程中部分凝结的液态水脱离但保持饱和时有

$$r'_L(z) = r_L(z_0) + \alpha \Delta r_L \tag{7.5.9}$$

这时,

$$\begin{aligned}\frac{\mathrm{d}r'_w}{\mathrm{d}z} &= \frac{\mathrm{d}r_s}{\mathrm{d}z} + \frac{\mathrm{d}r'_L}{\mathrm{d}z} = \frac{\mathrm{d}r_s}{\mathrm{d}z} + \alpha\frac{\mathrm{d}r_L}{\mathrm{d}z} = \frac{\mathrm{d}r_s}{\mathrm{d}z} + \frac{\mathrm{d}r_L}{\mathrm{d}z} - (1-\alpha)\frac{\mathrm{d}r_L}{\mathrm{d}z} \\ &= \frac{\mathrm{d}r_w}{\mathrm{d}z} + (1-\alpha)\frac{\mathrm{d}r_s}{\mathrm{d}z}\end{aligned} \tag{7.5.10}$$

因此,当有部分凝结的液态水脱离气块时,N_m^2 可写为

$$N_m^2 = \frac{g}{T}\left(\frac{\mathrm{d}T}{\mathrm{d}z} + \Gamma_m\right)\left(1 + \frac{Lr_s}{R_d T}\right) - \frac{g}{1+r_w}\left[\left.\frac{\mathrm{d}r_w}{\mathrm{d}z}\right|_e + (1-\alpha)\left.\frac{\mathrm{d}r_s}{\mathrm{d}z}\right|_p\right] \tag{7.5.11}$$

注意:下标 p 是表示对与气块有关的物理量的微分,而下标 e 是表示对与环

境有关的物理量的微分，两者都可以计算出来。在理论上(7.5.11)式是较合理的，但实际计算上有相当的困难，主要是 α 究竟是多大不易确定。

7.5.2　修正的相当位温 $\boldsymbol{\theta_q}$

干空气的位温是大家都很熟悉的概念，定义为干空气块由原气压处绝热运动到 1000 hPa 时具有的温度。对未饱和湿空气来说位温基本定义没有改变，只是数学表达式稍微复杂了一些(Bolton, 1980)

$$\theta_m = T\left(\frac{1000}{p}\right)^{\left[\frac{R_d}{c_p(\overline{p},\overline{T})}\right]\times[1-0.28\times10^{-3}r]} \tag{7.5.12}$$

这里以 c_p 为干空气的定压比热，$\overline{p}=\frac{1}{2}(1000+p)$，$\overline{T}=\frac{1}{2}(\theta+T)$，r 是水汽和干空气的混合比，单位为 $\mathrm{g\cdot kg^{-1}}$。

如果忽略 c_p 随温度和气压的变化，θ_m 可近似为

$$\theta_m = T\left(\frac{1000}{p}\right)^{0.2854[1-0.28\times10^{-3}r]} \tag{7.5.13}$$

(7.5.13)式与(7.5.12)式相比，大约有 0.2 K 左右的误差。

相当位温，有时也称假相当位温，其定义是湿空气块被干绝热抬升到凝结高度后，又湿绝热地抬升到自由对流高度(水汽全部凝结并掉出气块)，最后干绝热下降到 1000 hPa 时的温度(Holton, 1972; Betts 和 Dugan 1973; Simpson, 1978; Bolton, 1980)。数学表达式通常为

$$\theta_e = \theta(T,p)\exp\left(\frac{Lq_s(T,p)}{c_pT}\right) \tag{7.5.14}$$

这里 q_s 是饱和比湿。

这是一个在推导过程中忽略了 $c_wq_s(\mathrm{d}T/T)$ 而求得的相当位温的近似表达式(Bolton, 1980)。特别指出的是，在有些论文中常用 θ_e 来计算 N_m^2，并进而来判别湿饱和大气的稳定度。这样做是存在一定问题的，因为 θ_e 在讨论有关大气的稳定性问题时并不是一个理想的量，它要求上升气块中凝结出的液态水全部脱落气块。但是，当湿饱和大气处于明显降水状态，或者已经不稳定时再用 θ_e 的有关表达式(如 N_m^2 或湿里查森数)去判别大气的稳定性问题就失去意义了。再者，判断大气的稳定度，通常都是使用小扰动方法，其前提与基础就是把湿大气有关的物理变量分成基本态和小扰动。但对有明显降水的对流系统来说，只能找到平均态，基本态很难找到。在这种情况下，小扰动法本身就难以运用了。所以在使用 θ_e 讨论大气的稳定性问题时应特别小心，否则容易犯概念性的错误。后来有些学者(Durran and Klemp, 1982; John *et al.*, 2000)又引入了一个量 θ_q。假定饱和湿空气中可以有液态水凝结，但凝结出的液态水不脱离气块，而

是全部留在该气块中，再使气块绝热下降到 1000 hPa 时所对应的温度记为 θ_q，其具体推导过程如下。

假如饱和湿空气中干空气质量为 M_d，水汽质量为 M_v，水凝结物质量为 M_L，它与外界没有质量交换，即 $dM_d=0$，$d(M_v+M_L)=0$，从而 $d(r+r_L)=dr_w=0$，这里 r_μ 是水汽与干空气之间的混合比（$r=M_v/M_d$），r_L 是水凝结物与干空气的混合比（$r_L=M_L/M_d$），r_w 是水物质与干空气的混合比。那么，对于该饱和湿空气块的热力学方程为

$$\begin{aligned}dS=\frac{\delta Q}{T}&=M_d\,dS_d+d(M_vS_v+M_lS_l)\\&=M_d\{c_{pd}d\ln\theta_d+d[r(S_v-S_l)+(r+r_l)S_l]\}\\&=M_d\left[c_p\,d\ln\theta+d\left(\frac{rL}{T}\right)+(r+r_l)c_l d\ln T\right]\\&=M_dc_p\,d\left\{\ln\left[\theta\exp\left(\frac{rL}{c_pT}\right)T^{\frac{r_wc_l}{c_p}}\right]\right\}\end{aligned}\tag{7.5.15}$$

其中 S 是饱和湿空气的总熵，S_v、S_e 分别是水汽与水的比熵，c_l是液态水比热容，L 是凝结潜热。

若定义

$$\theta_q=\theta\exp\left(\frac{rL}{c_pT}\right)\left(\frac{T}{T_0}\right)^{\frac{r_wC_l}{c_p}}=\theta_e\left(\frac{T}{T_0}\right)^{\frac{r_wc_l}{c_p}}\tag{7.5.16}$$

对于该饱和湿空气块，若是绝热的，即 $\delta Q=0$。则此闭合与绝热的饱和湿空气块的热力学方程为

$$dS=M_dc_p\,d(\ln\theta_q)=M_dc_p\,d\left\{\ln\left[\theta\exp\left(\frac{r_\mu L}{c_pT}\right)\left(\frac{T}{T_0}\right)^{\frac{r_wC_l}{c_p}}\right]\right\}=0\tag{7.5.17}$$

即 $d(\ln\theta_q)=0$ 或 $d\theta_q=0$，θ_q是一个守衡量。尽管 θ_q是一个守衡量，但是它的计算要依赖于三个变数，即 T,p 和 r_w，而 r_w是一个难以估算的量，主要是因为通过气压和温度无法算出 r_w。所以，尽管 θ_q的表达形式似乎比较完美，但无法计算，在实际当中不好应用。再者，其凝结出的液态水全部不脱离气块的假定也是不完全符合实际的。

7.6 非均匀饱和大气中的广义位温的引入及其守恒性

对于干空气，位温是一个很重要的温度参量，它在干绝热过程中是守恒的，所以可以用来比较不同气压情况下空气质块的热力差异，分析大气的稳定度状况以及计算大气的垂直速度等（寿绍文等，2003；Schultz and Schumacher，1999）。但是在非绝热过程中，如伴有降水或有明显非绝热源汇的情况下，位温

不再守恒。此时，人们又引入了相当位温，它在湿绝热过程中是守恒的。因此，用它来讨论包含湿绝热过程的状态变化时是相当方便的。然而依据日常观测，实际大气既不是处处干的也不是处处饱和的，而是干湿共存并处于非均匀饱和状态，雾是这种现象的最好例子，而且轻雾和浓雾里的相对湿度是不一样的。通常，相对湿度越大，水汽越容易发生凝结。也就是说，凝结随着湿度的增加而增加。为了描述这样的事实并且给出实际大气非均匀饱和的特性的定量表述，Gao 等(2004)在相当位温的定义式中引入一个无量纲的凝结权重函数 $(q/q_s)^k$，以便正确地表征相对湿度与凝结发生的关系。这样就得到了广义位温的概念。广义位温不但可以用于干大气、饱和湿大气的研究，还可以用于非均匀饱和大气的研究。而且它在干、湿绝热过程中都具有守恒性，像位温、相当位温一样，可以用于判别大气位势稳定度及气块运动轨迹追踪等，具有更广泛的应用前景。

位温一般可以表示为：

$$\theta = T\left(\frac{p_0}{p}\right)^{R_d/c_p} \tag{7.6.1}$$

相当位温的表达形式则比较多样，Bolton 对一些饱和假绝热过程假设下的相当位温的表达形式进行比较分析，并在同温同压下计算了各种表示的误差大小，最后得到最佳的表达为(Bolton，1980)

$$\theta_e = T\left(\frac{p_0}{p}\right)^{0.2854(1-0.28\times10^{-3}r)} \cdot \exp\left[\left(\frac{3.376}{T_L} - 0.00254\right)\cdot r(1 + 0.81\times10^{-3}r)\right] \tag{7.6.2}$$

这里 r 是混合比。该相当位温表达式是在假定气块初始时刻是饱和的，也称为饱和相当位温。它虽然从计算上来讲更为精确，但是特别繁琐。另一种相对精确的相当位温表达式为(Cao and Cho，1995)：

$$\theta_e = \theta\exp\left(\frac{\alpha_1 q}{T_L}\right) \tag{7.6.3}$$

其中 $T_L = \dfrac{1}{\dfrac{1}{T-\alpha_3} - \dfrac{\ln(r)}{\alpha_2}} + \alpha_3$ 为抬升凝结温度，α_1，α_2，α_3 为三个参数，且一般可取 $\alpha_1 = 2.675\times10^3\,\mathrm{K}$，相当于 0℃下的 $\dfrac{L}{c_p}$ 值，$\alpha_2 = 2.84\times10^3\,\mathrm{K}$，$\alpha_3 = 55\,\mathrm{K}$，$r$ 为混合比，q 为比湿。这里的 $\theta = T\left(\dfrac{p_0}{p}\right)^{R_d/c_p}$，$p_0 = 1000\ \mathrm{hPa}$，$p = \rho R_d T(1 + \alpha_4 q)$，$\alpha_4 = 0.61$。此种表达形式参数较多，也比较复杂，因此未被广泛的应用。

最常用的相当位温表达式是(Schultz 和 Schumacher，1999)：

$$\theta_e(T,p) = \theta(T,p)\exp\left(\frac{Lr_s(T,p)}{c_p T}\right) \tag{7.6.4}$$

其中 r_s 为饱和混和比。这里的 T, p 都是指初始饱和气块的 T, p。早在 1973 年 Betts 和 Dugan 就已经指出，当时他们定义此种相当位温为饱和相当位温，同时还指出如果用混和比 r 代替 r_s 则可得未饱和气团的相当位温：

$$\theta_e(T,p) = \theta(T,p)\exp\left(\frac{Lr(T,p)}{c_p T}\right) \tag{7.6.5}$$

但是这种表示是没有实际意义的，在 r 比较小的时候(比如相对湿度小于 70%)根本不可能有潜热释放，所以 Lr 没有意义。Betts 和 Dugan(1973)也没有对其进行详细介绍。可能那时候认为宏观未饱和大气是没有潜热释放的，也未把分子统计理论引入到气象当中。

混和比 r 和比湿 q 数值上相差不大($r=0.622\dfrac{e}{p-e}$，$q=0.622\dfrac{e}{p-0.378e}$g/g)，国内学者通常采用比湿 q 进行计算(r_s 与 q_s 关系同)。因此这里也用比湿 $q(q_s)$ 来代替混和比 $r(r_s)$，可得饱和相当位温与未饱和相当位温的表示分别为：

$$\theta_e = \theta\exp\left(\frac{Lq_s}{c_p T}\right) \tag{7.6.6}$$

$$\theta_{ue} = \theta\exp\left(\frac{Lq}{c_p T}\right) \tag{7.6.7}$$

由前面的分析可见，公式(7.6.6)、(7.6.7)是有一定可行性的。为了反映凝结随着湿度的增加而增加的事实，在相当位温的定义式中引入一个权重函数 $(q/q_s)^k$，得到如下的表达式(Gao *et al.*，2004)：

$$\theta^* = \theta\exp\left[\frac{Lq_s}{c_p T}\left(\frac{q}{q_s}\right)^k\right] \tag{7.6.8}$$

定义 θ^* 为广义位温。下面给出广义位温和位温、相当位温类似的物理意义的解释。

非均匀饱和大气中释放的凝结潜热可以表示为：

$$\delta Q = -L\delta\left[q_s \cdot (q/q_s)^k\right] \tag{7.6.9}$$

代入热力学第一定律 $\delta U=\delta Q+\delta W$ 中，视该过程可逆，则 $\delta Q=T\delta S$。由于凝结掉出气团的液态水释放的潜热很少，故虽有热量流失，仍可视为绝热的，或者称为“假绝热”。这样，得到了热力学第一定律的如下形式

$$c_{pm}\delta(\ln T) - R_v\delta(\ln p) = \frac{\delta Q}{T} = -\frac{L\delta\left[q_s \cdot (q/q_s)^k\right]}{T} \tag{7.6.10}$$

这里 c_{pm} 和 R_v 分别是湿空气的等压比热容和水汽的比气体常数。

当 $Lq_s/(c_{pm}T)\ll 1$ 时，(7.6.10)式最右端项就可以用 $-\delta\left[Lq_s \cdot (q/q_s)^k\right]$ 近似代替。由于实际的低层大气温度通常有 $L/(c_{pm}T)\leqslant 10$，因而只要满足 $q_s(q/q_s)^k \ll 100\ \mathrm{g\cdot kg^{-1}}$，该近似就可成立。至于这一饱和比湿条件成立与否，一方面可以依据实际大气 $q_s(T,p)$ 的分布廓线，另一方面也可以从相当位温的引入过程中 $q_s \ll 100\ \mathrm{g\cdot kg^{-1}}$ 成立得到验证。进一步忽略 c_{pm} 随时间变化，公式

(7.6.10)变成如下形式

$$\delta\left(c_{pm}\ln T - R_v\ln p + \frac{L(q_s\cdot(q/q_s)^k)}{T}\right) = 0 \qquad (7.6.11)$$

从地面做积分,利用 $\kappa=\frac{R_v}{c_{pm}}$,并取指数运算,得到

$$\theta^*(T,p)\equiv T\left(\frac{p_0}{p}\right)^{\kappa}\exp\left(\frac{Lq_s\cdot(q/q_s)^k}{c_{pm}T}\right) \qquad (7.6.12)$$

代入位温的表达式,便得到如公式(7.6.8)所示的广义位温的定义式。

从(7.6.10)式不难得到非均匀饱和大气的热力学方程

$$c_{pm}\frac{T}{\theta^*}\frac{\mathrm{d}\theta^*}{\mathrm{d}t} = S_m^* \qquad (7.6.13)$$

可见,在湿绝热过程中,即 $S_m^*=0$ 时,广义位温是守恒的(Gao and Cao, 2007)。

另一方面,非均匀饱和大气广义位温还可以定义为 $\theta_{ue}^*=\theta\exp\left[\frac{Lq}{c_pT}\left(\frac{q}{q_s}\right)^k\right]$,$\theta^*$ 和 θ_{ue}^* 在 $q=0$ 时,即大气中没有水汽,这时 θ^* 和 θ_{ue}^* 就自然蜕变为 θ,而当 $q=q_s$ 时,即大气处于饱和,则 θ^* 和 θ_{ue}^* 就变成饱和大气的相当位温 θ_e,可见它们两个实现了与干大气位温和饱和湿大气的相当位温的无缝连接。而且,它们的最大优势在于可以用于区分大气中湿空气的饱和区和非饱和区,对暴雨的落区有重要的指示意义,也奠定了该方面的理论基础。

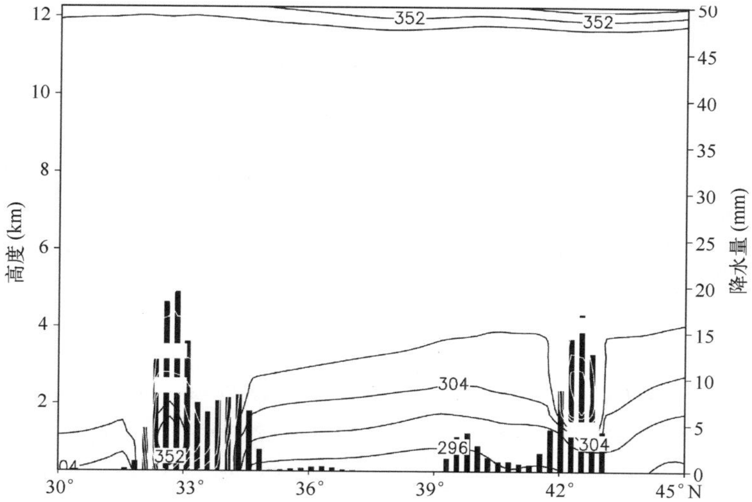

图 7.6.1　2004 年 8 月 12 日 20 时观测降水(直方图)

等值线是广义湿位温 θ* 的分布,在暴雨区上空有明显的强信号,

并且区分了暴雨区和非暴雨区

另外指出，各种相当位温包括广义位温，有关潜热的表示都是假定一旦饱和，水汽全部凝结，且凝结产生的所有的潜热全部释放(凝结而产生的液态水全部脱离气块)，而实际大气中这是不大可能的。当还有部分液态水保留在气团中时，以上得到的相当位温、广义位温及其他们的守恒性还需进一步的探讨。

参考文献

刘栋，高守亭. 2003. 饱和湿大气 Brunt-Väisälä 频率及修正的相当位温. 气象学报，**61**：**3**：379-383.

寿绍文，励申申，姚秀萍. 2003. 中尺度气象学. 北京：气象出版社.

王两铭，罗会邦. 1980. 饱和湿空气动力学的基本方程和主要特征. 气象学报，**38**(1)：44-50.

王兴荣，吴可军，石春娥. 1999. 凝结几率函数的引进和非均匀饱和湿空气动力学方程组. 热带气象学报，**15**：64-70.

吴国雄，蔡雅萍，唐晓菁. 1995. 湿位涡和倾斜涡度发展. 气象学报，**53**(4)：387-405.

谢义炳. 1978. 湿斜压大气的天气动力学问题，暴雨文集. 长春：吉林人民出版社，1-15.

张泉湧译. 2009. 豪雨与豪雪之气象学. 国立编译馆与五南图书出版公司合作翻译发行，pp272.

Bannon P R. 2002. Theoretical foundations for models of moist convectien. *J. Atmos. Sci.*, **59**：1967-1982.

Bennets D A, and Hoskins B J. 1979. Conditional symmetric instability-A possible explanation for frontal rainbands. *Quart. J. Roy. Meteor. Soc.*, **105**：945-962.

Betts A K, and Dugan F J. 1973. Empirical formula for saturation pseudoadiabats and saturation equivalent potential temperature. *J. Appl. Meteorol.*, 12, 731-732.

Betts A K, and Dugan F J. 1973. Empirical formula for saturation pseudoadiabats and saturation equivalent potential temperature. *J. App. Meteor.*, **12**：731-732.

Bolton D. 1980：The computation of equivalent potential temperature. *Mon. Wea. Rev.*, **108**：1046-1053.

Cao Z, and Cho H. 1995. Generation of moist vorticity in extratropical cyclones. *J. Atmos. Sci.*, **52**. 3263-3281.

David G, Andrews. 2000. *An introduction to atmospheric physics*, Cambridge University Press, pp229.

David M Schultz and Philip N Schumacher. 1999. Review：The use and misuse of conditional symmetric instability. *Mon. Wea. Rev.*, **127**：2709-2729.

Durran D R, and Klemp J B. 1982. On the effects of moisture on the Brunt-Vaisala frequency. *J. Atmos. Sci.*, **39**：2152-2158.

Emanuel K A. 1979. Inertial instability and mesoscale convective systems. Part Ⅰ：Linear theory of inertial instability in rotating viscous fluids. *J. Atmos. Sci.*, **36**：2425-2449.

Emanuel K A. 1994. Atmospheric Convection. New York Oxford：Oxford University Press, 580pp.

Fraser A B, Easter R C and Hobbs P V. 1973. A theoretical study of the flow of air and fall-out of solid precipitation over mountainous terrain: Part I. Air flow model. *J. Atmos. Sci.*, **30**: 801-812.

Gao S, and Cao J. 2007. Physical basis of generalized potential temperature and its application to cyclone tracks in nonuniformly saturated atmosphere, *J. Geophys. Res.*, **112**: D18101, doi:10.1029/2007JD008701.

Gao S T, Wang X R, Zhou Y S. 2004. Generation of generalized moist potential vorticity in a frictionless and moist adiabatic flow. *Geophys. Res. Lett.*, **31**: L12113, 1-4.

Gao S T, Wang X R, Zhou Y S. 2004. Generation of generalized moist potential Vorticity in africtionless and moist adiabatic flow. *Geophys. Res. Lett.*, 31, L12113, 1-4.

Holton J R. 1972. *An Introduction to Dynamical Meteorology*. Academic Press, 319pp.

John W Nielsen-Gammon, Daniel Keyser. 2000. Effective Stratification for Pseudo adiabatic Ascent, *Monthly Weather Review*, **128**: 3007-3010.

Lalas D P, and Einaudi F. 1974. On the correct use of the wet adiabatic lapse rate in stability criteria of a saturated atmosphere. *J. Appl. Meteor.*, **13**: 318-324.

PETER R. BANNON. 2002. Theoretical Foundations for Models of Moist Convection. *J. A. S.* **59**: 1967-1982.

Schultz D M, Schumacher P N. 1999. Review: The use and misuse of conditional symmetric instability. *Mon. Wea. Rev.*, **127**: 2709-2729.

Simpson R H. 1978. On the computation of equivalent potential temperature. *Mon. Wea. Rev.*, **106**: 124-130.

第8章 大气位涡及其特性

风场、温度、气压和水汽是描述大气状态的几个基本要素。基于这些要素发展出一套描述大气发展演变的方程组。理论上，为了实现天气预报，最直接的方式是基于准确的初始条件对大气方程组进行精确求解。然而，这个过程十分复杂，初始场的准确性、计算方案的选取、参数化等使得许多天气系统或天气现象的发展演变过程并未得到很好地再现和解释。除了求解原始方程组，大气动力学及天气分析中还经常利用一些具有明确物理意义的物理量对天气系统的移动和发展进行诊断。这些物理量通常包含一个或几个对天气系统发展具有关键作用的物理要素，从而通过物理量的诊断来抓住天气系统的典型动、热力结构特征，并对其进行预报。在这些物理量中，守恒不变量的应用尤为重要，而其中尤以位涡应用最为广泛。作为近代天气动力学中最重要的诊断量之一，位涡在天气动力分析及天气变化的诊断预报中均有重要应用。

8.1 位涡及位涡倾向方程

位涡的概念最早由 Rossby (1940) 提出，Ertel(1942)给出了斜压大气中位涡的完全形式。为了推导位涡方程，验证位涡的守恒性，引入涡度矢量方程，连续方程和热力学方程：

$$\frac{\mathrm{d}\boldsymbol{\xi}_a}{\mathrm{d}t}=(\boldsymbol{\xi}_a\cdot\nabla)\boldsymbol{v}-(\nabla\cdot\boldsymbol{v})\boldsymbol{\xi}_a+\nabla p\times\nabla\alpha+\nabla\times\boldsymbol{F} \tag{8.1.1}$$

$$\frac{1}{\rho}\frac{\mathrm{d}\rho}{\mathrm{d}t}=-\nabla\cdot\boldsymbol{v} \tag{8.1.2}$$

$$\frac{\mathrm{d}\theta}{\mathrm{d}t}=S_d \tag{8.1.3}$$

其中，$\boldsymbol{\xi}_a=\nabla\times\boldsymbol{v}+2\boldsymbol{\Omega}$ 为绝对涡度矢量，p 为气压，α 为比容，ρ 为密度，θ 为位温，S 为非绝热加热。通过式(8.1.3)，利用$\nabla(\boldsymbol{v}\cdot\nabla\theta)=\boldsymbol{v}\cdot\nabla(\nabla\theta)+\nabla\boldsymbol{v}\cdot\nabla\theta$ 可得到位温梯度方程：

$$\frac{\mathrm{d}\nabla\theta}{\mathrm{d}t}=-\nabla\boldsymbol{v}\cdot\nabla\theta+\nabla S_d \tag{8.1.4}$$

式$\frac{1}{\rho}\times$(8.1.1)式$-\frac{1}{\rho}\boldsymbol{\xi}_a\times$(8.1.2)式可得

$$\frac{\mathrm{d}}{\mathrm{d}t}\left(\frac{\boldsymbol{\xi}_a}{\rho}\right)=\left(\frac{\boldsymbol{\xi}_a}{\rho}\cdot\nabla\right)\boldsymbol{v}-\frac{1}{\rho}\nabla p\times\nabla\alpha+\frac{1}{\rho}\nabla\times\boldsymbol{F} \tag{8.1.5}$$

引入比涡度矢量$\frac{\boldsymbol{\xi}_a}{\rho}$，利用$\frac{\boldsymbol{\xi}_a}{\rho}$点乘(8.1.4)式则

$$\frac{\boldsymbol{\xi}_a}{\rho}\cdot\frac{\mathrm{d}\nabla\theta}{\mathrm{d}t}=-\frac{\boldsymbol{\xi}_a}{\rho}\cdot(\nabla v\cdot\nabla\theta)+\frac{\boldsymbol{\xi}_a}{\rho}\cdot\nabla S_d \tag{8.1.6}$$

另一方面，利用(8.1.5)式点乘$\nabla\theta$则

$$\nabla\theta\cdot\frac{\mathrm{d}}{\mathrm{d}t}\left(\frac{\boldsymbol{\xi}_a}{\rho}\right)=\nabla\theta\cdot\left(\frac{\boldsymbol{\xi}_a}{\rho}\cdot\nabla\right)\boldsymbol{v}-\frac{1}{\rho}\nabla p\times\nabla\alpha\cdot\nabla\theta+\frac{1}{\rho}\nabla\times\boldsymbol{F}\cdot\nabla\theta \tag{8.1.7}$$

由于θ只是p和α的函数，则有

$$\nabla\theta=\frac{\partial\theta}{\partial p}\nabla p+\frac{\partial\theta}{\partial\alpha}\nabla\alpha \tag{8.1.8}$$

因而$\nabla p\times\nabla\alpha\cdot\nabla\theta=0$。进一步由于$\nabla\theta\cdot\left(\frac{\boldsymbol{\xi}_a}{\rho}\cdot\nabla\right)\boldsymbol{v}=\frac{\boldsymbol{\xi}_a}{\rho}\cdot(\nabla\boldsymbol{v}\cdot\nabla\theta)$，因而将(8.1.6)式与(8.1.7)式相加可得：

$$\frac{\mathrm{d}}{\mathrm{d}t}\left(\frac{\boldsymbol{\xi}_a}{\rho}\cdot\nabla\theta\right)=\frac{1}{\rho}\nabla\times\boldsymbol{F}\cdot\nabla\theta+\left(\frac{\boldsymbol{\xi}_a}{\rho}\right)\cdot\nabla S_d \tag{8.1.9}$$

上式中比涡度矢量与位温梯度的点乘，即

$$Q=\frac{\boldsymbol{\xi}_a}{\rho}\cdot\nabla\theta \tag{8.1.10}$$

定义为位涡。根据(8.1.9)，绝热无摩擦条件下($S_d=0$，$\boldsymbol{F}=0$)，位涡具有守恒性。

位涡的守恒性在示踪大气运动及相关动力过程方面具有重要应用。实际天气过程的诊断分析中，应用最为广泛的是等熵位涡分析，即分析等位温面上的等位涡线。由于等熵面上水平位温梯度为零，因而位涡仅包含垂直于等熵面的涡度分量，而大尺度运动过程通常是准二维运动，等熵面接近水平，从而使等熵位涡基本代表了垂直涡度的发展演变，因而通过追踪位涡异常区，可以追踪气旋、反气旋等的发展演变，这也是等熵位涡思考(IPV thinking)的基本观点。另外，位涡对大气扰动的示踪性还表现在由于位涡与位温在绝热、无摩擦条件下均具有守恒性，则空气质点必然沿着二者的交线运动，等熵位涡正是代表空气质点的运动状态，因而可以有效追踪大气质点运动的演变情况。作为平衡动力学的核心，除了守恒性，位涡的另一重要特性是可反演性。位涡可反演性来自其不包含重力波和重力惯性波，因此通常将位涡反演得到的平衡场称为“慢流型”，这主要是由于位涡方程的推导用到涡度方程，而涡度方程中不包含重力位势的作用，因而不包含浮力作用，从而使位涡所反映的大气运动剔除了重力波。

8.2 二阶位涡

绝热过程中，位温具有保守性，因而有(Gao *et al.*，2014)：

$$\frac{\partial\theta}{\partial t}=-\boldsymbol{v}\cdot\nabla\theta \tag{8.2.1}$$

即局地位温的变化仅和位温平流有关，从方程(8.2.1)可以猜想到若将与平流有关的风矢量利用涡度矢量代替，我们便可以得到绝热无摩擦条件下具有守恒性质的位涡。如是，我们知道位涡也是守恒的，它的局地变化同样仅和位涡平流有关：

$$\frac{\partial Q}{\partial t}=-\boldsymbol{v}\cdot\nabla Q \tag{8.2.2}$$

在(8.2.2)中若用位涡代替平流项中的风，就可以得到一个新的物理量：

$$Q_S=\frac{1}{\rho}\boldsymbol{\xi}_a\cdot\nabla Q \tag{8.2.3}$$

尽管该物理量与位涡具有十分相似的形式，但位涡包含了位温梯度，而 Q_S 包含了位涡梯度，因此称之为二阶位涡。问题是：二阶位涡是不是也具有像位涡那样的守恒性，因为以上是从直观观测的猜想，并不是严格的证明。为证实这种猜想可能是正确的，需要有严格的证明。考虑可压缩、绝热无摩擦条件下的动量方程：

$$d_t\boldsymbol{v}+2\boldsymbol{\Omega}\times\boldsymbol{v}+\frac{1}{\rho}\nabla p+\boldsymbol{g}=0 \tag{8.2.4}$$

引入熵($s=c_p\ln\theta+C$)和焓($H=c_pT$)，结合状态方程 $p=\rho RT$，可将动量方程中的气压梯度写为热力学物理量熵和焓表征的形式：

$$-\frac{1}{\rho}\nabla p=T\nabla s-\nabla c_pT=T\nabla s-\nabla H \tag{8.2.5}$$

将(8.2.5)式代入(8.2.4)式得到动量方程的另一形式：

$$d_t\boldsymbol{v}+2\boldsymbol{\Omega}\times\boldsymbol{v}-T\nabla s+\nabla H+g=0 \tag{8.2.6}$$

对(8.2.6)式作旋度，结合连续方程，则得到涡度方程：

$$d_t\left(\frac{\boldsymbol{\xi}_a}{\rho}\right)=\frac{\boldsymbol{\xi}_a}{\rho}\cdot\nabla\boldsymbol{v}-\frac{1}{\rho}\nabla T\times\nabla s \tag{8.2.7}$$

对于正压大气，(8.2.7)式可写为：

$$d_t\left(\frac{\boldsymbol{\xi}_a}{\rho}\right)=\frac{\boldsymbol{\xi}_a}{\rho}\cdot\nabla\boldsymbol{v} \tag{8.2.8}$$

对于斜压大气，同样可以得到相似形式的涡度方程：

$$d_t\left(\frac{\boldsymbol{\xi}_g}{\rho}\right)=\frac{\boldsymbol{\xi}_g}{\rho}\cdot\nabla\boldsymbol{v} \tag{8.2.9}$$

其中，$\boldsymbol{\xi}_g=\boldsymbol{\xi}_a$（绝对涡度矢量），$\nabla \wedge \times \nabla s$ 为斜压涡度，$\wedge$ 为温度 T 的拉格朗日积分（$d_t \wedge = T$），$s=c_p\ln\theta$ 为熵。根据 Dutton (1976)，正压涡度是气流处于正压状态下或所有与力管有关的作用均被忽略时所具有的涡度，而斜压涡度则是气流运动过程中由于斜压过程获得的涡度。在方程(8.2.9)的推导中用到了斜压涡度方程，即

$$d_t\left(\frac{\nabla \wedge \times \nabla s}{\rho}\right)=\left(\frac{\nabla \wedge \times \nabla s}{\rho}\right)\cdot \nabla \boldsymbol{v}+\frac{\nabla T\times \nabla s}{\rho} \tag{8.2.10}$$

（具体推导过程可参考 Gao 等(2012)，也作为读者的一个练习）。基于方程(8.2.9)，可证明对于任意示踪函数 λ 有如下方程(Mobbs, 1981; Gao *et al.*, 2014)：

$$d_t\left(\frac{1}{\rho}\boldsymbol{\xi}_g \cdot \nabla \lambda\right)=\frac{1}{\rho}\boldsymbol{\xi}_g \cdot \nabla d_t\lambda \tag{8.2.11}$$

方程(8.2.11)对于寻找新的守恒量具有重要意义。当 $\lambda=s$ 时，有

$$d_t\left(\frac{1}{\rho}\boldsymbol{\xi}_g \cdot \nabla s\right)=\frac{1}{\rho}\boldsymbol{\xi}_g \cdot \nabla d_t s \tag{8.2.12}$$

因绝热条件下熵具有保守型，$d_t s=0$，因而有

$$d_t\left(\frac{1}{\rho}\boldsymbol{\xi}_g \cdot \nabla s\right)=0 \tag{8.2.13}$$

进一步，考虑到

$$\boldsymbol{\xi}_g \cdot \nabla s=(\boldsymbol{\xi}_a-\nabla \wedge \times \nabla s)\cdot \nabla s=\boldsymbol{\xi}_a \cdot \nabla s \tag{8.2.14}$$

从而得到具有守恒性质的位涡：

$$Q=\frac{1}{\rho}\boldsymbol{\xi}_a \cdot \nabla s \tag{8.2.15}$$

这也为位涡的推导提供了新的方法。值得注意的是，虽然从位涡定义中看，位涡包含了全部绝对涡度矢量，但由于$(\nabla \wedge \times \nabla s)\cdot \nabla s=0$，位涡因而不包含斜压涡度的作用，即气流在运动中因斜压过程所积累的涡度并未在位涡中得到体现。

上述位涡推导过程中利用了绝热条件下熵的守恒性，同样，当 $\lambda=Q$ 时，则有

$$d_t\left(\frac{1}{\rho}\boldsymbol{\xi}_g \cdot \nabla Q\right)=\frac{1}{\rho}\boldsymbol{\xi}_g \cdot \nabla d_t Q \tag{8.2.16}$$

由于绝热无摩擦条件下位涡具有守恒性，$d_t Q=0$，则

$$d_t\left(\frac{1}{\rho}\boldsymbol{\xi}_g \cdot \nabla Q\right)=0 \tag{8.2.17}$$

从而得到一个新的守恒量：

$$Q_s = \frac{1}{\rho}\boldsymbol{\xi}_g \cdot \nabla Q \tag{8.2.18}$$

由于该守恒量中包含位涡梯度，因而将其定义为二阶位涡。与(8.2.13)式相比，(8.2.18)式表征的二阶位涡是广义涡度矢量与位涡梯度的点乘。尽管二阶位涡是在位涡基础上推导而得，但其与位涡具有显著不同的物理意义。因为位涡只包含位温的梯度，而二阶位涡却包含位涡的梯度，因此可以说位涡表征了沿着等熵面的扰动演变情况，而二阶位涡则表征了等位涡面上的扰动的发展演变。

8.3 地形追随坐标系下的位涡及二阶位涡

实际诊断分析中，常常用到气压坐标或等熵坐标系下的位涡。对于模式输出的动力和热力场，通常需要先将其从地形追随坐标转化到气压(或等熵)坐标系下，然后再计算相应的位涡。物理量场在坐标转换过程中会出现插值误差，从而使位涡计算失真。这也表明，推导地形追随坐标系下的位涡是具有重要意义的。Cao 和 Xu (2011) 基于 WRF 模式采用地形追随坐标，

$$\eta^* = \frac{p - p_t}{\mu} \tag{8.3.1}$$

$$\mu = p_s - p_t \tag{8.3.2}$$

其中，p 为气压，p_s 为地面气压，p_t 为上边界气压。通过以下坐标转换法则：

$$\frac{\partial F}{\partial p} = \frac{\partial F}{\partial \eta^*}\frac{\partial \eta^*}{\partial p} \tag{8.3.3}$$

$$\left.\frac{\partial F}{\partial s}\right|_{\eta^*} = \left.\frac{\partial F}{\partial s}\right|_p + \left.\frac{\partial F}{\partial \eta^*}\frac{\partial \eta^*}{\partial p}\frac{\partial p}{\partial s}\right|_{\eta^*} \tag{8.3.4}$$

Cao 和 Xu (2011)推导了地形追随坐标系下的位涡：

$$Q_{\eta^*} = -(g/\mu)(f\boldsymbol{k} + \nabla_{\eta^*} \times \boldsymbol{v}) \cdot \nabla_{\eta^*}\theta \tag{8.3.5}$$

数值试验表明，利用模式输出资料直接计算地形追随坐标系下的位涡要比坐标转换后计算的位涡更有效地表征出了天气系统特征。

与位涡相似，对于二阶位涡，也存在坐标插值误差的问题。因而同样可以将二阶位涡引入到地形追随坐标系下。p 坐标中的二阶位涡可写为：

$$Q_{sp} = -g(f\boldsymbol{k} + \nabla_p \times \boldsymbol{v}) \cdot \nabla_p Q \tag{8.3.6}$$

其中略去了斜压涡度，这主要是由于在实际天气诊断分析中受资料时空分辨率的限制，斜压涡度很难计算准确，略去斜压涡度后的二阶位涡虽然失去守恒性，但在强天气诊断中仍然具有重要应用(Li *et al.*，2014)。根据公式(8.3.3)—(8.3.4)，地形追随坐标系下的二阶位涡可写作：

$$
\begin{aligned}
Q_{s\eta^*} &= -g\Big[-\frac{\partial v}{\partial \eta^*}\frac{\partial \eta^*}{\partial p}\Big(\frac{\partial Q_{\eta^*}}{\partial x}-\frac{\partial Q_{\eta^*}}{\partial \eta^*}\frac{\partial \eta^*}{\partial p}\frac{\partial p}{\partial x}\Big)+ \\
&\quad \frac{\partial u}{\partial \eta^*}\frac{\partial \eta^*}{\partial p}\Big(\frac{\partial Q_{\eta^*}}{\partial y}-\frac{\partial Q_{\eta^*}}{\partial \eta^*}\frac{\partial \eta^*}{\partial p}\frac{\partial p}{\partial y}\Big)+ \\
&\quad \Big(\frac{\partial v}{\partial x}-\frac{\partial v}{\partial \eta^*}\frac{\partial \eta^*}{\partial p}\frac{\partial p}{\partial x}-\frac{\partial u}{\partial y}+\frac{\partial u}{\partial \eta^*}\frac{\partial \eta^*}{\partial p}\frac{\partial p}{\partial y}+f\Big)\frac{\partial Q_{\eta^*}}{\partial \eta^*}\frac{\partial \eta^*}{\partial p}\Big] \\
&= -g\frac{\partial \eta^*}{\partial p}\Big[-\frac{\partial v}{\partial \eta^*}\frac{\partial Q_{\eta^*}}{\partial x}+\frac{\partial u}{\partial \eta^*}\frac{\partial Q_{\eta^*}}{\partial y}+\Big(\frac{\partial v}{\partial x}-\frac{\partial u}{\partial y}+f\Big)\frac{\partial Q_{\eta^*}}{\partial \eta^*}\Big] \\
&= -g/\mu(f\boldsymbol{k}+\nabla_{\eta^*}\times \boldsymbol{v})\cdot\nabla_{\eta^*}Q_{\eta^*}
\end{aligned}
\tag{8.3.7}
$$

8.4　广义湿位涡

第 7 章中我们引进了凝结几率函数，并且导出了广义位温。由于在湿空气动力学中湿位涡与相当位温息息相关，既然前面已经得到了广义位温，且证明了其比相当位温具有更好的性质。本节中将用广义位温代替相当位温导出广义湿位涡。

1942 年 Ertel 提出位涡概念后（1942），位涡被广泛地进行研究和应用。由于绝热无摩擦大气中位涡具有守恒性，因此它是重要的热动力学参数之一。然而，当云发展并释放潜热时，位涡不再守恒。此时用相当位温代替位温引入了湿位涡的概念，它在湿绝热过程中是守恒的。关于干、湿位涡在天气系统发生发展过程中的作用已经展开了大量的研究（Bennetts and Hoskins，1979；Emanuel，1979；Danielsen and Hipskind，1980；Thorpe，1985；Hoskins and Berridford，1988；Xu，1992；Montgomeory and Farrell，1993；Gao *et al.*，2002）。在此将着重介绍与广义位温相对应的广义湿位涡。

8.4.1　广义湿位涡及其倾向方程

考虑非绝热加热作用，非均匀饱和大气的热力学方程可写为

$$
c_p\frac{T}{\theta}\frac{\mathrm{d}\theta}{\mathrm{d}t} = -L\frac{\mathrm{d}}{\mathrm{d}t}[(q/q_s)^k q_s] + S_m^* \tag{8.4.1}
$$

引入广义位温

$$
\theta^* = \theta\exp\Big[\frac{L}{c_p}\frac{q_s}{T}\Big(\frac{q}{q_s}\Big)^k\Big] \tag{8.4.2}
$$

则方程(8.4.1)变为：

$$
c_p\frac{T}{\theta^*}\frac{\mathrm{d}\theta^*}{\mathrm{d}t} = S_m^* \tag{8.4.3}
$$

若采用比容 α，则绝对涡度方程为

$$
\frac{\mathrm{d}\boldsymbol{\xi}_a}{\mathrm{d}t} = (\boldsymbol{\xi}_a\cdot\nabla)\boldsymbol{v}-\boldsymbol{\xi}_a\nabla\cdot\boldsymbol{v}-\nabla\alpha\times\nabla p \tag{8.4.4}
$$

其中，$\boldsymbol{\xi}_a=\nabla\wedge\boldsymbol{v}+2\Omega$，令 $S^*=\dfrac{\theta^*}{c_pT}S_m^*$，由(8.4.3)、(8.4.4)式推得广义湿位涡倾向方程为(Cao and Cho，1995；Wu and Liu，1998)：

$$\frac{\mathrm{d}Q_m}{\mathrm{d}t}=-\alpha(\nabla\alpha\times\nabla p)\cdot\nabla\theta^*+\alpha\boldsymbol{\xi}_a\cdot\nabla S^* \tag{8.4.5}$$

这里 $Q_m=\alpha\boldsymbol{\xi}_a\cdot\nabla\theta^*$ 是广义湿位涡(GMPV)，且忽略了牵连涡度的影响。

由 $\alpha=\dfrac{R}{p}\theta\,(p_0/p)^{-R/c_p}$，可得

$$\frac{\mathrm{d}Q_m}{\mathrm{d}t}=Q_m(A+B)/Q_* \tag{8.4.6}$$

这里 $A=\left\{\dfrac{R}{p}(p_0/p)^{-R/c_p}\right\}\cdot(\nabla p\times\nabla\theta)\cdot\nabla\theta^*$；$B=\boldsymbol{\xi}_a\cdot\nabla S^*$；$Q_*=\boldsymbol{\xi}_a\cdot\nabla\theta^*$。其中，$A$ 项代表斜压项和广义位温梯度的协方差产生的广义湿位涡，B 项代表非绝热加热导致的湿位涡的产生。

8.4.2 广义湿位涡的产生

(1)在未饱和区广义湿位涡通过 A 项的产生

对于不包含摩擦和辐射的湿绝热大气，$S^*=0$，$B=0$。在没有湿度的区域，$q=0$，$(q/q_s)^k=0$，$\theta^*=\theta$。所以，$A=0$。在湿饱和区，$q=q_s$，$(q/q_s)^k=1$，$\theta^*=\theta_e$。θ^* 不是比湿的函数。因此，$A=0$。所以广义湿位涡不会产生。

在未饱和区，$0<q<q_s$，$0<(q/q_s)^k<1$，$\theta^*\neq\theta$，$\theta^*\neq\theta_e$。因此，$A\neq0$。这意味着广义湿位涡由 A 项只能在未饱和区产生。

(2)在近饱和区广义湿位涡通过 A 项的产生

在凝结几率函数中，令 $k=9$。在明显未饱和区$\left(\dfrac{q}{q_s}<0.7\right)$，$\left(\dfrac{q}{q_s}\right)^9<0.05\approx0$，$\theta^*\approx\theta$；在饱和区$\left(\dfrac{q}{q_s}>0.995\right)$，$\left(\dfrac{q}{q_s}\right)^9>0.96\approx1$，$\theta^*\approx\theta_e$。这样，$A\neq0$，但是 $A\approx0$。

而在近饱和区$\left(0.7<\dfrac{q}{q_s}<0.995\right)$，$0.04<\left(\dfrac{q}{q_s}\right)^9<0.96$，凝结可以发生。可见，无摩擦湿绝热流中，广义湿位涡可通过 A 项在近饱和区产生。

(3)广义湿位涡通过与凝结有关的 A 项的产生

由方程(8.4.2)的广义位温概念，A 项可以写成

$$\begin{aligned}\frac{\mathrm{d}Q_m}{\mathrm{d}t}&=Q_m(A+B)/Q_*\\&=\frac{LR}{c_pp}\left\{k\left(\frac{q}{q_s}\right)^{k-1}\exp\left[\frac{L}{c_p}\frac{q_s}{T}\left(\frac{q}{q_s}\right)k\right]\right\}\cdot(\nabla p\times\nabla\theta)\cdot\nabla q\\&=\frac{LR}{c_pp}\left[k\left(\frac{q}{q_s}\right)k-1\,\frac{\theta^*}{\theta}\right]\cdot(\nabla p\times\nabla\theta)\cdot\nabla q\end{aligned} \tag{8.4.7}$$

为了简化 A 项的表达式，使得 A 的影响因子更清晰，可以得到 A' 项如下：

$$A' = \left\{\frac{R}{p}\frac{R}{p}(p_0/p)^{-R/c_p}\right\}\cdot(\nabla p\times\nabla\theta)\cdot\nabla\left\{\theta\exp\left(\frac{L}{c_p}\frac{q}{T}\right)\right\}$$

$$= \frac{LR}{c_p p}\left[\exp\left(\frac{L}{c_p}\frac{q}{T}\right)\right](\nabla p\times\nabla\theta)\cdot\nabla q$$

$$= \frac{LR}{c_p p}\cdot\frac{\theta_e}{\theta}\cdot(\nabla p\times\nabla\theta)\cdot\nabla q \tag{8.4.8}$$

这里，A' 项与斜压项和相当位温梯度有关，且有 $\theta_e=\theta\exp\left(\frac{Lq_s}{c_pT}\right)$。

由方程(8.4.8)，方程(8.4.7)变为

$$A = k\left(\frac{q}{q_s}\right)^{k-1}\frac{\theta^*}{\theta_e}A'$$

$$= k\left(\frac{q}{q_s}\right)^{k-1}\exp\left\{\frac{Lq_s}{c_pT}\left[\left(\frac{q}{q_s}\right)^k-\left(\frac{q}{q_s}\right)\right]\right\}A'$$

$$= \psi(rh)A' \tag{8.4.9a}$$

这里

$$\psi(rh) = \psi\left(\frac{q}{q_s}\right) = k\left(\frac{q}{q_s}\right)^{k-1}\exp\left\{\frac{Lq}{c_pT}\left[\left(\frac{q}{q_s}\right)^k-\left(\frac{q}{q_s}\right)\right]\right\} \tag{8.4.9b}$$

$rh=q/q_s$。方程(8.4.9a)表明，在绝热、无摩擦湿大气中，广义湿位涡的产生由 $\psi(rh)$ 和 A' 的协方差决定。这里 $\psi(rh)$ 是比湿的函数，A' 是湿度梯度的函数。如果取 $T=280$ K，$p=1000$ hPa，$q_s=6\times10^{-3}\,\mathrm{g\cdot g^{-1}}$，$\psi(rh)$ 随 rh 变化的曲线如图 8.4.1 所示。从图 8.4.1 可见，当 $rh<rh_1$($rh_1=0.53$)时，$\psi(rh)<0.05\approx0$，广义湿位涡不可能生成；当 $rh<rh_2$($rh_2=0.7$) 时，$\psi(rh)<0.5$，广义湿位涡很小；当 $rh_2<rh<rh_3$($rh_3=0.77$) 时，$0.5<\psi(rh)<1$，广义湿位涡的生成也是可忽略的；当 $rh>rh_3$时，$\psi(rh)>1$，并且在 q 等于 q_s 之前，$\psi(rh)$ 随 rh 的增加而急速增大. 因此，广义湿位涡的生成也随 rh 的增加而增加。

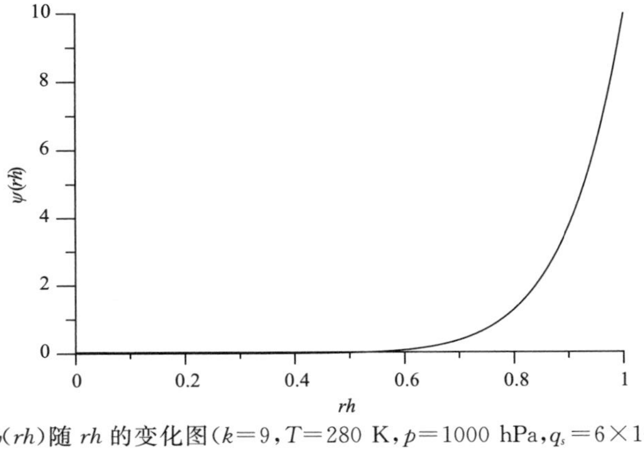

图 8.4.1 $\psi(rh)$随 rh 的变化图($k=9$，$T=280$ K，$p=1000$ hPa，$q_s=6\times10^{-3}\,\mathrm{g\cdot g^{-1}}$)

8.5 热力、质量强迫下的湿位涡异常

人们早就注意到在外源强迫存在时，位涡守恒性被破坏，并会引起位涡的异常（Hoskins *et al*.，1985；Gao *et al*.，1990；Zhou *et al*.，2002；Keyser and Rotunno，1990）。对大尺度系统来说，外源强迫主要是热力强迫及摩擦耗散。对中尺度暴雨对流系统而言，引起位涡异常变化的不仅有同大尺度类同的热力强迫，更重要的还要考虑质量强迫。因为在研究中尺度对流系统时，对流系统内带有强降水，使得对流系统内部质量场的变化既受大尺度环境场辐合、辐散的制约，还要受到强降水造成的质量明显减少的制约。所以运用位涡概念对暴雨系统进行研究时，必须注意到有两个主要强迫源会引起位涡异常。一是同大尺度外源强迫类同的热力强迫；二是大尺度现象中不予考虑的而在中尺度现象中却特别重要的质量强迫。正是由于这两个强迫，使得暴雨系统内的湿位涡物质和湿位涡发生异常。

中尺度对流系统中的位涡异常早已被气象学家们所发现，如 Fritsch 等(1981)指出中尺度对流系统与位涡的异常相联系，常在对流层上层表现为负位涡，对流层中层表现为正位涡；而 Davis 和 Gray 等（Davis *et al*.，1994；Gray *et al*.，1998）则认为对流层中层位涡正异常与中层气旋涡有关。同时部分学者认为由对流引起的关于质量场再分布的动力调整也会导致对流层中的位涡异常（Shutts 等，1994； Fulton 等，1995）。Raymond 等（1990）对长寿命中尺度对流系统给出了一种位涡异常理论，但是他们当时没有考虑到质量外源强迫。Gray (1999)利用质量强迫模式研究了仅有质量强迫引起的位涡异常，但 Gray 的质量强迫模式中只考虑了对流系统质量输送的效应，指出由于对流活动向上（下）的输送会在高层产生一个质量源（汇）区，同时在低层产生一个质量汇（源）区，但总的质量是守衡的。由于凝结形成降水而导致湿空气质量的净亏损在 Gray (1999)和 Shutts 等(1994)的研究中并没有体现出来。而本节提出的暴雨系统中的质量强迫不仅有水汽质量的输送效应，还包括了由于强降水引起的湿空气质量减少的效应，即本节中所说的质量强迫。

在推导带有质量强迫的湿位涡方程之前，我们先给出强暴雨系统中带有质量强迫的连续性方程。

设 ρ 为湿空气的总密度，ρ_d、ρ_m 和 ρ_r 分别为干空气、水汽、凝结降水物的密度。则有 $\rho=\rho_d+\rho_m$，并且分别有如下形式的连续性方程

$$\frac{\mathrm{d}\rho_d}{\mathrm{d}t}+\rho_d\nabla\cdot\boldsymbol{v}=0 \tag{8.5.1}$$

$$\frac{\mathrm{d}\rho_m}{\mathrm{d}t}+\rho_m\nabla\cdot\boldsymbol{v}=-\dot{\rho}_v \tag{8.5.2}$$

$$\nabla \cdot (\rho_r \boldsymbol{v}_T) = \dot{\rho}_v \tag{8.5.3}$$

其中，$\dot{\rho}_v$ 为水汽向降水物质的转换率，$\boldsymbol{v}_T$ 为凝结降水物相对于湿空气的下落末速度。

公式(8.5.1)，(8.5.2)和(8.5.3)式相加可得

$$\frac{\mathrm{d}\rho}{\mathrm{d}t} + \rho \nabla \cdot \boldsymbol{v} = -\nabla \cdot (\rho_r \boldsymbol{v}_t) = S_m \tag{8.5.4}$$

其中，$S_m = -\nabla \cdot (\rho_r \boldsymbol{v}_t)$ 是与凝结降水物有关的质量强迫效应对空气密度变化的贡献，也就是本节所说的质量强迫。

因此笛卡儿坐标下考虑强降水过程中水汽向降水物质转换情况的连续性方程可写为(Gao *et al.*，2002)

$$\frac{\mathrm{d}\rho}{\mathrm{d}t} + \rho \nabla \cdot \boldsymbol{v} = S_m \tag{8.5.5}$$

绝对涡度方程为：

$$\frac{\mathrm{d}\boldsymbol{\xi}_a}{\mathrm{d}t} = (\boldsymbol{\xi}_a \cdot \nabla)\boldsymbol{v} - \boldsymbol{\xi}_a \nabla \cdot \boldsymbol{v} + \frac{\nabla \rho \wedge \nabla p}{\rho^2} - \nabla \wedge \boldsymbol{F} \tag{8.5.6}$$

热力方程为

$$\frac{\mathrm{d}\theta_e}{\mathrm{d}t} = \dot{\psi} \tag{8.5.7}$$

其中，方程(8.5.6)中的 $\boldsymbol{\xi}_a$ 是绝对涡度矢，$\boldsymbol{v}$ 为风速矢，$\frac{\nabla \rho \wedge \nabla p}{\rho^2}$ 是力管项，$\boldsymbol{F}$ 是摩擦力项，方程(8.5.7)中的 θ_e 是相当位温。

在(8.5.5)中加了质量强迫项 S_m，在(8.5.7)式中加了热力强迫项 $\dot{\psi}$。因为我们研究的对象是饱和湿空气的强降水系统，所以在(8.5.7)式中不仅使用湿空气的位温 θ_e，而且带有加热强迫项，以表示辐射加热等对湿位温变化所起的加热强迫作用。

若用 $\nabla \theta_e$ 点乘(8.5.6)式后则有：

$$\nabla \theta_e \cdot \frac{\mathrm{d}\boldsymbol{\xi}_a}{\mathrm{d}t} = \nabla \theta_e \cdot (\boldsymbol{\xi}_a \cdot \nabla)\boldsymbol{v} - \nabla \theta_e \cdot \boldsymbol{\xi}_a (\nabla \cdot \boldsymbol{v}) - \nabla \theta_e \cdot \nabla \wedge \boldsymbol{F} \tag{8.5.8}$$

利用连续性方程(8.5.5)，则(8.5.8)可进一步写为：

$$\nabla \theta_e \cdot \frac{\mathrm{d}\boldsymbol{\xi}_a}{\mathrm{d}t} = \nabla \theta_e \cdot (\boldsymbol{\xi}_a \cdot \nabla)\boldsymbol{v} - \nabla \theta_e \cdot \boldsymbol{\xi}_a \left(\frac{S_m}{\rho} - \frac{1}{\rho}\frac{\mathrm{d}\rho}{\mathrm{d}t}\right) - \nabla \theta_e \cdot \nabla \wedge \boldsymbol{F} \tag{8.5.9}$$

整理得：

$$\rho \frac{\mathrm{d}}{\mathrm{d}t}\left(\frac{\boldsymbol{\xi}_a \cdot \nabla \theta_e}{\rho}\right) - \boldsymbol{\xi}_a \cdot \frac{\mathrm{d}\nabla \theta_e}{\mathrm{d}t} + S_m \left(\frac{\boldsymbol{\xi}_a \cdot \nabla \theta_e}{\rho}\right) = \nabla \theta_e \cdot (\boldsymbol{\xi}_a \cdot \nabla)\boldsymbol{v} - \nabla \theta_e \cdot \nabla \wedge \boldsymbol{F} \tag{8.5.10}$$

利用一致性关系，

$$\boldsymbol{\xi}_a \cdot \frac{\mathrm{d}}{\mathrm{d}t}(\nabla \theta_e) = \boldsymbol{\xi}_a \cdot \nabla \frac{\mathrm{d}\theta_e}{\mathrm{d}t} + \boldsymbol{\xi}_a \cdot \boldsymbol{v} \cdot \nabla(\nabla \theta_e) - \boldsymbol{\xi}_a \cdot \nabla(\boldsymbol{v} \cdot \nabla \theta_e)$$

$$= \boldsymbol{\xi}_a \cdot \nabla \dot{\psi} - \nabla \theta_e \cdot (\boldsymbol{\xi}_a \cdot \nabla)\boldsymbol{v} \tag{8.5.11}$$

则给出如下位涡方程：

$$\frac{\mathrm{d}}{\mathrm{d}t}\left(\frac{\boldsymbol{\xi}_a \cdot \nabla \theta_e}{\rho}\right) = \frac{1}{\rho}\boldsymbol{\xi}_a \cdot \nabla \dot{\psi} - \frac{S_m}{\rho}\left(\frac{\boldsymbol{\xi}_a \cdot \nabla \theta_e}{\rho}\right) - \frac{1}{\rho}\nabla \theta_e \cdot \nabla \wedge \boldsymbol{F} \tag{8.5.12}$$

这里$\frac{\boldsymbol{\xi}_a \cdot \nabla \theta_e}{\rho}$便是湿 Ertel 位涡。

(8.5.12)可进一步写为：

$$\frac{\partial}{\partial t}\left(\frac{\boldsymbol{\xi}_a \cdot \nabla \theta_e}{\rho}\right) = \frac{1}{\rho}\boldsymbol{\xi}_a \cdot \nabla \dot{\psi} - \boldsymbol{v} \cdot \nabla\left(\frac{\boldsymbol{\xi}_a \cdot \nabla \theta_e}{\rho}\right) - \frac{S_m}{\rho}\left(\frac{\boldsymbol{\xi}_a \cdot \nabla \theta_e}{\rho}\right) - \frac{1}{\rho}\nabla \theta_e \cdot \nabla \wedge \boldsymbol{F} \tag{8.5.13}$$

方程(8.5.13)即为带有热力、摩擦、质量强迫的湿位涡方程。这里，$\frac{1}{\rho}\boldsymbol{\zeta}_a \cdot \nabla \dot{\psi}$ 为扣除潜热加热之外的热力强迫项，$-\boldsymbol{v} \cdot \nabla\left(\frac{\boldsymbol{\xi}_a \cdot \nabla \theta_e}{\rho}\right)$为平流项，$-\frac{S_m}{\rho}\left(\frac{\boldsymbol{\xi}_a \cdot \nabla \theta_e}{\rho}\right)$为质量强迫项，$-\frac{1}{\rho}\nabla \theta_e \cdot \nabla \wedge \boldsymbol{F}$ 为摩擦项。对无摩擦绝热饱和湿空气，有$-\frac{1}{\rho}\nabla \theta_e \cdot \nabla \wedge \boldsymbol{F}=0$，$\frac{1}{\rho}\boldsymbol{\xi}_a \cdot \nabla \dot{\psi}=0$。方程(8.5.13)可简化为

$$\frac{\partial}{\partial t}\left(\frac{\boldsymbol{\xi}_a \cdot \nabla \theta_e}{\rho}\right) = -\boldsymbol{v} \cdot \nabla\left(\frac{\boldsymbol{\xi}_a \cdot \nabla \theta_e}{\rho}\right) - \frac{S_m}{\rho}\left(\frac{\boldsymbol{\xi}_a \cdot \nabla \theta_e}{\rho}\right) \tag{8.5.14}$$

(8.5.14)就是无摩擦绝热饱和湿空气的质量强迫下的湿位涡方程。

8.6 质量强迫下的湿位涡的不可渗透性原理

位涡本身具有三大特性：即在无外源、汇情况下的守恒性；准地转和半地转理论框架下的可逆性以及位涡物质的不可渗透性。前两个特性是大家比较熟悉的，但位涡物质的不可渗透性相对比较生疏。所谓位涡物质的不可渗透性是指它本身不可能从一个等熵面向另一个等熵面扩散或渗透，它只能在其所包围的等熵面内变化。Haynes 和 McIntyre(1990)曾证明了干空气位涡物质的不可渗透性，Gao 等(2002)也证明了对具有热力、质量强迫的湿空气的湿位涡物质的不可渗透性。因为这一原理在暴雨预报中有特殊的应用，本节将较详细的介绍湿位涡的不可渗透性原理。具体证明如下：

由湿位涡 $Q_m=\dfrac{\boldsymbol{\xi}_a\cdot\nabla\theta_e}{\rho}$，则知

$$\frac{\mathrm{d}}{\mathrm{d}t}(\rho Q_m)=\rho\frac{\mathrm{d}Q_m}{\mathrm{d}t}+Q_m\frac{\mathrm{d}\rho}{\mathrm{d}t}\tag{8.6.1}$$

进而(8.6.1)可写为

$$\frac{\partial}{\partial t}(\rho Q_m)=\rho\frac{\mathrm{d}Q_m}{\mathrm{d}t}+Q_m\frac{\mathrm{d}\rho}{\mathrm{d}t}-\boldsymbol{v}\cdot\nabla(\rho Q_m)\tag{8.6.2}$$

把(8.5.5)和(8.5.12)式代入(8.6.2)式后，则有

$$\frac{\partial}{\partial t}(\rho Q_m)=\nabla\cdot(\boldsymbol{\xi}_a\dot{\psi})-\nabla\cdot(F\times\nabla\theta_e)-\nabla 65\cdot(\rho Q_m\boldsymbol{V})\tag{8.6.3}$$

令 $\boldsymbol{\xi}_{a\Uparrow}=\boldsymbol{\xi}_a-\dfrac{\boldsymbol{\xi}_a\cdot\nabla\theta_e}{(\nabla\theta_e)^2}\nabla\theta_e$，且有 $\dot{\psi}=\dfrac{\mathrm{d}\theta_e}{\mathrm{d}t}$，则(8.6.3)式可进一步写为：

$$\frac{\partial}{\partial t}(\rho Q_M)=-\nabla\cdot\left[\rho Q_m\left(\boldsymbol{v}-\frac{\boldsymbol{v}\cdot\nabla\theta_e}{(\nabla\theta_e)^2}\nabla\theta_e\right)-\rho Q_m\frac{\nabla\theta_e\dfrac{\partial\theta_e}{\partial t}}{(\nabla\theta_e)^2}-\boldsymbol{\xi}_{a\Uparrow}\frac{\mathrm{d}\theta_e}{\mathrm{d}t}+\boldsymbol{F}\times\nabla\theta_e\right]\tag{8.6.4}$$

令 $\boldsymbol{v}_{\theta\Uparrow}=\boldsymbol{v}-\dfrac{\boldsymbol{v}\cdot\nabla\theta_e}{(\nabla\theta_e)^2}\nabla\theta_e$，$\boldsymbol{v}_{\theta\perp}=-\dfrac{\nabla\theta_e\dfrac{\partial\theta_e}{\partial t}}{(\nabla\theta_e)^2}$，则有

$$\frac{\partial}{\partial t}(\rho Q_m)=-\nabla\cdot\left[\rho Q_m\boldsymbol{v}_{\theta\perp}+\rho Q_m\boldsymbol{v}_{\theta\Uparrow}-\boldsymbol{\xi}_{a\Uparrow}\frac{\mathrm{d}\theta_e}{\mathrm{d}t}+\boldsymbol{F}\times\nabla\theta_e\right]\tag{8.6.5}$$

其中，下标“⇑”表示平行于等 θ_e 面的物理量，$_\perp$ 表示垂直于等 θ_e 面的物理量。

可见，(8.6.5)式右边的后三项皆与等 θ_e 面平行，而右边的第一项中的 $\boldsymbol{v}_{\theta\perp}$ 为 θ_e 面的移动速度，因此湿位涡物质对等 θ_e 面的不可渗透性得以证明。

若令　　$\boldsymbol{J}=\left[\rho Q_m\boldsymbol{V}_{\theta\perp}+\rho Q_m\boldsymbol{V}_{\theta\Uparrow}-\boldsymbol{\xi}_{a\Uparrow}\dfrac{\mathrm{d}\theta_e}{\mathrm{d}t}+\boldsymbol{F}\times\nabla\theta_e\right]$

则有

$$\boldsymbol{v}_{\theta\perp}=\frac{\boldsymbol{J}}{\rho Q_m}-\boldsymbol{v}_{\theta\Uparrow}+\frac{\boldsymbol{\xi}_{a\Uparrow}\dot{\psi}}{\rho Q_m}-\boldsymbol{F}\times\frac{\nabla\theta_e}{\rho Q_m}\tag{8.6.6}$$

从(8.6.6)式便可以看出若“湿位涡物质”以速度 $\dfrac{\boldsymbol{J}}{\rho Q_m}$ 移动，那么这个“湿位涡物质”就总是在这个湿等熵面上，尽管在非绝热情况下空气质点或化学物质可以跨过湿等熵面，但“湿位涡物质”并不能跨过湿等熵面，湿位涡物质的这一属性称为湿位涡物质的不可渗透性，其他物质并不具有这一属性。因此化学物质的扩散理论对湿位涡物质并不适用，扩散理论(更确切地说是扩散假设)是指凡是化学物质分布存在梯度最大的地方应有最大的扩散输送。但即使“湿位涡物质”在湿等熵面之间存在着很大的梯度，由于它的不可渗透性，所以它不能被扩散出

去。这就是所谓的湿位涡(MPV)障碍。“湿位涡物质”的这一特性可进一步证明如下：

由(8.6.5)式可知，

$$\frac{\partial}{\partial t}(\rho Q_m)+\frac{\boldsymbol{J}}{\rho Q_m}\cdot\nabla\rho Q_m+\rho Q_m\nabla\cdot\left(\frac{\boldsymbol{J}}{\rho Q_m}\right)=0 \tag{8.6.7}$$

可改写为：

$$\frac{\partial}{\partial t}(\rho Q_m)+\frac{\boldsymbol{J}}{\rho Q_m}\cdot\nabla\rho Q_m+\rho Q_m\nabla\cdot\left(\frac{\boldsymbol{J}}{\rho Q_m}\right)=0 \tag{8.6.8}$$

因为“湿位涡物质”应满足“物质”守恒方程则应有

$$\frac{\mathrm{d}}{\mathrm{d}t}(\rho Q_m)+\rho Q_m\nabla\cdot\boldsymbol{v}_{P_M}=0 \tag{8.6.9}$$

其中 $\boldsymbol{v}_{P_M}=\frac{\boldsymbol{J}}{\rho Q_m}$，可见在“物质”守恒方程中“湿位涡物质”的速度应为 $\boldsymbol{v}_{P_M}=\frac{\boldsymbol{J}}{\rho Q_m}$。这就不难理解为什么“湿位涡物质”会以$\frac{\boldsymbol{J}}{\rho Q_m}$的速度运动。可见速度 $\boldsymbol{v}_{P_M}=\frac{\boldsymbol{J}}{\rho Q_m}$不是一个特殊的选择，而是一个存在的事实。

在暴雨落区预报中湿位涡物质的不可渗透性可以被很好地利用，因为如果湿位涡物质像其他化学物质一样很容易同上下层的环境混合，那么由暴雨造成的湿位涡物质异常就会很快同周围混合，而使我们很难分清哪一部分湿位涡物质是由暴雨造成的，或是由其他原因造成的。但是，有了湿位涡物质的不可渗透性，则可使我们很容易分辨由暴雨造成的湿位涡物质异常(通常云体凝结潜热释放或形成雨滴的高度一般在 850～400 hPa 之间，所以由湿位涡方程得到的湿位涡物质异常一定是在这样的一个高度范围，并不会同邻近的湿等熵面上其他的湿位涡物质发生混合，这样发生在这个高度间的湿位涡物质异常就可以作为很好的暴雨区的动力示踪物)。

湿位涡物质同化学物在空气中的混合率之间存在部分类似已经被人们所认识(Hoskins *et al.*，1985)。是因为湿位涡物质本身在绝热及缺乏其他非守恒力作用的情况下是守恒的，完全同于化学物质在空气中的混合比在没有化学源、汇及扩散的情况下也是物质守恒的。但不同的是，化学物质可以穿过湿等熵面，但“湿位涡物质”不能穿过湿等熵面，只能在夹挟它的湿等熵面之间变化。

8.7　二阶湿位涡

与广义湿位涡类似，为了更好地描述湿大气中的动热力过程，同样可以引入二阶湿位涡。然而，由方程(8.4.5)可知，在绝热无摩擦条件下，广义湿位涡满足如下方程：

$$\frac{\mathrm{d}Q_m}{\mathrm{d}t}=-\alpha(\nabla\alpha\times\nabla p)\cdot\nabla\theta^* \tag{8.7.1}$$

可见由于上述方程右侧存在力管项与广义位温梯度的点乘，广义湿位温并不具有保守性，为了导出二阶湿位涡，需要首先得到具有守恒性质的广义湿位涡。这里我们同样用到了方程(8.2.11)。由于广义位温具有守恒性，因而将 $\lambda=\theta^*$，从而得到

$$\frac{\mathrm{d}}{\mathrm{d}t}(\alpha\boldsymbol{\xi}_g\cdot\nabla\theta^*)=0 \tag{8.7.2}$$

这里将

$$Q_{mc}=\alpha\boldsymbol{\xi}_g\cdot\nabla\theta^* \tag{8.7.3}$$

定义为具有守恒性质的广义湿位涡。进一步，令方程(8.2.11)中 $\lambda=Q_{mc}$，从而得到

$$\frac{\mathrm{d}}{\mathrm{d}t}(\alpha\boldsymbol{\xi}_g\cdot\nabla Q_{mc})=0 \tag{8.7.4}$$

根据上式，即可得到非均匀饱和湿大气中的二阶湿位涡：

$$Q_{m2}=\alpha\boldsymbol{\xi}_g\cdot\nabla Q_{mc} \tag{8.7.5}$$

从二阶湿位涡的定义看，二阶湿位涡是将广义位涡梯度引入到了大气动力学的诊断分析中，而广义位涡本身是一个综合包含了动力、热力和水汽作用的物理量，从这个角度，二阶湿位涡是将动力要素梯度和热力要素梯度结合在一起。众所周知，大气中的一些强烈天气过程均和大气边界有密切联系，如锋面、干线、辐合线等，过去表征这些梯度均是用温度、湿度、风场等单因子的梯度，而实际过程中这几种梯度常常是同时出现的，此时用二阶湿位涡来诊断与强天气有关的动热力过程也将更加全面。二阶湿位涡在暴雨诊断与预报中的应用将在后续章节给出。

参考文献

Bennetts D A, and Hoskins B J. 1979. Conditional symmetric instability-A possible explanation for frontal rainbands. *Quart. J. Roy. Meteor. Soc.*, **105**: 945-962.

Cao J and Xu Q. 2011. Computing hydrostatic potential vorticity in terrain-following coordinates. *J. Atmos. Sci.*, **139**: 2955-2961.

Cao Z, and Cho H. 1995. Generation of moist vorticity in extratropical cyclones. *J. Atmos. Sci.*, **52**: 3263-3281.

Danielsen E F, and Hipskind R S. 1980. Stratospheric-tropospheric exchange at polar latitudes in summer. *J. Geophys. Res.*, **85**: 393-400.

Davis C A, and Weisman M L. 1994. Balanced dynamics of mesoscale vortices in simulated convective systems. *J. Atmos. Sci.*, **51**: 2005-2030.

Dutton J A. 1976. The rotational component of the wind: Vorticity and circulation, in The

Ceaseless Wind. *McGra-Hill*, pp. 332-398.

Emanuel K A. 1979. Inertial instability and mesoscale convective systems. Part I: Linear theory of inertial instability in rotating viscous fluids. *J. Atmos. Sci.*, **36**:2425-2449.

Ertel H. 1942. Einneuer hydrodynamischer wirbelsatz. *Meteorology Zeitschr Braunschweigs*, **6**, 277-281.

Fritsch J M, Maddox R A. 1981. Convectively driven mesoscale weather systems aloft. Part I: Observations. *J. Appl. Meteorol.*, **20**: 9-19.

Fulton S R, Schubert W H, Hausman S A. 1995. Dynamical adjustment of mesoscale convective anvils. *Mon. Wea. Rev.*, **123**: 3215-3226.

Gao S T, Lei T, and Zhou Y S. 2002. Moist potential vorticity anomaly with heat and mass forcings in torrential rain system. *Chin. Phys. Lett.*, **19**:878-880.

Gao S T, Lei T, Zhou Y S, *et al.* 2002. Diagnostic analysis of moist potential vorticity anomaly torrential rain systems. *Journal of Applied Meteorological Sciences*, **13**: 662-670 (in Chinese with English abstract)

Gao S T, Tao S Y, Ding Y H. 1990. The generalized E-P flux of wave-meanflow interactions. *Sciences in China (series B)*, **33**: 704-715.

Gao S T, Xu P C, Li N, *et al.* 2014. Second-order potential vorticity and its potential applications. *Earth Scienses*, **57** (10), 2428-2434.

Gao, S T, Xu P C, Ran L K, and Li N. 2012. On the generalized Ertel-Rossby invariant. *Advances in Atmospheric Sciences*, **29**(4), 690-694.

Gray MEB. 1999. An investigation into convectively generated potential-vorticity anomalies using a mass-forcing model. *Quart. J. Roy. Meteor. Soc.*, **125**: 1589-1605.

Gray MEB, Shutts G J, Craig G C. 1998. The role of mass transfer in describling the dynamics of mesoscale convective systems. *Quart. J. Roy. Meteor. Soc.*, **124**: 1183-1207.

Haynes P H, Mcintyre M E. 1990. On the conservation and impermeability theorems for potential vorticity. *J. Amos. Sci.*, **47**: 2021-2031.

Hoskins B J, Berridford P B. 1988. A potential-vorticity perspective of the storm of 15-16 October 1987. *Weather*, **43**: 122-129.

Hoskins B J, McIntyre M E and Robertson A W. 1985. On the use and significance of is entropic potential-vorticity maps. *Quart. J. Roy. Meteor. Soc.*, **111**: 877-946. (Also 113, 402-404).

Keyser D, Rotunno R. 1990. On the formation of potential-vorticity anomalies in upper level jet front systems. *Mon. Wea. Rev.*, **118**: 1914-1021.

Li N, Gao S, Ran L. 2014. A PV-gradient related quantity in moist atmosphere and its application in the diagnosis of heavy precipitation. *Atmospheric Reseorch*. Acceptted.

Mobbs S D. 1981. Some vorticity theorems and conservation laws for non-barotropic fluids. *J. Fluid Mech.*, **108**: 475-483.

Montgomery M T, and Farrell B F. 1993. Tropical cyclone formation. *J. Atmos. Sci.*, **50**:

285-310.

Raymond D J, Jiang H. 1990. A theory for long-lived mesoscale convective systems. *J. Atmos. Sci.*, **47**: 3067-3077.

Rossby C-G. 1940. Planetary flow patterns in the atmosphere. *Quart. J. Roy. Meteor. Soc.*, **66**: Suppl., 68-97.

Shutts G J, Gray MEB. 1994. A numerical modeling study of the geostrophic adjustment process following deep convection. *Quart. J. Roy. Meteor. Soc.*, **120**: 1145-1178.

Thorpe A J. 1985. Diagnosis of balanced vortex structure using potential vorticity. *J. Atmos. Sci.*, **42**: 397-406.

Wu G X, Liu H Z. 1998. Vertical Vorticity development owing to down-sliding at slantwise isentropic surface. *Dynamics of Atmospheres and Oceans*, **27**: 715-743.

Xu Q. 1992. Formation and evolution of frontal rainbands and geostrophic potential vorticity anomalies. *J. Atmos. Sci.*, **49**: 629-648.

Zhou Y S, Deng G, Gao S T, *et al*. 2002. The study on the influence Characteristic of teleconnection caused by the underlying surface of the Tibetan Plateau Ⅰ: data analysis. *Advances in Atmospheric Sciences*, **19**: 583-593.

第9章 广义锋生理论

过去,国内外气象专家对锋生理论展开了广泛的研究,进行了一些动力学和天气学的分析。Petterssen(1936),Miller(1948)等从运动学观点出发,通过分析位温梯度的个别变化,来探讨锋面强度的变化。Petterssen(1956)指出,涡度、散度和变形均对锋生有贡献。一些学者认为,斜压波不稳定增长与锋生的关系密切,强调了低层锋生是由于波增长引起的垂直环流和变形场的加强而造成的(Palmen 和 Newton,1948; Phillips,1956; Williams,1967)。Hoskins 和 Bretherton (1972) 进一步提出了关于非线性斜压波动与锋生的半地转理论模式,解析地证实了 Eady 波在有限时间内如何造成温度不连续。Davies-Jones (1982, 1985)和 Doswell(1984)等也研究了变形场对锋生的贡献。Ninomiya (1984,2000) 指出梅雨锋生的主要贡献是副热带区域的变形场和水平辐合项。锋生作用将强迫出垂直环流。Ninomiya(1984)具体计算了锋生函数各项的作用还表明沿西太平洋副热带高压的外围边缘向着梅雨锋方向的水汽输送有利于梅雨锋的形成。

国内,曾庆存 (1979) 认为高空急流加速可造成对流层中层的锋生。高守亭和陶诗言 (1991) 从波流相互作用的观点具体研究了高空急流加速同低层锋生的关系。Fang 和 Wu(2001)研究了平衡流形成的机制与锋生,以及地转适应与锋生问题,对地转适应问题及其在锋生动力学中的应用作了简单回顾,同时利用最小能量原理指出地转适应的终态是否满足地转平衡关系取决于初始不平衡扰动的位涡分布。伍荣生等(2004)对 Petterssen(1936),Miller(1948)等的工作进行了一定的拓展,通过个别变化形式的锋生函数和局地锋生函数,讨论了锋面系统强度的变化或局地锋生、锋消的过程,并进一步探讨了适应过程与锋生问题。

过去的这些研究,多是以位温梯度的个别变化作为锋生锋消的标准。但是在锋面附近,除了极锋具有较大的温度梯度,其余在偏低纬度,锋面多为水汽梯度较大的露点锋。而变形场引起的气流汇合,可以提供丰富的水汽资源,驱动水汽梯度的密集,对锋生起着关键作用,是有利的锋生形式。因此,本章从对最有利于锋生的变形场导致的锋生着重进行探讨,并推导了以变形场梯度的局地变率表示的广义锋生函数。

9.1　广义标量锋生函数

在研究锋生锋消时，可以从锋区附近位温或相当位温水平梯度的变化入手。位温 θ 或相当位温 θ_e 水平梯度的绝对值随时间增大，称为锋生；反之为锋消。我们知道，在锋面附近，除了极锋具有较大的温度梯度外，其余在中低纬度，锋面多为水汽梯度较大的露点锋。而变形场引起的气流汇合，可以提供丰富的水汽资源，驱动水汽梯度的密集，有利于锋生。下面用一个理想流型，来验证变形流场对水汽和温度梯度密集的驱动作用。

9.1.1　理想流型

纯的二维变形流型是无散无旋的。正是由于这个原因，它本身在对流层中低层不能产生垂直抬升或者由 Ekman 抽吸效应导致水平辐合。但是变形在锋生中非常重要。它通过平流效应增大水平温度梯度进而导致斜压性增加，引起锋生。

为了演示变形场在锋生中的作用，构建一个理想的“鞍型”流场为两个函数的线性结合。函数 1 定义一个涡旋

$$V_T(R) = V_0\left(\frac{\Phi_1 + \Phi_2}{2}\right)$$

这里 $\Phi_n(R,R_0)=\dfrac{2nR_0^{2n-1}R}{(2n-1)R_0^{2n}+R^{2n}}$，$n=1,2,\cdots$，这个涡旋包含两个自由参数，$n$ 和 R_0，这里 n 是一个整数，R_0 是特征半径，R 是以涡旋中心为原点的半径。这个涡旋看起来有点像平滑后的 Rankine 组合涡旋（Harasti and List，2005），它有效避免了 Rankine 组合涡旋在 $R=R_0$（图 9.1.1）处的奇异点。

注意，这里 V_T 是涡旋的切向风速，V_0 是 V_T 在半径 R_0 处的最大值，R 是构建的高低压环流的半径。

函数 2 定义了一个纯的变形流场：

$$\begin{cases} u = bx, \\ v = -by \end{cases}$$

这里 b 是一个正常数。给出函数 1 和函数 2 的线性组合为

$$\begin{pmatrix} u \\ v \end{pmatrix} = \alpha K(m)V_T(R)\begin{pmatrix} -\sin\theta \\ \cos\theta \end{pmatrix} + (1-\alpha)\begin{pmatrix} bx \\ -by \end{pmatrix} \tag{9.1.1}$$

这里

$$K(m) = \begin{cases} 1, & \text{当 } m = 1 \text{ 或 } 3 \\ -1, & \text{当 } m = 2 \text{ 或 } 4 \end{cases}$$

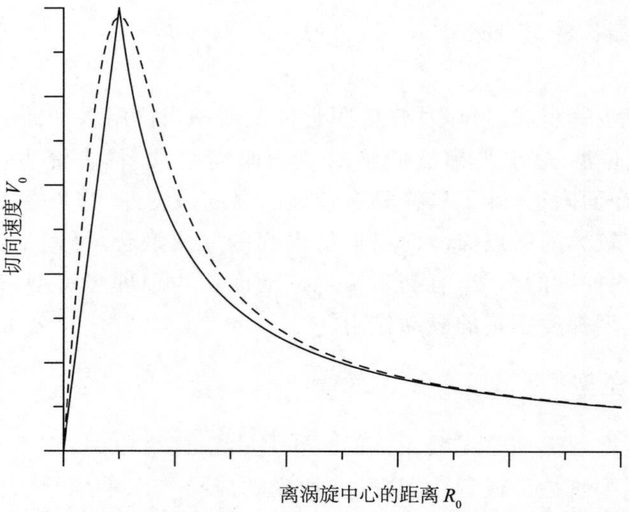

图 9.1.1　由传统的 Rankine combined 涡旋（实线）和一种类似于平滑后的 Rankine combined 涡旋的（虚线）涡旋得出的切向速度

（$m=1,2,3,4$ 代表第 m 象限）；$\tan\theta=\dfrac{y-Y_{0m}}{x-X_{0m}}$，$\sin\theta=\dfrac{y-Y_{0m}}{R}$，$\cos\theta=\dfrac{x-X_{0m}}{R}$，$x=(i-51)\Delta x$，$y=(j-51)\Delta y$，（总的格点数是 101×101），$R=R(x,y)=\sqrt{(x-X_{0m})^2+(y-Y_{0m})^2}$。

$$(X_{0m},Y_{0m})=\begin{cases}(X_{01},Y_{01})=(25\Delta x,25\Delta y) & 当\ m=1\\(X_{02},Y_{02})=(-25\Delta x,25\Delta y) & 当\ m=2\\(X_{03},Y_{03})=(-25\Delta x,-25\Delta y) & 当\ m=3\\(X_{04},Y_{04})=(25\Delta x,-25\Delta y) & 当\ m=4\end{cases}$$

为构建的四个高低压环流的四个中心。变形系数 $b=1.6\times10^{-5}$。构建的高低压环流的流型的中心为坐标原点。计算区域为 101×101 格点，格距 60 km（即取 $\Delta x=\Delta y=60$ km）。

（9.1.1）式中，α 是权重，由下式决定

$$\alpha=\begin{cases}0, & R_{i,j}>R_0\\\dfrac{R_{i,j}}{25\Delta x}, & R_1<R_{i,j}\leqslant R_0\\1, & 0<R_{i,j}\leqslant R_1\end{cases}$$

这里 Δx 是格距。$R_0=1200$ km，$R_1=900$ km。

这个构建的理想流型（图 9.1.2）由两高（反气旋）和两低（气旋）组成，北边为高—低，南边为低—高格局，中间为东西向的汇合切变线。在汇合区，涡度

和散度都很小几乎为 0，而变形很大，变形场的值在区域的中心达到 3.2×10^{-5}（图 9.1.3a），而涡度和散度在这个区域均为 0（图 9.1.3b 和 9.1.3c）。

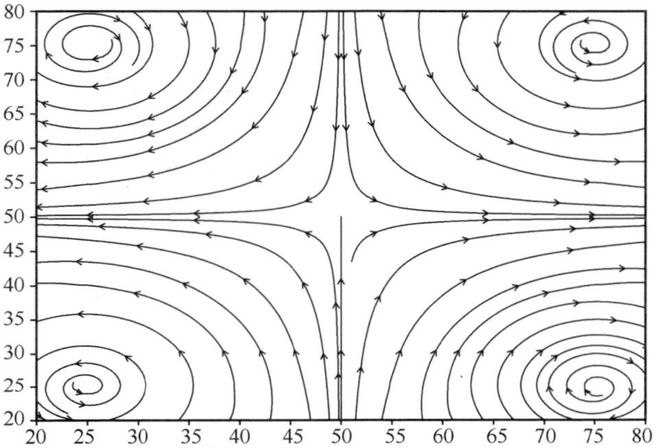

图 9.1.2　由两高两低构建的理想流型

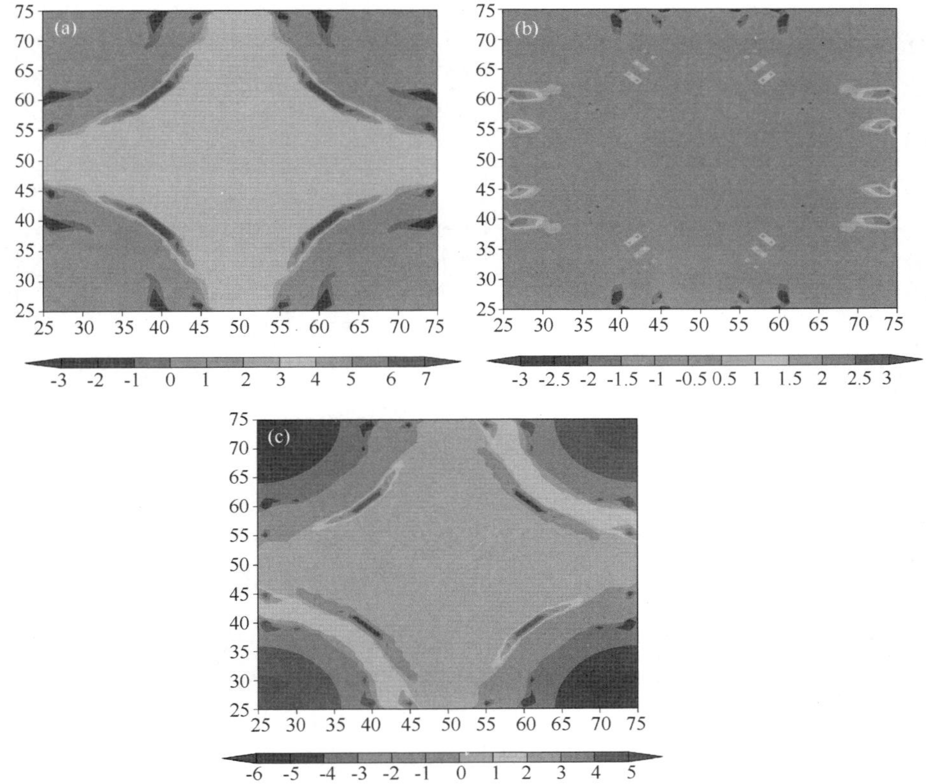

图 9.1.3　图 9.1.2 表示的理想流型中的变形(a)，散度(b)和涡度(c)场（10^{-5} s^{-1}）

在构建的理想流型中，如果有一典型的梅雨锋系（水平温度梯度通常很弱，因此与变形流有关的经典的锋生作用减小），我们假定有一规则的背景位温场和仅仅随 y 变化的初始的背景相对湿度场，$RH=0.9-0.008(y-1)$，这里 y 是南北方向的格点数。通过流场的平流效应，6 h 后相对湿度的等值线明显的向着“鞍型”流场的汇合区域汇聚，12 h 后等值线变得更为密集（图 9.1.4b），36 h 后，等值线变得更为集中（图 9.1.4d），建立了沿着汇合区的强的水汽梯度。对于三维的情况，沿着汇合区的垂直运动将导致由水平变形流带来的水汽的向上输送。

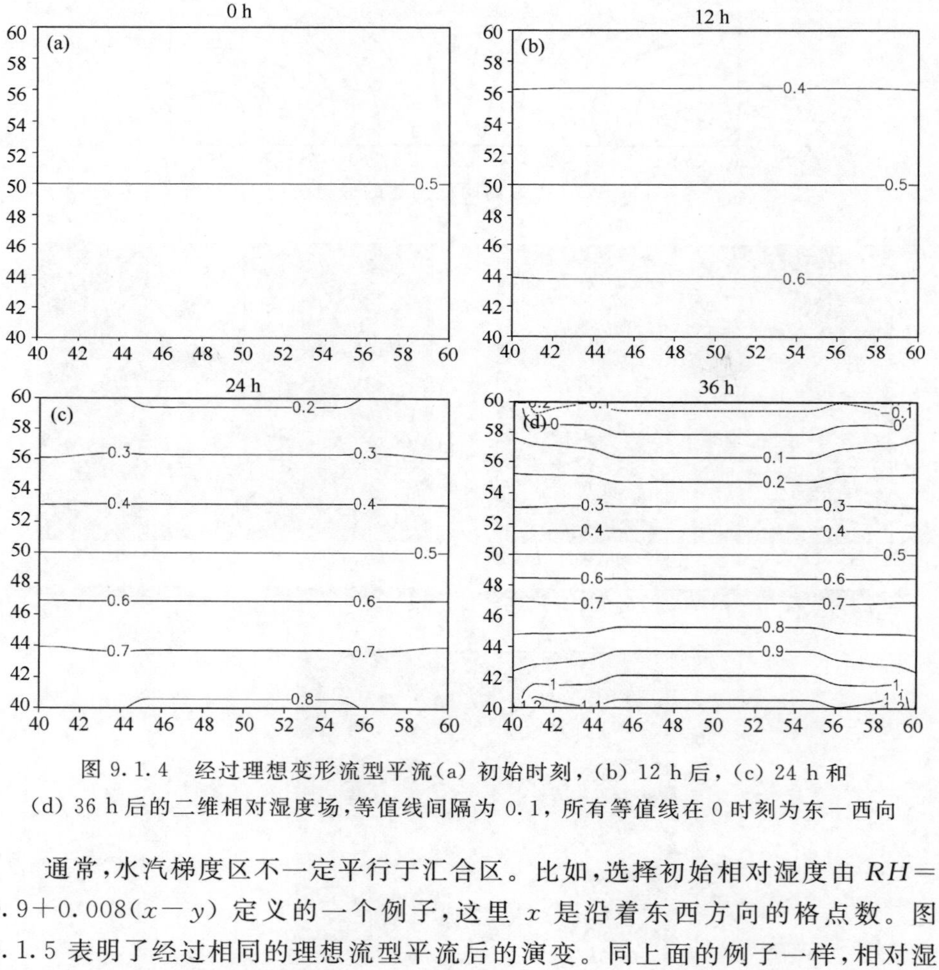

图 9.1.4 经过理想变形流型平流(a) 初始时刻，(b) 12 h 后，(c) 24 h 和 (d) 36 h 后的二维相对湿度场，等值线间隔为 0.1，所有等值线在 0 时刻为东一西向

通常，水汽梯度区不一定平行于汇合区。比如，选择初始相对湿度由 $RH=0.9+0.008(x-y)$ 定义的一个例子，这里 x 是沿着东西方向的格点数。图 9.1.5 表明了经过相同的理想流型平流后的演变。同上面的例子一样，相对湿度的等值线变得更为密集；而且，这些等值线的走向变得越来越平行于汇合区（图 9.1.5）。最终，大的湿度梯度区将趋于平行于汇合区。

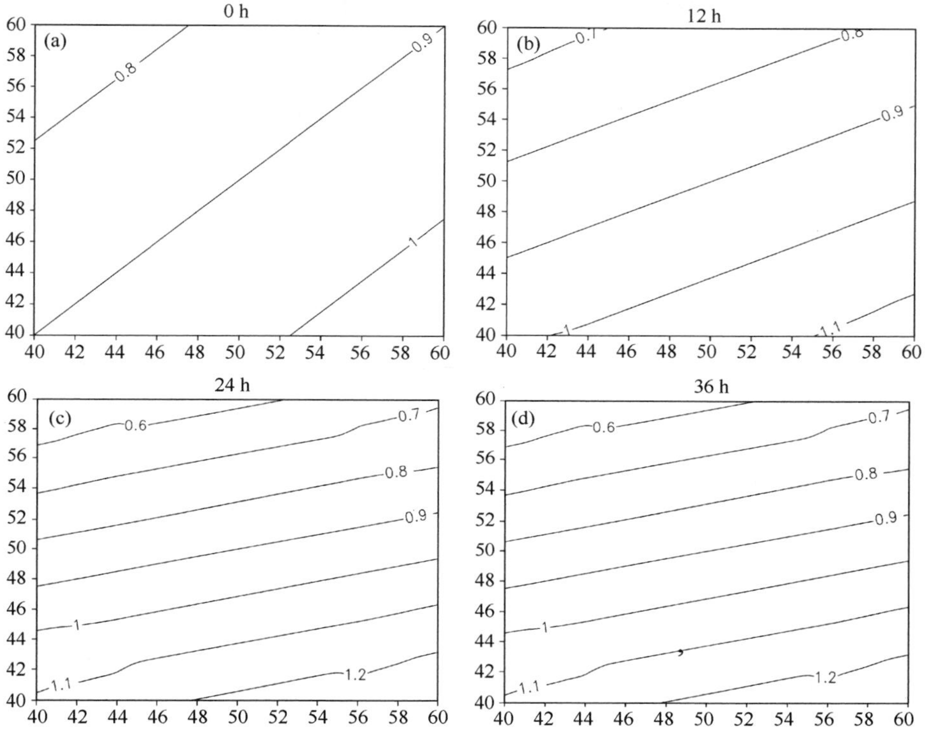

图 9.1.5　经过理想变形流型平流(a)初始时刻，(b)12 h 后，(c)24 h 和(d) 36 h 后的二维相对湿度场。等值线间隔为 0.1，所有等值线在 0 时刻为东北一西南向

在真实大气中，经常发现这种"鞍型"流型。而且，它往往与降水相关。既然在这种流型中涡度和散度都很小而变形很大，甚至没有出现明显的温度梯度，大降水也能够由变形导致的水汽汇聚效应而发生。虽然对流通常由其他条件（比如由短波槽导致的高层抬升，或者低层的弱辐合（Maddox *et al.*，1978；Hoxit *et al.*，1978；Caracena *et al.*，1979；Maddox *et al.*，1980a，b）得到真正的激发，但在汇合区大量的水汽堆积仍然为湿对流提供了有利的条件。

9.1.2　广义标量锋生函数的推导

通过理想流场的分析，已经证明变形流场可以驱动温度梯度和水汽梯度的密集。因此，用不随坐标旋转变化的总变形这个量来推导广义标量锋生函数，它表示为总变形的绝对值随时间的局地变率，定义为

$$F = \frac{\partial}{\partial t} |\nabla E| \tag{9.1.2}$$

其中，$|\nabla E|$ 代表总变形水平梯度的绝对值。

$$|\nabla E|=\sqrt{\left(\frac{\partial E}{\partial x}\right)^{2}+\left(\frac{\partial E}{\partial y}\right)^{2}} \tag{9.1.3}$$

$$F=\frac{\partial}{\partial t}|\nabla E|=\frac{1}{|\nabla E|}\left[\frac{\partial E}{\partial x}\frac{\partial}{\partial t}\left(\frac{\partial E}{\partial x}\right)+\frac{\partial E}{\partial y}\frac{\partial}{\partial t}\left(\frac{\partial E}{\partial y}\right)\right] \tag{9.1.4}$$

由第 6 章中的(6.1.7a)式，

$$\frac{\partial E}{\partial t}=T_1+T_2+T_3+T_4+T_5+T_6 \tag{9.1.5}$$

(9.1.4)式变为

$$\begin{aligned}
F&=\frac{1}{|\nabla E|}\left\{\frac{\partial E}{\partial x}\left[\frac{\partial}{\partial x}\left(\frac{\partial E}{\partial t}\right)\right]+\frac{\partial E}{\partial y}\left[\frac{\partial}{\partial y}\left(\frac{\partial E}{\partial t}\right)\right]\right\}\\
&=\frac{1}{|\nabla E|}\left[\nabla E\cdot\nabla(T_1+T_2+T_3+T_4+T_5+T_6)\right]\\
&=-\mathbf{V}\cdot\nabla_3|\nabla E|-\frac{1}{|\nabla E|}\left[\frac{\partial E}{\partial x}\left(\frac{\partial \mathbf{V}_h}{\partial x}\cdot\nabla E\right)+\frac{\partial E}{\partial y}\left(\frac{\partial \mathbf{V}_h}{\partial y}\cdot\nabla E\right)\right]-\\
&\quad\frac{1}{|\nabla E|}\left[\frac{\partial E}{\partial x}\frac{\partial \omega}{\partial x}+\frac{\partial E}{\partial y}\frac{\partial \omega}{\partial y}\right]\frac{\partial E}{\partial p}+\\
&\quad\frac{1}{|\nabla E|}\left[\frac{\partial E}{\partial x}\frac{\partial}{\partial x}+\frac{\partial E}{\partial y}\frac{\partial}{\partial y}\right](T_2+T_3+T_4+T_5+T_6)\\
&=-\mathbf{V}\cdot\nabla_3|\nabla E|-\frac{1}{|\nabla E|}\left[\frac{1}{2}E_{st}\left(\frac{\partial E}{\partial x}\right)^{2}+E_{sh}\left(\frac{\partial E}{\partial x}\frac{\partial E}{\partial y}\right)-\frac{1}{2}E_{st}\left(\frac{\partial E}{\partial y}\right)^{2}\right]-\\
&\quad\frac{1}{2}D|\nabla E|-\frac{1}{|\nabla E|}\left[\frac{\partial E}{\partial x}\frac{\partial \omega}{\partial x}+\frac{\partial E}{\partial y}\frac{\partial \omega}{\partial y}\right]\frac{\partial E}{\partial p}+\\
&\quad\frac{1}{|\nabla E|}\left[\frac{\partial E}{\partial x}\frac{\partial}{\partial x}+\frac{\partial E}{\partial y}\frac{\partial}{\partial y}\right](T_2+T_3+T_4+T_5+T_6)\\
&=F_1+F_2+F_3+F_4+F_5+F_6+F_7
\end{aligned} \tag{9.1.6}$$

这里

$$F_1=-\mathbf{V}\cdot\nabla_3|\nabla E|$$

$$F_2=-\frac{1}{|\nabla E|}\left[\frac{1}{2}E_{st}\left(\frac{\partial E}{\partial x}\right)^{2}+E_{sh}\left(\frac{\partial E}{\partial x}\frac{\partial E}{\partial y}\right)-\frac{1}{2}E_{st}\left(\frac{\partial E}{\partial y}\right)^{2}\right]$$

$$\begin{aligned}
F_3&=\frac{1}{|\nabla E|}\left[\frac{\partial E}{\partial x}\frac{\partial T_2}{\partial x}+\frac{\partial E}{\partial y}\frac{\partial T_2}{\partial y}\right]-\frac{1}{2}D|\nabla E|\\
&=-\frac{3}{2}D|\nabla E|-\frac{E}{|\nabla E|}\left[\nabla E\cdot\nabla D\right]
\end{aligned}$$

$$F_4=\frac{1}{|\nabla E|}\left[\frac{\partial E}{\partial x}\frac{\partial T_3}{\partial x}+\frac{\partial E}{\partial y}\frac{\partial T_3}{\partial y}\right]=\frac{1}{|\nabla E|}\left[\nabla E\cdot\nabla T_3\right]$$

$$F_5=\frac{1}{|\nabla E|}\left[\frac{\partial E}{\partial x}\frac{\partial T_4}{\partial x}+\frac{\partial E}{\partial y}\frac{\partial T_4}{\partial y}\right]=\frac{1}{|\nabla E|}\left[\nabla E\cdot\nabla T_4\right]$$

$$F_6=\frac{1}{|\nabla E|}\left[\frac{\partial E}{\partial x}\frac{\partial T_5}{\partial x}+\frac{\partial E}{\partial y}\frac{\partial T_5}{\partial y}\right]-\frac{1}{|\nabla E|}\left[\frac{\partial E}{\partial x}\frac{\partial \omega}{\partial x}+\frac{\partial E}{\partial y}\frac{\partial \omega}{\partial y}\right]\frac{\partial E}{\partial p}$$

$$= \frac{1}{|\nabla E|}\left[\nabla E \cdot \nabla T_5 - (\nabla E \cdot \nabla \omega)\frac{\partial E}{\partial p}\right]$$

$$F_7 = \frac{1}{|\nabla E|}\left[\frac{\partial E}{\partial x}\frac{\partial T_6}{\partial x} + \frac{\partial E}{\partial y}\frac{\partial T_6}{\partial y}\right] = \frac{1}{|\nabla E|}[\nabla E \cdot \nabla T_6] \tag{9.1.7}$$

其中

$$T_2 = -E\nabla_h \cdot \mathbf{V} \tag{9.1.8a}$$

$$T_3 = \frac{uE_{st} + vE_{sh}}{E}\frac{\partial f}{\partial y} \tag{9.1.8b}$$

$$T_4 = -\frac{E_{st}}{E}\left(g\frac{\partial^2 z}{\partial x^2} - g\frac{\partial^2 z}{\partial y^2}\right) - \frac{E_{sh}}{E}\left(2g\frac{\partial^2 z}{\partial x \partial y}\right) \tag{9.1.8c}$$

$$T_5 = \frac{E_{st}}{E}\left(\frac{\partial \omega}{\partial x}\frac{\partial u}{\partial p} - \frac{\partial \omega}{\partial y}\frac{\partial v}{\partial p}\right) + \frac{E_{sh}}{E}\left(\frac{\partial \omega}{\partial y}\frac{\partial u}{\partial p} + \frac{\partial \omega}{\partial x}\frac{\partial v}{\partial p}\right) \tag{9.1.8d}$$

$$T_6 = \frac{E_{st}}{E}\left(\frac{\partial F_x}{\partial x} - \frac{\partial F_y}{\partial y}\right) + \frac{E_{sh}}{E}\left(\frac{\partial F_x}{\partial y} + \frac{\partial F_y}{\partial x}\right) \tag{9.1.8e}$$

其中 $\mathbf{V}$ 是三维风速矢量，$\mathbf{V}_h$ 是水平风速，$\nabla_h \cdot \mathbf{V}$ 是水平散度，$\omega = \mathrm{d}p/\mathrm{d}t$ 是气压坐标中的垂直速度。

根据(9.1.6) 式，由总变形的水平梯度定义的广义锋生函数公式中，右边各项表示，总水平变形梯度的平流项对局地锋生的作用 (F_1)，水平变形项 (F_2)，水平辐合项(F_3)，β 效应项 (F_4)，气压梯度项(F_5)，垂直速度项 (F_6)，以及摩擦或湍流混合项(F_7)。

9.1.3　各项的物理意义

为了方便讨论，选取通过旋转坐标使得切变变形项等于 0。考虑一个由 $u=ax$ 和 $v=-ay$ 定义的纯伸缩变形场。对于这种流型，$\partial u/\partial x>0$，$\partial v/\partial y<0$，并且在第一象限，$u>0$，$v<0$。

这样 (9.1.7) 式被简化为

$$F_1 = -\mathbf{V} \cdot \nabla_3 |\nabla E|$$

$$F_2 = -\frac{E}{2|\nabla E|}\left[\left(\frac{\partial E}{\partial x}\right)^2 - \left(\frac{\partial E}{\partial y}\right)^2\right]$$

$$F_3 = 0$$

$$F_4 = \frac{1}{|\nabla E|}\left[\nabla E \cdot \nabla\left(u\frac{\partial f}{\partial y}\right)\right]$$

$$F_5 = \frac{1}{|\nabla E|}\left\{\nabla E \cdot \nabla\left[g\left(\frac{\partial^2 z}{\partial y^2} - \frac{\partial^2 z}{\partial x^2}\right)\right]\right\}$$

$$F_6 = \frac{1}{|\nabla E|}\left[\nabla E \cdot \nabla\left(\frac{\partial \omega}{\partial x}\frac{\partial u}{\partial p} - \frac{\partial \omega}{\partial y}\frac{\partial v}{\partial p}\right)\right] - \frac{1}{|\nabla E|}[\nabla E \cdot \nabla \omega]\frac{\partial E}{\partial p}$$

$$F_7 = \frac{1}{|\nabla E|}\left[\nabla E \cdot \nabla\left(\frac{\partial F_x}{\partial x} - \frac{\partial F_y}{\partial y}\right)\right] \tag{9.1.9}$$

(9.1.9)式中，F_1 代表总变形水平梯度绝对值的平流对局地锋生的贡献。它的符号取决于三维风速在总变形水平梯度绝对值的梯度上的投影。当 $\mathbf{V}$ 和 $\nabla_3|\nabla E|$ 的夹角小于90°，则 $\mathbf{V}$ 在 $\nabla_3|\nabla E|$ 方向上的投影为正，$F_1<0$，平流导致锋消；当 $\mathbf{V}$ 和 $\nabla_3|\nabla E|$ 的夹角大于90°，$F_1>0$，平流导致锋生。

F_2 代表水平总变形场对锋生的作用。这一项的符号，是由等 E 线与 x 轴的夹角 η（$0°<\eta<180°$）来决定的。当 $45°<\eta<135°$，$\left|\frac{\partial E}{\partial x}\right|<\left|\frac{\partial E}{\partial y}\right|$，$F_2>0$，水平总变形导致锋生；当 $0°<\eta<45°$ 或 $135°<\eta<180°$ 时，情况相反，锋消；当 $\eta=0°$ 或 $\eta=180°$ 时，$F_2=-\frac{E}{2}\left|\frac{\partial E}{\partial x}\right|$ 达最小值；当 $\eta=90°$ 时，$F_2=\frac{E}{2}\left|\frac{\partial E}{\partial y}\right|$ 达最大值，水平总变形导致的锋生达到最强。

F_3 代表由于水平辐合辐散导致的锋生作用项。对于纯的伸缩变形场，$\nabla_h \cdot \mathbf{V}=0$，所以这一项为 0。

F_4 是 β 效应或者说科氏参数 f 的经向梯度项。它的符号由新坐标系下（使得 $E_{sh}=0$）总变形的梯度以及 u 和 $\frac{\partial f}{\partial y}$ 相互作用的水平梯度共同决定。

F_5 代表气压梯度对锋生的作用项。在纯伸缩变形流型中，它可以简化为 $\frac{1}{|\nabla E|}\left\{\nabla E \cdot \nabla\left[g\left(\frac{\partial^2 z}{\partial y^2}-\frac{\partial^2 z}{\partial x^2}\right)\right]\right\}$。它对锋生的贡献由总变形的水平梯度以及气压梯度力在 x 和 y 方向（x 和 y 代表使得切变变形等于 0 的新坐标轴）相互作用的水平梯度共同决定。

F_6 代表新坐标系中，总变形的水平梯度，以及垂直风速的水平切变与水平风速的垂直切变相互作用的水平梯度共同作用对锋生的贡献。在上面的假设条件下（$E_{sh}=0$），F_6 简化为 $\frac{1}{|\nabla E|}\left\{\frac{\partial E}{\partial x}\left[\frac{\partial}{\partial x}\left(\frac{\partial \omega \partial u}{\partial x \partial p}-\frac{\partial \omega \partial v}{\partial y \partial p}\right)\right]+\frac{\partial E}{\partial y}\left[\frac{\partial}{\partial y}\left(\frac{\partial \omega \partial u}{\partial x \partial p}-\frac{\partial \omega \partial v}{\partial y \partial p}\right)\right]\right\}$。它对锋生的贡献由各分量的符号以及它们的相互作用来决定。

F_7 是新坐标系中摩擦力或湍流混合对锋生的贡献。

9.1.4　实际个例中广义标量锋生函数的诊断分析

本节我们选取 2003 年 7 月份的一次江淮梅雨锋锋面降水过程，利用逐日的 1°×1°的 NCEP/NCAR 再分析资料，用上面推导的广义标量锋生函数进行诊断，分析本次锋面降水过程中的锋生情况。降水发生前梅雨锋（图 9.1.6a 中的 θ_e 线密集带）已经形成，并在整个降水过程中维持。强的汇合切变线沿着锋面分布（图 9.1.6b）。不像经典的冷/暖锋，这次的锋面降水过程中，锋面并没有明显的温度梯度(图 9.1.7a),但是水汽梯度(图 9.1.7b)很强。

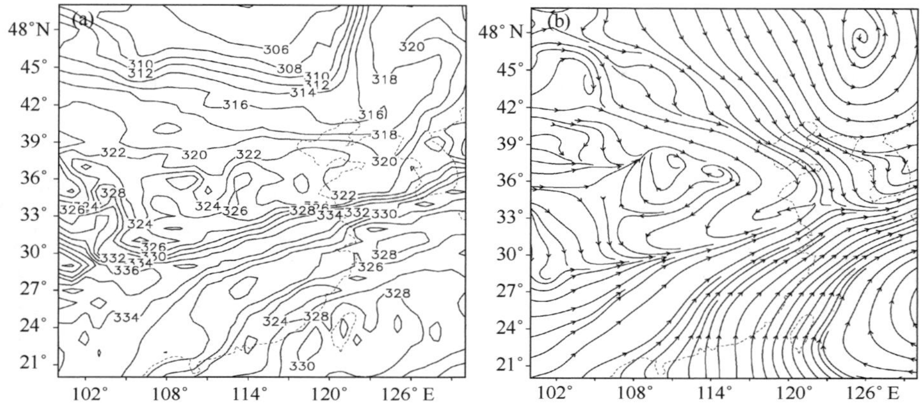

图 9.1.6　2003 年 7 月 4 日 00 时 700 hPa 的 (a) 相当位温 (K) 和 (b) 流场

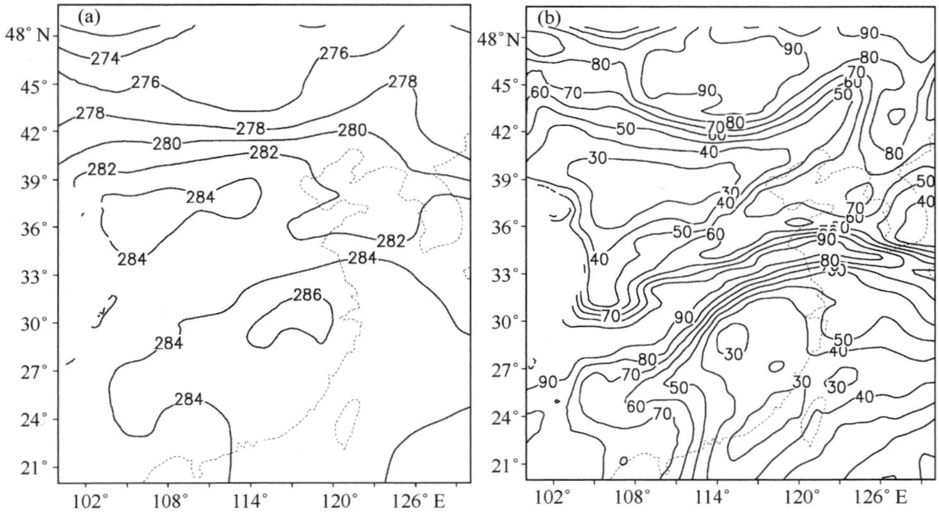

图 9.1.7　2003 年 7 月 4 日 00 时 700 hPa 的(a) 温度 (K) 和 (b) 相对湿度 (%)

图 9.1.8 是 2003 年 7 月 4 日 00 时—5 日 12 时时间平均的锋面(等相当位温线密集区)和锋生函数,即(9.1.6)式中各项的分布(这里忽略了摩擦和湍流混合效应)。由图 9.1.8 可见,西南—东北走向的梅雨锋区(等 θ_e 线密集区)从中国江淮流域一直延伸向日本。由图 9.1.8a,(9.1.6)式中各项的和能较好地表征锋生,尤其是水平变形项(图 9.1.8b)和水平辐合项(图 9.1.8c),能很好地反映锋生强度和锋区的走向。虽然 β 效应项和湍流摩擦项在锋区附近为负值(图

略)，但是强的大尺度水平辐合（图 9.1.8c）及变形（图 9.1.8b)，以及水平气压梯度项（图 9.1.8d）和垂直风速项（图 9.1.8e）的共同作用（图 9.1.8a)，维持着强的 θ_e 梯度，说明水平辐合项（图 9.1.8c)，水平变形项（图 9.1.8b)，以及水平气压梯度项（图 9.1.8d）和垂直风速项（图 9.1.8e）对锋生起着主导作用。

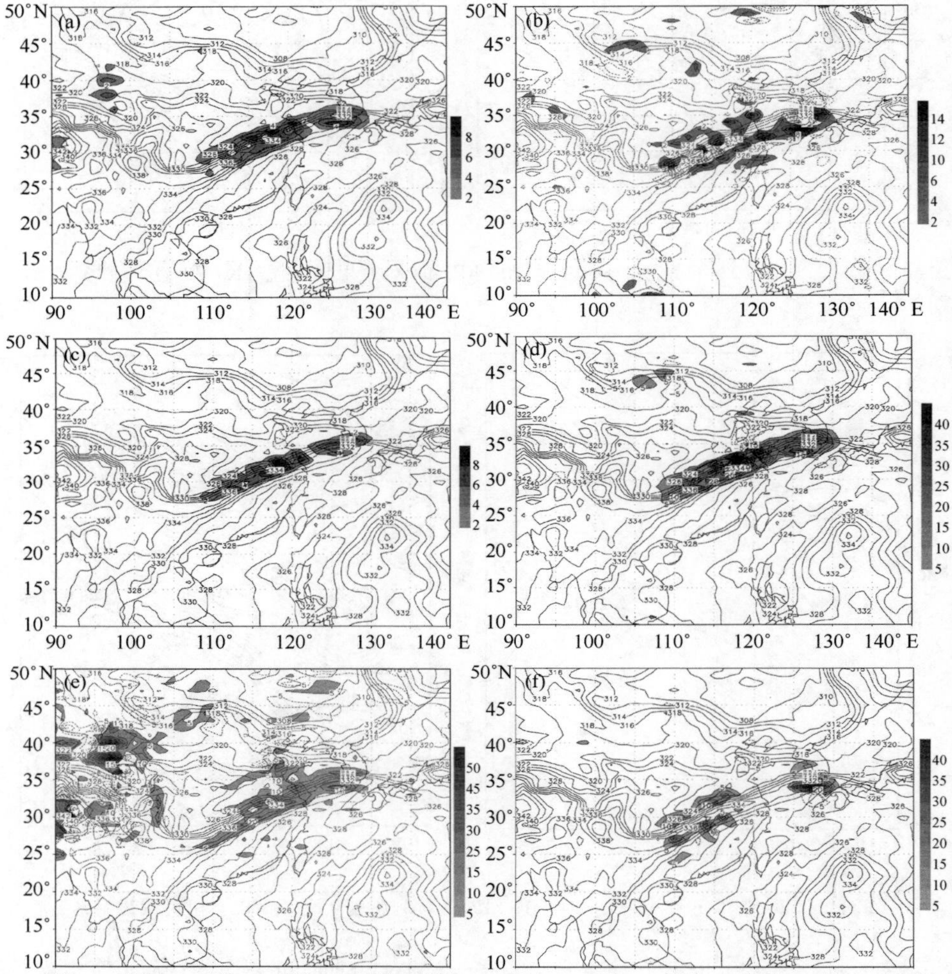

图 9.1.8　2003 年 7 月 4 日 00 时—5 日 12 时时间平均的锋面(等相当位温线密集区)和锋生函数，即(9.1.6)式中各项的分布。粗实等值线为等 θ_e 线(单位:K)，阴影表示锋生函数中各项的强度。其中，$F_{123456}>2$ (a)；$F_1>2$ (b)；$F_2>2$ (c)；$F_3>5$ (d)；$F_5>5$ (e)；$F_6>5$ (f) (单位:$10^{-15}\,m^{-1}s^{-2}$)

9.1.5　小结

本节在有了变形场方程的基础上，推导了广义标量锋生函数，更本质地考虑了温度梯度密集区和水汽梯度密集区的锋生问题，而且通过实际个例的分析证明，它能较好地反映锋生。

本节给出的广义标量锋生函数，建立了总变形水平梯度大小 $|\nabla E|$ 的局地变率。Hoskins(1982)等引入了一种以 $\boldsymbol{Q}$ 矢量的水平散度作为唯一强迫项的准地转方程。$\boldsymbol{Q}$ 矢量的形成，启发 Keyser 等(1988)把 Pettersen 锋生函数推广成适用于水平位温梯度矢量的情况，这种推广后的锋生函数被称为矢量锋生函数。所以在本节广义标量锋生函数的基础上，可以定义广义矢量锋生函数。它表示总变形的水平梯度随时间的局地变率，其表达式为

$$\boldsymbol{F} = \frac{\partial}{\partial t}(\nabla E) \tag{9.1.10}$$

其中∇E 表示总变形的水平梯度。至于(9.1.10)式的推导，比较繁琐，由于篇幅限制，不再给出，留待读者练习之用。

9.2　非均匀饱和湿大气中的广义标量锋生函数

传统的锋生函数，往往从锋区附近位温 θ 或相当位温 θ_e 水平梯度的个别变化入手，来研究锋生锋消。在相对干燥的大气中，可以通过分析等位温线水平梯度的个别变化，来研究锋生过程等位温 θ 线（等温线）的密集；在湿饱和大气中，锋生过程驱动等相当位温 θ_e 线的密集，形成水汽梯度很大的露点锋；但是在实际大气中，露点锋附近，湿大气并非处处完全饱和，而是非均匀饱和的。因此本节我们用适用于非均匀饱和大气中的广义位温(Gao *et al.*，2004)来推导非均匀饱和大气中的广义标量锋生函数，它表示为广义位温水平梯度的绝对值随时间的变率，定义为

$$F = \frac{\mathrm{d}}{\mathrm{d}t}|\nabla \theta^*| \tag{9.2.1}$$

这里 $|\nabla \theta^*|$表示广义位温水平梯度的绝对值，

$$|\nabla \theta^*| = \sqrt{\left(\frac{\partial \theta^*}{\partial x}\right)^2 + \left(\frac{\partial \theta^*}{\partial y}\right)^2} \tag{9.2.2}$$

9.2.1　非均匀饱和湿大气中广义标量锋生函数的推导

$$F = \frac{\mathrm{d}}{\mathrm{d}t}|\nabla \theta^*| = \frac{1}{|\nabla \theta^*|}\left[\frac{\partial \theta^*}{\partial x}\frac{\mathrm{d}}{\mathrm{d}t}\left(\frac{\partial \theta^*}{\partial x}\right) + \frac{\partial \theta^*}{\partial y}\frac{\mathrm{d}}{\mathrm{d}t}\left(\frac{\partial \theta^*}{\partial y}\right)\right] \tag{9.2.3}$$

由$\frac{d\theta^*}{dt}=Q^*$，则(9.2.3)式中，

$$\frac{d}{dt}\left(\frac{\partial\theta^*}{\partial x}\right)=\frac{\partial Q^*}{\partial x}-\frac{\partial \mathbf{V}}{\partial x}\cdot\nabla_3\theta^* \tag{9.2.4a}$$

$$\frac{d}{dt}\left(\frac{\partial\theta^*}{\partial y}\right)=\frac{\partial Q^*}{\partial y}-\frac{\partial \mathbf{V}}{\partial y}\cdot\nabla_3\theta^* \tag{9.2.4b}$$

这里 $\mathbf{V}$ 是三维风矢量。

$$\nabla_3=\frac{\partial}{\partial x}i+\frac{\partial}{\partial y}j+\frac{\partial}{\partial z}k$$

所以 (9.2.3)式变为

$$\begin{aligned}F&=\frac{1}{|\nabla\theta^*|}\left\{\frac{\partial\theta^*}{\partial x}\left[\frac{\partial Q^*}{\partial x}-\frac{\partial\mathbf{V}}{\partial x}\cdot\nabla_3\theta^*\right]+\frac{\partial\theta^*}{\partial y}\left[\frac{\partial Q^*}{\partial y}-\frac{\partial\mathbf{V}}{\partial y}\cdot\nabla_3\theta^*\right]\right\}\\
&=\frac{1}{|\nabla\theta^*|}\left[\frac{\partial\theta^*}{\partial x}\left(-\frac{\partial\mathbf{V}}{\partial x}\cdot\nabla_3\theta^*\right)+\frac{\partial\theta^*}{\partial y}\left(-\frac{\partial\mathbf{V}}{\partial y}\cdot\nabla_3\theta^*\right)\right]\\
&\quad+\frac{1}{|\nabla\theta^*|}\left[\frac{\partial\theta^*}{\partial x}\frac{\partial Q^*}{\partial x}+\frac{\partial\theta^*}{\partial y}\frac{\partial Q^*}{\partial y}\right]\\
&=-\frac{1}{|\nabla\theta^*|}\left[\frac{\partial\theta^*}{\partial x}\left(\frac{\partial\mathbf{V}_h}{\partial x}\cdot\nabla\theta^*\right)+\frac{\partial\theta^*}{\partial y}\left(\frac{\partial\mathbf{V}_h}{\partial y}\cdot\nabla\theta^*\right)\right]-\\
&\quad\frac{1}{|\nabla\theta^*|}\left[\left(\frac{\partial\theta^*}{\partial x}\frac{\partial w}{\partial x}+\frac{\partial\theta^*}{\partial y}\frac{\partial w}{\partial y}\right)\frac{\partial\theta^*}{\partial z}\right]+\\
&\quad\frac{1}{|\nabla\theta^*|}\left[\frac{\partial\theta^*}{\partial x}\frac{\partial Q^*}{\partial x}+\frac{\partial\theta^*}{\partial y}\frac{\partial Q^*}{\partial y}\right]\end{aligned} \tag{9.2.5}$$

式中 $\mathbf{V}_h$ 是水平风速。

由 (9.2.5) 式可以看出非均匀饱和湿大气中的标量锋生函数表达式的含义，它的右边各项反映了三维风速水平切变(水平运动和垂直运动)对锋生的作用，以及摩擦力或湍流混合对锋生的贡献。

9.2.2　各项的物理意义

(9.2.5)式中各项物理意义的讨论分为以下三部分。

9.2.2.1　水平运动对锋生的作用

简单起见，设 x 轴与等广义位温线平行，则 y 轴与广义位温梯度方向重合，则有$\frac{\partial\theta}{\partial x}=0$，$\frac{\partial\theta}{\partial y}=\nabla\theta$，则水平运动对锋生的作用项$-\frac{1}{|\nabla\theta^*|}\left[\frac{\partial\theta^*}{\partial x}\left(\frac{\partial\mathbf{V}_h}{\partial x}\cdot\nabla\theta^*\right)+\frac{\partial\theta^*}{\partial y}\left(\frac{\partial\mathbf{V}_h}{\partial y}\cdot\nabla\theta^*\right)\right]$变为$-\frac{1}{|\nabla\theta^*|}\left[\left(\frac{\partial\theta^*}{\partial y}\right)^2\frac{\partial v}{\partial y}\right]$，$v$ 为沿着 y 方向的风速分量，与等广义位温线垂直，当 v 沿位温梯度方向减小，即$\frac{\partial v}{\partial y}<0$，则$-\frac{1}{|\nabla\theta^*|}$

$\left[\left(\frac{\partial\theta^*}{\partial y}\right)^2\frac{\partial v}{\partial y}\right]>0$，有锋生作用；反之，当 v 沿位温梯度方向增大，即$\frac{\partial v}{\partial y}>0$，则锋消。可见，水平运动对锋生作用项的物理意义为，等位温线在有速度辐合的水平流场作用下渐趋变密则为锋生作用，反之则为锋消作用。

9.2.2.2　垂直运动对锋生的作用

与水平运动对锋生作用项的分析类似，我们仍然设 x 轴与等广义位温线平行，则垂直运动对锋生的作用项 $-\frac{1}{|\nabla\theta^*|}\left[\left(\frac{\partial\theta^*}{\partial x}\frac{\partial w}{\partial x}+\frac{\partial\theta^*}{\partial y}\frac{\partial w}{\partial y}\right)\frac{\partial\theta^*}{\partial z}\right]$变为 $-\frac{1}{|\nabla\theta^*|}\left[\frac{\partial\theta^*}{\partial y}\frac{\partial w}{\partial y}\frac{\partial\theta^*}{\partial z}\right]$，即$\frac{\partial w}{\partial y}\frac{\partial\theta^*}{\partial z}$。在非均匀饱和湿大气中，若$\frac{\partial\theta^*}{\partial z}>0$，则在此稳定层结中，若暖湿气团中下沉 $w<0$，而冷干气团中有上升 $w>0$，则有$\frac{\partial w}{\partial y}>0$，此时垂直运动对锋生的作用项$\frac{\partial w}{\partial y}\frac{\partial\theta^*}{\partial z}>0$，锋生；若暖气团上升，冷气团下沉，则结果相反。而在不稳定层结中，若上升运动沿 y 方向减小，则锋生。

9.2.2.3　非绝热加热项对锋生的作用

非绝热加热对锋生的作用项 $\frac{1}{|\nabla\theta^*|}\left[\frac{\partial\theta^*}{\partial x}\frac{\partial Q^*}{\partial x}+\frac{\partial\theta^*}{\partial y}\frac{\partial Q^*}{\partial y}\right]$，简化后为 $\frac{1}{|\nabla\theta^*|}\times\left[\frac{\partial\theta^*}{\partial y}\frac{\partial Q^*}{\partial y}\right]$，即 $-\frac{\partial Q^*}{\partial y}$。当干冷空气南下移动在较暖湿的下垫面上，下垫面的热量和水汽通过湍流、对流、辐射和热传导等物理过程传递给干冷空气使其变暖湿，广义位温增加，$\frac{\mathrm{d}\theta^*}{\mathrm{d}t}>0(Q^*>0)$，非绝热加热使得干冷气团变性的结果是导致冷、暖气团之间的广义位温梯度也将减小，非绝热加热对锋生的作用项 $-\frac{\partial Q^*}{\partial y}<0$，锋消；同理，暖气团北上非绝热冷却，$\frac{\mathrm{d}\theta^*}{\mathrm{d}t}<0(Q^*<0)$，冷、暖气团之间的广义位温梯度也将减小，$-\frac{\partial Q^*}{\partial y}<0$，锋消；但是，在自由大气中，暖湿的空气抬升凝结时释放出大量潜热，则有利于冷、暖气团之间的水平广义位温梯度加大，即锋生。

9.2.3　非均匀饱和湿大气中的广义标量锋生函数公式的其他形式

$$
\begin{aligned}
F &= \frac{1}{|\nabla\theta^*|}\left[\frac{\partial\theta^*}{\partial x}\left(-\frac{\partial \mathbf{V}}{\partial x}\cdot\nabla_3\theta^*\right)+\frac{\partial\theta^*}{\partial y}\left(-\frac{\partial \mathbf{V}}{\partial y}\cdot\nabla_3\theta^*\right)\right]+\\
&\quad \frac{1}{|\nabla\theta^*|}\left[\frac{\partial\theta^*}{\partial x}\frac{\partial Q^*}{\partial x}+\frac{\partial\theta^*}{\partial y}\frac{\partial Q^*}{\partial y}\right]\\
&= T_1+T_2+T_3+T_4 \qquad (9.2.6)
\end{aligned}
$$

$$T_1 = \frac{1}{|\nabla \theta^*|}\left(\frac{\partial\theta^*}{\partial x}\frac{\partial Q^*}{\partial x}+\frac{\partial\theta^*}{\partial y}\frac{\partial Q^*}{\partial y}\right)=-\boldsymbol{n}\cdot\nabla Q^* \tag{9.2.7a}$$

$$T_2 = -\frac{1}{|\nabla \theta^*|}\left(\frac{\partial w}{\partial x}\frac{\partial\theta^*}{\partial x}+\frac{\partial w}{\partial y}\frac{\partial\theta^*}{\partial y}\right)\frac{\partial\theta^*}{\partial z}=\frac{\partial\theta^*}{\partial z}\boldsymbol{n}\cdot\nabla w \tag{9.2.7b}$$

$$T_3 = -\frac{D}{2}|\nabla\theta^*| \tag{9.2.7c}$$

$$T_4 = -\frac{1}{2|\nabla\theta^*|}\left[E_{st}\left(\frac{\partial\theta^*}{\partial x}\right)^2+2E_{sh}\left(\frac{\partial\theta^*}{\partial x}\frac{\partial\theta^*}{\partial y}\right)-E_{st}\left(\frac{\partial\theta^*}{\partial y}\right)^2\right] \tag{9.2.7d}$$

其中 $\boldsymbol{n}$ 为沿着 $-\nabla\theta^*$ 方向的单位矢量。

公式(9.2.7a)—(9.2.7d)得出的结论与 Ninomiya (1984,2000)的传统锋生函数在形式上一致，只是将适用于饱和湿大气的 θ_e 换成了适用于非均匀饱和湿大气的 θ^* 。

公式(9.2.6)的物理意义如下所述。

9.2.3.1 非绝热加热项 T_1

T_1表示沿着广义位温水平梯度方向上，非绝热加热的水平梯度产生的锋生作用。

9.2.3.2 垂直运动作用项 T_2

T_2表示沿着广义位温水平梯度方向上，垂直速度的水平梯度产生的锋生作用。

非均匀饱和大气中，若$\frac{\partial\theta^*}{\partial z}>0$，层结稳定。此时当非均匀饱和的暖气团中有下沉运动($w<0$)，而冷气团中有上升运动($w>0$)，相应有 $\boldsymbol{n}\cdot\nabla w>0$，则 $T_2>0$，表示锋生；相反则为锋消过程。

9.2.3.3 水平辐合辐散项 T_3

T_3表示在已有的广义位温水平梯度情况下，水平辐合($D<0$)或水平辐散($D>0$)产生的广义水平位温梯度的增加(或减弱)，即锋生或锋消过程。

9.2.3.4 水平变形场作用项 T_4

T_4表示水平形变的锋生作用。为了简化问题，在绝热($T_1=0$)的水平气流($T_2=0$)的特例下(例如，在一刚性的、近似地球表面的水平边界上)，选择典型变形场，设 x 轴为变形场的膨胀轴，y 轴为收缩轴，而等广义位温线与 x 轴夹角为β(图 9.2.1)，相应广义位温梯度$-\nabla\theta^*$ 与 x 轴的夹角为 $\varphi=\beta+90°$，广义位温梯度的表达式为：

$$-\nabla\theta^* = |\nabla\theta^*|[(-\sin\beta)i+\cos\beta j] \tag{9.2.8}$$

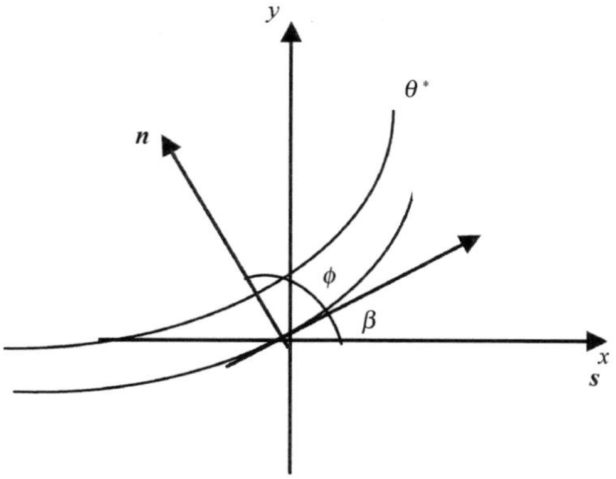

图 9.2.1　由标准笛卡儿坐标系(x,y)旋转角度β给出的右手笛卡儿坐标系(s,n)的示意图
在(s,n)坐标系中，s轴相切于等θ^*线，n轴指向冷空气方向。$\boldsymbol{n}$与x轴夹角为φ

而

$$\nabla\theta^* = \frac{\partial\theta^*}{\partial x}i + \frac{\partial\theta^*}{\partial y}j \tag{9.2.9}$$

由(9.2.8)和(9.2.9)式，得到

$$\frac{\partial\theta^*}{\partial x} = |\nabla\theta^*|\sin\beta,\ \frac{\partial\theta^*}{\partial y} = -|\nabla\theta^*|\cos\beta \tag{9.2.10}$$

将(9.2.10)代入(9.2.7d)，得到T_4的表达式为：

$$\begin{aligned} T_4 &= -\frac{|\nabla\theta^*|}{2}(E_{st}\sin^2\beta - 2E_{sh}\sin\beta\cos\beta - E_{st}\cos^2\beta) \\ &= \frac{|\nabla\theta^*|}{2}(E_{st}\cos2\beta + E_{sh}\sin2\beta) \end{aligned} \tag{9.2.11}$$

对于典型的伸缩变形场(切变变形$E_{sh}=0$)，(9.2.11)式被进一步简化为：

$$T_4 = \frac{1}{2}|\nabla\theta^*|E\cos2\beta \tag{9.2.12}$$

这里$E(E^2=E_{st}^2+E_{sh}^2)$为总变形。

当$\beta<45°$时，$T_4>0$表示有锋生作用；当$\beta=45°$时，$T_4=0$；但等广义位温线在变形场中将旋转变为$\beta<45°$，即将转为锋生作用；反之，当$\beta>45°$时，$T_4<0$表示有锋消作用，然而等广义位温线与膨胀轴的交角将随变形流场旋转(与膨胀轴成正交的等广义位温线例外)逐渐趋向变为小于45°，也就是向锋生作用转化。当$\beta=0$时，锋生最强。所以，与干大气和饱和湿大气中的锋生函数的分析得出的结论一致，在非均匀饱和大气中，变形流场也是最有利的锋生流场。

9.2.4 实际个例中，对非均匀饱和湿大气中标量锋生函数的诊断分析

本小节我们选取 2004 年 8 月份的一次华北锋面降水过程，利用逐日的 NCEP/NCAR 再分析资料，用上面推导的非均匀饱和湿大气中的标量锋生函数分析本次锋面降水过程中的锋生情况。

图 9.2.2 是 2004 年 8 月 11 日 00 时的锋面（等 θ^* 线密集区）和锋生函数，即(9.2.6)式中各项的分布。由图 9.2.2，近乎纯纬向的锋区（等 θ^* 线密集区）在中国北方东西向延伸。由图 9.2.2a，(9.2.6)式中各项的和能较好的表征锋生，尤其是水平变形项（图 9.2.2e）和水平辐合项（图 9.2.2d），能很好的反映锋生强度和锋区的走向。虽然垂直速度项在锋区附近为负值（图 9.2.2c），但是强的大尺度水平辐合（图 9.2.2d）及变形（图 9.2.2e），以及非绝热加热项（图 9.2.2b）的共同作用（图 9.2.2a），维持着强的 θ^* 梯度，说明水平辐合项（图 9.2.2d），水平变形项（图 9.2.2e），以及非绝热加热项（图 9.2.2b）对锋生起着主导作用。

9.2.5 小结

本节考虑了真实大气非均匀饱和的实际情况，利用适用于非均匀饱和大气中的广义位温（Gao *et al.*，2004）这个量，来修正并重新推导了非均匀饱和大气中的标量锋生函数，它不仅在理论上更适合于描述实际大气中的锋生问题，而且通过实际个例的分析来证明它能较好地反映非均匀饱和湿大气中的锋生。

以往研究锋生锋消常用的传统的矢量锋生函数（Hoskins，1982；Keyser *et al.*，1988），往往从锋区附近位温 θ（在相对干燥的大气中）或相当位温 θ_e（在湿饱和大气中）水平梯度的个别变化入手。本节给出的非均匀饱和湿大气中的标量锋生方程，建立了广义位温梯度大小 $|\nabla\theta^*|$ 的 Lagrange 变率。借鉴传统的矢量锋生函数的研究方法，用适用于非均匀饱和大气中的广义位温，推导了非均匀饱和大气中的矢量锋生函数。这里非均匀饱和湿大气中的矢量锋生函数定义为：

$$\boldsymbol{F} = \frac{\mathrm{d}}{\mathrm{d}t}|\nabla\theta^*| \tag{9.2.13}$$

其中 $\nabla\theta^*$ 表示广义位温的水平梯度。至于(9.2.13)式的推导，比较繁杂，由于篇幅限制，不再给出，留待读者练习之用。

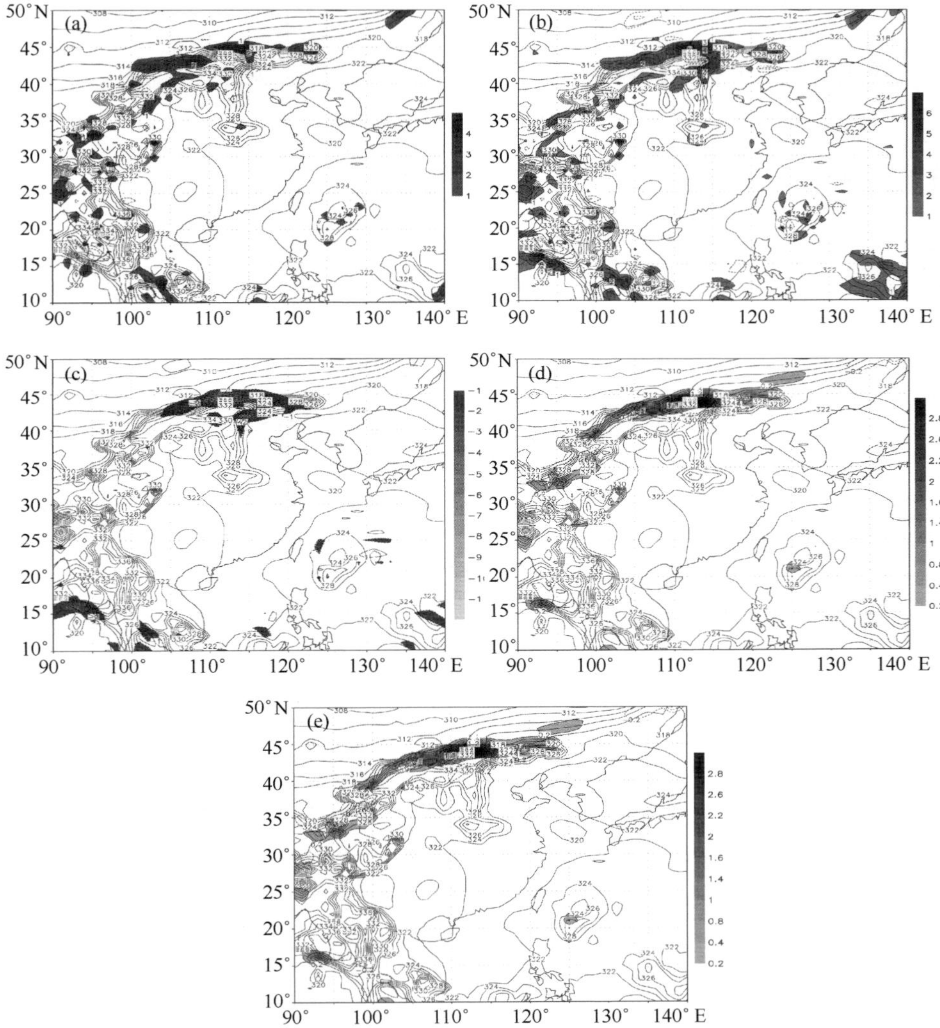

图 9.2.2　2004 年 8 月 11 日 00 时的锋面（等 θ^* 线密集区）和锋生函数，即（9.2.6）式中各项的分布。粗实等值线为等 θ^* 线（单位：K），阴影表示锋生函数中各项的强度。

其中，$T_{1234}>1$ (a)；$T_1>1$ (b)；$T_2<-1$ (c)；$T_3>0.2$ (d)；$T_4>0.2$ (e)

（单位：$10^{-9}\mathrm{K}\cdot\mathrm{m}^{-1}\cdot\mathrm{s}^{-1}$）

9.3　锋生函数倾向

描述锋生锋消的过程通常用锋生函数来定量刻画，其定义为

$$F = \frac{\mathrm{d}}{\mathrm{d}t} = |\nabla_p \theta| \tag{9.3.1}$$

在绝热情况下，对水平二维锋生函数，可以写为

$$\begin{aligned} F &= \frac{\partial}{\partial t}|\nabla_p\theta| + \boldsymbol{v}_h \cdot \nabla_p |\nabla_p\theta| \\ &= \frac{\partial}{\partial t}\left[\left(\frac{\partial\theta}{\partial x}\right)^2 + \left(\frac{\partial\theta}{\partial y}\right)^2\right]^{\frac{1}{2}} + \boldsymbol{v}_h \cdot \nabla_p \left[\left(\frac{\partial\theta}{\partial x}\right)^2 + \left(\frac{\partial\theta}{\partial y}\right)^2\right]^{\frac{1}{2}} \end{aligned} \tag{9.3.2}$$

通过计算 F 可写为

$$F = \frac{1}{|\nabla_p\theta|}\left[\frac{\partial\theta}{\partial x}\frac{\mathrm{d}_p}{\mathrm{d}t}\left(\frac{\partial\theta}{\partial x}\right) + \frac{\partial\theta}{\partial y}\frac{\mathrm{d}_p}{\mathrm{d}t}\left(\frac{\partial\theta}{\partial y}\right)\right] \tag{9.3.3}$$

这是因为：

$$\frac{\partial}{\partial x}\left(\frac{\mathrm{d}_p\theta}{\mathrm{d}t}\right) = \frac{\mathrm{d}_p}{\mathrm{d}t}\left(\frac{\partial\theta}{\partial x}\right) + \frac{\partial u}{\partial x}\frac{\partial\theta}{\partial x} + \frac{\partial v}{\partial x}\frac{\partial\theta}{\partial y} = 0$$

$$\frac{\partial}{\partial y}\left(\frac{\mathrm{d}_p\theta}{\mathrm{d}t}\right) = \frac{\mathrm{d}_p}{\mathrm{d}t}\left(\frac{\partial\theta}{\partial y}\right) + \frac{\partial u}{\partial y}\frac{\partial\theta}{\partial x} + \frac{\partial v}{\partial x}\frac{\partial\theta}{\partial y} = 0$$

于是 F 可以进一步写为

$$F = \frac{1}{|\nabla_p\theta|}\left[-\left(\frac{\partial\theta}{\partial x}\right)^2\frac{\partial u}{\partial x} - \frac{\partial\theta}{\partial y}\frac{\partial\theta}{\partial x}\frac{\partial v}{\partial x} - \frac{\partial\theta}{\partial x}\frac{\partial\theta}{\partial y}\frac{\partial u}{\partial y} - \left(\frac{\partial\theta}{\partial y}\right)^2\frac{\partial v}{\partial y}\right] \tag{9.3.4}$$

由于

$$\frac{\partial u}{\partial x} = \frac{1}{2}(D + E_{st}) \tag{9.3.5}$$

$$\frac{\partial v}{\partial x} = \frac{1}{2}(\xi + E_{sh}) \tag{9.3.6}$$

$$\frac{\partial u}{\partial y} = -\frac{1}{2}(\xi - E_{sh}) \tag{9.3.7}$$

$$\frac{\partial v}{\partial y} = \frac{1}{2}(D - E_{st}) \tag{9.3.8}$$

这里 D 是水平散度，ξ 是垂直涡度，$E_{st} = \frac{\partial u}{\partial x} - \frac{\partial v}{\partial y}$ 是伸张变形，$E_{sh} = \frac{\partial v}{\partial x} + \frac{\partial u}{\partial y}$ 是收缩变形。

由以上关系式，F 可以写为

$$F=\frac{1}{2\left|\nabla_p\theta\right|}\left[\left(\frac{\partial\theta}{\partial x}\right)^2(D+E_{st})-\left(\frac{\partial\theta}{\partial x}\right)\left(\frac{\partial\theta}{\partial y}\right)(\xi-E_{sh})+\right.$$

$$\left.\left(\frac{\partial\theta}{\partial x}\right)\left(\frac{\partial\theta}{\partial y}\right)(\xi+E_{sh})+\left(\frac{\partial\theta}{\partial y}\right)^2(D-E_{st})\right] \quad (9.3.9)$$

若旋转坐标系，使 E'_{sh} 在新坐标系中为零（证明见第三章）则有新坐标系中的（Howard B. Bluestein，1993）

$$F=-\frac{1}{2}\left|\nabla_p\theta\right|\left\{-D+E'_{st}\left\{\left(\frac{\partial\theta}{\partial x}\right)^2-\left(\frac{\partial\theta}{\partial y}\right)^2\right]\Big/\left|\nabla_p\theta\right|^2\right\} \quad (9.3.10)$$

让 α 是 $\left|\nabla_p\theta\right|$ 与新坐标轴 x' 的夹角，则有

$$\cos\alpha=\left(\frac{\partial\theta}{\partial x'}\right)\Big/\left|\nabla_p\theta\right|$$

$$\sin\alpha=\left(\frac{\partial\theta}{\partial y'}\right)\Big/\left|\nabla_p\theta\right|$$

若等位温线与 x' 的夹角为 β，则有

$$\beta+\alpha=-90^\circ$$

最后有：

$$F=-\frac{1}{2}\left|\nabla_p\theta\right|\left[E'_{st}(\sin^2\beta-\cos^2\beta)+D\right]=\frac{1}{2}\left|\nabla_p\theta\right|(E'_{st}\cos2\beta)-D \quad (9.3.11)$$

这个公式早在 1956 年佩特森（S. Petterssen）就在他的天气分析与预报（Weather Analysis and Forecasting）一书中就给出了。并不是什么新鲜的东西。但问题是锋生函数的表达式（9.3.11）只能刻画锋生瞬间的状态，不能描述未来发展状况。针对锋生函数在该方面的不足，需要刻画锋生函数的倾向，即未来时刻锋面变化的趋势如何，为此，这里定义了锋生倾向函数表达式为

$$F_t=\frac{\partial F}{\partial t}=-\frac{1}{2}\left|\nabla_p\frac{\partial\theta}{\partial t}\right|(E'_{st}\cos2\beta-D)+\frac{1}{2}\left|\nabla_p\theta\right|\left(\frac{\partial E'_{st}}{\partial t}\cos2\beta-D\right)+$$

$$\frac{1}{2}\left|\nabla_p\theta\right|\left(E'_{st}\cos2\beta-\frac{\partial D}{\partial t}\right) \quad (9.3.12)$$

对像梅雨锋这样的准静止锋，因 $\frac{\partial\theta}{\partial t}=-\boldsymbol{V}\cdot\nabla\theta$ 在准静止锋情况下，$-\boldsymbol{V}\cdot\nabla\theta=0$，所以锋生倾向为

$$F_t=\frac{1}{2}\left|\nabla_p\theta\right|\left(\frac{\partial E'_{st}}{\partial t}\cos2\beta-D\right)+\frac{1}{2}\left|\nabla_p\theta\right|\left(E'_{st}\cos2\beta-\frac{\partial D}{\partial t}\right) \quad (9.3.13)$$

在准静止锋情况下，一般 $\frac{\partial D}{\partial t}$ 也很小，这一项可以忽略。最后有

$$F_t = \frac{1}{2}|\nabla_p\theta|\left(\frac{\partial E_{st}'}{\partial t}\cos 2\beta + E_{st}'\cos 2\beta - D\right)$$
$$= \frac{1}{2}|\nabla_p\theta|\left[\left(\frac{\partial E_{st}'}{\partial t} + E_{st}'\right)\cos 2\beta - D\right] \tag{9.3.14}$$

可见锋生函数的局地变化最主要取决于变形场的时间倾向及变形场本身，而散度场的影响是较小的。变形场及变形场方程的重要性在锋生倾向函数中得到最明显的体现，因为$\frac{\partial F_1'}{\partial t}$要用到变形场方程。由于代入变形场方程中的各项来刻画$\frac{\partial F_1'}{\partial t}$，使得$E_{st}'$的表达式过于复杂，所以这里就不再给出了。读者可以利用锋面实例来定量计算锋生倾向，以科学判断未来锋生的强弱。这方面不再详述。

参考文献

高守亭，陶诗言. 1991. 高空急流加速与低层锋生. 大气科学，**15**：11-21.

伍荣生，高守亭，谈哲敏，等. 2004. 锋面过程与中尺度扰动. 北京：气象出版社.

曾庆存. 1979. 数值天气预报的数学物理基础. 北京：科学出版社，237-314.

Caracena F, Maddox R A, Hoxit L R and Chappell C F. 1979. Mesoanalysis of the big Thompson storm. *Mon. Wea. Rev.*, **107**: 1-17.

Davies-Jones R P. 1985. Comments on "A kinematic analysis of frontogenesis associated with a nondivergent vortex." *J. Atmos. Sci.*, **42**: 2073-2075.

Davies-Jones R P. 1982. Observational and theoretical aspects of tornadogenesis. Intense atmospheric vortices, L. Bengtsson and J. Lighthill, Eds., Springer-Verlag, 175-189.

Doswell C A Ⅲ. 1984. A kinematic analysis of frontogenesis associated with a nondivergent vortex. *J. Atmos. Sci.*, **41**: 1242-1248.

Fang J, and Wu R S. 2001. Topographic effect on geostrophic adjustment and frontogenesis. *Adv. Atmos. Sci.* **18**: 524-538.

Gao S T, Wang X R, and Zhou Y S. 2004. Generation of generalized moist potential vorticity in a frictionless and moist adiabatic flow. *Geophys. Res. lett.*, **31**: L12113, 1-4.

Harasti P R, and List R. 2005. Principal component analysis of Doppler radar data. Part I: Geometric connections between eigenvectors and the core region of atmosphere vorticies. *J. Atmos. Sci.*, **62**: 4027-4042.

Hoskins B J, and Bretherton F P. 1972. Atmospheric frontogenesis models: Mathematical formulation and solution. *J. Atmos, Sci.*, **29**: 11-37.

Hoskins B J. 1982. The mathematical theory of frontogenesis. *Annual Reviews in Fluid Mechanics*, **14**: 131-151.

Howard B Bluestein. 1993. Synoptic-Dynamic Meteorology in Midlatitudes, Vol. Ⅱ, 594pp, Oxford University Press.

Hoxit L R, Fritsch J M, and Chappell C F. 1978. Reply. *Mon. Wea. Rev.*, **106**:

1034-1034.

Keyser D, Reeder J M, and Reed J R. 1988. A generalization of Petterssen's frontogenesis function and its relation to the forcing of vertical motion. *Mon. Wea. Rev.*, **116**: 762-780.

Maddox R A, Canova F, and Hoxit L R. 1980a. Meteorological characteristics of flash flood events over the western United States. *Mon. Wea. Rev.*, **108**: 1866-1877.

Maddox R A, Hoxit L R, and Chappell C F. 1980b. A study of tornadic thunderstorm interactions with thermal boundaries. *Mon. Wea. Rev.*, **108**. 322-336.

Maddox R A, Hoxit L R, Chappell C F, and Caracena F. 1978. Comparison of meteorological aspects of the big Thompson and rapid city flash floods. *Mon. Wea. Rev.*, **106**: 375-389.

Miller J E. 1948. On the concept of frontogenesis. *J. Meteor.*, 5,169-171.

Ninomiya K. 1984. Characteristics of Baiu front as a predominant subtropical front in the summer northern hemisphere. *J. Meteor. Soc. Japan*, **62**: 880-893.

Ninomiya K. 2000. Large-and meso-scale characteristics of Meiyu/Baiu front associated with intense rainfalls in 1-10 July 1991. *J. Meteor. Soc. Japan*, **78**: 141-157.

Palmen E. and Newton C W. 1948. A study of the mean wind and temperature distribution in the vicinity of the polar front in winter. *J. Meteor. Soc.*, **5**: 220-226.

Petterssen S. 1936. Contribution to the theory of frontogenesis. *Geofys. Publ.*, **11**(6):1-27.

Petterssen S. 1956a. Weather analysis and forecasting, Vol. 1, Motion and motion systems. 2nd ed. McGraw-Hill, 428pp.

Phillips N A. 1956b. The general circulation of the atmosphere, a numerical experiment. *Quart. J. Roy. Meteor. Soc.* **82**:123-164.

Williams R T. 1967. Atmosphere frontogenesis, a numerical experiment. *J. Atmos. Sci.*, **24**: 627-641.

第10章 大气重力波

10.1 大气重力波的波动特征

10.1.1 重力波简介

大气中重力波无处不在，它们的水平波长范围很广，可以是几百米，也可以是全球范围。重力波是大气中一种非常重要的波动，在天气系统发展演变过程中扮演重要角色。

重力波是大气在重力作用下产生的一种波动，分为重力外波和重力内波。重力外波是指出现在水面、大气自由面以及大气下边界附近的重力波，通常用浅水方程来描述这种波动。下面以自由面为例来说明重力外波形成的物理机制。自由面上某点受到扰动，导致该点自由面抬升；由于该点自由面高于其周围的自由面，以至于该点的压强增加，并且产生指向周围的压力梯度力。在压力梯度力作用下该点附近的流体向外水平辐散，这种辐合辐散必然使下一时刻点的自由面下降，而周围点的自由面升高。这种相邻区域流体的辐散辐合和自由面的升降就形成了重力外波。外界条件造成的自由面垂直扰动是重力外波产生的外因，而这种扰动在重力作用下引起相邻区域流体辐散辐合的交替变化，进而形成波动，因此重力作用是重力外波传播的内在条件。可见如果自由面固定，没有垂直扰动，也就不会产生重力外波。

重力内波是指在层结稳定大气内部的不连续面上(如速度不连续的切变线，密度不连续的锋面)，空气微团受到扰动后偏离平衡位置，在重力和浮力共同作用下产生的波动。下面简要说明大气重力内波形成的物理机制。假设大气是绝热，稳定层结的，并且上下边界固定，在初始时刻，静止大气内部某点的空气微团受到扰动，并由此产生上升运动；根据热力学定律，在干绝热上升过程中空气微团的温度必然要降低，因此上升到一定高度后，空气微团的温度将等于或小于其周围的环境温度，该微团受到的浮力小于重力，这时在向下的净浮力作用下空气微团将不再上升而转为下沉；在惯性作用下空气微团到达平衡位置后继续向下运动；在绝热下沉过程中由于绝热增温，空气微团下降到一定高度后受到的浮力大于重力，在向上净浮力作用下空气微团又开始上升；如此不断重复，在净浮力作用下空气微团在平衡位置做垂直振动。根据质量连续性原理，当空气微团上升时，其原来位置上有质量水平辐合，而空气微团所到之处应有质量水平辐散（因为上下边界已经固定），这种空气质量的辐散辐合使得其周围原本未受扰动的相邻区域出现与空气微团位置相反的辐散辐合运动，由此造成空气微团周围的下沉运动。就这样，空气微团的垂直振动逐渐向周围传播开来，进而形成了重力内波。

大气重力波是垂直横波。一般说来，大气重力外波属于快波型，像声波一样，重力外波对天气变化没有重大影响。而大气重力内波是一种中速波，也正因为如此，它对于局地天气变化有重要影响，对于中小尺度天气系统发展演变有重要的意义。

由于地球表面的大气是旋转流体，地球旋转引起的科里奥利力是空气微团做水平振荡的恢复力，因而地球旋转效应影响下的浮力振荡可以不是垂直的，这样形成的波动称为惯性重力波。所以，一般情况下大气惯性重力波不局限于水平传播，还可以有垂直传播分量。但是，不论是水平传播还是斜向传播的大气重力波，它们只能出现在层结稳定大气中；如果大气是层结不稳定的，那么大气中不会形成重力波，只能出现对流。

实际大气中波动通常是由基本波动组成的混合波，但对于不同尺度的系统，起主要作用的波动也不同。一般地，影响大尺度系统演变的主要是大气长波，中尺度系统的发展主要受惯性重力波影响，而对小尺度系统起主要作用的是纯重力波。因此在讨论某种尺度系统运动时，为突出主要方面，可以略去次要波动对这种系统的影响。

随着探测技术的发展，人们对实际大气中的重力波的观测不断增强。目前观测重力波的方法主要包括无线电探空观测、空间遥感观测、雷达观测和飞机观测。

由单色重力波的极化性质可知，若水平风矢端轨迹是椭圆，暗示惯性重力波向上传播，水平风矢量绕一周所对应的高度差应是惯性重力波的垂直波长，椭圆的短轴与长轴之比是地转参数与圆频率之比。根据重力波的这些性质，我们可以利用无线电探空观测资科分析大尺度低频惯性重力波的特征参数，如水平和垂直波长，相速度和传播方向等，还可以分析重力波的区域变化，季节变化和年际变化（Vincent *et al.*，1997；Vincent and Alexander，2000；Zink and Vincent，2001a）。Hirota 和 Niki(1985)利用无线电探空观测资科对全球范围 25～65 km 高度内大气惯性重力波的气候特征作了详细的统计分析，结果表明惯性重力波的传播大致上是各向同性的，并且在南北半球都以能量上传为主。在高纬度地区重力波强度具有明显的季节性变化，并且冬季强于夏季。

空间遥感观测重力波的手段很多，例如卫星可以提供固定时间间隔的大尺度重力波观测，但是略掉了对小尺度重力波的观测。由 LIMS(Limb Infrared Monitor of the Stratosphere instrument)观测资料可以反演出温度场，再经过 Kalman-filter 处理后可以得到包含重力波信息的温度扰动场，Fetzer 和 Gille (1994)认为这种温度扰动主要是由低频惯性重力波决定，其垂直波长约为 6～50 km，水平波长大于 200 km。Preusse 等(1999)利用 CRISTA(Cryogenic Infrared Spectrometers and Telescopes for the Atmosphere，比 LIMS 具有更高的水平分辨率和垂直分辨率)的资料分析重力波的温度扰动，得到与 LIMS 类似的结果。Tsuda 等(2000)利用 GPS 资料分析重力波能量，结果与前两种观测类似，并且低纬度对流区的重力波能量特别强，中纬度地区陆面上的重力波能量大于海洋上空的重力波能量。McLandress 等(2000)利用 MLS (Microwave Limb Sounder)资料分析平流层和中层重力波的温度变化，结果表明，夏季北半球重力波的强迫源是深对流，而南半球中纬度地区重力波强迫源是地形。

Hirota 和 Niki (1985)利用 70 年代和 80 年代北半球火箭发射资料研究平流层重力波的季节变化和纬度变化，分析表明，40°—80°N 的重力波具有明显的季节周期性变化，并以向上传播为主。

一般地说，激发重力波的因素很多，目前普遍认为重力波的产生过程主要与地形，基本气流切变不稳定和积云对流有关。气流过山容易形成地形波，例如山脉波(Mounrain wave)和背风波(Lee wave)，Lilly 和 Kennedy(1973)研究表明背风波的水平特征波长与地形的特征宽度相当，约为十几到几十千米，同时地转偏向力对背风波的作用可以忽略。基本气流的垂直切变不稳定也可以产生重力波，如 Kelvin-Helmholtz 波，Lindzen(1974)研究表明这类重力波把不稳定能量向外传播，从而起到稳定基本气流的作用；这类重力波的水平特征波长为 $\pi\sqrt{2}(\Delta U)/N$，其中 ΔU 为基本风速垂直切变，对于大气中典型的风速切变值($\Delta U\sim 10$ ms)，基本气流垂直切变不稳定产生的重力波的水平波长约为几千米。积云对流系统产生重力波是一个比较复杂、困难的问题，目前人们提出三种主要的积云对流产生重力波机制：一种是纯粹热力强迫机制，Piani 等(2000)研究指出潜热加热层的垂直厚度与热力强迫所激发的重力波的垂直波长相当；一种是阻挡效应，Clark 等(1986)在研究边界层对流激发重力波时认为积云对流起到了类似地形的阻挡作用，是一种“瞬时地形”；Fovell 等(1992) 研究发现重力波的频率与动量强迫的频率相同，于是提出了“机械振荡(mechanical oscillator)”机制。另外，非线性波一波相互作用可以引起波能量交换，波振幅发展和波谱演变，这也是重力波产生的一种机制。

10.1.2　控制方程

典型中尺度系统的动力学特征是非静力平衡和非地转平衡，张可苏(1980)

研究表明适合描写这类中尺度系统的动力学方程组是滤声波模式，因此本章将从 Cartesian 坐标系(x,y,z)中非静力平衡和非地转平衡的原始方程组出发讨论纯重力波，三维惯性重力波和对称惯性重力波的波动特征，极化性质和波作用量方程。Cartesian 坐标系(x,y,z)中描写绝热，无摩擦和不可压缩大气的方程组可以写为：

$$\frac{\partial u}{\partial t}+u\frac{\partial u}{\partial x}+v\frac{\partial u}{\partial y}+w\frac{\partial u}{\partial z}-fv=-\frac{1}{\rho}\frac{\partial p}{\partial x} \tag{10.1.1}$$

$$\frac{\partial v}{\partial t}+u\frac{\partial v}{\partial x}+v\frac{\partial v}{\partial y}+w\frac{\partial v}{\partial z}+fu=-\frac{1}{\rho}\frac{\partial p}{\partial y} \tag{10.1.2}$$

$$\frac{\partial w}{\partial t}+u\frac{\partial w}{\partial x}+v\frac{\partial w}{\partial y}+w\frac{\partial w}{\partial z}=-\frac{1}{\rho}\frac{\partial p}{\partial z}-g \tag{10.1.3}$$

$$\frac{\partial u}{\partial x}+\frac{\partial v}{\partial y}+\frac{\partial w}{\partial z}=0 \tag{10.1.4}$$

$$\frac{\partial \theta}{\partial t}+u\frac{\partial \theta}{\partial x}+v\frac{\partial \theta}{\partial y}+w\frac{\partial \theta}{\partial z}=0 \tag{10.1.5}$$

$$p=\rho RT \tag{10.1.6}$$

$$\theta=T\left(\frac{p_0}{p}\right)^{R/c_p} \tag{10.1.7}$$

其中，u,v,w,ρ,T,p 和 θ 分别为 x,y,z 方向的速度，密度，温度，气压和位温，g 为重力加速度，p_0 为参考地面气压，$f=f(y)$为 Coriolis 参数。

假设物理量可以分解为基本态和扰动态两部分，即

$$u=\overline{u}(y,z)+u',\ v=v',\ w=w',\ \rho=\overline{\rho}(y,z)+\rho',$$
$$p=\overline{p}(y,z)+p',\ T=\overline{T}(y,z)+T',\ \theta=\overline{\theta}(y,z)+\theta' \tag{10.1.8}$$

其中，“—”代表定常基本态，它们是 y 和 z 的函数；“$'$”代表扰动态，它们是 x,y,z 和 t 的函数。假设大气基本态是方程组(10.1.1)—(10.1.7)的一组稳定解，并且水平运动方程中的扰动密度相对基本态密度来说是可以忽略的小量，但垂直运动方程中的扰动密度很重要，那么把(10.1.8)式代入该方程组，取布西内斯克近似可以得到线性化扰动方程组：

$$\frac{\partial u'}{\partial t}+\overline{u}\frac{\partial u'}{\partial x}+v'\frac{\partial \overline{u}}{\partial y}+w'\frac{\partial \overline{u}}{\partial z}-fv'=-\frac{1}{\overline{\rho}}\frac{\partial p'}{\partial x} \tag{10.1.9}$$

$$\frac{\partial v'}{\partial t}+\overline{u}\frac{\partial v'}{\partial x}+fu'=-\frac{1}{\overline{\rho}}\frac{\partial p'}{\partial y} \tag{10.1.10}$$

$$\frac{\partial w'}{\partial t}+\overline{u}\frac{\partial w'}{\partial x}=-\frac{1}{\overline{\rho}}\frac{\partial p'}{\partial z}+g\frac{\theta'}{\overline{\theta}} \tag{10.1.11}$$

$$\frac{\partial u'}{\partial x}+\frac{\partial v'}{\partial y}+\frac{\partial w'}{\partial z}=0 \tag{10.1.12}$$

$$\frac{\partial \theta'}{\partial t}+\overline{u}\frac{\partial \theta'}{\partial x}+v'\frac{\partial \overline{\theta}}{\partial y}+w'N^2\frac{\overline{\theta}}{g}=0 \tag{10.1.13}$$

其中，$N^2=\frac{g}{\theta}\frac{\overline{\partial\theta}}{\partial z}$为浮力振荡频率。

同时大气基本态满足如下方程组：

$$f\overline{u}=-\frac{1}{\overline{\rho}}\frac{\partial\overline{p}}{\partial y} \tag{10.1.14}$$

$$\frac{\partial\overline{p}}{\partial z}=-\overline{\rho}g \tag{10.1.15}$$

$$\overline{p}=\overline{\rho}R\overline{T} \tag{10.1.16}$$

$$\overline{\theta}=\overline{T}\left(\frac{p_0}{p}\right)^{\frac{R}{c_p}} \tag{10.1.17}$$

由(10.1.14)和(10.1.15)式可见定常大气基本态满足地转平衡和静力平衡关系。对(10.1.14)式两端取关于 z 的偏导数，并利用(10.1.15)式可以得到：

$$f\frac{\partial\overline{u}}{\partial z}=-\frac{g}{\overline{\theta}}\frac{\partial\overline{\theta}}{\partial y}+f\overline{u}\frac{\partial\overline{\theta}}{\partial z} \tag{10.1.18}$$

上式描述了基本气流垂直切变与基本态位温空间梯度之间的关系。如果 $f\,\overline{u}\frac{\overline{\partial\theta}}{\partial z}$ 是可以忽略的相对小量，那么上式就表示了 Cartesian 坐标系中的热成风平衡关系。

扰动方程组(10.1.9)—(10.1.13)描述了惯性重力混和波，接下来本章将根据该方程组来讨论纯重力波，三维惯性重力波和对称惯性重力波的波动特征，极化性质和波作用量方程。

10.1.3 重力波的波动特征

在物理学上波动是指扰动或振动在空间的传播，在时间和空间上具有周期性。等位相面(或称波阵面，波面)是描述波动的一个重要概念，它是指在某一时刻位相相同的点所组成的面。如果波的等位相面是平面，那么该波就称为平面波；如果波的等位相面是球面，那么该波就称为球面波。

一般情况下，三维波动可以表示为：

$$q=Ae^{i(kx+ly+nz-\sigma t)}$$

其中，A 为复振幅，$kx+ly+nz-\sigma t=\varphi$ 为位相，σ,k,l,n 分别为频率和 x,y,z 方向的波数。等位相面在空间的传播速度称为波速或相速度，由于波数矢量(k,l,n)垂直于等位相面 φ，所以相速度又可以表示单位时间内等位相面沿着波数矢量方向移动的距离，波数矢量方向代表相速度方向。相速度的数值可以写为：

$$C=\frac{\sigma}{\sqrt{k^2+l^2+n^2}} \tag{10.1.19}$$

而波在 x，y 和 z 方向的相速度 C_x，C_y 和 C_z 分别为：

$$C_x = \frac{\sigma}{k},\ C_y = \frac{\sigma}{l},\ C_z = \frac{\sigma}{n} \tag{10.1.20}$$

如图 10.1.1 所示，相速度 C 与 C_x，C_y 和 C_z 之间不满足矢量合成法则。

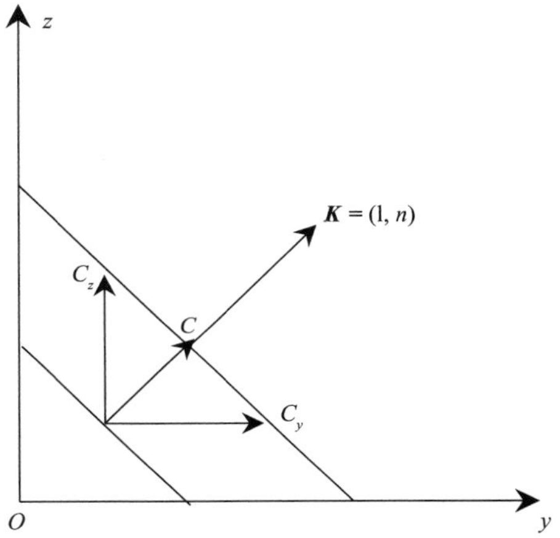

图 10.1.1　相速（C），相速分量

实际大气中的波动通常不是单色波，而是各种单色波叠加而成的波列（或称波群）。在动力学上波列由高频载波和低频波包两部分组成。相对而言，载波在时间和空间上快速变化，而波包随时间和空间缓慢变化。通常，波列相速度指的是载波的传播速度，即相同位相点的传播速度。波包（载波的包络线）的传播速度，即相同振幅点的传播速度，称为群速度，它代表波能量的传播速度。群速度是一种矢量，其分量符合矢量合成法则，在 x，y 和 z 方向的群速度分量 C_{gx}，C_{gy} 和 C_{gz} 分别为：

$$C_{gx} = \frac{\partial\sigma}{\partial k},\ C_{gy} = \frac{\partial\sigma}{\partial l},\ C_{gz} = \frac{\partial\sigma}{\partial n} \tag{10.1.21}$$

如果相速度是波数的函数，群速度与相速度不相等，那么这种波动是频散波。

在本节讨论重力波波动特征时，假设扰动方程组（10.1.9）—（10.1.13）存在如下形式的平面波动解

$$\begin{pmatrix} u'(x,y,z,t) \\ v'(x,y,z,t) \\ w'(x,y,z,t) \\ \theta'(x,y,z,t) \\ p'(x,y,z,t) \end{pmatrix} = \begin{pmatrix} \tilde{u} \\ \tilde{v} \\ \tilde{w} \\ \tilde{\theta} \\ \tilde{p} \end{pmatrix} e^{i(kx+ly+nz-\sigma t)} \tag{10.1.22}$$

其中,波参数 σ,k,l,n 都为实型常数,扰动振幅$(\tilde{u},\tilde{v},\tilde{w},\tilde{\theta},\tilde{p})$为复常数。

(1)纯重力波

假设纬向基本气流是静止的($\bar{u}=0$),其他基本态量仅是高度 z 的函数,大气是层结稳定的($N^2>0$),并且不考虑地球旋转效应($f=0$),那么由方程组(10.1.9)—(10.1.13)可以得到描写纯重力波的扰动方程组:

$$\frac{\partial u'}{\partial t}=-\frac{1}{\bar{\rho}}\frac{\partial p'}{\partial x} \tag{10.1.23}$$

$$\frac{\partial v'}{\partial t}=-\frac{1}{\bar{\rho}}\frac{\partial p'}{\partial y} \tag{10.1.24}$$

$$\frac{\partial w'}{\partial t}=-\frac{1}{\bar{\rho}}\frac{\partial p'}{\partial z}+g\frac{\theta'}{\bar{\theta}} \tag{10.1.25}$$

$$\frac{\partial u'}{\partial x}+\frac{\partial v'}{\partial y}+\frac{\partial w'}{\partial z}=0 \tag{10.1.26}$$

$$\frac{\partial \theta'}{\partial t}+w'N^2\frac{\bar{\theta}}{g}=0 \tag{10.1.27}$$

把平面波动解(10.1.22)代入上述扰动方程组可以得到:

$$-i\sigma\tilde{u}+ik\frac{\tilde{p}}{\bar{\rho}}=0 \tag{10.1.28}$$

$$-i\sigma\tilde{v}+il\frac{\tilde{p}}{\bar{\rho}}=0 \tag{10.1.29}$$

$$-i\sigma\tilde{w}+in\frac{\tilde{p}}{\bar{\rho}}-g\frac{\tilde{\theta}}{\bar{\theta}}=0 \tag{10.1.30}$$

$$k\tilde{u}+l\tilde{v}+n\tilde{w}=0 \tag{10.1.31}$$

$$-i\sigma\tilde{\theta}+N^2\frac{\bar{\theta}}{g}\tilde{w}=0 \tag{10.1.32}$$

若方程组(10.1.28)—(10.1.32)存在非零解,那么该方程组的系数行列式必为零,即

$$\begin{vmatrix} -\sigma i & 0 & 0 & ik & 0 \\ 0 & -\sigma i & 0 & il & 0 \\ 0 & 0 & -\sigma i & in & -\dfrac{g}{\bar{\theta}} \\ k & l & n & 0 & 0 \\ 0 & 0 & N^2\dfrac{\bar{\theta}}{g} & 0 & -\sigma i \end{vmatrix}=0 \tag{10.1.33}$$

求解上述行列式可以得到纯重力波的频散关系:

$$\sigma^2(k^2+l^2+n^2)=N^2(k^2+l^2) \tag{10.1.34}$$

根据上式，纯重力波的相速度和群速度可以分别写为：

$$C_x = \frac{N^2(k^2+l^2)}{k\sigma(k^2+l^2+n^2)} \tag{10.1.35}$$

$$C_y = \frac{N^2(k^2+l^2)}{l\sigma(k^2+l^2+n^2)} \tag{10.1.36}$$

$$C_z = \frac{N^2(k^2+l^2)}{n\sigma(k^2+l^2+n^2)} \tag{10.1.37}$$

$$C_{gx} = \frac{\sigma n^2 k}{(k^2+l^2+n^2)(k^2+l^2)} \tag{10.1.38}$$

$$C_{gy} = \frac{\sigma n^2 l}{(k^2+l^2+n^2)(k^2+l^2)} \tag{10.1.39}$$

$$C_{gz} = -\frac{\sigma n}{k^2+l^2+n^2} \tag{10.1.40}$$

由群速度表达式(10.1.38)—(10.1.40)很容易证明：

$$(k,l,n)\cdot(C_{gx},C_{gy},C_{gz}) = 0 \tag{10.1.41}$$

因为波数矢量(k,l,n)方向代表相速度方向，所以公式(10.1.41)表明，对于静止基本气流，相速度方向与群速度方向垂直，即等位相面传播方向垂直于波能量传播方向。公式(10.1.41)还可以写为：

$$\boldsymbol{K}\cdot\boldsymbol{C}g = 0 \tag{10.1.42}$$

表明波数矢量垂直于群速度矢量。

假设

$$k = K\cos\alpha\sin\gamma,\ l = K\cos\alpha\cos\gamma,\ n = K\sin\alpha \tag{10.1.43}$$

其中 $K=(k^2+l^2+n^2)^{\frac{1}{2}}$，$\alpha$ 为波数矢量(k,l,n)与水平面之间的夹角，γ 为波数矢量水平分量(k,l)与 y 轴之间的夹角(如图 10.1.2 所示)。把(10.1.43)式代入频散关系(10.1.34)可以得到：

$$\sigma^2 = N^2\cos^2\alpha \tag{10.1.44}$$

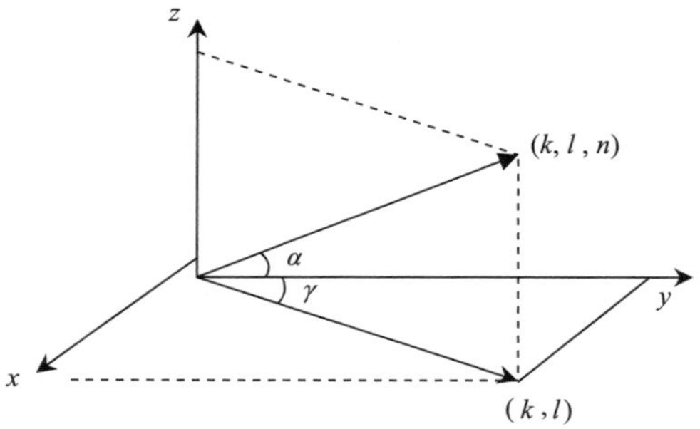

图 10.1.2 α 和 γ 的定义

由公式(10.1.44)可见，纯重力波的频率取决于浮力振荡频率 N^2 和波数矢量(k,l,n)与水平面之间的夹角 α。如果基本气流是静止的($\bar{u}=0$)，在其他参数不变的情况下，σ 值越大，α 值越趋近 0；σ 值越小，α 值越趋近$\frac{\pi}{2}$；由此可见高频纯重力波接近水平传播，而低频纯重力波接近垂直传播。另外，静止基本气流中纯重力波频率的取值范围为 $\sigma^2 \leqslant N^2$。

由方程组(10.1.28)—(10.1.32)可以得到

$$\tilde{u} = \frac{k}{\sigma}\frac{\tilde{p}}{\bar{\rho}} \tag{10.1.45}$$

$$\tilde{v} = \frac{l}{\sigma}\frac{\tilde{p}}{\bar{\rho}} \tag{10.1.46}$$

$$\tilde{w} = -\frac{(k^2+l^2)}{n\sigma}\frac{\tilde{p}}{\bar{\rho}} \tag{10.1.47}$$

把公式(10.1.45)—(10.1.47)代入公式(10.1.22)，扰动速度分量可以写为：

$$\begin{pmatrix} u'(x,y,z,t) \\ v'(x,y,z,t) \\ w'(x,y,z,t) \end{pmatrix} = \begin{pmatrix} \dfrac{k}{\sigma} \\ \dfrac{l}{\sigma} \\ -\dfrac{k^2+l^2}{n\sigma} \end{pmatrix} \frac{\tilde{p}}{\bar{\rho}} e^{i(kx+ly+nz-\sigma t)} \tag{10.1.48}$$

那么下式显然成立，

$$(k,l,n)\cdot \begin{pmatrix} u'(x,y,z,t) \\ v'(x,y,z,t) \\ w'(x,y,z,t) \end{pmatrix} = 0 \tag{10.1.49}$$

(10.1.49)式表明空气微团的振动方向与波数矢量(k,l,n)方向(或等位相线传播方向)垂直，这说明纯重力波是横波。

(2)惯性重力波

假设纬向基本气流是静止的($\bar{u}=0$)，其他基本态量仅是高度 z 的函数，大气是层结稳定的($N^2>0$)，考虑地球旋转效应($f=c$)，那么描写三维惯性重力波的线性化扰动方程组可以写为：

$$\frac{\partial u'}{\partial t} - fv' = -\frac{1}{\bar{\rho}}\frac{\partial p'}{\partial x} \tag{10.1.50}$$

$$\frac{\partial v'}{\partial t} + fu' = -\frac{1}{\bar{\rho}}\frac{\partial p'}{\partial y} \tag{10.1.51}$$

$$\frac{\partial w'}{\partial t} = -\frac{1}{\bar{\rho}}\frac{\partial p'}{\partial z} + g\frac{\theta'}{\bar{\theta}} \tag{10.1.52}$$

$$\frac{\partial u'}{\partial x} + \frac{\partial v'}{\partial y} + \frac{\partial w'}{\partial z} = 0 \tag{10.1.53}$$

$$\frac{\partial\theta'}{\partial t}+w'N^2\frac{\bar{\theta}}{g}=0 \tag{10.1.54}$$

把平面波动解(10.1.22)代入方程组(10.1.50)—(10.1.54)可以得到：

$$-i\sigma\tilde{u}-f\tilde{v}+ik\frac{\tilde{p}}{\bar{\rho}}=0 \tag{10.1.55}$$

$$-i\sigma\tilde{v}+f\tilde{u}+il\frac{\tilde{p}}{\bar{\rho}}=0 \tag{10.1.56}$$

$$-i\sigma\tilde{w}+in\frac{\tilde{p}}{\bar{\rho}}-g\frac{\tilde{\theta}}{\bar{\theta}}=0 \tag{10.1.57}$$

$$k\tilde{u}+l\tilde{v}+n\tilde{w}=0 \tag{10.1.58}$$

$$-i\sigma\tilde{\theta}+N^2\frac{\bar{\theta}}{g}\tilde{w}=0 \tag{10.1.59}$$

若方程组(10.1.55)—(10.1.59)存在非零解，那么该方程组的系数行列式必为零，即

$$\begin{vmatrix} -i\sigma & -f & 0 & \dfrac{ik}{\bar{\rho}} & 0 \\ f & -i\sigma & 0 & \dfrac{il}{\bar{\rho}} & 0 \\ 0 & 0 & -i\sigma & \dfrac{in}{\bar{\rho}} & -\dfrac{g}{\bar{\theta}} \\ k & l & n & 0 & 0 \\ 0 & 0 & N^2\dfrac{\bar{\theta}}{g} & 0 & -i\sigma \end{vmatrix}=0 \tag{10.1.60}$$

求解行列式(10.1.60)可以得到三维惯性重力波的频散关系，

$$\sigma^2(k^2+l^2+n^2)=N^2(k^2+l^2)+f^2n^2 \tag{10.1.61}$$

与纯重力波频散关系(10.1.44)相比，三维惯性重力波频散关系包含 f^2n^2 项，该项代表地球旋转对波动的影响。

相应的三维惯性重力波相速度和群速度分别为：

$$C_x=\frac{\sigma}{k}=\frac{N^2(k^2+l^2)+f^2n^2}{\sigma k(k^2+l^2+n^2)} \tag{10.1.62}$$

$$C_y=\frac{\sigma}{l}=\frac{N^2(k^2+l^2)+f^2n^2}{\sigma l(k^2+l^2+n^2)} \tag{10.1.63}$$

$$C_z=\frac{\sigma}{n}=\frac{N^2(k^2+l^2)+f^2n^2}{\sigma n(k^2+l^2+n^2)} \tag{10.1.64}$$

$$C_{gx}=\frac{\partial\sigma}{\partial k}=\frac{(\sigma^2-f^2)n^2k}{\sigma(k^2+l^2+n^2)(k^2+l^2)} \tag{10.1.65}$$

$$C_{gy}=\frac{\partial\sigma}{\partial l}=\frac{(\sigma^2-f^2)n^2l}{\sigma(k^2+l^2+n^2)(k^2+l^2)} \tag{10.1.66}$$

$$C_{gz} = \frac{\partial \sigma}{\partial n} = -\frac{(\sigma^2 - f^2)n}{\sigma(k^2 + l^2 + n^2)} \tag{10.1.67}$$

由群速度表达式(10.1.65)—(10.1.67)可以证明：

$$(k,l,n)\cdot(C_{gx},C_{gy},C_{gz}) = 0 \tag{10.1.68}$$

上式表明静止基本气流中三维惯性重力波的相速度方向与群速度方向垂直，即等位相面传播方向垂直于波能量传播方向。下面考虑简单的二维(y,z)情况来讨论波数矢量与群速度的关系，假设扰动与 x 轴无关，即 $k=0$，那么公式(10.1.66)和(10.1.67)变为：

$$C_{gy} = -\lambda_y l \tag{10.1.69}$$

$$C_{gz} = \lambda_z n \tag{10.1.70}$$

其中，$\lambda_y = \frac{(f^2-\sigma^2)n^2}{\sigma(l^2+n^2)l^2}$，$\lambda_z = \frac{(f^2-\sigma^2)}{\sigma(l^2+n^2)}$。显然，在 $y-z$ 平面内相速度方向或波数矢量方向(l,n)与群速度方向(C_{gy},C_{gz})仍然是垂直的。如图 10.1.3 所示，若波数 $l>0$ 和 $n>0$，那么低频三维惯性重力波($\lambda_y>0$ 和 $\lambda_z>0$)的群速度方向指向相速度方向的左侧，波能量向波数矢量方向的左侧传播；高频惯性重力波($\lambda_y<0$ 和 $\lambda_z<0$)的群速度方向指向相速方向的右侧，波能量向波数矢量方向的右侧传播。

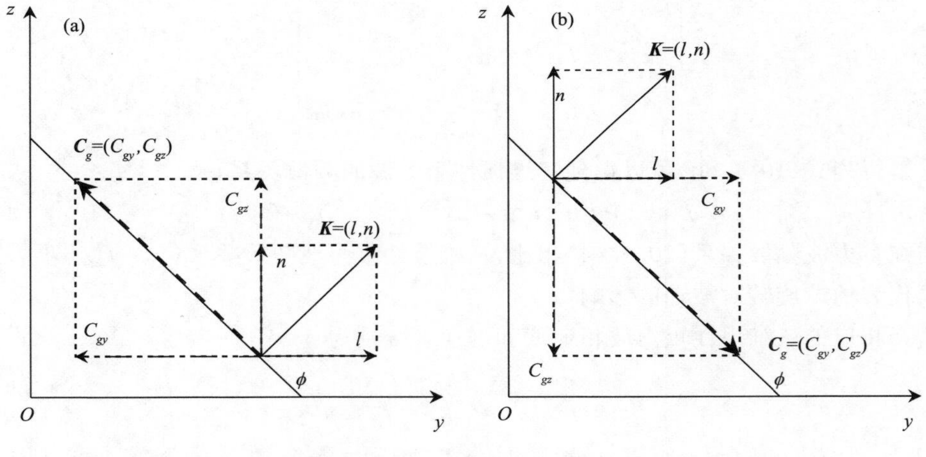

图 10.1.3　波数矢量 $\mathbf{K}=(l,n)$ 与群速度 $C_g=(C_{gy},C_{gz})$ 的关系

(a)$\lambda_y>0$ 和 $\lambda_z>0$；(b)$\lambda_y<0$ 和 $\lambda_z<0$

把(10.1.43)式代入三维惯性重力波频散关系(10.1.61)式可以得到：

$$\sigma^2 = f^2 + (N^2 - f^2)\cos^2\alpha \tag{10.1.71}$$

由上式可见，惯性重力波的频率主要由浮力振荡频率 N^2，Coriolis(科里奥利)参数 f 以及波数矢量(k,l,n)与水平面之间的夹角 α 共同决定，不依赖于波数。与纯重力波类似,在其他参数不变并且 $N^2>f^2$(一般情况下实际大气满足该条件)的情况下,高频三维惯性重力波接近水平方向传播,而低频三维惯性重力波接近垂直方向传播。另外,若 $N^2>f^2$,三维惯性重力波频率的取值范围为

$$f^2 \leqslant \sigma^2 \leqslant N^2 \tag{10.1.72}$$

由方程(10.1.55)—(10.1.59)可以得到

$$\tilde{u} = -\frac{(k\sigma + ilf)n}{\sigma(k^2+l^2)}\tilde{w} \tag{10.1.73}$$

$$\tilde{v} = -\frac{(l\sigma - ikf)n}{\sigma(k^2+l^2)}\tilde{w} \tag{10.1.74}$$

把(10.1.73)—(10.1.74)式代入(10.1.22)式,扰动速度分量可以写为:

$$\begin{pmatrix} u'(x,y,z,t) \\ v'(x,y,z,t) \\ w'(x,y,z,t) \end{pmatrix} = \begin{pmatrix} -\dfrac{(k\sigma + ilf)n}{\sigma(k^2+l^2)} \\ -\dfrac{(l\sigma - ikf)n}{\sigma(k^2+l^2)} \\ 1 \end{pmatrix} \tilde{w} e^{i(kx+ly+nz-\sigma t)} \tag{10.1.75}$$

由(10.1.75)式很容易证明

$$(k,l,n)\cdot \begin{pmatrix} u'(x,y,z,t) \\ v'(x,y,z,t) \\ w'(x,y,z,t) \end{pmatrix} = 0 \tag{10.1.76}$$

上式表明波数矢量方向与空气微团振动方向垂直,说明静止基本气流中三维惯性重力波也是横波。

(3)对称惯性重力波

假设大气是关于 x 轴对称的($\frac{\partial}{\partial x}=0$),所有基本态都是 y 和 z 的函数,大气是层结稳定的($N^2>0$),考虑地球旋转效应($f=c$),那么描写对称惯性重力波的线性化扰动方程组可以写为:

$$\frac{\partial u'}{\partial t} + v'\frac{\partial \bar{u}}{\partial y} + w'\frac{\partial \bar{u}}{\partial z} - fv' = 0 \tag{10.1.77}$$

$$\frac{\partial v'}{\partial t} + fu' = -\frac{1}{\bar{\rho}}\frac{\partial p'}{\partial y} \tag{10.1.78}$$

$$\frac{\partial w'}{\partial t} = -\frac{1}{\bar{\rho}}\frac{\partial p'}{\partial z} + g\frac{\theta'}{\bar{\theta}} \tag{10.1.79}$$

$$\frac{\partial v'}{\partial y} + \frac{\partial w'}{\partial z} = 0 \tag{10.1.80}$$

$$\frac{\partial \theta'}{\partial t} + v'\frac{\partial \bar{\theta}}{\partial y} + w' N^2 \frac{\bar{\theta}}{g} = 0 \tag{10.1.81}$$

假设 $k=0$，把平面波动解(10.1.22)式代入扰动方程组(10.1.77)—(10.1.81)可以得到：

$$-i\sigma\tilde{u}-\left(f-\frac{\partial\overline{u}}{\partial y}\right)\tilde{v}+\frac{\partial\overline{u}}{\partial z}\tilde{w}=0 \tag{10.1.82}$$

$$-i\sigma\tilde{v}+f\tilde{u}+il\,\frac{\tilde{p}}{\overline{\rho}}=0 \tag{10.1.83}$$

$$-i\sigma\tilde{w}+in\,\frac{\tilde{p}}{\overline{\rho}}-g\,\frac{\tilde{\theta}}{\overline{\theta}}=0 \tag{10.1.84}$$

$$l\tilde{v}+n\tilde{w}=0 \tag{10.1.85}$$

$$-i\sigma\tilde{\theta}+\frac{\partial\overline{\theta}}{\partial y}\tilde{v}+N^2\,\frac{\overline{\theta}}{g}\tilde{w}=0 \tag{10.1.86}$$

若方程组(10.1.82)—(10.1.86)存在非零解，那么该方程组的系数行列式必为零，即

$$\begin{vmatrix} -i\sigma & -\left(f-\dfrac{\partial\overline{u}}{\partial y}\right) & \dfrac{\partial\overline{u}}{\partial z} & 0 & 0 \\ f & -i\sigma & 0 & \dfrac{il}{\overline{\rho}} & 0 \\ 0 & 0 & -i\sigma & \dfrac{in}{\overline{\rho}} & -\dfrac{g}{\overline{\theta}} \\ 0 & l & n & 0 & 0 \\ 0 & \dfrac{\partial\overline{\theta}}{\partial y} & N^2\,\dfrac{\overline{\theta}}{g} & 0 & -i\sigma \end{vmatrix}=0 \tag{10.1.87}$$

求解上述行列式可以得到对称惯性重力波的频散关系：

$$\sigma^2(l^2+n^2)=N^2l^2+\left(f\frac{\partial\overline{u}}{\partial z}-\frac{g}{\overline{\theta}}\,\frac{\partial\overline{\theta}}{\partial y}\right)nl+f\left(f-\frac{\partial\overline{u}}{\partial y}\right)n^2 \tag{10.1.88}$$

由于这里采用的定常基本态在 y 和 z 方向上非均匀地变化，所以对称惯性重力波的频率与基本态大气的静力稳定度参数(N^2)，斜压性参数$\left(f\dfrac{\partial\overline{u}}{\partial z}-\dfrac{g}{\overline{\theta}}\dfrac{\partial\overline{\theta}}{\partial y}\right)$和惯性稳定度参数$f\left(f-\dfrac{\partial\overline{u}}{\partial y}\right)$有关。

根据频散关系(10.1.88)，对称惯性重力波的相速度和群速度分别为：

$$Cy=\frac{\sigma}{l}=\frac{N^2l^2+\left(f\dfrac{\partial\overline{u}}{\partial z}-\dfrac{g}{\overline{\theta}}\,\dfrac{\partial\overline{\theta}}{\partial y}\right)nl+f\left(f-\dfrac{\partial\overline{u}}{\partial y}\right)n^2}{\sigma l(l^2+n^2)} \tag{10.1.89}$$

$$Cz=\frac{\sigma}{n}=\frac{N^2l^2+\left(f\dfrac{\partial\overline{u}}{\partial z}-\dfrac{g}{\overline{\theta}}\,\dfrac{\partial\overline{\theta}}{\partial y}\right)nl+f\left(f-\dfrac{\partial\overline{u}}{\partial y}\right)n^2}{\sigma n(l^2+n^2)} \tag{10.1.90}$$

$$C_{gy} = \frac{\partial\sigma}{\partial l} = \frac{1}{2}\,\frac{(n^2 - l^2)\sigma^2 - f\left(f - \dfrac{\partial\bar{u}}{\partial y}\right)n^2 + N^2 l^2}{\sigma l\,(l^2 + n^2)} \tag{10.1.91}$$

$$C_{gz} = \frac{\partial\sigma}{\partial n} = -\frac{1}{2}\,\frac{(n^2 - l^2)\sigma^2 - f\left(f - \dfrac{\partial\bar{u}}{\partial y}\right)n^2 + N^2 l^2}{\sigma n\,(l^2 + n^2)} \tag{10.1.92}$$

根据群速度表达式(10.1.91)—(10.1.92)可以证明：

$$(l,n)\cdot(C_{gy},C_{gz}) = 0 \tag{10.1.93}$$

可见，对称惯性重力波的相速度方向与群速度方向垂直，即等位相面传播方向垂直于波能量传播方向。

假设

$$l = K\cos\alpha,\ n = K\sin\alpha \tag{10.1.94}$$

其中 $K=(l^2+n^2)^{\frac{1}{2}}$，$\alpha$ 为波数矢量(l,n)与 y 轴之间的夹角。把(10.1.94)式代入(10.1.88)式可以得到

$$\sigma^2 = N^2\cos^2\alpha + \left(f\frac{\partial\bar{u}}{\partial z} - \frac{g}{\bar{\theta}}\frac{\partial\bar{\theta}}{\partial y}\right)\sin\alpha\cos\alpha + f\left(f - \frac{\partial\bar{u}}{\partial y}\right)\sin^2\alpha \tag{10.1.95}$$

由上式可见，对称惯性重力波的频率依赖于大气基本态和波数矢量与 y 轴之间的夹角 α 而不依赖于波数本身。

由方程(10.1.77)—(10.1.81)可以得到

$$\tilde{v} = -\frac{n}{l}\tilde{w} \tag{10.1.96}$$

把公式(10.1.96)代入公式(10.1.22)，y 和 z 方向的扰动速度分量可以写为：

$$\begin{pmatrix} v'(y,z,t) \\ w'(y,z,t) \end{pmatrix} = \begin{pmatrix} -\dfrac{n}{l} \\ 1 \end{pmatrix} \tilde{w}e^{i(ly+nz-\sigma t)} \tag{10.1.97}$$

很显然下式成立，

$$(l,n)\cdot\begin{pmatrix} v'(y,z,t) \\ w'(y,z,t) \end{pmatrix} = 0 \tag{10.1.98}$$

可见对称惯性重力波也是横波。

10.2　大气重力波的极化特征

10.2.1　极化概念

极化(或偏振，Polarization)是重力波的一个重要性质，也是从观测资料中

识别重力波的一个重要依据。本节首先简要地介绍极化的物理概念，然后讨论纯重力波，三维惯性重力波和对称惯性重力波的极化性质。

在电磁波理论中通常把光的振动方向与光的传播方向相垂直这一基本特征称为光的极化（或偏振）。在垂直于光传播方向的平面内，如果存在各个方向的光振动，并且振幅都相同，各个振动之间没有固定的位相关系，那么这种光称为自然光（如图 10.2.1a 所示）。如果在垂直于光传播方向的平面内，光只沿着一个固定的方向振动，那么这一特征称为光的线性极化，这种光就称为线性偏振光（如图 10.2.1b 所示），线性偏振光的振动方向与传播方向所构成的平面称为振动面。如果光的振动在沿着光传播方向传播的同时还围绕着光传播方向均匀地转动，并且振动的振幅不断地变化，振动端点的轨迹在垂直于光传播方向的平面上的投影为椭圆，那么这一特征称为光的椭圆极化，这种光就称为椭圆偏振光（如图 10.2.1c 所示）；如果光的振动振幅保持不变，振动端点的轨迹在垂直于光传播方向的平面上的投影为圆，那么这一特征称为光的圆极化，这种光就称为圆偏振光。

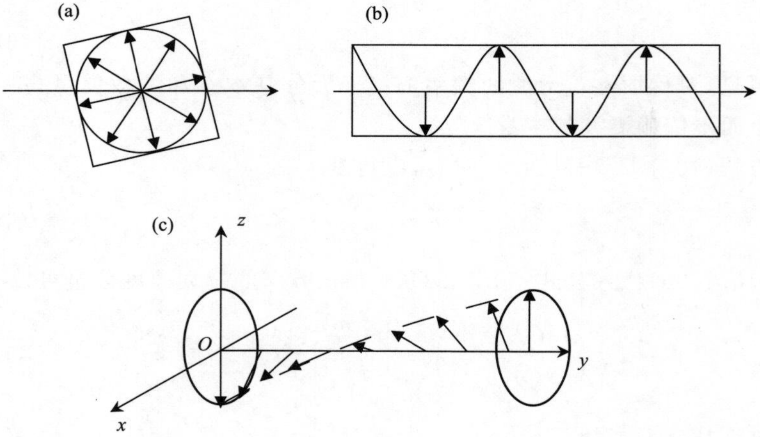

图 10.2.1　自然光(a)，线性偏振光(b)和椭圆偏振光(c)示意图

上述电磁波极化概念同样适用于大气波动，假设在垂直于波传播方向的平面内存在两个振动方向互相垂直的振动分量，并且可以分别表示为：

$$E_x = E_{xm}\cos(kx + ly + nz - \omega t + \varphi_x) \tag{10.2.1}$$

$$E_y = E_{ym}\cos(kx + ly + nz - \omega t + \varphi_y) \tag{10.2.2}$$

其中，E_{xm} 和 E_{ym} 为两个振动分量 E_x 和 E_y 的振幅，k，l 和 n 分别为 x，y 和 z 方向的波数，ω 为波频率，φ_x 和 φ_y 为两个振动分量 E_x 和 E_y 的初始位相。这两个互相垂直振动分量的合成矢量与 E_x 轴的夹角 α 可以表示为：

$$\mathrm{tg}\alpha = \frac{E_{ym}}{E_{xm}}[\cos\varphi + \mathrm{tg}(\omega t - kx - ly - nz - \varphi_x)\sin\varphi] \quad (10.2.3)$$

其中 $\varphi=\varphi_y-\varphi_x$ 为互相垂直的两个振动分量 E_y 和 E_x 的位相差。在其他参数不变的情况下，当 $\sin\varphi>0$ 时，α 随时间增长，表明合成矢量随时间沿逆时针方向旋转；当 $\sin\varphi<0$ 时，α 随时间减小，表明合成矢量随时间沿顺时针方向旋转。

利用三角函数和差公式，(10.2.1)和(10.2.2)可以合并为：

$$\frac{E_x^2}{E_{xm}^2} + \frac{E_y^2}{E_{ym}^2} - 2\frac{E_x E_y}{E_{xm}E_{ym}}\cos\varphi = \sin^2\varphi \quad (10.2.4)$$

方程(10.2.4)为一般形式的椭圆方程，可以证明该椭圆的长轴与 E_x 轴的夹角 β(图 10.2.2)满足如下关系

$$\mathrm{tg}2\beta = 2\frac{E_{xm}E_{ym}}{E_{xm}^2 - E_{ym}^2}\cos\varphi \quad (10.2.5)$$

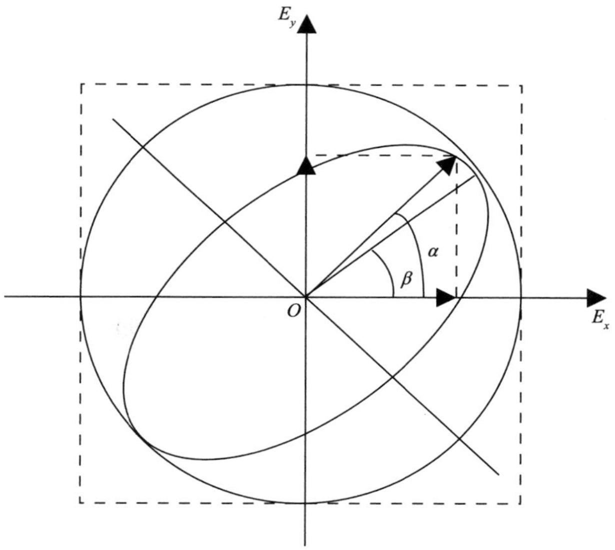

图 10.2.2　极化示意图

由公式(10.2.3)，(10.2.4)和(10.2.5)式可知，当 $\varphi=m\pi, m=0,\pm1,\pm2,\cdots$ 时，$\mathrm{tg}\alpha=\pm\frac{E_{ym}}{E_{xm}}$，$E_y=\pm\frac{E_{ym}}{E_{xm}}E_x$，表明振动分量 E_x 和 E_y 的合成振动的端点沿着斜率为 $\pm\frac{E_{ym}}{E_{xm}}$ 的直线移动，如图 10.2.2 所示，这代表波的线性极化。当 $\varphi=m\pi+\frac{\pi}{2}, m=0,\pm1,\pm2,\cdots$ 时，$\mathrm{tg}\alpha=\pm\frac{E_{ym}}{E_{xm}}\mathrm{tg}(\omega t-kx-ly-nz-\varphi_x)$，$\frac{E_x^2}{E_{xm}^2}+\frac{E_y^2}{E_{ym}^2}=1$，$\beta=0$ 或 $\frac{\pi}{2}$，表明合成振动端点的轨迹为标准椭圆，并且椭圆焦点位于坐

标轴上，这代表波的椭圆极化。当 $\varphi=m\pi+\frac{\pi}{2}$，$m=0,\pm1,\pm2,\cdots$，并且 $E_{xm}=E_{ym}$ 时，$\mathrm{tg}\alpha=\pm\mathrm{tg}(\omega t-kx-ly-nz-\varphi_x)$，$\frac{E_x^2}{E_{xm}^2}+\frac{E_y^2}{E_{xm}^2}=1$，表明合成振动端点的轨迹为圆，代表波的圆极化。对于 φ 的其他值，(10.2.4)虽然也代表波的椭圆极化，但是合成振动端点沿着长轴与水平 E_x 轴成 β 角度的椭圆移动。

10.2.2 大气重力波的极化理论

(1)纯重力波

利用纯重力波的频散关系(10.1.34)，由方程组(10.1.28)—(10.1.32)可以得到如下复扰动振幅的表达式：

$$\tilde{u}=-\frac{kn}{k^2+l^2}\tilde{w} \tag{10.2.6}$$

$$\tilde{v}=-\frac{ln}{k^2+l^2}\tilde{w} \tag{10.2.7}$$

$$\tilde{p}=-\omega\frac{n}{k^2+l^2}\bar{\rho}\tilde{w} \tag{10.2.8}$$

$$\tilde{\theta}=-i\frac{\bar{\theta}}{g}\frac{N^2}{\omega}\tilde{w} \tag{10.2.9}$$

把(10.2.6)—(10.2.9)式代入平面波动解(10.1.22)式可以得到

$$\frac{u'}{w'}=-\frac{kn}{k^2+l^2} \tag{10.2.10}$$

$$\frac{v'}{w'}=-\frac{ln}{k^2+l^2} \tag{10.2.11}$$

$$\frac{u'}{v'}=\frac{k}{l} \tag{10.2.12}$$

$$\frac{p'}{w'}=-\frac{\omega n}{k^2+l^2}\bar{\rho} \tag{10.2.13}$$

$$\frac{\theta'}{w'}=-i\frac{\bar{\theta}}{g}\frac{N^2}{\omega} \tag{10.2.14}$$

对于(10.2.10)式，若 $-\frac{kn}{k^2+l^2}>0$，则 $u'=-\frac{kn}{k^2+l^2}w'e^{i2m\pi}$，这表明 u' 与 w' 的位相差为 $\varphi_u-\varphi_w=2m\pi$，$m=0,\pm1,\pm2,\cdots$；若 $-\frac{kn}{k^2+l^2}<0$，则 $u'=\frac{kn}{k^2+l^2}w'e^{i(2m+1)\pi}$，这表明 u' 与 w' 的位相差 $\varphi_u-\varphi_w=(2m+1)\pi$，$m=0,\pm1,\pm2,\cdots$；针对上述两种情况，$u'$ 与 w' 的位相差可以概括地写为 $\varphi_u-\varphi_w=m\pi$，$m=0,\pm1,\pm2,\cdots$。依此类推，v' 和 p' 与 w' 的位相差以及 u' 与 v' 的位相差可以概括地写为：

$$\varphi_u - \varphi_w = m\pi, m = 0, \pm 1, \pm 2, \cdots \tag{10.2.15}$$

$$\varphi_v - \varphi_w = m\pi, m = 0, \pm 1, \pm 2, \cdots \tag{10.2.16}$$

$$\varphi_u - \varphi_v = m\pi, m = 0, \pm 1, \pm 2, \cdots \tag{10.2.17}$$

$$\varphi_p - \varphi_w = m\pi, m = 0, \pm 1, \pm 2, \cdots \tag{10.2.18}$$

对于(10.2.14)式，若$-\dfrac{\bar{\theta}}{g}\dfrac{N^2}{\omega}<0$，则$\theta'=\dfrac{\bar{\theta}}{g}\dfrac{N^2}{(\omega-\bar{u}k)}w'e^{i\left(2m\pi+\frac{3\pi}{2}\right)}$，这表明$\theta'$与$w'$的位相差为$\varphi_\theta-\varphi_w=2m\pi+\dfrac{3\pi}{2}, m=0,\pm1,\pm2,\cdots$。

由式(10.2.15)—(10.2.17)式可见，纯重力波的扰动速度分量是线性极化，扰动气压与扰动垂直速度的位相差为$m\pi$，而扰动位温与扰动垂直速度的位相差为$2m\pi+\dfrac{3\pi}{2}$。

把扰动垂直速度的平面波动解$w'=\tilde{w}e^{i(kx+ly+nz-\omega t)}$代入扰动水平散度表达式可以得到

$$\frac{\partial u'}{\partial x}+\frac{\partial v'}{\partial y}=-inw' \tag{10.2.19}$$

由上式可见，扰动水平散度与扰动垂直速度的位相差为$m\pi+\dfrac{\pi}{2}, m=0,\pm1,\pm2,\cdots$。另外，可以证明纯重力波的扰动垂直涡度为零，即$\dfrac{\partial v'}{\partial x}-\dfrac{\partial u'}{\partial y}=0$。

Lu 等 (2005a)讨论了重力波的极化问题，Lu 等(2005b)研究了重力波的半极化理论。在下面的两节中，我们将重力波的极化理论推广到惯性重力波和对称惯性重力波。

(2)三维惯性重力波

由方程组(10.1.55)—(10.1.59)和频散关系(10.1.61)可以得到如下三维惯性重力波复扰动振幅的表达式：

$$\tilde{u}=-\frac{n(ifl+\omega k)}{\omega(l^2+k^2)}\tilde{w} \tag{10.2.20}$$

$$\tilde{v}=\frac{n(ifk-\omega l)}{\omega(l^2+k^2)}\tilde{w} \tag{10.2.21}$$

$$\tilde{u}=-\frac{ifl+\omega k}{ifk-\omega l}\tilde{v} \tag{10.2.22}$$

$$\tilde{p}=\frac{\bar{\rho}}{n}\left(\omega-\frac{N^2}{\omega}\right)\tilde{w} \tag{10.2.23}$$

$$\tilde{\theta}=-i\frac{\bar{\theta}}{g}\frac{N^2}{\omega}\tilde{w} \tag{10.2.24}$$

把公式(10.2.20)—(10.2.24)代入平面波动解(10.1.22)可以得到

$$u' = -\frac{n\sqrt{f^2 l^2 + \omega^2 k^2}}{\omega(l^2 + k^2)} w' e^{i\arctan\left(\frac{fl}{\omega k}\right)} \tag{10.2.25}$$

$$v' = \frac{n\sqrt{f^2 k^2 + \omega^2 l^2}}{\omega(l^2 + k^2)} w' e^{i\arctan\left(-\frac{fk}{\omega l}\right)} \tag{10.2.26}$$

$$u' = -\sqrt{\frac{f^2 l^2 + \omega^2 k^2}{f^2 k^2 + \omega^2 l^2}} v' e^{i\arctan\left(\frac{\omega f(l^2+k^2)}{(\omega^2 - f^2)kl}\right)} \tag{10.2.27}$$

$$p' = \frac{\bar{\rho}}{n}\left(\omega - \frac{N^2}{\omega}\right) w' \tag{10.2.28}$$

$$\theta' = \frac{\bar{\theta}}{g}\frac{N^2}{\omega} w' e^{i\frac{3\pi}{2}} \tag{10.2.29}$$

对于(10.2.25)式,若$-\frac{n\sqrt{f^2l^2+\omega^2k^2}}{\omega(l^2+k^2)}>0$,则 u' 与 w' 的位相差为 $\varphi_u-\varphi_w=2m\pi+\arctan\left(\frac{fl}{\omega k}\right)$, $m=0,\pm1,\pm2,\cdots$;若$-\frac{n\sqrt{f^2l^2+\omega^2k^2}}{\omega(l^2+k^2)}<0$,则 $u'=\frac{n\sqrt{f^2l^2+\omega^2k^2}}{\omega(l^2+k^2)}w'e^{i[(2m+1)\pi+\arctan\left(\frac{fl}{\omega k}\right)]}$,这表明 u' 与 w' 的位相差为 $\varphi_u-\varphi_w=(2m+1)\pi+\arctan\left(\frac{fl}{\omega k}\right)$,$m=0,\pm1,\pm2,\cdots$;针对上述两种情况,$u'$ 与 w' 的位相差可以概括地写为 $\varphi_u-\varphi_w=m\pi+\arctan\left(\frac{fl}{\omega k}\right)$,$m=0,\pm1,\pm2,\cdots$。依此类推,$v'$,$p'$ 和 θ' 与 w' 的位相差以及 u' 与 v' 的位相差可以概括地写为:

$$\varphi_v - \varphi_w = m\pi + \arctan\left(-\frac{fk}{\omega l}\right),\quad m = 0,\pm1,\pm2,\cdots \tag{10.2.30}$$

$$\varphi_u - \varphi_v = (2m+1)\pi + \arctan\left(\frac{\omega f(l^2+k^2)}{(\omega^2 - f^2)kl}\right),\quad m = 0,\pm1,\pm2,\cdots \tag{10.2.31}$$

$$\varphi_p - \varphi_w = m\pi,\quad m = 0,\pm1,\pm2,\cdots \tag{10.2.32}$$

$$\varphi_\theta - \varphi_w = 2m\pi + \frac{3\pi}{2},\quad m = 0,\pm1,\pm2,\cdots \tag{10.2.33}$$

可见,三维惯性重力波的扰动速度分量的位相差与 Coriolis 参数和波参数有关,并且是一般形式的椭圆极化;扰动气压与扰动垂直速度的位相差为 $m\pi$,而扰动位温与扰动垂直速度的位相差为 $2m\pi+\frac{3\pi}{2}$。

类似地,三维惯性重力波的扰动水平散度($\frac{\partial u'}{\partial x}+\frac{\partial v'}{\partial y}=-inw'$)与扰动垂直速度的位相差为 $m\pi+\frac{\pi}{2}$。利用公式(10.2.20)和(10.2.21),扰动垂直涡度可以写为

$$\frac{\partial v'}{\partial x}-\frac{\partial u'}{\partial y}=-\frac{fn}{\omega}w' \tag{10.2.34}$$

由上式可见，三维惯性重力波的扰动垂直涡度与扰动垂直速度的位相差为 $m\pi$，而与扰动水平散度的位相差为$\frac{\pi}{2}$。

假设

$$k=K\cos\alpha\sin\beta,\ l=K\cos\alpha\cos\beta,\ n=K\sin\alpha \tag{10.2.35}$$

其中，$K=(k^2+l^2+n^2)^{\frac{1}{2}}$，$\alpha$ 为波数矢量(k,l,n)与水平面之间的夹角，β 为波数矢量水平分量(k,l)与 y 轴之间的夹角（如图 10.2.3 所示）。我们引入新坐标系(X,Y,Z)，其中 X 轴在 $x-y$ 平面内并与 x 轴的夹角为 β，Y 轴平行于波矢量(k,l,n)，Z 轴与 z 轴的夹角为 α。新坐标系的扰动速度(U,V,W)与局地直角坐标系的扰动速度(u',v',w')的关系可以表示为：

$$U=u'\cos\beta-v'\sin\beta \tag{10.2.36}$$

$$V=w'\sin\alpha+(u'\sin\beta+v'\cos\beta)\cos\alpha \tag{10.2.37}$$

$$W=w'\cos\alpha-(u'\sin\beta+v'\cos\beta)\sin\alpha \tag{10.2.38}$$

把扰动速度 $u'=-\frac{n(ifl+\omega k)}{\omega(l^2+k^2)}w'$ 和 $v'=\frac{n(ifk-\omega l)}{\omega(l^2+k^2)}w'$ 代入式(10.2.36)—(10.2.38)，并取实部可以得到

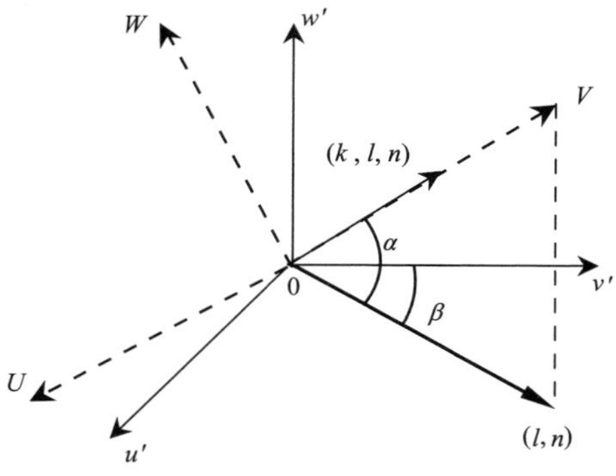

图 10.2.3　新坐标系的定义

$$U=\frac{nf}{\omega K\cos\alpha}Re\widetilde{w}\sin(kx+ly+nz-\omega t+\Gamma) \tag{10.2.39}$$

$$V=0 \tag{10.2.40}$$

$$W=\frac{Re\widetilde{w}}{\cos\alpha}\cos(kx+ly+nz-\omega t+\Gamma) \tag{10.2.41}$$

其中，$\widetilde{w}=Re\widetilde{w}\,e^{i\Gamma}$ 为垂直速度复振幅，$Re\widetilde{w}$为实振幅，T 为复振幅的位相。公式(10.2.40)表明在新坐标系内，扰动振动方向与波传播方向相垂直。另外，合并

公式(10.2.39)和(10.2.41)可以得到

$$\left(\frac{N^2}{f^2}\mathrm{ctg}^2\alpha+1\right)U^2+W^2=\frac{(Re\widetilde{w})^2}{\cos^2\alpha} \tag{10.2.42}$$

上式表明从整体上看，这里讨论的三维惯性重力波是一种标准的椭圆偏振波，椭圆的长短轴取决于 N^2，f^2 和 α。

(3)对称惯性重力波

利用对称惯性重力波的频散关系(10.1.88)，并假设基本大气满足热成风平衡，由方程组(10.1.82)—(10.1.86)可以得到如下对称惯性重力波复扰动振幅的表达式：

$$\widetilde{u}=-i\frac{(lS^2+nF^2)}{\omega lf}\widetilde{w} \tag{10.2.43}$$

$$\widetilde{v}=-\frac{n}{l}\widetilde{w} \tag{10.2.44}$$

$$\widetilde{u}=i\frac{(lS^2+nF^2)}{\omega nf}\widetilde{v} \tag{10.2.45}$$

$$\widetilde{p}=-(lN^2+nS^2-\omega^2l)\frac{\bar{\rho}}{\omega nl}\widetilde{w} \tag{10.2.46}$$

$$\widetilde{\theta}=-i\frac{\bar{\theta}}{g}(lN^2+nS^2)\frac{\widetilde{w}}{\omega l} \tag{10.2.47}$$

其中，$F^2=f(f-\dfrac{\partial\bar{u}}{\partial y})$为惯性稳定度参数，$S^2=f\dfrac{\partial\bar{u}}{\partial z}\approx-\dfrac{g}{\bar{\theta}}\dfrac{\partial\bar{\theta}}{\partial y}$为斜压性参数和 $N^2=\dfrac{g}{\bar{\theta}}\dfrac{\partial\bar{\theta}}{\partial z}$为层结稳定度参数。

把公式(10.2.43)—(10.2.47)代入平面波动解(10.1.22)可以得到：

$$u'=-\frac{(lS^2+nF^2)}{\omega lf}w'e^{i\frac{\pi}{2}} \tag{10.2.48}$$

$$v'=-\frac{n}{l}w' \tag{10.2.49}$$

$$u'=\frac{(lS^2+nF^2)}{\omega nf}v'e^{i\frac{\pi}{2}} \tag{10.2.50}$$

$$p'=-(lN^2+nS^2-\omega^2l)\frac{\omega nl}{}w' \tag{10.2.51}$$

$$g-=-\frac{(lN^2+nS^2)}{\omega l}w'e^{i\frac{\pi}{2}} \tag{10.2.52}$$

对于(10.2.48)式，若$-\dfrac{(lS^2+nF^2)}{\omega lf}>0$，则 $u'=-\dfrac{(lS^2+nF^2)}{\omega lf}w'e^{i(2m\pi+\frac{\pi}{2})}$，这表明 u' 与 w' 的位相差为 $\varphi_u-\varphi_w=2m\pi+\dfrac{\pi}{2}$，$m=0,\pm1,\pm2,\cdots$；若 $-\dfrac{(lS^2+nF^2)}{\omega lf}<0$，则 $u'=\dfrac{(lS^2+nF^2)}{\omega lf}w'e^{i[(2m+1)\pi+\frac{\pi}{2}]}$，这表明 u'与 w'的位相

差为 $\varphi_u-\varphi_w=(2m+1)\pi+\frac{\pi}{2}, m=0, \pm 1, \pm 2, \cdots$；针对上述两种情况，$u'$ 与 w' 的位相差可以概括地写为 $\varphi_u-\varphi_w=m\pi+\frac{\pi}{2}, m=0, \pm 1, \pm 2, \cdots$。依此类推，$v'$，$p'$ 和 θ' 与 w' 的位相差以及 u' 与 v' 的位相差可以概括地写为：

$$\varphi_v-\varphi_w=m\pi, \qquad m=0, \pm 1, \pm 2, \cdots \tag{10.2.53}$$

$$\varphi_u-\varphi_v=m\pi+\frac{\pi}{2}, \qquad m=0, \pm 1, \pm 2, \cdots \tag{10.2.54}$$

$$\varphi_p-\varphi_w=m\pi, \qquad m=0, \pm 1, \pm 2, \cdots \tag{10.2.55}$$

$$\varphi_\theta-\varphi_w=m\pi+\frac{\pi}{2}, \qquad m=0, \pm 1, \pm 2, \cdots \tag{10.2.56}$$

可见，对称惯性重力波的扰动速度分量 u' 和 v' 的位相差以及 u' 和 w' 的位相差都为 $m\pi+\frac{\pi}{2}$，表明它们都是标准椭圆极化；v' 和 w' 的位相差为 $m\pi$，表明它们是线性极化。扰动气压与扰动垂直速度的位相差为 $m\pi$，而扰动位温与扰动垂直速度的位相差为 $m\pi+\frac{\pi}{2}$。利用(10.2.49)式，纬向扰动涡度可以写为：

$$\frac{\partial w'}{\partial y}-\frac{\partial v'}{\partial z}=i\frac{l^2+n^2}{l}w' \tag{10.2.57}$$

由上式可见，对称惯性重力波的纬向扰动涡度与扰动垂直速度的位相差为 $m\pi+\frac{\pi}{2}$。

假设

$$l=K\cos\alpha, \; n=K\sin\alpha \tag{10.2.58}$$

其中，$K=\sqrt{l^2+n^2}$，α 波数矢量 (l,n) 与 y 轴之间的夹角。我们引入新坐标系统 (X,Y,Z)，如图 10.2.4 所示，其中 X 轴平行于 x 轴，Y 轴平行于波数矢量 (l,n)，Z 轴与 z 轴的夹角为 α。新坐标系的扰动速度 (U,V,W) 与局地直角坐标系的扰动速度 (u',v',w') 之间的关系可以写为：

$$U=u', V=w'\sin\alpha+v'\cos\alpha, \; W=w'\cos\alpha-v'\sin\alpha \tag{10.2.59}$$

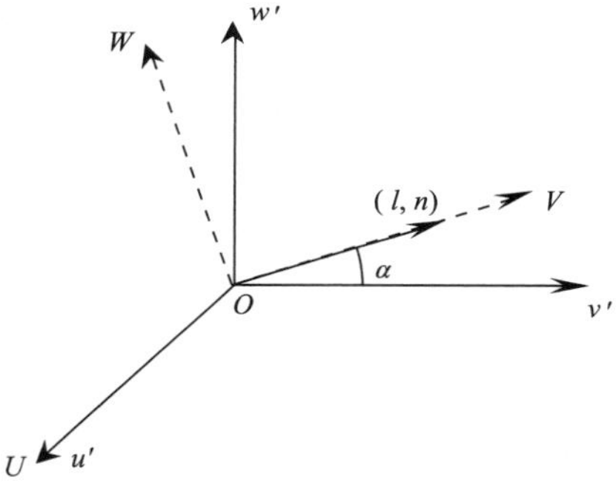

图 10.2.4　新坐标系的定义

把扰动速度 $u' = -i\dfrac{(lS^2+nF^2)}{\omega lf}\widetilde{w}e^{i(ly+nz-\omega t)}$，$v' = -\dfrac{n}{l}\widetilde{w}e^{i(ly+nz-\omega t)}$ 代入(10.2.59)，并取实部可以得到

$$U = \frac{(lS^2+nF^2)}{\omega lf}Re\widetilde{w}\sin(ly+nz-\omega t+\Gamma) \tag{10.2.60}$$

$$V = 0 \tag{10.2.61}$$

$$W = \frac{Re\widetilde{w}}{\cos\alpha}\cos(ly+nz-\omega t+\Gamma) \tag{10.2.62}$$

其中，$\widetilde{w} = Re\widetilde{w}e^{i\Gamma}$ 为垂直速度复振幅，$Re\widetilde{w}$ 为实 振幅，Γ 为复振幅的位相。(10.2.61)式表明在新坐标系内，扰动振动方向与波传播方向相垂直。合并式(10.2.60)和(10.2.62)，消去 $\sin(ly+nz-\omega t+\Gamma)$ 和 $\cos(ly+nz-\omega t+\Gamma)$ 可以得到

$$\frac{U^2}{(lS^2+nF^2)^2}+\frac{W^2}{\omega^2f^2(l^2+n^2)} = \frac{(Re\widetilde{w})^2}{\omega^2f^2l^2} \tag{10.2.63}$$

上式代表垂直于波传播方向的平面内的扰动速度分量 U 和 W 之间的关系，它表明从总体上看，对称惯性重力波是一种标准椭圆偏振波。

10.3 重力波的波作用量方程

10.3.1 重力波的波作用量方程

重力波作为一种扰动在传播过程中与环境场或基本态大气会相互影响，相互作用，能量在二者之间循环转换，此消彼长，通过这种相互作用，重力波和环境场都得以维持和发展，这就是通常所说的波流相互作用。这种相互作用包括两个方面，一方面是基本气流对重力波特征参数的影响，另一方面则是重力波通过动量和热量输送强迫基本气流演变。如果波动演变的时间尺度比基流演变的时间尺度小得多，那么这种相互作用可分为两个单方向作用过程来研究(巢纪平，1980；刘式适等，1985；孙淑清，1990；易帆，1999；Andrews，1983，1987；Brunet *et al.*，1996；Durran，1995；Gao shouting *et al.*，2004；Haynes，1988；Magnusdottir *et al.*，1996；McIntyre，1980；McIntyre *et al.*，1987；Murray，1998；Ren，2000；Scinocca *et al.*，1992)。

对于大气中的波动，如果介质是均匀的，则大气基本态参数都为常数，可以利用平面波解来研究波动的各种性质；如果介质是非均匀的，那么大气基本态参数一般不再是常数，而是时间和空间的函数，控制方程为变系数偏微分方程，人们通常假设介质的物理性质在时间和空间上都是缓慢变化的，利用 WKB 近似方法(全称 Wenzel，Kramers. Brillouin，是通过对普朗克常量做幂级数展开后，

取近似，将薛定谔方程转化为定常微分方程的方法）或其他渐近方法来讨论非均匀介质中波动性质，例如，曾庆存利用 WKB 近似对正压大气、斜压大气中 Rossby 波包的演变和发展做出了开拓性研究，提出扰动发展与否的普遍性判据。

建立在缓变波列理论基础上的波动多尺度方法是研究非均匀介质中波传播的一种有效方法。这种方法的基本思想是假设缓变波列存在两种时间和空间尺度，高频载波的位相以快时空尺度变化，但波数，频率和缓变波包以慢时空尺度变化；借助 WKB 方法，把物理量按照小参数 ε 展开，代入方程后根据 ε 同次幂相等的原则取 ε 的零级近似和一级近似，就可以分别得到波动频散关系和扰动振幅方程。本节将利用这种波动多尺度方法来讨论纯重力波，惯性重力波和对称惯性重力波的波能密度，并利用波作用量方程分析波动的演变特征。同时也为后面的 EP 通量理论研究奠定基础。

10.3.2　纯重力波

根据波动多尺度方法，慢时空尺度定义为

$$X = \varepsilon x,\ Y = \varepsilon y,\ Z = \varepsilon z,\ T = \varepsilon t \tag{10.3.1}$$

其中，x,y,z 和 t 为快时空尺度，小参数 $|\varepsilon| \ll 1$。

假设扰动形式解可以写为

$$\begin{pmatrix} u' \\ v' \\ w' \\ \theta' \\ p' \end{pmatrix} = \begin{pmatrix} \hat{u}(X,Y,Z,T) \\ \hat{v}(X,Y,Z,T) \\ \hat{w}(X,Y,Z,T) \\ \hat{\theta}(X,Y,Z,T) \\ \hat{p}(X,Y,Z,T) \end{pmatrix} e^{i\varphi} \tag{10.3.2}$$

其中，扰动振幅$(\hat{u},\hat{v},\hat{w},\theta,\hat{p})$是慢时空尺度$(X,Y,Z,T)$的函数，它们可以按小参数 ε 展开为

$$\begin{pmatrix} \hat{u}(X,Y,Z,T) \\ \hat{v}(X,Y,Z,T) \\ \hat{w}(X,Y,Z,T) \\ \hat{\theta}(X,Y,Z,T) \\ \hat{p}(X,Y,Z,T) \end{pmatrix} = \begin{pmatrix} \sum\limits_{i=0}^{\infty} \varepsilon^i \hat{u}_i(X,Y,Z,T) \\ \sum\limits_{i=0}^{\infty} \varepsilon^i \hat{v}_i(X,Y,Z,T) \\ \sum\limits_{i=0}^{\infty} \varepsilon^i \hat{w}_i(X,Y,Z,T) \\ \sum\limits_{i=0}^{\infty} \varepsilon^i \hat{\theta}_i(X,Y,Z,T) \\ \sum\limits_{i=0}^{\infty} \varepsilon^i \hat{p}_i(X,Y,Z,T) \end{pmatrix} \tag{10.3.3}$$

扰动形式解(10.3.2)中的位相函数 φ 满足如下关系

$$\frac{\partial\varphi}{\partial t}=-\omega,\ \frac{\partial\varphi}{\partial x}=k,\ \frac{\partial\varphi}{\partial y}=l,\ \frac{\partial\varphi}{\partial z}=n \tag{10.3.4}$$

其中,ω,k,l 和 n 分别为局地频率和 x,y,z 方向的局地波数,它们都是慢时空尺度(X,Y,Z,T)的函数。根据(10.3.4)式,可以得到如下局地波参数关系

$$\frac{\partial\omega}{\partial X}=-\frac{\partial k}{\partial T},\ \frac{\partial\omega}{\partial Y}=-\frac{\partial l}{\partial T},\ \frac{\partial\omega}{\partial Z}=-\frac{\partial n}{\partial T},$$

$$\frac{\partial k}{\partial Y}=\frac{\partial l}{\partial X},\ \frac{\partial k}{\partial Z}=\frac{\partial n}{\partial X},\ \frac{\partial l}{\partial Z}=\frac{\partial n}{\partial Y} \tag{10.3.5}$$

将(10.3.3)式代入(10.1.23)—(10.1.27)式,取 ε^0 和 ε^1 近似,可以得到

ε^0:

$$-\omega\hat{u}_0+k\frac{\hat{p}_0}{\bar{\rho}}=0 \tag{10.3.6}$$

$$-\omega\hat{v}_0+l\frac{\hat{p}_0}{\bar{\rho}}=0 \tag{10.3.7}$$

$$-i\omega\hat{w}_0+in\frac{\hat{p}_0}{\bar{\rho}}-\frac{g}{\bar{\theta}}\hat{\theta}_0=0 \tag{10.3.8}$$

$$k\hat{u}_0+l\hat{v}_0+n\hat{w}_0=0 \tag{10.3.9}$$

$$-i\omega\hat{\theta}_0+\frac{\bar{\theta}}{g}N^2\hat{w}_0=0 \tag{10.3.10}$$

ε^1:

$$-i\omega\hat{u}_1+ik\frac{\hat{p}_1}{\bar{\rho}}=-\left(\frac{\partial\hat{u}_0}{\partial T}+\frac{1}{\bar{\rho}}\frac{\partial\hat{p}_0}{\partial X}\right)=-A \tag{10.3.11}$$

$$-i\omega\hat{v}_1+il\frac{\hat{p}_1}{\bar{\rho}}=-\left(\frac{\partial\hat{v}_0}{\partial T}+\frac{1}{\bar{\rho}}\frac{\partial\hat{p}_0}{\partial Y}\right)=-B \tag{10.3.12}$$

$$-i\omega\hat{w}_1+in\frac{\hat{p}_1}{\bar{\rho}}-\frac{g}{\bar{\theta}}\hat{\theta}_1=-\left(\frac{\partial\hat{w}_0}{\partial T}+\frac{1}{\bar{\rho}}\frac{\partial\hat{p}_0}{\partial Z}\right)=-C \tag{10.3.13}$$

$$k\hat{u}_1+l\hat{v}_1+n\hat{w}_1=i\left(\frac{\partial\hat{u}_0}{\partial X}+\frac{\partial\hat{v}_0}{\partial Y}+\frac{\partial\hat{w}_0}{\partial Z}\right)=-D \tag{10.3.14}$$

$$-i\omega\hat{\theta}_1+\frac{\bar{\theta}}{g}N^2\hat{w}_1=-\frac{\partial\hat{\theta}_0}{\partial T}=-E \tag{10.3.15}$$

由方程组(10.3.6)-(10.3.10)可以得到如下纯重力波频散关系

$$\omega^2(k^2+l^2+n^2)=N^2(k^2+l^2) \tag{10.3.16}$$

可见,波多尺度方法和平面波解方法得到的频散关系完全相同。对(10.3.16)式分别求关于时间(t)和空间(x,y,z)的偏导数,并利用波参数关系(10.3.5)式,可以得到如下波参数演变方程:

$$\frac{\partial\omega}{\partial T}+C_{gx}\frac{\partial\omega}{\partial X}+C_{gy}\frac{\partial\omega}{\partial Y}+C_{gz}\frac{\partial\omega}{\partial Z}=0 \tag{10.3.17}$$

$$\frac{\partial k}{\partial T}+C_{gx}\frac{\partial k}{\partial X}+C_{gy}\frac{\partial k}{\partial Y}+C_{gz}\frac{\partial k}{\partial Z}=0 \tag{10.3.18}$$

$$\frac{\partial l}{\partial T}+C_{gx}\frac{\partial l}{\partial X}+C_{gy}\frac{\partial l}{\partial Y}+C_{gz}\frac{\partial l}{\partial Z}=0 \tag{10.3.19}$$

$$\frac{\partial n}{\partial T}+C_{gx}\frac{\partial n}{\partial X}+C_{gy}\frac{\partial n}{\partial Y}+C_{gz}\frac{\partial n}{\partial Z}+\frac{1}{2}\frac{\frac{\mathrm{d}N^2}{\mathrm{d}z}(k^2+l^2)}{\varepsilon\omega(k^2+l^2+n^2)}=0 \tag{10.3.20}$$

其中群速度(C_{gx},C_{gy},C_{gz})的表达式与(10.1.38)—(10.1.40)相同。由于大气基本态仅是高度 z 的函数，频散关系(10.3.16)仅与 z 有关，而与 t,x 和 y 无关，所以在波包传播过程中，频率 ω 和 x,y 方向的波数 k,l 都是守恒的，但 z 方向波数 n 是不守恒的，它的发展演变主要是由层结稳定度在垂直方向上的非均匀性造成的。

根据前面已经证明的波数矢量方向与群速度方向垂直，所以位相函数 φ 演变方程可以写为：

$$\frac{\partial\varphi}{\partial T}+C_{gx}\frac{\partial\varphi}{\partial X}+C_{gy}\frac{\partial\varphi}{\partial Y}+C_{gz}\frac{\partial\varphi}{\partial Z}=-\frac{\omega}{\varepsilon} \tag{10.3.21}$$

由上式可见，在波包传播过程中位相函数的发展变化仅与频率 ω 有关。

等位相线的发展演变可以用等位相线斜率的变化来表示，在平面 $x-y$，$x-z$ 和 $y-z$ 内的等位相线斜率可以定义为：

$$\mathrm{tg}(a_{xy})=-\frac{k}{l},\ \mathrm{tg}(a_{xz})=-\frac{k}{n}\quad 和\quad \mathrm{tg}(a_{yz})=-\frac{l}{n} \tag{10.3.22}$$

利用方程(10.3.17)—(10.3.20)和(10.3.22)，各个坐标面内的等位相线演变方程可以写为：

$$\frac{\partial\mathrm{tg}(a_{xy})}{\partial T}+C_{gx}\frac{\partial\mathrm{tg}(a_{xy})}{\partial X}+C_{gy}\frac{\partial\mathrm{tg}(a_{xy})}{\partial Y}+C_{gz}\frac{\partial\mathrm{tg}(a_{xy})}{\partial Z}=0 \tag{10.3.23}$$

$$\frac{\partial\mathrm{tg}(a_{xz})}{\partial T}+C_{gx}\frac{\partial\mathrm{tg}(a_{xz})}{\partial X}+C_{gy}\frac{\partial\mathrm{tg}(a_{xz})}{\partial Y}+C_{gz}\frac{\partial\mathrm{tg}(a_{xz})}{\partial Z}=-\frac{1}{2}\frac{\frac{\mathrm{d}N^2}{\mathrm{d}z}k(k^2+l^2)}{\varepsilon\omega(k^2+l^2+n^2)n^2} \tag{10.3.24}$$

$$\frac{\partial\mathrm{tg}(a_{yz})}{\partial T}+C_{gx}\frac{\partial\mathrm{tg}(a_{yz})}{\partial X}+C_{gy}\frac{\partial\mathrm{tg}(a_{yz})}{\partial Y}+C_{gz}\frac{\partial\mathrm{tg}(a_{yz})}{\partial Z}=-\frac{1}{2}\frac{\frac{\mathrm{d}N^2}{\mathrm{d}z}l(k^2+l^2)}{\varepsilon\omega(k^2+l^2+n^2)n^2} \tag{10.3.25}$$

由方程(10.3.23)—(10.3.25)可见,在波包传播过程中 $x-y$ 平面内等位相线的斜率保持不变,但 $y-z$ 和 $x-z$ 平面内等位相线的演变主要是由层结稳定度的垂直变化造成的。

由方程组(10.3.11)—(10.3.15)消去一阶扰动量可以得到:

$$inkA+inlB-i(k^2+l^2)C-\omega nD+\frac{k^2+l^2}{\omega}\frac{g}{\theta}E=0 \quad (10.3.26)$$

把 A,B,C,D 和 E 的表达式代入(10.3.26),并利用频散关系(10.3.16)和波参数关系(10.3.5)可以推导出波作用量方程:

$$\frac{\partial H}{\partial T}+\frac{\partial}{\partial X}(C_{gx}H)+\frac{\partial}{\partial Y}(C_{gy}H)+\frac{\partial}{\partial Z}(C_{gz}H)=0 \quad (10.3.27)$$

其中,$H=(k^2+l^2+n^2)\hat{w}_0^2$ 为波作用量密度。由上式可见,非均匀介质中纯重力波的波作用量在波包传播过程中是守恒的。

由波作用量方程(10.3.27)可以推导出波能方程

$$\frac{\partial J}{\partial T}+\frac{\partial}{\partial X}(C_{gx}J)+\frac{\partial}{\partial Y}(C_{gy}J)+\frac{\partial}{\partial Z}(C_{gz}J)=\frac{\frac{\mathrm{d}N^2}{\mathrm{d}z}n(k^2+l^2)}{\varepsilon\omega(k^2+l^2+n^2)^2}J \quad (10.3.28)$$

其中 $J=\hat{w}_0^2$ 为波能密度。由上式可见,在波包传播过程中由于层结稳定度在垂直方向上的非均匀性导致波能量的不守恒性。

利用垂直波数演变方程(10.3.20),波能密度方程(10.3.28)又可以写为

$$\frac{\partial J}{\partial T}+\frac{\partial}{\partial X}(C_{gx}J)+\frac{\partial}{\partial Y}(C_{gy}J)+\frac{\partial}{\partial Z}(C_{gz}J)$$
$$=-\left(\frac{\partial n^2}{\partial T}+C_{gx}\frac{\partial n^2}{\partial X}+C_{gy}\frac{\partial n^2}{\partial Y}+C_{gz}\frac{\partial n^2}{\partial Z}\right)\frac{J}{(k^2+l^2+n^2)} \quad (10.3.29)$$

由上式可见,在波包传播过程中纯重力波波能量的增加与减少与垂直波数的演变密切相关。若垂直波数增长,波能量将减少,纯重力波将衰减;若垂直波数减小,波能量将增加,纯重力波将发展。

10.3.3 惯性重力波

将(10.3.3)式代入方程组(10.1.50)—(10.1.54),取 ε^0 和 ε^1 近似可以得到:

ε^0:

$$-i\omega\hat{u}_0-f\hat{v}_0+ik\frac{\hat{p}_0}{\bar{\rho}}=0 \quad (10.3.30)$$

$$-i\omega\hat{v}_0+f\hat{u}_0+il\frac{\hat{p}_0}{\bar{\rho}}=0 \quad (10.3.31)$$

$$-i\omega\hat{w}_0 + in\frac{\hat{p}_0}{\bar{\rho}} - \frac{g}{\bar{\theta}}\hat{\theta}_0 = 0 \tag{10.3.32}$$

$$k\hat{u}_0 + l\hat{v}_0 + n\hat{w}_0 = 0 \tag{10.3.33}$$

$$-i\omega\hat{\theta}_0 + \frac{\bar{\theta}}{g}N^2\hat{w}_0 = 0 \tag{10.3.34}$$

ε^1：

$$-i\omega\hat{u}_1 - f\hat{v}_1 + ik\frac{\hat{p}_1}{\bar{\rho}} = -\left(\frac{\partial\hat{u}_0}{\partial T} + \frac{1}{\bar{\rho}}\frac{\partial\hat{p}_0}{\partial X}\right) = -A \tag{10.3.35}$$

$$-i\omega\hat{v}_1 + f\hat{u}_1 + il\frac{\hat{p}_1}{\bar{\rho}} = -\left(\frac{\partial\hat{v}_0}{\partial T} + \frac{1}{\bar{\rho}}\frac{\partial\hat{p}_0}{\partial Y}\right) = -B \tag{10.3.36}$$

$$-i\omega\hat{w}_1 + in\frac{\hat{p}_1}{\bar{\rho}} - \frac{g}{}\hat{\theta}_1 = -\left(\frac{\partial\hat{w}_0}{\partial T} + \frac{1}{\bar{\rho}}\frac{\partial\hat{p}_0}{\partial Z}\right) = -C \tag{10.3.37}$$

$$k\hat{u}_1 + l\hat{v}_1 + n\hat{w}_1 = i\left(\frac{\partial\hat{u}_0}{\partial X} + \frac{\partial\hat{v}_0}{\partial Y} + \frac{\partial\hat{w}_0}{\partial Z}\right) = -D \tag{10.3.38}$$

$$-\omega i\hat{\theta}_1 + \frac{\bar{\theta}}{g}N^2\hat{w}_1 = -\frac{\partial\hat{\theta}_0}{\partial T} = -E \tag{10.3.39}$$

由公式(10.3.30)—(10.3.34)可以得到与公式(10.1.61)相同的三维惯性重力波频散关系

$$\omega^2(k^2 + l^2 + n^2) = N^2(k^2 + l^2) + f^2n^2 \tag{10.3.40}$$

由(10.3.40)式和(10.3.5)式可以得到如下波参数演变方程

$$\frac{\partial\omega}{\partial T} + C_{gx}\frac{\partial\omega}{\partial X} + C_{gy}\frac{\partial\omega}{\partial Y} + C_{gz}\frac{\partial\omega}{\partial Z} = 0 \tag{10.3.41}$$

$$\frac{\partial k}{\partial T} + C_{gx}\frac{\partial k}{\partial X} + C_{gy}\frac{\partial k}{\partial Y} + C_{gz}\frac{\partial k}{\partial Z} = 0 \tag{10.3.42}$$

$$\frac{\partial l}{\partial T} + C_{gx}\frac{\partial l}{\partial X} + C_{gy}\frac{\partial l}{\partial Y} + C_{gz}\frac{\partial l}{\partial Z} = -\frac{1}{2}\frac{\frac{\mathrm{d}f^2}{\mathrm{d}y}n^2}{\varepsilon\omega(k^2 + l^2 + n^2)} \tag{10.3.43}$$

$$\frac{\partial n}{\partial T} + C_{gx}\frac{\partial n}{\partial X} + C_{gy}\frac{\partial n}{\partial Y} + C_{gz}\frac{\partial n}{\partial Z} = -\frac{1}{2}\frac{\frac{\mathrm{d}N^2}{\mathrm{d}z}(k^2 + l^2)}{\varepsilon\omega(k^2 + l^2 + n^2)} \tag{10.3.44}$$

由于大气基本态的垂直非均匀性和地球旋转效应，三维惯性重力波的 y 方向波数和垂直波数在波包传播过程中都是不守恒的，浮力振荡频率的垂直变化影响垂直波数的演变，地球旋转效应总使 y 方向波数减小；由于频散关系公式(10.3.40)不显含 t 和 x，所以在波包传播过程中三维惯性重力波的波频率和 x 方向波数是守恒的。

根据前面已经证明的波数矢量方向与群速度方向垂直，所以位相函数 φ 演变方程可以写为：

$$\frac{\partial\varphi}{\partial T}+C_{gx}\frac{\partial\varphi}{\partial X}+C_{gy}\frac{\partial\varphi}{\partial Y}+C_{gz}\frac{\partial\varphi}{\partial Z}=-\frac{\omega}{\varepsilon} \tag{10.3.45}$$

利用方程(10.3.42)—(10.3.44)和方程(10.3.22)，各个坐标面内的等位相线演变方程可以写为：

$$\frac{\partial \mathrm{tg}(a_{xy})}{\partial T}+C_{gx}\frac{\partial \mathrm{tg}(a_{xy})}{\partial X}+C_{gy}\frac{\partial \mathrm{tg}(a_{xy})}{\partial Y}+C_{gz}\frac{\partial \mathrm{tg}(a_{xy})}{\partial Z}$$

$$=-\frac{1}{2}\frac{\dfrac{\mathrm{d}f^2}{\mathrm{d}y}n^2k}{\varepsilon\omega(k^2+l^2+n^2)l^2} \tag{10.3.46}$$

$$\frac{\partial \mathrm{tg}(a_{xz})}{\partial T}+C_{gx}\frac{\partial \mathrm{tg}(a_{xz})}{\partial X}+C_{gy}\frac{\partial \mathrm{tg}(a_{xz})}{\partial Y}+C_{gz}\frac{\partial \mathrm{tg}(a_{xz})}{\partial Z}$$

$$=-\frac{1}{2}\frac{\dfrac{\mathrm{d}N^2}{\mathrm{d}z}k(k^2+l^2)}{\varepsilon\omega(k^2+l^2+n^2)n^2} \tag{10.3.47}$$

$$\frac{\partial \mathrm{tg}(a_{yz})}{\partial T}+C_{gx}\frac{\partial \mathrm{tg}(a_{yz})}{\partial X}+C_{gy}\frac{\partial \mathrm{tg}(a_{yz})}{\partial Y}+C_{gz}\frac{\partial \mathrm{tg}(a_{yz})}{\partial Z}$$

$$=-\frac{1}{2}\frac{\dfrac{\mathrm{d}N^2}{\mathrm{d}z}l(k^2+l^2)-\dfrac{\mathrm{d}f^2}{\mathrm{d}y}n^3}{\varepsilon\omega(k^2+l^2+n^2)n^2} \tag{10.3.48}$$

由上述方程可见，在波包传播过程中大气基本态的垂直非均匀性和地球旋转效应使得各个坐标面内等位相线不断地倾斜变化，地球旋转效应促进 $x-y$ 平面内等位相线发展，浮力振动频率的垂直变化驱动 $x-z$ 平面内等位相线演变。$y-z$ 平面内等位相线的发展演变是由大气基本态的垂直非均匀性和地球旋转效应共同造成的。

消去 ε^1 近似方程(10.3.35)—(10.3.39)中的一阶扰动量可以得到：

$$(i\omega k+fl)nA+(i\omega l-fk)nB-i\omega(k^2+l^2)C-$$

$$(\omega^2-f^2)nD+(k^2+l^2)\frac{g}{\theta}E=0 \tag{10.3.49}$$

把 A,B,C,D 和 E 的具体表达式代入方程(10.3.49)，并利用三维惯性重力波频散关系(10.3.40)式和波参数关系(10.3.5)式可以推导出三维惯性重力波的波作用量方程：

$$\frac{\partial H}{\partial T}+\frac{\partial}{\partial X}(C_{gx}H)+\frac{\partial}{\partial Y}(C_{gy}H)+\frac{\partial}{\partial Z}(C_{gz}H)=\frac{\dfrac{\mathrm{d}f}{\mathrm{d}y}n^2[ik(\omega^2+f^2)-2f\omega l]}{\varepsilon\omega^2(k^2+l^2+n^2)(k^2+l^2)}H \tag{10.3.50}$$

其中 $H=(k^2+l^2+n^2)\hat{w}_0^2$。

假设

$$\hat{w}_0=\hat{w}_{01}e^{i\psi(X,Y,Z,T)} \tag{10.3.51}$$

其中 $\hat{w}_{01}$ 为波包振幅，$\psi(X,Y,Z,T)$ 为波包的位相函数，它是 (X,Y,Z,T) 的函数。利用(10.3.51)式可以得到

$$H=(k^2+l^2+n^2)\hat{w}_0^2=H1e^{i2\psi(X,Y,Z,T)} \tag{10.3.52}$$

其中，$H1=(k^2+l^2+n^2)\hat{w}_{01}^2$ 为三维惯性重力波的波作用量密度。把(10.3.52)式代入(10.3.50)式，分离实部和虚部可以得到三维惯性重力波的波包位相函数演变方程和波作用量演变方程

$$\frac{\partial\psi}{\partial T}+C_{gx}\frac{\partial\psi}{\partial X}+C_{gy}\frac{\partial\psi}{\partial Y}+C_{gz}\frac{\partial\psi}{\partial Z}=\frac{1}{2}\frac{\frac{\mathrm{d}f}{\mathrm{d}y}kn^2(\omega^2+f^2)}{\varepsilon\omega^2(k^2+l^2+n^2)(k^2+l^2)} \tag{10.3.53}$$

$$\frac{\partial H1}{\partial T}+\frac{\partial}{\partial X}(C_{gx}H1)+\frac{\partial}{\partial Y}(C_{gy}H1)+\frac{\partial}{\partial Z}(C_{gz}H1)=-\frac{\frac{\mathrm{d}f^2}{\mathrm{d}y}n^2l}{\varepsilon\omega(k^2+l^2+n^2)(k^2+l^2)}H1 \tag{10.3.54}$$

由上述两方程可见，波包位相演变和波作用量演变是地球旋转效应造成的。如果不考虑地球旋转效应或在 f 平面近似下，波作用量演变在波包传播过程中守恒，

$$\frac{\partial H1}{\partial T}+\frac{\partial}{\partial X}(C_{gx}H1)+\frac{\partial}{\partial Y}(C_{gy}H1)+\frac{\partial}{\partial Z}(C_{gz}H1)=0 \tag{10.3.55}$$

由波作用量方程(10.3.54)可以推导出波能方程

$$\frac{\partial J}{\partial T}+\frac{\partial}{\partial X}(C_{gx}J)+\frac{\partial}{\partial Y}(C_{gy}J)+\frac{\partial}{\partial Z}(C_{gz}J)=\left(\frac{\mathrm{d}N^2}{\mathrm{d}z}n(k^2+l^2)-\frac{\frac{\mathrm{d}f^2}{\mathrm{d}y}n^4l}{k^2+l^2}\right)\frac{J}{\varepsilon\omega\ (k^2+l^2+n^2)^2} \tag{10.3.56}$$

其中 $J=\hat{w}_{01}^2$ 为三维惯性重力波的波能密度。由上式可见，在波包传播过程中层结稳定度在垂直方向上的非均匀性和地球旋转效应导致三维惯性重力波的波能量的不守恒。

利用波数演变方程(10.3.42)—(10.3.44)，波能密度方程(10.3.28)又可以写为

$$\begin{aligned}&\frac{\partial J}{\partial T}+\frac{\partial}{\partial X}(C_{gx}J)+\frac{\partial}{\partial Y}(C_{gy}J)+\frac{\partial}{\partial Z}(C_{gz}J)\\&=\frac{n^2J}{(k^2+l^2)(k^2+l^2+n^2)}\left(\frac{\partial l^2}{\partial T}+C_{gx}\frac{\partial l^2}{\partial X}+C_{gy}\frac{\partial l^2}{\partial Y}+C_{gz}\frac{\partial l^2}{\partial Z}\right)-\\&\quad\frac{J}{(k^2+l^2+n^2)}\left(\frac{\partial n^2}{\partial T}+C_{gx}\frac{\partial n^2}{\partial X}+C_{gy}\frac{\partial n^2}{\partial Y}+C_{gz}\frac{\partial n^2}{\partial Z}\right)\end{aligned} \tag{10.3.57}$$

由上式可见，在波包传播过程中如果 l^2 增大，n^2 减小，即 $y-z$ 平面内的等位相线斜率减小，那么三维惯性重力波的波能量将增加，反之，如果 l^2 减小，n^2 增大，即 $y-z$ 平面内的等位相线斜率增大，那么三维惯性重力波的波能量将减小。

10.3.4 对称惯性重力波

假设基本态大气满足热成风平衡，即 $f\dfrac{\partial \bar{u}}{\partial z}\approx-\dfrac{g}{\bar{\theta}}\dfrac{\partial \bar{\theta}}{\partial y}$，将(10.3.3)式代入方程组(10.1.77)—(10.1.81)，取 ε^0 和 ε^1 近似可以得到

ε^0：

$$-i\omega\hat{u}_0-\frac{F^2}{f}\hat{v}_0+\frac{S^2}{f}\hat{w}_0=0 \tag{10.3.58}$$

$$-i\omega\hat{v}_0+f\hat{u}_0+il\frac{\hat{p}_0}{\bar{\rho}}=0 \tag{10.3.59}$$

$$-i\omega\hat{w}_0+in\frac{\hat{p}_0}{\bar{\rho}}-\frac{g}{\bar{\theta}}\hat{\theta}_0=0 \tag{10.3.60}$$

$$l\hat{v}_0+n\hat{w}_0=0 \tag{10.3.61}$$

$$-i\omega\hat{\theta}_0-\frac{\bar{\theta}}{g}S^2\hat{v}_0+\frac{\bar{\theta}}{g}N^2\hat{w}_0=0 \tag{10.3.62}$$

ε^1：

$$-i\omega\hat{u}_1-\frac{F^2}{f}\hat{v}_1+\frac{S^2}{f}\hat{w}_1=-\frac{\partial\hat{u}_0}{\partial T}=-A \tag{10.3.63}$$

$$-i\omega\hat{v}_1+f\hat{u}_1+il\frac{\hat{p}_1}{\bar{\rho}}=-\left(\frac{\partial\hat{v}_0}{\partial T}+\frac{1}{\bar{\rho}}\frac{\partial\hat{p}_0}{\partial Y}\right)=-B \tag{10.3.64}$$

$$-i\omega\hat{w}_1+in\frac{\hat{p}_1}{\bar{\rho}}-\frac{g}{\bar{\theta}}\hat{\theta}_1=-\left(\frac{\partial\hat{w}_0}{\partial T}+\frac{1}{\bar{\rho}}\frac{\partial\hat{p}_0}{\partial Z}\right)=-C \tag{10.3.65}$$

$$l\hat{v}_1+n\hat{w}_1=i\left(\frac{\partial\hat{v}_0}{\partial Y}+\frac{\partial\hat{w}_0}{\partial Z}\right)=-D \tag{10.3.66}$$

$$-\omega i\hat{\theta}_1-\frac{\bar{\theta}}{g}S^2\hat{v}_1+\frac{\bar{\theta}}{g}N^2\hat{w}_1=-\frac{\partial\hat{\theta}_0}{\partial T}=-E \tag{10.3.67}$$

其中 $S^2=f\dfrac{\partial \bar{u}}{\partial z}=-\dfrac{g}{\bar{\theta}}\dfrac{\partial \bar{\theta}}{\partial y}$，$N^2=\dfrac{g}{\bar{\theta}}\dfrac{\partial \bar{\theta}}{\partial z}$，$F^2=f\left(f-\dfrac{\partial \bar{u}}{\partial y}\right)$。

由方程组(10.3.58)—(10.3.62)可以得到与(10.1.88)式相同的对称惯性重力波频散关系：

$$\omega^2(l^2+n^2)=N^2l^2+2S^2nl+F^2n^2 \tag{10.3.68}$$

利用波参数关系(10.3.5)式和上式可以得到波参数演变方程

$$\frac{\partial\omega}{\partial T}+C_{gy}\frac{\partial\omega}{\partial Y}+C_{gz}\frac{\partial\omega}{\partial Z}=0 \tag{10.3.69}$$

$$\frac{\partial l}{\partial T}+C_{gy}\frac{\partial l}{\partial Y}+C_{gz}\frac{\partial l}{\partial Z}=-\frac{1}{2}\frac{\frac{\partial N^2}{\partial y}l^2+2\frac{\partial S^2}{\partial y}nl+\frac{\partial F^2}{\partial y}n^2}{\varepsilon\omega(l^2+n^2)} \tag{10.3.70}$$

$$\frac{\partial n}{\partial T}+C_{gy}\frac{\partial n}{\partial Y}+C_{gz}\frac{\partial n}{\partial Z}=-\frac{1}{2}\frac{\frac{\partial N^2}{\partial z}l^2+2\frac{\partial S^2}{\partial z}nl+\frac{\partial F^2}{\partial z}n^2}{\varepsilon\omega(l^2+n^2)} \tag{10.3.71}$$

由于大气基本态的 y 方向和垂直方向的非均匀性和地球旋转效应，对称惯性重力波的 y 方向波数和垂直波数在波包传播过程中都是不守恒的，浮力振荡频率，斜压性参数和惯性稳定度的垂直变化影响垂直波数的演变，这三个基本态参数在 y 方向上的变化影响 y 方向波数的演变；由于频散关系(10.3.68)式不显含 t，所以在波包传播过程中对称惯性重力波的波频率是守恒的。

根据前面已经证明的波数矢量方向与群速度方向垂直，所以位相函数 φ 演变方程可以写为：

$$\frac{\partial\varphi}{\partial T}+C_{gy}\frac{\partial\varphi}{\partial Y}+C_{gz}\frac{\partial\varphi}{\partial Z}=-\frac{\omega}{\varepsilon} \tag{10.3.72}$$

利用方程(10.3.70)—(10.3.71)和方程(10.3.22)，$y-z$ 平面内的等位相线演变方程可以写为：

$$\frac{\partial\mathrm{tg}(a_{yz})}{\partial T}+C_{gy}\frac{\partial\mathrm{tg}(a_{yz})}{\partial Y}+C_{gz}\frac{\partial\mathrm{tg}(a_{yz})}{\partial Z}$$
$$=\frac{1}{2\varepsilon\omega n^2(l^2+n^2)}\left(\frac{\partial N^2}{\partial y}nl^2+2\frac{\partial S^2}{\partial y}n^2l+\frac{\partial F^2}{\partial y}n^3-\frac{\partial N^2}{\partial z}l^3-2\frac{\partial S^2}{\partial z}nl^2-\frac{\partial F^2}{\partial z}n^2l\right) \tag{10.3.73}$$

由上述方程可见，在波包传播过程中大气基本态的浮力振荡频率，斜压性参数和惯性稳定度的 y 和 z 方向的变化使得 $y-z$ 平面内等位相线的不断地倾斜变化。

消去 ε^1 近似方程(10.3.63)—(10.3.67)中的一阶扰动量可以得到：

$$-\frac{inf}{\omega}A+nB-lC+i\left(-\frac{S^2}{\omega}+\frac{n\omega}{l}-\frac{nF^2}{\omega l}\right)D-i\frac{g}{\bar{\theta}}\frac{l}{\omega}E=0 \tag{10.3.74}$$

把 A,B,C,D 和 E 的具体表达式代入(10.3.74)式，并利用对称惯性重力波频散关系(10.3.68)式和波参数关系(10.3.5)式可以推导出对称惯性重力波的波作用量方程：

$$\frac{\partial H}{\partial T}+\frac{\partial}{\partial Y}(C_{gy}H)+\frac{\partial}{\partial Z}(C_{gz}H)=-\left(\frac{\frac{\partial N^2}{\partial y}l^2+2\frac{\partial S^2}{\partial y}nl+\frac{\partial F^2}{\partial y}n^2}{\varepsilon\omega l(l^2+n^2)}\right)H \tag{10.3.75}$$

其中 $H=(l^2+n^2)\hat{\omega}_0^2$ 为对称惯性重力波的波作用量密度。由上述方程可见，在对称惯性重力波波包传播过程中，波作用量是不守恒的，波作用量演变是由浮力振荡频率，斜压性参数和惯性稳定度在 y 方向的变化造成的。

由波作用量方程(10.3.75)可以推导出波能方程

$$\frac{\partial J}{\partial T}+\frac{\partial}{\partial X}(C_{gx}J)+\frac{\partial}{\partial Y}(C_{gy}J)+\frac{\partial}{\partial Z}(C_{gz}J)$$
$$=\left[\frac{\dfrac{\partial N^2}{\partial z}nl^2+2\dfrac{\partial S^2}{\partial z}n^2l+\dfrac{\partial F^2}{\partial z}n^3}{\varepsilon\omega\ (l^2+n^2)^2}-\frac{\dfrac{\partial N^2}{\partial y}n^2l^2+2\dfrac{\partial S^2}{\partial y}n^3l+\dfrac{\partial F^2}{\partial y}n^4}{\varepsilon\omega l\ (l^2+n^2)^2}\right]J \tag{10.3.76}$$

其中 $J=\hat{\omega}_0^2$ 为对称惯性重力波的波能密度。由上式可见，在对称惯性波波包传播过程中基本态大气的浮力振荡频率，斜压性参数和惯性稳定度在 y 和 z 方向上的非均匀性导致对称惯性重力波的波能量的不守恒。

另外，利用波数演变方程(10.3.70)和(10.3.71)，波作用量方程(10.3.75)和波能方程(10.3.76)又可以写为：

$$\frac{\partial H}{\partial T}+\frac{\partial}{\partial X}(C_{gx}H)+\frac{\partial}{\partial Y}(C_{gy}H)+\frac{\partial}{\partial Z}(C_{gz}H)$$
$$=\left(\frac{\partial l^2}{\partial T}+C_{gy}\frac{\partial l^2}{\partial Y}+C_{gz}\frac{\partial l^2}{\partial Z}\right)\frac{H}{l^2} \tag{10.3.77}$$

$$\frac{\partial J}{\partial T}+\frac{\partial}{\partial Y}(C_{gy}J)+\frac{\partial}{\partial Z}(C_{gz}J)$$
$$=\left(\frac{\partial \mathrm{tg}^2(a_{yz})}{\partial T}+C_{gy}\frac{\partial \mathrm{tg}^2(a_{yz})}{\partial Y}+C_{gz}\frac{\partial \mathrm{tg}^2(a_{yz})}{\partial Z}\right)\frac{n^2}{l^2(l^2+n^2)}J \tag{10.3.78}$$

可见，波作用量的演变与波数 l^2 的演变有关，在对称惯性重力波波包传播过程中如果 l^2 增大，那么波作用量增长，反之若 l^2 减小，那么波作用量将减小。波能量与 $y-z$ 平面内等位相线的倾斜变化有关，当等位相线趋于垂直时，对称惯性重力波的能量增加，当等位相线趋于水平时，波能量将减少。

10.4 重力波的 EP 通量理论

变形欧拉平均方程中剩余环流和 EP 通量(Eliassen Palm flux)是诊断分析经圈环流和波流相互作用的有力工具(Eliassen and Palm，1961；Andrews and McIntyre，1976，1978)，其中剩余环流在小振幅假设下可表达为欧拉平均流与斯托克斯漂移(Stokes drift)之和；如果波动是线性、稳定、绝热、无耗散的，剩余环流近似地等于纬向平均的拉格朗日流。在 WKB 近似下，EP 通量等于群速度与波作用密度的乘积，能够描述波能量的传播。需要强调的是，以往关于变形欧拉平均方程的研究主要是针对大尺度系统开展的，而关于中小尺度系统的平均方程、EP 通量和剩余环流的研究相对较少，为此本节尝试把这些理论研究推广到中小尺度系统。利用变形欧拉方程可以分析扰动场对平均场的反馈作用。同时，EP 通量代表了波能量传播方向，可用来分析重力波的传播问题。

10.4.1　欧拉平均方程

适合描述中小尺度系统的大气方程组是非静力平衡的滤声波模式（张可苏，1980）。在局地直角坐标系中，假设大气是绝热、无黏、不可压缩的，那么 f 平面近似下非静力平衡滤声波方程组可以写为：

$$\frac{\mathrm{d}u}{\mathrm{d}t} - fv = -\frac{1}{\rho}\frac{\partial p}{\partial x} \tag{10.4.1}$$

$$\frac{\mathrm{d}v}{\mathrm{d}t} + fu = -\frac{1}{\rho}\frac{\partial p}{\partial y} \tag{10.4.2}$$

$$\frac{\mathrm{d}w}{\mathrm{d}t} = -\frac{1}{\rho}\frac{\partial p}{\partial z} - g \tag{10.4.3}$$

$$\frac{\partial u}{\partial x} + \frac{\partial v}{\partial y} + \frac{\partial w}{\partial z} = 0 \tag{10.4.4}$$

$$\frac{\mathrm{d}\theta}{\mathrm{d}t} = 0 \tag{10.4.5}$$

$$\theta = T\left(\frac{p_0}{p}\right)^{\frac{R}{c_p}} \tag{10.4.6}$$

式中 u，v，w，T，p，ρ，θ 分别为 x、y、z 方向速度、温度、气压，密度和位温，g 为重力加速度，f 为科氏参数（常数），p_0 为参考气压。

根据小扰动法，假设任意物理量 A 可以分解为平均态和偏离平均态的扰动态两部分，即，$A=\overline{A}+A'$，其中“$-$”代表雷诺平均，“$'$”代表偏离雷诺平均的扰动（刘式适等，2000）。对方程组（10.4.1）—（10.4.3）两端同时取雷诺平均后，可得到如下平均运动方程：

$$\overline{u_t} + \overline{u}\,\overline{u_x} + (\overline{u_y} - f)\overline{v} + \overline{w}\,\overline{u_z} = -\frac{1}{\rho}\overline{p}_x - (\overline{u'^2})_x - (\overline{u'v'})_y - (\overline{u'w'})_z \tag{10.4.7}$$

$$\overline{v_t} + \overline{u}(\overline{v_x} + f) + \overline{v}\,\overline{v_y} + \overline{w}\,\overline{v_z} = -\frac{1}{\rho}\overline{p}_y - (\overline{u'v'})_x - (\overline{v'^2})_y - (\overline{v'w'})_z \tag{10.4.8}$$

$$\overline{w_t} + \overline{u}\,\overline{w_x} + \overline{v}\,\overline{w_y} + \overline{w}\,\overline{w_z} = -\frac{1}{\rho}\overline{p}_z - g - (\overline{u'w'})_x - (\overline{v'w'})_y - (\overline{w'w'})_z \tag{10.4.9}$$

其中，下标字母代表相应的时间和空间偏导数。上述运动方程组右端最后三项为雷诺应力（或者湍流黏性应力）项，代表扰动对平均场变化的反馈作用。

根据 Kinoshita 和 Sato (2013)，引入平均剩余环流

$$\overline{u^*} = \overline{u} + \frac{(\overline{S})_y}{f} - \left(\frac{\overline{u'\theta'}}{N^2}\frac{g}{\overline{\theta}}\right)_z \tag{10.4.10}$$

$$\overline{v^*} = \overline{v} - \frac{(\overline{S})_x}{f} - \left(\frac{\overline{v'\theta'}}{N^2}\frac{g}{\overline{\theta}}\right)_z \tag{10.4.11}$$

$$\overline{w^*} = \overline{w} + \left(\frac{\overline{u'\theta'}}{N^2}\frac{g}{\overline{\theta}}\right)_x + \left(\frac{\overline{v'\theta'}}{N^2}\frac{g}{\overline{\theta}}\right)_y \tag{10.4.12}$$

其中，$\overline{S} = \frac{1}{2}\left(\overline{u'^2} + \overline{v'^2} + \overline{w'^2} - \frac{\overline{\theta'^2}g^2}{N^2\,\overline{\theta}^2}\right)$为扰动动能与扰动有效位能之差，$N^2 = \frac{\partial\overline{\theta}}{\partial z}\frac{g}{\overline{\theta}}$为浮力振荡频率。可以看出，上述剩余环流中不但包含扰动能量差的水平梯度，还含有扰动热量通量的三维空间梯度。这里的平均剩余环流与 Kinoshita 和 Sato (2013)和 Miyahara(2006)的主要区别是非静力平衡的，且满足连续方程，适用于中小尺度强对流系统研究。

将剩余环流(10.4.10)—(10.4.12)式代入平均方程(10.4.7)—(10.4.9)，可以得到非静力平衡的变形欧拉平均方程：

$$\overline{u_t} + \overline{u}\,\overline{u_x} + \overline{v}\,\overline{u_y} + \overline{w}\,\overline{u_z} - f\,\overline{v^*} = -\frac{1}{\overline{\rho}}\overline{p}_x - \nabla\cdot\boldsymbol{F}_1 \tag{10.4.13}$$

$$\overline{v_t} + \overline{u}\,\overline{v_x} + \overline{v}\,\overline{v_y} + \overline{w}\,\overline{v_z} + f\,\overline{u^*} = -\frac{1}{\overline{\rho}}\overline{p}_y - \nabla\cdot\boldsymbol{F}_2 \tag{10.4.14}$$

$$\overline{w_t} + \overline{u}\,\overline{w_x} + \overline{v}\,\overline{w_y} + \overline{w}\,\overline{w_z} = -\frac{1}{\overline{\rho}}\overline{p}_z - g - \nabla\cdot\boldsymbol{F}_3 \tag{10.4.15}$$

其中，$\boldsymbol{F}_1 = (F_{11}, F_{12}, F_{13})$、$\boldsymbol{F}_2 = (F_{21}, F_{22}, F_{23})$和$\boldsymbol{F}_3 = (F_{31}, F_{32}, F_{33})$分别为 x、y、z 方向平均运动方程的 EP 通量，其分量为

$$F_{11} = \overline{u'^2} - \overline{S} \tag{10.4.16}$$

$$F_{12} = \overline{u'v'} \tag{10.4.17}$$

$$F_{13} = \overline{u'w'} - f\frac{\overline{v'\theta'}}{N^2}\frac{g}{\overline{\theta}} \tag{10.4.18}$$

$$F_{21} = \overline{u'v'} \tag{10.4.19}$$

$$F_{22} = \overline{v'^2} - \overline{S} \tag{10.4.20}$$

$$F_{23} = \overline{v'w'} + f\frac{\overline{u'\theta'}}{N^2}\frac{g}{\overline{\theta}} \tag{10.4.21}$$

$$F_{31} = \overline{u'w'} \tag{10.4.22}$$

$$F_{32} = \overline{v'w'} \tag{10.4.23}$$

$$F_{33} = \overline{w'w'} \tag{10.4.24}$$

不同于大尺度的变形欧拉平均方程，这里的剩余环流仅出现在水平平均方

程的科氏力项中，而平流项则不包括剩余环流。另外，垂直平均方程则完全不包含剩余环流的贡献。虽然水平运动方程中引入扰动能量差和扰动热量通量，但它们同时出现在方程两端的剩余环流和 EP 通量中，二者互相抵消了，所以它们对平均气流局地变化的贡献可以忽略。另外，EP 通量的辐合会增强平均气流，而 EP 通量的辐散会使平均气流减弱。上述平均方程建立在非静力平衡基础上，所以适合描述强对流等中小尺度系统与背景环流之间的相互作用。

10.4.2　三维 *E-P* 通量与群速度的关系

EP 通量的一个重要性质是平行于群速度，指示波能量的传播方向。以往研究已经表明纬向平均的大尺度 EP 通量平行于 Rossby 波群速度。而对中小尺度系统来说，影响最显著的波动是中尺度惯性重力波，所以需要证明平均方程(10.4.13)—(10.4.15)中 EP 通量是否平行于惯性重力波的群速度。

假设平面波的形式解为

$$a' = a_0 \exp(i\varphi) \tag{10.4.25}$$

其中 $\phi = kx + ly + nz - \sigma t$ 为位相，σ, k, l, n 为局地频率和 x, y, z 方向的局地波数，a_0 为复的扰动振幅。把(10.4.25)式代入线性化扰动方程，可以得到惯性重力波的扰动振幅关系

$$u_0 = \frac{k\sigma + ilf}{(\sigma^2 - f^2)} \frac{p_0}{\bar{\rho}} \tag{10.4.26}$$

$$v_0 = \frac{l\sigma - ikf}{(\sigma^2 - f^2)} \frac{p_0}{\bar{\rho}} \tag{10.4.27}$$

$$w_0 = \frac{\sigma(l^2 + k^2)}{(f^2 - \sigma^2)n} \frac{p_0}{\bar{\rho}} = \frac{n\sigma}{(\sigma^2 - N^2)} \frac{p_0}{\bar{\rho}} \tag{10.4.28}$$

$$\theta_0 = \frac{inN^2\bar{\theta}}{(N^2 - \sigma^2)g} \frac{p_0}{\bar{\rho}} \tag{10.4.29}$$

相应的惯性重力波频散关系为

$$\sigma^2(k^2 + l^2 + n^2) = N^2(k^2 + l^2) + f^2 n^2 \tag{10.4.30}$$

假设扰动振幅 p_0 可以写为 $p_0 = p_{0r} + ip_{0i}$（其中，p_{0r} 代表实部，p_{0i} 代表虚部），那么扰动振幅(10.4.26)—(10.4.29)式变为

$$u_0 = \frac{k\sigma p_{0r} - lfp_{0i}}{(\sigma^2 - f^2)\rho_0} + i\frac{k\sigma p_{0i} + lfp_{0r}}{(\sigma^2 - f^2)\rho_0} \tag{10.4.31}$$

$$v_0 = \frac{kfp_{0i} - l\sigma p_{0r}}{(\sigma^2 - f^2)\rho_0} + i\frac{l\sigma p_{0i} - kfp_{0r}}{(\sigma^2 - f^2)\rho_0} \tag{10.4.32}$$

$$w_0 = -\frac{(k^2 + l^2)\sigma p_{0r}}{n(\sigma^2 - f^2)\rho_0} - i\frac{(k^2 + l^2)\sigma p_{0i}}{n(\sigma^2 - f^2)\rho_0} \tag{10.4.33}$$

$$\theta_0 = -\frac{nN^2\bar{\theta}p_{0i}}{(N^2 - \sigma^2)g\rho_0} + i\frac{nN^2\bar{\theta}p_{0r}}{(N^2 - \sigma^2)g\rho_0} \tag{10.4.34}$$

对于两个任意波动 $\alpha'=\alpha e^{i\phi}$、$\beta'=\beta e^{i\phi}$，它们乘积的雷诺平均可以写为

$$\overline{\alpha'\beta'}=\frac{1}{2}Re(\alpha^{*}\beta)=\frac{1}{4}(\alpha^{*}\beta+\beta^{*}\alpha) \tag{10.4.35}$$

其中，α 和 β 代表复振幅，"$*$"代表复数共轭，Re 代表复数的实部（Bühler，2014）。根据式（10.4.35），扰动能量（即，扰动动能与扰动有效位能之和）可以写为：

$$\overline{E}=\frac{1}{2}(\overline{u'^2}+\overline{v'^2}+\overline{w'^2}+\frac{\overline{\theta'^2}}{N^2}\frac{g^2}{\overline{\theta}^2})=\frac{1}{4}Re\left(u_0^{*}u_0+v_0^{*}v_0+w_0^{*}w_0+\frac{\theta_0^{*}\theta_0}{N^2}\frac{g^2}{\overline{\theta}^2}\right) \tag{10.4.36}$$

代入扰动振幅（10.4.31）—（10.4.34）式和频散关系（10.4.30）式后，惯性重力波的能量变为

$$\overline{E}=\frac{\sigma^2(k^2+l^2)(k^2+l^2+n^2)}{(f^2-\sigma^2)^2n^2}\frac{\overline{p'^2}}{\overline{\rho}^2} \tag{10.4.37}$$

引入波作用密度，其定义为惯性重力波能量与相速度（$C_x=\dfrac{\sigma}{k}$，$C_y=\dfrac{\sigma}{l}$）的比值（Kinoshita and Sato，2013），即

$$\overline{W_1}=\frac{\overline{E}}{C_x}=\frac{\sigma k(k^2+l^2)(k^2+l^2+n^2)}{(f^2-\sigma^2)^2n^2}\frac{\overline{p'^2}}{\overline{\rho}^2}=\frac{k(k^2+l^2+n^2)}{\sigma(k^2+l^2)}w_0^2 \tag{10.4.38}$$

$$\overline{W_2}=\frac{\overline{E}}{C_y}=\frac{\sigma l(l^2+k^2)(n^2+l^2+k^2)}{(\sigma^2-f^2)^2n^2}\frac{\overline{p'^2}}{\overline{\rho}^2}=\frac{l(k^2+l^2+n^2)}{\sigma(l^2+k^2)}w_0^2 \tag{10.4.39}$$

在上述两式推导中，用到了垂直速度扰动振幅方程（10.4.33）。

前面已经证明，在 f 平面近似下波作用量 H_w 满足波作用通量守恒方程

$$\frac{\partial H_w}{\partial t}+\nabla\cdot(C_gH_w)=0 \tag{10.4.40}$$

其中，

$$H_w=(k^2+l^2+n^2)w_0^2 \tag{10.4.41}$$

为波作用量，$C_g=(C_{gx},C_{gy},C_{gz})$ 为三维惯性重力波的群速度，其分量为

$$C_{gx}=\frac{n^2k(\sigma^2-f^2)}{\sigma(k^2+l^2+n^2)(k^2+l^2)} \tag{10.4.42}$$

$$C_{gy}=\frac{n^2l(\sigma^2-f^2)}{\sigma(k^2+l^2+n^2)(k^2+l^2)} \tag{10.4.43}$$

$$C_{gz}=-\frac{n(\omega^2-f^2)}{\sigma(k^2+l^2+n^2)} \tag{10.4.44}$$

利用波作用量表达式（10.4.41），两个波作用密度（10.4.38）和（10.4.39）可以改写为

$$\overline{W_1}=\frac{kH_w}{\sigma(k^2+l^2)},\ \overline{W_2}=\frac{lH_w}{\sigma(k^2+l^2)} \tag{10.4.45}$$

上述两个波作用密度的演变方程为

$$\begin{aligned}&\frac{\partial\overline{W_1}}{\partial t}+\frac{\partial}{\partial x}(C_{gx}\overline{W_1})+\frac{\partial}{\partial y}(C_{gy}\overline{W_1})+\frac{\partial}{\partial z}(C_{gz}\overline{W_1})\\&=\frac{k}{\sigma(k^2+l^2)}\left[\frac{\partial}{\partial t}H_w+\nabla\cdot(C_gH_w)\right]+\\&H_w\left[\frac{\partial}{\partial t}\left(\frac{k}{\sigma(k^2+l^2)}\right)+C_g\cdot\nabla\left(\frac{k}{\sigma(k^2+l^2)}\right)\right]\end{aligned} \tag{10.4.46}$$

$$\begin{aligned}&\frac{\partial\overline{W_2}}{\partial t}+\frac{\partial}{\partial x}(C_{gx}\overline{W_2})+\frac{\partial}{\partial y}(C_{gy}\overline{W_2})+\frac{\partial}{\partial z}(C_{gz}\overline{W_2})\\&=\frac{l}{\sigma(k^2+l^2)}\left[\frac{\partial}{\partial t}H_w+\nabla\cdot(C_gH_w)\right]+\\&H_w\left[\frac{\partial}{\partial t}\left(\frac{l}{\sigma(k^2+l^2)}\right)+C_g\cdot\nabla\left(\frac{l}{\sigma(k^2+l^2)}\right)\right]\end{aligned} \tag{10.4.47}$$

根据惯性重力波的局地频率、水平波数以及波作用量的守恒特性，则有

$$\frac{\partial\overline{W_1}}{\partial t}+\frac{\partial}{\partial x}(C_{gx}\overline{W_1})+\frac{\partial}{\partial y}(C_{gy}\overline{W_1})+\frac{\partial}{\partial z}(C_{gz}\overline{W_1})=0 \tag{10.4.48}$$

$$\frac{\partial\overline{W_2}}{\partial t}+\frac{\partial}{\partial x}(C_{gx}\overline{W_2})+\frac{\partial}{\partial y}(C_{gy}\overline{W_2})+\frac{\partial}{\partial z}(C_{gz}\overline{W_2})=0 \tag{10.4.49}$$

上述两式表明，在 f 平面近似下，波作用密度$\overline{W_1}$，$\overline{W_2}$满足通量形式的波作用守恒方程，说明在波能量传播过程中，$\overline{W_1}$和$\overline{W_2}$具有全局守恒的特性。

根据式(10.4.35)，把扰动振幅方程(10.4.31)—(10.4.34)代入方程(10.4.16)—(10.4.24)，则三维 E-P 通量分量变为

$$F_{11}=\frac{k^2}{(\sigma^2-f^2)}\frac{\overline{p'^2}}{\bar{\rho}^2} \tag{10.4.50}$$

$$F_{12}=\frac{lk}{(\sigma^2-f^2)}\frac{\overline{p'^2}}{\bar{\rho}^2} \tag{10.4.51}$$

$$F_{13}=\frac{k(l^2+k^2)}{n(f^2-\sigma^2)}\frac{\overline{p'^2}}{\bar{\rho}^2} \tag{10.4.52}$$

$$F_{21}=\frac{lk}{(\sigma^2-f^2)}\frac{\overline{p'^2}}{\bar{\rho}^2} \tag{10.4.53}$$

$$F_{22}=\frac{l^2}{(\sigma^2-f^2)}\frac{\overline{p'^2}}{\bar{\rho}^2} \tag{10.4.54}$$

$$F_{23}=\frac{l(l^2+k^2)}{n(f^2-\sigma^2)}\frac{\overline{p'^2}}{\bar{\rho}^2} \tag{10.4.55}$$

$$F_{31}=-\frac{\sigma^2k(l^2+k^2)}{n(f^2-\sigma^2)}\frac{\overline{p'^2}}{\bar{\rho}^2} \tag{10.4.56}$$

$$F_{32}=-\frac{\sigma^2 l(l^2+k^2)}{n(f^2-\sigma^2)}\frac{\overline{p'^2}}{\bar{\rho}^2} \tag{10.4.57}$$

$$F_{33}=\frac{\sigma^2\ (l^2+k^2)^2}{n^2(f^2-\sigma^2)}\frac{\overline{p'^2}}{\bar{\rho}^2} \tag{10.4.58}$$

利用群速度表达式(10.4.42)—(10.4.44)和波作用密度表达式(10.4.38)—(10.4.39),可以证明

$$C_{gx}\overline{W_1}=F_{11},\ C_{gy}\overline{W_1}=F_{12},\ C_{gz}\overline{W_1}=F_{13} \tag{10.4.59}$$

$$C_{gx}\overline{W_2}=F_{21},\ C_{gy}\overline{W_2}=F_{22},\ C_{gz}\overline{W_2}=F_{23} \tag{10.4.60}$$

$$C_{gx}\Re=\mathrm{F}_{31},\ \mathrm{C}_{gy}\Re=\mathrm{F}_{32},\ \mathrm{C}_{gz}\Re=\mathrm{F}_{33} \tag{10.4.61}$$

其中,$\Re=\Im/\frac{\sigma}{n}=\frac{\sigma^3\ (l^2+k^2)^2(l^2+k^2+n^2)}{n^3\ (f^2-\sigma^2)^3}\frac{\overline{p'^2}}{\bar{\rho}^2}$为另一种形式的波作用密度,$\Im=\frac{\sigma^4\ (l^2+k^2)^2(l^2+k^2+n^2)}{n^4\ (f^2-\sigma^2)^3}\frac{\overline{p'^2}}{\bar{\rho}^2}$为相应的波能量。

由此证明,本节定义的三维 EP 通量平行于惯性重力波的群速度,即,$\boldsymbol{F}_1=\boldsymbol{C}_g\overline{W_1}$,$\boldsymbol{F}_2=\boldsymbol{C}_g\overline{W_2}$,$\boldsymbol{F}_3=\boldsymbol{C}_g\Re$;三维 EP 通量能够指示惯性重力波群速度方向,是诊断分析重力波能量传播的有力工具。

10.4.3 三维平均剩余环流与斯托克斯漂移(Stokes drift)之间的关系

Andrews 和 McIntyre(1976,1978)研究指出在纬向变形欧拉平均方程中剩余环流通常需要满足欧拉平均流与斯托克斯漂移之间的约束关系。Kinoshita 和 Sato (2013)和 Miyahara(2006)分别证明了不同条件下大尺度平均剩余环流为欧拉平均流与斯托克斯漂移之和。在这里,本文将证明在小振幅扰动假设下,非静力平衡平均方程中剩余环流也具有类似特征,即,剩余环流也可以表达为平均流与惯性重力波的斯托克斯漂移之和的形式。

斯托克斯漂移定义为拉格朗日平均与欧拉平均的偏差,即

$$\bar{u}^S=\bar{u}^L-\bar{u} \tag{10.4.62}$$

其中$\bar{u}^L$ 为拉格朗日平均,$\bar{u}$ 为欧拉平均。通过泰勒级数展开,斯托克斯漂移可以写为:

$$\bar{u}^S=\overline{\xi' u'_x}+\overline{\eta' u'_y}+\overline{\xi' u'_z}+o(a^3) \tag{10.4.63}$$

其中 $\xi'(x,y,z,t)$,$\eta'(x,y,z,t)$,$\zeta'(x,y,z,t)$为质点扰动位移。省略三阶及更高阶项,则三维斯托克斯漂移可写为

$$\bar{u}^S=(\overline{\xi' u'})_x+(\overline{\eta' u'})_y+(\overline{\zeta' u'})_z \tag{10.4.64}$$

$$\bar{v}^S=(\overline{\xi' v'})_x+(\overline{\eta' v'})_y+(\overline{\zeta' v'})_z \tag{10.4.65}$$

$$\bar{w}^S=(\overline{\xi' w'})_x+(\overline{\eta' w'})_y+(\overline{\zeta' w'})_z \tag{10.4.66}$$

其中,ξ',η',ζ'满足拉格朗日连续方程的约束关系:

$$\overline{D}\xi' = u', \overline{D}\eta' = v', \overline{D}\zeta' = w' \tag{10.4.67}$$

$$\xi'_x + \eta'_y + \zeta'_z = 0 \tag{10.4.68}$$

$$\overline{\xi'} = \overline{\eta'} = \overline{\zeta'} = 0 \tag{10.4.69}$$

其中，

$$\overline{D} = \frac{\partial}{\partial t} + \overline{u}\frac{\partial}{\partial x} + \overline{v}\frac{\partial}{\partial y} + \overline{w}\frac{\partial}{\partial z} \tag{10.4.70}$$

在不考虑平均气流的情况下，(10.4.67)式变为

$$\frac{\partial \xi'}{\partial t} = u',\ \frac{\partial \eta'}{\partial t} = v',\ \frac{\partial \zeta'}{\partial t} = w' \tag{10.4.71}$$

假设扰动位移具有波动形式解 $(\xi', \eta', \zeta') = (\xi_0, \eta_0, \zeta_0)\exp(i\varphi)$，代入上式后可得到

$$\xi_0 = \frac{i}{\sigma}u_0 = i\frac{k\sigma p_{0r} - lfp_{0i}}{\sigma(\sigma^2 - f^2)\rho_0} - \frac{k\sigma p_{0i} + lfp_{0r}}{\sigma(\sigma^2 - f^2)\rho_0} \tag{10.4.72}$$

$$\eta_0 = \frac{iv_0}{\sigma} = i\frac{kfp_{0i} - l\sigma p_{0r}}{\sigma(\sigma^2 - f^2)\rho_0} - \frac{l\sigma p_{0i} - kfp_{0r}}{\sigma(\sigma^2 - f^2)\rho_0} \tag{10.4.73}$$

$$\zeta_0 = \frac{iw_0}{\sigma} = -i\frac{(k^2 + l^2)\sigma p_{0r}}{\sigma n(\sigma^2 - f^2)\rho_0} + \frac{(k^2 + l^2)\sigma p_{0i}}{\sigma n(\sigma^2 - f^2)\rho_0} \tag{10.4.74}$$

利用复扰动振幅(10.4.72)—(10.4.74)式和(10.4.31)—(10.4.33)式，根据扰动协方差平均关系(10.4.35)式，可以证明：

$$\overline{\xi' u'} = \frac{1}{2}Re(\xi_0^* u_0) = 0,\ \overline{\eta' v'} = \frac{1}{2}Re(\eta_0^* v_0) = 0,\ \overline{\zeta' w'} = \frac{1}{2}Re(\zeta_0^* w_0) = 0。$$

这样，三维惯性重力波的斯托克斯漂移变为

$$\overline{u}^S = (\overline{\eta' u'})_y + (\overline{\zeta' u'})_z \tag{10.4.75}$$

$$\overline{v}^S = (\overline{\xi' v'})_x + (\overline{\zeta' v'})_z \tag{10.4.76}$$

$$\overline{w}^S = (\overline{\xi' w'})_x + (\overline{\eta' w'})_y \tag{10.4.77}$$

同理，利用复扰动振幅和雷诺平均关系，可以得到

$$\overline{\eta' u'} = \frac{f(k^2 + l^2)}{(f^2 - \sigma^2)^2}\frac{\overline{p'^2}}{\overline{\rho}^2} \tag{10.4.78}$$

$$\overline{\xi' v'} = -\frac{f(k^2 + l^2)}{(f^2 - \sigma^2)^2}\frac{\overline{p'^2}}{\overline{\rho}^2} \tag{10.4.79}$$

$$\overline{\zeta' u'} = -\frac{lf(k^2 + l^2)}{n(f^2 - \sigma^2)^2}\frac{\overline{p'^2}}{\overline{\rho}^2} \tag{10.4.80}$$

$$\overline{\xi' w'} = \frac{lf(k^2 + l^2)}{n(f^2 - \sigma^2)^2}\frac{\overline{p'^2}}{\overline{\rho}^2} \tag{10.4.81}$$

$$\overline{\eta' w'} = -\frac{kf(k^2 + l^2)}{n(f^2 - \sigma^2)^2}\frac{\overline{p'^2}}{\overline{\rho}^2} \tag{10.4.82}$$

$$\overline{\zeta' v'} = \frac{kf(k^2 + l^2)}{n(f^2 - \sigma^2)^2}\frac{\overline{p'^2}}{\overline{\rho}^2} \tag{10.4.83}$$

$$\overline{u' \frac{\theta'}{N^2} \frac{g}{\overline{\theta}}} = \frac{fl(k^2+l^2)}{n(f^2-\sigma^2)^2} \frac{\overline{p'^2}}{\overline{\rho}^2} \tag{10.4.84}$$

$$\overline{v' \frac{\theta'}{N^2} \frac{g}{\overline{\theta}}} = -\frac{kf(k^2+l^2)}{n(f^2-\sigma^2)^2} \frac{\overline{p'^2}}{\overline{\rho}^2} \tag{10.4.85}$$

$$\overline{S} = \frac{f^2(k^2+l^2)}{(f^2-\sigma^2)^2} \frac{\overline{p'^2}}{\overline{\rho}^2} \tag{10.4.86}$$

将上式表达式(10.4.78)—(10.4.86)代入到斯托克斯漂移(10.4.75)—(10.4.77)式，则可以得到

$$\overline{u}^S = \frac{(\overline{S})_y}{f} - \left(\frac{\overline{u'\theta'}}{N^2} \frac{g}{\overline{\theta}}\right)_z \tag{10.4.87}$$

$$\overline{v}^S = -\frac{(\overline{S})_x}{f} - \left(\frac{\overline{v'\theta'}}{N^2} \frac{g}{\overline{\theta}}\right)_z \tag{10.4.88}$$

$$\overline{w}^S = \left(\frac{\overline{u'\theta'}}{N^2} \frac{g}{\overline{\theta}}\right)_x + \left(\frac{\overline{v'\theta'}}{N^2} \frac{g}{\overline{\theta}}\right)_y \tag{10.4.89}$$

把上述惯性重力波的斯托克斯漂移表达式代入剩余环流(10.4.10)—(10.4.12)式，可得到

$$\overline{u^*} = \overline{u} + \overline{u}^S \tag{10.4.90}$$

$$\overline{v^*} = \overline{v} + \overline{v}^S \tag{10.4.91}$$

$$\overline{w^*} = \overline{w} + \overline{w}^S \tag{10.4.92}$$

上述三式证明，三维剩余环流为平均流与惯性重力波斯托克斯漂移之和，即剩余环流等同于拉格朗日平均，代表质点的移动，其满足斯托克斯漂移的约束关系。

10.5 重力波识别与分析

10.5.1 傅里叶分析

傅里叶分析是分析大气波动的重要方法(Wheeler and Kiladis, 1999; Zhang *et al.*, 2001)。二维傅里叶分析可以是把一个物理量的二维时一空场转化为二维频率一波数的能量谱。

对于一个序列 x_t，当它满足一定条件时，可以进行傅里叶级数展开，有

$$x_t = a_0 + \sum_{k=1}^{l} (a_k \cos\omega_k t + b_k \sin\omega_k t) \tag{10.5.1}$$

式中，k 为波数，l 为谐波总数，角频率 $\omega_k = \frac{2\pi}{n}k$，谐波振幅为 $A_k = \sqrt{a_k^2 + b_k^2}$，它能够描述谐波的振幅随频率变化的情况。位相为 $\theta_k = \mathrm{arctg}(-\frac{b_k}{a_k})$，其中，$a_0$，$a_k$，$b_k$ 为傅里叶系数，其表达式为

$$a_0 = \frac{1}{n}\sum_{t=1}^{n} x_t \tag{10.5.2}$$

$$a_k = \frac{2}{n}\sum_{t=1}^{n} x_t \cos\omega_t t \tag{10.5.3}$$

$$b_k = \frac{2}{n}\sum_{t=1}^{n} x_t \sin\omega_t t \tag{10.5.4}$$

二维傅里叶变换以及逆变换可表示为：

$$F(\omega,\tau) = \iint_{-\infty}^{+\infty} f(x,y)\exp(-j2\pi(\omega x + \tau y))\mathrm{d}x\mathrm{d}y \tag{10.5.5}$$

$$f(x,y) = \iint_{-\infty}^{+\infty} F(\omega,\tau)\exp(j2\pi(\omega x + \tau y))\mathrm{d}\omega\mathrm{d}\tau \tag{10.5.6}$$

其中 ω 为频率，τ 为周期。

以 2014 年 8 月 17 日四川地区的一次暴雨为例，通过二维傅里叶分析方法对垂直速度进行分解转换，可初步了解该地区此次过程的暴雨中波动的周期、波长等基本特征。如图 10.5.1 所示，图中存在明显的单峰窄谱结构，即谱能量集中的区域为一带状分布，说明有明显的波动特征。能量大值区主要位于频率 0.0083～0.0125 min^{-1}（周期 80～120 min），波数 0.0133～0.0267 km^{-1}（波长 37.5～75 km）的范围内，且波数为正，进而说明波动向东传播。图中的黑实线代表相速度（$c=w/k$），可以看到不同尺度特征的垂直运动近乎以相同的相速度向东传播，波速为 10～25 m/s，平均速度为 15 m/s。

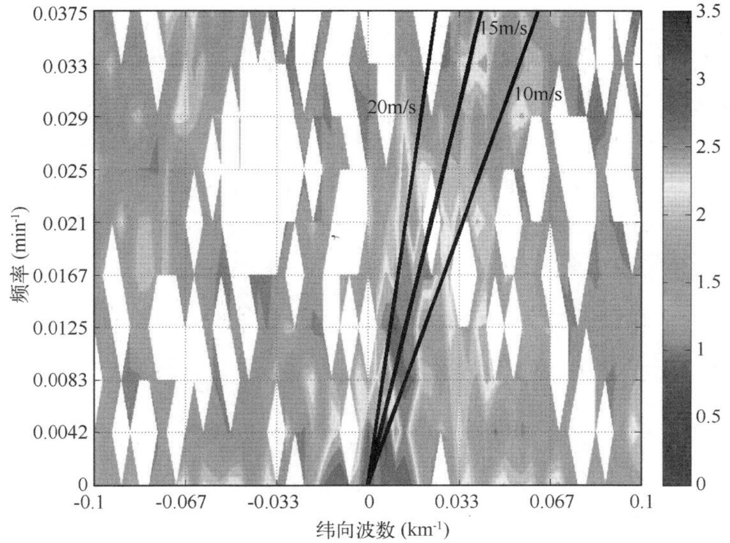

图 10.5.1　垂直速度的功率谱密度，等值线代表波动相速度 $c=w/k$，分别为 10 m/s，15 m/s 和 25 m/s

10.5.2 交叉谱分析

重力波是地形暴雨中常见的大气波动，具有极化性质（Polarization，即，振动方向与传播方向垂直的特性，也称为偏振）。Lu 等（2005a，b）讨论了重力波的极化问题，提出了重力波的半极化理论。在局地直角坐标系 Boussinesq 近似方程组中，三维惯性重力波的扰动水平散度和垂直涡度可以写为

$$\frac{\partial u'}{\partial x}+\frac{\partial v'}{\partial y}=-inw' \tag{10.5.7}$$

$$\frac{\partial v'}{\partial x}-\frac{\partial u'}{\partial y}=-\frac{fn}{\omega}w' \tag{10.5.8}$$

其中，u'，v'和 w'为扰动速度，ω 为圆频率，n 为垂直波数，f 为科氏参数。上述方程表明，扰动水平散度与扰动垂直速度的位相差为 $m\pi+\pi/2$，扰动垂直涡度与扰动垂直速度的位相差为 $m\pi$，因而扰动垂直涡度与扰动水平散度的时间和空间位相差为 $\pi/2$（高守亭，2005），这是惯性重力波的一个重要极化性质，也是从观测资料和模拟资料中识别惯性重力波的一个重要依据。

（1）传统交叉谱

交叉谱方法是分析波动的一个重要方法，它能够明确地判断出两个不同序列的位相差关系，其振幅谱和凝聚谱能够反映波动的能量。交叉谱计算过程如下（Cho，1995；Lu *et al.*，2005）：

首先对物理量进行傅里叶分解，将两个物理量 x 和 y 转换为关于波数和频率的函数。在此基础上进行振幅谱、位相差谱和凝聚谱的计算，其中振幅谱代表的是两个序列的某一频率振动的能量关系，振幅谱越大，代表某一频率下的能量越高，计算公式为

$$A(\omega)=[(X^RY^R+X^IY^I)^2+(X^IY^R-X^RY^I)^2]^{1/2} \tag{10.5.9}$$

其中，X 和 Y 代表傅里叶分解后的物理量序列，上标 R 和 I 代表该物理量的实部和虚部。位相差谱代表的是两个序列不同频率下的位相差关系，其数值在 $-90°\sim90°$之间变化，公式为

$$P(\omega)=\arctan\left(\frac{X^IY^R-X^RY^I}{X^RY^R+X^IY^I}\right) \tag{10.5.10}$$

凝聚谱代表两个序列不同频率之间的相关程度，数值在 0～1 之间变化，计算公式为

$$C(\omega)=\frac{\| XY^* \|^2}{\| X\|^2\ \| Y\|^2} \tag{10.5.11}$$

其中，Y^* 代表复数的共轭，$\| Y\|$ 和 $\| X\|$ 代表复数的模。凝聚谱数值越大，表示两个序列的相关性越强。

图 10.5.2 为利用交叉谱方法，计算出涡度和散度的不同波数的位相谱和对

应的凝聚谱。图中可以看到既存在位相差约为 90°的特点，又对应着凝聚谱值较大的特征波数[0.02～0.023,0.04 和 0.066(km^{-1})]，说明这些波数的波动为重力波。

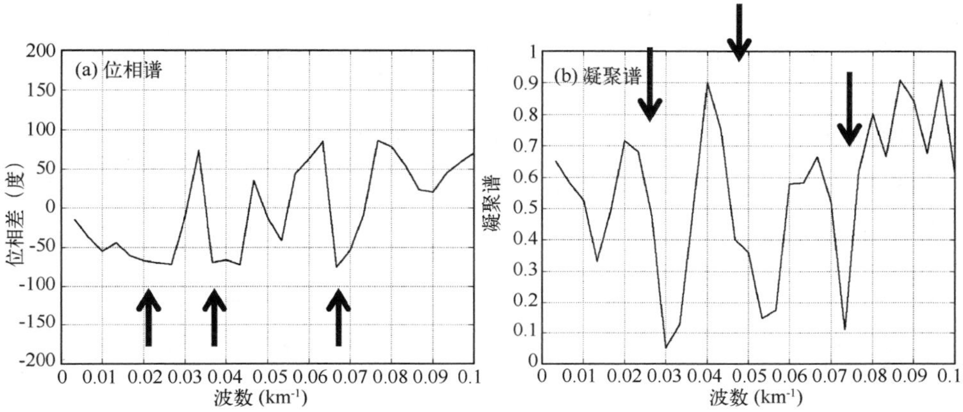

图 10.5.2　涡度和散度的位相谱和凝聚谱

(2)小波交叉谱

交叉谱分析仅仅可以看到重力波的存在及其对应的频率，但是无法分辨出重力波的产生的位置和时间。为了解决这个问题，可以利用一维连续小波分析和小波交叉谱，对重力波的不同频率进行小波分析，然后对某频率波动进行重构，这样能够更加直观地观察重力波的发生发展。

小波交叉谱与传统交叉谱的不同点在于，传统交叉谱是在傅里叶变换的基础上进行交叉关系的分析，而小波交叉谱是先对两个序列的物理量进行一维连续小波分解，然后再计算交叉关系。小波交叉谱能够反映出波动所在的位置和时间，为研究波动的发展演变提供了更好的依据。小波交叉谱的计算公式如下：

$$C(a,b,f(t),\psi(t)) = \int_{-\infty}^{\infty} f(t)\frac{1}{\sqrt{a}}\psi^*\left(\frac{t-b}{a}\right)\mathrm{d}t \tag{10.5.12}$$

$$C_{xy}(a,b) = S(C_x^*(a,b)C_y(a,b)) \tag{10.5.13}$$

其中，$C_x(a,b)$和 $C_y(a,b)$代表两个物理量 X 和 Y 的连续小波变换，a 和 b 为连续小波变换的尺度函数和位置函数，上角标 $*$ 代表复数的共轭，S 代表平滑。

$C_{xy}(a,b)$可表示为(Liu,1994,Ge,2008)

$$C_{xy} = |C_{xy}|\exp i(\theta_y(a,b)-\theta_x(a,b)) \tag{10.5.14}$$

其中 $\theta_y(a,b)-\theta_x(a,b)$代表位相差。凝聚谱可表示为：

$$R_{xy}(a)=\frac{\left|\int_T C_x^*(a,b)C_y(a,b)\mathrm{d}b\right|^2}{\int_T |C_x(a,b)|^2\mathrm{d}b\int_T |C_y(a,b)|^2\mathrm{d}b}\tag{10.5.15}$$

它们的物理意义与传统交叉谱中的一致。

对涡度和散度进行小波交叉谱分析，其中基小波选为 Gaus 复小波。图 10.5.3 中可见，在约 102.9°—103.8°E 的位置，存在 90°位相差，范围大且较平稳，说明存在重力波的波动特征，其对应的凝聚谱值非常强，接近 1，说明此时的涡度和散度在该频率下的相关性非常大。同时其对应着振幅谱的能量大值区，说明该波动的能量很强。

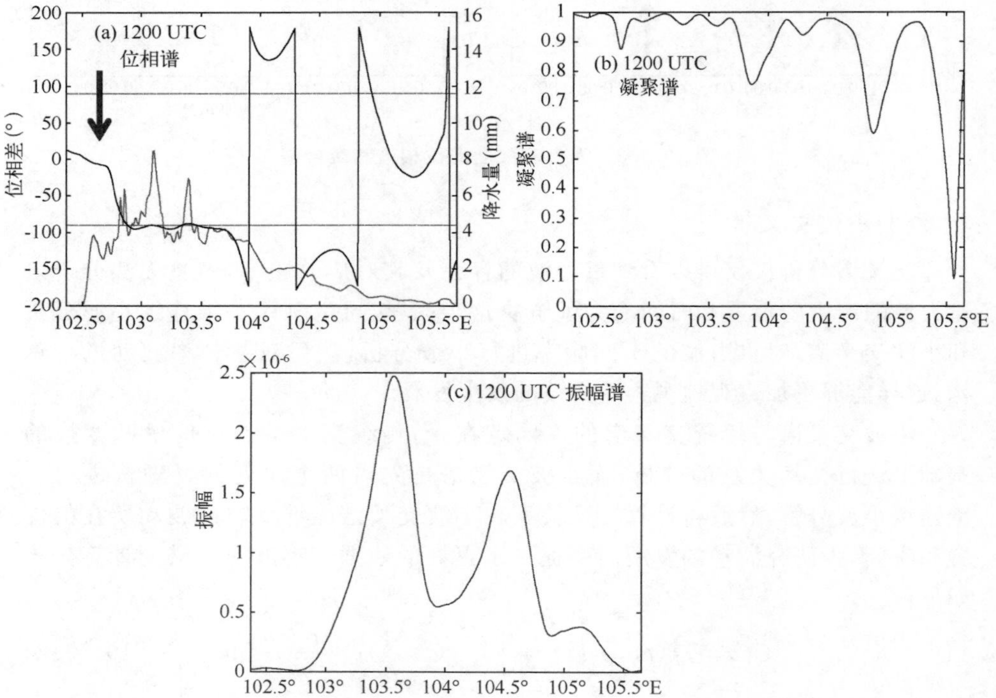

图 10.5.3　频率为 0.025 的涡度散度的位相差(a)、凝聚谱(b)和振幅谱图(b,c 中曲线)和累计降水(a 中谱线)

10.5.3　重力波重构

综合利用交叉谱分析和小波交叉谱分析提供的信息，再利用(10.5.6)傅里叶逆变换公式，可以重构重力波。图 10.5.4 中可以清晰地看到暴雨过程中关键尺度重力波的波动特征，垂直速度正负相间分布，主要分布在 12～15 km 的高度处，随着时间向东传播。因此，利用重构的重力波能够更清楚地分析波动局地结构特征。

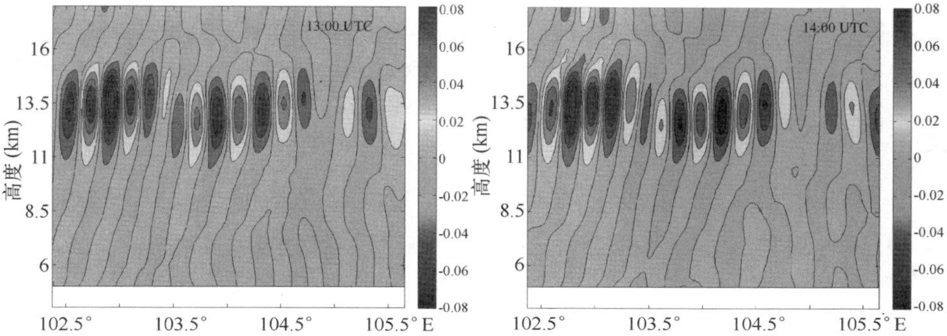

图 10.5.4　选取波长 40～50 km 周期 80～100 min 左右的范围
重构重力波－垂直速度的高度－纬向剖面图

10.5.4　结论

本节以一次四川山地暴雨波为例，介绍了如何利用交叉谱分析方法和傅里叶变换的方法识别并提取重力波。通过二维傅里叶的谱分析，可以初步得到重力波的周期和波数范围，以及波动的传播方向和传播速度。根据传统交叉谱，利用重力波的极化关系，证明了关键频率和波数的波动为重力波；交叉谱是通过分析两个气象要素时间序列的凝聚谱和位相谱，判断其是否符合重力波的极化关系，进而确定重力波的频率和波数。最后利用小波交叉谱的方法，分析了关键频率和波数的重力波出现的时间和位置；小波交叉谱的一大优点就是不仅能显示频谱特征，还能显示出波动所发生的空间位置和时间。针对交叉谱所确定的重力波的频率和波数，利用二维傅里叶逆变换，将气象要素转换到时－空场中，重建重力波结构，可以分析关键频率和波数的重力波的发展演变特征，位置变化以及波动源。

10.6　重力波破碎参数化理论

10.6.1　重力波破碎理论

所谓重力波破碎，简单地说指的是重力波在上传过程中振幅不再随高度增加而增加的一种行为。下面具体地从物理方程来分析。

在压力对数坐标系中，描述重力波的线性化的动量和连续性方程为：

$$\frac{\partial u'}{\partial t}+\frac{\partial \Phi'}{\partial x}=0 \tag{10.6.1}$$

$$\frac{\partial u'}{\partial x}+\frac{1}{\rho}\frac{\partial}{\partial Z}(\bar{\rho}w')=0 \tag{10.6.2}$$

$$\frac{\partial}{\partial t}\left(\frac{\partial \Phi'}{\partial Z}\right)Z+N^2 w'=0 \tag{10.6.3}$$

式中$\frac{\partial \Phi'}{\partial Z}=\frac{RT'}{H}$。设扰动具有类波解

$$(u',\ w',\ \Phi')=e^{z/2H}\mathrm{Re}[(u',\ w',\ \Phi')e^{i(kx+mZ-\sigma t)}] \tag{10.6.4}$$

把式(10.6.1)至(10.6.3)式代入(10.6.4)式，得色散关系：

$$\sigma^2=\frac{N^2k^2}{k^2+m^2+1/(4H^2)} \tag{10.6.5}$$

由于垂直波数远远小于大气标高 H，且水平波数远远小于垂直波数，就是说 $1/(4H^2)\ll m^2$，$k\ll m$，式(10.6.5)可简化为 $\sigma=\pm Nk/m$，因为对于上传的重力波，必须选取 $C_{gz}>0$，故其群速度的垂直分量为

$$C_{gz}=-\frac{\partial \sigma}{\partial m}=\frac{Nk}{m^2}=\frac{\sigma^2}{Nk} \tag{10.6.6}$$

如果存在背景风场 $\overline{U}$，那么频率 $\hat{\sigma}=k(\overline{U}-c)$，于是相应的群速度的垂直分量为

$$\hat{C}_{gz}=\frac{k}{N}(\overline{U}-c)^2 \tag{10.6.7}$$

由此可以看出当$(\overline{U}-c)$较大时，即 $\overline{U}$ 与 c 移向相反的情况下，$\hat{C}_{gz}$ 较大，使重力波明显上传。当 $\overline{U}$ 与 c 移向一致时，群速度较小，不利于重力波的上传。同时注意到扰动量$(u',\ w')\propto\rho^{-1/2}\propto e^{Z/2H}$，则知重力波上传时，波振幅必然随高度不断增加而使等熵面的位温梯度变陡，当达到一定高度时会出现

$$\frac{\partial \theta}{\partial Z}=\frac{\partial \bar{\theta}}{\partial Z}+\frac{\partial \theta'}{\partial Z}=0 \tag{10.6.8}$$

这时等熵面变为垂直，波开始因不稳定而破碎。由于

$$\frac{\partial \Phi}{\partial Z}=RTH^{-1}=R(\theta_e{}^{-\kappa Z/H})H^{-1} \tag{10.6.9}$$

位温梯度可表示为

$$\frac{\partial \theta}{\partial Z}\approx\frac{H}{R}e^{-\kappa Z/H}[N^2+\Phi'_{zz}] \tag{10.6.10}$$

因此

$$\frac{\partial \theta}{\partial Z}=0\rightarrow N^2=m^2\hat{\Phi}e^{Z/2H} \tag{10.6.11}$$

这时破碎高度可近似表示为

$$Z_b \approx 2H\ln\left|\frac{N^2}{m^2\widehat{\Phi}}\right| \tag{10.6.12}$$

式中，$\widehat{\Phi}$ 是波振幅。

10.6.2 重力波拖曳理论

重力波传播的一个重要特征是重力波能够运载自源区产生的动量通量到大气的高层，特别可以达到大气的中层。在重力波破碎区重力波运载的动量通量被耗散，并以重力波托曳的形式影响中层大气环流，许多气象学家对此做了研究（Holton，1982；Lindzen，1974；Fritts，1984；Matsuno，1982）。正因为重力波破碎有如此重要的作用，McFarlane（1987）首先对重力波托曳进行了参数化，Gao 等（1998，2003）又针对 McFarlane 重力波拖曳参数化中的问题先后做了改进。下面具体地来看看重力波拖曳的参数化方案。

McFarlane（1987）参数化方案的基本思想是：若设地形分布为

$$z = h\cos\mu x \tag{10.6.13}$$

式中，h 是地形扰动的振幅。地形作为一个固定的重力波源，有定常的重力波不断从这个波源中激发出来，描写定常重力波的无黏、绝热的无量纲化的滞弹性方程组为

$$\overline{u}\frac{\partial u}{\partial x} + w\frac{\partial \overline{u}}{\partial Z} = -\frac{\partial \pi}{\partial x} \tag{10.6.14}$$

$$\frac{\partial \pi}{\partial Z} = g\frac{\theta}{\overline{\theta}} \tag{10.6.15}$$

$$\frac{\partial u}{\partial x} + \frac{1}{\overline{\rho}}\frac{\partial}{\partial Z}(\overline{\rho}w) = 0 \tag{10.6.16}$$

$$\overline{u}\frac{\partial \theta}{\partial x} + w\frac{\partial \overline{\theta}}{\partial Z} = 0 \tag{10.6.17}$$

式中，π 为 Exner 函数（Ogura *et al.*，1962），$\pi = c_p p_0 \theta_0 (p/p_0)^{\kappa} + gz$；“—”表示纬向平均，它们只是 z 的函数；u, w, θ 都为扰动量。根据公式（10.6.16）和（10.6.17），可以引入如下关系：

$$w = \overline{u}\frac{\partial \psi}{\partial x},\ u = -\frac{1}{\overline{\rho}}\frac{\partial}{\partial Z}(\overline{\rho u}\psi),\ \theta = -\psi\frac{\partial \overline{\theta}}{\partial Z} \tag{10.6.18}$$

将公式（10.6.18）代入公式（10.6.14）和公式（10.6.17）式，消去 π，然后对 x 积分，并取积分常数为零，则可得到

$$\frac{\partial}{\partial Z}\left[\frac{\overline{u}^2}{\overline{\rho}}\frac{\partial}{\partial Z}(\overline{\rho}\psi)\right] + N^2\psi = 0 \tag{10.6.19}$$

其中，$N^2 = \frac{g}{\overline{\theta}}\frac{\partial \overline{\theta}}{\partial Z}$，$\psi$ 为扰动流函数。假设扰动流函数 ψ 的形式解为

$$\psi(Z,x) = A(Z)\cos\left[\mu x + \int_0^Z \phi(Z')\mathrm{d}Z'\right] \tag{10.6.20}$$

将公式(10.6.20)代入公式(10.6.19)，并令三角函数的系数为零，则有

$$\frac{N^2}{\overline{u}^2} - \phi^2 + o\left(\frac{1}{A}\frac{\mathrm{d}^2 A}{\mathrm{d}Z^2}\right) = 0 \tag{10.6.21}$$

$$2\frac{\mathrm{d}A}{\mathrm{d}Z} + A\left(\frac{1}{\overline{\rho}\phi\,\overline{u}^2}\frac{\mathrm{d}(\overline{\rho}\phi\,\overline{u}^2)}{\mathrm{d}Z}\right) = 0 \tag{10.6.22}$$

取一级近似，略去(10.6.21)式中的第3项，(10.6.22)式两端对 Z 进行积分，并利用下边界条件，则可以得到如下近似解：

$$\phi = \frac{N}{\overline{u}},\ A = h\left[\frac{\overline{\rho}(0)N(0)\overline{u}(0)}{\overline{\rho}N\overline{u}}\right]^{\frac{1}{2}} \tag{10.6.23}$$

波垂直动量通量可以定义为

$$\tau = \frac{1}{L}\int_{-\frac{L}{2}}^{\frac{L}{2}} \overline{\rho}uw\,\mathrm{d}x \tag{10.6.24}$$

其中 L 为 x 方向的波长。

将公式(10.6.18)、(10.6.20)及(10.6.23)代入公式(10.6.24)，并假设平均量在垂直方向上变化非常缓慢，则公式(10.6.24)可以近似地写为

$$\tau \approx -\frac{\mu h^2}{2}\overline{\rho}(0)N(0)\overline{u}(0) \tag{10.6.25}$$

(10.6.25)式表明在非重力波破碎区，重力波上传携带的动量通量是不随高度变化的。当重力波传播到饱和层时，重力波将发生破碎，湍流引起能量扩散，Lindzen(1974)和 Holton(1982)认为湍流导致热量和动量的垂直输送，从而限制了波振幅的增加。为了考虑垂直扩散输送对波的作用，引入一个衰减因子，这样扰动流函数写成

$$\psi(Z,x) = \psi_1(Z,x)\exp\left[-\int_0^Z D(Z')\mathrm{d}Z'\right] \tag{10.6.26}$$

其中，$\psi_1(Z,x)$就是(10.6.20)式，$D(Z) = N^3K/(\overline{\mu U^4})$，K 为涡旋扩散率。相应地，在波破碎区，波垂直动量通量可以表示为

$$\tau = \tau(0)\exp\left[-2\int_0^Z D(Z')\mathrm{d}Z'\right] \tag{10.6.27}$$

其中，$\tau(0)$就是(10.6.25)式，在波破碎区，取 $D(Z) = \dfrac{1}{F}\dfrac{\mathrm{d}F}{\mathrm{d}Z}$，则(10.6.27)式变为

$$\tau = \frac{\tau(0)}{F^2} = -\frac{1}{2}\frac{\overline{\rho}\mu\,\overline{\mu}^3}{N} \tag{10.6.28}$$

所以在波破碎区，重力波托曳作用引起的平均气流局地变化为

$$\frac{\partial\overline{u}}{\partial t} = -\frac{1}{\overline{\rho}}\frac{\partial\tau}{\partial Z} = -\frac{\mu}{2}\frac{\overline{\mu}^3}{N}\max\left[\frac{\mathrm{dln}F^2}{\mathrm{d}Z},0\right] \tag{10.6.29}$$

这就是 McFarlane 重力波托曳参数化方案的基本思想。

虽然 McFarlane 给出了一个比较合理的重力波动量通量对纬向平均气流影响的参数化方案，但他没有考虑重力波破碎造成的湍流耗散对纬向平均气流的影响，这种耗散作用不但减少重力波动量，而且会影响纬向平均流。基于这种想法，在重力波破碎区，具有耗散作用的重力波方程组为

$$\overline{u}\frac{\partial u}{\partial x}+w\frac{\partial \overline{u}}{\partial Z}=-\frac{\partial \Pi}{\partial x}+D\frac{\partial^2 u}{\partial Z^2} \tag{10.6.30}$$

$$\frac{\partial \pi}{\partial Z}=g\frac{\theta}{\overline{\theta}} \tag{10.6.31}$$

$$\frac{\partial u}{\partial x}+\frac{1}{\overline{\rho}}\frac{\partial}{\partial Z}(\overline{\rho}w)=0 \tag{10.6.32}$$

$$\overline{u}\frac{\partial \theta}{\partial x}+w\frac{\partial \overline{\theta}}{\partial Z}=D\frac{\partial^2 \theta}{\partial Z^2} \tag{10.6.33}$$

其中，D 为待定的耗散系数。由公式(10.6.30)和(10.6.31)消去 π，可得到

$$\frac{\partial \overline{u}}{\partial Z}\frac{\partial u}{\partial x}+\overline{u}\frac{\partial^2 u}{\partial Z\partial x}+\frac{\partial \overline{u}}{\partial Z}\frac{\partial w}{\partial Z}+w\frac{\partial^2 u}{\partial Z^2}=-\frac{g}{\overline{\theta}}\frac{\partial \theta}{\partial x}+\frac{\partial D}{\partial Z}\frac{\partial^2 u}{\partial Z^2}+D\frac{\partial^3 u}{\partial Z^3} \tag{10.6.34}$$

假设扰动形式解为

$$u=\hat{u}\,e^{i(kx+mZ)},\quad w=\hat{w}e^{i(kx+mZ)},\quad \theta=\hat{\theta}e^{i(kx+mZ)} \tag{10.6.35}$$

将公式(10.6.35)代入公式(10.6.32)—(10.6.34)，则有

$$\left(ik\frac{\partial \overline{u}}{\partial Z}-km\overline{u}+\frac{\partial D}{\partial Z}m^2+im^3D\right)\hat{u}+\left(\frac{\partial^2 \overline{u}}{\partial Z^2}+i\frac{\partial \overline{u}}{\partial Z}m\right)\hat{w}=-ik\frac{g}{\overline{\theta}}\hat{\theta} \tag{10.6.36}$$

$$ik\hat{u}+(im+N_1^2)\hat{w}=0 \tag{10.6.37}$$

$$(ik\overline{u}+m^2D)\hat{\theta}+\frac{\partial \overline{\theta}}{\partial Z}\hat{w}=0 \tag{10.6.38}$$

其中，$N_1^2=\dfrac{\partial \ln\overline{\rho}}{\partial Z}$。从(10.6.36)—(10.6.38)式中消去 $\hat{u},\hat{w},\hat{\theta}$，可得到如下关系：

$$\begin{aligned}&\left[i\left(k\frac{\partial \overline{u}}{\partial Z}+Dm^3\right)-\left(km\overline{u}-\frac{\partial D}{\partial Z}m^2\right)\right](ik\overline{u}+Dm^2)\\&(im+N_1^2)-ik\left(\frac{\partial^2 \overline{u}}{\partial Z^2}+i\frac{\partial \overline{u}}{\partial Z}m\right)(ik\overline{u}+Dm^2)=N^2k^2\end{aligned} \tag{10.6.39}$$

其中，$N^2=\dfrac{g}{\overline{\theta}}\dfrac{\partial \overline{\theta}}{\partial Z}$。从(10.6.39)式中分离出实部和虚部，则有

$$\begin{aligned}&\left(-k^2\overline{u}\frac{\partial \overline{u}}{\partial Z}-2Dm^3k\overline{u}+D\frac{\partial D}{\partial Z}m^4\right)N_1^2+\\&\left(-m^6D^2+k^2m^2\,\overline{u}^2-\frac{\partial D}{\partial Z}m^3k\overline{u}+k^2\overline{u}\frac{\partial^2 \overline{u}}{\partial Z^2}\right)=k^2N^2\end{aligned} \tag{10.6.40}$$

$$\left(k\frac{\partial \overline{u}}{\partial Z}Dm^2+m^5D^2-k^2m\overline{u}^2+\frac{\partial D}{\partial Z}m^2k\overline{u}\right)N_1^2+ \\ \left(-k\frac{\partial^2\overline{u}}{\partial Z^2}Dm^2-2Dm^4k\overline{u}+D\frac{\partial D}{\partial Z}m^5\right)=0 \tag{10.6.41}$$

(10.6.40)式两端乘以$\frac{N_1^2}{m}$，再加上(10.6.41)式，可以得到

$$-\left(2m^2k\overline{u}N_1^4-k\frac{\partial\overline{u}}{\partial Z}m^2N_1^2+2m^4k\overline{u}+k\frac{\partial^2\overline{u}}{\partial Z^2}m^2\right)D+D\frac{\partial D}{\partial Z}(m^3N_1^4+m^5) \\ =\frac{k^2N^2N_1^2+k^2\overline{u}\frac{\partial\overline{u}}{\partial Z}N_1^4-k^2\overline{u}\frac{\partial^2\overline{u}}{\partial Z^2}N_1^2}{m} \tag{10.6.42}$$

在重力波破碎的饱和层内，由于破碎混合，大气在垂直方向变得比较均匀，所以可以认为耗散系数 D 随高度变化很缓慢，这样(10.6.42)式可简写为

$$-\left(2m^2k\overline{u}N_1^4-k\frac{\partial\overline{u}}{\partial Z}m^2N_1^2+2m^4k\overline{u}+k\frac{\partial^2\overline{u}}{\partial Z^2}m^2\right)D \\ =\frac{k^2N^2N_1^2+k^2\overline{u}\frac{\partial\overline{u}}{\partial Z}N_1^4-k^2\overline{u}\frac{\partial^2\overline{u}}{\partial Z^2}N_1^2}{m} \tag{10.6.43}$$

(10.6.43)式又可以写为

$$D=\frac{k\left(N^2N_1^2+\overline{u}\frac{\partial\overline{u}}{\partial Z}N_1^4-\overline{u}\frac{\partial^2\overline{u}}{\partial Z^2}N_1^2\right)}{m^3\left(2\overline{u}N_1^4-\frac{\partial\overline{u}}{\partial Z}N_1^2+2m^2\overline{u}+\frac{\partial^2\overline{u}}{\partial Z^2}\right)} \tag{10.6.44}$$

于是重力波破碎造成的纬向平均流的耗散可以表示为

$$D\frac{\partial^2\overline{u}}{\partial Z^2}=-\frac{k\left(N^2N_1^2+\overline{u}\frac{\partial\overline{u}}{\partial Z}N_1^4-\overline{u}\frac{\partial^2\overline{u}}{\partial Z^2}N_1^2\right)}{m^3\left(2\overline{u}N_1^4-\frac{\partial\overline{u}}{\partial Z}N_1^2+2m^2\overline{u}+\frac{\partial^2\overline{u}}{\partial Z^2}\right)}\frac{\partial^2\overline{u}}{\partial Z^2} \tag{10.6.45}$$

可见，耗散作用完全可以用可分辨尺度的物理量和扰动波数来表示。

所以在中纬度地区，一个完整的重力波对纬向平均流的拖曳作用应包括两部分：(1)重力波动量通量随高度的变化；(2)耗散作用。即

$$\frac{\partial\overline{u}}{\partial t}=-\frac{1}{\rho}\frac{\partial\tau}{\partial Z}+D\frac{\partial^2\overline{u}}{\partial Z^2}=-\frac{\mu}{2}\frac{\overline{u}^3}{N}\max\left[\frac{\mathrm{dln}F^2}{\mathrm{d}Z},0\right] \\ -\frac{k\left(N^2N_1^2+\overline{u}\frac{\partial\overline{u}}{\partial Z}N_1^4-\overline{u}\frac{\partial^2\overline{u}}{\partial Z^2}N_1^2\right)}{m^3\left(2\overline{u}N_1^4-\frac{\partial\overline{u}}{\partial Z}N_1^2+2m^2\overline{u}+\frac{\partial^2\overline{u}}{\partial Z^2}\right)}\frac{\partial^2\overline{u}}{\partial Z^2} \tag{10.6.46}$$

必须指出，虽然该参数化方案能够合理地描述定常重力波破碎对纬向平均流的拖曳作用，但实际上，在很多情况下，热力耗散系数同黏性耗散系数都是高

度的函数，两者之比由 Prandtl 数来表征，比值范围为 1～50。以上的参数化方案中认为两者在数值上相等，这是不足之处。另外，上传的重力波一般情况下是非定常的，非定常重力波破碎对中层大气纬向平均流的参数化问题还有待于进一步地研究。

参考文献

卞建春，陈洪滨，吕达仁．2004．用垂直高分辨率探空资料分析北京上空下平流层重力波的统计特性．中国科学(D 辑地球科学)，**34**：748-756.

巢纪平．1980．非均匀层结大气中的重力惯性波及其在暴雨预报中的初步应用．大气科学，**4**：230-235.

高守亭．2005．大气中尺度运动的动力学基础及预报方法．北京：气象出版社．

高守亭，冉令坤．2003．重力波上传破碎对中层纬向平均流拖曳的参数化方案．科学通报，**48**(7)，726-729.

刘式适，刘式达．1985．大气中的波作用量及其守恒性．北京大学学报(自然科学版)，**2**：87-96.

刘式适，孙峰．2000．热带大气半地转适应理论的尺度分析和物理机制．大气科学，**24**(1)：26-40.

孙淑清．1990．梅雨锋中大振幅重力波的活动及其与环境场的关系．大气科学，**14**：163-172.

吴洪，林锦瑞．1997．切变基流中惯性重力波的发展．热带气象学报，**13**：75-81.

熊建刚，易帆．2000．中高层大气行星波与惯性重力内波的非线性相互作用．空间科学学报，**20**：121-128.

易帆．1999．黏性耗散对重力波波包共振相互作用的影响．空间科学学报，**19**：47-53.

张可苏．1980．在有热源和耗散情况下的大气适应过程．大气科学，**4**(3)：199-211.

赵平，孙淑清．1990．非均匀大气层结中大气惯性重力波的发展．气象学报，**48**：397-403.

Andrews D G, and McIntyre M E. 1978. Generalized Eliassen-Palm and Charney-Drazin theorems for waves on axisymmetric mean flows in compressible atmospheres. *J. Atmos. Sci.*, **35**: 175-185.

Andrews D G, and McIntyre M E. 1976. Planetary waves in horizontal and vertical shear: The generalized Eliassen-Palm relation and the mean zonal acceleration. *J. Atmos. Sci.*, **33**: 2031-2048.

Andrews D G. 1983. Finite-amplitude Eliassen-Palm theorem in isentropic coordinates. *J. Atmos. Sci.*, **40**: 1877-1883.

Andrews D G, Holton J R, and Leovy C B. 1987. *Middle Atmosphere Dynamics*, 489 pp., Elsevier, New York.

Andrews D G. 1987. On the interpretation of the Eliassen-Palm flux divergence. *Quart. J. Roy. Meteor. Soc.*, **113**: 323-338.

Brunet G, and Haynes P. H. 1996. Low-latitude reflection of Rossby wave trains. *J. Atmos. Sci.* **53**: 482-496.

Bühler O. 2014. Waves and Mean Flows. 2nd ed. Cambidge University Press,360pp.

Cho J Y N. 1995. Innertio-gravity wave parameter estimation from cross spectral analysis. *J. Geophys. Res.*, **100**: 18727-18737.

Clark T L, Hauf T, and Kuettner J P. 1986. Convectively forced internal gravity waves: Results from two dimensional numerical experiments. *Quart. J. Roy. Meteorol. Soc.*, **112**: 899-925.

Durran D R. 1995. Pseudomomentum diagnostics for two-dimensional stratified compressible flow. *J. Atmos. Sci.* **52**:3997-4008.

Eliassen A and Palm E. 1961. *On the transfer of energy instationary mountain.* Geofy. Puhlikasjoner,22,1-23.

Fetzer E J, and Gille J C. 1994. Gravity wave variance in LIMS temperatures. Part I. Variability and comparisonwith background winds. *J. Atmos. Sci.*, **51**: 2461-2483.

Fovell R, Durran D, and Holton J R. 1992. Numerical simulations of convectively generated stratospheric gravity waves. *J. Atmos. Sci.*, **49**: 1427-1442.

Fritts D C. 1984. Gravity wave saturation in the middle atmosphere: a review of theory and observations, *Rev. Geophys. Space Phys.* **22**:275-308.

Gao Shouting and Liu Kunru. 1998. A study of the effect of gravitly wave breaking on middle atmospheric circulation. *Acta Meteor. Sinica*, **12**:479-485.

Gao shouting, Zhang hengde and Lu Weisong. 2004. Ageostrophic Generalized E-P flux in Baroclinic Atmosphere. *China Phys. Lett.* **21**: 576-579.

Ge Z. 2008. Significance tests for the wavelet cross spectrum and wavelet linear coherence. *Ann. Geophys.* **26**: 3819-3829.

Grivet-Talocia, Einaudi S F, Clark W L, Dennett R D, Nastrom G D, and Van Zandt T E. 1999. A 4 a climatology of pressure disturbances using a barometer network in central Illinois. *Mon. Weather Rev.*, **127**:1613-1629.

Haynes P H. 1988. Forced, dissipative generalizations of finite-amplitude wave activity conservation relations for zonal and nonzonal basic flows. *J. Atmos. Sci.* **45**: 2352-2362.

Hirota I, and Niki T. 1985. A statistical study of inertiagravity waves in the middle atmosphere. *J. Meteor. Soc. Japan*, **63**: 1055-1066.

Holton J R. 1982. The dynamic meteorology of the stratosphere and mesosphere. Boston, Mass, American Meteorological Society, 1975, 105-110.

Jenkins G M, and Watts D G. 1968. Spectral Analysis and Its Applications, 525 pp., Holden-Day, Boca Raton, Fla.

Kinoshita T, and Sato K. 2013. A formulation of threedimensional residual mean flow applicable both to inertia-gravity waves and Rossby waves. *J. Atmos. Sci.*, **70**: 1577-1602.

Kinoshita T, and Sato K. 2013. A formulation of Unified three-dimensional wave activity flux of inertial-gravity waves and Rossby waves. *J. Atmos. Sci.*, **70**: 1603-1615.

Kinoshita T, Tomikawa Y, and Sato K. 2010. On the three-dimensional residual mean circulation and wave activity flux of the primitive equations. *J. Meteor. Soc. Japan*, **88**: 373-394, doi:10. 2151/jmsj. 2010-307.

Koch S E, Jamison B, Lu C, Smith T, Tollerud E, Wang N, Lane T, Shapiro M, Parrish D, and Cooper O. 2005: Turbulence and gravity waves within an upper-level front. *J. Atmos. Sci.*, **62**:3885-3908.

Lilly D K, and Kennedy P J. 1973. Observations of a stationary mountain wave and its associated momentum flux and energy dissipation. *J. Atmos. Sci.*, **30**: 1135-1152.

Lindzen R S. 1974. Stability of a Helmholtz velocity profile in a continuously stratified, infinite Boussinesq Fluid-applications to clear air turbulence. *J. Atmos. Sci.*, **31**: 1507-1514.

Liu P C. 1994. Wavelet spectrum analysis and ocean wind waves, Wavelets in Geophysics, edited by: Foufoula-Georgiou, E. andKumar, P., Academic, San Diego, p. 151-166.

Lu C G, Koch S E, and Wang N. 2005b. Determination of temporal and spatial characteristics of atmospheric gravity waves combining cross-spectral analysis and wavelet transformation. *J. Geophys. Res.*, 32, L24816, doi:10. 1029/2005GL024662, 2005.

Lu C G, Koch S E, and Wang N. 2005a. Stokes parameter analysis of a packet of turbulence-generating gravity waves. *J. Geophys. Res.*, 110, D20105, doi:10. 1029/2004JD005736.

Lu C, Koch S, and Wang N. 2005. Determination of temporal and spatial characteristics of gravity waves using cross-spectral analysis and wavelet transformation. *J. Geophys. Res.*, **110**: D01109.

Magnusdottir G, and Haynes P H. 1996. Application of wave-activity diagnostics to baroclinic-wave life cycles. *J. Atmos. Sci.* **53**, 2317-2353.

Matsuno T. 1982. A quasi-one-dimensional model of the middle atmospheric circulation interacting with internal gravity waves. *J. Meteor. Soc. Japan*, **60**:215.

McFarlane N A. 1987. The effect of orographically exited gravity wave drag on the general circulation of the lower stratosphere and troposphere. *J. Atmos. Sci.* **44**:1776-1800.

McIntyre M E, and Shepherd T G. 1987. An exact local conservation theorem for finite amplitude disturbances to non-parallel shear flows, with remarks on Hamiltonian structure and on Arnol'd 's stability theorems. *J. Fluid. Mech.* **181**: 527-565.

McIntyre M E. 1980. Introduction to the generalized Lagrangian-mean description of wave-mean flow interaction. *Pure. Appl. Geophys.* **118**: 152-176.

McLandress C, Alexander M J, and Wu D L. 2000. Microwave Limb Sounder observations of gravity waves inthe stratosphere: A climatology and interpretation. *J. Geophys. Res.*, **105**: 11,947-11,967.

Miyahara S. 2006. A three dimensional wave activity flux applicable to inertio-gravity waves. SOLA, 2, 108-111, doi:10. 2151/ sola. 2006-028.

Murray D M. 1998. A pseudoenergy conservation law for the two-dimensional primitive equations. *J. Atmos. Sci.* **55**, 2261-2269.

Ogura Y, Phillips N A. 1962. Scale analysis of deep and shallow convection in the atmosphere. *J. A. S.* , **19**(2): 173-179.

Piani C, Durran D Alexander M J, and Holton J R. 2000. A numerical study of three-dimensional gravity waves triggered by deep tropical convection and their role in the dynamics of the QBO. *J. Atmos. Sci.* , **57**,3689-3702.

Preusse P, Schaeler B, Bacmeister J, and Offermann D. 1999. Evidence for gravity waves in crista temperatures. *Adv. Space Res.* ,**24**:1601-1604.

Ren S. 2000. Finite-amplitude wave-activity invariants and nonlinear stability theorems forshallow water semigeostrophic dynamics. *J. Atmos. Sci.* **57**: 3388-3397.

Schöch A, Baumgarten G, Fritts D C, Hoffmann P, Serafimovich A, Wang L, Dalin P, Müllemann A, and Schmidlin F J. 2004. Gravity waves in the troposphere and stratosphere during the MaCWAVE/MIDAS summer rocket program, *Geophys. Res. Lett.* , **31**: L24S04.

Scinocca J F, and Shepherd T G. 1992. Nonlinear wave-activity conservation laws and Hamiltonian structure for the two-dimensional anelastic equations. *J. Atmos. Sci.* **49**: 5-27.

Torrence C, and Compo G P. 1998. A practical guide to wavelet analysis, *Bull. Am. Meteor. Soc.* , **79**(1):61-78.

Tsuda T, Nishida M, and Rocken C. 2000. A global morphology of gravity wave activity in the stratosphere revealedby the GPS occultation data (GPS/MET). *J. Geophys. Res.* , **105**: 7257-7274.

Vincent R A, Allen S J, and Eckermann S D. 1997. Gravity-wave parameters in the lower stratosphere. In Gravity Wave Processes and their Parameterization in Global Climate Models, Hamilton, K. Ed. , Springer-Verlag, Heidelberg.

Vincent R A, and Alexander M J. 2000. Gravity wavesin the tropical lower stratosphere: An observational study of seasonal and interannual variability. *J. Geophys. Res.* , **105**: 17971-17982.

Wheeler M, and Kiladis G N. 1999. Convectively coupled equatorial waves: Analysis of clouds and temperature in the wavenumber-frequency domain. *J. Atmos. Sci.* , **56**: 374-399.

Whitcher B, Guttorp P, and Percival D B. 2000. Wavelet analysis of covariance with application to atmospheric time series. *J. Geophys. Res.* , **104**: 16297-16308.

Zhang F Q, and Koch S E, Davis C A, Kaplan M L. 2001. Wavelet analysis and the governing dynamics of a large-amplitude mesoscale gravity-wave event along the east coast of the united states. *Quart. J. R. meteor. Soc.* , **127**: 2209-2245.

Zhang Y C, Zhang F Q, and Sun J H. 2014. Comparison of the diurnal variations of warm-season precipitation for East Asia vs. North America downstream of the Tibetan Plateau vs. the Rocky Mountains. *Atmos. Chem. Phy.* , doi:10. 5194/acp-14-10741-2014.

Zink F, and Vincent R A. 2001a. Wavelet analysis of stratospheric gravity wave packets over Macquarie Island 1. Wave parameters. *J. Geophys. Res.* , **106**:10275-10288.

第 11 章　中尺度平衡与非平衡

在气象研究中，所谓平衡最简单的是指风场和质量场之间的一种诊断关系。值得注意的是，一般这种关系不随时间发生变化，然而对于场变量本身是可以随时间变化的，或者说是一种动态平衡。现在最普遍适用的平衡就是静力平衡。目前所讨论的所有的天气尺度和大多数的中尺度现象，其基本态都是满足静力平衡的。对于中尺度系统，由于其强的非地转性，较大尺度的准地转近似一般是不满足的。那么对于中尺度，能否找到像大尺度那样的平衡关系？如果能找到，在这种平衡系统中是否中尺度的散度风效应也参与了平衡的作用？此外，什么是非平衡？本章将针对这些问题，在回顾大尺度各种平衡方程、平衡模式的基础上，对平衡、非平衡给出具体的定义，并在此基础上，导出能够反映中尺度特征的平衡方程和平衡模式以及相应的非平衡方程。同时本章还将详细介绍基于中尺度平衡模式的位涡反演技术，及相应的中尺度慢流型。

11.1　准地转框架下的平衡与非平衡

大尺度运动，一般是准地转的。对于这类运动通常满足地转平衡和热成风平衡(Holton，2004)：

$$\mathbf{V}_g = \boldsymbol{k} \times \frac{1}{\rho f} \nabla p \tag{11.1.1}$$

$$\frac{\partial \mathbf{V}_g}{\partial \ln p} = -\frac{R}{f}\boldsymbol{k} \times (\nabla T) \tag{11.1.2}$$

而后，Charney(1955，1962)又给出了无摩擦条件下比地转平衡更高一级的非线性平衡方程：

$$\nabla^2 \phi - \nabla \cdot (f \nabla \psi) - 2\left[\frac{\partial^2 \psi}{\partial x^2}\frac{\partial^2 \psi}{\partial y^2} - \left(\frac{\partial^2 \psi}{\partial x \partial y}\right)^2\right] = 0 \tag{11.1.3}$$

这里 $\phi = gz$ 是位势高度，ψ 是流函数，采用的是 p 坐标系。该方程的适用性在于当重力波活动很不明显，且弗劳德(Froude)(Fr) 数和罗斯贝(Rossby)(Ro) 数均存在 $Fr \ll 1, Ro \ll 1$ 的情况下，并有水平散度的局地变化项 $\frac{\partial \delta}{\partial t}$ 趋于和 $\min(Fr^2, Ro^2)$ 同量级而可以忽略时的情况。

当考虑辐散风成分，取 $u=-\dfrac{\partial\psi}{\partial y}-\dfrac{\partial\chi}{\partial x}$，$v=\dfrac{\partial\psi}{\partial x}-\dfrac{\partial\chi}{\partial y}$，$\chi$ 为势函数。以罗斯贝数为小参数（$Ro=\varepsilon$），Allen 等（1990）得到如下的非线性平衡方程：

$$\nabla^2\phi-\nabla^2\psi-2\varepsilon\left[\frac{\partial^2\psi}{\partial x^2}\frac{\partial^2\psi}{\partial y^2}-\left(\frac{\partial^2\psi}{\partial x\partial y}\right)^2\right]=0 \tag{11.1.4}$$

若进一步保留部分 $O(\varepsilon^2)$ 的项，还可得如下的非线性平衡方程：

$$\nabla^2\phi-\nabla^2\psi-2\varepsilon\left[\frac{\partial^2\psi}{\partial x^2}\frac{\partial^2\psi}{\partial y^2}-\left(\frac{\partial^2\psi}{\partial x\partial y}\right)^2\right]-\varepsilon^2\left(\frac{\partial\nabla^2\psi}{\partial x}\frac{\partial\chi}{\partial y}-\frac{\partial\nabla^2\psi}{\partial y}\frac{\partial\chi}{\partial x}\right)=0 \tag{11.1.5}$$

以上各种平衡方程都是在 Ro（或 ε）$\ll 1$，即科氏力远远比惯性力重要的假定下才成立的，因此只适用于大尺度分析。

以平衡方程为基础构建的一系列方程组称为平衡模式。必须指出，平衡模式中除了平衡方程外，至少还包含一个慢时间倾向的方程，当然还可以有静力方程、热力学方程、涡度方程、连续方程等等。大尺度准地转近似、半地转近似以及地转动量近似实质上也各是一种平衡模式。平衡模式不仅能够用来描述平衡运动，而且它比平衡方程能更完整地描述系统在动态平衡中的演变特征。

大尺度非平衡运动指的是不满足地转平衡、热成风平衡，或者不满足非线性平衡等的运动。对于非平衡运动，相应地也有诊断的工具。最直接的是从平衡运动方程的导出方程出发，将它做为非平衡方程进行诊断，例如大尺度的散度方程。具体方法是分别计算非平衡方程中平衡项之和及余下各项和，将它们做比较分析，同时计算散度、垂直运动做为参考，从而诊断出非平衡过程的发展变化情况（James *et al.*，1988）。除此之外，大尺度非平衡流的诊断还有以下几种工具（Zhang *et al.*，2000）：

（1）拉格朗日罗斯贝（Lagrangian Rossby）数

无摩擦流体的拉格朗日罗斯贝数为（Koch and Dorian，1988）：

$$Ro=\frac{\mathrm{d}V/\mathrm{d}t}{f|V|}=\frac{|fV_{ag}\times k|}{f|V|}=\frac{|V_{ag}|}{|V|} \tag{11.1.6}$$

可见，Ro 实际上是非地转的一个量度，即偏离地转平衡的程度。Ro 数越大，地转偏差越大，非平衡作用越明显。

（2）***Psi*** 矢量（$\boldsymbol{\psi}$）

Psi 矢量 $\boldsymbol{\psi}$ 定义为（Keyser *et al.*，1989）：

$$V_{agirr}=-\frac{\partial\boldsymbol{\psi}}{\partial p},\quad \omega=\nabla_p\cdot\boldsymbol{\psi},\quad \text{即 } \boldsymbol{\psi}=-\nabla\chi \tag{11.1.7}$$

其中 χ 是速度势，V_{agirr} 是非地转风的无旋部分，ω 是 p 坐标系中的垂直速度。因此通过 ***Psi*** 矢量可以求得非地转风的辐合辐散部分及相应的垂直速度，从而确定系统的非平衡状况。

(3)ω 方程

p 坐标系下绝热无摩擦准地转 ω 方程为：

$$\sigma\nabla^2\omega+f_0^2\frac{\partial^2\omega}{\partial p^2}=f_0\frac{\partial}{\partial p}[\boldsymbol{V}_g\cdot\nabla(f_0\nabla^2\phi+f)]+\nabla^2[\boldsymbol{V}_g\cdot\nabla(-\frac{\partial\phi}{\partial p})] \tag{11.1.8}$$

方程右边第一项表示绝对涡度平流的垂直差异，第二项表示温度平流。一般地说，如果某一强迫项的值大于 0，则它会在临近区域产生上升运动。例如，在槽前（对应第一强迫项的值大于 0）或者有暖平流（对应第二强迫项的值大于 0），容易有上升运动产生；反之，脊前或者有冷平流则易产生下沉运动。通过垂直运动情况可以诊断非平衡的强弱。

(4)位涡反演

用位涡反演来诊断非平衡流，主要是通过位涡反演出平衡状况下的场变量，然后将它们与实际场进行比较，从而诊断系统的非平衡度。位涡反演在气象应用中是一种十分重要的技术，将在本章的后几节中详细讨论。

11.2　平衡方程与非平衡方程的定义

在对平衡方程和非平衡方程进行具体定义前，还得指出一个问题，就是垂直运动是归于平衡部分还是属于非平衡部分。关于这个问题，不同学者持有不同的看法。Krishnamurti 等学者认为（Krishnamurti，1968；Zhang *et al.*，2000），准地转 ω 方程是应用地转平衡和热成风平衡对准地转涡度方程和热力学方程进行分析后得到的。因此，它是大尺度恢复地转平衡必不可少的要素之一，应归为平衡系统的一部分。但陈秋士（1987）则认为垂直运动是由于非平衡引起的，是从非平衡到平衡的一个调整过程，因此垂直运动方程应属于非平衡的范畴。总之，任何天气系统（大、中、小尺度），运动可以分为两种情况：平衡运动和非平衡运动。如果按照 Krishnamurti（1968）等的观点，垂直运动将被归于平衡模式中。而如果按照陈秋士的观点，则非平衡运动可以进一步分为两个阶段：①平衡的破坏阶段，该阶段与水平环流的某些平流过程有关；②平衡的重建阶段，该阶段是通过铅直运动调整气压场、温度场、风场之间的关系而实现的。陈秋士（1987）又将这两个阶段分别称为平流变化和调整变化。作者认为，当垂直运动包含在平衡诊断方程中，作为构成平衡系统不可少的要素时，此时的垂直运动应归于系统的平衡部分；而当垂直运动包含在非平衡方程中，处于非平衡状态向平衡状态调整过程时，此时的垂直运动就归于系统的非平衡部分。

综合分析各种平衡方程以及非平衡流诊断工具，可对平衡方程与非平衡方程可进行如下的定义（高守亭等，2006）。

首先，因为所研究的大气时刻都是在运动的，所谓的平衡、非平衡指的是一种动态的平衡、非平衡，即指系统的运动是平衡运动或者非平衡运动。因此，所讨论的平衡方程、非平衡方程都应该是建立在动量方程基础上的，是动量方程在某种具体物理意义指导下进行各种数学运算分析后得到的形式。具体来说，应该满足：

①平衡方程：方程中不含有时间偏导项，且只保留了量级上相对大的项。另外，由于平衡系统一般是由涡旋来维持的，因此平衡方程中旋转风分量（流函数表示项）应该为主要成分，而至于快时间振荡（如重力波）等频散项则应该略去。

②非平衡方程：方程中必须有时间偏导项，其他量级相对较小的项也可以保留，甚至可以直接将未进行量纲分析简化的原始物理方程作为非平衡方程。另外，由于非平衡部分主要反映的是系统的调整变化过程，该过程中常伴有快波对能量的频散作用，相应地，非平衡方程也应该能反映这种特征。

在此必须强调，所谓的平衡方程、非平衡方程并非唯一的。系统的平衡运动、非平衡运动可以根据其具体特征由多种物理量、物理方程来描述。但总的出发点是尽可能全面的考虑系统的运动特征。

由于中尺度系统中科氏力、惯性力、气压梯度力都很重要，这三个力共同决定了系统的发生发展状况，因此前一节的平衡方程（11.1.3）、（11.1.4）、（11.1.5）不适合于中尺度分析。Raymond（1992）推导出了大罗斯贝数下的非线性平衡方程，但是推导过程中假定了速度势、散度以及垂直速度的量级都远小于1，最后得到的非线性平衡方程形如方程（11.1.3），只是气压梯度力的表示采用了无量纲数 π。同样，它对于具有强烈辐合辐散和激烈垂直运动的中尺度系统来说也是不适用的。类似于非线性平衡方程，人们又提出了准平衡方程、线性平衡方程、双线性平衡方程、半平衡方程、近平衡方程、混合平衡方程等等（Allen *et al.*，1990；Xu，1994；Barth *et al.*，1990），所有这些都是由散度方程通过各种近似简化得到的，它们或者采用了 $Ro \ll 1$，或者人为的假设一些量（如辐合辐散、垂直速度、速度势等）为小量。以上各种平衡方程可以分情况用于大尺度天气系统或者中尺度浅薄系统。但是对于具有明显辐散风效应的强烈发生发展的中尺度系统是不适用的。因此有学者认为（Doswell，1987），中尺度就是缺乏像大尺度那样的平衡。

然而对中尺度对流系统（MCSs）和中尺度对流复合体（MCC）的观测和模拟均发现（Houze *et al.*，1990；Bartels and Maddox，1991；Leary and Rappaport，1987；Zhang and Fritch，1988；Brandes，1990；Fritsch *et al.*，1994），它们的一个突出特征之一是均存在中尺度对流涡（MCV），该涡为暖心结构，类似于热带气旋，起着加强惯性稳定性的作用，即使得非绝热加热在产生平衡旋转流作用方面更加有效。有关研究表明(Raymond,1992;Davis and Weisman,1994;Jiang 和 Raymond,1995)这些气流在很大程度上是处于平衡的,即它们的热力结构同中尺度环流是在近乎平衡条件下进行演变的。

因此作者认为,中尺度天气系统中也是有平衡运动存在的,也有相应的描述方程。涡旋在中尺度平衡中仍是起着重要的作用,但是辐散的作用却是不可忽略的。在中尺度系统中,辐散风和旋转风的作用都很重要,因此其平衡方程除了要有旋转风成分外,也应该包含有辐散风成分。另外,中尺度垂直运动作用也很重要,在平衡方程中也不可忽略。可见,以上提到的一系列大尺度平衡方程对于描述中尺度的平衡运动是不够的。基于此,考虑不从散度、涡度方程出发,而从能同时包含辐散风和旋转风效应的螺旋度方程出发,寻求适合描述中尺度特征的平衡方程及相应的非平衡方程。

11.3　中尺度平衡方程

根据前一节,从螺旋度方程出发,寻求适合描述中尺度特征的平衡方程及平衡模式。

保留螺旋度方程中与浮力相当和大于浮力的相应项,则简化的螺旋度方程可写为(陆慧娟等,2003)

$$\frac{\partial h_e}{\partial t}=c_p u\frac{\partial\bar{\theta}}{\partial z}\frac{\partial\pi'}{\partial y}-c_p v\frac{\partial\bar{\theta}}{\partial z}\frac{\partial\pi'}{\partial x}+c_p\bar{\theta}\frac{\partial\pi'}{\partial x}\frac{\partial v}{\partial z}-c_p\bar{\theta}\frac{\partial\pi'}{\partial y}\frac{\partial u}{\partial z}-c_p\bar{\theta}\frac{\partial\pi'}{\partial z}\zeta+b\zeta \tag{11.3.1}$$

写成矢量形式为:

$$\frac{\partial h_e}{\partial t}=\mathbf{V}_h\cdot(\nabla_3\pi'\times\nabla_3 c_p\bar{\theta})-\nabla_3\times\mathbf{V}_h\cdot c_p\bar{\theta}\nabla_3\pi'+b\zeta \tag{11.3.2}$$

又因为:

$$\begin{aligned}\frac{\partial h_e}{\partial t}&=\frac{\partial}{\partial t}(\mathbf{V}\cdot\nabla\times\mathbf{V})=\frac{\partial}{\partial t}\left[u\left(\frac{\partial v}{\partial z}-\frac{\partial w}{\partial y}\right)+v\left(\frac{\partial w}{\partial x}-\frac{\partial u}{\partial z}\right)+w\left(\frac{\partial v}{\partial x}-\frac{\partial u}{\partial y}\right)\right]\\&=\frac{\partial}{\partial t}\left(u\frac{\partial v}{\partial z}-v\frac{\partial u}{\partial z}\right)+\frac{\partial}{\partial t}\left[-u\frac{\partial w}{\partial y}+v\frac{\partial w}{\partial x}+w\left(\frac{\partial v}{\partial x}-\frac{\partial u}{\partial y}\right)\right]\end{aligned} \tag{11.3.3}$$

通过尺度分析可知(陆慧娟等,2003),螺旋度(h_e)的局地变化项和平流项同量级,且它们也是小项。方程(11.3.1)右端前五项的量级会比第六项,即浮力效应项大。即$\frac{\partial h_e}{\partial t}$、$b\zeta$都为相对小项,因此若保留方程的最大项,可得平衡方程:

$$c_p u\frac{\partial\bar{\theta}}{\partial z}\frac{\partial\pi'}{\partial y}-c_p v\frac{\partial\bar{\theta}}{\partial z}\frac{\partial\pi'}{\partial x}+c_p\bar{\theta}\frac{\partial\pi'}{\partial x}\frac{\partial v}{\partial z}-c_p\bar{\theta}\frac{\partial\pi'}{\partial y}\frac{\partial u}{\partial z}-c_p\bar{\theta}\frac{\partial\pi'}{\partial z}\zeta=0 \tag{11.3.4}$$

写成矢量形式为：

$$\boldsymbol{V}_h \cdot (\nabla_3 \pi' \times \nabla_3 c_p \bar{\theta}) - \nabla_3 \times \boldsymbol{V}_h \cdot c_p \bar{\theta} \nabla_3 \pi' = 0 \tag{11.3.5}$$

其中，下标 h 表示水平，下标 3 表示对 x,y,z 三个方向都要求偏导。如果平衡方程中也部分保留垂直速度项，则方程(11.3.5)可以简写为

$$\boldsymbol{V} \cdot (\nabla \pi' \times \nabla c_p \bar{\theta}) - \nabla \times \boldsymbol{V} \cdot c_p \bar{\theta} \nabla \pi' = 0 \tag{11.3.6}$$

此时风速 $\boldsymbol{V}$ 表示三维风矢量，拉普拉斯算子∇也为三维算子。

不论是方程(11.3.5)中的水平风速或者是方程(11.3.6)中的三维风场，都包含了辐散风效应。若进一步将 $\boldsymbol{V}$ 表示为 $\boldsymbol{V}=\boldsymbol{V}_h+w\boldsymbol{k}$，$\boldsymbol{V}_h=\boldsymbol{V}_\psi+\boldsymbol{V}_\chi$。则方程(11.3.5)、11.3.6)分别可以表示为：

$$\boldsymbol{V}_\chi \cdot (\nabla \pi' \times \nabla c_p \bar{\theta}) + \boldsymbol{V}_\psi \cdot (\nabla \pi' \times \nabla c_p \bar{\theta}) = \nabla \times \boldsymbol{V}_\psi \cdot c_p \bar{\theta} \nabla \pi' \tag{11.3.7}$$

$$\begin{aligned} &(\boldsymbol{V}_\psi + \boldsymbol{V}_\chi) \cdot (\nabla \pi' \times \nabla c_p \bar{\theta}) + w\boldsymbol{k} \cdot (\nabla \pi' \times \nabla c_p \bar{\theta}) \\ &= \nabla \times \boldsymbol{V}_\psi \cdot c_p \bar{\theta} \nabla \pi' + \nabla \times w\boldsymbol{k} \cdot c_p \bar{\theta} \nabla \pi' \end{aligned} \tag{11.3.8}$$

可见，由螺旋度得到的平衡方程（不论是方程(11.3.5)或者是方程(11.3.6)）中辐散风与旋转风效应同时体现，可以很好地反映辐散风和旋转风场之间的相互作用。由(11.3.8)可以看出，平衡方程(11.3.6)还包含了垂直运动，更能体现中尺度平衡动态系统辐散风、旋转风以及垂直运动相互作用的特点。另外由方程(11.3.7)与(11.3.8)可以看出，旋转风占据着主要的地位(方程中含有两项)，这又体现了一般平衡的特性。因此本书中将方程(11.3.5)与(11.3.6)作为中尺度的平衡方程。

11.4 中尺度的非平衡方程

上一节，由螺旋度方程得到了适用于斜压中尺度的平衡方程(11.3.5)、(11.3.6)。自然地，大家容易想到从螺旋度方程出发来讨论非平衡，即当平衡关系式(11.3.5)破坏后螺旋度的发展变化情况。

当为非平衡时，

$$\boldsymbol{V}_h \cdot (\nabla_3 \pi' \times \nabla_3 c_p \bar{\theta}) - \nabla_3 \times \boldsymbol{V}_h \cdot c_p \bar{\theta} \nabla_3 \pi' = O(\varepsilon) \tag{11.4.1}$$

其中，$O(\varepsilon)$表示两大项的差额。则螺旋度方程可以写为：

$$\begin{aligned} \frac{\partial h_e}{\partial t} =& -\nabla \cdot (h_e \boldsymbol{V}) + \frac{1}{2} \nabla \cdot (\boldsymbol{\xi} |\boldsymbol{V}|^2) - f\boldsymbol{k} \cdot \boldsymbol{V}(\nabla \cdot \boldsymbol{V}) + \\ & f\boldsymbol{k} \cdot (\boldsymbol{V} \cdot \nabla)\boldsymbol{V} + \boldsymbol{V} \cdot (\nabla b \times \boldsymbol{k}) + b\zeta + \\ & w\boldsymbol{k} \cdot (\nabla \pi' \times \nabla c_p \bar{\theta}) - \nabla \times w\boldsymbol{k} \cdot c_p \bar{\theta} \nabla \pi' + O(\varepsilon) \end{aligned} \tag{11.4.2}$$

如果把非平衡过程分成两阶段：平衡状态的破坏阶段和恢复阶段。采用分解分析方法(陈秋士，1987)可得非平衡两个阶段的方程分别为：

$$\frac{\partial h_{e1}}{\partial t}=-(\mathbf{V}_h\cdot\nabla_h)h_e-h_e\nabla_h\cdot\mathbf{V}_h+\mathbf{V}_h\cdot[(\boldsymbol{\xi}\cdot\nabla_h)\mathbf{V}_h]+\mathbf{V}_h\cdot(\nabla_h b\times\boldsymbol{k})+b\zeta+O(\varepsilon)\tag{11.4.3}$$

$$\frac{\partial h_{e2}}{\partial t}=-w\frac{\partial h_e}{\partial z}-h_e\frac{\partial w}{\partial z}-f\boldsymbol{k}\cdot\mathbf{V}_h\frac{\partial w}{\partial z}+w[(\boldsymbol{\xi}\cdot\nabla)w]-fw(\nabla\cdot\mathbf{V})+f(\mathbf{V}\cdot\nabla)w+w\boldsymbol{k}\cdot(\nabla\pi'\times\nabla c_p\bar{\theta})-\nabla\times w\boldsymbol{k}\cdot c_p\bar{\theta}\nabla\pi'\tag{11.4.4}$$

$$h_e=h_{e1}+h_{e2}\tag{11.4.5}$$

方程(11.4.3)表示由水平平流及水平辐合辐散引起的平衡态的破坏对螺旋度局地变化的影响，方程(11.4.4)表示平衡态受破坏后引起的垂直运动使得非平衡向平衡调整过程中螺旋度的发展变化。在此，将方程(11.4.2)或者方程(11.3.3)、(11.3.4)称为中尺度非平衡方程的一种形式，它是中尺度非平衡流诊断的工具之一。

另外，由于非平衡过程辐合辐散变化很明显，因此仍可直接用散度方程来作为中尺度的非平衡方程。散度方程是中尺度非平衡方程的另一种形式。

水平散度方程为：

$$\frac{\partial\delta}{\partial t}=-\mathbf{V}\cdot\nabla\delta-\delta^2+2J_h(u,v)-\nabla_h w\cdot\frac{\partial\mathbf{V}_h}{\partial z}+f\zeta-\beta u-c_p\nabla_h\theta\cdot\nabla_h\pi'-c_p\theta\nabla_h^2\pi'\tag{11.4.6}$$

一般地，不论何种中尺度，散度平方项的量级都较其他项来得小。因此方程(11.4.6)可以进一步简化为：

$$\frac{\partial\delta}{\partial t}=-\mathbf{V}\cdot\nabla\delta-\nabla_h w\cdot\frac{\partial\mathbf{V}_h}{\partial z}-\nabla_h^2c_p\theta_0\pi'+2J_h(u,v)+f\zeta-\beta u\tag{11.4.7}$$

通过计算方程(11.4.7)右端各项的大小，就可以判断辐合辐散的变化情况，从而知道非平衡强弱。James 等(1988)等都曾用散度方程来诊断非平衡情况。虽然表达式上有所不同，但都是(11.4.6)式的各种变形或者简化形式。同时，通过结合连续方程还可以判断非平衡过程中的垂直运动情况。

因为中尺度运动仍是近似不可压的，因此有：

$$\nabla\cdot\mathbf{V}=\delta+\frac{\partial w}{\partial z}\approx 0$$

可得：

$$\frac{\partial w}{\partial z}\approx-\delta\tag{11.4.8}$$

这样已知水平散度的变化情况就可以来判断垂直运动随高度的变化。

方程(11.4.7)已经考虑了大气的斜压效应。另外，若再考虑热动力强迫作

用，由绝热热力学方程展开，有

$$\frac{\partial\theta}{\partial t}+(\boldsymbol{V}_h\cdot\nabla_h)\theta+w\frac{\partial\theta}{\partial z}=0 \tag{11.4.9}$$

做微分运算∇_h，得

$$\frac{\partial\nabla_h\theta}{\partial t}+\nabla_h[(\boldsymbol{V}_h\cdot\nabla_h)\theta]+\nabla_h\left(w\frac{\partial\theta}{\partial z}\right)=0 \tag{11.4.10}$$

又依据矢量微分运算，有

$$\begin{aligned}\nabla_h[(\boldsymbol{V}_h\cdot\nabla_h)\theta]=&(\boldsymbol{V}_h\cdot\nabla_h)\nabla_h\theta+(\nabla_h\theta\cdot\nabla_h)\boldsymbol{V}_h+\\&\boldsymbol{V}_h\times(\nabla_h\times\nabla_h\theta)+\nabla_h\theta\times(\nabla_h\times\boldsymbol{V}_h)\end{aligned} \tag{11.4.11}$$

因$\nabla_h\times\nabla_h\theta=0$，则上式简化为：

$$\nabla_h[(\boldsymbol{V}_h\cdot\nabla_h)\theta]=(\boldsymbol{V}_h\cdot\nabla_h)\nabla_h\theta+(\nabla_h\theta\cdot\nabla_h)\boldsymbol{V}_h+\nabla_h\theta\times\boldsymbol{\xi} \tag{11.4.12}$$

又因：

$$\nabla_h\left(w\frac{\partial\theta}{\partial z}\right)=\frac{\partial\theta}{\partial z}\nabla_h w+w\frac{\partial\nabla_h\theta}{\partial z} \tag{11.4.13}$$

将方程(11.4.12)、(11.4.13)代入方程(11.4.11)得：

$$\frac{\partial\nabla_h\theta}{\partial t}+(\boldsymbol{V}_h\cdot\nabla_h)\nabla_h\theta+(\nabla_h\theta\cdot\nabla_h)\boldsymbol{V}_h+\nabla_h\theta\times\boldsymbol{\xi}+\frac{\partial\theta}{\partial z}\nabla_h w+w\frac{\partial\nabla_h\theta}{\partial z}=0 \tag{11.4.14}$$

记 $\boldsymbol{F}=\frac{\partial\nabla_h\theta}{\partial t}+(\boldsymbol{V}_h\cdot\nabla_h)\nabla_h\theta+w\frac{\partial\nabla_h\theta}{\partial z}=\frac{\mathrm{d}\nabla_h\theta}{\mathrm{d}t}$ 为锋生函数矢，则(11.4.14)式化为：

$$\boldsymbol{F}+(\nabla_h\theta\cdot\nabla_h)\boldsymbol{V}_h+\nabla_h\theta\times\boldsymbol{\xi}+\frac{\partial\theta}{\partial z}\nabla_h w=0 \tag{11.4.15}$$

由方程(11.4.9)或(11.4.15)可见，不同的大气层结特征($\frac{\partial\theta}{\partial z}$)将影响热力场的作用。当$\frac{\partial\theta}{\partial z}=0$时，大气为中性层结，空气质点在垂直运动中既无阻力也无推力，热力场θ对垂直运动w不产生影响。由方程(11.4.8)可知，热力场θ对水平散度场D就不会产生影响。在此情况下，水平散度场的变化主要受控于动力场强迫。然而在实际中，中性层结($\frac{\partial\theta}{\partial z}=0$)不可能大范围存在，一般存在于对流层中层附近的微薄气层中，绝大多数情况属于$\frac{\partial\theta}{\partial z}\neq0$。

当$\frac{\partial\theta}{\partial z}\neq0$时，由(11.4.15)式可得：

$$\nabla_h w=\frac{1}{\frac{\partial\theta}{\partial z}}[\boldsymbol{F}+(\nabla_h\theta\cdot\nabla_h)\boldsymbol{V}_h+\nabla_h\theta\times\boldsymbol{\xi}] \tag{11.4.16}$$

这里$\frac{\partial\theta}{\partial z}\neq 0$。

将(11.4.16)式代入散度方程(11.4.7)得：

$$\frac{\partial D}{\partial t}=-\boldsymbol{V}\cdot\nabla D-\frac{1}{\frac{\partial\theta}{\partial z}}[\boldsymbol{F}+(\nabla_h\theta\cdot\nabla_h)\boldsymbol{V}_h+\nabla_h\theta\times\boldsymbol{\xi}]\cdot\frac{\partial\boldsymbol{V}_h}{\partial z}+$$
$$\nabla_h^2 c_p\theta_0\pi'+2J_h(u,v)+f\zeta-\beta u \tag{11.4.17}$$

此即为绝热无摩擦、非中性层结下包含大气斜压效应与热动力强迫作用的非平衡方程(也即散度演化方程)。

11.5　中尺度正压平衡模式以及位涡反演技术

前面几节介绍了平衡方程、非平衡方程。本节将具体介绍位涡反演技术。

所谓位涡反演指的是已知等熵面上的位涡分布以及边界条件，则可以推导出其他动力学特征，如风场、温度场、气压场、各等熵面的高度等等。其前提是要具备一定的平衡条件，且该平衡条件中不含有重力波和惯性重力波。这是因为等熵面上的位涡分布包含了无重力波运动的所有动力学信息。可见，位涡反演与平衡模式是紧密联系在一起的。因此放在同一节中进行讨论。

首先给出大尺度的正压平衡模式及其位涡反演技术。对于大尺度，f 平面近似下的正压平衡模式可由下列方程组构成：

$$\frac{\mathrm{d}Q}{\mathrm{d}t}=0 \tag{11.5.1}$$

$$\nabla^2\phi'-f\zeta=-\nabla\cdot(\boldsymbol{v}\cdot\nabla\boldsymbol{v}) \tag{11.5.2}$$

$$Q=\frac{\zeta+f}{h}=g\,\frac{\zeta+f}{\bar{\phi}+\phi'} \tag{11.5.3}$$

$$\boldsymbol{V}=\boldsymbol{K}\wedge\nabla\psi \tag{11.5.4}$$

$$\psi=(\nabla^2)^{-1}\zeta \tag{11.5.5}$$

其中，$\boldsymbol{V}$ 为水平风速(本节中的风场都指水平风)，做为首阶近似忽略了散度风的作用，ψ 为流函数，$\phi=gh$ 是位势高度，$\bar{\phi}$ 是位势高度 ϕ 的常参考态值，定义为 $\bar{\phi}=\overline{gh}$，$\bar{h}$ 为大气的等熵厚度，$\bar{h}\approx 8$ km。ϕ' 是 ϕ 与 $\bar{\phi}$ 的偏差，ζ 是相对涡度的垂直分量；Q 是位涡。(11.5.1)式表示位涡守恒；(11.5.2)式是由正压浅水方程组推得的散度方程，并在该散度方程中略掉散度的局地变化项而得的非线性平衡方程；(11.5.3)式是正压浅水的位涡表示。本节方程组中的∇都指二维的∇_h。以下介绍位涡反演技术。

由位涡守恒$\frac{\mathrm{d}Q}{\mathrm{d}t}=0$，可知$\frac{\partial Q}{\partial t}=-\boldsymbol{V}\cdot\nabla Q$，写成差分格式为$\frac{Q_{n+1}-Q_n}{\Delta t}=-\boldsymbol{V}_n\cdot\nabla Q_n$，若已知第$n$时刻的风场$\boldsymbol{V}_n$及位涡场$Q_n$，则可算出$n+1$时刻的$Q_{n+1}$。于是可构成如下的方程组：

$$\nabla^2\phi'_{n+1}-f\zeta_{n+1}=-\nabla\cdot(\boldsymbol{V}_{n+1}\cdot\nabla\boldsymbol{V}_{n+1}) \tag{11.5.6}$$

$$\boldsymbol{V}_{n+1}=\boldsymbol{k}\wedge\nabla\psi_{n+1} \tag{11.5.7}$$

$$\psi_{n+1}=(\nabla^2)^{-1}\zeta_{n+1} \tag{11.5.8}$$

$$Q_{n+1}=g\frac{\zeta_{n+1}+f}{\phi+\phi'_{n+1}} \tag{11.5.9}$$

这里Q_{n+1}是已知量。由以上方程(11.5.6)—(11.5.9)，通过迭代就可求$n+1$时刻的ϕ'_{n+1}，$\boldsymbol{V}_{n+1}$，ψ_{n+1}以及ζ_{n+1}。如是，已知初始时刻的风场，从而知涡度场及位涡场，通过位涡守恒关系，就可以求出下一时刻的位涡偏差值，再利用平衡条件方程组(11.5.6)—(11.5.9)就可求出$n+1$时刻的ϕ'_{n+1}，$\boldsymbol{V}_{n+1}$，ψ_{n+1}及ζ_{n+1}等。若再利用位涡守恒预报方程就可以再次求出$n+2$时刻的位涡偏差，进而可利用平衡条件再次求出$n+2$时刻的$\boldsymbol{V}_{n+2}$，ϕ'_{n+2}，ψ_{n+2}，ζ_{n+2}等。如此下去，就可求出未来任一时刻的对应该平衡模式的慢流型。

上述位涡反演技术采用的平衡模式中风场仅由流函数表示，这对一般的大尺度运动是适合的，但是对于散度风效应明显的中尺度则需进行改正。

McIntyre等的做法是以忽略散度的局地变化项下的散度方程作为基本平衡方程(McIntyre *et al.*，2000)：

$$\nabla^2\phi'-f\zeta=-\nabla\cdot(\boldsymbol{V}\cdot\nabla\boldsymbol{V}) \tag{11.5.10}$$

其中的风场定义为：

$$\boldsymbol{V}=\mathrm{curl}^{-1}\zeta+\mathrm{div}^{-1}D \tag{11.5.11}$$

在方程(11.5.10)与(11.5.11)的基础上，再定义一些新的变量，加入相关方程组成闭合方程组。具体做法如下：

由正压浅水方程组(2.1.1)—(2.1.3)得涡度、散度及连续方程为：

$$\frac{\partial\zeta}{\partial t}+fD=-\boldsymbol{V}\cdot\nabla\zeta-\zeta D \tag{11.5.12}$$

$$\frac{\partial D}{\partial t}+\nabla^2\phi'-f\zeta=-\nabla\cdot(\boldsymbol{V}\cdot\nabla\boldsymbol{V}) \tag{11.5.13}$$

$$\frac{\partial\phi'}{\partial t}+\bar{\phi}D=-\boldsymbol{V}\cdot\nabla\phi-\phi'D \tag{11.5.14}$$

方程组中各符号意义同前。若对(11.5.13)式再次求时间导数则可得

$$\frac{\partial^2 D}{\partial t^2}-f\frac{\partial\zeta}{\partial t}+\nabla^2\frac{\partial\phi'}{\partial t}=-\frac{\partial}{\partial t}[\nabla\cdot(\boldsymbol{V}\cdot\nabla\boldsymbol{V})] \tag{11.5.15}$$

将方程(11.5.12)及(11.5.14)式代入方程(11.5.15)则有

$$\frac{\partial^2 D}{\partial t^2} - f[-\nabla\cdot(\boldsymbol{V}\zeta) - \beta v - fD] + \nabla^2[-\nabla\cdot(\boldsymbol{V}\phi') - \bar{\phi}D]$$

$$= -\frac{\partial}{\partial t}[\nabla\cdot(\boldsymbol{V}\cdot\nabla\boldsymbol{V})] \tag{11.5.16}$$

对(11.5.16)式进行合并整理后得

$$\frac{\partial^2 D}{\partial t^2} + (f^2 - \bar{\phi}\nabla^2)D = -f[\nabla\cdot(\boldsymbol{V}\zeta)] + \nabla^2[\nabla\cdot(\boldsymbol{V}\phi')] - \frac{\partial}{\partial t}[\nabla\cdot(\boldsymbol{V}\cdot\nabla\boldsymbol{V})]$$

$$= -\nabla\cdot\left[f\zeta\boldsymbol{V} + \frac{\partial}{\partial t}(\boldsymbol{V}\cdot\nabla\boldsymbol{V}) - \nabla^2(\phi'\boldsymbol{V})\right] \tag{11.5.17}$$

若令$\frac{\partial \boldsymbol{V}}{\partial t}=\boldsymbol{V}_t$，$\frac{\partial \zeta}{\partial t}=\zeta_t$，且假定满足 $\boldsymbol{V}_t=\mathrm{curl}^{-1}\zeta_t$(McIntyre *et al.*，2000)，其中 $\mathrm{curl}^{-1}\zeta$ 表示风场的旋转风分量，有 $\mathrm{curl}^{-1}\zeta=\boldsymbol{k}\wedge\nabla\psi=\boldsymbol{V}_\psi$，而 $\mathrm{div}^{-1}D$ 表示风场的辐散分量，有 $\mathrm{div}^{-1}D=-\nabla\chi=\boldsymbol{V}_\chi$。并使 $u_t=\frac{\partial u}{\partial t}=\boldsymbol{V}_t\cdot\boldsymbol{i}=\mathrm{curl}^{-1}\zeta_t\cdot\boldsymbol{i}$ 则可得平衡模式如下：

$$\nabla^2\phi' - f\zeta = -\nabla\cdot(\boldsymbol{V}\cdot\nabla\boldsymbol{V}) \tag{11.5.18}$$

$$(f^2 - \bar{\phi}\nabla^2)D = -\nabla\cdot[f\zeta\boldsymbol{V} + \boldsymbol{V}_t\cdot\nabla\boldsymbol{V} + \boldsymbol{V}\cdot\nabla\boldsymbol{V}_t - \nabla^2(\phi'\boldsymbol{V})] \tag{11.5.19}$$

$$\zeta_t + fD = -\nabla\cdot(\boldsymbol{V}\zeta) - \beta v \tag{11.5.20}$$

$$\boldsymbol{V} = \mathrm{curl}^{-1}\zeta + \mathrm{div}^{-1}D \tag{11.5.21}$$

$$\boldsymbol{V}_t = \mathrm{curl}^{-1}\zeta_t \tag{11.5.22}$$

$$Q = \frac{\zeta + f}{h} = g\frac{\zeta + f}{\bar{\phi} + \phi'} \tag{11.5.23}$$

$$\frac{\mathrm{d}Q}{\mathrm{d}t} = 0 \tag{11.5.24}$$

若利用位涡守恒$\frac{\mathrm{d}Q}{\mathrm{d}t}=0$ 作为预报方程，可知$\frac{\partial Q}{\partial t}=-\boldsymbol{V}\cdot\nabla Q$。若已知 n 时刻的风场及位涡场，则通过对时间的积分，便可求出 $n+1$ 时刻的位涡场。于是 Q_{n+1} 是可以通过 n 时刻的风场求算出来的 $n+1$ 时刻的已知量。这样一来，方程(11.5.18)—(11.5.23)就构成了一个由 6 个方程求解 ϕ'，$\boldsymbol{V}$，ζ，D，$\boldsymbol{v}_t$，ζ_t 这 6 个未知数的方程组，通过迭代可以进行求解。加之由位涡守恒而得的位涡倾向方程，就可以对时间向前积分，像大尺度正压平衡模式那样，便可以得到不同时刻系统的慢流型。因为在该模式中，风场中包含了部分散度风效应。于是方程(11.5.18)—(11.5.23)再加之位涡守恒方程就构成了适合于研究中尺度慢流型的平衡模式。由于该模式是基于大尺度正压平衡模式得到的，McIntyre 等把大尺度正压平衡模式称为一级模式，而把它称为二级模式。

McIntyre 等又介绍了三级平衡模式，是进一步将散度方程(11.5.15)以及涡度方程(11.5.12)对时间再次求导数,将 $\boldsymbol{V}_t$ 也取为 $\boldsymbol{V}_t=\mathrm{curl}^{-1}\zeta_t+\mathrm{div}^{-1}D_t$,而取 $\boldsymbol{V}_2=\dfrac{\partial^2\boldsymbol{V}}{\partial t^2}=\mathrm{curl}^{-1}\zeta_2$,像前面二级平衡那样加入涡度方程、位涡守恒方程等组成闭合方程组。以此类推,随着平衡模式级别的增加,辐散风的作用愈加明显,愈适用于中尺度系统的研究。

11.6 中尺度斜压平衡模式及位涡反演技术

由前可见,对中尺度斜压系统,找到了由螺旋度推得的平衡方程。因此可从该方程出发,推导中尺度斜压平衡模式。为减少物理变量,不将大气热力学变量看成是基本态和扰动量之和,而直接推导螺旋度方程。

斜压大气运动方程可写为:

$$\frac{\partial\boldsymbol{V}}{\partial t}+(\boldsymbol{V}\cdot\nabla)\boldsymbol{V}=-c_p\theta\nabla\pi-f\boldsymbol{k}\times\boldsymbol{V}-\nabla\phi \tag{11.6.1}$$

对运动方程做旋度,得涡度方程:

$$\frac{\partial\boldsymbol{\xi}}{\partial t}+(\boldsymbol{V}\cdot\nabla)\boldsymbol{\xi}+\boldsymbol{\xi}(\nabla\cdot\boldsymbol{V})-(\boldsymbol{\xi}\cdot\nabla)\boldsymbol{V}=\nabla\times T^{**} \tag{11.6.2}$$

其中, $\boldsymbol{\xi}=\nabla\times\boldsymbol{V}=(\xi_1,\xi_2,\zeta)$, $T^{**}=-c_p\bar{\theta}\nabla\pi'-f\boldsymbol{k}\times\boldsymbol{V}-\nabla\phi$

分别对方程(11.6.1)和(11.6.2)点乘 $\boldsymbol{\xi}$ 和 $\boldsymbol{V}$ 得

$$\boldsymbol{\xi}\cdot\frac{\partial\boldsymbol{V}}{\partial t}+\boldsymbol{\xi}\cdot[(\boldsymbol{V}\cdot\nabla)\boldsymbol{V}]=\boldsymbol{\xi}\cdot T^{**} \tag{11.6.3}$$

$$\boldsymbol{V}\cdot\frac{\partial\boldsymbol{\xi}}{\partial t}+\boldsymbol{V}\cdot[(\boldsymbol{V}\cdot\nabla)\boldsymbol{\xi}+\boldsymbol{\xi}(\nabla\cdot\boldsymbol{V})-(\boldsymbol{\xi}\cdot\nabla)\boldsymbol{V}]=\boldsymbol{V}\cdot(\nabla\times T^{**}) \tag{11.6.4}$$

记 $h_e=\boldsymbol{\xi}\cdot\boldsymbol{V}$,由(11.6.3)式与(11.6.4)式相加得

$$\frac{\partial h_e}{\partial t}+(\boldsymbol{V}\cdot\nabla)h_e+h_e(\nabla\cdot\boldsymbol{V})-\boldsymbol{V}\cdot[(\boldsymbol{\xi}\cdot\nabla)\boldsymbol{V}]=\boldsymbol{V}\cdot(\nabla\times T^{**})+\boldsymbol{\xi}\cdot T^{**} \tag{11.6.5}$$

即

$$\frac{\partial h_e}{\partial t}+\nabla\cdot(\boldsymbol{V}h_e)-\frac{1}{2}\nabla\cdot(\boldsymbol{\xi}\,|\boldsymbol{V}|^2)=\boldsymbol{V}\cdot(\nabla\times T)+\boldsymbol{\xi}\cdot T^{**} \tag{11.6.6}$$

将方程(11.6.6)右边展开有

$$\begin{aligned}\boldsymbol{\xi}\cdot T^{**}&=\boldsymbol{\xi}\cdot(-c_p\theta\nabla\pi-f\boldsymbol{k}\times\boldsymbol{V}-\nabla\phi)\\&=-\boldsymbol{\xi}\cdot c_p\theta\nabla\pi-f\boldsymbol{k}\cdot\left[\frac{1}{2}\nabla(\boldsymbol{V}\cdot\boldsymbol{V})-(\boldsymbol{V}\cdot\nabla)\boldsymbol{V}\right]-\boldsymbol{\xi}\cdot\nabla\varphi\end{aligned}$$

$$\boldsymbol{V}\cdot(\nabla\times T^{**})=\boldsymbol{V}\cdot[\nabla\times(-c_p\theta\nabla\pi-f\boldsymbol{k}\times\boldsymbol{V}-\nabla\varphi)]$$
$$=\boldsymbol{V}\cdot(\nabla\pi\times\nabla c_p\theta)-\boldsymbol{V}\cdot[f\boldsymbol{k}(\nabla\cdot\boldsymbol{V})-(f\boldsymbol{k}\cdot\nabla)\boldsymbol{V}]$$

仍取 f 平面近似，则螺旋度方程可写为

$$\underset{(1)}{\frac{\partial h_e}{\partial t}=-\nabla\cdot(h_e\boldsymbol{V})}+\underset{(2)}{\frac{1}{2}\nabla\cdot(\boldsymbol{\xi}\,|\boldsymbol{V}|^2)}+\underset{(3)}{\boldsymbol{V}\cdot(\nabla\pi\times\nabla c_p\theta)}- \tag{11.6.7}$$
$$\underset{(4)}{\boldsymbol{\xi}\cdot c_p\theta\nabla\pi}-\underset{(5)}{\boldsymbol{\xi}\cdot\nabla\phi}-\underset{(6)}{f\boldsymbol{k}\cdot\boldsymbol{V}(\nabla\cdot\boldsymbol{V})+f\boldsymbol{k}\cdot(\boldsymbol{V}\cdot\nabla)\boldsymbol{V}}$$

该方程比第二章中的螺旋度方程少了位温扰动项。对方程进行尺度分析，保留螺旋度方程中一般而言与浮力相当和大于浮力的相应项，则简化的螺旋度方程可写为：

$$\frac{\partial h_e}{\partial t}=\boldsymbol{V}\cdot(\nabla\pi\times\nabla c_p\theta)-\nabla\times\boldsymbol{V}\cdot c_p\theta\nabla\pi-\boldsymbol{\xi}\cdot\nabla\varphi \tag{11.6.8}$$

事实上，对上式进行分析知，$\frac{\partial h_e}{\partial t}$，$\boldsymbol{\xi}\cdot\nabla\varphi$（是与浮力相关的项）都为相对小项，因此若保留方程的最大项，可得平衡方程为：

$$\boldsymbol{V}\cdot(\nabla\pi\times\nabla c_p\theta)-\nabla\times\boldsymbol{V}\cdot c_p\theta\nabla\pi=0 \tag{11.6.9}$$

又由位涡、位温守恒以及绝对涡度、位涡、π 等的表达式，可以得到中尺度斜压平衡模式如下：

$$\boldsymbol{V}\cdot(\nabla\pi\times\nabla c_p\theta)-\nabla\times\boldsymbol{V}\cdot c_p\theta\nabla\pi=0 \tag{11.6.10}$$

$$\pi=\left(\frac{R}{p_o}\rho\theta\right)^{\frac{R}{C_v}} \tag{11.6.11}$$

$$\boldsymbol{\xi}_a=\nabla\times\boldsymbol{V}+f\boldsymbol{k} \tag{11.6.12}$$

$$Q=\frac{\boldsymbol{\xi}_a\cdot\nabla\theta}{\rho} \tag{11.6.13}$$

$$\frac{\mathrm{d}Q}{\mathrm{d}t}=0 \tag{11.6.14}$$

$$\frac{\mathrm{d}\theta}{\mathrm{d}t}=0 \tag{11.6.15}$$

六个未知数 $\boldsymbol{V},\pi,\theta,Q,\boldsymbol{\xi}_a,\rho$，六个方程，表面上联立就可以求解了，但是因为 $\boldsymbol{V}$ 是矢量，它又可以分成三个方向的分量。这样方程组就多出了两个未知数，方程是不闭合的。因此还得再寻找合适的方程。考虑到中尺度系统中散度作用是很大的，系统辐合辐散效应是很明显的。因此引入散度方程：

$$\frac{\partial D}{\partial t}+\nabla_h\cdot(\boldsymbol{V}_h\cdot\nabla_h\boldsymbol{V}_h)+\nabla\cdot\left(w\frac{\partial\boldsymbol{V}}{\partial z}\right)-f\zeta+c_p\nabla_h\theta\cdot\nabla_h\pi+c_p\theta\nabla_h^2\pi=0$$
(11.6.16)

同时注意到在中尺度系统的发生发展过程中，虽然散度作用大，但其随时间变化量却是比较小的，因此，可以忽略$\frac{\partial D}{\partial t}$，散度方程简化为：

$$\nabla_h \cdot (\boldsymbol{V}_h \cdot \nabla_h \boldsymbol{V}_h) + \nabla \cdot \left(w \frac{\partial \boldsymbol{V}}{\partial z}\right) - f\zeta + c_p \nabla_h \theta \cdot \nabla_h \pi + c_p \theta \nabla_h^2 \pi = 0 \tag{11.6.17}$$

在平衡状况下可假设大气是近似不可压的，因此有：

$$\nabla_h \cdot \boldsymbol{V}_h + \frac{\partial w}{\partial z} = 0 \tag{11.6.18}$$

且垂直涡度可以表示为：

$$\zeta = \frac{\partial v}{\partial x} - \frac{\partial u}{\partial y} = \nabla_h \times \boldsymbol{V}_h \tag{11.6.19}$$

则方程(11.6.10)—(11.6.19)可以组成一闭合方程组，联立可以求解。

需要指出的是此中的 $\boldsymbol{V}$ 包含了三维空间内的辐散风效应和旋转风效应。

在数值计算中，由位涡守恒$\frac{\mathrm{d}Q}{\mathrm{d}t}=0$，可知$\frac{\partial Q}{\partial t}=-\boldsymbol{V}\cdot\nabla Q$，写成差分格式$\frac{Q_{n+1}-Q_n}{\Delta t}=-\boldsymbol{V}_n\cdot\nabla Q_n$，若已知第 n 时刻的风场 $\boldsymbol{V}_n$ 及位涡场 Q_n，则可算出 $n+1$ 时刻的 Q_{n+1}，同理，由位温守恒$\frac{\mathrm{d}\theta}{\mathrm{d}t}=0$，可知$\frac{\partial \theta}{\partial t}=-\boldsymbol{V}\cdot\nabla\theta$，写成差分格式$\frac{\theta_{n+1}-\theta_n}{\Delta t}=-\boldsymbol{V}_n\cdot\nabla\theta_n$，若已知第 n 时刻的风场 $\boldsymbol{V}_n$ 及位温场 θ_n，则可算出 $n+1$ 时刻的 θ_{n+1}，于是可构成如下反演方程组：

$$\boldsymbol{V}_{n+1} \cdot (\nabla \pi_{n+1} \times \nabla c_p \theta_{n+1}) - \nabla \times \boldsymbol{V}_{n+1} \cdot c_p \theta_{n+1} \nabla \pi_{n+1} = 0 \tag{11.6.20}$$

$$\pi_{n+1} = \left(\frac{R}{p_o} \rho_{n+1} \theta_{n+1}\right)^{\frac{R}{C_v}} \tag{11.6.21}$$

$$\boldsymbol{\xi}_{a_{n+1}} = \nabla \times \boldsymbol{V}_{n+1} + f\boldsymbol{k} \tag{11.6.22}$$

$$Q_{n+1} = \frac{\boldsymbol{\xi}_{a_{n+1}} \cdot \nabla \theta_{n+1}}{\rho_{n+1}} \tag{11.6.23}$$

$$\nabla_h \cdot (\boldsymbol{V}_{h\ n+1} \cdot \nabla_h \boldsymbol{V}_{h\ n+1}) + \nabla \cdot \left(w_{n+1} \frac{\partial \boldsymbol{V}_{n+1}}{\partial z}\right) - f \nabla_h \times \boldsymbol{V}_{h\ n+1} +$$

$$c_p \nabla_h \theta_{n+1} \cdot \nabla_h \pi_{n+1} + c_p \theta_{n+1} \nabla_h^2 \pi_{n+1} = 0$$

$$f\boldsymbol{k} \cdot (\nabla \times \boldsymbol{V}_{n+1}) - c_p (\nabla \theta_{n+1} \cdot \nabla \pi_{n+1} + \theta_{n+1} \nabla^2 \pi_{n+1}) = 0 \tag{11.6.24}$$

$$\nabla_h \cdot \boldsymbol{V}_h + \frac{\partial w}{\partial z} = 0 \tag{11.6.25}$$

这里 Q_{n+1}，θ_{n+1} 是已知量。由以上方程，通过迭代就可求 $n+1$ 时刻的 π_{n+1}，$\boldsymbol{V}_{n+1}$，$\boldsymbol{\xi}_{a_{n+1}}$ 以及 ρ_{n+1}。如是，已知初始时刻的风场和温度场，从而知涡度场、位温

场及位涡场，通过位涡、位温守恒关系，就可以求出下一时刻的位涡、位温值，再利用平衡条件就可求出 $n+1$ 时刻(假定 $n+0$ 时为初始时刻)的 π_{n+1}，$\boldsymbol{V}_{n+1}$，$\xi_{a_{n+1}}$ 以及 ρ_{n+1}。若再利用位涡、位温守恒预报方程就可以再次求出 $n+2$ 时刻的位涡、位温值，进而可利用平衡条件再次求出 $n+2$ 时刻的 π_{n+2}，$\boldsymbol{V}_{n+2}$，$\xi_{a_{n+2}}$ 以及 ρ_{n+2}。如此下去，就可求出未来任一时刻的 π，$\boldsymbol{V}$，ξ_a 以及 ρ 值，也即求出未来任一时刻对应平衡模式(11.6.10)—(11.6.15)的慢流型。

以上的中尺度正压平衡模式、斜压平衡模式及相应的位涡反演技术可以用来诊断中尺度非平衡流。通过位涡反演出的场变量是平衡状态下的场变量，将它们与实际场进行比较，可以诊断出系统的非平衡度。

参考文献

陈秋士. 1987. 天气和次天气尺度系统的动力学. 北京:科学出版社,8-26.

高守亭,周菲凡. 2006. 基于螺旋度的中尺度平衡方程及非平衡流诊断. 大气科学,**25**(4):854-862.

陆慧娟,高守亭. 2003. 螺旋度及螺旋度方程的讨论. 气象学报,**61**(6):684-691.

Allen J S, Barth J A and Newberger P A. 1990. On intermediate models for barotropic continental shelf and slope flow fields. Part Ⅰ:Formulation and comparison of exact solutions. *J. Phys. Oceanogr.*, **20**:1017-1042.

Bartels D L and Maddox R A. 1991. Midlevel cyclonic vortices generated bymesoscale convective systems. *Mon. Wea. Rev.*, **119**:104-118.

Barth J A, Allen J S and Newberger P A. 1990. On intermediate models for barotropic continental shelf and slope flow fields, Part Ⅱ:Comparison of numerical model solutions in doubly periodic domains. *J. Phys. Oceanogr.*, **20**:1044-1076.

Brandes E A. 1990. Evolution and structure of the 6-7 May 1985 mesoscale convective system and associated vortex. *Mon. Wea. Rev.*, **118**:109-127.

Charney J G. 1955. The use of primitive equations of motion in numerical prediction. *Tellus.*, **7**:22-26.

Charney J G. 1962. Intergration of the primitive and the balance equations. Proc. Int. Symp. Numerical Weather Prediction, Tokyo, Meteor. Soc. Japan., 131-152.

Davis C A and Weisman M L. 1994. Balanced dynamic of mesoscale vortces in simulated Convective system. *J. Atmos. Sci.*, **51**:2005-2030.

Doswell C A. 1987. The distinction between large-scale and mesoscale contribution to severe convection:A case study example. *Wea. Forecasting*, **2**:3-16.

Fritsch J M, Murphy J D and Kain J S. 1994. Warm-core vortex ampli-fication over land. *J. Atmos. Sci.*, **51**:1780-1807.

Houez R A, Smull B F and Dodge P. 1990. Mesoscale organization of springtime storms in Oklahoma. *Mon. Wea. Rev.*, **118**:613-654.

Holton J R. 2004. An introduction to dynamic meteorology International Geophysical Series. Academic Press, **88**, 4 ed. ,535.

James R, Holton. 2004. An Introduction to Dynamic Meteorology. Fourth Edition. Elsevier Academic Press, pp535.

James T M and WilliamA Abeling. 1988. A diagnosis of unbalanced flow in upper levels during the AVE-SESAME 1 period. *Mon. Wea. Rev.* ,**116**:2425-2436.

Jiang H and Raymond D J. 1995. Simulation of a mature mesoscale convective system using a nonlinear balance model. *J. Atmos. Sci.* ,**52**:161-175.

Keyser D, Brian D Schmidt and Dean G Duffy. 1989. A technique for representing three-dimensional vertical circulations in baroclinic disturbances. *Mon. Wea. Rev.*, **117**: 2463-2494.

Koch S E and Dorian P B. 1988. A mesoscale gravity wave event observed durntain CCOPE. Part III: Wave environment and probable source mechanisms. *Mon. wea. Rev.*, **116**: 2570-2592.

Krishnamurti T N. 1968. Dianostic balance model for studies of weather systems of low and high latitudes. Rossby Number less than 1. *Mon. Wea. Rev.* ,**96**:197-207.

Leary C A and Rappaport E M. 1987. The life cycle and internal structure of a mesoscale Convective complex. *Mon. Wea. Rev.* ,**115**:1503-1527.

McIntyre E Michael and Warwick A. Norton. 2000. Potential Vorticity Inversion on a Hemisphere. *Journal of the Atmospheric Sciences*, **57**(9):1214-1235.

Raymond D J. 1992. Nonlinear balance and potential vorticity thinking at large Rossby Number. *Quart. J. Roy. Meteor. Soc.* ,**118**:987-1015.

Xu Qin. 1994. Semibalance Model-Connection between geostrophic type and balanced type intermediate models. *J. Atmos. Sci.* ,**51**:953-970.

Zhang D L and Fritsch J M. 1988. A numerical investigation of a convectively generated Inertially stable, extratropical warm-core mesovortex over land. Part I: Structure and Evolution. *Mon. Wea. Rev.* ,**116**:2660-2687.

Zhang Fuqing, Steven E Koch, Christopher A Davis, *et al*. 2000. A survey of unbalanced flow diagnostics and their application. *Advanced. Atmos. Sci.* ,**17**:165-183.

第 12 章　中尺度不稳定及分析方法

为了解释流体力学中流体运动如何从层流转为湍流，人们提出了流体运动的稳定性问题（Helmholtz，1868；Kelvin，1871；Rayleigh *et al.*，1880）。后来，稳定性作为一个基本理论问题独立发展，并大大超出了流体运动这一范围，从纯流体力学扩展到大气动力学，成为大气动力学的基本问题之一。大气运动的稳定性理论不仅具有重要的理论价值，而且还具有重要的应用前景，因此研究大气的稳定性问题是十分必要的。

关于稳定性的研究很多，在各种书籍和文献中都有讨论（Beer，1975；Holton，1979；Pedlosky，1979；Scorer，1997；Stone，1966；Ooyama，1966；Krishnamurti，1968；Buizza and Palmer，1995；Scheltz and Schumacher，1999；曾庆存，1979；陆维松，1992；许秦，1982；高守亭等，1986；张可苏，1988；寿绍文等，2003；寿绍文，1993；张玉玲，1999；陆汉城，2000）。因此，本书不再将其作为重点来介绍。但是不稳定是中尺度动力学基础研究之一，所以本章将简单介绍不稳定的一些基本分析方法及中尺度中常见的几类不稳定。

12.1　不稳定分类及其分析方法简介

12.1.1　稳定性分类

在物理范畴内，物体的稳定性指的是物体所具有的受扰动离开其平衡位置后，是继续远离平衡位置还是返回到原平衡位置的一种潜在的性质。用于大气中就是指气块或气层受到扰动后可能出现的运动状况。

根据受力情况，稳定性可以分为垂直向的静力稳定性、水平向的惯性稳定性以及同时考虑垂直和水平力作用下的对称稳定性等；根据气压场和温度场的配置情况则有正压稳定性和斜压稳定性；另外如果考虑密度的不连续性和水平或垂直风速切变时，还有切变不稳定（开尔文一赫尔姆兹不稳定）、涡层切变不稳定等。如果用稳定性概念讨论大气波动问题中长波和短波的发展问题，此时的不稳定为动力不稳定。对于静力稳定性（也称层结稳定性）：当考虑的是饱和湿空气的时候，称条件性不稳定；如果考虑大范围未饱和湿空气的整层抬升，则称对流不稳定，或位势不稳定、潜在不稳定；另外，当条件不稳定考虑的是积云对流和天气尺度扰动相互作用时，又称第二类条件性不稳定(conditional instability of the second kind，简称 CISK)。根据不稳定分析所采用的方法又可以分为线性不稳定和非线性不稳定；同样，按近似级别又可以分为地转不稳定和非地转不稳定，而非地转不稳定又有超高速不稳定、广义正压不稳定之分(曾庆存，1979)，等等。必须指出的是，各种类别的稳定性之间又是相互联系的。例如，由于对称不稳定是发生在斜压大气中的，因此它事实上也是斜压不稳定的一种类型(Stone，1966)，区别在于斜压不稳定的能量来源于基本流的有效位能，而对称不稳定的能量来源于基本流的动能，因此我们仍沿用传统的观点将二者分开讨论。又如，惯性不稳定又属于广义正压不稳定的范畴。

在以上所述各种不稳定中，与中尺度对流有关的不稳定主要是静力不稳定、对流不稳定、条件不稳定、切变不稳定及对称不稳定。本章后面几节将重点介绍这几种不稳定的概念和特征及其分析判别方法。

12.1.2 不稳定分析方法

不稳定的分析方法主要有：气块法、正规模法(Normal mode)、奇异向量法(Singular vector decomposes)、*A-B* 混合法、WKBJ 法(Wentzel Kramers Brillouin Jeffrays method)等等。这些方法得到的不稳定判据常常可以化为用里查森数(*Ri*)表示的形式，因此一般可以直接用里查森数的大小来判断各种稳定性。

(1)气块法

气块法，顾名思义，就是根据气块的运动情况来判别大气的稳定性。主要用于判别静力不稳定、惯性不稳定和对称不稳定。气块法的应用过程中应当满足：①气块运动时，周围的环境大气仍保持力的平衡状态；②气块与周围环境之间无混合，即不发生质量和热量的交换；③在任一时刻气块的气压与同高度环境空气的气压相等，符合准静力条件。

具体地，它是指在大气中任取一个气块，设此气块受瞬时外力作用产生一个位移到新位置，分析该气块在新位置处的受力情况。由加速度的大小正负来判别稳定性。

必须指出，气块法是一种较为简略的分析方法。当考虑的是基本气流的扰动时，扰动能否发展取决于它能否从基本气流中获得能量，而这种能量转换的条件是基本气流必须是动力不稳定的，因此气块法没法讨论基本气流动力稳定性问题(吕美仲等，1989)。

(2)正规模法

正规模法是最常用的线性稳定性分析方法，它是一种解析方法。它可以构建不稳定问题的完整特征函数，实际上是把问题归结为特征值问题进行求解。

正规模法又称为标准模法、自由波法。

正规，即为正交规范化；所谓正规模，是指正交规范化的波解。用正规模的方法来分析稳定性理论，是通过求解线性化的控制方程来实现的，具体地，它是指在纬向基本流 $\overline{u}(y,z)$ 上添加一个小扰动，扰动满足线性化后的控制方程，且该小扰动是波动形式 $e^{i(kx+\lambda y+\sigma t)}$，其中 k 是纬向波数，l 是经向波数，都为实数；$\sigma=\sigma_r+i\sigma_i$ 为复频率。将扰动波解代入线性化后的控制方程，求解 $\sigma_i\neq 0$ 的条件即为不稳定的条件，$|\sigma_i|$ 也称为不稳定波的增长率(Scorer，1997)。

必须注意，正规模方法有一些局限性。首先，正规模法中指数增长说明基本流将会发生重要的变化，这种指数增长是线性化的结果，只有当扰动始终比较小的时候，这种方法预报才有效；然而随着时间的增长，初始小扰动的振幅不断增大，线性稳定性问题就转化为非线性有限振幅理论问题，正规模法不再适用。其次，正规模方法只适用于是波状扰动，对于非定常持续强迫源产生的不同于波状形式的扰动，正规模法就不适用了(Pedlosky，1979)；再者，正规模方法只关注扰动本身的发展情况，较少考虑到扰动发展的可能性条件——比如是否存在使扰动发展的动能或者有效位能等。另外，并不是所有的稳定性问题都能对应有特征函数、特征值的，离开特征值问题，正规模方法也就无从说起了(Ooyama，1966)。

(3) WKBJ 方法

WKBJ 方法，又称摄动法，或小参数展开法，是常用的求解非线性方程、高阶方程、变系数方程的方法，也是用来判断非线性不稳定的方法之一。采用 WKBJ 方法的条件是基本流是缓变的。

其步骤为：

i. 将问题无量纲化，选出一个小参数 ε，有以下形式的方程组：

$$\frac{\mathrm{d}x_i}{\mathrm{d}t}=\varepsilon F_i(t,x_1,\cdots,x_i,\varepsilon)+G_i(t,x_1,\cdots,x_i,\varepsilon) \tag{12.1.1}$$

ii. 选取一个渐近序列 $\delta_n(\varepsilon)$，满足：

①$\lim\limits_{\varepsilon\to 0}\delta_n(\varepsilon)=0$　②$\lim\limits_{\varepsilon\to 0}\delta_{n+1}(\varepsilon)/\delta_n(\varepsilon)=0$　③$o(\varepsilon)=1$

iii. 渐近展开：$x_i=x_{i0}+\sum\limits_{n=1}^{N}\delta_n(\varepsilon)x_{in}$，$F_i=F_{i0}+\sum\limits_{n=1}^{N}\delta_n(\varepsilon)F_{in}$，

$$G_i=G_{i0}+\sum_{n=1}^{N}\delta_n(\varepsilon)G_{in}$$

iv. 代入方程：$\dfrac{\mathrm{d}}{\mathrm{d}t}x_i=\varepsilon F_i+G_i$；

假设取 $\delta_n(\varepsilon)=\varepsilon^n$，有

$$\frac{\mathrm{d}}{\mathrm{d}t}(x_{i0}+\varepsilon x_{i1}+\cdots)=\varepsilon(F_{i0}+\varepsilon F_{i1}+\cdots)+(G_{i0}+\varepsilon G_{i1}+\cdots) \tag{12.1.2}$$

v. 取各级近似：

例如，由方程(12.1.2)式可得

$$\varepsilon^0 = \frac{\mathrm{d}}{\mathrm{d}t}x_{i0} = G_{i0}$$

$$\varepsilon^1 = \frac{\mathrm{d}}{\mathrm{d}t}x_{i1} = F_{i0} + G_{i1}$$

vi. 求解

由解中振幅的发展情况来判别稳定性。

当考虑的是多时间尺度时，WKBJ 方法需做一些改进：

将波振幅发展的时间和波动相速度传播的时间分开，前者是“slow time”($T=\varepsilon t$)，后者是“fast time”($\tau=t$)。因此扰动流函数为 $\psi=\psi(x,y,\tau,T)$，所以有$\frac{\partial\psi}{\partial t}=\frac{\partial\psi}{\partial\tau}+\varepsilon\frac{\partial\psi}{\partial T}$。进一步，将流函数展开成 ε 的小参数形式，代入原始方程（没有线性化的），取各级近似，利用两层模式，讨论扰动的结构、稳定性及能量发展情况等。

(4) *A-B* 混合法

A-B 混合法(Dodd *et al.*, 1982)是研究弱非线性稳定性的一种较新的分析方法，实际上是将波动振幅方程转换到洛伦兹系统的一种方法，以便将扰动振幅的行为放在相空间中进行研究。高守亭(1986)首次用 *A-B* 混合法研究了大气中的不稳定问题。它不只在波流相互作用中有重要作用，对于一般的大气运动的稳定性问题，也可以用 *A-B* 方法来分析。这是因为对于任何一个气象问题都可以化为关于波振幅 A 及有关基本流 B 的两个方程，虽然对于具体问题，*A-B* 方程是不一样的。但是都具有以下的一般形式(Dodd *et al.*, 1982)：

$$\frac{\mathrm{d}^2 A}{\mathrm{d}T_1^2} + \Delta_1\frac{\mathrm{d}A}{\mathrm{d}T_1} = \alpha A - \tilde{\alpha}AB \tag{12.1.3}$$

$$\frac{\mathrm{d}B}{\mathrm{d}T_1} + \Delta_2 B = \left(\frac{\mathrm{d}}{\mathrm{d}T_1} + \Delta_3\right)|A|^2 \tag{12.1.4}$$

式中，Δ_1，Δ_2，Δ_3，α，$\tilde{\alpha}$ 是依赖于具体物理问题的系数。引入如下变换：

$$\tau = \Omega T_1 \tag{12.1.5}$$

$$X = (2\tilde{\alpha})^{1/2}\Omega^{-1}A \tag{12.1.6}$$

$$Y = \left(\frac{1}{2}\Delta_3\right)\Omega\dot{\tilde{X}} + X \tag{12.1.7}$$

$$Z = (2\tilde{\alpha})\Omega^{-1}\Delta_3^{-1}B \tag{12.1.8}$$

一般说来，总是认为 Ω 是 Δ_1 和 Δ_2 的函数。利用一定的变换关系就可以 *A-B* 混合方程转换到洛伦兹系统了。然后再利用洛伦兹系统中瑞利数 $\tilde{r}$ 的取值来判断系统的稳定性。

A-B 混合方程方法吸收了 Charney 和 Devore(1979)使用的高截谱方法的基本思想和 Hart(1979)以及 Pedlosky(1979)建立的振幅演变方法的基本概念，将 Dodd 的数学处理与波流相互作用问题结合起来。它是用波流相互作用理论研究弱非线性稳定性的一种方法，尤其在斜压大气中，是一个强有力的研究工具。

这种方法已有一些依循的规则，转换方法相对固定，因此，易于使用。这方面如果详细展开，内容很多，本书就不再详述。感兴趣的读者可参看 Gao(1991)和高守亭的论文(2007)。

12.2 静力不稳定

前面一节，对稳定性的分类以及分析方法做了简单介绍，从本节开始将详细介绍和中尺度相关的主要的不稳定性问题。

静力不稳定，指的是处于静力平衡状态大气中的空气团块，在外力作用下离开原来位置产生垂直运动，如果外力去除后气块会按原方向加速运动的一种大气的性质；如果气块逐渐减速回到原来位置，称气块所处的这种气层是静力稳定的；如果气块停止运动，则称为中性气层。在无外力作用下，大气能保持它的原位或者上升或下降的这种趋势，称为大气的静力稳定度。

大气的这种运动趋势又是与大气层结紧密相关的。所谓大气层结，指的是大气中温度和湿度的垂直分布情况。大气静力稳定度是表示大气层结对气块能否产生对流的一种潜在能力的量度。因此，通常又将静力稳定、不稳定、中性称为层结稳定、不稳定、中性。或者说，静力稳定性和层结稳定性是等价的。

层结稳定性的判据是：$Ri<0$，层结是不稳定的；$Ri>0$，层结是稳定的。也可以直接用第一章中提到的魏萨拉频率 N^2 来判断层结稳定性：$N^2>0$，层结是稳定的；$N^2<0$，层结是不稳定的。

分析静力稳定度的基本方法有气块法和整层法，普遍采用的是气块法。

这两种方法在其他气象学、动力学书中已有详细介绍，这里我们列出一些常用静力稳定度的判据。

对干空气，静力稳定度的判据为：

$$r=\begin{cases}>r_d & \text{不稳定}\\ =r_d & \text{中性}\\ <r_d & \text{稳定}\end{cases} \tag{12.2.1}$$

式中 $r=-\dfrac{\mathrm{d}T}{\mathrm{d}z}$为环境气温直减率，$r_d=-\dfrac{\mathrm{d}T}{\mathrm{d}z}$为绝热递减率。

在 T-$\ln p$ 图上表示如下(图 12.2.1)，r 又称为层结曲线，r_d 称为状态曲线

（又为干绝热线）。

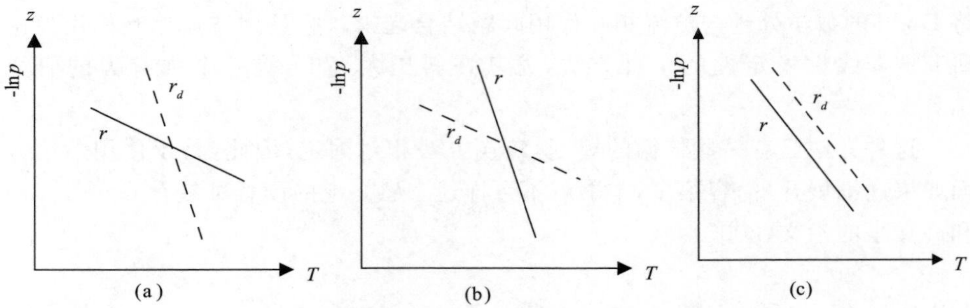

图 12.2.1 在 T-ln$p$ 图上利用 r 和 r_d 判断大气静力稳定度

(a)、(b)、(c)分别表示 $r>r_d$、$r<r_d$ 和 $r=r_d$ 的三种稳定度层结

当为饱和湿空气时，静力稳定度判据为：

$$r=\begin{cases}>r_m & \text{不稳定}\\ =r_m & \text{中性}\\ <r_m & \text{稳定}\end{cases} \tag{12.2.2}$$

式中 r_m 为湿绝热递减率。综合干空气和饱和湿空气的稳定度判据，可以把大气静力稳定度判据归纳成五种情况：

(1)$r>r_d$，对于干空气和湿空气都是不稳定的，称“绝对不稳定”。

(2)$r<r_m$，对于干空气和湿空气都是稳定的，称“绝对稳定”。

(3)$r_m<r<r_d$，对干空气是稳定的，对湿空气是不稳定的，称“条件性不稳定”。

(4)$r=r_d$，对干空气是中性的，对湿空气是不稳定的。

(5)$r=r_m$，对干空气是稳定的，对湿空气是中性的。

必须指出，以上利用 r 与 r_d（或 r_m）的比较来判断大气稳定度的方法，只适用于薄气层。当气层比较厚，r,r_d,r_m 不再是常数，此时可以用不稳定能量来讨论较厚气层稳定度的判断。如图 12.2.2。

另外，由于气象上更常用的热力学参数是位温，这里也给出用位温表示的大气静力稳定度的判据。

$$\frac{\partial\theta}{\partial z}\begin{cases}>0 & \text{稳定}\\ =0 & \text{中性}\\ <0 & \text{不稳定}\end{cases} \tag{12.2.3}$$

当考虑的是饱和湿空气的时候，用相当位温 θ_e 代替 θ，有

$$\frac{\partial\theta_e}{\partial z}\begin{cases}>0 & \text{稳定}\\ =0 & \text{中性}\\ <0 & \text{不稳定}\end{cases} \tag{12.2.4}$$

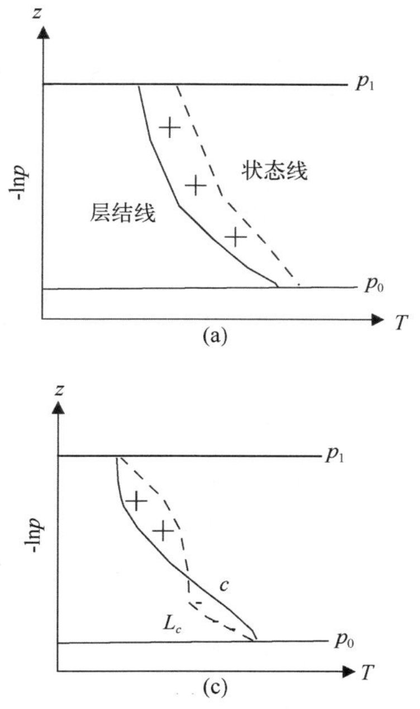

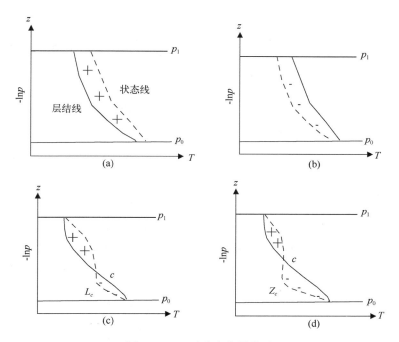

图 12.2.2　不稳定能量类型

(a)绝对不稳定型；(b)绝对稳定型；(c)真潜不稳定型：c 点以上的正面积大于 c 点以下的负面积；(d)假潜不稳定型：c 点以上的正面积小于 c 点以下的正面积。实线是层结曲线，虚线是状态曲线

可见，条件性不稳定的判据也可直接用$\frac{\partial\theta_e}{\partial z}<0$ 表示。

12.3　惯性不稳定

我们知道在静止大气中，空气微团若作水平运动，就有科氏力作为恢复力而作用着。它将引起惯性振荡。若基本气流是均匀西风，那么气流就一边作南北惯性振荡，一边向东流。那么若基本流场还有水平切变，其情形将如何呢？

设基本气流为西风，且为地转风 $\overline{u}_g$，则有：

$$\overline{u}_g=-\frac{1}{f}\frac{\partial\phi}{\partial y}\qquad \phi(\text{为位势高度})\tag{12.3.1}$$

因此描写气块的水平运动方程为

$$\frac{\mathrm{d}u}{\mathrm{d}t}=fv\tag{12.3.2}$$

$$\frac{\mathrm{d}v}{\mathrm{d}t} = f(\overline{u}_g - u) \tag{12.3.3}$$

若开始气块位于 $y=y_0$，对应其位置的速度为 $u(y_0)$，且与环境的水平速度相等 $\overline{u}_g(y_0)=u(y_0)$ 当气块穿越气流移动了 δy 距离后，其纬向速度变为：

$$u(y_0+\delta y) = u(y_0) + \frac{\mathrm{d}u}{\mathrm{d}y}\delta y \tag{12.3.4}$$

由于

$$\frac{\mathrm{d}u}{\mathrm{d}t} = \frac{\mathrm{d}u}{\mathrm{d}y}\frac{\mathrm{d}y}{\mathrm{d}t} = \frac{\mathrm{d}u}{\mathrm{d}y}\cdot v \tag{12.3.5}$$

将(12.3.5)式代入(12.3.2)式，可得：$\frac{\mathrm{d}u}{\mathrm{d}y}=f$，于是(12.3.5)式变为

$$u(y_0+\delta y) = u(y_0) + f\delta y = \overline{u}_g(y_0) + f\delta y \tag{12.3.6}$$

然而在 $y_0+\delta y$ 处的环境气团因有水平切变，可近似的表示为：

$$\overline{u}_g(y_0+\delta y) = \overline{u}_g(y_0) + \frac{\partial \overline{u}_g}{\partial y}\delta y \tag{12.3.7}$$

将方程(12.3.6)和(12.6.7)代入方程(12.3.3)后有

$$\frac{\mathrm{d}v}{\mathrm{d}t} = \frac{\mathrm{d}^2(\delta y)}{\mathrm{d}t^2} = -f\left(f - \frac{\partial \overline{u}_g}{\partial y}\right)\delta y \tag{12.3.8}$$

上述表明在基本流场为西风且有水平切变的情况下，气块因南北位移离开原来位置后，是被迫返回原处，还是继续加速前进，将取决于(12.3.8)式右端绝对涡度 $\left(f-\frac{\partial \overline{u}_g}{\partial y}\right)$ 的符号。在北半球 $f>0$，所以惯性稳定性的判据为：

$$\begin{aligned} &\left(f - \frac{\partial \overline{u}_g}{\partial y}\right) > 0 \quad \text{稳定} \\ &\left(f - \frac{\partial \overline{u}_g}{\partial y}\right) = 0 \quad \text{中性} \\ &\left(f - \frac{\partial \overline{u}_g}{\partial y}\right) < 0 \quad \text{不稳定} \end{aligned} \tag{12.3.9}$$

若引入绝对动量 $M=\overline{u}_g - fy$，则有 $\frac{\partial M}{\partial y} = \frac{\partial(\overline{u}_g - fy)}{\partial y} = -\left(f - \frac{\partial \overline{u}_g}{\partial y}\right)$，于是得到

$$\begin{aligned} &\frac{\partial M}{\partial y} < 0 \quad \text{惯性稳定} \\ &\frac{\partial M}{\partial y} = 0 \quad \text{中性} \\ &\frac{\partial M}{\partial y} > 0 \quad \text{惯性不稳定} \end{aligned} \tag{12.3.10}$$

12.4　切变不稳定

中尺度切变线(包含冷式与暖式切变)是中尺度系统中的重要现象之一。它们的出现可由冷暖空气的交汇或同一气团中的气旋性弯曲或流速的不均匀而引起。切变线可引发暴雨和大暴雨,是气象工作者和预报人员十分关注的中尺度天气系统。在这种天气系统中,存在着扰动的不稳定,对该方面做如下介绍。

12.4.1　*K-H*(Kelvin-Helmholtz)不稳定

让我们考虑具有相同密度的且界面为 $y=0$ 的水平切变流体(图 12.4.1),其基本流在 z 方向没有变化。在这种情况下,若流体被轻微地扰动会发生什么?为回答这一问题,对 $y>0$ 扰动满足如下方程:

$$\frac{\partial \boldsymbol{u}}{\partial t}+U\frac{\partial \boldsymbol{u}'}{\partial x}=-\nabla p' \tag{12.4.1}$$

$$\nabla\cdot \boldsymbol{u}'=0 \tag{12.4.2}$$

$\boldsymbol{u}'=(u',v')$,对方程(12.4.1)取散度后,有

$$\nabla^2 p'=0 \tag{12.4.3}$$

对 $y<0$ 时,只是把(12.4.1)式中的 U 变成 $-U$,其他形式不变。有形式解:

$$p'=\begin{cases}R_e\widetilde{p}_1 e^{ikx-ky}e^{\sigma t}\\ R_e\widetilde{p}_2 e^{ikx+ky}e^{\sigma t}\end{cases} \tag{12.4.4}$$

对 $y>0$,扰动满足

$$\frac{\partial v'_1}{\partial t}+U\frac{\partial v'_1}{\partial x}=-\frac{\partial p'_1}{\partial y} \tag{12.4.5}$$

对 $y<0$,只是把 U 用 $-U$ 来代替,其方程形式不变。

对 $y>0$,且假定

$$v'_1=\widetilde{v_1}\exp(ikx+\sigma t) \tag{12.4.6}$$

一般地,σ 是复数,如果 σ 是正实数,小扰动就会增长,出现不稳定。如果 σ 是非零的虚数,小扰动将产生振荡。

由方程(12.4.5),使用方程(12.4.6)及(12.4.4)式可得

$$(\sigma+ikU)\widetilde{v}_1=k\widetilde{p}_1 \tag{12.4.7}$$

因为

$$v'_1=\frac{\partial \eta'}{\partial t}+U\frac{\partial \eta'}{\partial x} \tag{12.4.8}$$

η' 是界面的扰动位移。

利用 $\eta'=\overline{\eta}\exp(ikx+\sigma t)$ 得到

$$\tilde{v}_1 = (\sigma + ikU)\tilde{\eta}_1 \tag{12.4.9}$$

由(12.4.7)和(12.4.9)得到

$$(\sigma + ikU)^2\tilde{\eta} = k\tilde{p}_1 \tag{12.4.10}$$

对 $y<0$,有

$$(\sigma - ikU)^2\tilde{\eta} = -k\tilde{p}_2 \tag{12.4.11}$$

因为在界面上气压是连续的,所以有 $p_1=p_2$,这样得到

$$\sigma^2 = k^2U^2 \tag{12.4.12}$$

方程(12.4.12)有两个根,其中一个是正的,所以扰动的指数形式增长。这就是切变线上的 K-H 不稳定。

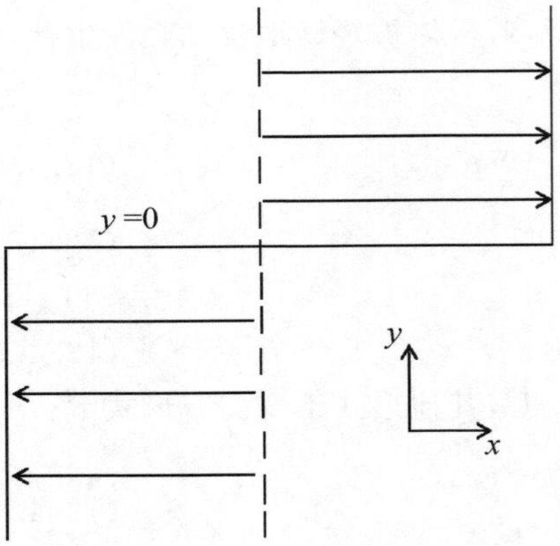

图 12.4.1 典型东西水平切变

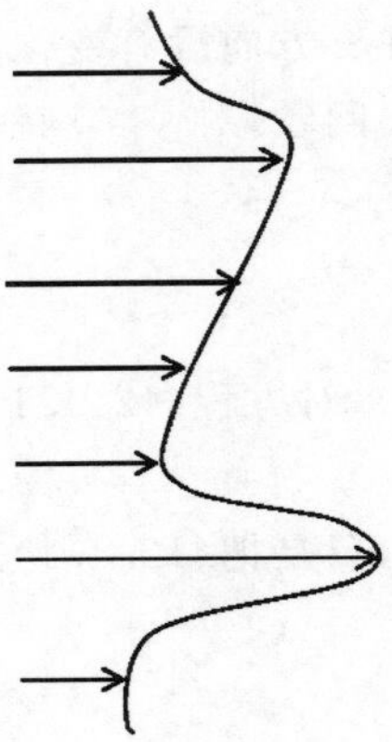

图 12.4.2 同向平行切变流

12.4.2 平行切变流中的 Rayleigh 方程

在大气中常存在平行切变流(图 12.4.2),这种流动在不可压的情况下存在的不稳定可用瑞利(Rayleigh)方程来研究,为此我们从二维涡度方程出发:

$$\frac{D\zeta}{\mathrm{d}t} = 0 \tag{12.4.13}$$

其基本流仅是 y 的函数 $\bar{u}=U(y)i$。

有线性化的涡度方程为:

$$\frac{\partial\zeta'}{\partial t} + U\frac{\partial\zeta'_1}{\partial x} + v'\frac{\partial Z_1}{\partial y} = 0 \tag{12.4.14}$$

这里 $Z_1=\partial_y U$,且连续性方程为

$$\frac{\partial u'}{\partial x} + \frac{\partial v'}{\partial y} = 0 \tag{12.4.15}$$

引入流函数 ψ' 使得 $u'=-\frac{\partial\psi'}{\partial y}$，$v'=-\frac{\partial\psi'}{\partial x}$，$\zeta'=-\nabla\psi'$，那么线性涡度方程变为：

$$\frac{\partial \nabla^2\psi'}{\partial t}+U\frac{\partial \nabla^2\psi'}{\partial x}+\frac{\partial Z_1}{\partial y}\frac{\partial\psi'}{\partial x}=0 \tag{12.4.16}$$

设有形式解：

$$\psi'=\mathrm{Re}\tilde{\psi}(y)e^{ik(x-ct)} \tag{12.4.17}$$

由(12.4.17)式可进一步得到

$$u'=\tilde{u}(y)e^{ik(x-ct)}=-\tilde{\psi}_y e^{ik(x-ct)}$$

$$v'=\tilde{v}(y)e^{ik(x-ct)}=ik\tilde{\psi}e^{ik(x-ct)}$$

$$\zeta'=\tilde{\zeta}(y)e^{ik(x-ct)}=(-k^2\tilde{\psi}+\tilde{\psi}_{yy})e^{ik(x-ct)}$$

把以上表达式代入(12.4.14)，则有

$$(U-c)(\tilde{\psi}_{yy}-k^2\tilde{\psi})-U_{yy}\tilde{\psi}=0 \tag{12.4.18}$$

这个方程就称为 Rayleigh 方程。

12.4.3　切变线不稳定分析中的界面条件

由于气压在界面上具有连续性，所以沿着界面方向上的线性动量方程为：

$$\frac{\partial u'}{\partial t}+U\frac{\partial u'}{\partial x}+v'\frac{\partial U}{\partial y}=-\frac{\partial p'}{\partial x} \tag{12.4.19}$$

由 $u'=-\tilde{\psi}_y e^{ik(x-ct)}$，$v'=ik\tilde{\psi}e^{ik(x-ct)}$，$p'=\tilde{p}e^{ik(x-ct)}$，上式就变成了

$$ik(U-c)\tilde{\psi}_y-ik\tilde{\psi}U_y=-ik\tilde{p} \tag{12.4.20}$$

由于气压跨界面是连续的，所以有跨界面跳跃条件为：

$$\Delta[(U-c)\tilde{\psi}_y-\tilde{\psi}U_y]=0 \tag{12.4.21}$$

又因为在界面上有

$$v=\frac{D\eta'}{Dt} \tag{12.4.22}$$

(12.4.22)式的线性化形式是：

$$\frac{\partial\eta'}{\partial t}+U\frac{\partial\eta'}{\partial x}=\frac{\partial\psi'}{\partial x} \tag{12.4.23}$$

因为流体本身是连续的，因此在界面两侧有如下关系式成立：

$$\frac{\partial\eta'}{\partial t}+U_1\frac{\partial\eta'}{\partial x}=\frac{\partial\psi'_1}{\partial x}\rightarrow(U_1-c)\tilde{\eta}=\tilde{\psi}_1$$

$$\frac{\partial\eta'}{\partial t}+U_2\frac{\partial\eta'}{\partial x}=\frac{\partial\psi'_2}{\partial x}\rightarrow(U_2-c)\tilde{\eta}=\tilde{\psi}_2 \tag{12.4.24}$$

其中 U_1，U_2 分别是界面两侧的基本速度。因此得到另一个界面跳跃条件是：

$$\Delta\left[\frac{\tilde{\psi}}{U-c}\right]=0 \tag{12.4.25}$$

12.4.4 利用 Rayleigh 方程和界面条件判定 *K-H* 不稳定

从 Rayleigh 方程和界面跳跃条件出发，除了在 $y=0$ 薄层之外，涡度处处是零，这时 Rayleigh 方程被简化为：

$$(U_i - c)(\partial_{yy}\tilde{\psi}_i - k^2\tilde{\psi}_i) = 0 \qquad i = 1,2 \tag{12.4.26}$$

在 $U_i \neq c$，那么

$$\partial_{yy}\tilde{\psi}_l = 0 \tag{12.4.27}$$

这时(12.4.27)式的解为

$$y > 0: \quad \tilde{\psi}_1 = \psi_1 e^{-ky}$$
$$y < 0: \quad \tilde{\psi}_2 = \psi_2 e^{ky} \tag{12.4.28}$$

这里 ψ_1 和 ψ_2 是常数。

由界面跳跃条件(12.4.21)式可得

$$(U_1 - c)(-k)\psi_1 = (U_2 - c)(k)\psi_2 \tag{12.4.29}$$

再由界面跳跃条件(12.4.25)式可得

$$\frac{\psi_1}{(U_1 - c)} = \frac{\psi_2}{(U_2 - c)} \tag{12.4.30}$$

利用(12.4.29)和(12.4.30)式可得到

$$(U_1 - c)^2 = -(U_2 - c)^2 \tag{12.4.31}$$

如果 $U=U_1=-U_2$，那么得到 $c^2=-U^2$。因为 U 是纯实数，所以得到 $c=\pm iU$。可见扰动呈指数 $\exp(kU_1 t)$ 增长，扰动是不稳定的。

由以上研究可见，对切变流的问题，要想研究它的不稳定，要充分利用 Rayleigh 方程和界面跳跃条件，这一点是十分重要的。

12.4.5 垂直平面内的切变不稳定

考虑上、下两部分均匀不可压流体，简单起见，设运动限制在(x,z)平面内，未受扰动时，两部分流体的分界面取为 $z=0$，南北边界不受限制。当分界面受到小扰动后，则界面 $z=h(x,t)$，如图 12.4.3 所示。

采用正规模法，设

$$u_j = \overline{U}_j + u_j', \ w_j = w_j', \ p_j = \overline{p}_j + p_j' \qquad (j = 1,2)$$

而基本态满足静力平衡关系

$$\frac{\partial \overline{p}_j}{\partial z} = -\overline{\rho}_j g \qquad (j = 1,2) \tag{12.4.32}$$

不考虑地球旋转作用，则运动方程和连续方程线性化后可得：

$$\left(\frac{\partial}{\partial t} + \overline{U}_j \frac{\partial}{\partial x}\right)u_j' = -\frac{1}{\overline{\rho}_j}\frac{\partial p_j'}{\partial x} \tag{12.4.33}$$

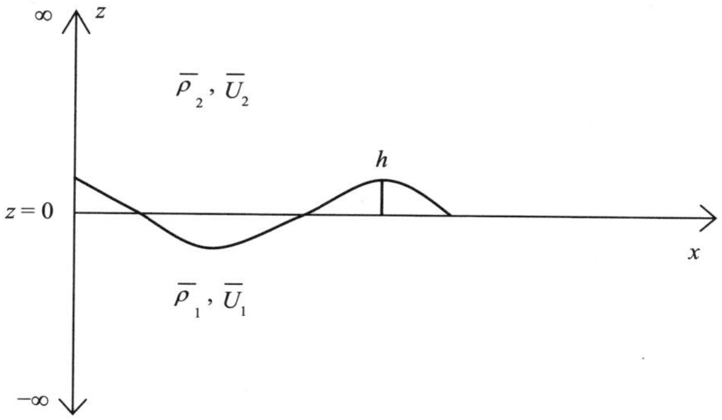

图 12.4.3　不连续面上的扰动

$$\left(\frac{\partial}{\partial t}+\overline{U}_j\frac{\partial}{\partial x}\right)w_j' = -\frac{1}{\bar{\rho}_j}\frac{\partial p_j'}{\partial z} \tag{12.4.34}$$

$$\frac{\partial u_j'}{\partial x}+\frac{\partial v_j{}'}{\partial y} = 0 \tag{12.4.35}$$

消去 p_j'，u_j'可得关于 w_j'的方程为

$$\left(\frac{\partial}{\partial t}+\overline{U}_j\frac{\partial}{\partial x}\right)\left(\frac{\partial^2}{\partial x^2}+\frac{\partial^2}{\partial z^2}\right)w_j' = 0 \tag{12.4.36}$$

分界面上，根据气压的连续性，有

$$z = h,\ \frac{\mathrm{d}p_1'}{\mathrm{d}t} = \frac{\mathrm{d}p_2'}{\mathrm{d}t} \tag{12.4.37}$$

进一步利用静力平衡关系(12.4.32)可得

$$z = h,\ \left(\frac{\partial}{\partial t}+\overline{U}_j\frac{\partial}{\partial x}\right)(p_1'-p_2') - g(\bar{\rho}_1-\bar{\rho}_2)w_j' = 0 \tag{12.4.38}$$

无穷远处满足自然边条件：

$$z \to -\infty,\ w_1' \text{ 有界} \tag{12.4.39}$$

$$z \to \infty,\ w_2' \text{ 有界} \tag{12.4.40}$$

设波解

$$w_j' = \widetilde{W}_j(z)e^{i(kx-\sigma t)} \qquad j = 1,2 \tag{12.4.41}$$

代入方程(12.4.36)得

$$\frac{\mathrm{d}^2\widetilde{W}_j(z)}{\mathrm{d}z^2} - k^2\widetilde{W}_j(z) = 0 \tag{12.4.42}$$

利用边界条件(12.4.39)及(12.4.40)式可得

$$\widetilde{W}_1(z) = Ae^{kz},\ \widetilde{W}_2(z) = Be^{-kz} \tag{12.4.43}$$

式中 A、B 为任意常数。将这两个解代入(12.4.42)得 w_j'，再代入原始线性化方程组，注意积分时取积分常数为零，可得

$$u_1' = iAe^{kz} \cdot e^{ik(x-ct)}$$
$$w_1' = Ae^{kz} \cdot e^{ik(x-ct)} \tag{12.4.44}$$
$$p_1' = i\bar{\rho}_1(c-\overline{U}_1)Ae^{kz} \cdot e^{ik(x-ct)}$$

及

$$u_2' = -iBe^{-kz} \cdot e^{ik(x-ct)}$$
$$w_2' = Be^{-kz} \cdot e^{ik(x-ct)} \tag{12.4.45}$$
$$p_2' = -i\bar{\rho}_2(c-\overline{U}_2)Be^{-kz} \cdot e^{ik(x-ct)}$$

代入界面条件(12.4.38)—(12.4.40)式,可得关于 A、B 的齐次线性代数方程组,它有非零解的条件对应的系数行列式为零,从而得

$$(\bar{\rho}_1+\bar{\rho}_2)c^2 - 2(\bar{\rho}_1\overline{U}_1+\bar{\rho}_2\overline{U}_2)c + [\bar{\rho}_1\overline{U}_1^2+\bar{\rho}_2\overline{U}_2^2 - \frac{g}{k}(\bar{\rho}_1-\bar{\rho}_2)] = 0 \tag{12.4.46}$$

得波速

$$c = \frac{\bar{\rho}_1\overline{U}_1+\bar{\rho}_2\overline{U}_2}{\bar{\rho}_1+\bar{\rho}_2} \pm \sqrt{\frac{g(\bar{\rho}_1-\bar{\rho}_2)}{k(\bar{\rho}_1+\bar{\rho}_2)} - \frac{\bar{\rho}_1\bar{\rho}_2\ (\overline{U}_1-\overline{U}_2)^2}{(\bar{\rho}_1+\bar{\rho}_2)^2}} \tag{12.4.47}$$

不稳定发生,要求

$$\frac{(\bar{\rho}_2-\bar{\rho}_1)(\bar{\rho}_2+\bar{\rho}_1)}{\bar{\rho}_1\bar{\rho}_2}\frac{g}{k} < (\overline{U}_1-\overline{U}_2)^2 \tag{12.4.48}$$

可见,①只要上下层流速不等($\overline{U}_1 \neq \overline{U}_2$),则总存在一定的波段满足不稳定条件;②当 $\bar{\rho}_2 < \bar{\rho}_1$,即层结不稳定时,显然对所有的波都是满足不稳定条件的,即层结不稳定下垂直切变流必然是切变不稳定的;③当密度差很小,且层结是稳定的时候,(12.4.48)式就为:

$$k > k_C = 2g\frac{\Delta\rho}{\rho}/(\Delta U)^2 \tag{12.4.49}$$

其中,$\bar{\rho}=(\bar{\rho}_1+\bar{\rho}_2)/2$, $\bar{\rho}_2-\bar{\rho}_1=\Delta\rho$, $\bar{\rho}_1\bar{\rho}_2=\bar{\rho}^2$。

即
$$Ri = \frac{2g\Delta\rho}{k\,\bar{\rho}(\Delta U)^2} = \frac{k_C}{k} < 1$$

图12.4.4是水平切变流中的小扰动示意图,从图中的切变流场分布可以看出,由于小扰动使得 A 点附近的风场呈辐散形式,致使 A 点处的气压升高,有 P +来表示。而在 B 点处由于小扰动使得 B 点周围风场呈辐合形式,致使 B 点处的气压下降,由 $P-$ 来表示。这样就破坏了切变流界面上的气压平衡,在扰动气压梯度力的作用下将促使切变流界面两侧的动量输送,使得平均动能转化成扰动动能,这种动能之间的转化完全不同于混合过程。

由以上的讨论可以看出,无论在层结垂直切变流中或是在水平切变流中,不稳定的发展的能量来源都是来自于基本流的动能。可见,天气尺度范围的风场的急剧变化所导致的非平衡流的运动是引起中尺度系统发展的源地。

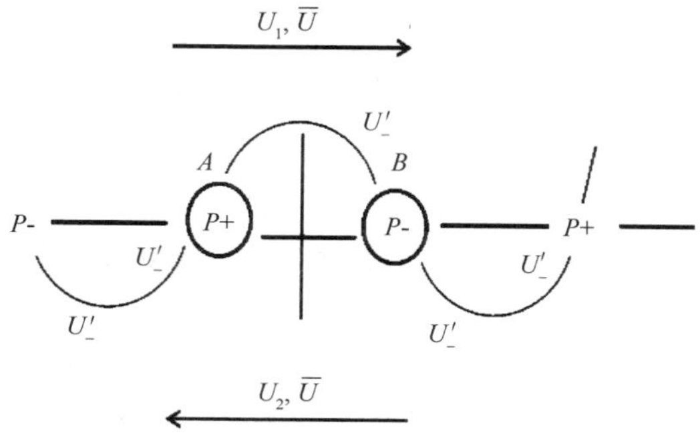

图 12.4.4　水平切变流中的小扰动

12.4.6　涡层不稳定

切变不稳定是发生在速度具有切变的分界面系统中，又叫开尔文一赫姆霍兹不稳定（K-H 不稳定）。研究中常常将这种交界面看成是一具有强涡度的水平薄层，它由大量离散且并列的小涡旋组成，每个涡旋的旋转方向相同。如图 12.4.5 所示。

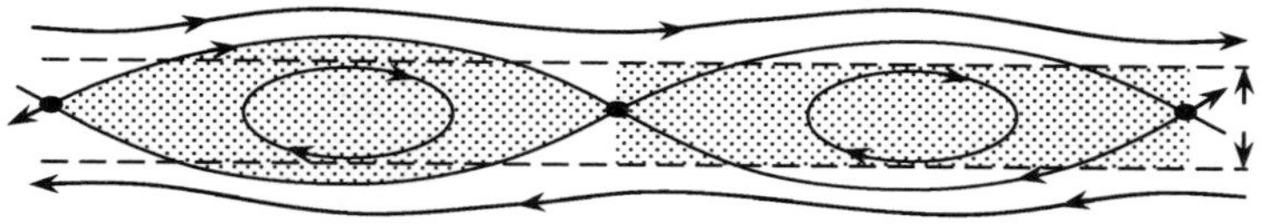

图 12.4.5　涡层示意图

这样，涡旋相邻边界运动速度相互抵消，只剩下涡层两侧的风速廓线，涡旋中心形成了切变线。可见，切变不稳定是不稳定的研究中用离散模式代替连续模式的一个典型例子。必须注意，在交界面处需要满足两个条件：两侧有相同的流线；两侧的压力是连续的。它属于一个线性问题。之所以可以将交界面看成是一薄的涡层，这是因为 K-H 不稳定对于连续的层结流体而言，相当于一种长波近似，当波长足够长时，混合层就像一个“涡层”。用离散代替连续，可以认识不稳定的机制并估计扰动增长率。但是离散模式有时候会产生虚假不稳定，同时又由于长波近似而不能发掘真正的不稳定。

涡层，是指速度不连续引起的交界面两侧的一个强风切变层。涡层中的速度可以产生诱导速度，从而改变涡层的稳定性。涡层不稳定起重要作用更多的是当考虑的是南北方向的切变流的稳定性时。此时的不稳定分析类似于一般的切变不稳定分析方法，只是在边界处理问题上有些区别。相应地在数学分析方法上也有所不同。另外，水平切变流产生的水平扰动不受层结稳定性的限制。必须指出，当切变和旋转同时出现时，在科氏力作用下会产生一种新的机制促使切变不稳定发生，但是如果没有旋转效应，切变不稳定更容易发生（如 K-H 波）（Pedlosky，1979）。

本节中，将水平风切变不稳定作为涡层切变不稳定来分析。因对切变不稳定有：$Ri<0.25$；而涡层不稳定非一个 R_i 数所能表示，下面我们将分别具体讨论。

当考虑的是南北方向的水平风速切变时，层结效应减弱，但是速度梯度引起的黏性的作用以及随着速度梯度的增加和不连续结构导致的涡层效应则增强了。我们知道由于涡层中的速度可以产生诱导速度，从而改变涡层的稳定性，因此，下面我们来考虑涡层的稳定性问题（Gao，2000），如图 12.4.6 所示。

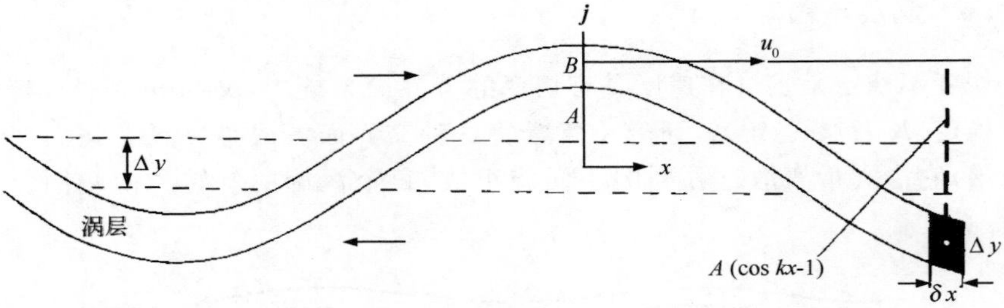

图 12.4.6 沿切变线的涡层示意图

涡层元δx 在 B 点的 x 方向诱导速度为：

$$u_i = \frac{Z\Delta y\delta x}{2\pi\sqrt{x^2+(A(t)(\cos kx-1))^2}}\cdot\frac{A(t)(1-\cos kx)}{\sqrt{x^2+(A(t)(\cos kx-1))^2}}$$

$$\approx\frac{Z\Delta y\delta x}{2\pi x}\cdot\frac{A(t)(1-\cos kx)}{x} \qquad (12.4.50)$$

对于小扰动，$A(t)$很小，因此这里忽略了 $A^2(t)$。

整个涡层在 B 点的诱导速度为：

$$u_0=\int_{-\infty}^{\infty}\frac{Z\Delta yA(t)(1-\cos kx)}{2\pi x^2}\mathrm{d}x$$

$$=\frac{Z\Delta yA(t)}{\pi}\int_{-\infty}^{\infty}\frac{\sin\frac{1}{2}kx}{x^2}\mathrm{d}x$$

$$=-\frac{Z\Delta yA(t)}{\pi}\left[\frac{1}{x}\sin^2\frac{1}{2}kx\right]_{-\infty}^{\infty}+\frac{Z\Delta yA(t)}{2\pi}\int_{-\infty}^{\infty}k\frac{\sin kx}{x}\mathrm{d}x$$

$$=\frac{Z\Delta yA(t)}{2\pi}\int_{-\infty}^{\infty}k\frac{\sin kx}{x}\mathrm{d}x \qquad (12.4.51)$$

又 $\int_{-\infty}^{\infty} k\,\frac{\sin kx}{x}\mathrm{d}x = k\pi$，则(12.4.51)式可以写为：

$$u_0(y,t) = \frac{Z\Delta yA(t)k}{2} \tag{12.4.52}$$

由于对称性，y 分量的诱导速度在 B 点是相互抵消的，因此 y 方向的速度积分为零。

因此在涡层中任一点 x_1 处，x 方向的速度分量为：

$$u(x_1,y,t) = \int_{-\infty}^{+\infty} \frac{Z\Delta yA(t)(\cos kx_1 - \cos kx)}{2\pi\,(x - x_1)^2}\mathrm{d}x = \frac{1}{2}Z\Delta yA(t)k\cos kx_1 \tag{12.4.53}$$

用 x 代替 x_1，我们有

$$u(x,y,t) = u_0\cos kx = \frac{1}{2}Z\Delta yA(t)k\cos kx \tag{12.4.54}$$

由于诱导速度是无辐散的，因此有：$\partial u/\partial x + \partial v/\partial y = 0$

这样，

$$v = -\int(\partial u/\partial x)\mathrm{d}y + c(x,t) = -\frac{1}{2}\Delta yA(t)k\cos kx\int Z\mathrm{d}y + c(x,t) \tag{12.4.55}$$

其中，$Z = -\partial U(y,t)/\partial y$ 为环境涡度，(12.4.55)又可写为

$$v = \frac{1}{2}\Delta yU(y,t)A(t)k\cos kx + c(x,t) \tag{12.4.56}$$

由于扰动是关于 y 轴对称的，诱导速度分量 $v=0$，当 $x = k\pi + \frac{\pi}{2}, k\pi + \frac{3\pi}{2}$ 及 $2k\pi$ ($k=0,1,2,3,\cdots$)时。因此，方程(12.4.56)中的 $c(x,t)$ 可以为：

$$c(x,t) = -\frac{1}{2}\Delta yU(A(t))A(t)k\cos kx \tag{12.4.57}$$

这里用了 $U(A(t)) = U(-A(t))$，该条件说明了切变线两边的距离相等的速度是大小相等，方向相反的。因此，方程(12.4.56)最后可以写为：

$$v(x,y,t) = \frac{1}{2}\Delta yU(y,t)A(t)k\cos kx - \frac{1}{2}\Delta yU(A(t))A(t)k\cos kx \tag{12.4.58}$$

涡度方程为：

$$\frac{\partial \boldsymbol{\xi}_a}{\partial t} = -(\boldsymbol{V}\cdot\nabla)\boldsymbol{\xi}_a - \boldsymbol{\xi}_a(\nabla\cdot\boldsymbol{V}) + (\boldsymbol{\xi}_a\cdot\nabla)\boldsymbol{V} + \boldsymbol{R}\times(\boldsymbol{g} - \boldsymbol{a}) \tag{12.4.59}$$

考虑的是准水平运动，于是有 $\boldsymbol{\xi}_a \approx \zeta\boldsymbol{k}$，且 $\boldsymbol{R} = \frac{1}{\rho}\nabla\rho = \frac{1}{\rho}\frac{\partial\rho}{\partial y}$，$\boldsymbol{g} = -g\boldsymbol{k}$，$\boldsymbol{a} = \frac{\mathrm{d}\boldsymbol{V}}{\mathrm{d}t} \approx$

$$(\boldsymbol{v}_h\cdot\nabla)\boldsymbol{v}_h=\left[(\overline{u}+u)\frac{\partial}{\partial x}+v\frac{\partial}{\partial y}\right][(\overline{u}+u)i+vj],\ \overline{u}(y,t)=\frac{U_1(y,t)+U_2(y,t)}{2}$$

同时有

$$\begin{aligned}\boldsymbol{\xi}(x,y,t)&=\left[Z+f+\left(\frac{\partial v}{\partial x}-\frac{\partial u}{\partial y}\right)\right]\boldsymbol{k}\\&=\Big(Z+f+\frac{1}{2}\Delta yU(A(t))A(t)k^2\sin kx-\\&\quad\frac{1}{2}\Delta yU(y,t)A(t)k^2\sin kx-\frac{1}{2}\frac{\partial Z}{\partial y}\Delta yA(t)k\cos kx\Big)\boldsymbol{k}\end{aligned}$$

由水平无辐散条件，可以将(12.4.59)式写为：

$$\frac{\partial\boldsymbol{\xi}_a}{\partial t}=-(\boldsymbol{V}\cdot\nabla)\boldsymbol{\xi}_a+\boldsymbol{R}\Lambda(\boldsymbol{g}-\boldsymbol{a})\tag{12.4.60}$$

又因为 $\boldsymbol{R}\times\boldsymbol{g}=-g\dfrac{1}{\rho}\dfrac{\partial\rho}{\partial y}\boldsymbol{i}$ 对垂直涡度无贡献，且

$$\begin{aligned}&\left[(\overline{u}+u)\frac{\partial}{\partial x}(\overline{u}+u)+v\frac{\partial}{\partial y}(\overline{u}+u)\right]\boldsymbol{i}\\&\approx\left[\overline{u}\frac{\partial u}{\partial x}+v\frac{\partial\overline{u}}{\partial y}\right]\boldsymbol{i}\\&=\Big[-\overline{u}A(t)\frac{1}{2}\Delta yZk^2\sin kx+\frac{1}{2}\Delta yU(y,t)\frac{\partial\overline{u}}{\partial y}A(t)k\cos kx-\\&\quad\frac{1}{2}\Delta yU(A(t))\frac{\partial\overline{u}}{\partial y}A(t)k\cos kx\Big]\boldsymbol{i}\end{aligned}$$

因此，

$$\begin{aligned}-\boldsymbol{R}\Lambda\boldsymbol{a}&=R\left(\overline{u}\frac{\partial u}{\partial x}+v\frac{\partial\overline{u}}{\partial y}\right)\boldsymbol{k}\\&=R\Big[-\frac{1}{2}\overline{u}A(t)Z\Delta yk^2\sin kx+\frac{1}{2}\Delta yU(y,t)\frac{\partial\overline{u}}{\partial y}A(t)k\cos kx-\\&\quad\frac{1}{2}\Delta yU(A(t))\frac{\partial\overline{u}}{\partial y}A(t)k\cos kx\Big]\boldsymbol{k}\end{aligned}$$

又因为

$$\begin{aligned}&-(\boldsymbol{V}\cdot\nabla)\boldsymbol{\xi}_a\\&=-\left[(\overline{u}+u)\frac{\partial}{\partial x}+v\frac{\partial}{\partial y}\right]\Big(Z+f+\frac{1}{2}\Delta yU(A(t))A(t)k^2\sin kx-\\&\quad\frac{1}{2}\Delta yU(y,t)A(t)k^2\sin kx-\frac{1}{2}\frac{\partial Z}{\partial y}\Delta yA(t)k\cos kx\Big)\boldsymbol{k}\\&=-\frac{1}{2}\overline{u}\Delta yU(A(t))A(t)k^3\cos kx+\frac{1}{2}\overline{u}\Delta yU(y,t)A(t)k^3\cos kx-\\&\quad\frac{1}{2}\overline{u}\frac{\partial Z}{\partial y}\Delta yA(t)k^2\sin kx-\frac{1}{2}\Delta yU(y,t)\frac{\partial Z}{\partial y}A(t)k\cos kx+\end{aligned}$$

$$\frac{1}{2}\Delta y U(A(t))\frac{\partial Z}{\partial y}A(t)k\cos kx$$

所以方程(12.4.60)可以写为

$$\frac{\partial \boldsymbol{\xi}_a}{\partial t} = -(\boldsymbol{V}\cdot\nabla)\boldsymbol{\xi}_a + \boldsymbol{R}\Lambda(\boldsymbol{g}-\boldsymbol{a})$$

$$= \Big\{-\frac{1}{2}\bar{u}\Delta y U(A(t))A(t)k^3\cos kx + \frac{1}{2}\bar{u}\Delta y U(y,t)A(t)k^3\cos kx -$$

$$\frac{1}{2}\bar{u}\frac{\partial Z}{\partial y}\Delta y A(t)k^2\sin kx - \frac{1}{2}\Delta y U(y,t)\frac{\partial Z}{\partial y}A(t)k\cos kx +$$

$$\frac{1}{2}\Delta y U(A(t))\frac{\partial Z}{\partial y}A(t)k\cos kx +$$

$$R\Big[-\frac{1}{2}\bar{u}\Delta y Z A(t)k^2\sin kx + \frac{1}{2}\Delta y U(y,t)\frac{\partial \bar{u}}{\partial y}A(t)k\cos kx -$$

$$\frac{1}{2}\Delta y U(A(t))\frac{\partial \bar{u}}{\partial y}A(t)k\cos kx\Big]\Big\}\boldsymbol{k}$$

上式表明当 $\Delta y>0$ 时在点 $\tan kx=0,\cos kx=1$ 处,满足 $\partial\omega/\partial t>0$ 的条件为:

$$-\bar{u}U(A(t))k^2 + \bar{u}U(y,t)k^2 - U(y,t)\frac{\partial Z}{\partial y} +$$

$$U(A(t))\frac{\partial Z}{\partial y} + U(y,t)\frac{\partial \bar{u}}{\partial y}R - U(A(t))\frac{\partial \bar{u}}{\partial y}R > 0$$

化简为

$$[-U(A(t))+U(y,t)]\left(\bar{u}k^2 - \frac{\partial Z}{\partial y} + \frac{\partial \bar{u}}{\partial y}R\right) > 0 \qquad (12.4.61)$$

①若 $\left(\bar{u}k^2 - \frac{\partial Z}{\partial y} + \frac{\partial \bar{u}}{\partial y}R\right)>0$,则 $-U(A(t))+U(y,t)>0$

即

$$U(y,t) > U(A(t)) \qquad (12.4.62)$$

又 $\left(\bar{u}k^2 - \frac{\partial Z}{\partial y} + \frac{\partial \bar{u}}{\partial y}R\right)>0$ 因此有:

$$\left(1 - \frac{\partial Z}{\bar{u}k^2\partial y} + \frac{\partial \bar{u}}{\bar{u}k^2\partial y}R\right) > 0 \qquad (12.4.63)$$

或写为

$$(1 - R_v + Ri_d) > 0 \qquad (12.4.64)$$

Ri_v 为切变里查森数,Ri_d 为混合里查森数。定义为

$$R_v = \frac{\partial Z}{\bar{u}k^2\partial y} Ri_d = \frac{\partial \bar{u}}{\bar{u}k^2\partial y}R$$

不考虑密度的水平梯度,混合里查森数为 0,因此由(12.4.64)式有

$$R_v < 1 \qquad (12.4.65)$$

该结果和切变不稳定的结果是相似的。可见，涡层不稳定的必要条件为

$$\begin{cases}(1-Ri_v+Ri_d)>0\\ \dfrac{U(y,t)}{U(A(t))}>1\end{cases} \tag{12.4.66}$$

这里 $U(A(t))\neq 0$

②若 $\left(\overline{u}k^2-\dfrac{\partial Z}{\partial y}+\dfrac{\partial \overline{u}}{\partial y}R\right)<0$ 则有

$$\begin{cases}(1-Ri_v+Ri_d)<0\\ \dfrac{U(y,t)}{U(A(t))}<1\end{cases} \tag{12.4.67}$$

又因为 $\overline{u}k^2\gg\dfrac{\partial Z}{\partial y}$ 是一般成立的，条件 $U(y,t)/U(A(t))<1$ 很容易满足，所以 $(1-Ri_v+Ri_d)<0$ 不成立，因此(12.4.64)式不能作为不稳定的判据。

由(12.4.61)式得不稳定波数必须满足：

$$k^2\geqslant\frac{1}{\overline{u}}\frac{\partial Z}{\partial y}-\frac{\partial \overline{u}}{\partial y}R \tag{12.4.68}$$

可见，波长越短，切变不稳定越容易发生。

12.5　对称不稳定

在具有风速切变并处于流体静力平衡、地转平衡的平均气流中，即使是重力稳定和惯性稳定的，但当浮力及旋转作用相结合时，可以导致新的浮力一惯性不稳定。也就是说，对称不稳定是在具有流体静力、地转平衡且具有垂直风速切变(或水平风速切变)的情形下，浮力和旋转共同起作用而使得空气团做倾斜上升运动时表现出来的一种不稳定，也称浮力一惯性不稳定，本质上是斜升气流的不稳定。具体来说，对称不稳定讨论的是准地转基本流对非地转平行型中尺度扰动的稳定性问题(张可苏，1988)。由于在这种稳定性问题中，扰动关于某一坐标轴对称，所以又称为对称不稳定(Eliassen *et al.*，1957；Stone，1966)。如果将等熵面看成水平面，则对称不稳定就是等熵面上的惯性不稳定。

对称不稳定的尺度为几十到几百千米，一般认为这种不稳定是产生许多雨带与雪带的直接原因。这种雨带和雪带通常出现在暖锋和锢囚锋区，是一种中尺度系统。如果考虑锋面为东西向，南北方向的基本气流为0，只考虑纬向的基本气流 U，以基本气流为对称轴，扰动沿着南北方向，此时等位相面平行于基本气流方向，因此对称不稳定又称平行性不稳定。在这种情况下，中尺度扰动的传播方向与基本气流的方向是相互垂直的。若定义中尺度线状扰动的等位相面的法向方向为扰动轴，基本气流的方向为对称轴，那么此时扰动轴与对称轴是相互

垂直的。如图 12.5.1 所示。

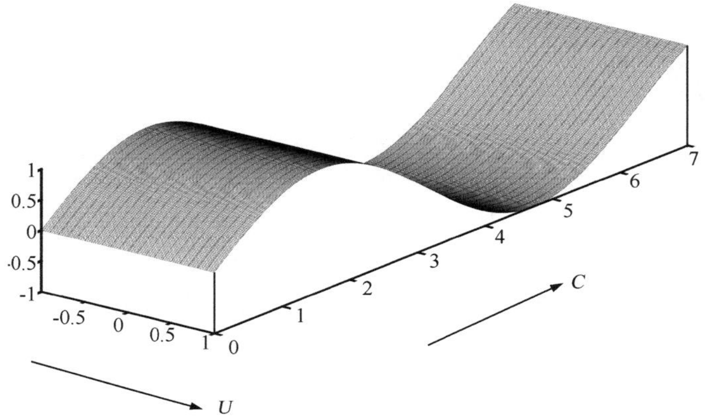

图 12.5.1　对称不稳定下扰动与基本流垂直

对称不稳定判据为：$0.25<Ri<0.95$(Stone,1966)。

如果扰动是在等熵面上，那么扰动的位温就没有变化，在这样的扰动中层结的影响就不会感受到，这时对称不稳定实际上就是惯性不稳定。对称不稳定的必要条件就变为惯性不稳定的必要条件，即 $f\left(f-\dfrac{\partial \bar{u}}{\partial y}\right)\Bigg|_{\theta}<0$，也就是说，在等熵面上绝对涡度必须是负的。而在等熵坐标中位涡的表达式为 $\bar{q}=\dfrac{1}{\rho}(f-\bar{u}_y)|_{\theta}$，可见惯性不稳定就相当于等熵面上的位涡必须是负值。因为在北半球 f 是正值。这就是为什么在许多书中都提到对称不稳定发生的条件是位涡的值要小于零。

12.5.1　用气块法判断对称不稳定

判断对称不稳定可以用气块法也可以用正规模方法，我们先来看看气块法。

对称不稳定是空气质点做倾斜上升运动时所表现的不稳定，如图 12.5.2 所示，位于(0,0)处的气块对应的地转基本流为：$\boldsymbol{V}=v\boldsymbol{j}+w\boldsymbol{k}$

$$\bar{u}_g(\Delta y,\Delta z)=\bar{u}_g(0,0)+\left(\frac{\partial \bar{u}_g}{\partial z}\right)_0\Delta z+\left(\frac{\partial \bar{u}_g}{\partial y}\right)_0\Delta y \tag{12.5.1}$$

$$u(\Delta y,\Delta z)=u(0.0)+\left(\frac{\partial u}{\partial z}\right)_0\Delta z+\left(\frac{\partial u}{\partial y}\right)_0\Delta y \tag{12.5.2}$$

近似取

$$u(\Delta y)=\bar{u}_g(0)+f\Delta y \tag{12.5.3}$$

因为考虑的是 y,z 平面，所以运动方程：

$$\frac{\mathrm{d}v}{\mathrm{d}t}=f(\overline{u}_g-u) \tag{12.5.4}$$

$$\frac{\mathrm{d}w}{\mathrm{d}t}=-\frac{1}{\rho}\frac{\partial p}{\partial z}-g \tag{12.5.5}$$

将方程(12.5.1)、(12.5.3)代入方程(12.5.4)，可得

$$\begin{aligned}\frac{\mathrm{d}v}{\mathrm{d}t}&=f(\overline{u}_g-u)=f\left[\overline{u}_g(0)+\left(\frac{\partial\overline{u}_g}{\partial z}\right)_0\Delta z+\left(\frac{\partial\overline{u}_g}{\partial y}\right)_0\Delta y-\overline{u}_g(0)-f\Delta y\right]\\&=f\left[\frac{\partial\overline{u}_g}{\partial z}\Delta z-\left(f-\frac{\partial\overline{u}_g}{\partial y}\right)\Delta y\right]=f^2\left(\frac{1}{Ri}-\frac{\zeta_a}{f}\right)\Delta y\end{aligned} \tag{12.5.6}$$

其中，$\zeta_a=f-\frac{\partial\overline{u}_g}{\partial y}$为绝对涡度，里查森数$Ri=N^2/\left(\frac{\partial\,\overline{u}_g}{\partial z}\right)^2$，层结稳定度$N^2=\frac{g}{\theta}\frac{\partial\theta}{\partial z}$，$\left(\frac{\Delta z}{\Delta y}\right)_\theta=\frac{\partial\theta/\partial y}{\partial\theta/\partial z}=f\frac{\partial u_g}{\partial z}/N^2$。

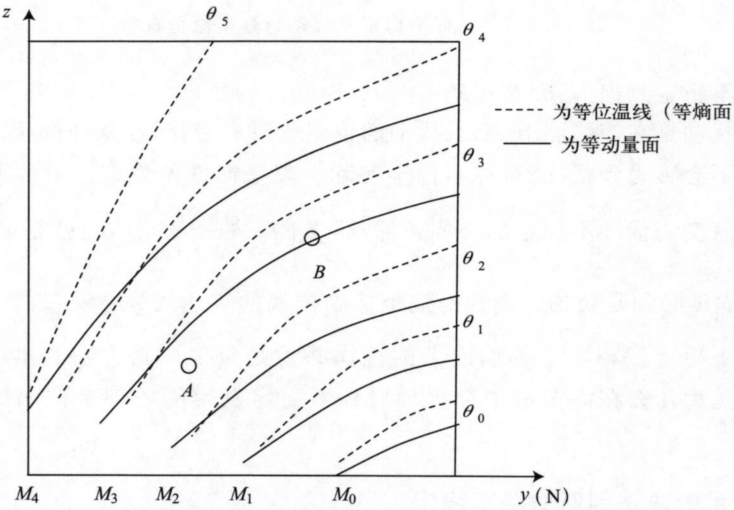

图 12.5.2　对称不稳定下等熵面与等动量面的 $y-z$ 廓线图，动量 $M=\overline{U}-fy$

由(12.5.6)式可以看出，当$\Delta y>0$，即向北运动时，若$\frac{\zeta_a Ri}{f}<1$为不稳定，气块将加速北移，若$\frac{\zeta_a Ri}{f}>1$为稳定，气块将减速；向南运动则相反。

对北半球，$f>0$，由$\frac{\zeta_a Ri}{f}<1\Rightarrow Ri<\frac{f}{\zeta_a}$，即$N^2/\left(\frac{\partial\overline{u}_g}{\partial z}\right)^2<\frac{f}{\zeta_a}$

可见，①减少层结稳定度或者增加垂直风切变能够使R_i减小，从而有利于对称不稳定的发生。②基本流的反气旋切变有利于提高临界里查森数。③当大气处于层结稳定和惯性稳定时，只要风的垂直切变足够大，则倾斜对流环流就可以发展。

12.5.2　用正规模方法来判断对称不稳定

为简化问题，我们将对称扰动限定在(y,z)平面，假定以 x 轴为对称轴，$\partial/\partial x=0$，则在布西内斯克(Boussinesq)近似下有如下线性化方程组：

$$\frac{\partial u'}{\partial t}=fv'-\left(v'\frac{\partial}{\partial y}+w'\frac{\partial}{\partial z}\right)\overline{U} \tag{12.5.7}$$

$$\frac{\partial v'}{\partial t}=-fu'-\frac{1}{\bar{\rho}}\frac{\partial p'}{\partial y} \tag{12.5.8}$$

$$\frac{\partial w'}{\partial t}=-\frac{1}{\bar{\rho}}\frac{\partial p'}{\partial z}+\frac{\theta'}{\bar{\theta}}g \tag{12.5.9}$$

$$\frac{\partial v'}{\partial y}+\frac{\partial w'}{\partial z}=0 \tag{12.5.10}$$

$$\frac{\partial \theta'}{\partial t}=-\left(v'\frac{\partial}{\partial y}+w'\frac{\partial}{\partial z}\right)\bar{\theta} \tag{12.5.11}$$

又因为在(y,z)平面内扰动速度是无辐散的$\left(\frac{\partial v'}{\partial y}+\frac{\partial w'}{\partial z}=0\right)$，因此考虑引进扰动流函数 ψ，$v'=-\frac{\partial\psi}{\partial z}$，$w'=\frac{\partial\psi}{\partial y}$。从方程(12.5.8)和(12.5.9)消去扰动气压 p'，得到：

$$\frac{\partial}{\partial t}\left(\frac{\partial^2\psi}{\partial y^2}+\frac{\partial^2\psi}{\partial z^2}\right)=\frac{\partial}{\partial y}\left(\frac{\theta'}{\bar{\theta}}g\right)+\frac{\partial}{\partial z}(fu') \tag{12.5.12}$$

这里假设基本态位温 $\bar{\theta}$、密度 $\bar{\rho}$ 为常数，$\theta=\bar{\theta}+\theta'$

又由热成风平衡关系：

$$f\frac{\partial\overline{U}}{\partial z}=-\frac{g}{\bar{\theta}}\frac{\partial\theta'}{\partial y} \tag{12.5.13}$$

设定层结稳定度参数 $N^2=\frac{g}{\bar{\theta}}\frac{\partial\theta'}{\partial z}$，斜压稳定度参数 $S^2=f\frac{\partial\overline{U}}{\partial z}=-\frac{g}{\bar{\theta}}\frac{\partial\theta'}{\partial y}$，惯性稳定度参数 $F^2=f\left(f-\frac{\partial\overline{U}}{\partial y}\right)$。这里我们必须注意：$\frac{F^2}{S^2}=\frac{f\left(f-\frac{\partial\overline{U}}{\partial y}\right)}{f\frac{\partial\overline{U}}{\partial z}}=\frac{\left(f-\frac{\partial\overline{U}}{\partial y}\right)}{\frac{\partial\overline{U}}{\partial z}}$为绝对涡度矢量的斜率；另外，由动量方程$\frac{\mathrm{d}u}{\mathrm{d}t}-fv=0$，得$\frac{\mathrm{d}}{\mathrm{d}t}(u-fv)=0$，因此可取绝对动量：$M=\overline{U}-fy$，可见，其斜率也是$\frac{F^2}{S^2}$，绝对涡度矢量的斜率也为等动量面的斜率。又$\frac{S^2}{N^2}=-\frac{\partial\theta'}{\partial y}\Big/\frac{\partial\theta'}{\partial z}$，是环境基本流中等位温面的斜率。

由(12.5.7)、(12.5.11)式以及(12.5.12)式可得(Ooyama，1966)

$$\frac{\partial^2}{\partial t^2}\left(\frac{\partial^2\psi}{\partial y^2}+\frac{\partial^2\psi}{\partial z^2}\right)+N^2\frac{\partial^2\psi}{\partial y^2}+2S^2\frac{\partial^2\psi}{\partial y\partial z}+F^2\frac{\partial^2\psi}{\partial z^2}=0 \quad (12.5.14)$$

对于对称不稳定，因为扰动的稳定性与位移的方向有关，在无界区域中，可设波解为：

$$\psi=e^{i[m(y\sin\alpha+z\cos\alpha)-\sigma t]} \quad (12.5.15)$$

方程(12.5.15)中 m 为波数，α 为扰动位移与水平方向的夹角，将方程(12.5.15)代入(12.5.14)可得：

$$\sigma^2=N^2\sin^2\alpha+2S^2\sin\alpha\cos\alpha+F^2\cos^2\alpha \quad (12.5.16)$$

当 $\sigma^2<0$，扰动是不稳定。为找出不稳定的必要条件，只需取 σ^2 的最小值使之满足小于零即可。为求 σ^2 的最小值，由极值原理 $\frac{\partial\sigma^2}{\partial\alpha}=0$，可得

$$\mathrm{tg}2\alpha=-2S^2/(N^2-F^2) \quad (12.5.17)$$

方程(12.5.16)与(12.5.17)结合，消去 α，便得 σ^2 的极小值为：

$$2\sigma^2_{\min}=N^2+F^2-[(N^2+F^2)^2-4q]^{\frac{1}{2}} \quad (12.5.18)$$

式中 $q=F^2N^2-S^4$。

要有不稳定发生，需要 $\sigma^2_{\min}<0$，从(12.5.18)式子中可以看出，由于通常情况下，$N^2>0$，$F^2>0$，则只有 $q<0$ 时才有可能发生不稳定。

由 $$q=F^2N^2-S^4<0\Rightarrow\frac{q}{S^4}=\frac{F^2N^2}{S^4}-1<0$$

即 $$\frac{F^2N^2}{S^4}=\frac{F^2/S^2}{S^2/N^2}<1$$

又因为 $$\frac{F^2N^2}{S^4}=\frac{f^2N^2}{f^2\left(\frac{\partial\overline{U}}{\partial z}\right)^2}=\frac{N^2}{\left(\frac{\partial\overline{U}}{\partial z}\right)^2}=Ri$$

可见，即当 $Ri<1$ 时发生不稳定。而 $\frac{F^2}{S^2}$、$\frac{S^2}{N^2}$ 分别为等动量面及等位温面的斜率。因此，当等动量面的斜率小于等位温面的斜率时，才有可能发生对称不稳定。下面我们用图形来说明。

因为一般来说，位温和动量都是随高度增加而增大，随纬度增加而减少，在此基础上，如图 12.5.2 所示，假设等熵面的斜率大于等动量面的斜率。

如图，处于 A 处的一个小气块，当它作垂直位移时，因为 $\frac{\partial\theta}{\partial z}>0$，则它是重力稳定的，若它做水平位移，则因 $\frac{\partial M}{\partial y}<0$，则它是惯性稳定的。但是当气块作倾斜位移时，若它从 A 处移到 B 处，则气块的动量比周围环境的动量小，而气块的位温比周围环境的位温大，因此气块产生了向北及垂直向上的加速度，从而导致了不稳定。

当$\left.\frac{\partial z}{\partial y}\right|_{\theta} > \left.\frac{\partial z}{\partial y}\right|_{M}$，即等熵面的坡度大于等动量面的坡度时，为对称不稳定；

而当$\left.\frac{\partial z}{\partial y}\right|_{\theta} < \left.\frac{\partial z}{\partial y}\right|_{M}$，即等熵面的坡度小于等动量面的坡度时，为对称稳定。

可见，要发生对称不稳定，要求等熵面要足够倾斜，或者等动量面要近于水平，也即整层垂直向温差要比较小，而水平运动相对垂直运动要来得激烈，在实际天气系统中显然是不容易满足的。

12.5.3　对称不稳定的尺度范围

当气块沿着图 12.5.2 中的等 θ 线倾斜上升时，由于等 θ 面上$\left.\frac{\partial M}{\partial y}\right|_{\theta} > 0$，此时对称不稳定可视为等熵面上的惯性不稳定。即 $f - \left.\frac{\partial \overline{U}}{\partial y}\right|_{\theta} < 0$ 或者 $\delta y < \frac{\delta \overline{U}}{f}$。这样可得对称不稳定的水平尺度范围：

$$\delta y < \frac{\delta \overline{U}}{\delta z}\frac{\delta z}{f} \Rightarrow L < \overline{U}_z \frac{D}{f} \tag{12.5.19}$$

式中 L，D 分别为水平及垂直尺度。

对称不稳定的时间尺度为：

$$\tau = \frac{L}{\overline{U}} \sim \overline{U}_z \frac{D}{f\overline{U}} \sim \frac{1}{f} \tag{12.5.20}$$

由上面分析可见，对称不稳定是和惯性不稳定具有相同的水平和时间尺度。这时有 $Ro = \frac{\widetilde{U}}{fL} \sim 1$。可见，对称不稳定是一种中尺度不稳定。

12.5.4　条件对称不稳定

当考虑的是湿空气时，Bennetts 和 Hoskins(1979)把潜热释放引入到对称不稳定理论中，从而引出了“条件性对称不稳定”(CSI)的概念。即对称稳定大气由于潜热释放的作用而变为对称不稳定时称“条件性对称不稳定”。

这时用湿球位温 θ_w 代替位温，则层结稳定度参数 $N_{w^2} = \frac{g}{\overline{\theta}}\frac{\partial \theta_w}{\partial z}$，斜压稳定度参数 $S_{w^2} = f\frac{\partial \overline{U}}{\partial z} = -\frac{g}{\overline{\theta}}\frac{\partial \theta_w}{\partial y}$，类似于前面的推导方法，最后可得最小频率方程：

$$2\sigma_{\min}^2 = N_{w^2} + F^2 - \left[(N_{w^2} + F^2)^2 - 4q_w\right]^{\frac{1}{2}} \tag{12.5.21}$$

其中

$$q_w = F^2 N_{w^2} - S_{w^2} S^2 \tag{12.5.22}$$

则条件对称不稳定的判据为 $q_w < 0$ 或者 $F^2 N_{w^2} - S_{w^2} S^2 < 0$ 或

$$Ri = \frac{F^2 N_{w^2}}{S_{w^2} S^2} = \frac{F^2 / S^2}{S_{w^2} / N_{w^2}} < 1 \tag{12.5.23}$$

同样$\frac{F^2}{S^2}$、$\frac{S_{w^2}}{N_{w^2}}$分别为等动量面及等湿球位温面的斜率。因此，当等动量面的斜率小于等湿球位温面的斜率时，才有可能发生对称不稳定。且类似地，条件性对称不稳定相当于等湿球位温面上的惯性不稳定。

因此有：

$$\left.\frac{\partial M}{\partial y}\right|_{\theta_w} < 0 \quad 或 \quad \left. f(f - \frac{\partial \overline{U}}{\partial y})\right|_{\theta_w} < 0 \tag{12.5.24}$$

(12.5.23)、(12.5.24)为条件对称不稳定的判据。

12.5.5 对称不稳定的特征及同浮力不稳定和惯性不稳定的相似性

由前面的讨论，我们可以看出，在只有浮力的情况下，对应对称不稳定中扰动的位移同水平方向的夹角$\alpha = \frac{\pi}{2}$的情况，这时由(12.5.16)式，扰动频率$\sigma^2 = N^2$，会出现浮力振荡或不稳定。在只有惯性力的情况下，对应对称不稳定中扰动的位移与水平方向的夹角$\alpha = 0$的情况，这时(12.5.16)中扰动频率$\sigma^2 = F^2$，会出现惯性振荡或惯性不稳定。可见，层结不稳定和惯性不稳定只是对称不稳定的特殊情况。

参考文献

高守亭，等. 1986. 应用里查森数判别中尺度波动的不稳定. 大气科学，**10**(2)：171-182.

高守亭. 2007. 平均流变化对波反馈的 *A-B* 混合方程理论及应用. 大气科学，**31**(6)：1151-1159.

陆维松. 1992. 动力稳定性原理. 北京：气象出版社.

陆汉城. 2000. 中尺度天气原理和预报. 北京：气象出版社.

吕美仲，彭永清. 1989. 动力气象学教程. 北京：气象出版社.

寿绍文. 1993. 中尺度天气动力学. 北京：气象出版社.

寿绍文，励申申，姚秀萍. 2003. 中尺度气象学. 北京：气象出版社：8-17.

许秦. 1982. 非静力平衡大气中的斜压惯性不稳定. 大气科学，**6**(4)：355-367.

曾庆存. 1979. 数值天气预报的数学物理基础. 北京：科学出版社：535.

张可苏. 1988. 斜压气流的中尺度稳定性，Ⅰ对称不稳定. 气象学报，**46**(3)：258-266.

张玉玲. 1999. 中尺度大气动力学引论. 北京：气象出版社.

Beer T. 1975. *Atmospheric Waves*. Adam Hilger Ltd，pp300.

Bennetts D A and HoskinsB J. 1979. Conditional symmetric instability：A possible exlanation for frontal rainbands. *Quart. J. Roy. Meteor. Soc.*，**105**：945-962.

Buizza and Palmer. 1995. The singular-Vector Structure of the Atmospheric Global Circulation. *J. A. S.* ,**52**(9):1434-1456.

Charney J G and Devore J G. 1979. Multiple flow equilibria in the atmosphere and blocking. *J. Atmos. Sci.* , **36**:1205-1216.

Dodd K R, Eilbeck J C, Gibbon J D and Morris H C. 1982. Solitons and Nonlinear Wave equations, London, Academic Press,567.

Eliassen A and Kleinschmidt E. 1957. Handbuch der Physik, 48, Berlin, Springer-Verlag, 1-154.

Gao Shouting. 1991. *A-B* hybrid equation method of nonlinear bifurcation in wave-flow interaction. *Advances in Atmospheric sciences* , **8**(2):165-174.

Gao Shouting. 2000. The instability of the vortex sheet along the shear line. *Advances in Atmospheric Sciences* , **17**(4):525-537.

Hart R. 1979. On the mean circulation in the Mid Atlantic Bight. *J. Physical Oceanography* ,**9**:612-619.

Helmholtz H. 1868. On discontinous movements of fluids. *Phil. Mag.* ,**36**(4):337-346.

Holton J R. 1979. *An Introduction to Dynamic Meteorology*. pp391. Academic Press, Inc.

James R Holton. 1979. An introduction to dynamic meteorolog. Academic Press,Inc. ,391.

Joseph Pedlosky. 1979. Geophysical Fluid Dynamics. Springer-Verlag New York Inc. ,626.

Katsuyuki Ooyama. 1966. On the stability of the Baroclinic Circular Vortex:a Sufficient Criterion for Instability. *J. A. S.* ,**23**:43-53.

Kelvin W. 1871. The influence of wind on waves in water supposed frictionless. *Phil. Mag.* ,**42**(4):368-374.

Krishnamurti. 1968. A diagnostic balance model for studies of weather systems of low and high latitudes, Rossby number less than 1. *Mon. Wea. Review*,**96**(4):197-201.

Ooyama K. 1966. On the stability of the baroclinic circular vortex: a sufficient criterion for instability. *J. Atmos. Sci.* ,**23**:43-53.

Pedlosky J. 1979. Geophysical Fluid Dynamics. Springer-Verlag New York Inc.

Peter H Stone. 1966. On non-geostrophic baroclinic stability. *J. A. S.* ,**23**:390-400.

Rayleigh, Lord. 1880. On the stability, or instability, of certain fluid motions. *Proc. Lon. Math. Soc.* , **11**:57-70.

Richard S Scorer. 1997. Dynamics of meteorology and climate. Praxis Publishing Ltd. ,686.

Scheltz D M, Schumacher P N. 1999. Review: The use and misuse of conditional symmetric instability. *Mon. Wea. Rev.* ,**27**:2709-2729.

Scorer R S. 1997. *Dynamics of Meteorology and Climate* ,pp686, Praxix Publishing Ltd.

Stone P H. 1966. On non-geostrophic baroclinic stability. *J. Atmos. Sci.* ,**23**:390-400.

Tom Beer. 1975. Atmospheric Waves. Adam Hilger Ltd. ,300.

第13章 基于标量场理论的动力预报方法

涡度、散度与变形是风场三个基本微分性质,分别可以描述大气的旋转、辐合辐散以及形变效应。对风场各个基本微分性质的研究很多,但这些研究并非仅仅研究涡度、散度及变形本身,而是考虑了将它们和其他因素结合而成的新的物理场量,如位涡、湿位涡以及广义湿位涡等标量场。本书前面几章介绍了这些标量场的动力理论。本章将重点介绍建立在这些标量场理论基础上的动力预报方法。

13.1 城市夏季高温高湿天气过程的动力预报方法

13.1.1 高温高湿天气的定义

近几年来在大城市夏季的高温高湿天气出现几率有增加的趋势。如:2002年7月31日—8月4日,北京地区(城市和郊区)出现了历史上罕见的高温闷热天气(我国俗称为“桑拿天气”,国外称之Heat wave)。这种天气的特点主要是相对湿度一般在70%以上(正常值则在50%左右),高湿加上无风,使人体不能正常向大气辐射热量,人体内水分也不能从皮肤中以汽或汗的形式散出,反而由于高温引起大气向人体辐射热量,于是使人感到非常难受。2004年的夏季,高温高湿的“桑拿天气”又分别发生在北京(7月18—24日)、上海(7月22日)、南京(7月15—17日)、广州(8月20—22日)、西安(8月10—14日)等大城市,引起了人们对这种高温高湿的关注。

由1953—2003年的北京和天津年平均气温和相对湿度的逐年变化趋势(图13.1.1)可见,北京和天津的温度在20世纪60年代有一个高温期,20世纪70年代经历了一个低温期,20世纪80年代开始呈逐年上升的趋势,表明气温的升高正在加剧。从北京的年平均相对湿度变化趋势可见,在1981—1995年期间,北京的湿度明显处于低值期,而从1996年则开始有缓慢上升的趋势,虽然还不及1964—1981年间的湿度大,但已经明显高于20世纪80年代。而天津在1990年以后的水汽上升趋势更是高于天津80年代的值,同时也明显高于北京同期值(年平均相对湿度都在60%以上),表明高湿出现在北京、天津等大城市的可能性已经较20世纪80年代有所增加。

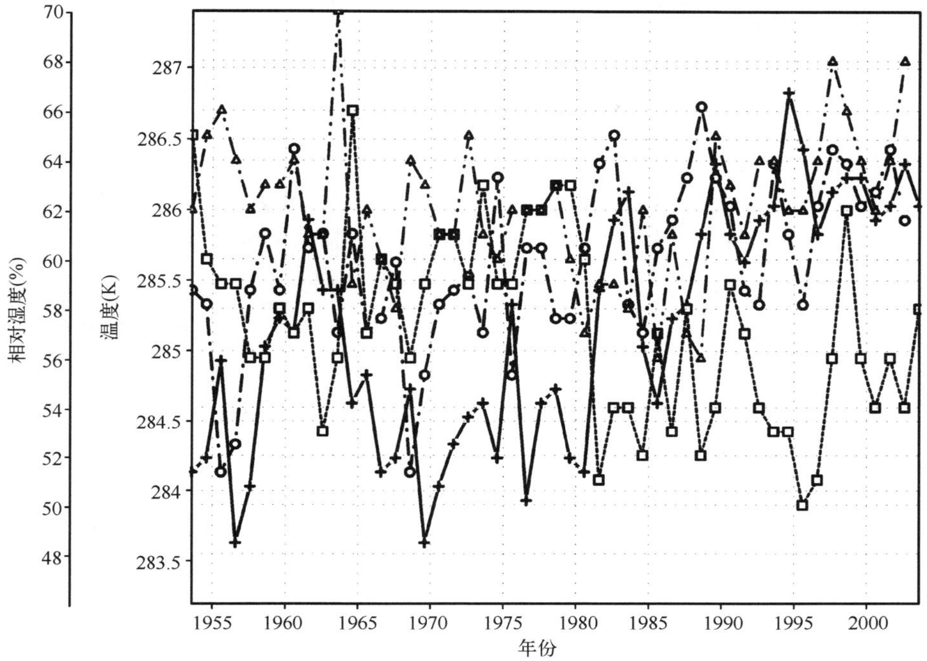

图 13.1.1　北京和天津年平均气温(K)及相对湿度(%)1953—2003 年逐年变化
叉线:北京温度;方框线:北京湿度;空心圆线:天津温度;三角形线:天津湿度

目前,对这种异常的高温高湿形成的原因还不十分清楚,同时,对这种天气发生的标准也没有明确的界限。国外关于热浪(heat wave)的研究成果已经很多。例如,Karl 和 Knight(1997)曾对发生在美国的多个严重的热浪天气个例以及它们的影响做了诊断分析。而针对热浪发生的标准,除了考虑人体对温度、湿度的综合感觉以外,美国国家气象局根据 Steadman(1979a,1979b,1984)提出的指数修订了天气热力指数的发布标准,用到了显示温度(apparent temperature,T_a)的概念。在 Driscoll(1985)给出了 11 种独立的热力指数后,Kalkstein 和 Valimon(1986)以及 Hoppe(1999)又给出了新的指数。由于热浪缺乏一个确切的定义,也缺乏气象测量仪器来表示人体与人体所处的环境之间的复杂的相互作用,同时,更没有可以确切表示 Heat wave 的气象变量。针对这些问题,Robinson(2001)根据气象预报中的热应力预报,给出了热浪的热量指数 H_i,并指出当白天的热量指数 H_i 连续两天高于临界值或者夜间的热量指数 H_i 连续两天低于临界值时,气象预报就可以发出热浪的预报和警报。由于这个指数是对人体所处环境的温度和湿度的近似表示,而某个热量指数的临界值也只是对人们所能承受压力的一般估计,不能大范围推广。如:同一个热量指数的临界值，在湿热地区，受人们身体、环境以及适应能力等其他因素的影响，这个指数会高一些，而在凉爽的地区，这个临界值也许永远达不到，但仍然会有可以被称为热浪的天气发生。因此，在不同的地区应该定义不同的临界值，Robinson(2001)正是基于这个思想对1951—1990年期间美国的178个站点资料，分析了它们逐时的热量指数的临界值。

从国内情况来看，关于高温高湿天气的明确定义和表示方法的研究还较少。林朝晖等(2003)在2002年的夏季气候及汛期实时预测的工作中对2002年北京地区的高温高湿天气过程给了一个简单的概述。Gao等(2005)对2002年北京高温高湿天气(7月30日—8月4日)进行了分析，并利用非均匀饱和的广义湿位涡异常来判断和预测高温高湿天气的发生。以下仍以2002年北京高温高湿天气为例来说明高温高湿天气的动力预报方法。

13.1.2 北京地区高温高湿天气的温湿环流特征

2002年7月30日—8月4日北京高温闷热的“桑拿天气”是历史上所罕见的过程。这次过程与北京一般的高温酷暑天气不同，以往的高温酷暑天气主要是由大陆高压脊控制(谢庄等，1999；孙建华等，1999)，强下沉气流增温比较明显，大气湿度较低。而7月30日—8月4日北京的这次高温天气为副高影响，西太平洋的副热带高压西伸到120°E，华北地区位于副高边缘，气温较高，大气相对湿度也较高。

在这次高温高湿天气中，华北平原被副热带高压控制，从图13.1.2a和b中均可看出，500 hPa的副高外围线(588 dagpm)西伸控制了整个华北，尤其是8月1日(图13.1.2b)副高外围的588位势高度线竟西伸到95°E，不仅控制了华北，而且也控制了西北地区。边缘的偏南气流正好把海洋上的暖湿空气输送到华北地区，这一特征从850 hPa的水汽输送图上可以看得很清楚(图13.1.3a)。110°E以东的华北地区有着明显的水汽通量输送，且这种水汽输送又造成北京及其周边地区为中心的水汽辐合(图13.1.3a)。从中清楚可见，水汽辐合带在40°N，且在110°—120°E之间，这种水汽辐合中心位于北京及其周边地区的事实，也可以从风场的分布特征中看出(图13.1.3b)，在850 hPa上位于40°N、117°E左右的北京地区恰为风速辐合中心，且是风速最小的地带。同时，在588 dagpm控制区内的对流层中层均为下沉气流(图略)。

从北京地区垂直速度剖面的平均分布(图13.1.4)可见，在此次高温高湿过程中，北京地区中低层基本是被下沉气流所控制。具体来说，在经向垂直剖面(图13.1.4a)上，虽然在北京偏南的部分地区在850 hPa以下存在弱的上升运动，但此上升运动也被中层大范围更强的下沉运动所抑制了。在纬向垂直

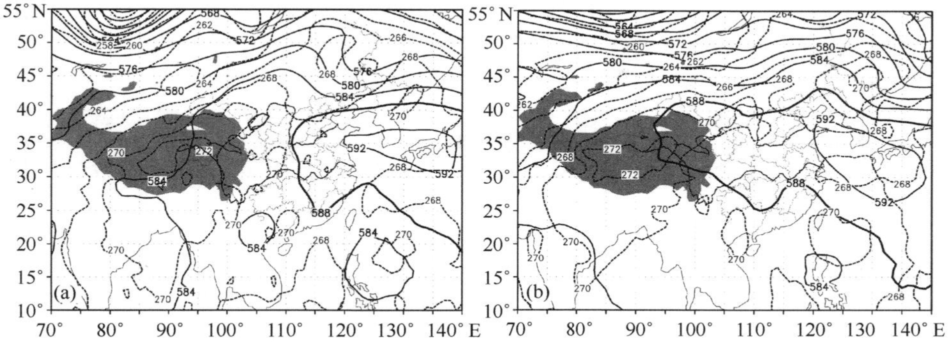

图 13.1.2　500 hPa 位势高度(单位:dagpm)和温度(单位:K)分布
(a)2002 年 7 月 31 日 00 UTC;(b)2002 年 8 月 1 日 00 UTC)。阴影区为青藏高原地形

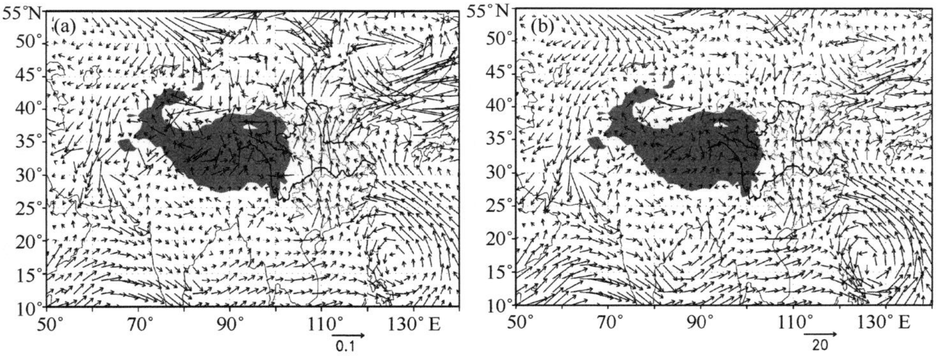

图 13.1.3　2002 年 7 月 31 日 850 hPa(a)水汽输送(vq 矢量,单位:gm · g^{-1} · s^{-1});
(b)风矢量合成(单位:m · s^{-1})　阴影区为青藏高原地形

剖面上(图 13.1.4b),117.3°E 以西的地区也都维持着下沉运动。对北京站高温期间观测探空的分析也发现，高温期间低层湿度较大，1000～850 hPa 之间的相对湿度都在 90% 以上,而中层较干，在低层的高湿层之上有一逆温层(图 13.1.5)。逆温层的存在使低层大气较稳定，对流抑制能量达到 32 J · kg^{-1}，但逆温层之上对流有效位能达到 2834 J · kg^{-1}。由于副高区内的下沉运动的维持阻碍了低层水汽向高空的扩散,造成近地面大气层中湿度较高,同时由于下沉增温,造成了这种高湿闷热的天气。

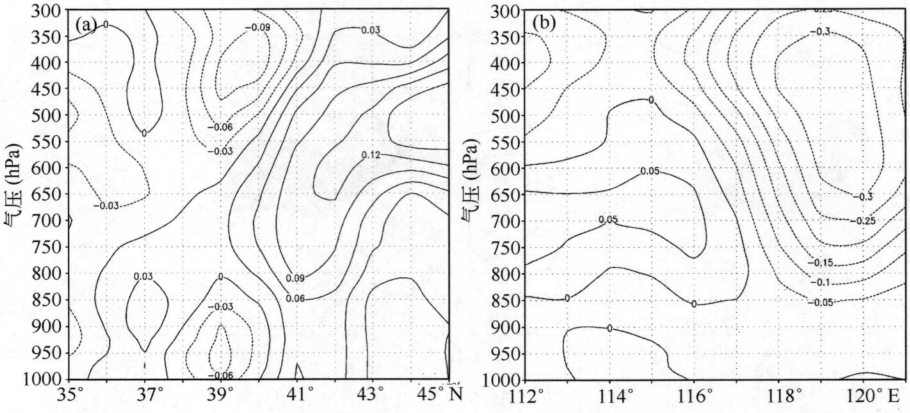

图 13.1.4 7 月 31 日—8 月 4 日平均的垂直速度分布(单位:Pa·s^{-1})

(a)沿 116.3°E 的经向垂直剖面;(b)沿 39.9°N 的纬向垂直剖面

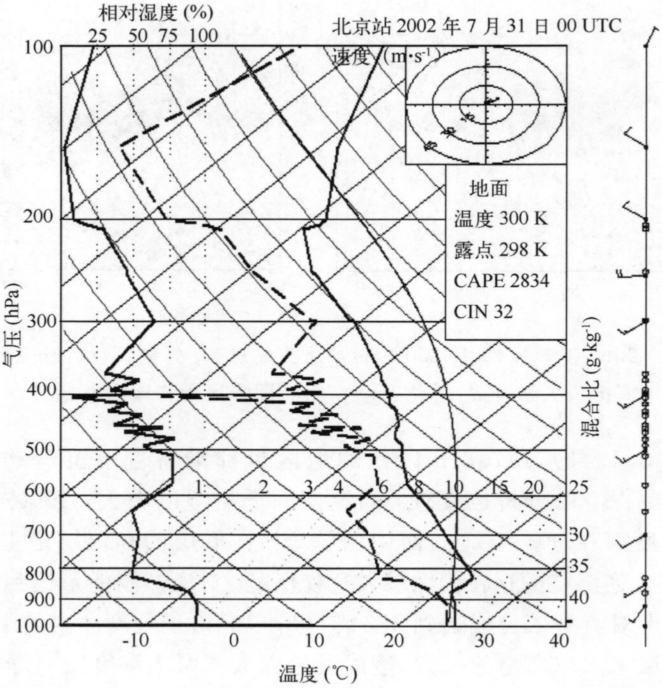

图 13.1.5 北京站观测的 2002 年 7 月 31 日 0000 UTC T-ln$p$ 图

左侧实线:相对湿度(%);虚线:露点温度(K);

右侧粗实线:状态曲线;右侧细实线:层结曲线

13.1.3　北京地区高温高湿天气的动力识别

由第 8 章广义湿位涡的表达式：

$$
\begin{aligned}
Q_m &= \alpha\boldsymbol{\xi}_a \cdot \nabla\theta^* = \alpha\boldsymbol{\xi}_a \cdot \nabla\left[\theta\exp\left(\frac{Lq_s}{c_pT}\left(\frac{q}{q_s}\right)^k\right)\right] \\
&= \alpha\boldsymbol{\xi}_a \cdot \nabla\theta \cdot \exp\left(\frac{Lq_s}{c_pT}\left(\frac{q}{q_s}\right)^k\right) + \alpha\boldsymbol{\xi}_a\theta\exp\left(\frac{Lq_s}{c_pT}\left(\frac{q}{q_s}\right)^k\right)\cdot\frac{L}{c_pT}\left(\frac{q}{q_s}\right)^{k-1}\nabla q
\end{aligned}
\tag{13.1.1}
$$

可见，广义湿位涡与大气温度和相对湿度有关。它的负异常主要集中在大气低层相对湿度比较大，绝对涡度与位温梯度以及湿度梯度夹角大于 90°的地方。因此，高温高湿天气有利于广义湿位涡的产生。

以下考察大气温湿分布对广义湿位涡生成的作用，从而确定可否用广义湿位涡的异常来识别高温高湿天气。

利用 NCEP/NCAR 的 1°×1°的格点分析资料计算广义湿位涡的分布。图 13.1.6a 是 2002 年 7 月 31 日 0000 UTC 925 hPa 上广义湿位涡和相对湿度的分布图。从图 13.1.6a 中可以看出，如果取广义湿位涡小于等于－0.25 为异常，则 7 月 31 日广义湿位涡的负异常区主要位于北京，黑龙江和吉林交界处以及朝鲜半岛等三个区域。北京地区处在广义湿位涡负异常大值区的中心。到了 8 月 4 日 0000 UTC，在内蒙中部的部分地区也出现了广义湿位涡负异常，尤其在江苏、湖北及河南交界处也有广义湿位涡的负异常，但以北京为中心（包括了天津和河北的部分地区）的广义湿位涡负异常大值区维持并增强（图 13.1.6b）。在此次过程中，广义湿位涡负异常区主要集中在大气低层，且均生成在相对湿度超过 70％的区域（80％以上区域更为明显）。

从经过北京地区的经向（取 116.3°E，图 13.1.7a）和纬向（取 39.9°N，图 13.1.7b）的广义湿位涡的垂直剖面分布图上也可以发现，无论是经向还是纬向剖面，广义湿位涡的负异常大值区域相对集中在北京及其周边地区对流层的中低层，表明由于中低层水汽的输送与辐合造成北京地区有充沛的水汽，大气中的相对湿度增加（r 增大，容易与周围相对干的空气形成湿度梯度），因此，出现了广义湿位涡的异常。同时，从图 13.1.7 中也可发现，此广义湿位涡的负异常区集中在 850 hPa 以下，与图 13.1.5 中相对湿度达到 90％的高度也在 850 hPa 以下是一致的，说明广义湿位涡确实能反映出这种高湿特征。从广义湿位涡的定义可见，广义湿位涡与大气温度和相对湿度有关，在分析的时段内，水汽输送和辐合集中在北京地区，增大了该地区的相对湿度，加上副热带高压中的下沉增温，低层空气高温高湿，因此出现了广义湿位涡的异常。同时，从图 13.1.6 中也可发现，除了北京及其周边地区出现广义湿位涡的异常以外，还有其他部分区域也出现了广义湿位涡的异常(图中的阴影区)，而这几个异常区的相对湿度都在80%甚至90%以上，空气中的水汽含量是相当多的，这几个区域也有高温高湿天气的发生。

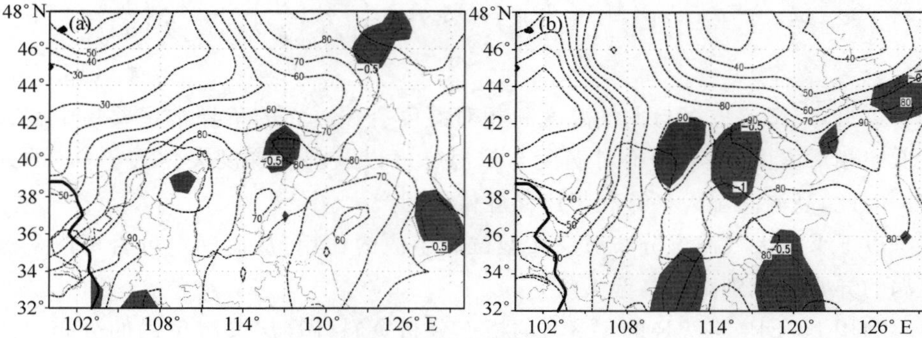

图 13.1.6　广义湿位涡(*GMPV*，实线，间隔为 0.2 PVU)和

相对湿度(*RH*，虚线，间隔为 10%)的分布

(a)2002 年 7 月 31 日 0000 UTC 925 hPa；(b)2002 年 8 月 4 日 925 hPa

图中阴影为 *GMPV*≤−0.25 的区域

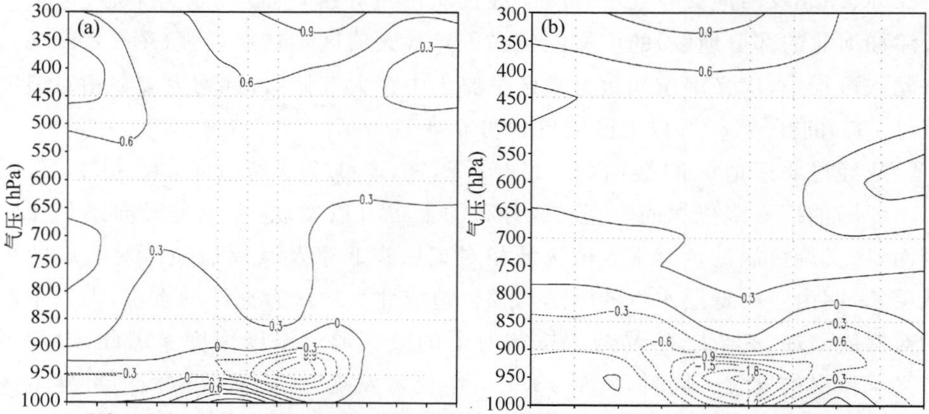

图 13.1.7　2002 年 8 月 2 日 0000 UTC 广义湿位涡(单位：PVU)垂直剖面分布

(a)沿 116.3°E 的经向垂直剖面；(b)沿 39.9°N 的纬向垂直剖面

13.1.4 高温高湿天气的预测

然而，仅仅指出在高温高湿天气发生时会有广义湿位涡的异常是不够的。如果这种异常能在高温高湿发生之前就能有所反映，从而预报出高温高湿的发生才是最有意义的。既然广义湿位涡的负异常可以识别高温高湿天气，那么自然想到利用广义湿位涡负异常的变化趋势来预报高温高湿天气，具体就是利用第 8 章推导得到的 GMPV 倾向方程来计算广义湿位涡的影响。

由广义湿位涡倾向方程得到

$$\frac{\partial Q_m}{\partial t}=-\boldsymbol{V}\cdot\nabla Q_m+Q_m(A+B)/Q_* \tag{13.1.2}$$

其中 $A=\left\{\frac{R}{p}(p_0/p)^{-R/c_p}\right\}\cdot(\nabla p\times\nabla\theta)\cdot\nabla\theta^*$ 为斜压项和广义位温梯度的协方差；$B=\boldsymbol{\xi}_a\cdot\nabla S_m^*$ 为非绝热加热项，$Q_*=\boldsymbol{\xi}_a\cdot\nabla\theta^*$。

在高温高湿天气中，风场是很弱的，平流项 $-\boldsymbol{V}\cdot\nabla Q_m$ 的作用相当于零。因此(13.1.2)式可以化为：

$$\frac{\partial Q_m}{\partial t}=Q_m(A+B)/Q_* \tag{13.1.3}$$

可见，广义湿位涡的异常除了摩擦、非绝热的作用(B 项)之外，还受 A 项的影响。由 A 项的表达式 $A=\Psi(rh)A'=\Psi(\frac{q}{q_s})\cdot\frac{LR}{c_p p}\cdot\frac{\theta_e}{\theta}\cdot(\nabla p\times\nabla\theta)\cdot\nabla q$ 可见，温度、湿度及它们梯度的协方差都可以使广义湿位涡产生异常。当广义湿位涡的倾向出现负异常时，则可以预见高温高湿天气的发生。

从图 13.1.8a 可见，在北京地区发生高温高湿的 7 月 30 日 0000 UTC 之前，广义湿位涡的 6 h 倾向在京津地区出现明显的负变化，表明广义湿位涡异常会加剧，因而可以预见高温高湿在北京和天津地区有可能发生。到了 4 日 1800 UTC 以后，京津地区的广义湿位涡倾向负异常消失，预示着该区域的高温高湿可能结束，而事实上，此次北京地区的高温高湿天气过程的发生与消失与用广义湿位涡倾向变化的判断基本是一致的。

从广义湿位涡的定义及其倾向方程可见，广义湿位涡的异常包含了大气动力、热力及水汽的综合作用，相对于常用的温度、湿度等物理量来说，它能在一定程度上反映风场、温度场和水汽场的相互作用，从而体现出大气变化的综合结果。而其他的物理量不能反映大气热力及水汽的综合作用。通过使用方程(13.1.3)来计算广义湿位涡的倾向，依据广义湿位涡倾向的强弱，就可以预测未来短期高温高湿天气的发生及强弱趋势，可见，广义湿位涡不仅对发生的高温高湿天气可以进行动力识别，而且对即将发生的或者将要消失的高温高湿天气也是可以预报的。但由于目前所用资料分辨率还不够细，使得这种广义湿位涡大

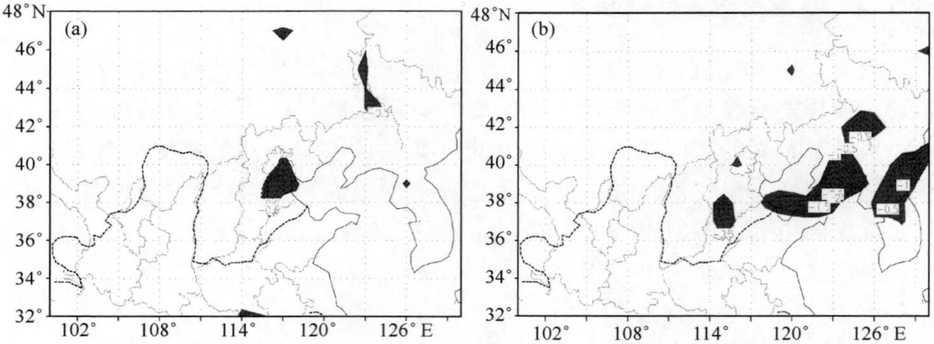

图 13.1.8 950 hPa 上广义湿位涡倾向(单位：10^{-4} PVU・s^{-1})分布
(a)7 月 29 日 1800 UTC 到 30 日 0000 UTC；(b)8 月 4 日 1800 UTC 到 5 日 0000 UTC
阴影区为广义湿位涡倾向小于－0.25 区域

值区还处于一个比较大的范围。同时，依据有关文献(张光智等，2003)及近几年的对北京热岛效应的观测，发现北京城市的气温可比郊区高出 2～3℃。因此，在广义湿位涡方程中，还应该考虑城市热岛效应的加热作用。

13.2 气旋移动的动力预报方法

在饱和湿大气中，湿位涡(MPV)可以用于诊断热带外气旋，并且负的湿位涡可以追踪地面气旋。但实际大气是非均匀饱和的，利用非均匀大气广义湿位涡(GMPV)来追踪气旋的移动路径可能会更有效。

13.2.1 理论

对绝热大气($S_m^*=0$)，非均匀饱和大气中的广义湿位涡倾向方程化为：

$$\frac{\mathrm{d}Q_m}{\mathrm{d}t}=\alpha(\nabla p\wedge\nabla\alpha)\cdot\nabla\theta^*=A(\nabla\theta\wedge\nabla p)\cdot\nabla q \tag{13.2.1}$$

其中

$$A=-\left\{\frac{LR_{d^2}}{c_p p^2}\left(\frac{p_0}{p}\right)^{-\frac{R_d}{c_p}}\right\}\left[k\left(\frac{q}{q_s}\right)^{k-1}\theta^*\right] \tag{13.2.2}$$

对比涡度方程的形式：

$$\frac{\mathrm{d}\boldsymbol{\xi}_a}{\mathrm{d}t}=(\boldsymbol{\xi}_a\cdot\nabla)\boldsymbol{V}-\boldsymbol{\xi}_a\nabla\cdot\boldsymbol{V}-\nabla\alpha\wedge\nabla p \tag{13.2.3}$$

可见，斜压项$\nabla p\wedge\nabla\alpha$ 在方程(13.2.1)和(13.2.3)中都出现了，因此，绝对涡度变化率对广义湿位涡的生成的影响与斜压项的影响物理机制类似。从

(13.2.1)式最右端知，广义湿位涡的变化率依赖于斜压矢量$\nabla\theta \wedge \nabla p$和比湿梯度$\nabla q$的配置。具体来说，如果有负(正)的广义湿位涡生成，$(\nabla\theta \wedge \nabla p)\cdot\nabla q$就取正(负)值，意味着在比湿梯度方向上的斜压性增加(减少)。所以，非均匀饱和大气中负的 GMPV 的生成有利于绝对涡度的增加。

13.2.2　气旋移动预报

以 2001 年 4 月 7—9 日的一个西南气旋移动为例，用 1.0°×1.0°的 NCEP 资料计算了三维 GMPV 场，发现 700 hPa 负的 GMPV 大值区与地面气旋中心非常一致。这由两个原因造成。一是边界层的摩擦效应使得低层 GMPV 和 MPV 不能很好地表征气旋的移动，二是对流层高层水汽变得稀少使得高层 GMPV 的值太小而不能较好地识别和追踪地面气旋的移动。

图 13.2.1 是 4 月 7 日 0000 UTC—8 日 1800 UTC 1000 hPa 位势高度场和 700 hPa 的负的 GMPV(阴影区)。这个气旋经历了三个主要阶段，第一阶段从 4 月 7 日 0000—1200 UTC，西南涡向北扩展并加深，但其中心没有明显的移动(图 13.2.1a, b, c)；第二阶段从 4 月 7 日 1200 UTC 开始，气旋中心迅速向东移动，移向中国的东南部 (图 13.2.1e)，同时，福建省发生大的降水；最后一个阶段，从 8 日 0600—1800 UTC，是它的消亡期，气旋移向台湾海峡 (图 13.2.1 g)，然后迅速东移入海消亡 (图 13.2.1h)。从 4 月 7 日 0600 UTC —8 日 1200 UTC，气旋从中国大陆西南部移向台湾海峡，期间大约经历了 3000 km。

从 4 月 7 日 0000—0600 UTC，负的 GMPV 大值区沿南北向发展，其中心几乎静止不动 (图 13.2.1a, b)；后来范围扩大，其中心于 7 日 1200—1800 UTC 之间迅速移向中国东南部(图 13.2.1c, d)；4 月 8 日 0600 UTC 负的 GMPV 大值区移向台湾海峡，然后迅速入海消亡 (图 13.2.1f)。从 4 月 8 日 1200 UTC 开始，中国东南部的 GMPV 变为正值 (图 13.2.1g, h)；在 7 日 1200 UTC —8 日 1200 UTC 之间，NGMPV 低值区总是位于气旋中心以东并移向气旋前方。自 8 日 1200 UTC，气旋在陆地上开始被填塞，二者的中心变得一致。到 8 日 0600 UTC 在此气旋的下游开始出现另一个西南涡。有趣的是，NGMPV 的低值区亦相伴出现。

注意，负的 GMPV 大值区总是位于气旋的边界处而未与气旋中心重合。还应当指出的是，4 月 7 日 0600 UTC —8 日 0000 UTC，当地面气旋发展时负的 GMPV 区扩张并在内部形成几个中心 (图 13.2.1b, c, d, e)，但是它们快速合并并在气旋消亡阶段收缩(图 13.2.1f,g)。最后，当气旋消失后 GMPV 负值带破碎 (图 13.2.1h)。

作为对比，计算了 700 hPa 的湿位涡，发现从 4 月 7 日 1800 UTC 气旋扩张开始，负的湿位涡区即与气旋中心有很大的偏差。换句话说，从气旋步入成熟期开始，湿位涡负值区已经不能表征气旋的移动和发展(图 13.2.2e,f,g,h)，这可能是因为没有考虑比湿的影响导致的，由此也看出凝结几率函数$(q/q_s)^k$应用于非均匀饱和大气湿位涡的合理性。

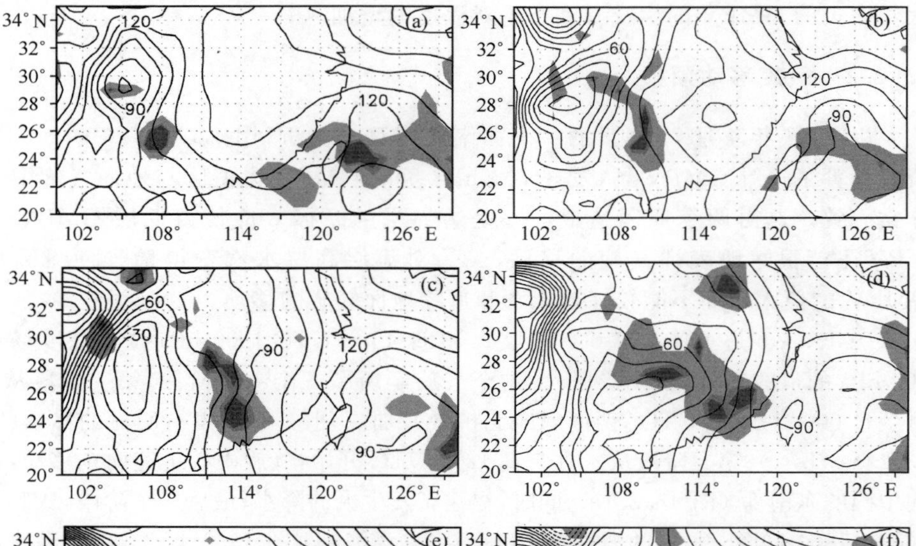

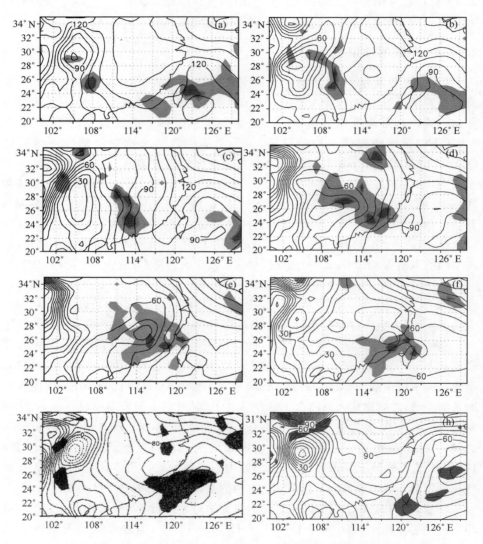

图 13.2.1　负的广义湿位涡在 700 hPa 上的分布(阴影)，

等值线表示 1000 hPa 的位势高度(间隔为 10 hPa)

(a) 4 月 7 日 0000 UTC；(b) 4 月 7 日 0600 UTC；(c) 4 月 7 日 1200 UTC；

(d) 4 月 7 日 1800 UTC；(e) 4 月 8 日 0000 UTC；(f) 4 月 8 日 0600 UTC；

(g) 4 月 8 日 1200 UTC；(h) 4 月 8 日 1800 UTC

图 13.2.2　负的湿位涡在 700 hPa 上的分布(阴影)，
等值线为 1000 hPa 的位势高度(间隔 10 hPa)
(a) 4 月 7 日 0000 UTC；(b) 4 月 7 日 0600 UTC；(c) 4 月 7 日 1200 UTC；
(d) 4 月 7 日 1800 UTC；(e) 4 月 8 日 0000 UTC；(f) 4 月 8 日 0600 UTC；
(g) 4 月 8 日 1200 UTC；(h) 4 月 8 日 1800 UTC

若认为气压最低值即为气旋中心，这里绘制了 4 月 7 日 0600 UTC—8 日 1800 UTC 负的 GMPV 大值中心(虚线)和地面气旋中心(实线)的轨迹(图 13.2.3)。由图可见，气旋发展过程中，二者的移动倾向相似，且负的 GMPV 中心位于未来6 h 的气旋中心附近，可见，它是气旋轨迹的较好的追踪者。需要指出，图 13.2.3 中负的 GMPV 大值中心的位置由比湿梯度矢量和位温梯度矢量共同决定的。

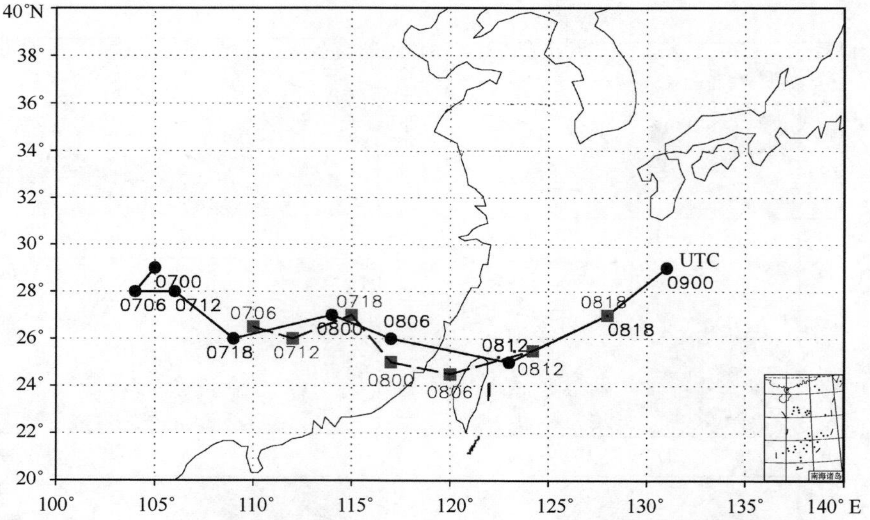

图 13.2.3　从 4 月 7 日 0600 UTC 到 4 月 8 日 1800 UTC 的负广义湿位涡低值中心的迹线(图中虚线),以及相应的地面气旋迹线(图中实线)

13.3　暴雨落区及移动的动力预报方法

由于湿位涡物质具有不可渗透性,使由暴雨引起的湿位涡物质异常不能穿过与它相邻的湿等熵面,这就为我们利用湿位涡物质异常进行暴雨落区预报提供了科学的思路和方法。因为在现有观测资料的某一等压面上,可以直接画出等 θ_e 线,因此等压面上的等 θ_e 线恰代表了湿等熵面同该等压面的交线。而发生在两个确定湿等熵面之间的湿位涡物质异常也必然在由这两个湿等熵面所构成的湿等熵面管道中移动,也就是说在某确定的等压面上看,必然是在两个确定的等 θ_e 线之间移动。而又因为反映强暴雨发生过程的湿位涡物质异常是暴雨系统位置所在的代表性信号(或说强信号),所以湿位涡物质异常的移动恰代表了暴雨系统的移动,这为利用湿位涡物质异常的移动方向来预报暴雨落区问题提供了科学依据,同时通过湿位涡物质异常的研究,还发现,在天气图分析中那种传统的强调等高线分析而示踪槽、脊的方法在对暴雨预报问题中存在着缺陷,而这里更强调等 θ_e 线的走向和分布对暴雨带的控制作用,所以在天气图上抓住等 θ_e 线的分布与湿位涡物质异常的配置便可以预报暴雨系统的走向及落区问题。

为了使该预报方法具体化,利用 1°×1°的 NCEP/NCAR 分析资料计算了 1999 年长江流域梅雨期间(6 月 22 日—7 月 2 日)从 1000～100 hPa 各层次之间的湿位涡物质,结果发现长江流域暴雨过程中最明显的湿位涡物质的异常是发生在 850—500 hPa 之间。从整个梅雨期间平均的湿位涡物质分布(图略)及与之相对应的长江流域及其邻近地区梅雨期的总降水实况(图 13.3.1)可以看出，总降水和湿位涡物质异常区域均呈西南－东北走向的带状分布，降水带主要位于长江流域及以南地区，而湿位涡物质的异常区沿长江流域由西向东伸展，主要位于梅雨锋及其偏南一侧。在长江流域自 105°E 往东延伸到 130°E 的湿位涡物质异常带中，异常中心位于 30°N 的 110°—125°E 之间。同这条湿位涡物质异常高值带相对应的地面图(图 13.3.1)的降水带上，降水中心(大于 800 mm)与湿位涡物质高值中心位置基本上是一致的。

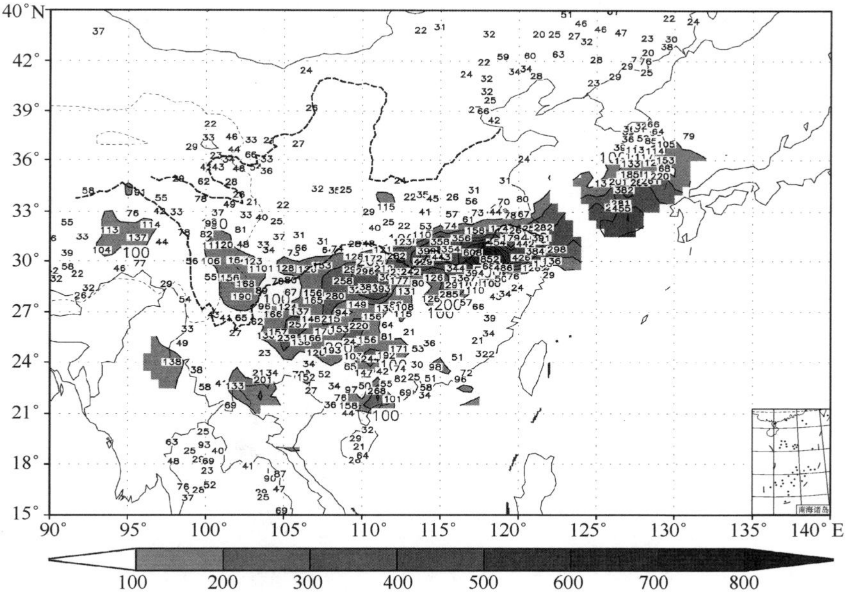

图 13.3.1　1999 年 6 月 22 日—7 月 2 日总降水量(单位：mm)

对 1999 年梅雨期间湿位涡物质和 24 h 降水的逐日分析中还可以看出湿位涡物质的不可渗透性原理在暴雨系统移动和暴雨落区预报中的具体运用。具体分析如下：

图 13.3.2a 和 b 是 1999 年 6 月 23 日 0000 UTC 的 700 hPa 上的湿位涡物质分布及对应的长江流域及其邻近地区的 24 h 的降水实况分布。可以看出，图 13.3.2a 中，在长江流域自 110°—120°E 有一条西南—东北走向的湿位涡物质异常高值带，中心数值达 $0.6\times10^{-6}\mathrm{km}^{-1}\cdot\mathrm{s}^{-1}$。同这条湿位涡物质异常高值带相对应的地面图上(图 13.3.2b)为一条西南—东北走向的降水带，最大降水中心与湿位涡物质高值中心也基本在同一个位置。从图 13.3.2a 中还可以看出，湿位涡物质异常区两侧的等 θ_e 线亦呈西南—东北走向，根据湿位涡物质的保守性原

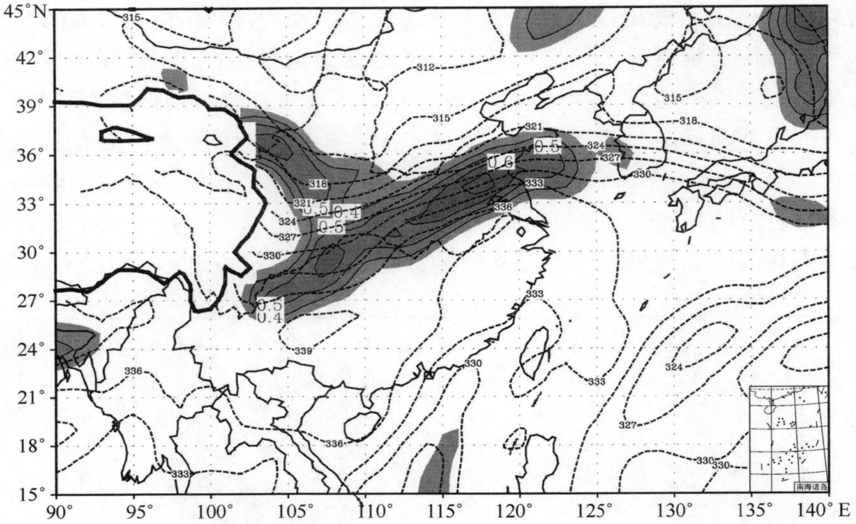

图 13.3.2a　1999 年 6 月 23 日 0000 UTC 700 hPa 上湿位涡物质分布
（单位：10^{-6} km^{-1} · s^{-1}；实线：湿位涡物质；虚线：θ_e；阴影区：湿位涡物质≤−2）

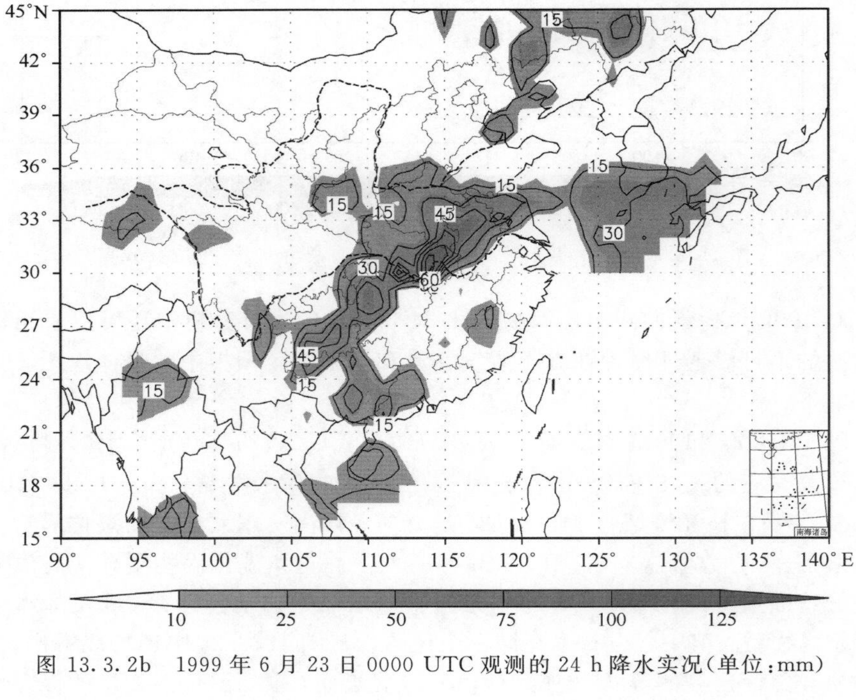

图 13.3.2b　1999 年 6 月 23 日 0000 UTC 观测的 24 h 降水实况（单位：mm）

理，未来湿位涡物质异常区仍维持西南—东北走向趋势，这也就意味着与湿位涡物质异常区对应的暴雨带未来也必呈西南—东北走向。

长江流域高湿位涡物质区同地面降水带的对应关系在图 13.3.3a 和 b 中也表现得十分清楚。图 13.3.3a 表明，在长江流域及其以东地区维持着一条西南东北走向的湿位涡物质异常高值带，中心还在 30°N 附近的 108°—120°E 之间，湿位涡物质中心数值超过 $0.9\times10^{-6}\,km^{-1}\cdot s^{-1}$。从湿位涡物质的分布便可以预测到，同这条湿位涡高值带相对应的降水带也必然还是西南—东北走向，且地面上大的降水中心同其上的湿位涡高值区应当相对应。图 13.3.3b 中的降水实况表明在长江流域 115°—120°E 之间的确有大的降水中心，中心值高达 100 mm 以上，而在 110°—115°E 之间的西南地区也有成片的 50 mm 以上的大暴雨区。从图 13.3.3a 中还可以看出，湿位涡物质异常区两侧的等 θ_e 线呈西南偏西走向，比 23 日走向平缓，对应的湿位涡物质异常区域的主体也随着等 θ_e 线的走向变为西南偏西走向，但湿位涡物质异常区域的东北角(120°—124°E，33°—36°N)与等 θ_e 线虽然还有明显的夹角，但未来也会随等 θ_e 线的走向而逐渐转为西南偏西走向，这一点可由图 7.3.4a 得到证明。24 日的降水带仍然是典型的西南—东北走向，与等 θ_e 线走向间也有明显的夹角，但是根据暴雨系统造成湿位涡物质异常及湿位涡物质的不可渗透性，未来的降水也将会逐步转为西南偏西走向。

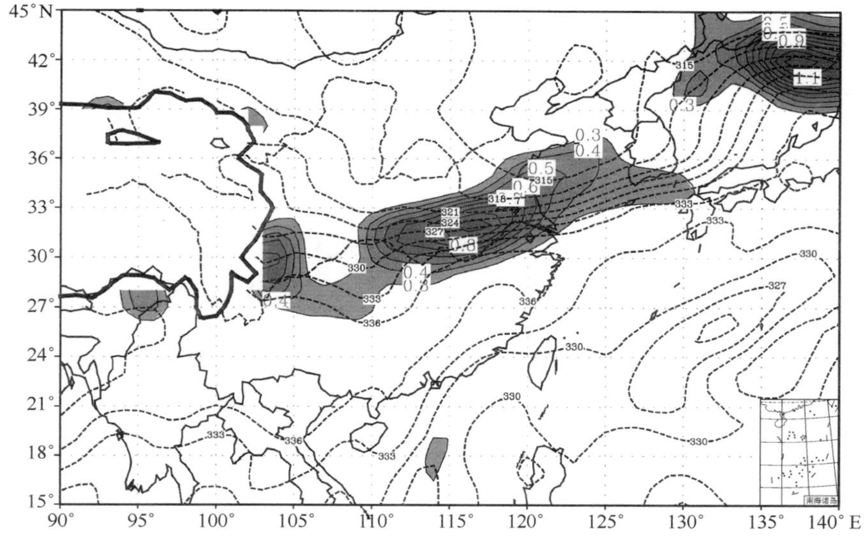

图 13.3.3a　同图 13.3.2a 但为 1999 年 6 月 24 日 0000 UTC

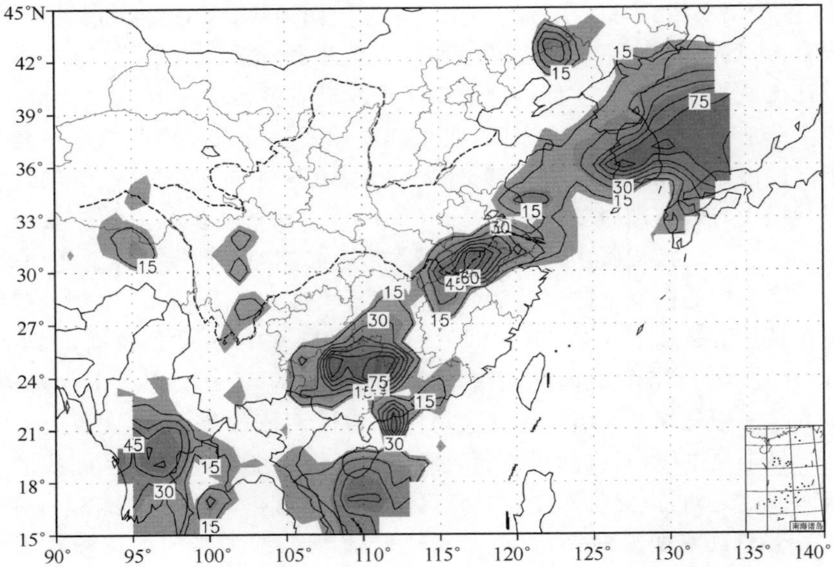

图 13.3.3b 同图 13.3.2b 但为 1999 年 6 月 24 日 0000 UTC

到 24 h 后的 25 日 0000 UTC，由图 13.3.4a 可见，湿位涡物质异常区与两侧的等 θ_e 线走向基本保持一致，从青藏高原以东地区沿长江流域一直到日本西南部，一条较前一天更为偏东西走向的湿位涡物质异常高值带仍然维持着，中心位于 30°N 的 108°—130°E 之间。在同一时刻的地面降水图上（图 13.3.4b），降水仍然为西南—东北走向，但已经较 23 和 24 日明显地变为偏东西方向。

到 26 日后（图 13.3.5a），湿位涡物质异常区与等 θ_e 线走向已经变为准东西走向，湿位涡物质的异常中心位于 30°N 的 110°—125°E 之间。在同一时刻的地面降水图上（图 13.3.5b），降水带也已经转为东西走向，呈明显的纬向型降水带分布，且有降水中心与湿位涡物质异常中心相对应。

从 6 月 26 日一直持续到 30 日，降水带维持准东西走向的纬向型暴雨分布（图略），降水中心也基本出现在长江流域一带。相应地，湿位涡物质异常高值带也维持着东西走向，中心位于 30°N 附近的 110°—125°E 之间，与降水中心基本对应。同时，对应湿位涡物质异常的走向一般与相当位温线平行（图略），夹挟在相当位温线中间，进一步证明了湿位涡物质的不可渗透性。

由于湿位涡物质具有不可渗透性，所以由降水引起的湿位涡物质大值区一定被保持在相应两条等 θ_e 线之间，如果等 θ_e 线是呈东西向平行分布，那么夹在等 θ_e 线之间的湿位涡也必然只能东西向移动，这时暴雨的落区一定是东西带状的，而不可能发生经向型暴雨。这就构成了由湿位涡物质异常带及大值中心所指示的暴雨落区预报的动力预报方法。

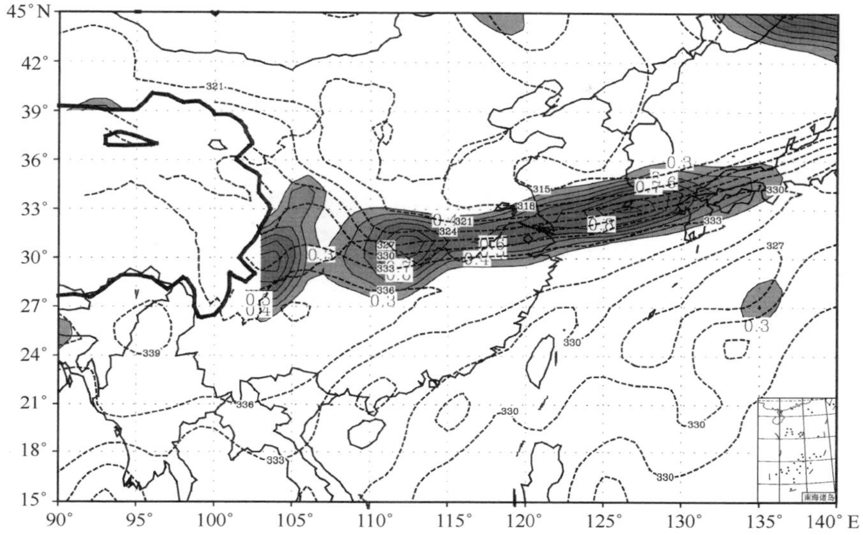

图 13.3.4a　同图 13.3.2a 但为 1999 年 6 月 25 日 0000 UTC

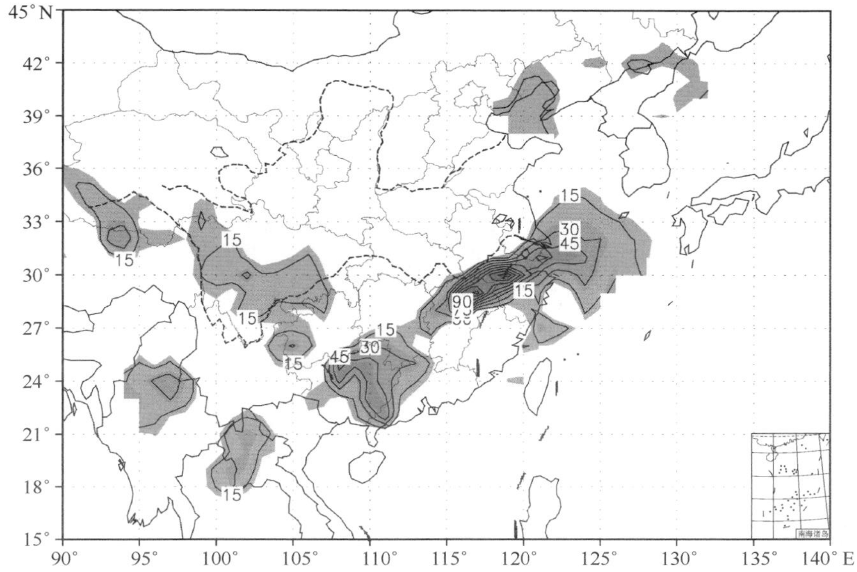

图 13.3.4b　同图 13.3.2b 但为 1999 年 6 月 25 日 0000 UTC

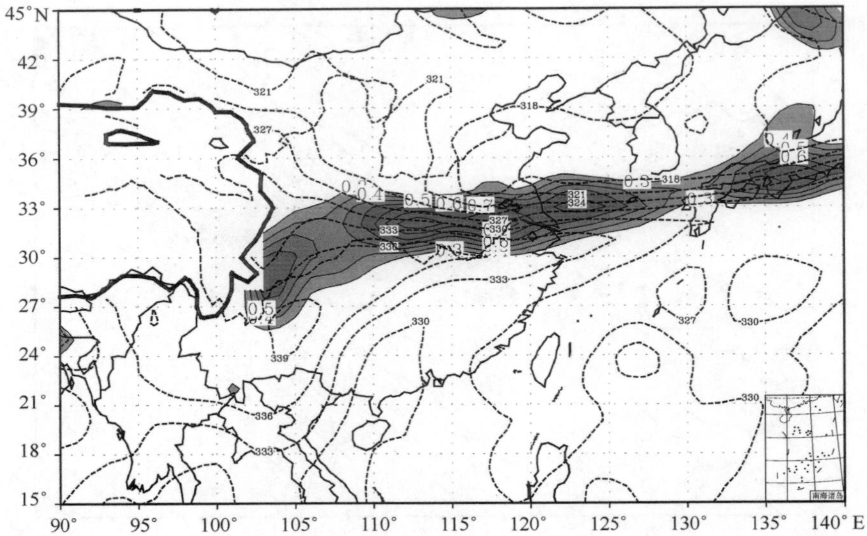

图 13.3.5a　同图 13.3.2a 但为 1999 年 6 月 26 日 0000 UTC

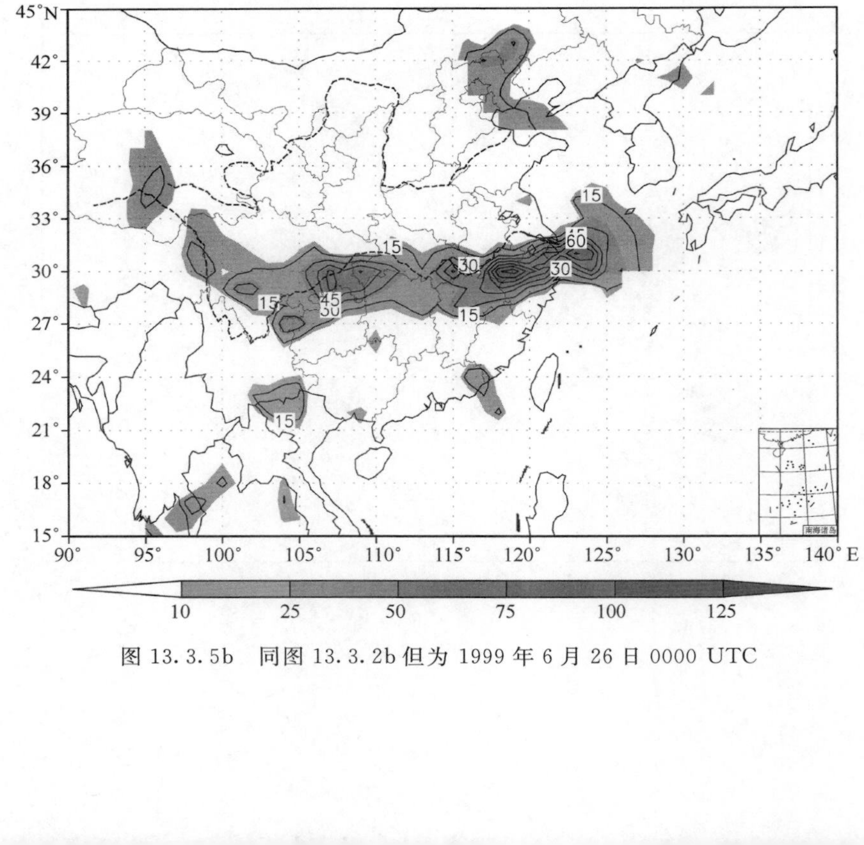

图 13.3.5b　同图 13.3.2b 但为 1999 年 6 月 26 日 0000 UTC

从以上分析可知，1999 年梅雨降水前期，降水带呈东北—西南走向，从 26 日开始后转为纬向型，分析湿位涡物质分布与雨带的位置和走向都尤为相似。通过对 1999 年 6 月下旬长江流域暴雨过程的分析和对湿位涡物质的诊断表明，梅雨期间由于质量强迫所造成的湿位涡物质异常主要在 850～500 hPa 之间，这也为我们寻找指示暴雨系统移动的强信号湿位涡物质异常主要发生在什么高度提供了科学依据。

可见，强暴雨系统中湿位涡随时间的变化不仅要受到热力强迫，而且还受到因强降水造成的质量强迫。这两种强迫共同作用的结果会引起强暴雨系统发展过程中的湿位涡物质异常。另外，不可渗透的湿位涡物质是跟踪强暴雨系统移动的最好动力示踪物。而且在确定的等压面上等 θ_e 线恰对应湿空气等熵面，由于湿位涡物质不可穿透湿等熵面，所以湿位涡物质必在两条等 θ_e 线所夹的区域内移动。如果等 θ_e 线分布是呈东西向的，那么暴雨区的移动一定是东西向的，这就是纬向型暴雨；如果等 θ_e 线分布是呈南北向的，那么暴雨区的移动也必定是南北向的，即为经向型暴雨；如果等 θ_e 线是呈东北—西南向分布的，那么暴雨区必定沿东北—西南向移动。可见，湿位涡物质异常同等 θ_e 线走向的配合为暴雨落区预报提供了科学依据，指出了在等压面上分析等 θ_e 线的重要性，打破了以往较重视等高线分析的传统方法，为暴雨预报提供了动力方法。

13.4　强降水预报的质量散度方法

通常二维的水平散度场只考虑了水平风场的辐合辐散，然而由于暴雨系统内带有强降水，引起暴雨系统中质量场发生明显变化、质量守恒定律被破坏，连续方程中出现了源汇项，变为 $\frac{\partial\rho}{\partial t}+\nabla\cdot\rho\boldsymbol{V}=S_m$（这里 ρ 是总的湿空气密度，$S_m=-\nabla\cdot\rho_r\boldsymbol{V}_t$ 是源汇项，ρ_r 是雨滴的密度，$\boldsymbol{V}_t$ 是雨滴下落末速度），同时，质量场的变化又导致了湿位涡的异常（Qiu *et al.*，1993；Gao *et al.*，2004）。可见在降水系统中，质量强迫作用是很重要的，那么，如果把质量引入到散度中去，不仅可以考虑风场的辐合辐散效应，还可以考虑由于强降水引起的质量强迫，可以体现动力场和质量场的综合效应，显然是一个比二维散度场更完备的物理量。我们称这样一种物理量为质量散度，定义为：$D_M=\nabla\cdot(\rho\boldsymbol{V})$。

为了具体介绍质量散度预报方法，利用 WRF 模式对 2003 年 7 月 4 日 0000 UTC—5 日 1200 UTC 我国江淮地区一次典型的江淮梅雨锋暴雨过程进行了数值模拟，从而获得可用于质量散度场诊断分析的可信的高时空分辨率资料。

从模拟结果来看，700 hPa 33°—36°N 江淮地区有东北—西南向的等 θ_e 线密集带（见图 13.4.1a），且在该纬度范围内有一与等 θ_e 线密集带走向一致、位置亦吻合较好的东北气流和西南气流的汇合切变线(图 13.4.1b)。同时雨区处于对流层高层 200 hPa 南亚高压东北侧的辐散气流(图略)控制之下,高、低空环流形势为此次暴雨的发生发展提供了有利的环流背景。

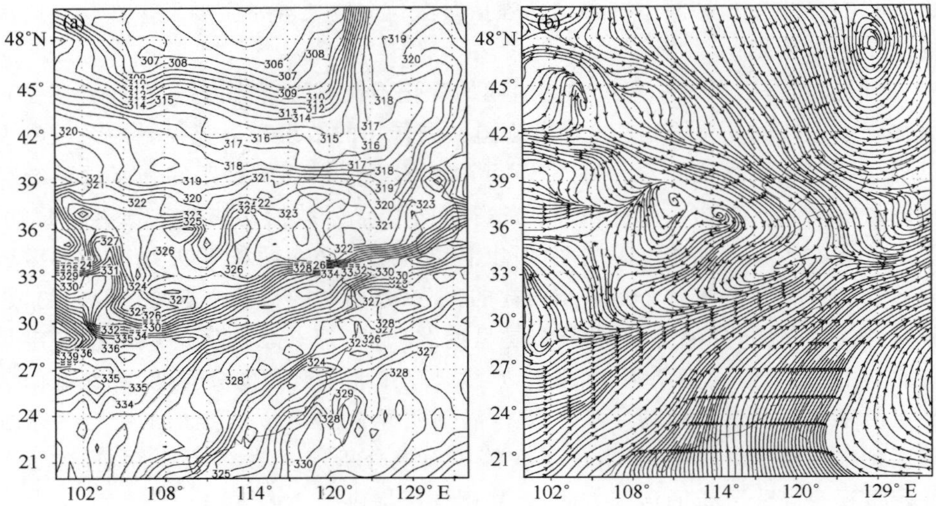

图 13.4.1　2003 年 7 月 5 日 00 时 700 hPa 高度层上
(a)相当位温图(单位:K);(b)风场的流线图

图 13.4.2a,b 为 2003 年 7 月 4 日 0000 UTC—5 日 1200 UTC 实际观测和模拟的 36 h 地面累积降水量的分布。由图可见,模拟的地面降水带走向与实际雨带基本一致,均为东北一西南向,降水落区在陆地上的部分非常吻合,均位于 27°—33°N 之间;模拟的江淮流域最大降水中心位于(119.5°E,32.5°N)与实况的江淮流域最大降水中心(119°E,32°N)在位置上略有偏差,但模拟的降水量偏小。此外,模式模拟的位势高度场,流场,水平风场,温度场等与实况均较为吻合(图略)。

通过以上对比分析,可知 WRF 模式模拟的此次过程无论是降水(特别是江淮流域的降水带)、大气热力场还是动力场都比较成功,因此使用 WRF 模式输出资料(特别是江淮流域所属范围内的模式输出资料)来诊断质量散度并介绍质量散度预报方法。

先用模式输出资料计算质量散度场来分析质量散度场和地面 6 h 降水的关系。

本次降水开始于 2003 年 7 月 4 日 0000 UTC(图 13.4.3)。从 4.287 km 高度层的质量散度(D_M)分布图上可以看出,雨带形成于质量散度非零带内

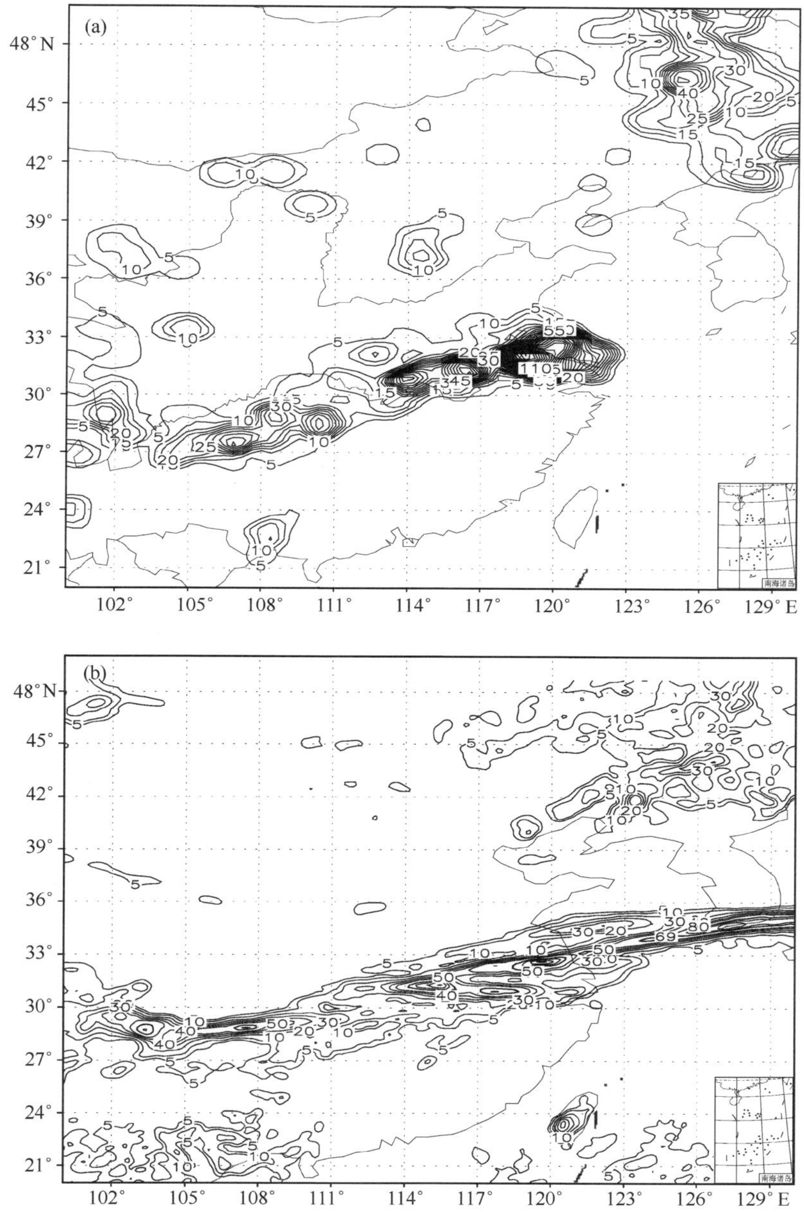

图 13.4.2　2003 年 7 月 4 日 0000 UTC—5 日 1200 UTC 的实际观测(a)和模拟(b)的 36 h 地面累积降水量的分布(单位:mm)

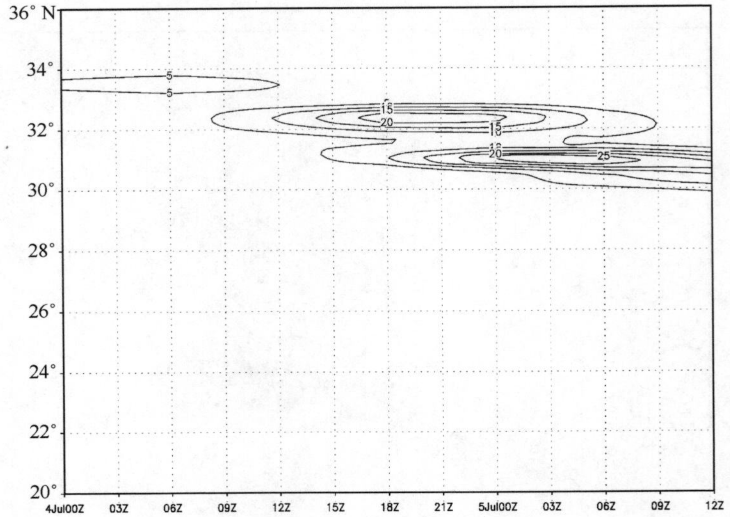

图 13.4.3 2003 年 7 月 4 日 0000 UTC—5 日 1200 UTC 沿东经 118°E 6 h 累积降水量的时间纬向剖面图(单位:mm)

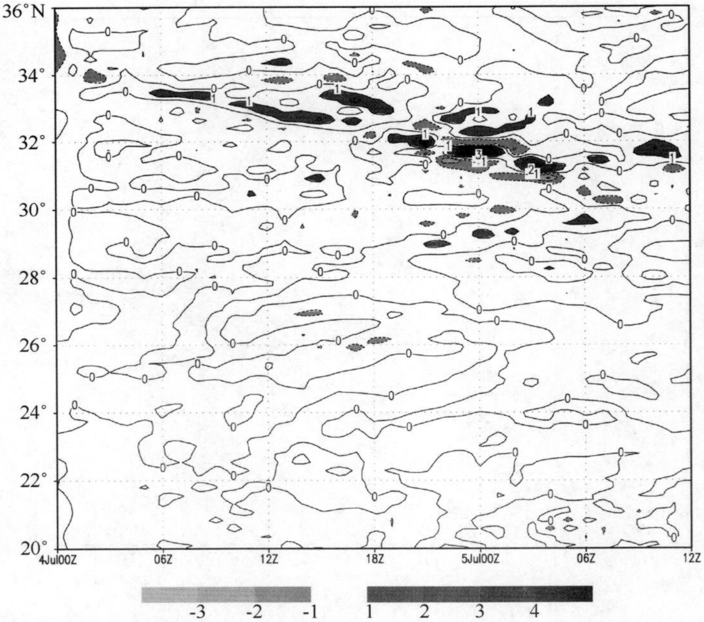

图 13.4.4 2003 年 7 月 4 日 0000 UTC 至 7 月 5 日 1200 UTC 沿东经 118°E 4.287 km 高度处,质量散度的时间经向剖面图(单位:10^{-5} kg · m^{-3} · s^{-1})

（图 13.4.4）。雨带和质量散度非零带均从 33°N 向南覆盖到 30°N。两个降水中心分别发生在 4 日 1700 UTC—2000 UTC 和 4 日 2300 UTC—5 日 0000 UTC。两个质量散度最大值的中心分别发生于 4 日 21 时和 4 日 23.5 时，可见，对降水中心有一定的预示性。质量散度的值伴随未来 6 h 降水量的增加而增加。从 5 日 0000 UTC 到 5 日 0600 UTC，6 h 累积降水率达到最大，为 30 mm/6 h（图 13.4.5a）；从 4 日 1800 UTC—5 日 0000 UTC，6 h 平均质量散度也达到峰值（图 13.4.5b），约 4.6×10^{-5} kg · s^{-1} · m^{-3}，可见比降水超前。因此质量散度对未来 6 h 降水是一个较好的预报因子。

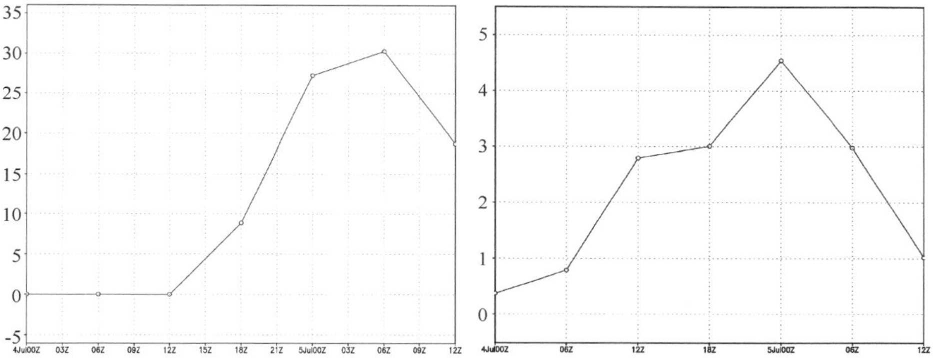

图 13.4.5　降水中心（119°E，32°N）上空 4.287 km 高度层上
（a）6 h 累积降水量的时间系列图（单位：mm）；
（b）6 h 时间平均质量散度的量值（单位：10^{-5} kg · m^{-3} · s^{-1}）

既然本次降水过程的最大累积 6 h 降水发生在 2003 年 7 月 5 日 0000—0600 UTC，下面来分析 5 日 00 时沿 118°E 的质量散度的经向垂直剖面图（图 13.4.6）。

由图可见，雨区附近（雨团中心位于 31.7°N，118°E）上空的质量散度大值带几乎呈垂直分布。6 km（约 500 hPa）以下，质量散度为正，属于质量辐散区，且辐散最强中心位于 31.7°N，约 3 km（700 hPa）高度处。6 km 以上至 12 km 高度层为质量辐合区。注意，3 km 高度处强的质量辐散也引起了其两侧的质量辐合。这由图 13.4.4 也可以看出，强的质量辐散区总是伴随着强的质量辐合，特别是 4 日 2000 UTC 和 5 日 0300 UTC 之间的雨区。

那么，为什么对流层中低层的质量散度非零带和对流层高层的质量散度辐合区（负值区）可以较好地预测未来 6 h 降水呢？为了回答这个问题，先来分析 7 月 5 日 00 时质量散度的水平、垂直分量及垂直速度沿 118°E 的经向垂直剖面图（图 13.4.7a、b 和图 13.4.8）。

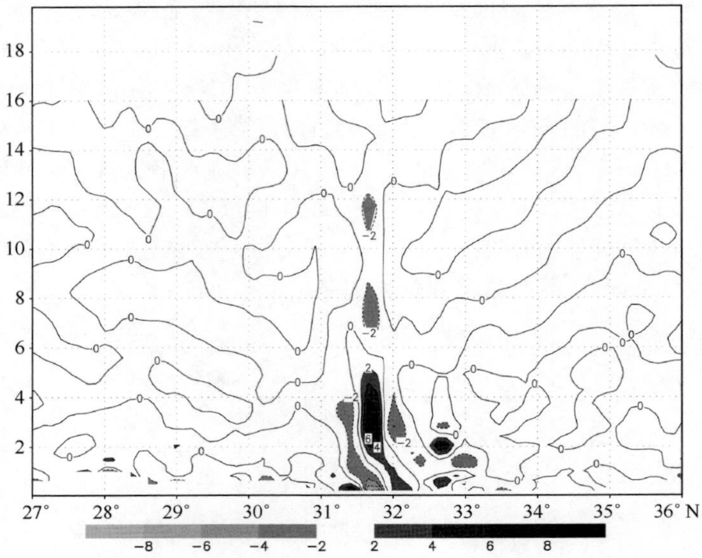

图 13.4.6 2003 年 7 月 5 日 0000 UTC 沿 118°E 的质量散度的经向垂直剖面图（单位：10^{-5} kg・m^{-3}・s^{-1}），阴影表明质量散度的量值超过 2×10^{-5} kg・m^{-3}・s^{-1}

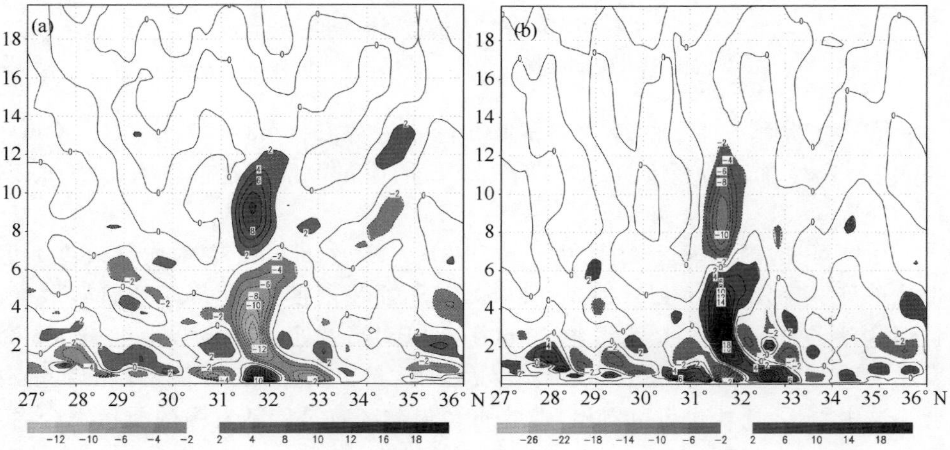

图 13.4.7 2003 年 7 月 5 日 0000 UTC 质量散度的水平(a)、垂直分量(b)沿 118°E 的经向垂直剖面图（单位：10^{-5} kg $m^{-3}s^{-1}$）阴影表示质量散度量值超过 2×10^{-5} kg・m^{-3}・s^{-1}

从图 13.4.7a 中可以看出，对流层低层的水平质量辐合与高层的水平质量辐散相耦合。质量散度的垂直分量(图 13.4.7b)与水平分量呈反位相分布。7 km 以下，上升气流随高度的增加导致垂直质量辐散，而 7 km 以上相反的情况导致了垂直质量的辐合。

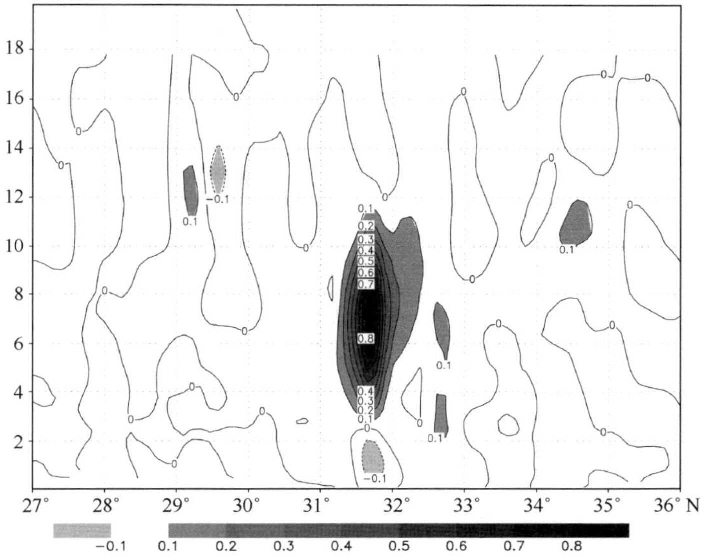

图 13.4.8　2003 年 7 月 5 日 0000 UTC 垂直速度沿 118°E 的经向垂直剖面图(单位：m · s^{-1})
阴影区域表示速度超过 2 m · s^{-1}

以上分析表明，质量散度不仅考虑了风场的水平辐合、辐散和垂直速度的切变效应，而且考虑了质量场的强迫作用。它反映了三维风矢量(即大气的动力效应)和质量场的相互作用。这样，它比纯粹的散度在理论上具有明显的优越性。因此可用于大暴雨过程的诊断与预测。

图 13.4.9 为 2003 年 7 月 5 日 0000 UTC 凝结率沿 118°E 的经向垂直剖面图，由图可见，它和质量散度的垂直分布(图 13.4.6)几乎呈反位相。3 km 以上，上升冷却导致水汽凝结，形成云水和雨水（图 13.4.8，图 13.4.9 和图 13.4.10b)。由于凝结，这个区域的质量辐合增加，表现在图 13.4.6 中为负的质量散度。而3 km 以下的下沉增温导致水汽蒸发(对应图 13.4.9 中 4 km 以下负的凝结率)，这减小了对流层低层的云水和雨水(图 13.4.10a)，增加了云核的高度，使其从5 km 上升到 6 km (图 13.4.10a 和 13.4.10b)。由于蒸发，充沛的水汽导致对流层低层的质量辐散（图 13.4.6)。

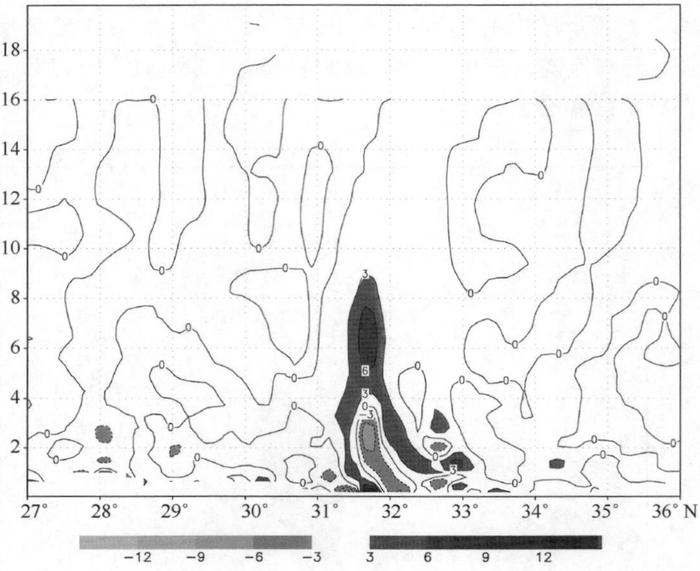

图 13.4.9　2003 年 7 月 5 日 0000 UTC 凝结率沿 118°E 的经向垂直剖面图
（单位：10^{-6} kg·m^{-3}·s^{-1}），
阴影区表示凝结率量值超过 3×10^{-6} kg·m^{-3}·s^{-1}

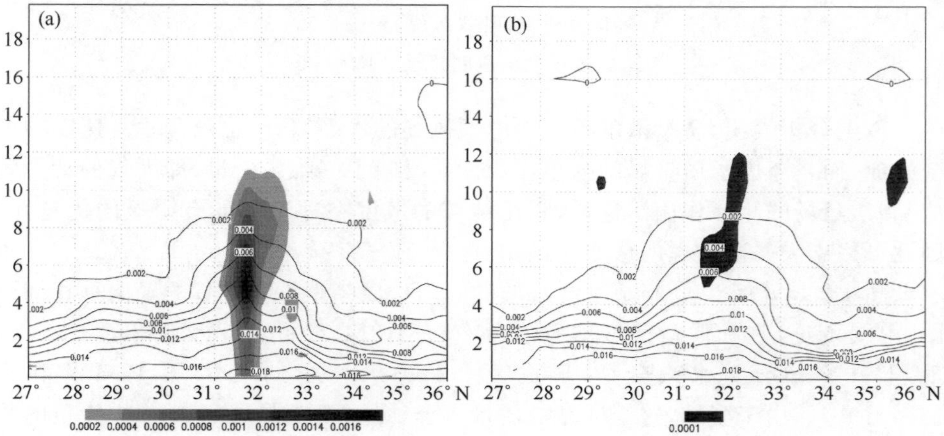

图 13.4.10　(a)2003 年 7 月 5 日 0000 UTC，(b)2003 年 7 月 5 日 0600 UTC 云中水物质
总混合率 q_{con} 的经向垂直剖面图（等值线）和
水凝结物以及水蒸气混合率之和 q 的经向垂直剖面图（阴影区）（单位：g·g^{-1}）

以上分析可见，图 13.4.6 中质量散度的垂直分布取决于对流层低层的水汽蒸发和对流层中高层的水汽凝结，而这种分布又为降水的发展提供了有利条件。因此，质量散度是诊断和预报降水的一个较好的物理量。在研究大暴雨的过程时，水平散度大的地方并不一定有大暴雨发生，而质量散度大的地方，往往有大暴雨发生。既然质量散度可以较好地诊断并预测降水，因此需要进一步分析其主要的影响因子。

质量散度方程（可以由运动方程和连续方程推导而得）为：

$$\underset{}{\frac{\partial D_M}{\partial t}} = \underset{(1)}{-\boldsymbol{V}\cdot\nabla D_M} \underset{(2)}{-\rho\boldsymbol{V}\cdot\nabla D} \underset{(3)}{-DD_M} \underset{(4)}{-\left[\nabla(\rho u)\cdot\frac{\partial \boldsymbol{V}}{\partial x}+\nabla(\rho v)\cdot\frac{\partial \boldsymbol{V}}{\partial y}+\nabla(\rho w)\cdot\frac{\partial \boldsymbol{V}}{\partial z}\right]}$$

$$\underset{(5)}{+f\zeta_M} \underset{(6)}{-\beta\rho u} \underset{(7)}{-g\frac{\partial\rho}{\partial z}-(\nabla\alpha\cdot\nabla p+\alpha\nabla^2 p+\alpha\nabla\rho\cdot\nabla p)} \underset{(8)}{-(DS_m+\boldsymbol{V}\cdot\nabla S_m)} \tag{13.4.1}$$

由方程(13.4.1)可见，质量散度方程的局地变化项由 8 项决定：质量散度平流项(1)，三维散度平流项(2)，三维散度和质量散度共同作用项(3)，三维风速切变项(4)，科氏力和质量涡度共同作用项(5)，β 效应项(6)，气压梯度力项(7)，质量源汇项(8)（与摩擦有关的项已忽略）。下面仍用 WRF 模式的高时空分辨率输出资料，分析影响质量散度场变化的主要因子。

既然最大降水出现在 114°—120°E 和 30°—33°N 之间（图 13.4.2），则可选定这个区域范围来计算 7 月 4 日 00 时到 5 日 12 时方程(13.4.1) 中各项以及质量散度倾向(sum＝(1)＋(2)＋…＋(8))的区域平均。

为了识别决定质量散度倾向的主要过程，计算了总和与各项的线性相关系数和均方差(RMS)（表 8.1）。第五项、第六项和第八项与总和项呈负相关，而其余各项与总和项同位相分布。第四项有最大的正相关（相关系数为 0.79)和最小的均方差（4.75×10^{-8} kg·m^{-3}·s^{-2}）。第一、二项和第七项的相关系数介于 0.3～0.4 之间，均方差为 6.6×10^{-8}～7.2×10^{-8} kg·m^{-3}·s^{-2}。这表明三维风矢的切变项是决定质量散度局地变化的主要因子，而质量散度平流项、三维散度平流项、气压梯度力项也对质量散度的局地变化起一定作用。

注意，在表 13.4.1 中，第八项与总和项之间有较大的均方差和负的相关系数，这与前面的分析一致：即在图 14.4.6 中质量散度和图 14.4.9 中的凝结率符号相反。

表 13.4.1 各项和与各项之间的相关系数和均方差(*RMS*)

terms	1	2	3	4	5	6	7	8
Correlation coefficient	0.41	0.32	0.19	0.79	−0.1	−0.02	0.31	−0.41
$RMS(10^{-8}\ \mathrm{kg\cdot m^{-3}\cdot s^{-2}})$	6.63	6.86	7.15	4.75	8.98	9.53	7.2	9.14

由以上分析可知，质量散度相对强降水有 6 h 的超前性，因此质量散度法是强降水短期预报的有效方法。

13.5 变形场预报方法

变形场在很多问题上都很重要，特别是伸长轴上的气流汇合，它可形成一条温湿对比强的狭带，即变形场对锋生有重要驱动作用。此外，大气中很多现象特别是暴雨都跟变形场有关，因此用实际暴雨个例对其进行诊断分析并介绍变形场预报方法。

对雨带走向近似为东西向的情况，选取 2003 年 7 月的一次江淮流域暴雨过程。该次降水于 2003 年 7 月 4 日 0600 UTC 开始，累积 6 h 降水最大时段为 4 日 1800 UTC—5 日 0000 UTC(图 13.5.1)，雨带近东西向。降水发生前后有锋面出现，雨区附近对流层低层一直有一汇合切变线，是一次典型的锋面、切变线降水。

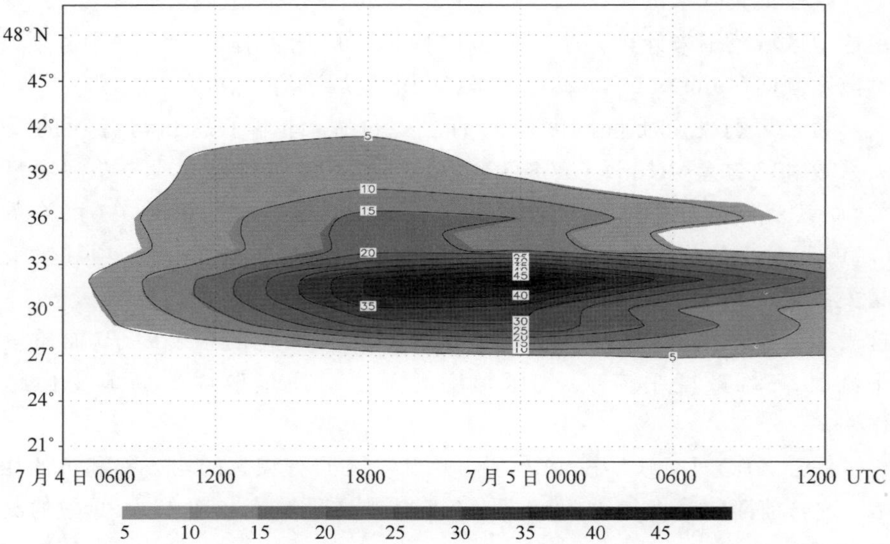

图 13.5.1 2003 年 7 月 4 日 0600 UTC 至 7 月 5 日 1200 UTC6 h 累积降水量沿 119°E 的时间一经向剖面图(单位:mm)

早在降水发生前的 4 日 0000 UTC，未来雨区上空的对流层低层就有一东北一西南向的变形场大值区（图 13.5.2），量级为 10^{-5}。4 日 0600 UTC 之后，降水开始发生，降水区位于变形场大值带内，二者走向一致，变形场的大值中心随降水量增加而增大，二者呈正相关。至累积 6 h 降水量最大的 5 日 0000 UTC，变形场增至最大，量级达 10^{-4}。在这次降水过程中，变形场的大值中心均位于雨团中心略偏北，于降水中心的移动趋势一致（图 13.5.3 和图 13.5.1）。至降水量最大的 5 日 00 时，变形场与雨团中心和雨区的对应关系最好。

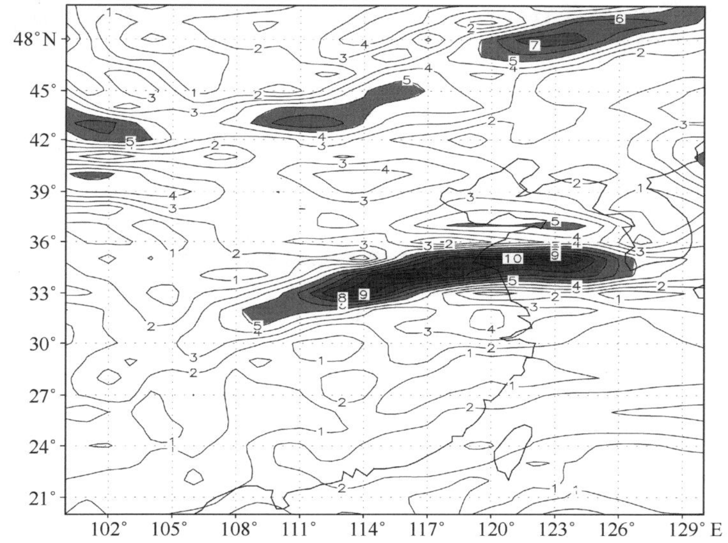

图 13.5.2　2003 年 7 月 4 日 0000 UTC 700 hPa 总变形场（单位：10^{-5} s^{-1}）
阴影表示总变形值超过 5×10^{-5} s^{-1}

对于雨带近南北走向的情况。选取 2003 年 10 月份的一次华北暴雨个例进行分析。

该次降水过程于 10 日 0000 UTC 开始，降水最大的时段为 10 日 1800 UTC—11 日 0000 UTC（见图 13.5.4），雨带近南北向伸展。降水发生前后 900 hPa 相当位温图上雨区附近的对流层低层有锋面和明显的汇合切变线（见图 13.5.5），为一次典型的锋面和切变线共同作用造成的降水。

此次华北暴雨过程中对流层低层的大值带与近南北向气流的汇合切变线无论位置还是走向都几乎一致（见图 13.5.5、13.5.6）。而雨带位于二者略偏南，走向与其平行。类似于 2003 年 7 月江淮降水个例，本次暴雨过程中对流层低层变形场的大值中心比累积 6 h 降水中心稍偏北，变形场随降水量的增大而增大。

在累积 6 h 降水量最大的 11 日 00 时，变形场(图 13.5.6)与雨区的对应关系最好，同时变形场增至最大。

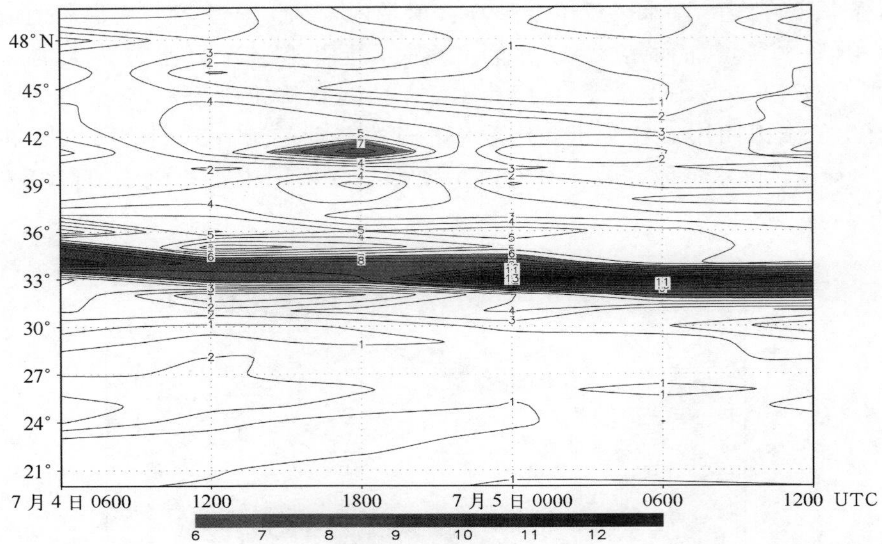

图 13.5.3 2003 年 7 月 4 日 0600 UTC—5 日 1200 UTC 700 hPa 沿 119°E 总变形场的时间经向剖面图（单位：$10^{-5}\ s^{-1}$）。阴影部分表示总变形的值超过 6 个单位

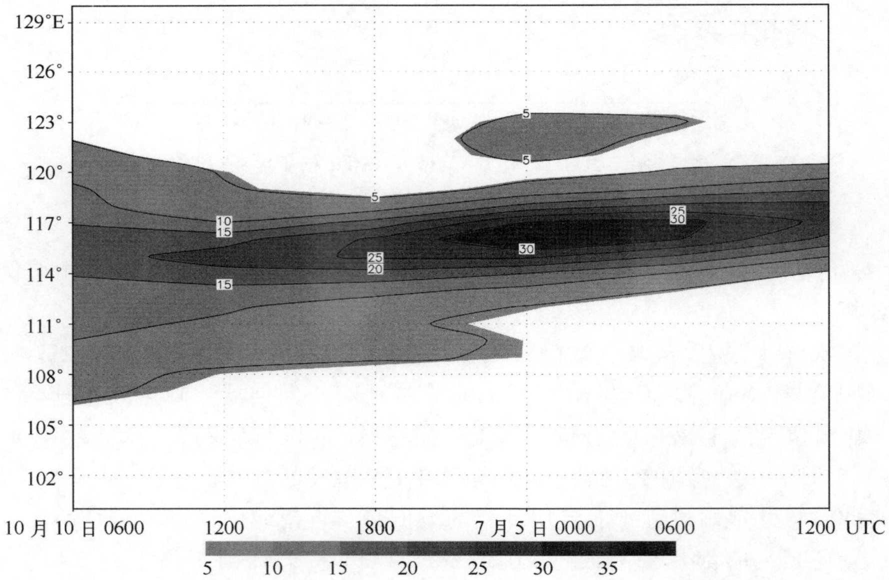

图 13.5.4 2003 年 10 月 10 日 0600 UTC—11 日 1200 UTC 沿 37°N 6 h 累积降水量的时间纬向剖面图(单位：mm)

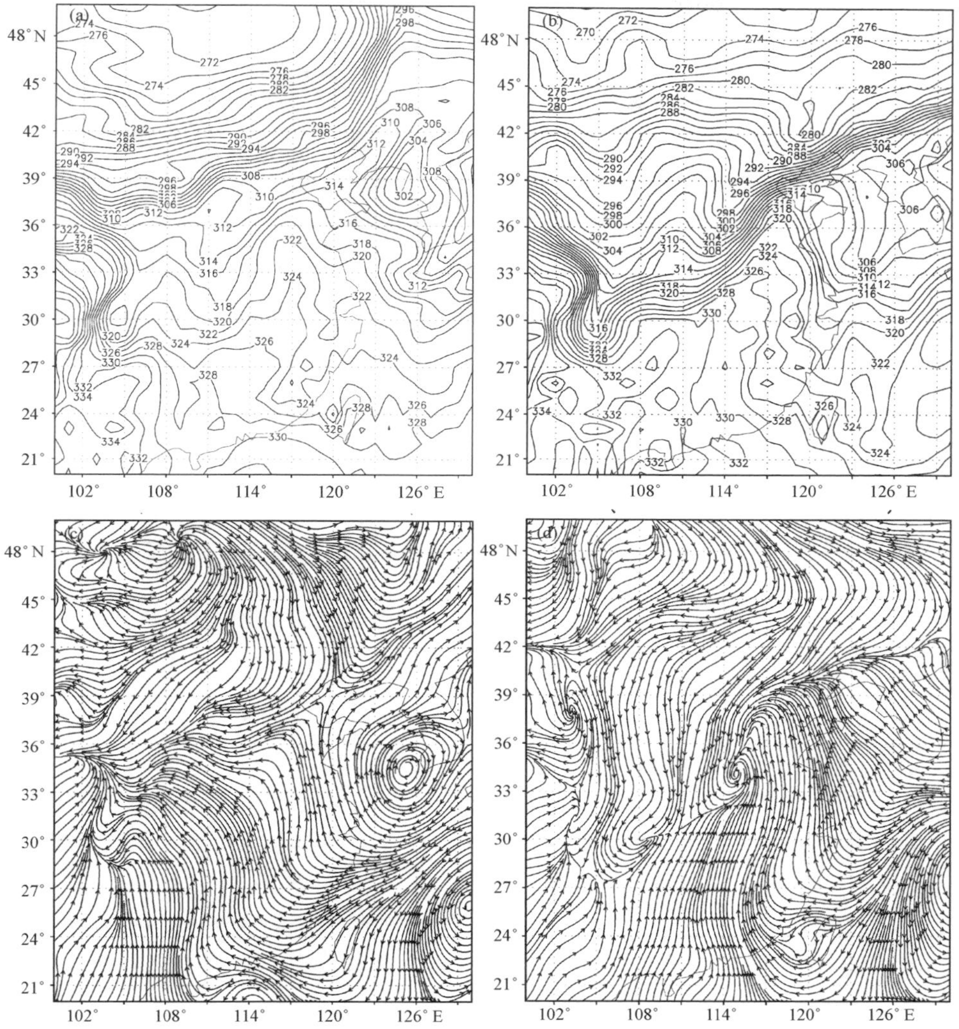

图 13.5.5　900 hPa 上的相当位温图((a)2003 年 10 月 10 日 0000 UTC;(b)11 日 0000 UTC(单位:K));流线图((c)10 日 0000 UTC;(d) 11 日 00 时)

通过以上两个雨带走向不同的暴雨个例分析,可得到如下结论:暴雨发生前和发生过程中,对流层低层变形场的大值带与汇合切变线无论位置还是走向都几乎是一致的。而雨带位于二者略偏南,走向也与其一致。降水开始后,对流层低层雨区附近的变形场值随降水量的增加而增大,至降水量最大的时段,总变形增至最大,其大值中心与雨团中心的对应最好。可见,变形场也是一个有效的降水预报因子。此外,即使没有明显的温度梯度,没有明显的锋区,只要有风场的

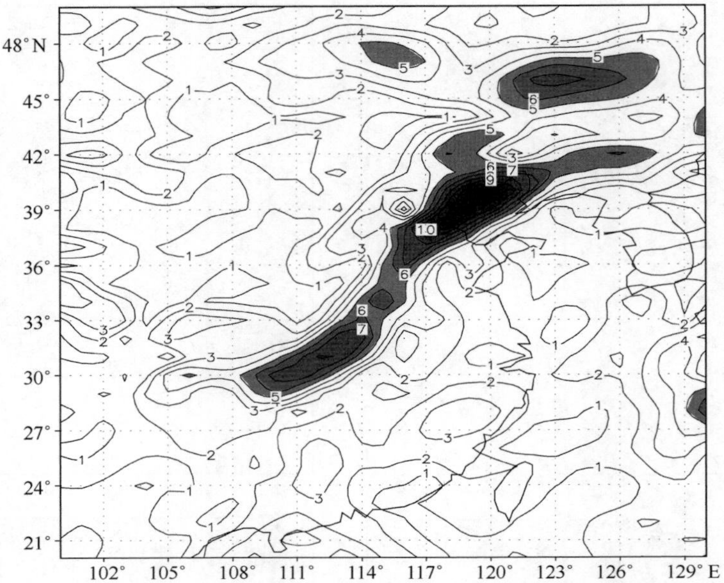

图 13.5.6 2003 年 10 月 11 日 0000 UTC 900 hPa 总变形场值(单位:$10^{-5}\ s^{-1}$)
阴影表示总变形的量值超过 5 个单位

汇合,就会在风场的强汇合区有天气系统的发展。在许多天气系统发展的问题上,汇合和分流是很重要的。

由第 2 章可知,变形场倾向方程中变形场的局地变化项与平流项(项 1)、水平散度项(项 2)、β 效应项(项 3)和水平气压梯度力项(项 4)、垂直速度项(项 5)、摩擦力项(项 6)有关。

通过变形场方程中各项的计算,可以获知哪些因子对变形场的局地变化项影响较大,即可寻找对变形场发生发展相对重要的影响因子。下面对水平变形场倾向方程中除局地变化项和摩擦项以外的各项进行计算。

图 13.5.7—13.5.12 为 2003 年 7 月 3 日 0000 UTC—6 日 0000 UTC 700 hPa 沿119°N 的变形场倾向方程右端项 1(图 13.5.1)、项 2(图 13.5.2)、项 3(图 13.5.3)、项 4(图 13.5.4)、项 5(图 13.5.5)各项及右端各项之和(总和=项 1+项 2+项 3+项 4+项 5)(图 13.5.6)的经向时间剖面图。

计算结果显示,在 36°—31.5°N 之间平流项为负值带(图 13.5.7),而其余各项均为正值,但 β 效应项比其余各项小一个量级(图 13.5.9),说明 β 效应在该方程中为小量。其中,水平散度项(图 13.5.8)、水平气压梯度力项(图 13.5.10)和垂直速度有关(图 13.5.11)的大的正值带在 36°—31.5°N 之间与各项之和

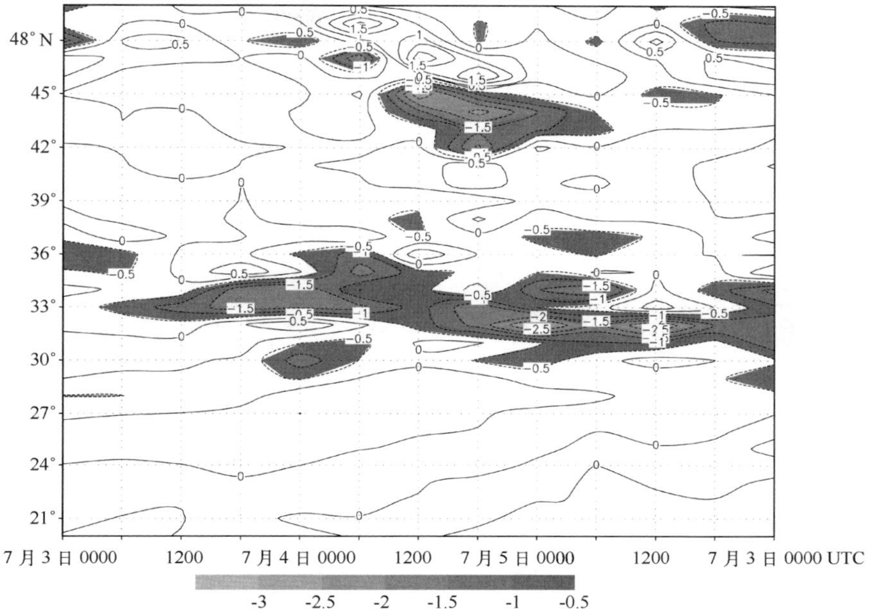

图 13.5.7　2003 年 7 月 3 日 0000 UTC—6 日 0000 UTC 700 hPa 沿 119°E 平流项的时间经向剖面图(单位:$10^{-9}\ s^{-2}$)。阴影表示总变形值小于−0.5 个单位

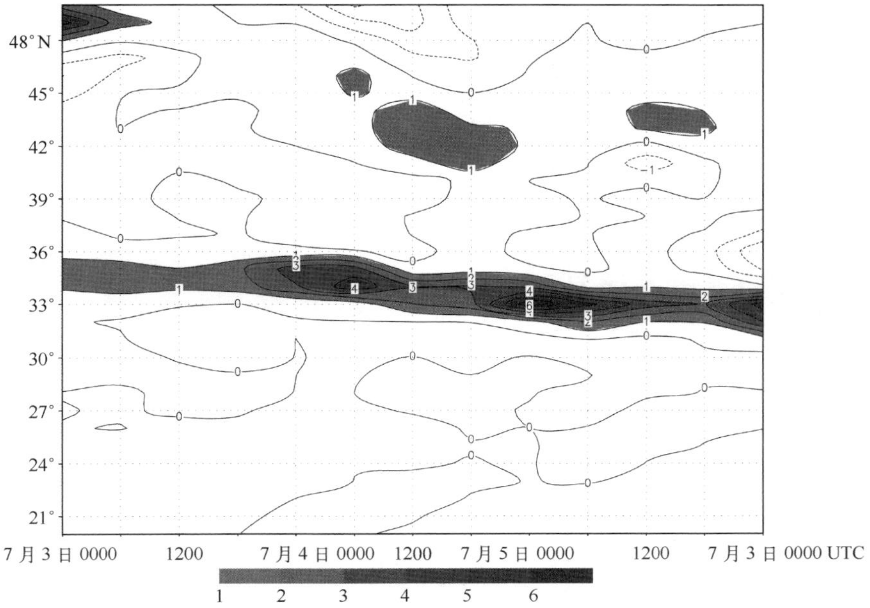

图 13.5.8　2003 年 7 月 3 日 0000 UTC—6 日 0000 UTC 700 hPa 沿 119°E 水平散度项的时间经向剖面图(单位:$10^{-9}\ s^{-2}$)。阴影表示总变形值大于 1 个单位

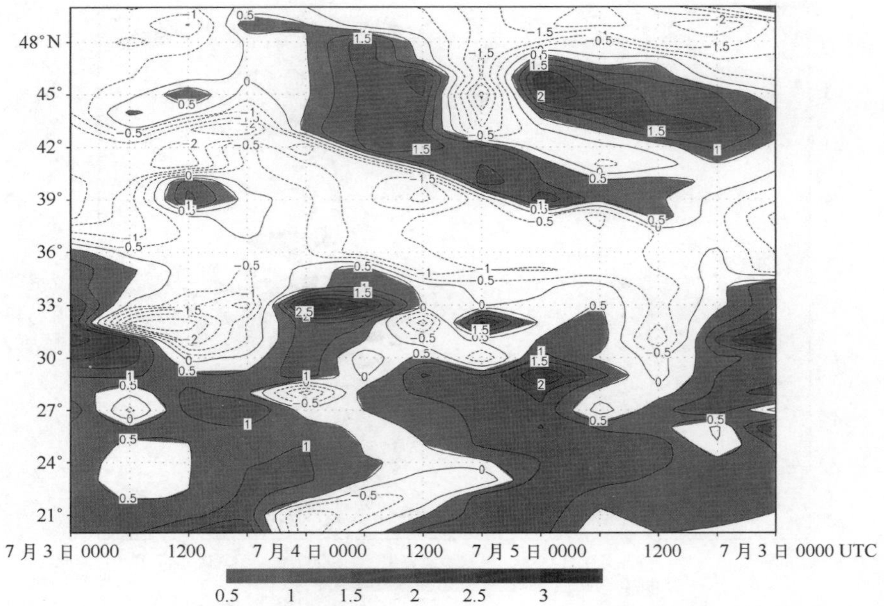

图 13.5.9　2003 年 7 月 3 日 0000 UTC—6 日 0000 UTC 700 hPa 沿 119°Eβ效应项的时间经向剖面图(单位:10^{-10} s^{-2})。阴影区域表示总变形值大于 0.5 个单位

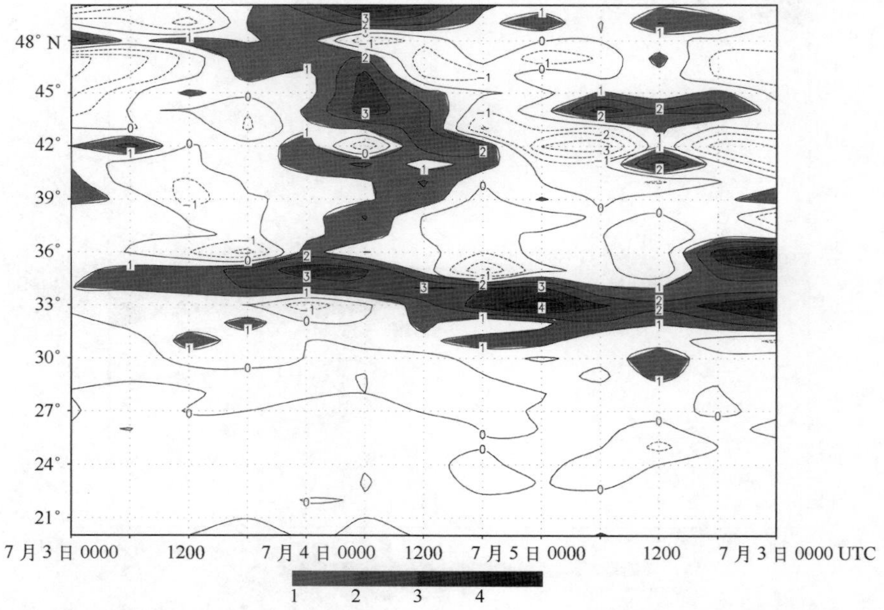

图 13.5.10　2003 年 7 月 3 日 0000 UTC—6 日 0000 UTC 700 hPa 沿 119°E 水平压力项的时间经向剖面图(单位:10^{-9} s^{-2})。阴影区域表示总变形值大于 1 个单位

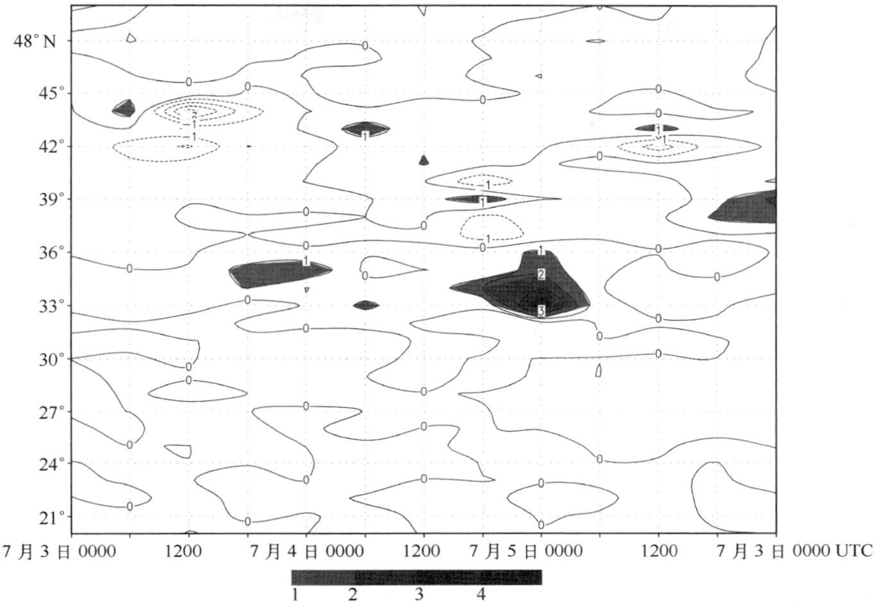

图 13.5.11　2003 年 7 月 3 日 0000 UTC—6 日 0000 UTC 700 hPa 沿 119°E 垂直速度项的时间经向剖面图(单位：10^{-9} s^{-2})。阴影区域表示总变形值大于 1 个单位

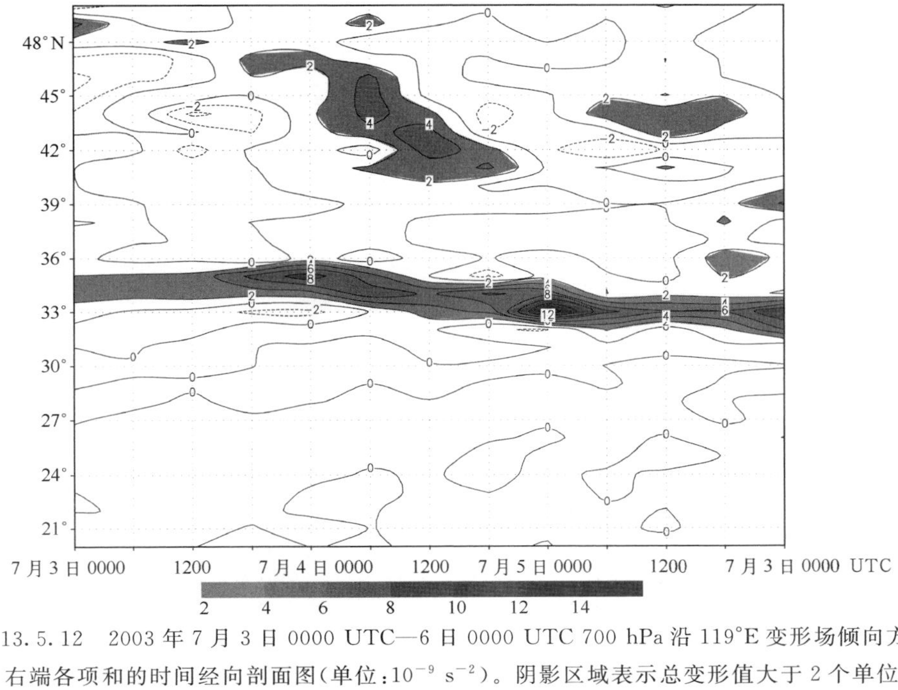

图 13.5.12　2003 年 7 月 3 日 0000 UTC—6 日 0000 UTC 700 hPa 沿 119°E 变形场倾向方程右端各项和的时间经向剖面图(单位：10^{-9} s^{-2})。阴影区域表示总变形值大于 2 个单位

的时空分布对应最好，尤其是在 5 日 00 时。可见，水平散度项、水平气压梯度力项和垂直速度有关项为主要影响因子。

2003 年 10 月 10 日 00 时—11 日 12 时的华北暴雨个例分析也可得到水平散度项、水平气压梯度力项和垂直速度有关项为主要项。具体分析过程这里就不再详细阐述。

通过以上分析得知，变形场的倾向方程基本能预报出暴雨落区和降水量的增减趋势。由总变形倾向方程进行 6 h 积分，积分后得出的总变形场的大值带也与降水落区基本一致，其增减趋势也和降水量的增减趋势呈正相关。可见，总变形可作为降水尤其是锋面降水的具有预报意义的一个动力因子，通过计算总变形的未来倾向而构成变形场的动力预报方法。

13.6 水汽位涡及其应用

所谓水汽位涡，就是在位涡的定义式中用比湿梯度代替位温梯度得到的物理量，它反映了动力作用与水汽分布的相互作用。在垂直发展旺盛的强对流系统中，位涡的数值很小，难以反映这类对流系统的发展，而水汽位涡充分发挥了其优越性。本节将从理论出发，根据得到的水汽位涡倾向方程以及水汽位涡的守恒性，辅以实际个例诊断，给出水汽位涡的应用。

13.6.1 理论

从绝对涡度方程出发：

$$\frac{\mathrm{d}\boldsymbol{\xi}_a}{\mathrm{d}t}-(\boldsymbol{\xi}_a\cdot\nabla)\boldsymbol{V}+(\nabla\cdot\boldsymbol{V})\boldsymbol{\xi}_a=-\nabla\alpha\times\nabla p+\nabla\times\boldsymbol{F} \tag{13.6.1}$$

考虑连续方程：$\nabla\cdot\boldsymbol{V}=\frac{1}{\alpha}\frac{\mathrm{d}\alpha}{\mathrm{d}t}$，代入上式，得：

$$\frac{\mathrm{d}}{\mathrm{d}t}(\alpha\boldsymbol{\xi}_a)-(\alpha\boldsymbol{\xi}_a\cdot\nabla)\boldsymbol{V}=-\alpha(\nabla\alpha\times\nabla p)+\alpha\nabla\times\boldsymbol{F} \tag{13.6.2}$$

水汽方程：

$$\frac{\partial q}{\partial t}+\boldsymbol{V}\cdot\nabla q=S_v \tag{13.6.3}$$

对方程(13.6.3)两边作梯度(即∇)运算，得到：

$$\frac{\partial\nabla q}{\partial t}+\nabla(\boldsymbol{V}\cdot\nabla q)=\nabla S_v \tag{13.6.4}$$

利用公式：$\nabla(A\cdot B)=A\times(\nabla\times B)+(A\cdot\nabla)B+(B\cdot\nabla)A+B\times(\nabla\times A)$，得到

$$\frac{\partial\nabla q}{\partial t}+(\boldsymbol{V}\cdot\nabla)\nabla q+(\nabla q\cdot\nabla)\boldsymbol{V}+\nabla q\times(\nabla\times\boldsymbol{V})=\nabla S_v$$

即
$$\frac{\mathrm{d}\,\nabla q}{\mathrm{d}t}+(\nabla q\cdot\nabla)\boldsymbol{V}+\nabla q\times(\nabla\times\boldsymbol{V})=\nabla S_v \tag{13.6.5}$$

将方程(13.6.5)点乘 $\alpha\boldsymbol{\xi}_a$，(13.6.2)点乘∇q，然后相加，并利用公式：

$$\boldsymbol{A}\cdot(\boldsymbol{B}\cdot\nabla)\boldsymbol{C}=\boldsymbol{B}\cdot(\boldsymbol{A}\cdot\nabla)\boldsymbol{C}+\boldsymbol{B}\cdot\boldsymbol{A}\times(\nabla\times\boldsymbol{C})$$

得到：
$$\frac{\mathrm{d}}{\mathrm{d}t}(\alpha\boldsymbol{\xi}_a\cdot\nabla q)=\alpha(-\nabla\alpha\times\nabla p)\cdot\nabla q+\alpha\nabla q\cdot\nabla\times\boldsymbol{F}+\alpha\boldsymbol{\xi}_a\cdot\nabla S_v \tag{13.6.6}$$

定义 $Q_q=\alpha\boldsymbol{\xi}_a\cdot\nabla q$，上式化为

$$\frac{\mathrm{d}Q_q}{\mathrm{d}t}=\alpha(-\nabla\alpha\times\nabla p)\cdot\nabla q+\alpha\nabla q\cdot\nabla\times\boldsymbol{F}+\alpha\boldsymbol{\xi}_a\cdot\nabla S_v \tag{13.6.7}$$

这就是由涡度方程、连续性方程、水汽方程得到的水汽位涡倾向方程。方程(13.6.7)右端项说明了，水汽位涡的发展变化受到斜压项、摩擦作用和水汽源汇项的共同作用。不同于位涡，在无水汽源或水汽汇且无摩擦时，水汽位涡仍不守恒，而是由比湿梯度与斜压力管项共同影响，此时，方程(13.6.7)变成：

$$\frac{\mathrm{d}Q_q}{\mathrm{d}t}=-\alpha(\nabla\alpha\times\nabla p)\cdot\nabla q \tag{13.6.8}$$

利用 $\alpha=\frac{1}{\rho}=\frac{RT}{p}=\theta\frac{R}{p}\left(\frac{p_0}{p}\right)^{-\frac{R}{c_p}}$，得到：

$$\frac{\mathrm{d}Q_q}{\mathrm{d}t}=A(\nabla\theta\times\nabla p)\cdot\nabla q \tag{13.6.9}$$

其中，A 是一个与 θ，p 有关的函数，且其值始终小于零。所以，无水汽源汇且无摩擦的斜压大气中，当比湿梯度在沿(逆)着斜压矢量方向上有分量时，水汽位涡将减小(增大)；而在无水汽源汇且无摩擦的正压大气中，水汽位涡守恒。

13.6.2 应用

用水汽位涡对 2004 年 6 月 23 日到 7 月 4 日发生的台风蒲公英进行了诊断分析，选取的研究时段是 6 月 27 日到 7 月 1 日，即台风从发展成熟到转向入海。图 13.6.1 给出了水汽位涡的移动路径和台风的移动路径，可见，二者有很好的对应关系，这表明，水汽位涡可以作为台风移动的一个示踪物理量。图 13.6.2(另见彩图 13.6.2)显示了水平面上水汽位涡场及其水平平流场的分布。值得注意的是，水汽位涡平流的负中心与后一时次的水汽位涡中心总是重合的。这是因为，通常水汽位涡平流项的值能够预测水汽位涡的发展，所以通过计算平流项的值，就能预测台风移动方向了。另一方面，台风加强时平流项的值增大，衰减时值减小。因而，水汽位涡平流对台风强度变化也有很好的指示意义。

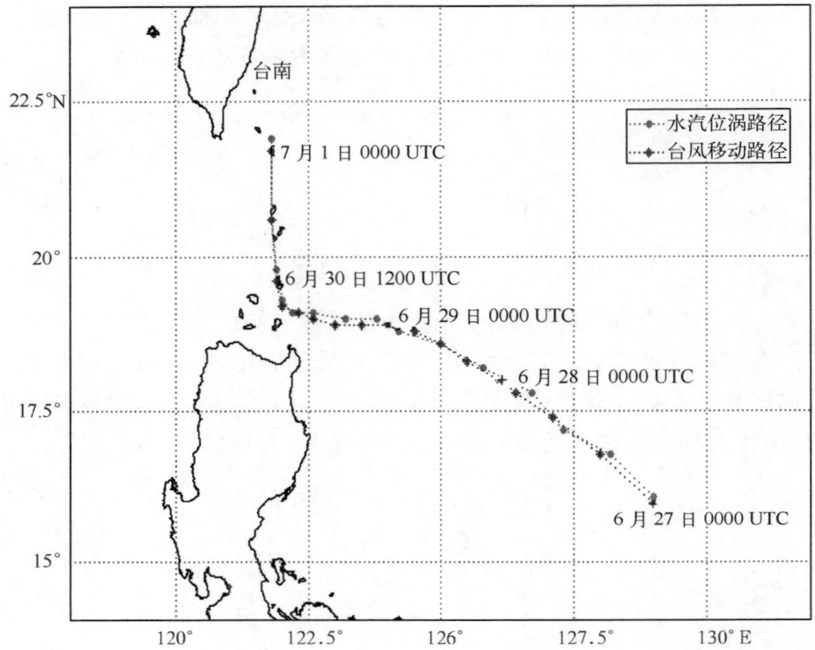

图 13.6.1　2004 年 6 月 27 日—7 月 1 日水汽位涡移动路径(黑圆点)和台风移动路径(方框黑点)

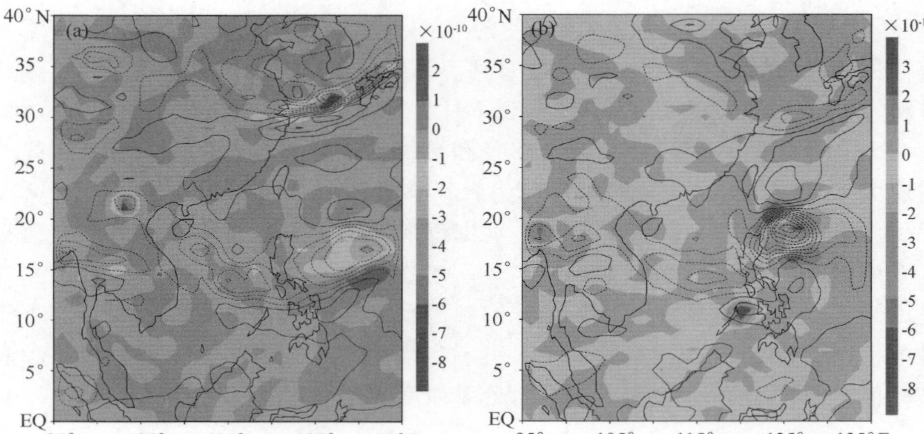

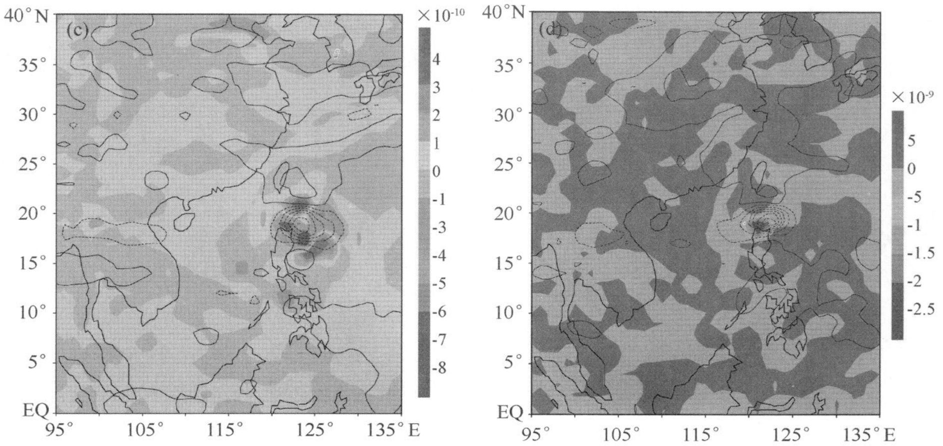

图 13.6.2 2004 年 6 月 27 日—6 月 30 日 500 hPa 上 0000 UTC 的水汽位涡平流(阴影)与 0600 UTC 的水汽位涡(实线)分布

(a)6 月 27 日;(b)6 月 28 日;(c)6 月 29 日;(d)6 月 30 日

13.7 二阶湿位涡应用

无论是空间尺度达几千千米的大尺度系统,还是尺度仅有几千米的对流系统,梯度均是系统发展演变的典型特征,如表现为温度梯度的大尺度锋面系统,具有风场梯度的切变线系统,具有湿度梯度的干线等,这些具有强梯度的大气边界均是暴雨的常发区。过去表征这些梯度边界通常用位温梯度、水汽梯度等,而实际过程中,尤其是有降水发生的地区,这些梯度常常是同时存在的。二阶湿位涡作为一个综合包含了大气热力梯度和动力梯度的物理量,因而在暴雨的诊断与预报中具有重要应用。此外,除了包含单要素的梯度,二阶湿位涡实际还将位涡梯度引入到了大气动力学的诊断中。众所周知,暴雨系统中降水产生时由于上升气流和下沉气流的存在常常伴随着强烈的上下层的动力和热量交换,同时也伴随着位涡的交换,由于凝结潜热产生的高层位涡与低层位涡不断交换,从而使暴雨系统内存在较大的位涡梯度,包含位涡梯度的二阶湿位涡也因此在强降水区出现异常大值区。为了说明这一点,我们将其应用到了 2012 年 7 月 21 日发生在北京地区的极端暴雨过程中。值得注意的是,在实际降水过程的诊断中,由于二阶湿位涡中的斜压涡度较难计算准确,因而通常将其略去,而将二阶湿位涡直接写作:

$$Q_{m2} = \alpha\zeta_a \cdot \nabla Q_m \tag{13.7.1}$$

即绝对涡度矢量与广义湿位涡梯度的标量积。如图 13.7.1a,2012 年 7 月 21 日

的 24 h 降水呈东北—西南走向的带状分布，降水中心主要有三个，分别位于华北的北京地区（约 40°N，116°E），陕西西南部（约 34°N，106°E））及四川东南部（30°N，105°E），其中北京地区的降水最强。与雨带相对应，从 7 月 21 日 1200 UTC 的 TBB 分布（图 13.7.1b）上北京地区存在一个圆形对流云系，该云系在北京维持了较长时间，也是引发北京极端降水的主要因子。从叠加与红外云图的大尺度配置上（图 13.7.1c），这次降水是向东北方向移动的冷锋、低空低涡、低空急流及高空急流共同作用的结果。图 13.7.2（另见彩图 13.7.2）给出了 2012 年 7 月 21 日 0000 UTC—7 月 22 日 0000 UTC 的二阶湿位涡分布。值得注意的是，这里的二阶湿位涡为其绝对值的垂直积分，即 $\langle |Q_{m2}| \rangle = \int_{p=975}^{p=500} |Q_{m2}| \mathrm{d}p$，这样

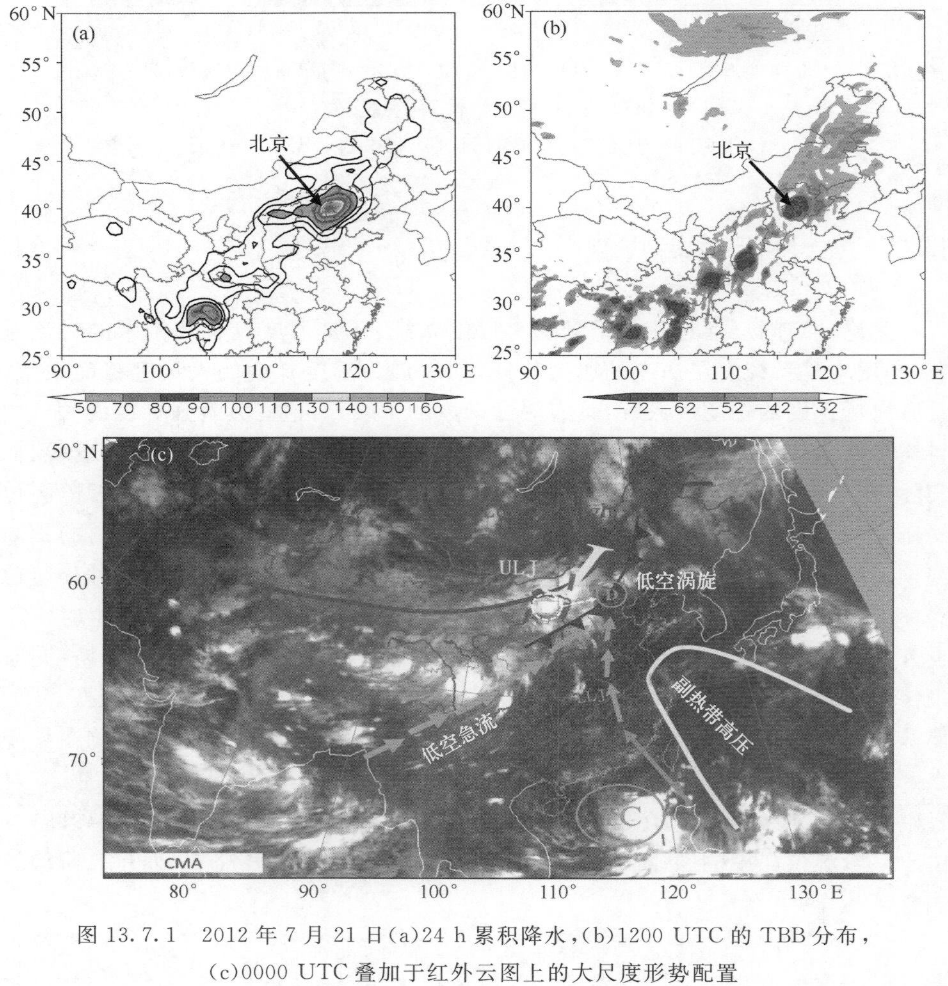

图 13.7.1　2012 年 7 月 21 日(a)24 h 累积降水，(b)1200 UTC 的 TBB 分布，(c)0000 UTC 叠加于红外云图上的大尺度形势配置

做的目的是为了能够将整层大气中与降水有关的因子均包含进来。如图 13.7.2a，7 月 21 日 0000 UTC，强降水呈东北—西南走向的带状分布，两个降水中心分别位于约(37°N，107°E)和(40°N，111°E)位置上(图 13.7.2a 阴影区)。0600 UTC，雨带长度明显加大，两个中心也向相反方向移动(图 13.7.2b)。随着雨带北部降水中心的移动，北京及其周边地区逐渐受到影响，且在 1200 UTC 左右产生了强降水。如图 13.7.2c，华北地区存在一个团状降水区，北京北部的强降水达到 70 mm/6 h，之后，降水区开始向东南方向移动，并且开始影响天津

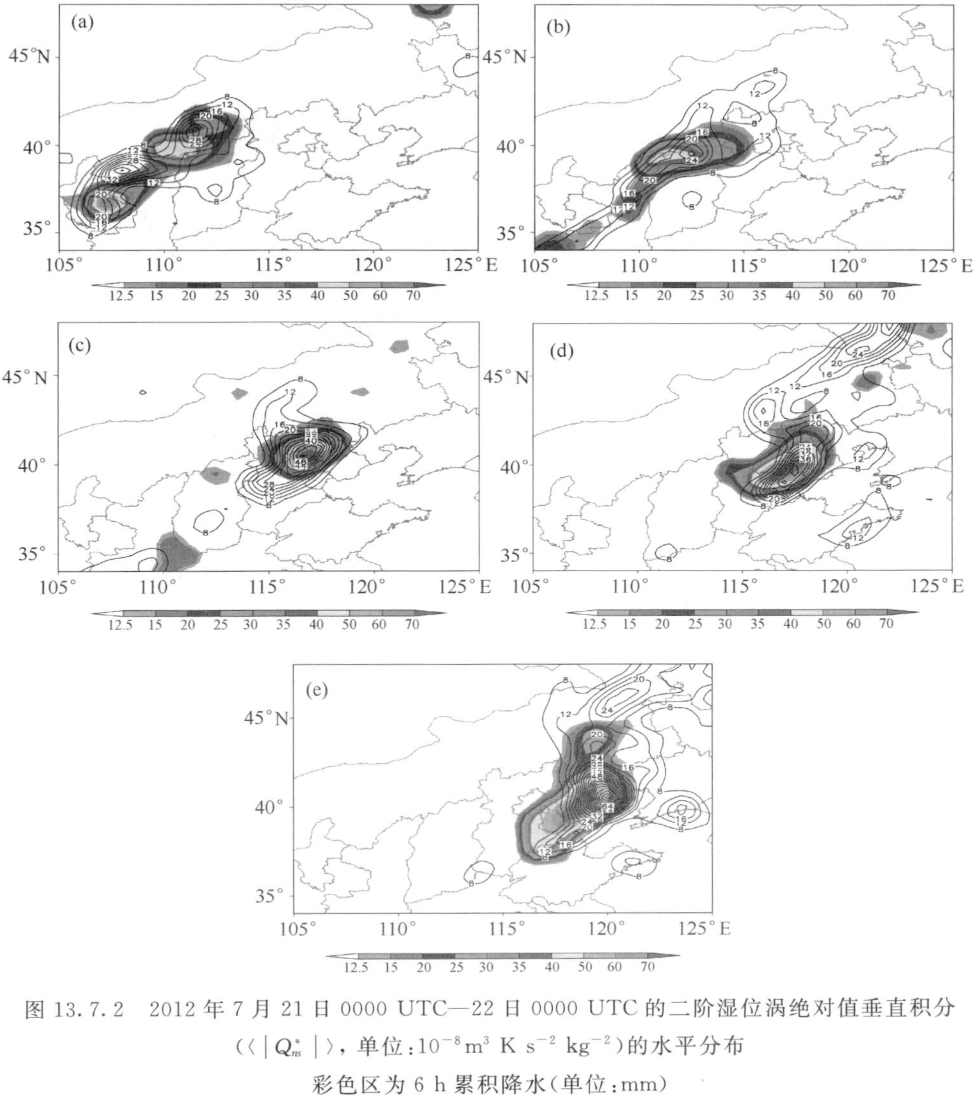

图 13.7.2　2012 年 7 月 21 日 0000 UTC—22 日 0000 UTC 的二阶湿位涡绝对值垂直积分($\langle |Q_{ns}^*| \rangle$，单位：$10^{-8}\,\mathrm{m^3\,K\,s^{-2}\,kg^{-2}}$)的水平分布

彩色区为 6 h 累积降水(单位：mm)

及河北东部地区(图 13.7.2d,e)。整个降水过程中,二阶湿位涡分布的最显著特征是其在降水区表现为异常高值区,且异常值区随降水的移动而移动。该特点在二阶湿位涡的经度一时间变化图中也有所体现。如图 13.7.3,沿 40°N 的降水开始于 2012 年 7 月 20 日 1200 UTC,且经历了两个降水峰值。二阶湿位涡的异常值分布与降水分布具有相似特征,尤其是在 7 月 21 日 1200 UTC 北京出现强降水过程中二阶湿位涡在北京附近出现强中心(约 116.5°E,$10\times10^{-8}m^3\cdot K\cdot s^{-2}\cdot kg^{-2}$)。以上分析表明,二阶湿位涡与强降水存在密切关系,其在降水的诊断与预报应用中均存在较大潜力。

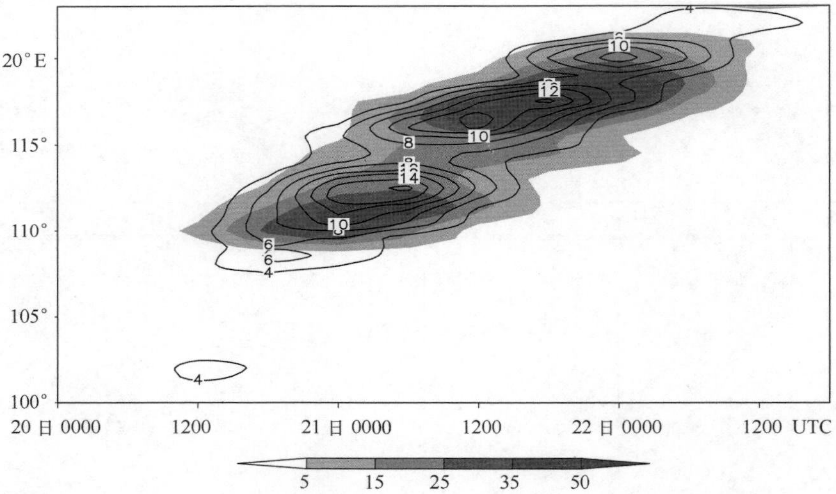

图 13.7.3　2012 年 7 月 20 日 0000 UTC—22 日 1800 UTC 二阶湿位涡沿 40°N 的时间一经度剖面图

(单位:$10^{-8}\ m^3\ K\cdot s^{-2}\cdot kg^{-2}$)。彩色填色区为 6 h 累积降水

参考文献

林朝晖,孙建华,卫 捷,等. 2003. 2002 年夏季气候及汛期实时预测与检验. 气候与环境研究,**8**(3):241-257.

孙建华,陈 红,赵思雄,等. 1999. 华北和北京的酷暑天气 II 模拟试验和机理分析. 气候与环境研究,**4**(4):334-345.

谢庄,崔继良,刘海涛,等. 1999. 华北和北京的酷暑天气 I 历史概况及个例分析. 气候与环境研究,**4**(4):323-333.

张光智,徐祥德,王继志,等. 2003. 北京及周边地区城市尺度热岛特征及其演变. 应用气象学报,**13**:43-50.

Driscoll D M. 1985. Human health. Handbook of Applied Meteorology. Houghton D D, Ed.

John Wiley and Sons, 778-814.

Gao S, Zhou Y S. 2004. Impacts of cloud—induced mass forcing on the development of moist potential vorticity anomaly during torrential. *Adv. Atmos. Sci.*, **21**:923-927.

Gao Shouting, Zhou Yushu, Lei Ting and Sun Jianhua. 2005. Analyses of hot and humid weather in Beijing city in summer and its dynamical identification. *Science in China Ser. D Earth Sciences*, **48**(Supplment Ⅱ):128-137.

Hoppe P. 1999. The physiological equivalent temperature — a universal index for the biometeorological assessment of the thermal environment. *Int. J. Biometeor*, **43**:71-75.

Kalkstein L S and Valimon K M. 1986. An evaluation of summer discomfort in the United States using a relative climatological index. *Bull. Amer. Meteor. Soc.*, **67**:842-848.

Karl T R and Knight R W. 1997. The 1995 Chicago heat wave: How likely is a recurrence? *Bull. Amer. Meteor. Soc.*, **78**:1107-1119.

Qiu C, Bao J and Xu Q. 1993. Is the mass sink due to precipitation negligible? *Mon. Wea. Rev.*, **121**:853-857.

Robinson P J. 2001. On the definition of a heat wave. *J. Appl. Meteor.*, **40**:762-775.

Steadman R G. 1979a. The assessment of sultriness. Part I: A temperature-humidity index based on human physiology and clothing science. *J. Appl. Meteor.*, **18**:861-873.

Steadman R G. 1979b. The assessment of sultriness. Part II: Effect of wind, extra radiation, and barometric pressure on apparent temperature. *J. Appl. Meteor.*, **18**:874-884.

Steadman R G. 1984. A universal scale of apparent temperature. *J. Appl. Meteor.*, **23**:1674-1687.

第14章 矢量场理论与动力预报方法

大气的运动特性主要由矢量场来描述，如风场、涡度场等，人们通常提到的气压梯度、温度梯度（大气的斜压性）等无不属于矢量场。大气基本方程组中最主要的方程是运动方程，其本身也是矢量方程。然而随着大气科学研究的深入发展，人们渐渐地转向标量场的研究，如位涡、位温、螺旋度及流线涡等等。诚然，某些标量场具有守恒、甚至可逆性等很好的特性；但它失去了矢量场中的一些重要信息，不可能取代矢量场。近年来，国内外关于矢量场方面的研究很少，考虑到矢量场无法取代的重要性，本章将介绍有关矢量场理论及其相应的动力预报方法。

14.1 对流涡度矢量（$\boldsymbol{C}$）

大尺度天气系统等位温面的分布是准水平的（锋区除外），且通常位温（θ）随高度而增加，因此位温梯度（$\nabla\theta$）的方向主要呈垂直向上方向；另外大尺度运动是准水平运动，由牵连涡度和相对涡度构成的绝对涡度也主要是在垂直方向上。这就使得 Ertel 位涡（用 Q_E 表示，$Q_E=\frac{\boldsymbol{\xi}_a\cdot\nabla\theta}{\rho}$）有较大的量值，成为大尺度系统中一个较为显著的物理量。同时由于绝热无摩擦大气位涡的守恒性以及在平衡系统中的可逆性，使得它在大尺度系统中得到了广泛的应用，成为平衡系统动力学的核心（Hoskins *et al.*，1985；McIntyre *et al.*，1987；伍荣生等，1989）。然而对于与暴雨有关的中尺度深对流系统，强烈的对流及湿饱和使得等相当位温面的分布近于垂直，导致相当位温梯度（$\nabla\theta_e$）转为近水平方向，这时绝对涡度与相当位温梯度的点积成为小量（如图14.1.1所示）。在这种情况下，位涡就不能很好地示踪大气运动。另外，位涡是一个标量，它始终不能完整地传递主要矢量场的所有信息。因此，高守亭等（Gao *et al.*，2004）提出了用对流涡度矢量（定义为：$\boldsymbol{C}=\frac{\boldsymbol{\xi}_a\times\nabla\theta}{\rho}$）来描述中尺度深对流系统的发生发展。研究表明，在深对流系统中，对流涡度矢量有较大的量值，是个较为显著的物理量，且包含了矢量场的重要信息。

为了寻找对流涡度矢量与降水强弱的相关性，这里选取了2004年8月12

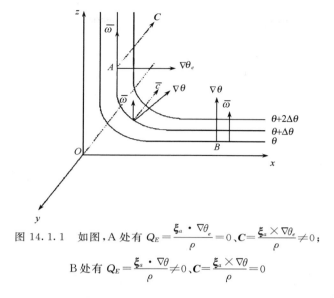

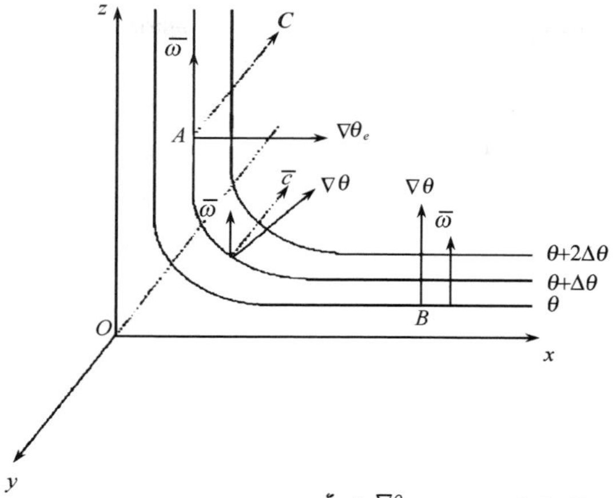

图 14.1.1　如图，A 处有 $Q_E=\dfrac{\boldsymbol{\xi}_a\cdot\nabla\theta_e}{\rho}=0$、$\boldsymbol{C}=\dfrac{\boldsymbol{\xi}_a\times\nabla\theta_e}{\rho}\neq 0$；

B 处有 $Q_E=\dfrac{\boldsymbol{\xi}_a\cdot\nabla\theta}{\rho}\neq 0$、$\boldsymbol{C}=\dfrac{\boldsymbol{\xi}_a\times\nabla\theta}{\rho}=0$

日 0000 UTC 到 13 日 1200 UTC 的一次华北降水过程，先用 ARPS 模式对该过程进行数值模拟，再对模拟结果进行诊断分析（Gao *et al.*，2006）。

为方便分析，将对流涡度矢量分解，写为：

$$\boldsymbol{C}=\frac{\boldsymbol{\xi}_a\times\nabla\theta_e}{\bar{\rho}}=C_x\boldsymbol{i}+C_y\boldsymbol{j}+C_z\boldsymbol{k}\tag{14.1.1}$$

其中，$C_x=\dfrac{1}{\bar{\rho}}\left(\xi_2\dfrac{\partial\theta_e}{\partial z}-\zeta\dfrac{\partial\theta_e}{\partial y}\right)$，$C_y=\dfrac{1}{\bar{\rho}}\left(\zeta\dfrac{\partial\theta_e}{\partial x}-\xi_1\dfrac{\partial\theta_e}{\partial z}\right)$，$C_z=\dfrac{1}{\bar{\rho}}\left(\xi_1\dfrac{\partial\theta_e}{\partial y}-\xi_2\dfrac{\partial\theta_e}{\partial x}\right)$分别为对流涡度矢量的纬向、经向和垂直分量，$\bar{\rho}=\bar{\rho}(z)$为大气基本密度。

绝对涡度定义为：

$$\boldsymbol{\xi}_a=\nabla\times(u\boldsymbol{i}+v\boldsymbol{j}+w\boldsymbol{k})=\xi_1\boldsymbol{i}+\xi_2\boldsymbol{j}+\zeta\boldsymbol{k}\tag{14.1.2}$$

其中，$\xi_1=\dfrac{\partial w}{\partial y}-\dfrac{\partial v}{\partial z}$，$\xi_2=\dfrac{\partial u}{\partial z}-\dfrac{\partial w}{\partial x}$，$\zeta=\dfrac{\partial v}{\partial x}+f-\dfrac{\partial u}{\partial y}$，$f$ 为科氏参数。

将对流涡度矢量的各个分量作垂直积分有：

$$[C_x]=\int_{z_1}^{z_2}\bar{\rho}C_x\,\mathrm{d}z,\ [C_y]=\int_{z_1}^{z_2}\bar{\rho}C_y\,\mathrm{d}z,\ [C_z]=\int_{z_1}^{z_2}\bar{\rho}C_z\,\mathrm{d}z\tag{14.1.3}$$

其中，$z_1=600$ m，$z_2=17000$ m。

若用各种云中粒子的垂直积分之和代表对流系统的强弱，则有：

$$[CH]=\int_{z_1}^{z_2}\bar{\rho}[q_c+q_r+q_s+q_i+q_g]\mathrm{d}z\tag{14.1.4}$$

其中，q_c，q_r，q_s，q_i，q_g 分别代表云水、雨滴、雪花、云冰和霰。另外计算了位涡的垂直积分[PV]，以便和对流系统的强度、对流涡度矢量的各分量进行比较。

通过使用这次个例的资料计算 2004 年 8 月 13 日 0000 UTC 的$[C_x]$、$[C_y]$、

$[C_z]$、$[PV]$以及 $[CH]$的水平分布，如图 14.1.2 所示。可见，对流强弱$[CH]$的分布呈东北－西南走向，这和实际观测到的雨带走向(图略)是一致的，且中心位于(36°N,112.5°E)和 (38°N,117°E)。尽管对流涡度矢量的各分量和位涡的垂直积分也呈类似的东北－西南走向分布，但对流涡度矢量各分量的极值中心与对流强度的极值分布对应很好(图 14.1.2 a,b,c)，而位涡的极值中心和对流强度[CH]的极值位置有所偏差(图 14.1.2 d)，说明了对流涡度矢量比位涡有更好的对流系统强弱的指示意义。

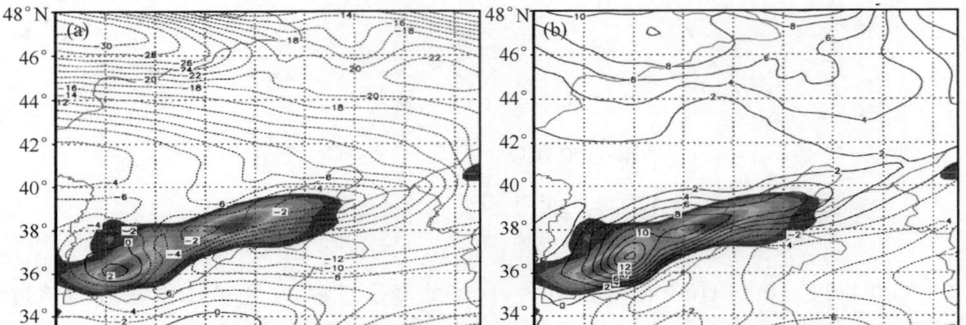

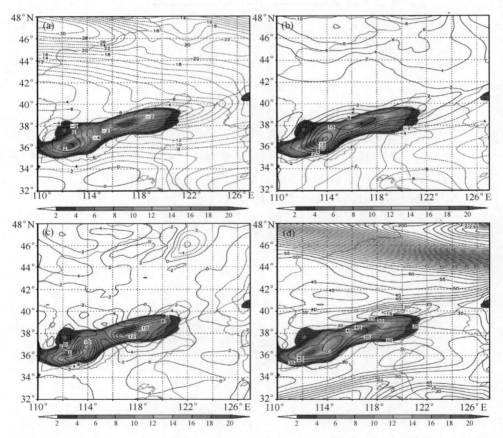

图 14.1.2　2004 年 8 月 13 日 0000 UTC(a)$[C_x]$($10^{-2}\,s^{-1}\cdot K$)，(b)$[C_y]$($10^{-2}\,s^{-1}\cdot K$)，(c)$[C_z]$ ($10^{-4}\,s^{-1}\cdot K$)，(d)[PV] ($10^{-4}\,s^{-1}\cdot K$)以及$[CH]$(图中阴影区，$10^{-1}\,kg\cdot m^{-2}$)的水平分布图

图 14.1.3 为在纬度(32°—48°N)上做经度带(112°—119°E)平均后的$[C_x]$、$[C_y]$、$[C_z]$以及 $[CH]$ 从 2004 年 8 月 12 日 0000 UTC—13 日 1200 UTC 的时间变化图。可见，C 的经向分量$[C_y]$和垂直向分量$[C_z]$的最大值，都与$[CH]$的

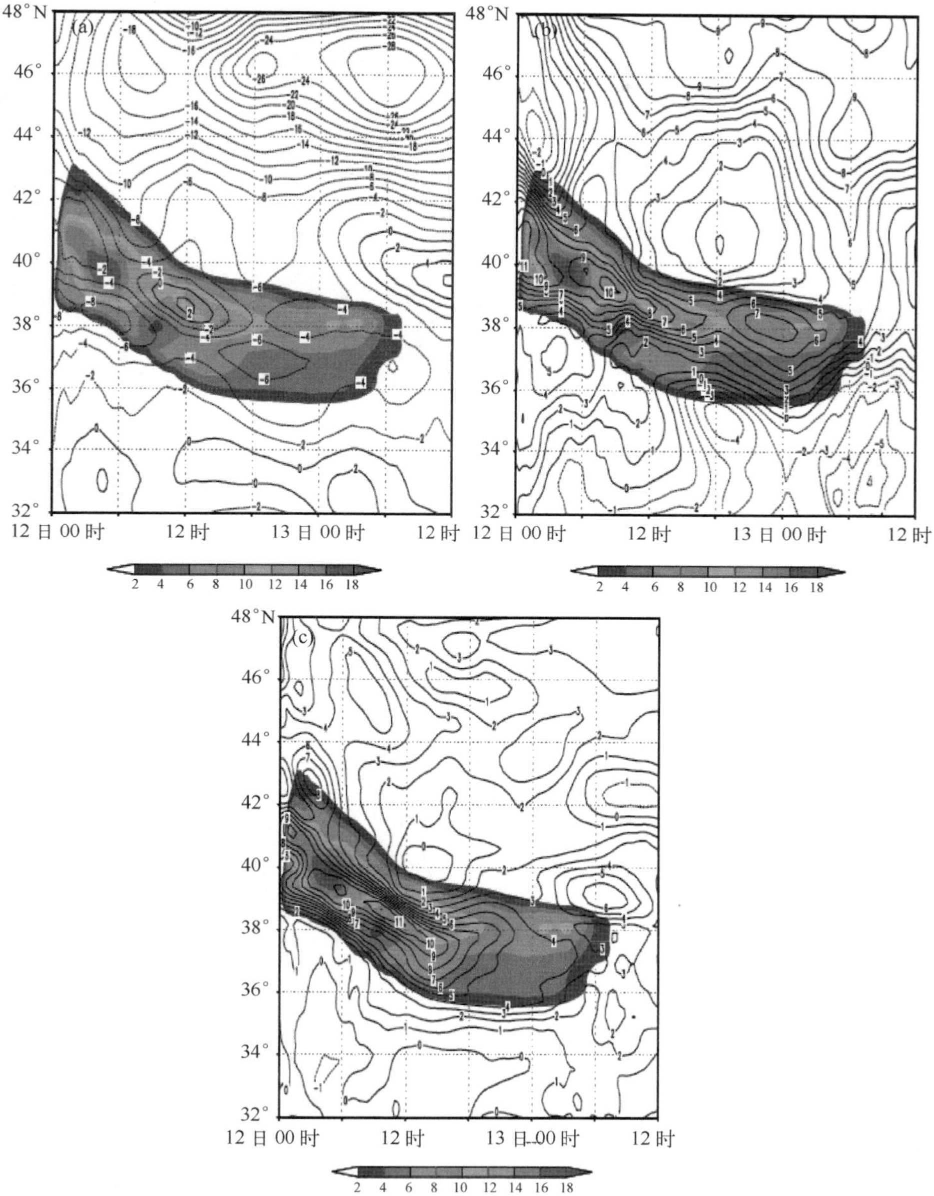

图 14.1.3　2004 年 8 月 12 日 0000 UTC 至 2004 年 8 月 13 日 1200 UTC 沿 112°—119°E 纬圈平均的(a)[C_x]($10^{-2}\,s^{-1}\cdot K$),(b)[C_y]($10^{-2}\,s^{-1}\cdot K$),(c)[C_z]($10^{-4}\,s^{-1}\cdot K$)以及[CH](图中阴影区,$10^{-1}\,kg\cdot m^{-2}$)时间演变和经向分布图

最大值对应，都是随着时间向南传播（图 14.1.3 b，c）。

为进一步比较对流涡度矢量、位涡以及云水的相关性，计算了（37°—42° N，112°—119°E）区域平均的[C_x]、[C_y]、[C_z]、[PV]、[CH]以及降水率的时间变化图（图 14.1.4）。且可得[C_x]和[CH]、[C_y]和[CH]、[C_z]和[CH]、[PV]和

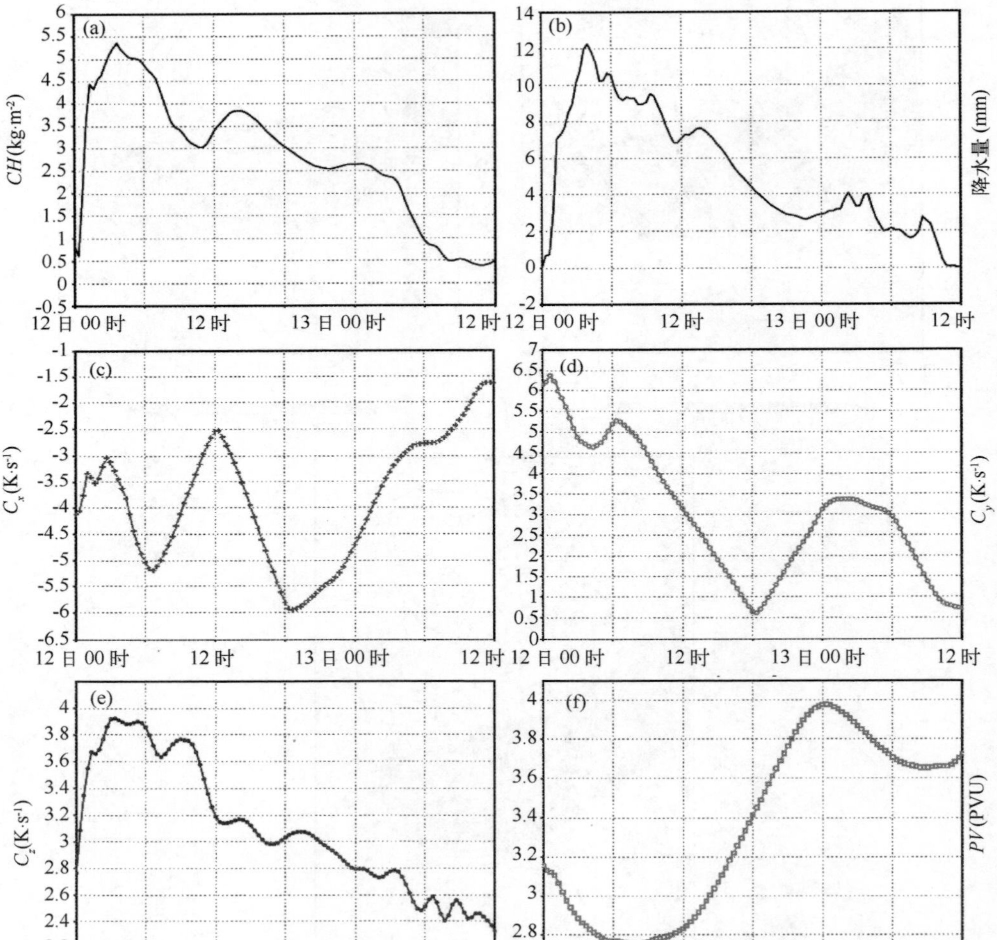

图 14.1.4　2004 年 8 月 12 日 0000 UTC—13 日 1200 UTC 沿（37°—42°N，112°—119°E）区域平均的(a)[CH](10^{-1}kg · m^{-2})，(b)降水率(mm · h^{-1})，(c)[C_x]($10^{-2}s^{-1}$ · K)，(d)[C_y]($10^{-2}s^{-1}$ · K)，(e)[C_z] ($10^{-4}s^{-1}$ · K)，(f)[PV] ($10^{-4}s^{-1}$ · K)的时间变化图

[CH]的线性相关系数分别为－0.44、0.52、0.89 和－0.7。[C_x]和降水率 pr、[C_y]和 pr、[C_z]和 pr、[PV]和 pr 的线性相关系数分别为－0.2、0.55、0.91 和－0.85。

另外，对相关系数的重要性进行 t 测试，在 70 个自由度下，1 %显著水平的临界系数为 0.3。由此可见，[C_y]和[CH]、[C_z]和[CH]在统计上是显著的。又由计算可得，[C_x]和[CH]、[C_y]和[CH]、[C_z]和[CH]、[PV]和[CH]的均方差分别为 0.19、0.27、0.79 和 0.49；[C_x]和降水率 pr、[C_y]和 pr、[C_z]和 pr、[PV]和 pr 的均方差分别为 0.04、0.30、0.82 和 0.72。可见，对流涡度矢量的垂直分量与地面降水率有最大的线性相关系数，故代表了水平涡度和水平位温梯度之间的相互作用。另一方面，尽管对流涡度矢量的经向分量在统计上是显著的，然而它与降水率的相关系数比位涡和降水率的相关系数要小。因此下一节将通过分析[C_z]的影响因子，即根据垂直对流涡度矢量的倾向方程，把垂直对流涡度矢量用到实际大气的临近动力预报中。

14.2　对流涡度矢量的动力预报方法

上一节已经给出了对流涡度矢量($\boldsymbol{C}$)和对流系统发生发展的密切关系，那么如何把它用到实际大气的动力预报中呢？本节从推导对流涡度矢量垂直分量的倾向方程出发，通过对一个实际诊断个例的分析，给出对流涡度矢量在临近动力预报上的应用。

以笛卡尔坐标系下的三维原始方程为出发方程：

$$\frac{\partial u}{\partial t}+u\frac{\partial u}{\partial x}+v\frac{\partial u}{\partial y}+w\frac{\partial u}{\partial z}-fv=-\frac{1}{\bar{\rho}}\frac{\partial p'}{\partial x} \tag{14.2.1}$$

$$\frac{\partial v}{\partial t}+u\frac{\partial v}{\partial x}+v\frac{\partial v}{\partial y}+w\frac{\partial v}{\partial z}+fu=-\frac{1}{\bar{\rho}}\frac{\partial p'}{\partial y} \tag{14.2.2}$$

$$\frac{\partial w}{\partial t}+u\frac{\partial w}{\partial x}+v\frac{\partial w}{\partial y}+w\frac{\partial w}{\partial z}=-\frac{1}{\bar{\rho}}\frac{\partial p'}{\partial z}+B \tag{14.2.3}$$

$$\frac{\partial u}{\partial x}+\frac{\partial v}{\partial y}+\frac{1}{\bar{\rho}}\frac{\partial \bar{p}w}{\partial z}=0 \tag{14.2.4}$$

$$\frac{\mathrm{d}\theta}{\mathrm{d}t}=\frac{\theta}{c_pT}\dot{Q}=S_d \tag{14.2.5}$$

$$\frac{\partial q_v}{\partial t}+u\frac{\partial q_v}{\partial x}+v\frac{\partial q_v}{\partial y}+w\frac{\partial q_v}{\partial z}=S_{q_v} \tag{14.2.6}$$

其中，$p'=p-\bar{p}(z)$，是气压与其基本值的偏差，$\bar{\rho}=\rho(z)$是基本密度，$B=-g\dfrac{\rho'}{\rho}$

是浮力项，$\dot{Q}$ 是非绝热加热率，q_v 是比湿，S_{q_v} 是水汽的源汇项。

相对位温定义为：

$$\theta_e = \theta e^{\frac{l_v q_v}{c_p T}} \tag{14.2.7}$$

其中，θ 和 T 分别是位温和温度，l_v 是凝结潜热，c_p 是干空气的定压比热。

依据方程(14.2.5)和(14.2.6)，相当位温的方程表示为：

$$\frac{\partial \theta_e}{\partial t} + u\frac{\partial \theta_e}{\partial x} + v\frac{\partial \theta_e}{\partial y} + w\frac{\partial \theta_e}{\partial z} = \frac{\theta_e}{c_p T}\widetilde{Q}_s \tag{14.2.8}$$

其中，$\widetilde{Q}_s = \dot{Q} + l_v S_{q_v} - \frac{l_v q_v}{T}\frac{\mathrm{d}T}{\mathrm{d}t}$，$\boldsymbol{V} = u\boldsymbol{i} + v\boldsymbol{j} + w\boldsymbol{k}$。

绝对涡度的定义：

$$\boldsymbol{\xi}_a = \nabla \times (u\boldsymbol{i} + v\boldsymbol{j} + w\boldsymbol{k}) + f\boldsymbol{k} = \xi_1 \boldsymbol{i} + \xi_2 \boldsymbol{j} + \zeta \boldsymbol{k} \tag{14.2.9}$$

其中，$\xi_1 = \frac{\partial w}{\partial y} - \frac{\partial v}{\partial z}$；$\xi_2 = \frac{\partial u}{\partial z} - \frac{\partial w}{\partial x}$；$\zeta = \frac{\partial v}{\partial x} + f - \frac{\partial u}{\partial y}$。这样就可以得到绝对涡度的三个分量的倾向方程如下：

$$\frac{\partial \xi_1}{\partial t} + \boldsymbol{V}\cdot\nabla\xi_1 = \boldsymbol{\xi}_a\cdot\nabla u + \frac{\partial B}{\partial y} + \left(\xi_1 w - \frac{1}{\bar{\rho}}\frac{\partial p'}{\partial y}\right)\frac{\partial \ln\bar{\rho}}{\partial z} \tag{14.2.10}$$

$$\frac{\partial \xi_2}{\partial t} + \boldsymbol{V}\cdot\nabla\xi_2 = \boldsymbol{\xi}_a\cdot\nabla v - \frac{\partial B}{\partial x} + \left(\xi_2 w + \frac{1}{\bar{\rho}}\frac{\partial p'}{\partial x}\right)\frac{\partial \ln\bar{\rho}}{\partial z} \tag{14.2.11}$$

$$\frac{\partial \zeta}{\partial t} + \boldsymbol{V}\cdot\nabla\zeta = \boldsymbol{\xi}_a\cdot\nabla w + \zeta w\frac{\partial \ln\bar{\rho}}{\partial z} \tag{14.2.12}$$

对流涡度矢量的垂直分量的定义式为：

$$C_z = \frac{1}{\bar{\rho}}\left(\xi_1\frac{\partial \theta_e}{\partial y} - \xi_2\frac{\partial \theta_e}{\partial x}\right) \tag{14.2.13}$$

利用方程(14.2.8)以及(14.2.10)—(14.2.12)可以推得对流涡度矢量垂直分量的倾向方程：

$$\begin{aligned}\frac{\partial}{\partial t}C_z = &-\boldsymbol{V}\cdot\nabla C_z + \frac{1}{\bar{\rho}}\left(\xi_2\frac{\partial u}{\partial x} - \xi_1\frac{\partial u}{\partial y} - \boldsymbol{\xi}_a\cdot\nabla v + \frac{\partial p'}{\partial x}\frac{\partial}{\partial z}\left(\frac{1}{\bar{\rho}}\right) + \frac{\partial B}{\partial x}\right)\frac{\partial \theta_e}{\partial x} + \\ &\frac{1}{\bar{\rho}}\left(\xi_2\frac{\partial v}{\partial x} - \xi_1\frac{\partial v}{\partial y} + \boldsymbol{\xi}_a\cdot\nabla u + \frac{\partial p'}{\partial y}\frac{\partial}{\partial z}\left(\frac{1}{\bar{\rho}}\right) + \frac{\partial B}{\partial y}\right)\frac{\partial \theta_e}{\partial y} + \\ &\frac{1}{\bar{\rho}}\left(\xi_2\frac{\partial w}{\partial x} - \xi_1\frac{\partial w}{\partial y}\right)\frac{\partial \theta_e}{\partial z} + \frac{1}{\bar{\rho}}\left[\xi_1\frac{\partial}{\partial y}\left(\frac{\theta_e}{c_p T}\widetilde{Q}_s\right) - \xi_2\frac{\partial}{\partial x}\left(\frac{\theta_e}{c_p T}\widetilde{Q}_s\right)\right]\end{aligned} \tag{14.2.14}$$

在上述方程中，左端项(CZT)表示对流涡度矢量垂直分量的局地变化，右边是它的决定因子：第一项($CZ1$)是[C]垂直分量的平流项，第二项($CZ2$)、第三项($CZ3$)、第四项($CZ4$)是相当位温的垂直梯度与动力场的相互作用，分别与大气的动力、热力、微物理过程有关，第五项（$CZ5$）与非绝热加热有关。

图 14.2.1 是从 2004 年 8 月 12 日 0000 UTC 到 8 月 13 日 1200 UTC 时段内 CTZ、$CZ1$～$CZ5$ 在区域（34°—43°N，112°—119°E）内的平均值随时间的演变。$CZ1$ 和 CZT、$CZ2$ 和 CZT、$CZ3$ 和 CZT、$CZ4$ 和 CZT、$CZ5$ 和 CZT 的线性相关系数分别为：－0.29、0.39、0.46、－0.24 和 0.36，均方差分别为：0.77、1.82、2.35、2.13 和 0.51，量级为 $10^{-8}s^{-2}\cdot K$。CZT 的标准差为 $0.53\times 10^{-8}s^{-2}\cdot K$。由相关系数要超过 1％的显著水平且均方差低于标准差可得，非绝热加热项在 $[C_z]$ 的发展过程中起了主要的作用。

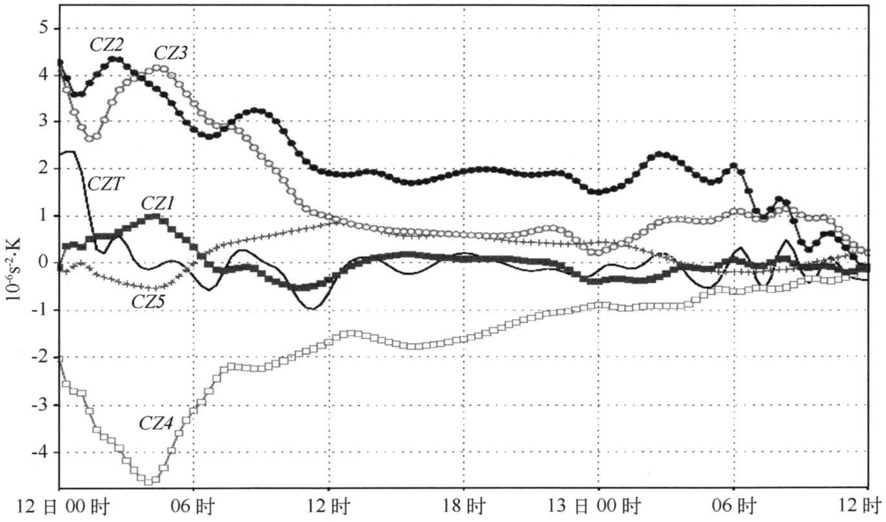

图 14.2.1　2004 年 8 月 12 日 0000 UTC 至 2004 年 8 月 13 日 1200 UTC 沿（37°—42°N，112°—119°E）区域平均的 CZT，$CZ1$，$CZ2$，$CZ3$，$CZ4$ 和 $CZ5$ 的时间变化图

图 14.2.2 给出了 2004 年 8 月 12—13 日 0000 UTC 的 6 h 累积降水量和对流涡度矢量（$\boldsymbol{C}$）垂直分量的时间演变图。可见，二者在分布形态上具有很大的相似性；而且在这个时段里，$\boldsymbol{C}$ 垂直分量极值的位置一直偏东于同时刻的6 h 累积降水量极值的位置，即对流涡度矢量的垂直分量对地面 6 h 降水量有预报意义。可见，$\boldsymbol{C}$ 垂直分量通过倾向方程做时间积分便可成为降水临近预报的一种动力方法。

由以上分析可知，对流涡度矢量可以作为在二维和三维对流发展分析中一个重要的物理参数，可以用到热带、中纬度对流系统的临近预报中，通过对对流涡度矢量垂直分量的倾向方程的短时间积分可以作暴雨系统发生发展的临近预报。

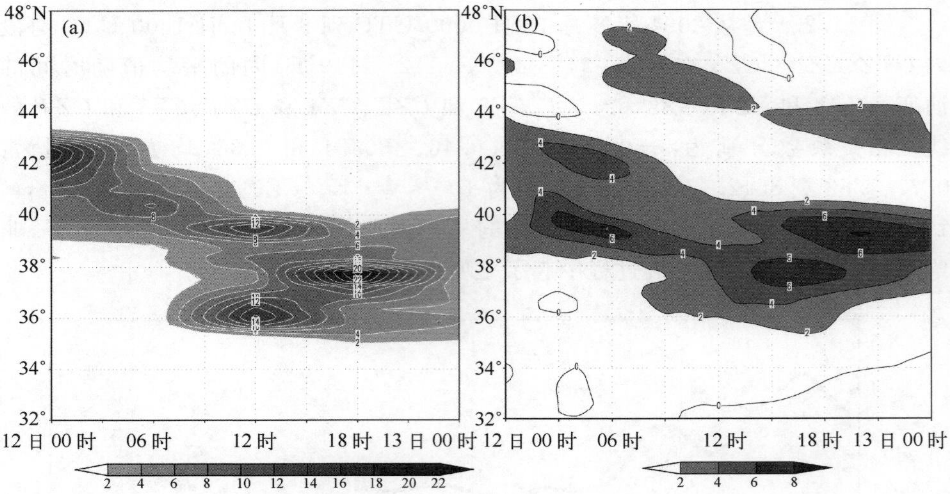

图 14.2.2 2004 年 8 月 12—13 日 0000 UTC 116°E 处的:6 h 累积降水量(a,等值线间隔 2 mm)和对流涡度矢量(C)垂直分量($b,10^{-4}\,s^{-1}\cdot K$)的时间演变图

14.3 湿涡度矢量(*MVV*)和动力涡度矢量(*DVV*)

涡度和位温梯度的各种变形形式做叉乘、点乘之类的数学运算后,得到的位涡、湿位涡、广义湿位涡、对流涡度矢量等在中尺度天气系统的发生发展过程中有较好指示作用。它们考虑的都是运动场和温度场的配置关系。诚然,在一个天气系统的发生发展过程中,风场与温度场的配置是很重要的,它关系到一个系统是发展还是消亡,可以用来预测天气变化;然而,在中尺度系统中,特别是有降水发生时,水汽场与风场的配置关系也是系统发展的一个重要预示。因此,类似于位涡及对流涡度矢量,Gao 等(2005)在水汽位涡($Q_q=\alpha\boldsymbol{\xi}_a\cdot\nabla q$)的基础上提出了两个新矢量——湿涡度矢量(*MVV*,定义为:$\boldsymbol{\omega}_q=\alpha\boldsymbol{\xi}_a\times\nabla q$)及动力涡度矢量(*DVV*,定义为:$\boldsymbol{\omega}_v=\alpha\boldsymbol{\xi}_a\times\mathbf{V}$)。本节将对该理论进行具体介绍。

14.3.1 湿涡度矢量

同样,在对流涡度矢量中用比湿代替位温,得到了与其类似的一个物理量,称之为湿涡度矢量(Gao *et al.*,2005)。下面推导其倾向方程。

用∇q 叉乘(13.6.1)式,得到:

$$\nabla q\times\frac{\partial\boldsymbol{\xi}_a}{\partial t}+\nabla q\times(\mathbf{V}\cdot\nabla)\boldsymbol{\xi}_a$$

$$= \nabla q \times (\boldsymbol{\xi}_a \cdot \nabla)\mathbf{V} - \nabla q \times \boldsymbol{\xi}_a(\nabla \cdot \mathbf{V}) - \nabla q \times (\nabla\alpha \times \nabla p) \quad (14.3.1)$$

用 $\boldsymbol{\xi}_a$ 叉乘(13.6.4)式，可得：

$$\boldsymbol{\xi}_a \times \frac{\partial \nabla q}{\partial t} + \boldsymbol{\xi}_a \times \nabla(\mathbf{V} \cdot \nabla q) = \boldsymbol{\xi}_a \times \nabla S_v \quad (14.3.2)$$

又因为

$$\nabla(\mathbf{V} \cdot \nabla q) = \mathbf{V} \times (\nabla \times \nabla q) + (\mathbf{V} \cdot \nabla)\nabla q + \nabla q \times (\nabla \times \mathbf{V}) + (\nabla q \cdot \nabla)\mathbf{V}$$
$$= (\mathbf{V} \cdot \nabla)\nabla q + \nabla q \times (\nabla \times \mathbf{V}) + (\nabla q \cdot \nabla)\mathbf{V}$$

所以(14.3.2)式化为：

$$\boldsymbol{\xi}_a \times \frac{\partial \nabla q}{\partial t} + \boldsymbol{\xi}_a \times [(\mathbf{V} \cdot \nabla)\nabla q + \nabla q \times (\nabla \times \mathbf{V}) + (\nabla q \cdot \nabla)\mathbf{V}] = \boldsymbol{\xi}_a \times \nabla S_v \quad (14.3.3)$$

令 $\boldsymbol{\omega}_q = \alpha\boldsymbol{\xi}_a \times \nabla q$ 为水汽对流涡度矢量，则有：

$$\frac{\mathrm{d}\boldsymbol{\omega}_q}{\mathrm{d}t} = \frac{\partial}{\partial t}(\alpha\boldsymbol{\xi}_a \times \nabla q) + (\mathbf{V} \cdot \nabla)(\alpha\boldsymbol{\xi}_a \times \nabla q)$$

进一步展开，得：

$$\frac{\mathrm{d}\boldsymbol{\omega}_q}{\mathrm{d}t} = \alpha\boldsymbol{\xi}_a \times \frac{\partial}{\partial t}\nabla q - \alpha\nabla q \times \frac{\partial\boldsymbol{\xi}_a}{\partial t} + (\boldsymbol{\xi}_a \times \nabla q)\frac{\partial\alpha}{\partial t} + \alpha\boldsymbol{\xi}_a \times (\mathbf{V} \cdot \nabla)\nabla q -$$
$$\alpha\nabla q \times (\mathbf{V} \cdot \nabla)\boldsymbol{\xi}_a + (\boldsymbol{\xi}_a \times \nabla q)(\mathbf{V} \cdot \nabla)\alpha \quad (14.3.4)$$

经整理(14.3.4)式得：

$$\frac{\mathrm{d}}{\mathrm{d}t}(\boldsymbol{\omega}_q) = \underset{(1)}{-\alpha\boldsymbol{\xi}_a \times \nabla q \times (\nabla \times \mathbf{V})} \underset{(2)}{- \alpha\boldsymbol{\xi}_a \times (\nabla q \cdot \nabla)\mathbf{V}}$$
$$\underset{(3)}{+\alpha(\boldsymbol{\xi}_a \cdot \nabla)\mathbf{V} \times \nabla q} \underset{(4)}{- \alpha(\nabla\alpha \times \nabla p) \times \nabla q} \underset{(5)}{+ \alpha\boldsymbol{\xi}_a \times \nabla S_v} \quad (14.3.5)$$

第一项是由涡旋效应引起的水汽对流涡度矢量的变化；

第二项、第三项均表示风切变对水汽对流涡度矢量的影响；

第四项体现了力管项与水汽梯度的共同作用，二者的夹角小于 90°时不利于对流涡度矢量的发展，夹角大于 90°时利于它的发展；

第五项为水汽的源汇作用项。

14.3.2 动力涡度矢量

动力涡度矢量定义为：$\boldsymbol{\omega}_v = \alpha\boldsymbol{\xi}_a \times \mathbf{V}$(Gao *et al.*, 2005)，其倾向方程推导如下：

从绝对涡度方程、运动方程出发：

$$\frac{\partial\boldsymbol{\xi}_a}{\partial t} + \mathbf{V} \cdot \nabla\boldsymbol{\xi}_a = (\boldsymbol{\xi}_a \cdot \nabla)\mathbf{V} - \boldsymbol{\xi}_a(\nabla \cdot \mathbf{V}) - \nabla\alpha \times \nabla p \quad (14.3.6)$$

$$\frac{\partial \boldsymbol{v}}{\partial t}+(\boldsymbol{v}\cdot\nabla)\boldsymbol{v}+f\boldsymbol{k}\times\boldsymbol{v}=-\alpha\nabla p-g\boldsymbol{k} \tag{14.3.7}$$

方程(14.3.6)×$\boldsymbol{V}$,可得

$$\frac{\partial \boldsymbol{\xi}_a}{\partial t}\times\boldsymbol{V}+(\boldsymbol{V}\cdot\nabla)\boldsymbol{\xi}_a\times\boldsymbol{V}=(\boldsymbol{\xi}_a\cdot\nabla)\boldsymbol{V}\times\boldsymbol{V}-\boldsymbol{\xi}_a(\nabla\cdot\boldsymbol{V})\times\boldsymbol{V}-\nabla\alpha\times\nabla p\times\boldsymbol{V} \tag{14.3.8}$$

$\boldsymbol{\xi}_a$×方程(14.3.7),得

$$\boldsymbol{\xi}_a\times\frac{\partial \boldsymbol{v}}{\partial t}+\boldsymbol{\xi}_a\times(\boldsymbol{v}\cdot\nabla)\boldsymbol{v}+\boldsymbol{\xi}_a\times(f\boldsymbol{k}\times\boldsymbol{v})=-\boldsymbol{\xi}_a\times\alpha\nabla p-\boldsymbol{\xi}_a\times g\boldsymbol{k} \tag{14.3.9}$$

方程(14.3.8)+(14.3.9),得

$$\begin{aligned}&\frac{\partial}{\partial t}(\boldsymbol{\xi}_a\times\boldsymbol{V})+(\boldsymbol{V}\cdot\nabla)(\boldsymbol{\xi}_a\times\boldsymbol{V})\\&=-\boldsymbol{\xi}_a\times(f\boldsymbol{k}\times\boldsymbol{v})+(\boldsymbol{\xi}_a\cdot\nabla)\boldsymbol{V}\times\boldsymbol{V}-\boldsymbol{\xi}_a(\nabla\cdot\boldsymbol{V})\times\boldsymbol{V}-\\&\quad\nabla\alpha\times\nabla p\times\boldsymbol{V}-\boldsymbol{\xi}_a\times\alpha\nabla p-\boldsymbol{\xi}_a\times g\boldsymbol{k}\end{aligned} \tag{14.3.10}$$

由连续方程$\frac{\mathrm{d}\rho}{\mathrm{d}t}+\rho\nabla\cdot\boldsymbol{V}=0$得到:

$$\nabla\cdot\boldsymbol{V}=-\frac{1}{\rho}\frac{\mathrm{d}\rho}{\mathrm{d}t} \tag{14.3.11}$$

代入(14.3.10),可得:

$$\begin{aligned}\frac{\mathrm{d}}{\mathrm{d}t}(\alpha\boldsymbol{\xi}_a\times\boldsymbol{V})=&-\alpha\boldsymbol{\xi}_a\times(f\boldsymbol{k}\times\boldsymbol{v})+\alpha(\boldsymbol{\xi}_a\cdot\nabla)\boldsymbol{V}\times\boldsymbol{V}-\\&\alpha\nabla\alpha\times\nabla p\times\boldsymbol{V}-\alpha^2\boldsymbol{\xi}_a\times\nabla p-\alpha\boldsymbol{\xi}_a\times g\boldsymbol{k}\end{aligned} \tag{14.3.12}$$

这就是动力涡度矢量的倾向方程。总的来说,动力涡度矢量的个别变化决定于两方面的因素:右边的第一、第四、第五项是和风场有关的项,其余两项是和涡度相关的项。

关于湿涡度矢量(***MVV***)和动力涡度矢量(***DVV***)的动力预报,Gao 等(2005)用二维的湿位涡矢量和动力位涡矢量诊断分析了二维热带对流系统的演变。用湿涡度矢量和动力涡度矢量的倾向方程的短时间积分可以用到对流系统的临近动力预报中。

14.4 非均匀饱和湿大气中非地转 *Q* 矢量

Hoskins 等于 1978 年推导了以 ***Q*** 矢量散度为唯一强迫项的准地转 ω 方程。此后,与准地转 ***Q*** 矢量相关的理论得到了广泛的发展(Lawrence,1991;Huang *et al.*,1997),并出现了许多新的形式:如半地转 ***Q*** 矢量,非地转 ***Q*** 矢量(Davies-Jones,1991),湿 ***Q*** 矢量(Yao and Yu,2004),广义 ***Q*** 矢量(Davies-Jones,1991)

和 **C** 矢量(Xu, 1992)等。它们都有着广泛的应用，常被用到垂直运动、锋生锋消、次级环流等的诊断分析中。然而，所有这些都是做了空气是绝对干或湿饱和的假定。后来，也有学者通过引入非地转湿 **Q** 矢量($\boldsymbol{Q}_m$)检验了潜热释放在 9608 台风暴雨中的作用，强调了潜热释放在降水过程中的重要性(Yao,2004)，但这个分析并不能应用到饱和与未饱和空气的过渡区中。

本节为了得到非均匀饱和大气中的非地转 **Q** 矢量，采用与前面讨论非均匀饱和大气广义湿位涡 GMPV 的产生(Gao *et al.*,2004)类似的办法，把凝结几率函数$(q/q_s)^k(k=9)$引入热动力学方程并重新推导了 $\boldsymbol{Q}_m$ 的表达式，即 $\boldsymbol{Q}_{um}$。

14.4.1　绝热无摩擦、非均匀饱和大气中的非地转湿 Q 矢量

由非均匀饱和大气中的热力学方程出发：

$$\frac{\mathrm{d}\theta^*}{\mathrm{d}t}=-\frac{L\theta^*}{c_pT}\frac{\mathrm{d}}{\mathrm{d}t}[(q/q_s)^k q_s]+\frac{\theta^*}{c_pT}\dot{Q} \tag{14.4.1}$$

令 $H^*=-\frac{L\theta^*}{c_pT}\frac{\mathrm{d}}{\mathrm{d}t}[(q/q_s)^k q_s]+\frac{\theta^*}{c_pT}\dot{Q}$，则 $\frac{\mathrm{d}\theta^*}{\mathrm{d}t}=H^*$；其中，$\theta^*=\theta\exp\left[\frac{Lq_s}{c_pT}\left(\frac{q}{q_s}\right)^k\right]$。

结合 p-坐标下的非地转方程，可得方程组：

$$\frac{\mathrm{d}u}{\mathrm{d}t}=fv_a \tag{14.4.2}$$

$$\frac{\mathrm{d}v}{\mathrm{d}t}=-fu_a \tag{14.4.3}$$

$$\frac{\partial\phi}{\partial p}=-\alpha \tag{14.4.4}$$

$$\frac{\partial u}{\partial x}+\frac{\partial v}{\partial y}+\frac{\partial\omega}{\partial p}=0 \tag{14.4.5}$$

$$\frac{\mathrm{d}\theta^*}{\mathrm{d}t}=H^* \tag{14.4.6}$$

其中 $u_a=u-u_g$，$v_a=v-v_g$，分别是纬向和经向的地转偏差，α 是比容，ϕ 是位势；u 和 v 是纬向和经向风，ω 是垂直风速。

做运算 $f\frac{\partial}{\partial p}$(14.4.2)式，可得：

$$f\frac{\mathrm{d}}{\mathrm{d}t}\left(\frac{\partial u}{\partial p}\right)=-f\left(\frac{\partial v}{\partial p}\frac{\partial u}{\partial y}-\frac{\partial v}{\partial y}\frac{\partial u}{\partial p}\right)+f^2\frac{\partial v_a}{\partial p} \tag{14.4.7}$$

做运算 $f\frac{\partial}{\partial p}$(14.4.3)式，得：

$$f\frac{\mathrm{d}}{\mathrm{d}t}\left(\frac{\partial v}{\partial p}\right)=f\left(\frac{\partial v}{\partial p}\frac{\partial u}{\partial x}-\frac{\partial v}{\partial x}\frac{\partial u}{\partial p}\right)-f^2\frac{\partial u_a}{\partial p} \tag{14.4.8}$$

运算$\frac{\partial}{\partial x}$(14.4.6)式，得：

$$\frac{\mathrm{d}}{\mathrm{d}t}\left(\frac{\partial\theta^*}{\partial x}\right)=\frac{\partial H^*}{\partial x}-\frac{\partial \boldsymbol{V}_h}{\partial x}\cdot\nabla_h\theta^*-\frac{\partial\omega}{\partial x}\cdot\frac{\partial\theta^*}{\partial p} \tag{14.4.9}$$

其中，$\boldsymbol{V}_h$ 为水平风速，

$$\boldsymbol{V}_h=u\boldsymbol{i}+v\boldsymbol{j},\nabla_h=\frac{\partial}{\partial x}\boldsymbol{i}+\frac{\partial}{\partial y}\boldsymbol{j}$$

由 $\theta=T\left(\frac{p_0}{p}\right)^{\frac{R}{c_p}}$，$p=\rho RT$，可得：$\theta=\frac{p}{\rho R}\left(\frac{p_0}{p}\right)^{\frac{R}{c_p}}$

定义：$h_\pi=\frac{R}{p}\left(\frac{p}{p_0}\right)^{\frac{R}{c_p}}$，则：$\theta=\frac{1}{\rho h_\pi}=-\frac{1}{h_\pi}\frac{\partial\phi}{\partial p}$

又因为地转风 $v_g=\frac{1}{f}\frac{\partial\phi}{\partial x}$，则方程(14.4.9)可写为：

$$\frac{\mathrm{d}}{\mathrm{d}t}\left(\frac{\partial\theta}{\partial x}\right)=-\left[\frac{\partial}{\partial t}\left(\frac{f}{h_\pi}\frac{\partial v_g}{\partial p}\right)+u\frac{\partial}{\partial x}\left(\frac{f}{h_\pi}\frac{\partial v_g}{\partial p}\right)+v\frac{\partial}{\partial y}\left(\frac{f}{h_\pi}\frac{\partial v_g}{\partial p}\right)+\omega\frac{\partial}{\partial p}\left(\frac{f}{h_\pi}\frac{\partial v_g}{\partial p}\right)\right] \tag{14.4.10}$$

将 h_π 代入方程(14.4.10)，则方程中最后一项可化为：

$$\omega\frac{\partial}{\partial p}\left(\frac{f}{h_\pi}\frac{\partial v_g}{\partial p}\right)=\omega f\frac{\partial v_g}{\partial p}\left(\rho\frac{\partial\theta}{\partial p}\right)+\omega f\frac{\partial v_g}{\partial p}\left(\theta\frac{\partial\rho}{\partial p}\right)+\omega\frac{f}{h_\pi}\frac{\partial}{\partial p}\left(\frac{\partial v_g}{\partial p}\right)$$

于是(14.4.10)式可以写为：

$$\begin{aligned}\frac{\mathrm{d}}{\mathrm{d}t}\left(\frac{\partial\theta}{\partial x}\right)=&-\left[\frac{\partial}{\partial t}\left(\frac{f}{h_\pi}\frac{\partial v_g}{\partial p}\right)+u\frac{\partial}{\partial x}\left(\frac{f}{h_\pi}\frac{\partial v_g}{\partial p}\right)+v\frac{\partial}{\partial y}\left(\frac{f}{h_\pi}\frac{\partial v_g}{\partial p}\right)+\right.\\&\left.\omega f\frac{\partial v_g}{\partial p}\left(\rho\frac{\partial\theta}{\partial p}\right)+\omega f\frac{\partial v_g}{\partial p}\left(\theta\frac{\partial\rho}{\partial p}\right)+\omega\frac{f}{h_\pi}\frac{\partial}{\partial p}\left(\frac{\partial v_g}{\partial p}\right)\right]\end{aligned} \tag{14.4.11}$$

略去小项 $\omega f\frac{\partial v_g}{\partial p}\left(\theta\frac{\partial\rho}{\partial p}\right)$、$\omega\frac{f}{h_\pi}\frac{\partial}{\partial p}\left(\frac{\partial v_g}{\partial p}\right)$，则(14.4.11)式化为：

$$\frac{\mathrm{d}}{\mathrm{d}t}\left(\frac{\partial\theta}{\partial x}\right)=-\frac{f}{h_\pi}\frac{\mathrm{d}}{\mathrm{d}t}\left(\frac{\partial v_g}{\partial p}\right) \tag{14.4.12}$$

(14.4.9)式可进一步写为：

$$-\frac{f}{h_\pi}\frac{\mathrm{d}}{\mathrm{d}t}\left(\frac{\partial v_g}{\partial p}\right)=\frac{\partial H^*}{\partial x}-\frac{\partial\boldsymbol{V}_h}{\partial x}\cdot\nabla_h\theta-\frac{\partial\omega}{\partial x}\cdot\frac{\partial\theta}{\partial p} \tag{14.4.13}$$

同理由$\frac{\partial}{\partial y}$(14.4.6)式，按照上述方法进行简化，并且考虑 $u_g=-\frac{1}{f}\frac{\partial\phi}{\partial y}$，得到：

$$\frac{f}{h_\pi}\frac{\mathrm{d}}{\mathrm{d}t}\left(\frac{\partial u_g}{\partial p}\right)=\frac{\partial H^*}{\partial y}-\frac{\partial\boldsymbol{V}_h}{\partial y}\cdot\nabla_h\theta-\frac{\partial\omega}{\partial y}\cdot\frac{\partial\theta}{\partial p} \tag{14.4.14}$$

由$\frac{(14.4.8)式}{h_\pi}$+(14.4.13)式，且考虑 $v_a=v-v_g$，得到：

$$\frac{f}{h_\pi}\frac{\mathrm{d}}{\mathrm{d}t}\left(\frac{\partial v_a}{\partial p}\right)=\frac{f}{h_\pi}\left(\frac{\partial v}{\partial p}\frac{\partial u}{\partial x}-\frac{\partial v}{\partial x}\frac{\partial u}{\partial p}\right)-\frac{f^2}{h_\pi}\frac{\partial u_a}{\partial p}+\frac{\partial H^*}{\partial x}-\frac{\partial \mathbf{V}_h}{\partial x}\cdot\nabla_h\theta-\frac{\partial \omega}{\partial x}\cdot\frac{\partial \theta}{\partial p}\tag{14.4.15}$$

由$\dfrac{(14.4.7)\text{式}}{h_\pi}$－(14.4.14)式，且考虑 $u_a=u-u_g$，得到：

$$\frac{f}{h_\pi}\frac{\mathrm{d}}{\mathrm{d}t}\left(\frac{\partial u_a}{\partial p}\right)=-\frac{f}{h_\pi}\left(\frac{\partial v}{\partial p}\frac{\partial u}{\partial y}-\frac{\partial v}{\partial y}\frac{\partial u}{\partial p}\right)+\frac{f^2}{h_\pi}\frac{\partial v_a}{\partial p}-\frac{\partial H^*}{\partial y}+\frac{\partial \mathbf{V}_h}{\partial y}\cdot\nabla_h\theta+\frac{\partial \omega}{\partial y}\cdot\frac{\partial \theta}{\partial p}\tag{14.4.16}$$

近似取 $\dfrac{\mathrm{d}}{\mathrm{d}t}\left(\dfrac{\partial v_a}{\partial p}\right)=0$，$\dfrac{\mathrm{d}}{\mathrm{d}t}\left(\dfrac{\partial u_a}{\partial p}\right)=0$（Dutton，1976），则（14.4.15）式和(14.4.16)式化为：

$$\frac{f}{h_\pi}\left(\frac{\partial v}{\partial p}\frac{\partial u}{\partial x}-\frac{\partial v}{\partial x}\frac{\partial u}{\partial p}\right)-\frac{f^2}{h_\pi}\frac{\partial u_a}{\partial p}+\frac{\partial H^*}{\partial x}-\frac{\partial \mathbf{V}_h}{\partial x}\cdot\nabla_h\theta-\frac{\partial \omega}{\partial x}\cdot\frac{\partial \theta}{\partial p}=0\tag{14.4.17}$$

$$\frac{f}{h_\pi}\left(\frac{\partial v}{\partial p}\frac{\partial u}{\partial y}-\frac{\partial v}{\partial y}\frac{\partial u}{\partial p}\right)-\frac{f^2}{h_\pi}\frac{\partial v_a}{\partial p}+\frac{\partial H^*}{\partial y}-\frac{\partial \mathbf{V}_h}{\partial y}\cdot\nabla_h\theta-\frac{\partial \omega}{\partial y}\cdot\frac{\partial \theta}{\partial p}=0\tag{14.4.18}$$

令 $\sigma=-h_\pi\dfrac{\partial\theta}{\partial p}$，则(14.4.17)式和(14.4.18)式可写成：

$$f\left(\frac{\partial v}{\partial p}\frac{\partial u}{\partial x}-\frac{\partial v}{\partial x}\frac{\partial u}{\partial p}\right)-h_\pi\cdot\frac{\partial \mathbf{V}_h}{\partial x}\cdot\nabla_h\theta+\frac{\partial(h_\pi H^*)}{\partial x}=f^2\frac{\partial u_a}{\partial p}-\sigma\frac{\partial\omega}{\partial x}\tag{14.4.19}$$

$$f\left(\frac{\partial v}{\partial p}\frac{\partial u}{\partial y}-\frac{\partial v}{\partial y}\frac{\partial u}{\partial p}\right)-h_\pi\cdot\frac{\partial \mathbf{V}_h}{\partial y}\cdot\nabla_h\theta+\frac{\partial(h_\pi H^*)}{\partial y}=f^2\frac{\partial v_a}{\partial p}-\sigma\frac{\partial\omega}{\partial y}\tag{14.4.20}$$

定义：

$$Q_{umx}=\frac{1}{2}\left[f\left(\frac{\partial v}{\partial p}\frac{\partial u}{\partial x}-\frac{\partial u}{\partial p}\frac{\partial v}{\partial x}\right)-h_\pi\frac{\partial \mathbf{V}_h}{\partial x}\cdot\nabla_h\theta+\frac{\partial(h_\pi H^*)}{\partial x}\right]\tag{14.4.21}$$

$$Q_{umy}=\frac{1}{2}\left[f\left(\frac{\partial v}{\partial p}\frac{\partial u}{\partial y}-\frac{\partial u}{\partial p}\frac{\partial v}{\partial y}\right)-h_\pi\frac{\partial \mathbf{V}_h}{\partial y}\cdot\nabla_h\theta+\frac{\partial(h_\pi H^*)}{\partial y}\right]\tag{14.4.22}$$

将 H^* 代入，得：

$$Q_{umx}=\frac{1}{2}\left\{f\left(\frac{\partial v}{\partial p}\frac{\partial u}{\partial x}-\frac{\partial u}{\partial p}\frac{\partial v}{\partial x}\right)-h_\pi\frac{\partial \mathbf{V}_h}{\partial x}\cdot\nabla_h\theta-\frac{\partial}{\partial x}\left\{\frac{LR}{c_p\cdot p}\frac{\mathrm{d}}{\mathrm{d}t}\left[q_s\left(\frac{q}{q_s}\right)^k\right]-\frac{R}{c_p\cdot p}\dot{Q}\right\}\right\}\tag{14.4.23}$$

$$Q_{umy}=\frac{1}{2}\left\{f\left(\frac{\partial v}{\partial p}\frac{\partial u}{\partial y}-\frac{\partial u}{\partial p}\frac{\partial v}{\partial y}\right)-h_\pi\frac{\partial \mathbf{V}_h}{\partial y}\cdot\nabla_h\theta-\frac{\partial}{\partial y}\left\{\frac{LR}{c_p\cdot p}\frac{\mathrm{d}}{\mathrm{d}t}\left\{q_s\left[\frac{q}{q_s}\right)^k\right)-\frac{R}{c_p\cdot p}\dot{Q}\right\}\right\}\tag{14.4.24}$$

则有：

$$Q_{umx}=\frac{1}{2}f^2\left(\frac{\partial u_a}{\partial p}-\sigma\frac{\partial\omega}{\partial x}\right) \tag{14.4.25}$$

$$Q_{umy}=\frac{1}{2}f^2\left(\frac{\partial v_a}{\partial p}-\sigma\frac{\partial\omega}{\partial y}\right) \tag{14.4.26}$$

这里 σ 是静力稳定参数($\sigma=-h_\pi\frac{\partial\theta}{\partial p}$, $h_\pi=\frac{\alpha}{\theta}$)。

做运算$\frac{\partial(14.4.25)式}{\partial x}+\frac{\partial(14.4.26)式}{\partial y}$,得到：

$$\frac{\partial Q_{umx}}{\partial x}+\frac{\partial Q_{umy}}{\partial y}=-\frac{1}{2}(f^2\frac{\partial^2\omega}{\partial p^2}+\sigma\nabla^2\omega)$$

令 $\boldsymbol{Q}_{um}=Q_{umx}\boldsymbol{i}+Q_{umy}\boldsymbol{j}$,则：$\nabla\cdot\boldsymbol{Q}_{um}=\frac{\partial Q_{umx}}{\partial x}+\frac{\partial Q_{umy}}{\partial y}$

可得包含非绝热加热效应的非地转 ω—方程：

$$f\frac{\partial^2\omega}{\partial p^2}+\nabla_h^2(\sigma\omega)=-2\nabla_h\cdot\boldsymbol{Q}_{um} \tag{14.4.27}$$

方程(14.4.27)表明$\nabla_h\cdot\boldsymbol{Q}_{um}$是非地转非绝热 ω 方程中唯一的强迫项。可见,如果垂直运动具有波动解,则 $\omega\propto\nabla_h\cdot\boldsymbol{Q}_{um}$。当$\nabla_h\cdot\boldsymbol{Q}_{um}>0$, $\omega>0$;当$\nabla_h\cdot\boldsymbol{Q}_{um}<0$, $\omega<0$。下沉运动对应 $\boldsymbol{Q}_{um}$ 的辐散区而上升运动对应 $\boldsymbol{Q}'_{um}$ 的辐合区。与 $\boldsymbol{Q}_m$ 相似,$\boldsymbol{Q}_{um}$ 也指向上升气流一侧。同时,方程(14.4.27)表明$\nabla_h\cdot\boldsymbol{Q}'_{um}$和降水有较好的对应关系,$\nabla_h\cdot\boldsymbol{Q}'_{um}$是非地转 ω 方程的强迫项,因此,$\boldsymbol{Q}_{um}$ 的辐合加强了上升运动和次级环流,有利于暴雨的发生。

14.4.2 Q 矢量的各种简化形式

若不考虑非绝热加热项($Q_d=0$),(14.4.23)式、(14.4.24)式可化为：

$$Q_{umx}=\frac{1}{2}\left\{f\left(\frac{\partial v}{\partial p}\frac{\partial u}{\partial x}-\frac{\partial u}{\partial p}\frac{\partial v}{\partial x}\right)-h_\pi\frac{\partial\boldsymbol{V}_h}{\partial x}\cdot\nabla_h\theta-\frac{\partial}{\partial x}\left\{\frac{LR}{c_p\cdot p}\frac{\mathrm{d}}{\mathrm{d}t}\left[q_s\left(\frac{q}{q_s}\right)^k\right]\right\}\right\} \tag{14.4.28}$$

$$Q_{umy}=\frac{1}{2}\left\{f\left(\frac{\partial v}{\partial p}\frac{\partial u}{\partial y}-\frac{\partial u}{\partial p}\frac{\partial v}{\partial y}\right)-h_\pi\frac{\partial\boldsymbol{V}_h}{\partial y}\cdot\nabla_h\theta-\frac{\partial}{\partial y}\left\{\frac{LR}{c_p\cdot p}\frac{\mathrm{d}}{\mathrm{d}t}\left[q_s\left(\frac{q}{q_s}\right)^k\right]\right\}\right\} \tag{14.4.29}$$

上式即为绝热无摩擦、非均匀饱和大气中的湿 $\boldsymbol{Q}$ 矢量 $\boldsymbol{Q}_{um}$。

干大气中,$q=0$, $(q/q_s)^k=0$, $\theta^*=\theta$,$\nabla_h\cdot\left\{\frac{LR}{c_p\cdot p}\frac{\mathrm{d}}{\mathrm{d}t}\left[q_s\left(\frac{q}{q_s}\right)^k\right]\right\}=0$, 则 $\boldsymbol{Q}_{um}$不是 q 和 q_s 的函数。因此,方程(14.4.28)、(14.4.29)可进一步简化为：

$$Q_{umx}=\frac{1}{2}\left[f\left(\frac{\partial v}{\partial p}\frac{\partial u}{\partial x}-\frac{\partial u}{\partial p}\frac{\partial v}{\partial x}\right)-h_\pi\frac{\partial\boldsymbol{V}_h}{\partial x}\cdot\nabla_h\theta\right] \tag{14.4.30}$$

$$Q_{umy}=\frac{1}{2}\left[f\left(\frac{\partial v}{\partial p}\frac{\partial u}{\partial y}-\frac{\partial u}{\partial p}\frac{\partial v}{\partial y}\right)-h_{\pi}\frac{\partial \mathbf{V}_h}{\partial y}\cdot\nabla_h\theta\right] \tag{14.4.31}$$

方程(14.4.30)、(14.4.31) 即为干大气中的 $\boldsymbol{Q}$ 矢量。

饱和大气中，$q=q_s$，$(q/q_s)^k=1$，$\theta^*=\theta_e$，$\nabla_h\cdot\left\{\frac{LR}{c_p\cdot p}\frac{\mathrm{d}}{\mathrm{d}t}\left[q_s\left(\frac{q}{q_s}\right)^k\right]\right\}=\nabla_h\cdot\left(\frac{LR}{c_p\cdot p}\frac{\mathrm{d}q_s}{\mathrm{d}t}\right)\sim\nabla_h\cdot\left(\frac{LR\omega}{c_p\cdot p}\frac{\partial q_s}{\partial p}\right)$，则 $\boldsymbol{Q}_{um}$ 不是 q 的函数。因此，方程(14.4.28)、(14.4.29)变成：

$$Q_{umx}=\frac{1}{2}\left[f\left(\frac{\partial v}{\partial p}\frac{\partial u}{\partial x}-\frac{\partial u}{\partial p}\frac{\partial v}{\partial x}\right)-h_{\pi}\frac{\partial \mathbf{V}_h}{\partial x}\cdot\nabla_h\theta-\frac{\partial}{\partial x}\left(\frac{LR\omega}{c_p\cdot p}\frac{\partial q_s}{\partial p}\right)\right] \tag{14.4.32}$$

$$Q_{umy}=\frac{1}{2}\left[f\left(\frac{\partial v}{\partial p}\frac{\partial u}{\partial y}-\frac{\partial u}{\partial p}\frac{\partial v}{\partial y}\right)-h_{\pi}\frac{\partial \mathbf{V}_h}{\partial y}\cdot\nabla_h\theta-\frac{\partial}{\partial y}\left(\frac{LR\omega}{c_p\cdot p}\frac{\partial q_s}{\partial p}\right)\right] \tag{14.4.33}$$

方程(14.4.32)、(14.4.33)即为饱和大气中的湿 $\boldsymbol{Q}$ 矢量。

在未饱和区，$0<q<q_s$，$0<(q/q_s)^k<1$，$\theta^*\neq\theta$，且 $\theta^*\neq\theta_e$，因此$\nabla_h\cdot\left\{\frac{LR}{c_p\cdot p}\frac{\mathrm{d}}{\mathrm{d}t}\left[q_s\left(\frac{q}{q_s}\right)^k\right]\right\}$ 是 q 和 q_s 的函数，这有利于 $\boldsymbol{Q}_{um}$ 的产生。同时也表明 $\boldsymbol{Q}_{um}$ 通过$\nabla_h\cdot\left\{\frac{LR}{c_p\cdot p}\frac{\mathrm{d}}{\mathrm{d}t}\left[q_s\left(\frac{q}{q_s}\right)^k\right]\right\}$项而起作用只有在未饱和区才成立。

$\boldsymbol{Q}_{um}$ 能普遍地表示干空气、未饱和湿空气和饱和湿大气中的 $\boldsymbol{Q}$ 矢量，所以它能被应用到有潜热释放的饱和与非饱和的过渡区中对垂直运动的驱动作用。

14.5　Q 矢量的动力预报方法

14.4 节中介绍了非均匀饱和湿大气中非地转 $\boldsymbol{Q}$ 矢量($\boldsymbol{Q}_{um}$)，它不仅包含了潜热释放效应，而且还含有相对湿度作用，比干 $\boldsymbol{Q}$ 矢量 $\boldsymbol{Q}_{dry}$ 和饱和湿 $\boldsymbol{Q}$ 矢量 $\boldsymbol{Q}_m$ 更具完备的物理意义，可用于饱和与未饱和过渡区的降水分析与预报中。

这里以一次大的梅雨锋降水过程(2003 年 7 月 4 日 0000 UTC—5 日 1200 UTC)为例来说明 $\boldsymbol{Q}_{um}$ 在临近预报上的应用。

用 WRF 模式进行数值模拟，图 14.5.1 是沿 118°E 所做的 6 h 累积降水的时间—纬向剖面图(2003 年 7 月 4 日 0000 UTC—5 日 1200 UTC)。最大 6 h 累积降水发生在 7 月 5 日 0000 UTC—5 日 0600 UTC。

对比分析 Q_{umx}/Q_{umy} 和相对湿度场(图 14.5.2a，b)，本次暴雨过程中 $\boldsymbol{Q}_{um}$ 的确仅仅发生在相对湿度超过 70%的区域。

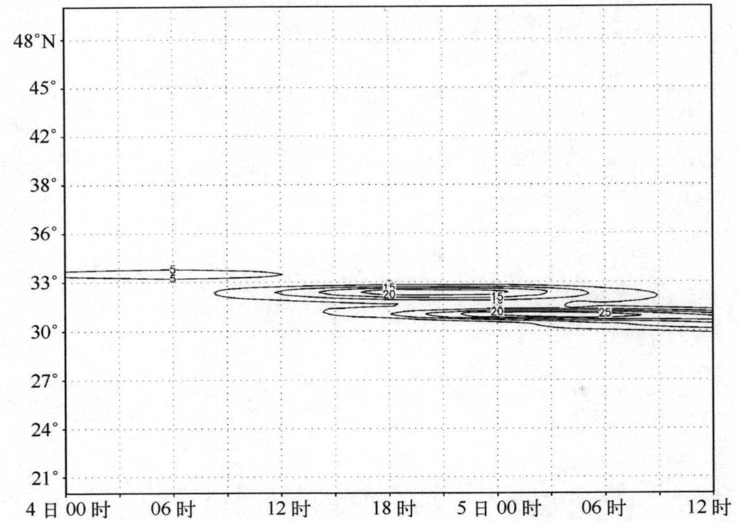

图 14.5.1　118°E 上各纬度从 2003 年 7 月 4 日 0000 UTC 到 7 月 5 日 1200 UTC 的 6 h 累积降水量的时间纬度剖面图

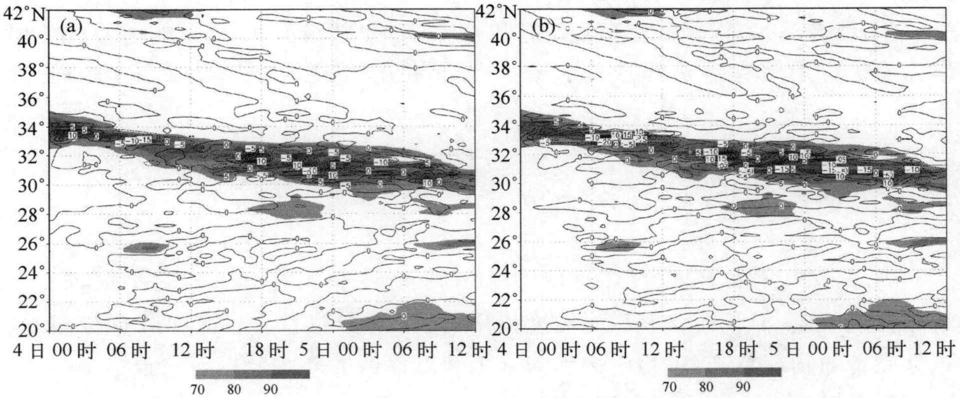

图 14.5.2　750 hPa 上沿 118°E 从 2003 年 7 月 4 日 0000 UTC 至 7 月 5 日 1200 UTC 的时间纬度剖面图

(a) Q_{umx} (10^{-12} hPa^{-1} s^{-3} m) 和相对湿度 (%)，(b) Q_{umy} (10^{-12} hPa^{-1} s^{-3} m)和相对湿度(%)，等值线表示 Q_{umx} 和 Q_{umy} 值，阴影部分表示相对湿度超过 70%

Yao(2004)等用非地转湿 $\boldsymbol{Q}$ 矢量 $\boldsymbol{Q}_m$ 诊断分析了 9608 台风暴雨过程，发现 $\boldsymbol{Q}_m$ 散度和降水区的对应关系优于低对流层干 $\boldsymbol{Q}$ 矢量散度和降水区的对应。这强调了潜热释放对降水的作用。但在实际大气中，由于非均匀饱和性，将相对湿度效应引入 Q 矢量，即 Q_{um}，更为合理。在梅雨锋暴雨个例中，低对流层的 Q_{um} 散度比干 Q 矢量散度、Q_m 散度和垂直风速 ω 能够更好的指示降水的发生发展（图 14.5.3 a，b，c，图 14.5.4，图 14.5.5）。图 14.5.3b 和图 14.5.3c 分别为 750 hPa $\nabla_h \cdot Q_{dry}$ 和 $\nabla_h \cdot Q_m$ 沿 118°E 的时间—经向剖面图。虽然降水区内有干 Q 矢量 Q_{dry} 和非地转湿 Q 矢量 Q_m 的辐合，但是它们的辐合区远远小于降水区；而非均匀饱和 Q 矢量 Q_{um} 的辐合区和降水区的对应较好。这就体现了非均匀饱和 Q 矢量 Q_{um} 相对于干 Q 矢量 Q_{dry} 和非地转湿 Q 矢量 Q_m 在暴雨诊断方面的优越性。

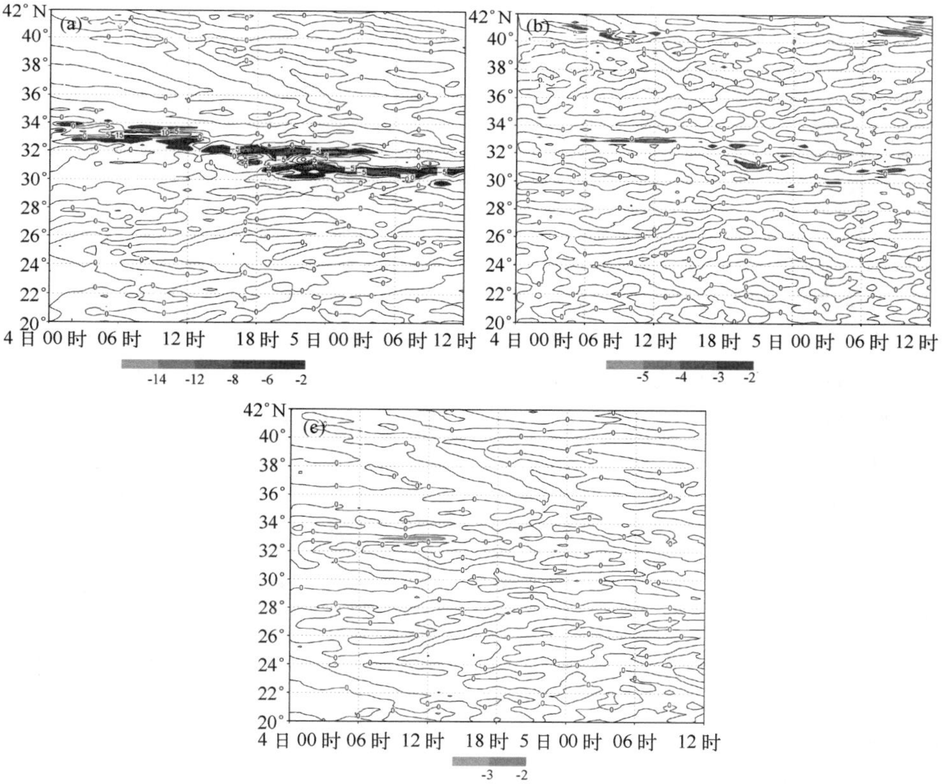

图 14.5.3　为 118°E 上 750 hPa 从 2003 年 7 月 4 日 0000 UTC 至 7 月 5 日 1200 UTC 的时间纬度剖面图

(a) Q_{umx} 的水平散度（10^{-16} hPa^{-1} · s^{-3}）；(b) Q_{dry} 的水平散度（10^{-16} hPa^{-1} · s^{-3}）；(c) Q_m 的水平散度（10^{-16} hPa^{-1} · s^{-3}）；阴影表示值小于－2

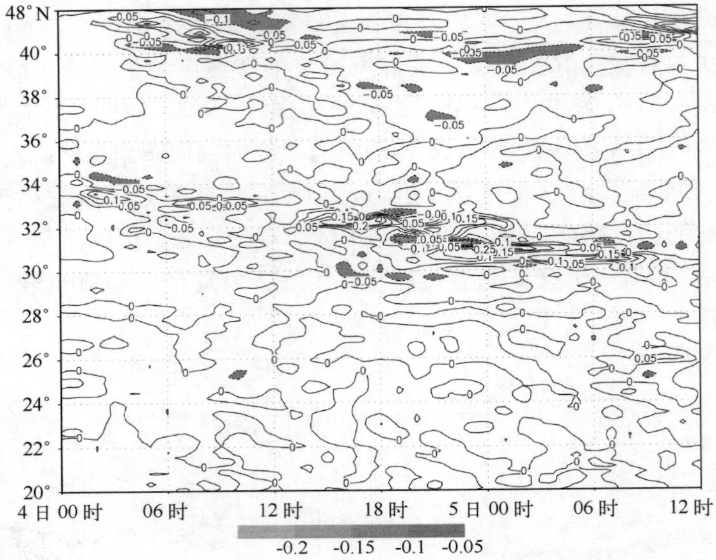

图 14.5.4　为 118°E 上 750 hPa 从 2003 年 7 月 4 日 0000 UTC 至 7 月 5 日 1200 UTC 的垂直速度 ω(hPa · s^{-1})的时间纬度剖面图,阴影表示值小于－0.05

下面具体比较图 14.5.1 和图 14.5.3a。由图可见,自 2003 年 7 月 4 日 0000 UTC 之后,降水开始,雨带在 $\boldsymbol{Q}_{um}$ 水平散度的强辐合区($-\nabla_h \cdot \boldsymbol{Q}_{um}$)形成。他们的移动趋势一致,从 33°N 以北移向 33°—31.5°N之间,然后向 30°N移动。两个降水最大值分别发生在 4 日 17 时—5 日 0000 UTC、4 日 2300 UTC—5 日 0800 UTC,而两个非均匀饱和 $\boldsymbol{Q}$ 矢量 $\boldsymbol{Q}_{um}$ 的强辐合区($-\nabla_h \cdot \boldsymbol{Q}_{um}$)分别出现在 32°N, 4 日 17 时和 31°N, 4 日 23 时。可见,由 $\boldsymbol{Q}_{um}$ 可以较好地预报降水最大值的位置。另外,非均匀饱和 $\boldsymbol{Q}$ 矢量 $\boldsymbol{Q}_{um}$ 的水平辐合值($-\nabla_h \cdot \boldsymbol{Q}_{um}$)随未来 6 h 降水量的增大而增大,这从图 14.5.1 和图 14.5.3a 也可看出。从 2003 年 7 月 5 日 0000 UTC 到5 日 0600 UTC,累积 6 h 降水率达其最大值(30 mm/6 h,图 14.5.5a),而非均匀饱和 $\boldsymbol{Q}$ 矢量 $\boldsymbol{Q}_{um}$ 水平辐合($-\nabla_h \cdot \boldsymbol{Q}_{um}$) 的 6 h 平均值达峰值(约 -9×10^{-16} $hPa^{-1}\cdot s^{-3}$)的时段为 4 日 18 时—5 日 0000 UTC(图 14.5.5b),先于降水。以上分析表明,$\nabla_h \cdot \boldsymbol{Q}_{um}$ 可较好的指示未来 6 h 降水,它是一种很有意义的动力预报方法。

另外,由于$\nabla_h \cdot \boldsymbol{Q}_{um}$ 是非地转 ω 方程的强迫项,因此,非均匀饱和 $\boldsymbol{Q}$ 矢量 $\boldsymbol{Q}_{um}$ 的水平辐合(包含潜释放和相对湿度) 可加强上升运动和次级环流,从而导致暴雨。这也是 $\boldsymbol{Q}$ 矢量的一个应用领域。

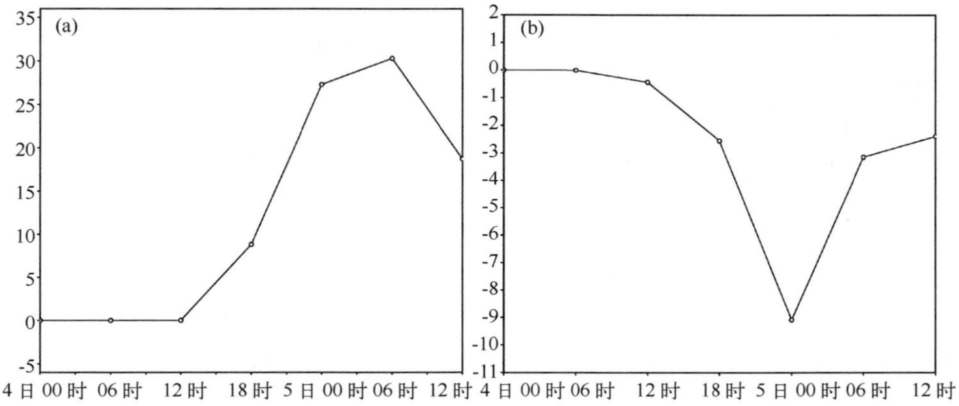

图 14.5.5　2003 年 7 月 4 日 0000 UTC—5 日 1200 UTC 降水中心(119°E, 32°N)处的(a)6 h 降水量图(mm)和(b) Q_{um} 的水平散度图(10^{-16} $hPa^{-1}\cdot s^{-3}$)

14.6　*E* 矢量

大气中不同尺度间的相互作用是非常重要的。例如气旋式辐合的天气尺度背景有利于中尺度系统的发生发展，而反气旋式辐散的天气尺度背景则不利于中尺度系统的发生发展。因此研究中尺度，还应当考虑天气尺度环流背景的影响。本节将通过介绍 ***E*** 矢量(James，1994)来说明在什么情况下会出现对中尺度系统发展有利的天气尺度环流背景场。

任一运动都可分解成平均运动和瞬变运动两个部分，有：

$$u = \overline{u} + u' \tag{14.6.1}$$

$$v = \overline{v} + v' \tag{14.6.2}$$

$\overline{u}, \overline{v}$ 表示时间平均基本流，下面简称为平均流；u'，v' 可以用来描述瞬变涡的性质。对于天气尺度系统，准地转理论是适用的。

根据水平动量方程：

$$\frac{\partial u}{\partial t} + \mathbf{V}\cdot\nabla u = -\frac{1}{\rho}\frac{\partial p}{\partial x} + fv \tag{14.6.3}$$

$$\frac{\partial v}{\partial t} + \mathbf{V}\cdot\nabla v = -\frac{1}{\rho}\frac{\partial p}{\partial y} - fu \tag{14.6.4}$$

在地转平衡近似下，将水平动量方程取时间平均，有：

$$\overline{\mathbf{V}\cdot\nabla u} = fv_a \tag{14.6.5}$$

$$\overline{\mathbf{V}\cdot\nabla v} = -fu_a \tag{14.6.6}$$

其中，u_a，v_a 为地转偏差，

$$u_a = u - u_g,\ v_a = v - v_g \tag{14.6.7}$$

(14.6.5)式表明在高空急流的入口区有向极运动的非地转流，出口区有向赤道的非地转流。这样，在急流入口区的向极一侧产生高空辐合，向赤道一侧产生高空辐散；同理，在急流出口区的赤道一侧产生高空辐合，向极一侧产生高空辐散。由质量连续性原理，辐散区所在的对流层中层将会产生上升运动、平流层产生下沉运动以补偿该区域(高空急流的区域大概在 200 hPa，即对流层顶)的质量亏损，而辐合区所在的对流层中层将会产生下沉运动、平流层产生上升运动以抵消质量盈余。由于平流层是高度静力稳定的，故平流层所产生的垂直运动特别弱。这样，在急流的入口区和出口区的对流层就分别产生了方向相反的经向环流圈(如图 14.6.1 所示)。同时环流圈的上升支在对流层的低层生成了气旋式涡旋，高层生成反气旋式涡旋，也就形成了天气图上观测到的急流附近的瞬变涡旋。

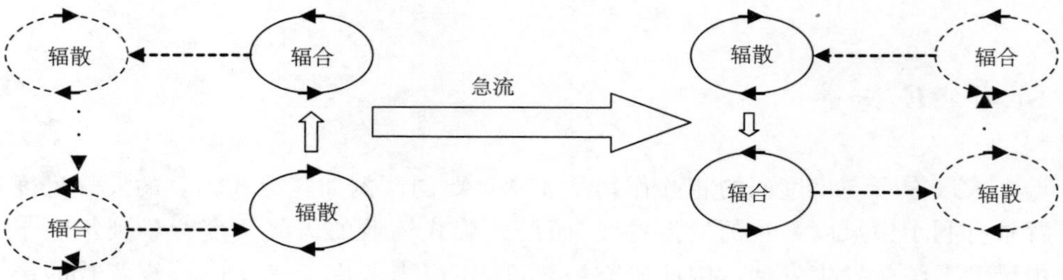

图 14.6.1　高空急流入口、出口区垂直环流示意图

瞬变涡旋的生成及其传输反过来又会影响平均流的运动。先来看看瞬变涡旋本身的性质，假定对流层高层的瞬变涡旋是二维无辐散的(注意，这里先是由辐合辐散产生的瞬变涡旋，但是瞬变涡旋本身是无辐散的)，则有：

$$\frac{\partial u'}{\partial x} + \frac{\partial v'}{\partial y} = 0 \tag{14.6.8}$$

瞬变涡旋水平速度的相关系数可以写成矩阵形式：

$$C = \begin{bmatrix} \overline{u'^2} & \overline{u'v'} \\ \overline{u'v'} & \overline{v'^2} \end{bmatrix} \tag{14.6.9}$$

将(14.6.9)改写成一个对角矩阵和一个对称矩阵之和，则有：

$$C = \begin{pmatrix} K & 0 \\ 0 & K \end{pmatrix} + \begin{pmatrix} M & N \\ N & -\mathrm{M} \end{pmatrix} \tag{14.6.10}$$

其中，$K = (\overline{u'^2 + v'^2})/2$，$M = (\overline{u'^2 - v'^2})/2$，$N = \overline{u'v'}$。

假设无摩擦，把(14.6.1)式和(14.6.2)式展开代入(14.6.5)式和(14.6.6)式，再由水平无辐散关系(14.6.8)，可得：

$$\overline{\boldsymbol{V}} \cdot \nabla \overline{u} + (\overline{u'^2})_x + (\overline{u'v'})_y = f v_a \tag{14.6.11}$$

$$\overline{\boldsymbol{V}} \cdot \nabla \overline{u} + (\overline{v'^2})_y + (\overline{u'v'})_x = - f u_a \tag{14.6.12}$$

从这两个式子可以看出，一旦瞬变涡旋发生变化，那么必有平均流或非地转流发生相应的调整。从方程(14.6.11)和方程(14.6.12)消去非地转风可得涡度方程：

$$\overline{\boldsymbol{V}} \cdot \nabla \overline{\zeta} + \nabla \cdot (\overline{\boldsymbol{V}'\zeta'}) = 0 \tag{14.6.13}$$

其中，$\zeta' = v'_x - u'_y$ 为瞬变涡度。可见，平均涡度的变化与瞬变涡旋通量的辐合辐散相对应。

瞬变涡旋通量及其散度可以写为：

$$\overline{\boldsymbol{V}'\zeta'} = (-M_y + N_x, -M_x - N_y) \tag{14.6.14}$$

$$\nabla \cdot (\overline{\boldsymbol{V}'\zeta'}) = -2M_{xy} + N_{xx} - N_{yy} \tag{14.6.15}$$

一般来说，风速瞬变量沿纬圈的变化是比较小的，而沿经圈的变化则是比较大。因此可以假定 $|N_{xx}| \sim |N_{yy}|$，忽略(14.6.15)式中的 N_{xx} 项，则有

$$\nabla \cdot (\overline{\boldsymbol{V}'\zeta'}) \simeq -2M_{xy} - N_{yy} \tag{14.6.16}$$

定义 $\boldsymbol{E}$ 矢量为：

$$E = (-2M, -N) = (\overline{v'^2 - u'^2}, -\overline{u'v'}) \tag{14.6.17}$$

则(14.6.17)式改写为：

$$\nabla \cdot (\overline{\boldsymbol{V}'\zeta'}) \approx \frac{\partial}{\partial y}(\nabla \cdot E) \tag{14.6.18}$$

可见，当 $\boldsymbol{E}$ 矢量的散度随纬度增加而减少时，即 $\frac{\partial}{\partial y}(\nabla \cdot E) < 0$，则有 $\nabla \cdot (\overline{\boldsymbol{V}'\zeta'}) < 0$，代入(14.6.13)式得到 $\overline{\boldsymbol{V}} \cdot \nabla \overline{\zeta} > 0$，表明有平均流将平均涡度向该区域中输送，从而使得区域中瞬变涡旋通量辐合，涡度增加，气旋发展；反之，当 $\boldsymbol{E}$ 矢量的散度随纬度增加而增加时，即 $\frac{\partial}{\partial y}(\nabla \cdot E) > 0$，有 $\nabla \cdot (\overline{\boldsymbol{V}'\zeta'}) > 0$，$\overline{\boldsymbol{V}} \cdot \nabla \overline{\zeta} < 0$，表明平均流将平均涡旋往区域外输送，因此该区域中瞬变涡旋通量辐散，使得该区域涡度减小，反气旋发展。如图 14.6.2 所示。

由于在气旋发展区有利于中尺度系统的发生发展，而在反气旋发展区不利于中尺度系统的发生发展，因此，当 $\boldsymbol{E}$ 矢量的散度随纬度增加而减少时，中尺度系统更有可能得到发生发展，而当 $\boldsymbol{E}$ 矢量的散度随纬度增加而增加时，中尺度系统的发生发展容易受到抑制。这样 $\boldsymbol{E}$ 矢量在把平均流和瞬变涡联系起来的同时，也为我们研究中尺度系统提供了背景形势预报的动力研究方法。

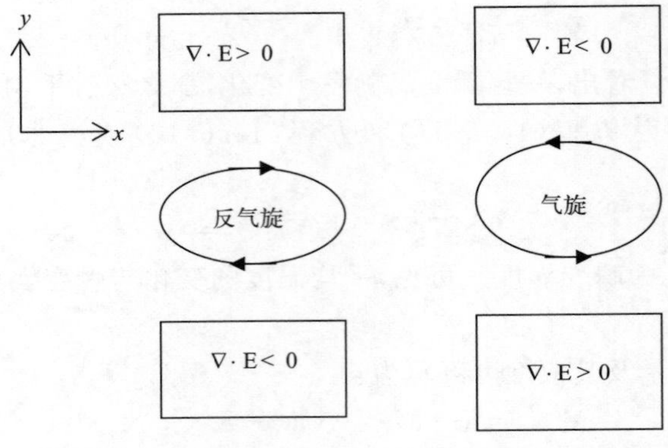

图 14.6.2 **E** 矢量辐合辐散与气旋、反气旋配置示意图

14.7 波作用矢量

在大气科学研究中,人们通常把物理量分解成基本态和叠加在其上的扰动态,基本态可以通过对物理量取空间平均、时间平均或其他类似的平均而得到,扰动态(也可以称为“波动”或“涡动”)是物理量与其基本态的偏差。这种分解方法是研究大气波动的一个重要的方法,它所引起的基本态和扰动态之间的相互作用可以用“波作用矢量”或“波作用方程”来描述。

波作用方程的一般形式为:

$$\frac{\partial A}{\partial t} + \nabla \cdot \boldsymbol{F} = S \tag{14.7.1}$$

其中,A 为波作用密度,在某种意义下代表一种能量,$\boldsymbol{F}$ 为波作用矢量,S 代表由湍流摩擦力和非绝热加热等强迫因子构成的源汇项。对于小振幅扰动,A 和 $\boldsymbol{F}$ 通常是二阶扰动量。如果不考虑源汇项 S,上述方程变为局地守恒形式:

$$\frac{\partial A}{\partial t} + \nabla \cdot \boldsymbol{F} = 0 \tag{14.7.2}$$

对于不考虑源汇项的闭合系统,波作用是守恒的,即:

$$\frac{\mathrm{d}}{\mathrm{d}t}\iiint A\mathrm{d}x\mathrm{d}y\mathrm{d}z = 0 \tag{14.7.3}$$

由(14.7.2)式可得

$$\frac{\partial A}{\partial t} = -\nabla \cdot \boldsymbol{F} \tag{14.7.4}$$

可见,波作用矢量的辐合或辐散可以引起波作用密度的局地集中或发散,从而导致瞬变波的发展或衰减。因此,一旦知道某地的波作用矢量的空间分布形势，便可以知道该处波动能量的发展变化，从而判断波动是发展还是消亡。

但是以往的波作用矢量通常是两维、准地转和静力平衡的，仅适合大尺度系统，不适合非地转、非静力平衡的中尺度系统。如果能建立一套中尺度波流相互作用理论，将波作用矢量拓宽到中尺度系统中，那么将有助于对流层中尺度系统发展演变的研究。

Ran 和 Gao(2007)利用波动多尺度方法推导了对称惯性重力波和三维惯性重力波的波作用矢量，与此同时，他们还分别利用拓展的 Momentum-Casimir 方法和拓展的 Energy-Casimir 方法推导出拟动量波作用矢量和拟能量波作用矢量，从而建立了一系列适用于非地转、非静力的中尺度系统中的波作用方程。

14.7.1　控制方程

我们采用的方法是“Momentum-Casimir”和“Energy-Casimir”方法，这是 20 世纪 80 年代以来研究波流相互作用的重要方法之一。“Energy-Casimir”方法是在苏联著名学者 V. I. Arnol'd 20 世纪 60 年代工作基础之上发展起来的。Arnol'd(1965)把变分原理与先验估计(也称为“积分估计”)方法结合起来，研究了两维、无黏和不可压缩流体的非线性稳定性问题，建立了两个非线性稳定性判据，即，Arnol'd 第一定理和第二定理，他所采用的方法被称为 Arnol'd 方法，也被称为“Energy-Casimir”方法。“Energy-Casimir”方法是流体力学中研究非线性稳定性的一个重要方法，它的基本思想是：利用能量和广义位涡等守恒量构造 Hamilton 不变量，并与其他控制方程一起构成一个 Hamilton 系统；Hamilton 系统一般是无限维、非正则的，并存在非平凡的不变泛函 C_β，通常称为 Casimir 泛函；一般地，基本态(定常态)对应着 $H_\beta+C_\beta$ 的驻点(即 $H_\beta+C_\beta$ 在该点的一阶变分为零，$\delta(H_\beta+C_\beta)=0$，其中 H_β 为 Hamilton 函数)；若 $H_\beta+C_\beta$ 在该点的二阶变分为正定或负定，则可以推导出扰动增长的上界，那么该基本态就是形式稳定的(Formal Stability)。

McIntyre 和 Shepherd (1987)和 Haynes(1988)最早采用“Energy-Casimir”方法来研究波作用方程。在利用正压位涡涡度方程推导非平行切变基本气流中有限振幅扰动的波作用守恒方程时，McIntyre 和 Shepherd (1987)注意到不变量 $H_\beta+C_\beta=\iint\left(\frac{1}{2}\,|v|^2+C_\beta(\lambda)\right)\mathrm{d}x\mathrm{d}y$(其中，$\boldsymbol{v}$ 为速度矢量，$C_\beta=C_\beta(\lambda)$ 为 Casimir 函数，是某守恒量 λ 的函数)的一阶变分为零意味着可以推导出某种扰动局地守恒关系，其各项可以用扰动量的平方来表示。换言之，就是通过选取适当形式的 Casimir 函数 $C_\beta(\lambda)$ 使

$$\frac{1}{2}\,|v_0+v_e|^2-\frac{1}{2}\,|v_0|^2+C_\beta(\lambda_0+\lambda_e)-C_\beta(\lambda_0)\tag{14.7.5}$$

可以写成扰动量平方项与扰动散度之和的形式（下标“0”表示基本态，下标“e”表示偏离基本态的扰动态），进而可以推导出波作用守恒方程。Haynes (1988)在 McIntyre 和 Shepherd (1987)工作的基础上，舍弃了 Hamilton 动力学系统的约束条件，考虑强迫耗散作用，在等熵坐标系中推导了纬向对称和非纬向对称基流中有限振幅扰动波作用方程。

“Momentum-Casimir”方法与“Energy-Casimir”方法非常相似，二者的主要差别在于“Momentum-Casimir”方法中的 Hamilton 函数(H)代表的是动量，而不是能量。

在局地直角坐标系(x,y,z,t)中，描写绝热，无摩擦大气的β平面近似下非静力平衡原始方程组为：

$$\frac{\partial u}{\partial t}+(v\cdot\nabla)u-(f_0+\beta y)v=-\frac{1}{\rho}\frac{\partial p}{\partial x} \tag{14.7.6}$$

$$\frac{\partial v}{\partial t}+(v\cdot\nabla)v+(f_0+\beta y)u=-\frac{1}{\rho}\frac{\partial p}{\partial y} \tag{14.7.7}$$

$$\frac{\partial w}{\partial t}+(v\cdot\nabla)w=-\frac{1}{\rho}\frac{\partial p}{\partial z}-g \tag{14.7.8}$$

$$\frac{\partial \theta}{\partial t}+(v\cdot\nabla)\theta=0 \tag{14.7.9}$$

$$\frac{\partial \rho}{\partial t}+\nabla\cdot(\rho v)=0 \tag{14.7.10}$$

$$p=\rho RT \tag{14.7.11}$$

$$\theta=T\left(\frac{p_0}{p}\right)^{R/c_p} \tag{14.7.12}$$

由方程(14.7.6)—(14.7.11)可以推导出经常用于天气学诊断分析的干空气位涡守恒方程：

$$\frac{\partial Q}{\partial t}+(v\cdot\nabla)Q=0 \tag{14.7.13}$$

其中，$Q=\boldsymbol{\xi}\cdot\nabla\theta/\rho$称为 Ertel 位涡，$\boldsymbol{\xi}_a=(\partial w/\partial y-\partial v/\partial z,\partial u/\partial z-\partial w/\partial x,\partial v/\partial x-\partial u/\partial y+f_0+\beta y)$为三维绝对涡度矢量。

为了利用“Momentum-Casimir”方法与“Energy-Casimir”方法推导波作用方程，我们引入一个 Casimir 函数 C_β，它被定义为位涡和位温的初等函数，即，$C_\beta=C_\beta(Q,\theta)$。由方程(14.7.9)和(14.7.13)可以证明 C_β 是守恒的，即，

$$\frac{\partial C_\beta}{\partial t}+\boldsymbol{v}\cdot\nabla C_\beta=0 \tag{14.7.14}$$

x-方向动量方程(14.6.3)可以进一步写成如下形式

$$\frac{\partial U}{\partial t}+\boldsymbol{v}\cdot\nabla U+\frac{1}{\rho}\frac{\partial p}{\partial x}=0 \tag{14.7.15}$$

其中,$U=u-f_0y-\beta y^2/2$ 为 x-方向绝对动量密度。另外,由方程(14.7.6)—(14.7.11)还可以推导出干空气总能量方程:

$$\frac{\partial E}{\partial t}+\boldsymbol{v}\cdot\nabla E+\frac{1}{\rho}\nabla\cdot(\boldsymbol{v}p)=0 \tag{14.7.16}$$

其中,$E=\frac{1}{2}u^2+\frac{1}{2}v^2+\frac{1}{2}w^2+gz+c_vT$ 为总能量密度,它是干空气的动能,位能与内能之和。

方程(14.7.14)分别与方程(14.7.15)和(14.7.16)相加,再利用质量连续性方程(14.7.10)可以得到如下拟动量和拟能量方程

$$\frac{\partial}{\partial t}[\rho(U+C_\beta)]+\nabla\cdot[\rho\boldsymbol{v}(U+C_\beta)]+\frac{\partial p}{\partial x}=0 \tag{14.7.17}$$

$$\frac{\partial}{\partial t}[\rho(E+C_\beta)]+\nabla\cdot[\rho\boldsymbol{v}(E+C_\beta)]+\nabla\cdot(\boldsymbol{v}p)=0 \tag{14.7.18}$$

其中,$\rho(U+C_\beta)$ 和 $\rho(E+C_\beta)$ 分别称为拟动量(pseudomomentum)和拟能量(pseudoenergy)。接下来,我们将分别利用上述两方程推导拟动量和拟能量波作用守恒方程。

14.7.2 拟动量波作用方程

在本节我们采用“Momentum-Casimir”方法从拟动量方程(14.7.17)出发推导拟动量波作用方程。假设物理量可以写成基本态与扰动态之和的形式,即,

$$u=u_0(y,z)+u_e,\ v=v_e,\ w=w_e,\ p=p_0^*(y,z)+p_e,$$
$$\rho=\rho_0(y,z)+\rho_e,\ T=T_0(y,z)+T_e,\ \theta=\theta_0(y,z)+\theta_e,$$
$$q=q_0(y,z)+q_e \tag{14.7.19}$$

其中,下标“0”表示基本态,下标“e”表示扰动态。在这里,我们假设基本态是定常的,并且仅是 y 和 z 的函数;另外,y 和 z 方向的基本态速度都为零,即 $v_0=0$,$w_0=0$。作为原始方程的稳定解,基本态满足如下地转平衡和静力平衡关系

$$(f_0+\beta y)u_0=-\frac{1}{\rho_0}\frac{\partial p_0^*}{\partial y} \tag{14.7.20}$$

$$\frac{1}{\rho_0}\frac{\partial p_0^*}{\partial z}=-g \tag{14.7.21}$$

$$p_0^*=\rho_0RT_0 \tag{14.7.22}$$

$$\theta_0=T_0\left(\frac{p_0}{p_0^*}\right)^{R/c_p} \tag{14.7.23}$$

对(14.7.20)式两端取关于 z 的偏导数,然后利用(14.7.21)—(14.7.23)式可以得到

$$(f_0+\beta y)\frac{\partial u_0}{\partial z}=-g\frac{\partial\ln\theta_0}{\partial y}+(f_0+\beta y)u_0\frac{\partial\ln\theta_0}{\partial z} \tag{14.7.24}$$

上式代表基本气流垂直切变与基本态位温空间梯度之间的关系，如果上式右端第二项略去，它就代表热成风平衡关系。

对于小振幅扰动，相应的线性化扰动方程组为

$$\frac{\partial u_e}{\partial t}=(f_0+\beta y)v_e-u_0\frac{\partial u_e}{\partial x}-v_e\frac{\partial u_0}{\partial y}-w_e\frac{\partial u_0}{\partial z}-\frac{1}{\rho_0}\frac{\partial p_e}{\partial x} \quad (14.7.25)$$

$$\frac{\partial v_e}{\partial t}=-(f_0+\beta y)u_e-u_0\frac{\partial v_e}{\partial x}-\frac{1}{\rho_0}\frac{\partial p_e}{\partial y}+\frac{\rho_e}{\rho_0^2}\frac{\partial p_0}{\partial y} \quad (14.7.26)$$

$$\frac{\partial w_e}{\partial t}=-u_0\frac{\partial w_e}{\partial x}-\frac{1}{\rho_0}\frac{\partial p_e}{\partial z}-g\frac{\rho_e}{\rho_0} \quad (14.7.27)$$

$$\frac{\partial \theta_e}{\partial t}=-u_0\frac{\partial \theta_e}{\partial x}-v_e\frac{\partial \theta_0}{\partial y}-w_e\frac{\partial \theta_0}{\partial z} \quad (14.7.28)$$

假设基本态 Ertel 位涡 Q_0 为：

$$Q_0=\frac{\boldsymbol{\xi}_{a0}\cdot\nabla\theta_0}{\rho_0} \quad (14.7.29)$$

其中，$\boldsymbol{\xi}_{a0}=(0,\partial u_0/\partial z,f_0+\beta y-\partial u_0/\partial y)$为基本态绝对涡度矢量，那么相应的扰动 Ertel 位涡 Q_e 可以表示为：

$$Q_e=\frac{1}{\rho}(\boldsymbol{\xi}_{ae}\cdot\nabla\theta_0+\boldsymbol{\xi}_{ae}\cdot\nabla\theta_e+\boldsymbol{\xi}_{a0}\cdot\nabla\theta_e-\rho_e Q_0) \quad (14.7.30)$$

其中 $\boldsymbol{\xi}_{ae}=\left(\partial w_e/\partial y-\partial v_e/\partial z,\partial u_e/\partial z-\partial w_e/\partial x,\partial v_e/\partial x-\partial u_e/\partial y\right)$为扰动相对涡度矢量。

我们对 Casimir 函数 $C_\beta(Q,\theta)$在(Q_0,θ_0)处进行泰勒级数展开，并考虑小振幅扰动，略去三阶和三阶以上的扰动，这样 $C_\beta(Q,\theta)$的泰勒级数可以写为

$$C_\beta(Q,\theta)=C_{\beta0}+\frac{\partial C_{\beta0}}{\partial Q_0}Q_e+\frac{\partial C_{\beta0}}{\partial\theta_0}\theta_e+\frac{1}{2}\left(\frac{\partial^2 C_{\beta0}}{\partial Q_0^2}Q_e^2+\frac{\partial^2 C_{\beta0}}{\partial\theta_0^2}\theta_e^2\right)+\frac{\partial^2 C_{\beta0}}{\partial Q_0\partial\theta_0}Q_e\theta_e \quad (14.7.31)$$

其中 $C_{\beta0}=C_\beta(Q_0,\theta_0)$为基本态 Casimir 函数。

把(14.7.19)式和(14.7.31)式代入拟动量 $\rho(U+C_\beta)$的表达式，并进一步利用(14.7.30)式，则 $\rho(U+C_\beta)$可以写为：

$$\begin{aligned}&\rho(U+C_\beta)\\&=\frac{\partial}{\partial x}\left(\frac{\partial C_{\beta0}}{\partial Q_0}\frac{\partial\theta_0}{\partial z}v_e-\frac{\partial C_{\beta0}}{\partial Q_0}\frac{\partial\theta_0}{\partial y}w_e\right)+\frac{\partial}{\partial y}\left(\frac{\partial C_{\beta0}}{\partial Q_0}\frac{\partial u_0}{\partial z}\theta_e-\frac{\partial C\beta_0}{\partial Q_0}\frac{\partial\theta_0}{\partial z}u_e\right)+\\&\quad\frac{\partial}{\partial z}\left[\frac{\partial C_{\beta0}}{\partial Q_0}\frac{\partial\theta_0}{\partial y}u_e+\frac{\partial C_{\beta0}}{\partial Q_0}\left(f_0+\beta y-\frac{\partial u_0}{\partial y}\right)\theta_e\right]+\\&\quad u_e\left[\rho_0+\frac{\partial\theta_0}{\partial z}\frac{\partial}{\partial y}\left(\frac{\partial C_{\beta0}}{\partial Q_0}\right)-\frac{\partial\theta_0}{\partial y}\frac{\partial}{\partial z}\left(\frac{\partial C_{\beta0}}{\partial Q_0}\right)\right]-\\&\quad\theta_e\left[\frac{\partial u_0}{\partial z}\frac{\partial}{\partial y}\left(\frac{\partial C_0}{\partial Q_0}\right)+\left(f_0+\beta y-\frac{\partial u_0}{\partial y}\right)\frac{\partial}{\partial z}\left(\frac{\partial C_0}{\partial Q_0}\right)-\rho_0\frac{\partial C_0}{\partial\theta_0}\right]+\end{aligned}$$

$$\rho_e\left(U_0 + C_{\beta 0} - Q_0\frac{\partial C_{\beta 0}}{\partial Q_0}\right) + \rho_0(U_0 + C_{\beta 0}) + J \tag{14.7.32}$$

其中，$U_0 = u_0 - f_0 y - \beta y^2/2$ 为基本态 x-方向绝对动量密度，

$$J = \rho_e\left(u_e + \frac{\partial C_{\beta 0}}{\partial \theta_0}\theta_e\right) + \frac{\partial C_{\beta 0}}{\partial Q_0}\boldsymbol{\xi}_{ae}\cdot\nabla\theta_e + \rho_0\left[\frac{1}{2}\left(\frac{\partial^2 C_{\beta 0}}{\partial Q_0^2}Q_e^2 + \frac{\partial^2 C_{\beta 0}}{\partial \theta_0^2}\theta_e^2\right) + \frac{\partial^2 C_{\beta 0}}{\partial Q_0 \partial \theta_0}Q_e\theta_e\right] \tag{14.7.33}$$

为二阶扰动量，称为拟动量波作用密度。

根据“Momentum-Casimir”方法基本思想，为了把(14.7.32)式写成基本态，一阶扰动散度与二阶扰动量之和的形式，我们令该式中一阶扰动量 ρ_e、u_e 和 θ_e 的系数为零，即，

$$\rho_0 + \frac{\partial \theta_0}{\partial z}\frac{\partial}{\partial y}\left(\frac{\partial C_{\beta 0}}{\partial Q_0}\right) - \frac{\partial \theta_0}{\partial y}\frac{\partial}{\partial z}\left(\frac{\partial C_{\beta 0}}{\partial Q_0}\right) = 0 \tag{14.7.34}$$

$$\frac{\partial u_0}{\partial z}\frac{\partial}{\partial y}\left(\frac{\partial C_{\beta 0}}{\partial Q_0}\right) + \left(f_0 + \beta y - \frac{\partial u_0}{\partial y}\right)\frac{\partial}{\partial z}\left(\frac{\partial C_{\beta 0}}{\partial Q_0}\right) - \rho_0\frac{\partial C_{\beta 0}}{\partial \theta_0} = 0 \tag{14.7.35}$$

$$U_0 + C_{\beta 0} - Q_0\frac{\partial C_{\beta 0}}{\partial Q_0} = 0 \tag{14.7.36}$$

由基本态方程组(14.7.20)—(14.7.23)很容易证明，方程(14.7.36)与(14.7.34)和(14.7.35)是等价的，即，方程(14.7.36)的解 $C_{\beta 0}$ 自动满足方程(14.7.34)和(14.7.35)。对方程(14.7.36)进行积分可以求解 $C_{\beta 0}$，即

$$C_{\beta 0} = Q_0\int^{Q_0} s^{-2}U_0(s,\theta_0)\,\mathrm{d}s + Q_0\boldsymbol{\kappa}(\theta_0) \tag{14.7.37}$$

其中，$\boldsymbol{\kappa}(\theta_0)$ 为 θ_0 的任意函数。这样，(14.7.32)式变为：

$$\begin{aligned}&\rho(U + C_\beta)\\ &= \frac{\partial}{\partial x}\left(\frac{\partial C_{\beta 0}}{\partial Q_0}\frac{\partial \theta_0}{\partial z}v_e - \frac{\partial C_{\beta 0}}{\partial Q_0}\frac{\partial \theta_0}{\partial y}w_e\right) + \frac{\partial}{\partial y}\left(\frac{\partial C_{\beta 0}}{\partial Q_0}\frac{\partial u_0}{\partial z}\theta_e - \frac{\partial C_{\beta 0}}{\partial Q_0}\frac{\partial \theta_0}{\partial z}u_e\right) +\\ &\quad \frac{\partial}{\partial z}\left[\frac{\partial C_{\beta 0}}{\partial Q_0}\frac{\partial \theta_0}{\partial y}u_e + \frac{\partial C_{\beta 0}}{\partial Q_0}\left(f_0 + \beta y - \frac{\partial u_0}{\partial y}\right)\theta_e\right] + \rho_0(U_0 + C_{\beta 0}) + J\end{aligned} \tag{14.7.38}$$

利用(14.7.34)—(14.7.36)式，上式可以进一步简化为

$$\rho(U + C_\beta) = \rho_0\left(u_e + \frac{\partial C_{\beta 0}}{\partial \theta_0}\theta_e\right) + \frac{\partial C_{\beta 0}}{\partial Q_0}(\boldsymbol{\xi}_{ae}\cdot\nabla\theta_0 + \boldsymbol{\xi}_{a0}\cdot\nabla\theta_e + \boldsymbol{\xi}_{a0}\cdot\nabla\theta_0) + J \tag{14.7.39}$$

把(14.7.38)式和(14.7.39)式分别代入方程(14.7.17)左端的拟动量局地变化项和通量散度项，然后利用式(14.7.25)—(14.7.28)消去其中的一阶扰动局地变化项，略去二阶以上的高阶扰动量，则可以得到干空气拟动量波作用方程：

$$\frac{\partial J}{\partial t} + \nabla\cdot\boldsymbol{F} = 0 \tag{14.7.40}$$

其中，$\boldsymbol{F} = \left(F_x, F_y, F_z\right)$ 为二阶扰动量，称为拟动量波作用通量，其三个分量分

别为

$$F_x = u_0 J + u_e\left[\rho_0\left(u_e + \frac{\partial C_{\beta 0}}{\partial \theta_0}\theta_e\right) + \frac{\partial C_{\beta 0}}{\partial Q_0}(\boldsymbol{\xi}_{ae} \cdot \nabla\theta_0 + \boldsymbol{\xi}_{a0} \cdot \nabla\theta_e)\right] \tag{14.7.41}$$

$$F_y = v_e\left[\rho_0\left(u_e + \frac{\partial C_{\beta 0}}{\partial \theta_0}\theta_e\right) + \frac{\partial C_{\beta 0}}{\partial Q_0}(\boldsymbol{\xi}_{ae} \cdot \nabla\theta_0 + \boldsymbol{\xi}_{a0} \cdot \nabla\theta_e)\right] \tag{14.7.42}$$

$$F_z = w_e\left[\rho_0\left(u_e + \frac{\partial C_{\beta 0}}{\partial \theta_0}\theta_e\right) + \frac{\partial C_{\beta 0}}{\partial Q_0}(\boldsymbol{\xi}_{ae} \cdot \nabla\theta_0 + \boldsymbol{\xi}_{a0} \cdot \nabla\theta_e)\right] \tag{14.7.43}$$

方程(14.7.40)表明绝热无摩擦干空气的拟动量波作用密度是局地守恒的，若垂直于边界的波作用通量分量为零，那么体积分的拟动量波作用是守恒的，即 $\frac{\mathrm{d}}{\mathrm{d}t}\iiint\limits_V J\,\mathrm{d}V = 0$。由于上述方程建立在非地转平衡和非静力平衡动力框架内，所以该方程可以描述中尺度扰动系统的发展演变和传播。当 $\nabla \cdot \boldsymbol{F} > 0$ 时，$\frac{\partial J}{\partial t} < 0$，表明扰动能量局地发散，扰动系统将局地衰减；当 $\nabla \cdot \boldsymbol{F} < 0$ 时，$\frac{\partial J}{\partial t} > 0$，表明扰动能量局地集中，扰动系统将局地发展。

这里需要特别强调的是，方程(14.7.40)的成立是有前提条件的，它要求大气基本态和 $C_{\beta 0}$ 满足基本态方程组(14.7.20)—(14.7.23)和(14.7.36)。

14.7.3　拟能量波作用方程

在本节我们采用"Energy-Casimir"方法从拟能量方程(14.7.18)出发推导拟能量波作用方程。假设物理量可以分解成基本态和扰动态两部分，即，

$$u = u_0 + u_e,\ v = v_0 + v_e,\ w = w_e,\ p = p_0^* + p_e,$$
$$T = T_0 + T_e, \rho = \rho_0 + \rho_e,\ \theta = \theta_0 + \theta_e,\ Q = Q_0 + Q_e \tag{14.7.44}$$

其中，下标"0"表示基本态，下标"e"表示扰动态。在这里，我们假设基本态是定常和空间三维的，并且自动满足原始方程组，即

$$u_0\frac{\partial u_0}{\partial x} + v_0\frac{\partial u_0}{\partial y} - (f_0 + \beta y)v_0 = -\frac{1}{\rho_0}\frac{\partial p_0^*}{\partial x} \tag{14.7.45}$$

$$u_0\frac{\partial v_0}{\partial x} + v_0\frac{\partial v_0}{\partial y} + (f_0 + \beta y)u_0 = -\frac{1}{\rho_0}\frac{\partial p_0^*}{\partial y} \tag{14.7.46}$$

$$\frac{\partial p_0^*}{\partial z} = -\rho_0 g \tag{14.7.47}$$

$$\frac{\partial \rho_0 u_0}{\partial x} + \frac{\partial \rho_0 v_0}{\partial y} = 0 \tag{14.7.48}$$

$$u_0\frac{\partial \theta_0}{\partial x} + v_0\frac{\partial \theta_0}{\partial y} = 0 \tag{14.7.49}$$

$$p_0^* = \rho_0 R T_0 P \tag{14.7.50}$$

$$\theta_0 = T_0 \left(\frac{p_0}{p_0^*}\right)^{R/c_p} \tag{14.7.51}$$

对于小振幅扰动，线性化扰动方程组为：

$$\frac{\partial u_e}{\partial t} = -u_0 \frac{\partial u_e}{\partial x} - v_0 \frac{\partial u_e}{\partial y} + (f_0 + \beta y) v_e - \boldsymbol{v}_e \cdot \nabla u_0 - \frac{1}{\rho_0} \frac{\partial p_e}{\partial x} + \frac{\rho_e}{\rho_0^2} \frac{\partial p_0^*}{\partial x} \tag{14.7.52}$$

$$\frac{\partial v_e}{\partial t} = -u_0 \frac{\partial v_e}{\partial x} - v_0 \frac{\partial v_e}{\partial y} - (f_0 + \beta y) u_e - \boldsymbol{v}_e \cdot \nabla v_0 - \frac{1}{\rho_0} \frac{\partial p_e}{\partial y} + \frac{\rho_e}{\rho_0^2} \frac{\partial p_0^*}{\partial y} \tag{14.7.53}$$

$$\frac{\partial w_e}{\partial t} = -u_0 \frac{\partial w_e}{\partial x} - v_0 \frac{\partial w_e}{\partial y} - \frac{1}{\rho_0} \frac{\partial p_e}{\partial z} - g \frac{\rho_e}{\rho_0} \tag{14.7.54}$$

$$\frac{\partial \rho_e}{\partial t} = -\nabla \cdot (\rho_0 \boldsymbol{v}_e) - \frac{\partial}{\partial x}(\rho_e u_0) - \frac{\partial}{\partial y}(\rho_e v_0) \tag{14.7.55}$$

$$\frac{\partial \theta_e}{\partial t} = -u_0 \frac{\partial \theta_e}{\partial x} - v_0 \frac{\partial \theta_e}{\partial y} - \boldsymbol{v}_e \cdot \nabla \theta_0 \tag{14.7.56}$$

由于通常有 $\left|\frac{\theta_e}{\theta_0}\right| < 1$，$\left|\frac{\rho_e}{\rho_0}\right| < 1$，$\left|\frac{T_e}{T_0}\right| < 1$ 和 $\left|\frac{p_e}{p_0^*}\right| < 1$ 成立，所以把变量(14.7.44)式代入方程(14.7.11)和(14.7.12)并分别减去(14.7.50)式和(14.7.51)式，然后略去二阶和二阶以上扰动，最后可以得到如下扰动热力学变量之间的线性关系

$$\frac{p_e}{p_0^*} \approx \frac{\rho_e}{\rho_0} + \frac{T_e}{T_0} \tag{14.7.57}$$

$$\frac{\theta_e}{\theta_0} \approx \frac{T_e}{T_0} - \frac{R}{c_p} \frac{p_e}{p_0^*} \tag{14.7.58}$$

由(14.7.57)式和(14.7.58)式消去 $\frac{p_e}{p_0^*}$ 可以得到如下关于 T_e 的近似表达式

$$T_e \approx \frac{c_p}{c_v} \frac{T_0}{\theta_0} \theta_e + \frac{R}{c_v} \frac{T_0}{\rho_0} \rho_e \tag{14.7.59}$$

把(14.7.44)式和(14.7.31)式代入拟能量 $\rho(E + C_\beta)$ 表达式，并进一步利用(14.7.30)式和(14.7.59)式，则 $\rho(E + C_\beta)$ 可以写为：

$$\begin{aligned}
&\rho(E + C_\beta) \\
&= \rho_0 (E_0 + C_{\beta 0}) + \frac{\partial}{\partial x}\left[\frac{\partial C_{\beta 0}}{\partial Q_0}\left(v_e \frac{\partial \theta_0}{\partial z} - w_e \frac{\partial \theta_0}{\partial y} - \theta_e \frac{\partial v_0}{\partial z}\right)\right] + \\
&\frac{\partial}{\partial y}\left[\frac{\partial C_{\beta 0}}{\partial Q_0}\left(w_e \frac{\partial \theta_0}{\partial x} + \theta_e \frac{\partial u_0}{\partial z} - u_e \frac{\partial \theta_0}{\partial z}\right)\right] + \\
&\frac{\partial}{\partial z}\left\{\frac{\partial C_{\beta 0}}{\partial Q_0}\left[u_e \frac{\partial \theta_0}{\partial y} - v_e \frac{\partial \theta_0}{\partial x} + \left(\frac{\partial v_0}{\partial x} - \frac{\partial u_0}{\partial y} + f_0 + \beta y\right)\theta_e\right]\right\} +
\end{aligned}$$

$$\rho_e\left(\frac{1}{2}u_0^2+\frac{1}{2}v_0^2+gz+c_pT_0+C_{\beta0}-Q_0\frac{\partial C_{\beta0}}{\partial Q_0}\right)+$$
$$u_e\left[\rho_0u_0+\frac{\partial\theta_0}{\partial z}\frac{\partial}{\partial y}\left(\frac{\partial C_{\beta0}}{\partial Q_0}\right)-\frac{\partial\theta_0}{\partial y}\frac{\partial}{\partial z}\left(\frac{\partial C_{\beta0}}{\partial Q_0}\right)\right]+$$
$$v_e\left[\rho_0v_0+\frac{\partial\theta_0}{\partial x}\frac{\partial}{\partial z}\left(\frac{\partial C_{\beta0}}{\partial Q_0}\right)-\frac{\partial\theta_0}{\partial z}\frac{\partial}{\partial x}\left(\frac{\partial C_{\beta0}}{\partial Q_0}\right)\right]+$$
$$w_e\left[\frac{\partial\theta_0}{\partial y}\frac{\partial}{\partial x}\left(\frac{\partial C_{\beta0}}{\partial Q_0}\right)-\frac{\partial\theta_0}{\partial x}\frac{\partial}{\partial y}\left(\frac{\partial C_{\beta0}}{\partial Q_0}\right)\right]+$$
$$\theta_e\left[\rho_0\left(c_p\frac{T_0}{\theta_0}+\frac{\partial C_{\beta0}}{\partial\theta_0}\right)+\frac{\partial v_0}{\partial z}\frac{\partial}{\partial x}\left(\frac{\partial C_{\beta0}}{\partial Q_0}\right)-\right.$$
$$\left.\frac{\partial u_0}{\partial z}\frac{\partial}{\partial y}\left(\frac{\partial C_{\beta0}}{\partial Q_0}\right)-\left(\frac{\partial v_0}{\partial x}-\frac{\partial u_0}{\partial y}+f_0+\beta y\right)\frac{\partial}{\partial z}\left(\frac{\partial C_{\beta0}}{\partial Q_0}\right)\right]+A \tag{14.7.60}$$

其中，$E_0=u_0^2/2+v_0^2/2+gz+c_pT_0$ 为基本态能量密度，

$$A=\rho_e\left(u_0u_e+v_0v_e+c_vT_e+\frac{\partial C_{\beta0}}{\partial\theta_0}\theta_e\right)+\frac{\partial C_0}{\partial Q_0}\boldsymbol{\xi}_{ae}\cdot\nabla\theta_e+$$
$$\frac{1}{2}\rho_0\left(u_e^2+v_e^2+w_e^2+\frac{\partial^2C_{\beta0}}{\partial Q_0^2}Q_e^2+\frac{\partial^2C_{\beta0}}{\partial\theta_0^2}\theta_e^2\right)+\rho_0\frac{\partial^2C_{\beta0}}{\partial Q_0\partial\theta_0}Q_e\theta_e \tag{14.7.61}$$

为二阶扰动量，称为拟能量波作用密度。

根据“Energy-Casimir”方法的基本思想，为了把(14.7.60)式写成基本态、一阶扰动散度与二阶扰动量之和的形式，我们取一阶扰动量 u_e,v_e,w_e,θ_e 和 ρ_e 的系数为零，即，

$$\rho_0u_0+\frac{\partial\theta_0}{\partial z}\frac{\partial}{\partial y}\left(\frac{\partial C_{\beta0}}{\partial q_0}\right)-\frac{\partial\theta_0}{\partial y}\frac{\partial}{\partial z}\left(\frac{\partial C_{\beta0}}{\partial Q_0}\right)=0 \tag{14.7.62}$$

$$\rho_0v_0+\frac{\partial\theta_0}{\partial x}\frac{\partial}{\partial z}\left(\frac{\partial C_{\beta0}}{\partial Q_0}\right)-\frac{\partial\theta_0}{\partial z}\frac{\partial}{\partial x}\left(\frac{\partial C_{\beta0}}{\partial Q_0}\right)=0 \tag{14.7.63}$$

$$\frac{\partial\theta_0}{\partial y}\frac{\partial}{\partial x}\left(\frac{\partial C_{\beta0}}{\partial Q_0}\right)-\frac{\partial\theta_0}{\partial x}\frac{\partial}{\partial y}\left(\frac{\partial C_{\beta0}}{\partial Q_0}\right)=0 \tag{14.7.64}$$

$$\rho_0\left(c_p\frac{T_0}{\theta_0}+\frac{\partial C_{\beta0}}{\partial\theta_0}\right)+\frac{\partial v_0}{\partial z}\frac{\partial}{\partial x}\left(\frac{\partial C_{\beta0}}{\partial Q_0}\right)-\frac{\partial u_0}{\partial z}\frac{\partial}{\partial y}\left(\frac{\partial C_{\beta0}}{\partial Q_0}\right)-$$
$$\left(\frac{\partial v_0}{\partial x}-\frac{\partial u_0}{\partial y}+f_0+\beta y\right)\frac{\partial}{\partial z}\left(\frac{\partial C_{\beta0}}{\partial Q_0}\right)=0 \tag{14.7.65}$$

$$\frac{1}{2}u_0^2+\frac{1}{2}v_0^2+gz+c_pT_0+C_{\beta0}-q_0\frac{\partial C_{\beta0}}{\partial Q_0}=0 \tag{14.7.66}$$

同理，由基本态方程组(14.7.45)—(14.7.51)可以证明，方程(14.7.66)与(14.7.62)—(14.7.65)等价，即，方程(14.7.66)的解 $C_{\beta0}$ 自动满足方程(14.7.62)—(14.7.65)。对方程(14.7.66)进行积分可以求解 $C_{\beta0}$，即

$$C_{\beta 0} = Q_0 \int^{Q_0} s^{-2} E_0(s, \theta_0) \mathrm{d}s + Q_0 \kappa(\theta_0) \tag{14.7.67}$$

其中，$\kappa(\theta_0)$为 θ_0 的任意函数。这样，(14.7.60)式可以写为

$$\begin{aligned}
&\rho(E + C_\beta) \\
&= \rho_0(E_0 + C_{\beta 0}) + \frac{\partial}{\partial x}\left[\frac{\partial C_{\beta 0}}{\partial Q_0}\left(v_e \frac{\partial \theta_0}{\partial z} - w_e \frac{\partial \theta_0}{\partial y} - \theta_e \frac{\partial v_0}{\partial z}\right)\right] + \\
&\frac{\partial}{\partial y}\left[\frac{\partial C_{\beta 0}}{\partial Q_0}\left(w_e \frac{\partial \theta_0}{\partial x} + \theta_e \frac{\partial u_0}{\partial z} - u_e \frac{\partial \theta_0}{\partial z}\right)\right] + \\
&\frac{\partial}{\partial z}\left\{\frac{\partial C_{\beta 0}}{\partial Q_0}\left[u_e \frac{\partial \theta_0}{\partial y} - v_e \frac{\partial \theta_0}{\partial x} + \left(\frac{\partial v_0}{\partial x} - \frac{\partial u_0}{\partial y} + f_0 + \beta y\right)\theta_e\right]\right\} + A
\end{aligned} \tag{14.7.68}$$

利用(14.7.62)—(14.7.66)式，上式可以进一步写为

$$\begin{aligned}
\rho(E + C_\beta) = &- p_0^* + \rho_0\left[u_0 u_e + v_0 v_e + \left(c_p \frac{T_0}{\theta_0} + \frac{\partial C_{\beta 0}}{\partial \theta_0}\right)\theta_e\right] + \\
&\frac{\partial C_{\beta 0}}{\partial Q_0}(\boldsymbol{\xi}_{ae} \cdot \nabla \theta_0 + \boldsymbol{\xi}_{a0} \cdot \nabla \theta_e + \boldsymbol{\xi}_{a0} \cdot \nabla \theta_0) + A
\end{aligned} \tag{14.7.69}$$

把(14.7.68)式和(14.7.69)式分别代入(14.7.18)式左端拟能量局地变化项和通量散度项，并利用扰动方程组(14.7.52)—(14.7.56)消去其中的一阶扰动局地变化项，略去二阶以上的高阶扰动量，则可以得到干空气拟能量波作用方程：

$$\frac{\partial A}{\partial t} + \nabla \cdot \boldsymbol{F} = 0 \tag{14.7.70}$$

其中，$\boldsymbol{F} = (F_x, F_y, F_z)$为二阶扰动量，称为拟能量波作用通量，其三个分量分别为

$$\begin{aligned}
F_x = &u_0 A + \rho_0 u_e\left[u_0 u_e + v_0 v_e + \left(c_p \frac{T_0}{\theta_0} + \frac{\partial C_{\beta 0}}{\partial \theta_0}\right)\theta_e\right] + \\
&u_e \frac{\partial C_{\beta 0}}{\partial Q_0}(\boldsymbol{\xi}_{ae} \cdot \nabla \theta_0 + \boldsymbol{\xi}_{a0} \cdot \nabla \theta_e) + u_e p_e
\end{aligned} \tag{14.7.71}$$

$$\begin{aligned}
F_y = &v_0 A + \rho_0 v_e\left[u_0 u_e + v_0 v_e + \left(c_p \frac{T_0}{\theta_0} + \frac{\partial C_{\beta 0}}{\partial \theta_0}\right)\theta_e\right] + \\
&v_e \frac{\partial C_{\beta 0}}{\partial Q_0}(\boldsymbol{\xi}_{ae} \cdot \nabla \theta_0 + \boldsymbol{\xi}_{a0} \cdot \nabla \theta_e) + v_e p_e
\end{aligned} \tag{14.7.72}$$

$$\begin{aligned}
F_z = &\rho_0 w_e\left[u_0 u_e + v_0 v_e + \left(c_p \frac{T_0}{\theta_0} + \frac{\partial C_{\beta 0}}{\partial \theta_0}\right)\theta_e\right] + \\
&w_e \frac{\partial C_{\beta 0}}{\partial Q_0}(\boldsymbol{\xi}_{ae} \cdot \nabla \theta_0 + \boldsymbol{\xi}_{a0} \cdot \nabla \theta_e) + w_e p_e
\end{aligned} \tag{14.7.73}$$

方程(14.7.70)表明绝热无摩擦干空气的拟能量波作用密度是局地守恒的。

与拟动量波作用方程类似，方程(14.7.70)也可以用于诊断分析中尺度扰动系统的发展演变和传播，拟能量波作用密度局地变化完全取决于拟能量波作用通量散度，该通量的辐合意味着扰动系统将局地发展；该通量的辐散意味着扰动系统将局地衰减。

方程(14.7.70)的成立也是有前提条件的，它要求大气基本态和 C_0 满足基本态方程组(14.7.45)—(14.7.51)和(14.7.66)。

14.7.4 小结

针对小振幅扰动，我们利用"Momentum-Casimir"和"Energy-Casimir"方法从局地直角坐标系中非静力平衡的原始方程出发推导了非地转条件下非静力平衡的三维拟动量和拟能量波作用守恒方程。不同于以往的传统波流相互作用理论，在推导过程中我们没有采用任何形式的纬向平均或时间平均，这是"Momentum-Casimir"和"Energy-Casimir"方法的一个优点。由于建立在非地转和非静力平衡动力框架下，所有本节建立的波作用守恒方程适用于容易导致暴雨等灾害性天气的中尺度系统，通过计算拟动量和拟能量波作用通量散度可以分析和预测中尺度系统的发展演变。

这两个波作用守恒方程对基本态有不同的要求，拟动量波作用方程的基本态可以是定常的，也可以是非定常的，但必须是关于某个坐标轴对称的；拟能量波作用方程的基本态可以是空间两维的，也可以是空间三维的，但必须是定常的。

在推导拟动量和拟能量波作用方程过程中我们引入了 Casimir 函数，虽然基本态 Casimir 函数 C_0 和大气基本态之间存在着约束关系，但是 C_0 的表达式是未知的，因此当应用这两个方程诊断分析中尺度扰动发展演变时，如何计算 $C_{\beta 0}$ 和 C_β 就成为一个必须解决的关键性问题。

可以采用两种方法来计算 $C_{\beta 0}$ 和 C_β。下面以拟动量波作用方程(14.7.40)为例，简单地介绍一下这两种方法。第一种方法是假设大气基本态量都是已知的，首先利用格点资料对方程(14.7.37)进行计算，求解出 $C_{\beta 0}$；然后把获得的(Q_0,θ_0)处的 $C_{\beta 0}$ 插值到(Q,θ)处，从而得到 C 的值(Durran，1995)。第二种方法是假设大气基本态量都是未知的，但我们事先给出 C_β 的表达式，例如 $C_\beta(Q,\theta)=\gamma\left(\dfrac{Q^2}{Q_s^2}+\dfrac{\theta^2}{\theta_s^2}\right)$(其中，$\gamma$ 为任意常数，Q_s 和 θ_s 为位涡和位温的参考值)，把该表达式代入方程(14.7.36)，然后与其他基本态方程联立，用迭代法对各基本态量进行数值求解。这两种求解 $C_{\beta 0}$ 和 C_β 的方法同样适用于拟能量波作用方程(14.7.70)。

参考文献

冉令坤. 2004. 非地转非静力平衡框架下波流相互作用理论的研究及其在"7.4"江淮流域暴雨过程中的应用. 中国科学院研究生院博士学位论文.

伍荣生，谈哲敏. 1989. 广义涡度与位势涡度守恒定律及应用. 气象学报，**47**(4):436-442.

Andrews D G. 1983. Finite-amplitude Eliassen-Palm theorem in isentropic coordinates. *J. Atmos. Sci.*, **40**:1877-1883.

Andrews D G. 1987. On the interpretation of the Eliassen-Palm flux divergence. *Quart. J. Roy. Meteor. Soc.*, **113**:323-338.

Andrews D G and McIntyre M E. 1978. An exact theory of nonlinear waves on a lagrangian-mean flow. *J. Fluid. Mech.*, **89**:609-646.

Arnol'd V J. 1965. On a priori estimate in the theory of my dro dynamic stability. *Amer. Soc. Trausl.*, **19**:267-269.

Bannon P R. 2003. Hamiltonian description of idealized binary geophysical fluids. *J. Atmos. Sci.*, **60**:2809-2819.

Brunet G and Haynes P H. 1996. Low-latitude reflection of Rossby wave trains. *J. Atmos. Sci.*, **53**:482-496.

Charron M and Brunet G. 1999. Gravity wave diagnosis using empirical normal modes. *J. Atmos. Sci.*, **56**:2706-2727.

Chen Yongsheng, Brunet G and Yau M K. 2003. Spiral Bands in a Simulated Hurricane. Part II: Wave Activity Diagnostics. *J. Atmos. Sci.*, **60**:1239-1256.

Davis-Jones R P. 1991. The frontogenetical forcing of secondary circulations. *J. Atmos. Sci.*, **48**:497-509.

Durran D R. 1995. Pseudomomentum diagnostics for two-dimensional stratified compressible flow. *J. Atmos. Sci.*, **52**:3997-4008.

Dutton J A. 1976. The Ceaseless Wind. Mc Graw-Hill, pp. 579.

Gao Shouting, Cui Xiaopeng, Zhou Yushu. 2005. A modeling study of moist and dynamic vorticity vectors associated with two-dimensional tropical convection. *Journal of Geophysical Research*, **110**, d17104.

Gao S, Fan P and Li X. 2004. A convective vorticity vector associated with tropical convection: A two-dimensional cloud-resolving modeling study. *J. Geophys. Res.*, **109**, D14106, doi:10.1029/2004JD004807.

Gao S, Li X, Tao W K, *et al*. 2006. Convective and moist vorticity vectors associated with tropical oceanic convection: A three-dimensional cloud-resolving simulation. *J. Geophys. Res.*, Submitted.

Gao S and Wang X, Zhou Y. 2004. Generation of generalized moist potential vorticity in a frictionless and moist adiabatic flow. *Geophys. Res. Lett.*, **31**:L12113, 1-4.

Haynes P H. 1988. Forced, dissipative generalizations of finite-amplitude wave activity conservation relations for zonal and nonzonal basic flows. *J. Atmos. Sci.*, **45**:2352-2362.

Hoskins B J, Draghici I and Davies H C. 1978. A new look at the ω-equation. *Quart. J. Roy. Meteor. Soc.*, **104**:31-38.

Hoskins B J, McIntyre M E and Robertson A W. 1985. On the use and significance of isentropic potential vorticity maps. *Quart. J. Roy. Meteor. Soc.*, **111**:877-946.

Huang W G, Deng B S and Xiong T N. 1997. The primary analysis on a typhoon torrential rain. *Quarterly Journal of Applied Meteorology*, **8**:247-251 (in Chinese).

James Ian N. 1994. Introduction to Circulation Atmospheres. Cambridge University Press:pp422.

Lawrence B D. 1991. Evaluation of vertical motion:Past, present, and future. *Wea. Forecasting*, **6**:65-73.

Magnusdottir G, Haynes P H. 1996. Application of wave-activity diagnostics to baroclinic-wave life cycles. *J. Atmos. Sci.*, **53**: 2317-2353.

McIntyre M E, Shepherd T G. 1987. An exact local conservation theorem for finite amplitude disturbances to non-parallel shear flows, with remarks on Hamiltonian structure and on Arnol'd's stability theorems. *J. Fluid. Mech.*, **181**: 527-565.

Michael E McIntyre and Warwick A Norton. 2000. Potential Vorticity Inversion on a Hemisphere. *Journal of the Atmospheric Sciences*,**57**(9):1214-1235.

Mu Mu, Vladimirov V and Wu Yonghui. 1999. Energy-casimir and energy-lagrange methods in the study of nonlinear symmetric stability problems. *J. Atmos. Sci.*, **56**:400-411.

Murray D M. 1998. A pseudoenergy conservation law for the two-dimensional primitive equations. *J. Atmos. Sci.*, **55**:2261-2269.

Plumb R A. 1985. On the three-dimensional propagation of stationary waves. *J. Atmos. Sci.*, **42**:217-229.

Ran L, Gao S. 2007. A three-dimensional wave-activity relation for pseudomomentum. *J. Atmos. Sci.*,**64**:2126-2134.

Ren S. 2000. Finite-amplitude wave-activity invariants and nonlinear stability theorems for shallow water semigeostrophic dynamics. *J. Atmos. Sci.*, **57**:3388-3397.

Scinocca J F, Peltier W R. 1994a. Finite-amplitude wave-activity diagnostics for Long's stationary solution. *J. Atmos. Sci.*, **51**:613-622.

Scinocca J F, Peltier W R. 1994b. The instability of Longs stationary solution and the evolution towards severe downslope windstorm flow. Part II:The application of finite amplitude local wave activity flow diagnostics. *J. Atmos. Sci.*, **51**:623-653.

Scinocca J F and Shepherd T G. 1992. Nonlinear wave-activity conservation laws and Hamiltonian structure for the two-dimensional anelastic equations. *J. Atmos. Sci.*, **49**:5-27.

Shepherd T G. 1990. Symmetries, conservation laws, and hamiltonian structure in geophysical fluid dynamics. *Adv. Geophys.*, **32**:287-338.

Takaya K. 2001. A formulation of a phase-indE-Pendent wave-activity flux for stationary and migratory quasigeostrophic eddies on a zonally varying basic flow. *J. Atmos. Sci.*, **58**: 608-627.

Vanneste J and Shepherd T J. 1998. On the group-velocity property for wave-activity conservation laws. *J. Atmos. Sci.*, **55**:1063-1068.

Xu Q. 1992. A geostrophic Pseudovorticity and Geostrophic C-Vector Forcing—A New Look at the Q Vector in Three Dimensions. *J. Atmos. Sci.*, **49**:981-990.

Yang Shuai, Gao Shouting and Wang Donghai. 2006. Diagnostic analyses of the ageostrophic ***Q*** vector in the non-uniformly saturated, frictionless, and moist adiabatic flow. *J. Geophys. Res.*, **112**, D09114, doi:10.1029/2006JD008142.

Yao X P, Yu Y B. 2004. Diagnostic analyses and application of the moist ageostrophic vector. *Adv. Atmos. Sci.*, **21**:96-102.

Zadra A, Brunet G, Derome J, *et al*. 2002. Empirical normal mode diagnostic study of the gem model's dynamical core. *J. Atmos. Sci.*, **59**:2498-2510.

第15章　动力因子暴雨预报方法

我国地处东亚季风区，每年夏季风爆发和盛行期间，暴雨灾害频发，常常造成重大人员伤亡和经济损失（陶诗言等，1980；丁一汇，1993；程麟生等，2001；李泽椿等，2002；高守亭等，2003；房春花等，2003；程鹏等，2007；李娟等，2008；邓国等，2010；狄靖月等，2013；孙建华等，2013；Toth *et al.*，1997；Bright David *et al.*，2002），如1975年8月发生在河南省的大暴雨造成淮河流域近100县受淹，3万多人丧生（丁一汇，1994）；1991年5—7月江淮流域严重的暴雨和洪涝造成经济损失高达600亿（高守亭等，2003）；1998年6—8月长江全流域的洪水受灾人口超过一亿，死亡1800多人，经济损失1500多亿（高守亭等，2003）；2012年7月北京地区历史罕见的极端降水过程受灾人口约190万，死亡78人，经济损失近百亿（孙建华等，2013）。因此，做好暴雨预报，避免重大损失是我国防灾减灾的迫切需求。

目前，气象部门的暴雨预报主要依赖数值模式和卫星雷达观测的外推临近预报。虽然这两种方法在特定方面都有自己独特的优势，但也存在某些不足。例如，模式降水预报包括可分辨尺度降水和次网格尺度降水两部分，其中可分辨尺度降水与降水粒子（雨水，雪和霰等）的下落末速度有关，主要是由云微物理参数化方案计算产生的，该参数化方案将近地面层的降水粒子下落末速度通量作为单位时间内可分辨尺度的地面降水量，因此数值模式预报的可分辨尺度降水主要是由云微物理过程决定的；而次网格尺度降水主要是由积云对流参数化方案计算产生的，取决于积云对流参数化方案中降水效率和水汽供应量。实际上，降水是一个非常复杂的物理过程，数值模式中云微物理参数化方案和积云对流参数化方案都有一定的经验性和主观性，受到人为因素影响，并且这些参数化方案对物理过程的描述并不完善，这些因素造成数值模式预报的可分辨尺度降水和次网格尺度降水存在很大的不确定性。另外，由于模式需要“spin-up”的过程，其在暴雨的临近预报中存在一定的局限性。基于雷达观测的外推预报虽然能够提供短期的暴雨临近预报，但又无法提供2 h以上的暴雨系统的高质量预报（程丛兰，2013）。基于以上问题，国内外学者在数值模式及卫星雷达观测的基础上又发展了多种暴雨预报方法，从而提高暴雨预报水平。为了降低由初始场及预报模式不确定性引起的降水预报误差（房春花等，2003），欧洲中心ECMWF，美国NCEP，中国CMA及日本JMA等均构建了全球中期及区域短期集合预报系统(Molteni *et al.*,1999)。目前已有研究表明多模式集合预报降水的集成能够有效降低暴雨预报误差,提高预报技巧(狄靖月等,2013)。另外,针对模式预报与观测资料外推预报的不足,人们试图将二者融合,以此来提高暴雨预报水平。目前,高分辨率有限区域数值模式中同化多种中小尺度观测资料越来越受到关注(郭锐等,2010)。周兵等(2002)与冯文等(2008)的研究均发现经质量控制的逐时云迹风资料同化可以提高风压场和水汽场的质量,而且在暴雨预报试验中可以相对更准确地预报暴雨落区及雨强;张文龙等(2012)探讨了数值预报产品中雨量预报产品与模式探空资料有效配合以提高北京局地暴雨预报准确率的可行性。程丛兰等(2013)从克服目前数值模式在对流尺度定量降水短时预报方面不足的角度,研究设计了一种基于"外推"临近预报技术和中尺度数值模式的定量降水预报(QPF)融合技术方案,该方案使 0～6 h 定量降水预报结果明显改善,总体优于单独的临近预报技术或者中尺度数值预报模式的结果。利用高分辨的数值模式一般能够提供较为准确的形势场预报的特点,也有研究者从动力角度建立暴雨预报方法。例如,岳彩军等(2007)发展了一种湿 $\boldsymbol{Q}$ 矢量释用技术,通过湿 $\boldsymbol{Q}$ 矢量散度与垂直速度的关系得到湿 $\boldsymbol{Q}$ 矢量释用降水场,该降水场对有无降水及 10 mm/24 h 以上降水预报都明显高于其所依赖的数值模式的定量降水预报;张小玲等(2010)利用"配料"的思路,即暴雨系统发生、发展必须具备的水汽、抬升和不稳定条件,基于数值模式预报结果,通过诊断"配料"的时空变化特征来追踪暴雨系统的发生演变;针对中国大陆暴雨带多位于扰动风辐合线上这一特点,钱维宏等(2013)利用 ECMWF 模式预报产品分解的 850 hPa 扰动风辐合线指示暴雨带。高守亭和李小凡利用降水方程(Gao *et al.*,2010)做定量降水预报,在他们的预报方法中不仅考虑了水汽以及相变,而且考虑了云水对降水的作用。此外,还有一些预报方法是通过统计方法建立数值预报产品输出的预报因子与预报量的统计关系进行或改进客观要素预报(刘环珠等,2004)。李博和赵思雄等(2009)基于综合多级相似预报技术建立了台风暴雨预报模型,该模型在台风暴雨预报中具有一定优势(李博等,2009);刘还珠和赵声蓉等应用数值预报产品释用 MOS 技术制作温度、降水、相对湿度、风、云量及能见度等要素预报,其中温度和相对湿度的短期预报在大多数情况下是可用的或是可参考的(刘还珠等,2004);曾晓青和邵明轩等使用 K 最邻近域(KNN)方法进行晴雨预报和大于或等于 10 mm 降水预报的试验,该方法克服了模式降水预报和 MOS 方法预报中空报率较高的现象,达到了较好的预报效果(曾晓青等,2008)。

我国降水类型多样,虽然这些不同降水类型的形成机制各异,但它们的天气背景有一些共同特征,例如,冷暖气团交汇,低层辐合、高层辐散,强烈上升运动,水汽集中,垂直风切变,等熵面倾斜,大气斜压性,凝结潜热释放和位势不稳定等。任何暴雨的发生发展都离不开水汽和水汽相变过程，所以对包含丰富水汽的湿大气的动力和热力状态的准确描述是暴雨预报的一个关键点。为此，我们发展了能够准确描述湿空气热力状态的广义位温理论。同时，中尺度系统是导致暴雨的主要系统，为了表征中尺度系统的发展演变，我们进一步发展了中尺度波流相互作用理论。在这些理论研究的基础上，并结合暴雨动、热力学特点，充分利用数值模式对温、湿、压、风等基本气象要素预报比较准确的优势，建立多个包含动力、热力和水汽等信息，并且物理意义明确的动力因子，例如，非均匀饱和湿热力平流参数和对流涡度矢量等。这些动力因子能够比较准确地描述暴雨过程中某些动力场、热力场和水汽场的典型垂直结构特征，能够反映降水系统及其背景场的某些动力学和热力学性质，因而与暴雨过程密切相关。

本章根据这些动力因子与观测降水的相关性，发展了集合动力因子暴雨预报方法。章节安排如下，15.1 节简要介绍基于广义位温的动力因子，15.2 节论述了位涡及相关拓展的物理量的定义和性质，15.3 节讨论了多种波作用密度的特征，15.4 节阐述了集合动力因子暴雨预报方法的思路，15.5 节给出小结。

15.1 基于广义位温的动力因子

Gao 等(2009)和 Ran 等(2013)针对暴雨过程中水汽非均匀分布的特点，以广义位温为基础，结合暴雨的动、热力学特点，发展和建立了多个与暴雨相关的宏观物理量。下面对这些动力因子做一简要介绍。

15.1.1 湿热力平流参数

江淮梅雨锋暴雨是我国很重要的一种暴雨类型。梅雨锋是一种露点锋，虽然锋面两侧温度梯度对比和湿度梯度的对比都存在，但湿度梯度对比更明显。锋面附近冷暖平流活跃，伴有显著的热量垂直输送。锋面内水汽和温度的不连续性使得湿等熵面(广义位温等值面)明显倾斜，大气湿斜压性很强。针对梅雨锋面这些特点，定义了湿热力平流参数(Wu *et al.*，2011)，即，三维位温平流的水平梯度与广义位温水平梯度的标量积，

$$M_{tp} = \nabla_h(-\boldsymbol{v}\cdot\nabla\theta)\cdot\nabla_h\theta^* \tag{15.1.1}$$

该参数能够描述热量平流输送和强斜压性等锋面特征。如果大气是绝热无摩擦的，那么利用热力学方程$\frac{\partial\theta}{\partial t}+\boldsymbol{v}\cdot\nabla\theta=0$，(15.1.1)式可以改写为

$$M_{tp} = \frac{\partial(\nabla_h\theta)}{\partial t}\cdot\nabla_h\theta^* \tag{15.1.2}$$

上式右端$\frac{\partial(\nabla_h\theta)}{\partial t}$为位温水平梯度的局地变化，代表锋生；广义位温的水平梯度可写为

$$\nabla_h\theta^* = \hat{\eta}\nabla_h\theta + \gamma^*\theta^* \nabla_h\alpha + \alpha\theta^* \nabla_h\gamma^* \tag{15.1.3}$$

其中，$\hat{\eta}=\exp(\alpha\gamma^*)$、$\alpha=\frac{L_v q_s}{c_p T_c}$、$\gamma^*=\left(\frac{q}{q_s}\right)^k$。可见，$\nabla_h\theta^*$反映了位温梯度（$\hat{\eta}\nabla_h\theta$）、凝结潜热梯度（$\gamma^*\theta^*\nabla_h\alpha$）和水汽梯度（$\alpha\theta^*\nabla_h\gamma^*$）的综合特征。另一方面，根据广义位温的表达式，(15.1.2)可以进一步写为：

$$M_{tp} = \frac{e^{\alpha\gamma^*}}{2}\frac{\partial(|\nabla_h\theta|^2)}{\partial t} - \theta^* \nabla_h(v\cdot\nabla\theta)\cdot\nabla_h(\alpha\gamma^*) \tag{15.1.4}$$

其中，$\alpha\gamma^*=\frac{L_v q_s}{c_p T}\left(\frac{q}{q_s}\right)^k$代表凝结潜热作用。当大气为干空气（$q=0$和$\gamma^*=0$）时，(15.1.4)式变为$G=\frac{1}{2}\frac{\partial(|\nabla_h\theta|^2)}{\partial t}$，代表位温梯度模的局地变化，因此(15.1.4)式右端第一项表征水平锋生。右端第二项为位温平流水平梯度与凝结潜热水平梯度的耦合项，体现了凝结潜热的效应。可见，湿热力平流参数综合表征了水平锋生和凝结潜热效应。

2010 年 7 月 11 日 0600 UTC 梅雨锋暴雨分析表明（图 15.1.1），该参数因为能够较好地反映降水区上空垂直暖平流和等熵面水平梯度显著的动、热力垂直结构特点，因而与观测降水在空间分布形态上存在较好的对应关系。

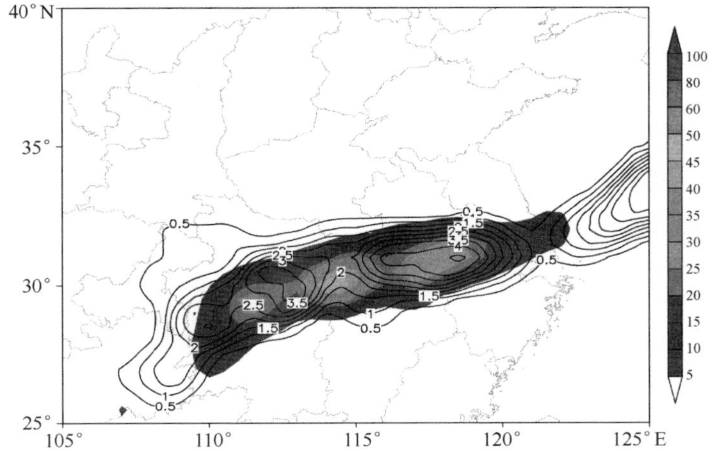

图 15.1.1　2010 年 7 月 11 日 0600 UTC 梅雨锋暴雨中湿热力平流参数(10^{-8} $K^2\cdot m^{-1}\cdot s^{-13}$)水平分布，其中阴影区为 6 h 累积观测降水(mm)

15.1.2 热力螺旋度和热力散度垂直通量

螺旋度是一个表征流体边旋转边沿旋转方向运动物理特性的重要物理量。利用螺旋度诊断分析暴雨有一定局限性，这主要是因为螺旋度是一个纯动力学物理量，不能描述暴雨过程中热力学特点和水汽作用，而凝结潜热释放又是暴雨发生发展的一个重要过程。针对这个问题，借鉴螺旋度的基本思想，将能够反映湿大气非均匀饱和特征的广义位温引入到垂直螺旋度概念中，给出热力螺旋度的定义(冉令坤等，2009)，即，

$$Helth = w\left[\frac{\partial}{\partial x}(v\theta^*)-\frac{\partial}{\partial y}(u\theta^*)\right]= w\theta^*\left(\frac{\partial v}{\partial x}-\frac{\partial u}{\partial y}\right)+w\left(v\frac{\partial \theta^*}{\partial x}-u\frac{\partial \theta^*}{\partial y}\right) \tag{15.1.5}$$

该物理量一方面体现了垂直热量通量与相对垂直涡度的耦合作用，另一方面包含了大气湿斜压性等信息。

低层辐合、高层辐散的配置和强上升运动是降水区两个重要动力学特征，也是预报降水的有力依据。低层辐合将系统外的热量和水汽集中到降水区，积聚低层不稳定能量，强烈的上升气流把这些热量和水汽输送到高空。为了将这种热量和水汽的集中效应与强烈上升运动这两个特征结合起来，定义了热力散度垂直通量，

$$Wptediv = w\nabla_h\cdot(\mathbf{V}_h\theta^*)= w\theta^*\nabla_h\cdot\mathbf{V}_h + w\mathbf{V}_h\cdot\nabla_h\theta^* \tag{15.1.6}$$

该物理量涵盖了大气垂直运动、水平辐合/辐散和热量平流输送等因素，是动、热力效应耦合的物理量。总之，Helth 和 Wptediv 适用于分析垂直上升运动强烈，涡旋运动显著并伴有水平气流的辐合辐散以及湿斜压性明显的降水系统。如图 15.1.2 所示，在 2010 年 7 月 27 日 1800 UTC 东北冷涡暴雨中，Helth 和 Wptediv 的高值区与观测降水区相重叠，表明这两个动力因子能够表征低涡类暴雨的发生发展。

15.1.3 包含广义位温的 *Q* 矢量

Q 矢量广泛地被用来研究异常天气的垂直运动特征和锋生现象。Hoskins 等(1978)研究指出准地转 *Q* 矢量能够较好地分析斜压扰动的垂直运动。后来 Davies-Jones(1991)等突破准地转限制，相继提出了广义 Omega 方程和广义 *Q* 矢量。Yao 等(2004)和 Yue(2009)等考虑凝结潜热作用，引入饱和比湿个别变化，提出湿空气非地转 *Q* 矢量理论，为台风、暴雨等灾害性天气的动力诊断提供有用工具。在以往研究基础上，用比湿替换饱和比湿，推导包含广义位温的 *Q* 矢量，这样做的原因是实际大气不是处处饱和的，而是非均匀饱和的；另外，虽然非绝热加热项通常难以准确计算，但广义位温考虑了凝结潜热效应，这样获得的

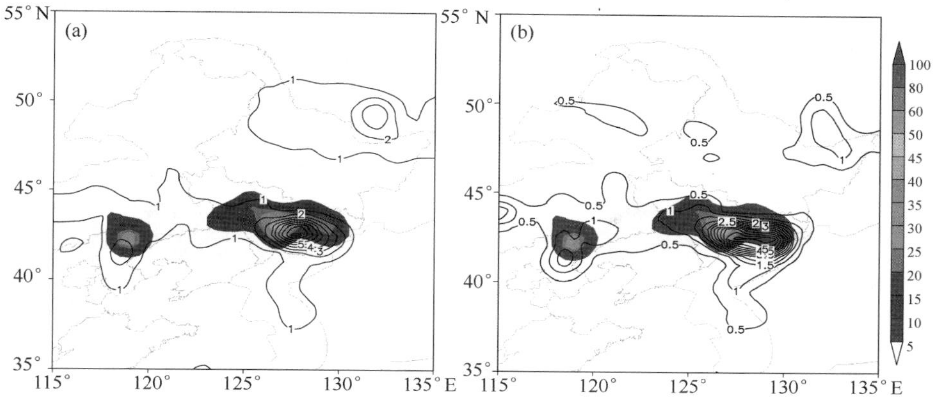

图 15.1.2　2010 年 7 月 27 日 1800 UTC 东北冷涡暴雨中(a)热力螺旋度(10^3 K・m^2・s^{-2})和(b)热力散度垂直通量(10^3 K・m^2・s^{-2})，其中阴影区为 6 h 累积观测降水(mm)

Q 矢量包含了一定的非绝热加热的强迫作用，因而适合暴雨等灾害性天气的诊断分析。在等压坐标系中包含广义位温的 Omega 方程为

$$\frac{\partial}{\partial x}\left(\sigma_\varepsilon \frac{\partial \omega}{\partial x}\right)+\frac{\partial}{\partial y}\left(\sigma_\varepsilon \frac{\partial \omega}{\partial y}\right)+f^2\left(\frac{\partial^2 \omega}{\partial p^2}\right)=-\left(\frac{\partial q_x^{\#}}{\partial x}+\frac{\partial q_y^{\#}}{\partial y}\right) \tag{15.1.7}$$

其中 $\mu_* = \frac{R}{p}\left(\frac{p}{p_s}\right)^{\frac{R}{c_p}}$，$\sigma_\varepsilon = -\frac{\mu_* \theta}{\theta^{\#}}\frac{\partial \theta^{\#}}{\partial p}$ 为包含广义位温的稳定度参数，通常情况下为正值(Gao *et al*., 2004)；

$$q_x^{\#} = f\left(\frac{\partial u}{\partial x}\frac{\partial v}{\partial p}-\frac{\partial u}{\partial p}\frac{\partial v}{\partial x}\right)-\mu_*\frac{\theta}{\theta^{\#}}\frac{\partial v_h}{\partial x}\cdot\nabla_h\theta^{\#}-\mu_*\frac{\partial \theta}{\partial x}\frac{\mathrm{d}\beta}{\mathrm{d}t}-\mu_*\theta\frac{\mathrm{d}}{\mathrm{d}t}\left(\frac{\partial \beta}{\partial x}\right) \tag{15.1.8}$$

$$q_y^{\#} = f\left(\frac{\partial u}{\partial y}\frac{\partial v}{\partial p}-\frac{\partial u}{\partial p}\frac{\partial v}{\partial y}\right)-\mu_*\frac{\theta}{\theta^{\#}}\frac{\partial v_h}{\partial y}\cdot\nabla_h\theta^{\#}-\mu_*\frac{\partial \theta}{\partial y}\frac{\mathrm{d}\beta}{\mathrm{d}t}-\mu_*\theta\frac{\mathrm{d}}{\mathrm{d}t}\left(\frac{\partial \beta}{\partial y}\right) \tag{15.1.9}$$

为包含广义位温的 **Q** 矢量($\boldsymbol{Q}^{\#}=(q_x^{\#},q_y^{\#})$)分量。方程(15.1.7)引入广义位温 $\theta^{\#}=\theta\exp(\beta)$，其中，$\beta=\frac{L_v q}{c_p T}\left(\frac{q}{q_s}\right)^k$。对于干空气，广义位温退化为位温，该方程与传统的 Omega 方程相同，没有凝结潜热作用；但当大气接近或达到饱和时，广义位温逐渐变为相当位温，考虑了水汽相变的凝结潜热作用，该方程隐含了凝结潜热的强迫作用。

利用包含广义位温的 **Q** 矢量对 2013 年 7 月 11 日至 14 日陕西强降水进行诊断分析。由于采用资料包含的非绝热加热的信息非常有限，所以方程(15.1.8)和(15.1.9)右端最后两项不予计算，仅计算前两项。计算结果表明，如图 15.1.3 所示，中低层 **Q** 矢量辐合、低空气流辐合和高空气流辐散的动力结构以及对流不稳定的相互配合，促进此次暴雨的发生发展。$\boldsymbol{Q}$ 矢量散度在空间分布上与观测 6 h 降水存在紧密联系，具有指示降水落区的作用。

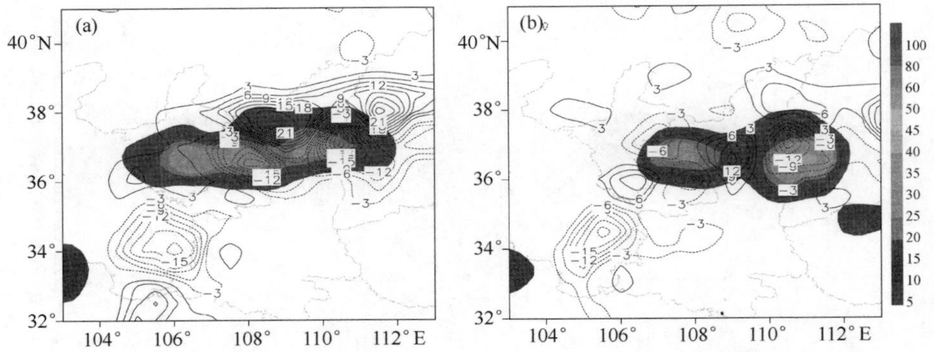

图 15.1.3 2013 年 7 月 12 日 0000 UTC 和 13 日 0000 UTC 700 hPa 包含广义位温的 $\boldsymbol{Q}$ 矢量散度（等值线）的水平分布，阴影区代表观测的 6 h 降水（单位：mm）

15.2 湿位涡及其拓展物理量

位涡是广泛应用于天气诊断分析的重要物理量，大气运动方程，热力学方程和质量连续性方程可以合并成位涡方程。在绝热无摩擦条件下，位涡是守恒量。基于位涡的重要性，对位涡进行拓展，发展了与暴雨密切联系的物理量。

15.2.1 广义湿位涡

干空气位涡可以用来分析干冷侵入，饱和湿空气的位涡常用来研究湿大气的对称不稳定。实质上，这两种位涡描述的是大气的两种极端情况。针对实际的非均匀饱和湿空气，利用广义位温，Gao 等（2004）定义了广义湿位涡，

$$Q_m = \frac{\boldsymbol{\xi}_a \cdot \nabla\theta^*}{\rho} \tag{15.2.1}$$

其中，$\boldsymbol{\xi}_a$ 为绝对涡度，ρ 为空气密度。广义湿位涡既包含 θ^* 空间梯度的热力信息，又含有绝对涡度 $\boldsymbol{\xi}_a$ 的动力信息，所以它是一个可以描述非均匀饱和湿大气的动、热力学综合特征的物理量。Liang 等（2010）分析表明，广义湿位涡主要体现了垂直涡度与广义位温垂直梯度的耦合作用。

15.2.2 力管涡度

涡度是三维空间矢量，位涡仅代表涡度在位温梯度方向上的投影，不能描述等熵面内的涡度分量，因此位涡所包含的涡度信息是不完整的，不能表征全部的

三维涡度信息。在暴雨诊断分析中，为了有效地捕捉等熵面内的涡度信息，发展了以下两个诊断量(Ran *et al.*，2013)：

$$M_{sv} = \omega^* \cdot (\nabla p \times \nabla \alpha^*) \tag{15.2.2}$$

$$M_{psv} = \omega^* \cdot [(\nabla p \times \nabla \alpha^*) \times \nabla \theta^*] \tag{15.2.3}$$

$$\hat{\eta} = \exp\left[\frac{l_v q_s}{c_p T} \cdot \left(\frac{q_v}{q_s}\right)^k\right]$$

其中，$\alpha^* = 1/\rho^*$ 为湿比容，$\rho^* = \rho/\hat{\eta}$ 为湿密度，$\omega^* = \nabla \times v^*$ 为湿涡度，$v^* = (\hat{\eta}u, \hat{\eta}v, \hat{\eta}w)$ 为湿速度。这里 $\nabla\theta^*$，$\nabla p \times \nabla \alpha^*$ 和 $(\nabla p \times \nabla \alpha^*) \times \nabla \theta^*$ 是两两正交的，利用这三个矢量可以建立一个完整的正交系统。M_{sv} 包含了湿力管方向的涡度分量，称作力管涡度；M_{psv} 包含了 $(\nabla p \times \nabla \alpha^*) \times \nabla \theta^*$ 方向的涡度分量，称作热力力管涡度。可见，广义湿位涡、力管涡度和热力力管涡度涵盖了涡度的三维信息。经过尺度分析，M_{sv} 和 M_{psv} 可以简化为

$$M_{sv} \approx \frac{\partial p}{\partial z}\left(\frac{\partial v_h^*}{\partial z} \cdot \nabla_h \alpha^*\right) \tag{15.2.4}$$

$$M_{psv} \approx -\frac{\partial \theta^*}{\partial z}\frac{\partial p}{\partial z}\left[\left(\frac{\partial v_h^*}{\partial z} \times \nabla_h \alpha^*\right) \cdot \boldsymbol{k}\right] \tag{15.2.5}$$

上述两式表明，M_{sv} 反映了以气压垂直梯度为权重的垂直风切变与湿比容水平梯度的耦合作用；M_{psv} 代表以气压垂直梯度为权重的对流稳定度、垂直风切变与湿比容水平梯度的耦合效应。

低压槽是引发华北地区暴雨的主要天气系统之一，这类暴雨通常具有垂直风切变强，相对垂直涡度较大，斜压性明显和位势不稳定等特征。2010 年 7 月 19 日 0000 UTC 低槽暴雨的诊断分析表明，如图 15.2.1 所示，广义湿位涡，力管涡度和热力力管涡度能够有效地描述垂直风切变，相对垂直涡度，比容的水平梯度和广义位温的垂直梯度等都比较显著的动、热力学特点，在暴雨区对流层低层表现异常，与观测降水有良好的相关性，对暴雨落区有良好的指示作用。

15.2.3　位势散度、位势切变变形和位势伸缩变形

除了旋转，大气还具有散度和变形特征。低层辐合和高层辐散是暴雨发生发展的重要动力学条件。大气变形场也是与暴雨密切相关的，因为它是大气的一种不稳定状态，很容易向涡度和散度转化，引起涡度和散度迅速发展。为了反映暴雨过程中水平风场的散度和变形特征，本节引入物理量——位势散度、位势切变变形和位势伸缩变形。如图 15.2.2 所示，如果水平风场 $\boldsymbol{v}_h = (u, v, 0)$ 依次进行关于坐标轴的对称旋转，则可以得到三个水平矢量 $\boldsymbol{v}_h^{shr} = (-u, v, 0)$，$\boldsymbol{v}_h^{str} = (-v, u, 0)$ 和 $\boldsymbol{v}_h^{div} = (-v, u, 0)$，分别做这些矢量与广义位温空间梯度的标量积，就可以得到位势散度、位势切变变形和位势伸缩变形，即

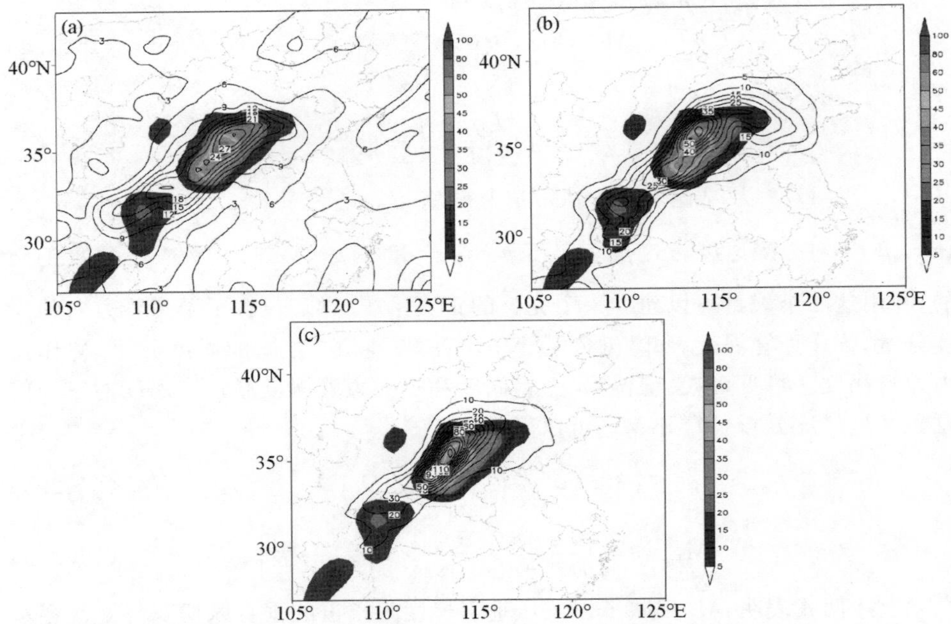

图 15.2.1　2010 年 7 月 19 日 0000 UTC 低槽暴雨中(a)广义湿位涡(10^{-2} K・s^{-1})，(b)力管涡度(10^{-4} m・s^{-3})和(c)热力力管涡度(10^{-6} K・s^{-3})，其中阴影区为 6 h 累积观测降水(mm)

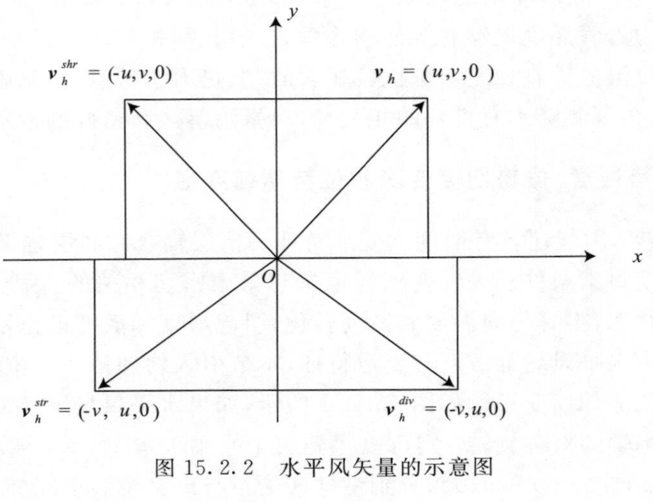

图 15.2.2　水平风矢量的示意图

$$R = -\frac{\partial v}{\partial z}\frac{\partial \theta^*}{\partial x} - \frac{\partial u}{\partial z}\frac{\partial \theta^*}{\partial y} + \left(\frac{\partial v}{\partial x} + \frac{\partial u}{\partial y}\right)\frac{\partial \theta^*}{\partial z} \quad (15.2.6)$$

$$M = -\frac{\partial u}{\partial z}\frac{\partial \theta^*}{\partial x} - \frac{\partial v}{\partial z}\frac{\partial \theta^*}{\partial y} + \left(\frac{\partial u}{\partial x} + \frac{\partial v}{\partial y}\right)\frac{\partial \theta^*}{\partial z} \quad (15.2.7)$$

$$J = -\frac{\partial u}{\partial z}\frac{\partial \theta^*}{\partial x} + \frac{\partial v}{\partial z}\frac{\partial \theta^*}{\partial y} + \left(\frac{\partial u}{\partial x} - \frac{\partial v}{\partial y}\right)\frac{\partial \theta^*}{\partial z} \quad (15.2.8)$$

其中除了垂直风切变，这些物理量还含有水平散度(位势散度(15.2.7)式)、伸展变形(位势伸展变形(15.2.8)式)和切变变形(位势切变变形(15.2.6)式)的动力信息，是表征散度和变形场与大气热力效应耦合作用的物理量。个例分析表明(楚艳丽等，2013；齐彦斌等，2010)，这些物理量对江淮梅雨期暴雨以及南方冰冻雨雪天气有较好的分析和预报效果(图 15.2.3)。

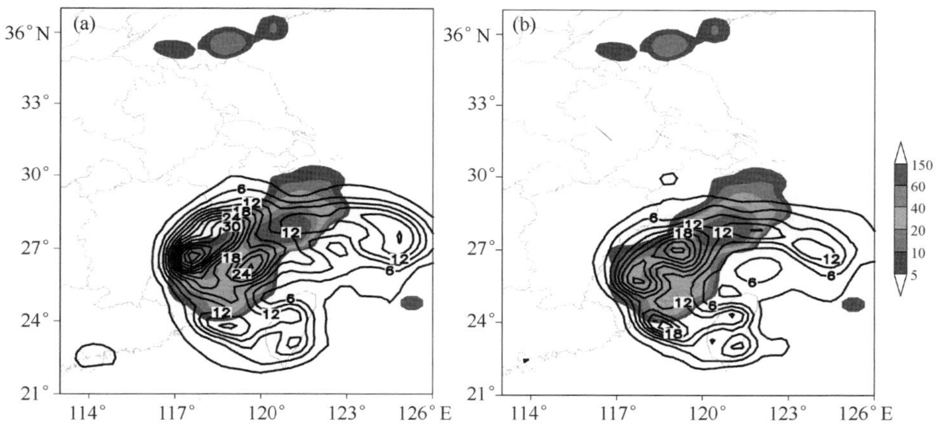

图 15.2.3　2009 年 8 月 9 日 0000 UTC 位势散度(a)和位势伸展变形(b)(单位：10^{-4} K·s^{-1})的水平分布，其中阴影区代表观测的 6 h 累积降水(mm)

15.2.4　二阶位涡及对流涡度矢量

在利用广义湿位涡进行暴雨诊断分析时发现，对于台风暴雨，广义湿位涡的高值中心常常出现在台风中心，而台风眼壁暴雨区和螺旋雨带常处于广义湿位涡的梯度区内，这一特点在一些锋面暴雨和低涡暴雨中也比较明显。针对这种情况，提出二阶位涡的概念(Gao *et al.*，2014)，即，涡度矢量与广义湿位涡空间梯度的点乘，

$$S_{ecpv} = -\frac{\partial v}{\partial z}\frac{\partial q}{\partial x} + \frac{\partial u}{\partial z}\frac{\partial q}{\partial y} + \left(\frac{\partial v}{\partial x} - \frac{\partial u}{\partial y}\right)\frac{\partial q}{\partial z} \quad (15.2.9)$$

该物理量包含广义湿位涡的水平梯度以及垂直梯度的信息。

在经向——垂直两维空间内，位涡在赤道地区趋于零，信号非常弱，不能表征强对流的发展演变，为此，Gao 等(2004)给出对流涡度矢量($\boldsymbol{C}$)的概念，以此弥补两维位涡的不足，即，

$$\boldsymbol{C}=\frac{\boldsymbol{\xi}_a\times\nabla\theta_e}{\rho} \tag{15.2.10}$$

不同于位涡(代表涡度矢量在相当位温梯度方向上的投影)，对流涡度矢量体现的是等相当位温面内涡度与相当位温梯度的耦合作用。在理想情况下，大尺度系统以水平运动为主，当没有对流活动和凝结潜热释放时，等熵面是水平的，其数值随着高度增加而增大，所以等熵面的梯度方向是垂直向上的。空气质点在等熵面内运动，其涡度矢量方向也主要沿垂直方向，因此涡度与相当位温梯度的点乘 $\boldsymbol{\xi}_a\cdot\nabla\theta_e$($=|\boldsymbol{\xi}_a||\nabla\theta_e|\cos\alpha$，其中 α 是两矢量的夹角。由于这两个矢量平行，所以二者的夹角为零，即，$\cos\alpha=1$)为极大值。在深对流区，垂直运动的混合作用和凝结潜热释放使得等熵面变得陡直，在极端情况下，相当位温的梯度方向转为水平方向，与大尺度水平运动的涡度矢量方向成 90°夹角，以至于 $\cos\alpha=0$，位涡数值等于零，不再是强信号。而此时，涡度矢量与相当位温梯度的叉乘为极大值，表现为强信号，这是因为 $\boldsymbol{\xi}_a\times\nabla\theta_e=|\boldsymbol{\xi}_a||\nabla\theta_e|\sin\alpha\boldsymbol{k}$，$\alpha=90°$，$\sin\alpha=1$，其中 $\boldsymbol{k}$ 为两矢量的叉乘方向。这种理想状况最可能出现在台风眼壁和螺旋云带内。

诊断分析表明，在 2010 年 9 月 20 日 0600 UTC 台风“凡亚比”暴雨中(图 15.2.4)，二阶位涡和对流涡度矢量的垂直分量($\boldsymbol{CZ}$)能够反映台风眼壁和螺旋云带内广义位涡的梯度和湿等熵面陡直的特点，其高值区与台风暴雨区相对应。可见，S_{ecpv} 和 $\boldsymbol{CZ}$ 是两个能反映台风眼壁降水区和螺旋雨带发展演变的物理量。

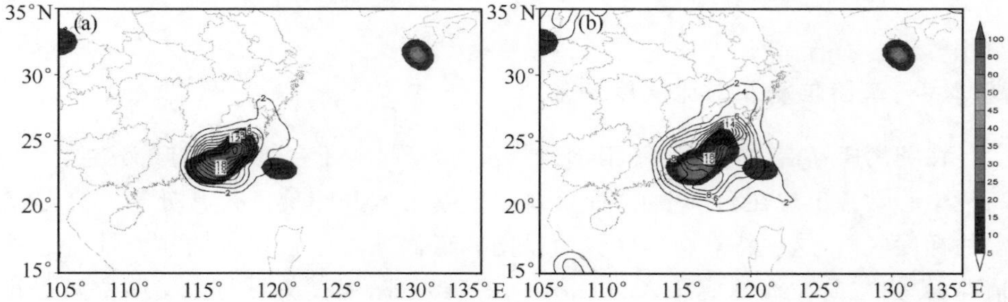

图 15.2.4　2010 年 9 月 20 日 0600 UTC 台风“凡亚比”暴雨过程中(a)二阶位涡(10^{-10} K·m^{-1}·s^{-2})和(b)对流涡度矢量的垂直分量(10^{-3}K·s^{-1})，其中阴影区为 6 h 累积观测降水(mm)

15.3　波作用密度

大尺度系统为暴雨的发生发展创造有利的背景条件，而中尺度对流系统是暴雨的直接制造者，因此如何描述中尺度系统发展演变是暴雨研究的一个关键问题。为此，我们在大尺度波流相互作用理论的基础上发展了中尺度波流相互作用理论。波流相互作用是大气动力学的重要内容之一，波作用密度是波流相互作用理论中一个重要概念，它是扰动振幅的平方项或更高次方项，代表某种波动能量，能够描述动、热力场的波动特征，满足通量形式的波作用方程

$$\frac{\partial A}{\partial t} + \nabla \cdot \boldsymbol{F} = S \tag{15.3.1}$$

其中，A 为波作用密度，$\boldsymbol{F}$ 为波作用通量，S 代表波作用密度源汇项。由上式可见，波作用通量的辐合或辐散可以引起波作用密度的局地集中或发散，进而导致中尺度扰动系统的发展或衰减。因此波作用方程可用来分析中尺度系统的发生发展。在以往的暴雨研究中，我们采用位涡定理，发展了一系列的波作用密度及波作用方程(Gao *et al.*，2009)。

暴雨过程中低层水汽辐合，强烈的垂直上升运动把低层水汽输送到对流层高层，水汽遇冷凝结，释放潜热，常常在降水区对流层中低层形成凝结潜热的高值中心，其水平梯度明显。另外，最大垂直上升速度通常位于降水区上空，其周围存在较强的补偿下沉气流，因而降水区垂直速度的水平梯度也是比较显著的。为了描述降水区对流层凝结潜热和垂直速度的这些特点，引入凝结潜热波作用密度的定义，即，扰动垂直速度与扰动凝结潜热函数的雅可比，其表达式为

$$Waveeta = \frac{\partial \omega_e}{\partial y}\frac{\partial \eta_e}{\partial x} - \frac{\partial \omega_e}{\partial x}\frac{\partial \eta_e}{\partial y} \tag{15.3.2}$$

其中，下标“e”代表扰动态。在实际计算中，利用 Barnes 低通滤波技术对格点资料进行水平滤波，滤波结果作为基本态场，从总资料场中减去基本态场得到扰动态场。个例分析表明，凝结潜热波作用密度与暴雨的发生发展密切相关(图 15.3.1a)(另见彩图 15.3.1)。

上述凝结潜热波作用密度仅含有垂直扰动速度，不包含水平扰动速度。为了把水平扰动风场引入波作用密度概念中，我们根据位涡定理，把扰动涡度矢量与扰动凝结潜热函数梯度的标量积定义为凝结潜热位涡波作用密度，即，

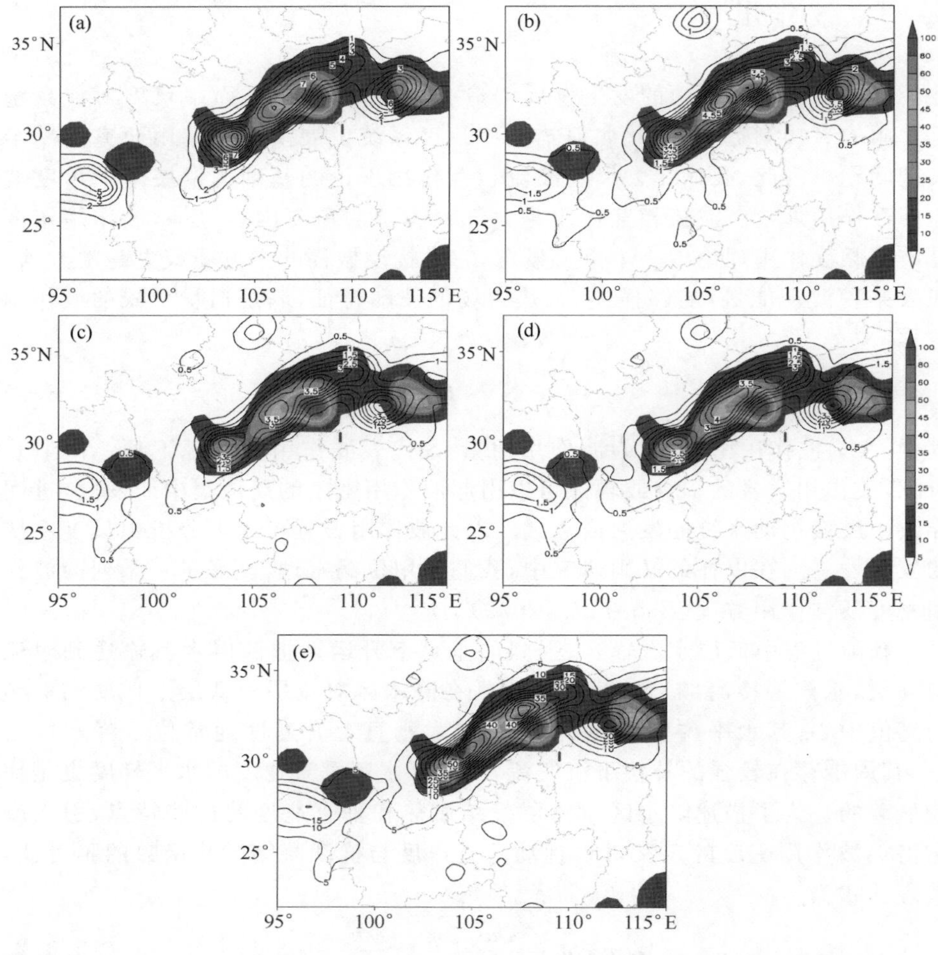

图 15.3.1　2010 年 7 月 17 日 0000 UTC 地形暴雨中(a)凝结潜热波作用密度(10^{-7} s^{-1})，(b)凝结潜热位涡波作用密度(10^{-6} s^{-1})，(c)凝结潜热位势散度波作用密度(10^{-6} s^{-1})，(d)凝结潜热位势切变变形波作用密度(10^{-6} s^{-1})和(e)凝结潜热位势伸缩变形波作用密度(10^{-6} s^{-1})，其中阴影区为 6 h 累积观测降水(mm)

$$Wavepveta = (\nabla \times \boldsymbol{v}_{he}) \cdot \nabla \eta_e = -\frac{\partial v_e}{\partial z}\frac{\partial \eta_e}{\partial x} + \frac{\partial u_e}{\partial z}\frac{\partial \eta_e}{\partial y} + \left(\frac{\partial v_e}{\partial x} - \frac{\partial u_e}{\partial y}\right)\frac{\partial \eta_e}{\partial z} \tag{15.3.3}$$

其中，$\boldsymbol{v}_{he}=(u_e, v_e, 0)$为水平扰动风矢量。凝结潜热位涡波作用密度代表扰动涡度矢量在扰动凝结潜热函数梯度方向上的投影，其本质是凝结潜热位涡

($(\nabla\times\boldsymbol{v}_h)\cdot\nabla\tilde{\eta}$)的二阶扰动量。同时,该物理量也体现了扰动垂直风切变和扰动垂直涡度的动力作用。

考虑风场的散度和变形特性,分别利用 $\boldsymbol{v}_{he}^{div}$,$\boldsymbol{v}_{he}^{str}$ 和 $\boldsymbol{v}_{he}^{shr}$ 代替(15.3.3)中的 $\boldsymbol{v}_{he}$,则可以得到凝结潜热位势散度波作用密度

$$Wavediveta = (\nabla\times\boldsymbol{v}_{he}^{div})\cdot\nabla\eta_e = -\left(\frac{\partial u_e}{\partial z}\frac{\partial\eta_e}{\partial x}+\frac{\partial v_e}{\partial z}\frac{\partial\eta_e}{\partial y}\right)+\left(\frac{\partial u_e}{\partial x}+\frac{\partial v_e}{\partial y}\right)\frac{\partial\eta_e}{\partial z} \tag{15.3.4}$$

凝结潜热位势切变变形波作用密度

$$Waveshareta = (\nabla\times\boldsymbol{v}_{he}^{shr})\cdot\nabla\eta_e = -\frac{\partial v_e}{\partial z}\frac{\partial\eta_e}{\partial x}-\frac{\partial u_e}{\partial z}\frac{\partial\eta_e}{\partial y}+\left(\frac{\partial v_e}{\partial x}+\frac{\partial u_e}{\partial y}\right)\frac{\partial\eta_e}{\partial z} \tag{15.3.5}$$

和凝结潜热位势伸缩变形波作用密度

$$Wavestretcheta = (\nabla\times\boldsymbol{v}_{he}^{str})\cdot\nabla\eta_e = \frac{\partial u_e}{\partial z}\frac{\partial\eta_e}{\partial x}-\frac{\partial v_e}{\partial z}\frac{\partial\eta_e}{\partial y}-\left(\frac{\partial u_e}{\partial x}-\frac{\partial v_e}{\partial y}\right)\frac{\partial\eta_e}{\partial z} \tag{15.3.6}$$

上述三种波作用密度除了包含水平扰动风场的垂直切变,还分别含有扰动水平散度 $\left(\frac{\partial u_e}{\partial x}+\frac{\partial v_e}{\partial y}\right)$、扰动切变变形 $\left(\frac{\partial v_e}{\partial x}+\frac{\partial u_e}{\partial y}\right)$ 和扰动伸缩变形 $\left(\frac{\partial u_e}{\partial x}-\frac{\partial v_e}{\partial y}\right)$ 的动力学效应。

复杂地形容易触发重力波,常引发暴雨或促使暴雨增幅。上述系列波作用密度可以把地形重力波引起的涡度,散度和变形扰动与凝结潜热扰动结合起来,表征地形重力波的活动。四川和贵州地处西南地区,地形条件复杂。2010 年 7 月 17 日 0000 UTC 该地区发生一次暴雨过程(如图 15.3.1 所示),分析表明,凝结潜热系列波作用密度能够有效地描述复杂地形下暴雨区动力扰动和凝结潜热扰动特点,对地形暴雨落区展现良好的指示效果。

15.4 集合动力因子暴雨预报方法

从长时间序列来看,上述各种物理量(简称:动力因子)的演变趋势与 6 h 累积观测降水的时间变化比较接近,动力因子在强降水区表现为强信号,在弱降水区和非降水区表现为弱信号。统计分析表明,动力因子与 6 h 累积观测降水存在一定的相关性,最大时间相关系数大于 0.8,最小时间相关系数小于 0.2,大部分动力因子的相关系数大于 0.4。各动力因子的相关系数在武汉、广州、长春、西安、郑州等地区比较大,而在温州、厦门、成都、昆明等地区相对较小,表明动力因子与观测降水的相关性有明显的地域差别。如何把动力因子与观测降水的相关性应用到暴雨预报实践,是一个引人关注的问题。单动

力因子只能抓住降水系统的动力，热力和水汽场的某些部分特征，只能反映暴雨过程的某些局部特点，不能全面地表征暴雨过程的所有动、热力学性质，因此单独动力因子对暴雨的指示作用是有限的；然而这些动力因子的集合应该能够比较全面地表征暴雨过程的动、热力学性质，对暴雨的指示作用应该比较显著。

15.4.1 集合动力因子降水预报方程

为了在暴雨预报中发挥这些动力因子的作用，我们以这些动力因子为基础，发展了“集合动力因子暴雨预报方法”。该预报方法以数值模式的温，压，湿，风等基本气象要素为基础，捕捉降水系统，实现暴雨预报，与数值模式暴雨预报形成互补。

集合动力因子暴雨预报方法主要包括三个步骤。首先，建立单动力因子与 6 h 累积观测降水的动力统计模型

$$y \propto c_i x_i \tag{15.4.1}$$

其中，y 为 6 h 累积观测降水，x_i 为利用格点分析资料计算的第 i 个动力因子，c_i 为第 i 个动力因子的系数。利用 2009 年 6 月 1 日—10 月 1 日和 2010 年 6 月 1 日—10 月 1 日的 6 h NCEP/NCAR GFS (Global Forecasting System)分析场资料(间隔 6 h，共 978 个时间点)计算 x_i，并根据(15.4.1)对 x_i 与 y 进行线性回归拟合，根据最小二乘法，求解系数 c_i；然后，根据下式计算第 i 个动力因子反演降水量

$$y_i = c_i x_i \tag{15.4.2}$$

同时，计算单动力因子反演降水量(y_i)与观测降水量(y)的相关系数。最后，按照 y 与 y_i 的相关系数由大到小的顺序，对于 m 个动力因子的反演降水量进行排序。在此基础上，根据顺序号建立权重函数，即

$$w_i = \exp\left(-\frac{r_i^2}{m^2}\right) \tag{15.4.3}$$

其中，r_i 为 y_i 在 m 个反演降水量序列中的顺序号，例如，对于相关系数最大的第 i 动力因子，有 $r_i=1$；对于相关系数最小的第 l 动力因子，有 $r_l=m$。根据长时间序列统计分析获得的 c_i 和 w_i，建立集合动力因子降水预报方程，即

$$\bar{\tilde{y}} = \frac{\sum_{i=1}^{m} w_i \tilde{y}_i}{\sum_{i=1}^{m} w_i} \tag{15.4.4}$$

其中，

$$\tilde{y}_i = c_i \tilde{x}_i \tag{15.4.5}$$

在上式中，$\tilde{x}_i$ 为利用 GFS 预报场资料计算的第 i 个动力预报因子，$\tilde{y}_i$ 为由 $\tilde{x}_i$ 反演得到的 6 h 累积预报降水量，称之为第 i 个动力因子的预报降水量。$\overline{\tilde{y}}$ 为由 m 个动力因子预报降水量 $\tilde{y}_i$ 按照不同的权重系数 w_i 进行线性叠加而得到的平均 6 h 累积预报降水量，即，集合动力因子预报降水量，它是所有动力因子 6 h 累积预报降水量的权重平均的结果，各种动力因子的预报作用通过它们的权重系数大小来体现，取决于动力因子与观测降水的相关系数。由于 6 h 观测降水是累积量，而动力因子是瞬时量，所以为了保持方程(15.4.1)，(15.4.2)的一致性，x_i 和 $\tilde{x}_i$ 分别取 6 h 观测降水初始时刻和结束时刻动力因子的平均值，下文的动力因子均指这两个时刻平均的动力因子。

15.4.2　预报检验

利用 2010 年，2012 年和 2013 年夏季 GFS 预报场资料和 6 h 观测降水资料对集合动力因子降水预报方程进行检验。图 15.4.1(另见彩图 15.4.1)为 2010 年 6 月 2 日 0000 UTC—10 月 1 日 0000 UTC 华南地区集合动力因子预报降水的 ETS 评分。可以看出，在大部分降水时段，对于大于 10 mm/6 h 和 20 mm/6 h 的降水，集合动力因子预报降水的评分略高于 GFS 模式自身的预报降水评分。从整个夏季(489 个时间点)的平均来看，集合动力因子预报降水的平均 ETS 评分略高于 GFS 模式自身预报降水的平均评分，说明在降水落区方面，集合动力因子的预报技巧比模式自身的降水预报技巧略有优势。集合动力因子预报和模式自身预报的平均 Bias 都大于 1，前者略大于后者，表明二者对降水都略有过度预报，并且集合动力因子的过度预报更明显一些。2012 年和 2013 年的夏季集合动力因子降水预报技巧也具有类似特点，如图 15.4.1c—15.4.1f 所示，集合动力因子降水预报技巧略优于模式自身的降水预报技巧，但都存在过度预报。

集合动力因子暴雨预报方法以数值模式的基本气象要素预报场为基础，其预报效果在很大程度上依赖于模式要素场预报的准确率。在本质上，集合动力因子暴雨预报属于数值模式预报产品的延伸释用，它是从降水系统宏观典型动、热力垂直结构的角度进行暴雨预报，不同于数值模式自身的暴雨预报(它是云微物理过程的结果)，但二者可以互为验证，互为补充。另外，集合动力因子暴雨预报方法也可以用于数值模式的前处理和参数化方案设计中，例如，可以作为物理初始化方案的约束条件之一；在数值模式的积云参数化方案中，也可以作为启动对流的开关条件之一。

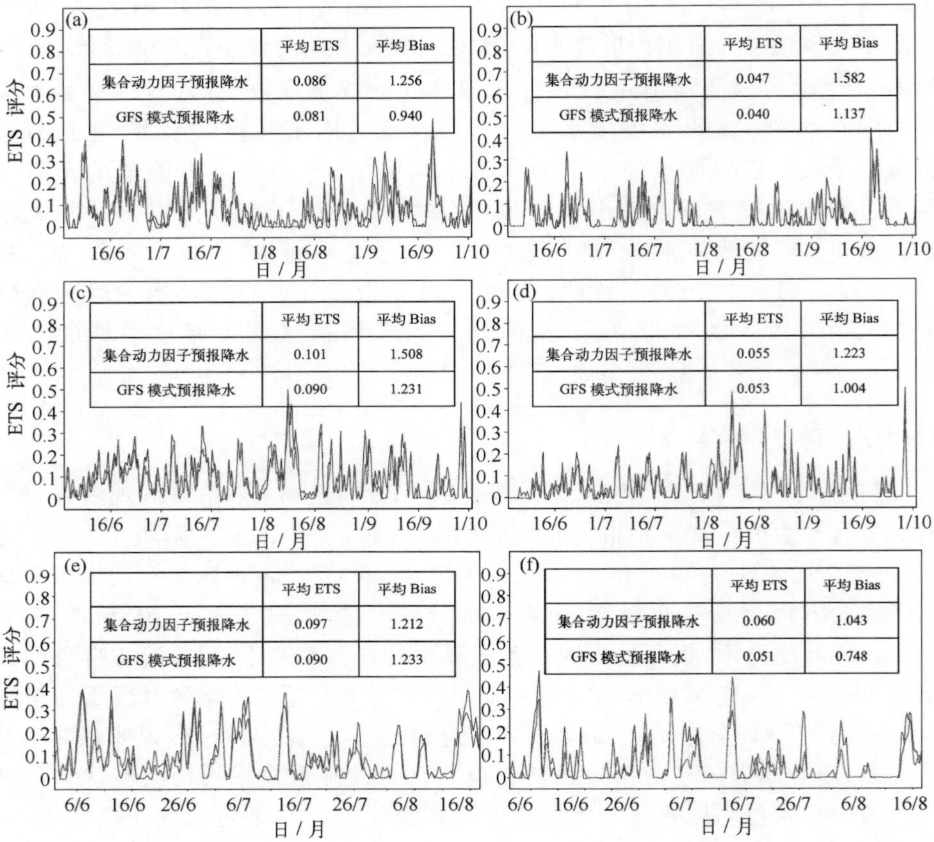

图 15.4.1　2010 年 6 月 2 日 0000 UTC—10 月 1 日 0000 UTC(间隔 6 h,共 489 个时间点)华南地区(20°—35°N,105°—125°E)大于 10 mm(a)和 20 mm(b)的集合动力因子(蓝虚线)和GFS模式(红线)24 h 预报的 6 h 累积降水的 ETS 评分;(c)和(d)分别与(a)和(b),但为 2012 年 6 月 2 日 0000 UTC—10 月 1 日 0000 UTC(间隔 6 h,共 489 个时间点);(e)和(f)分别与(a)和(b),但为 2013 年 6 月 2 日 0000 UTC—8 月 16 日 1800 UTC(间隔 6 h,共 308 个时间点)

15.5　结论

根据前人的研究成果,本书作者在以往研究工作中提出发展了广义湿位涡,对流涡度矢量,湿热力平流参数,位涡波作用密度和斜压力管涡度等宏观物理量,这些物理量包含丰富的动、热力信息,具有明确的物理意义,能够描述降水系统动、热力和水汽场的典型垂直结构,进而与降水系统存在密切联系。

这些动力因子的正高值区通常与地面降水区相对应，而在非降水区，数值很小，因此这些因子对地面降水有一定的指示作用。长时间序列的统计分析表明，这些动力因子与 6 h 累积观测降水的时间变化趋势比较相似，二者存在较好的相关性。

以这些因子为基础，发展了集合动力因子暴雨预报方法，其基本思想是首先利用长时间序列的分析场资料和观测资料对暴雨和动力因子进行拟合，建立动力因子暴雨统计预报模型；然后根据反演降水量与观测降水量的相关系数，定义权重函数，对多个动力因子预报的降水进行权重平均，从而得到集合动力因子预报的降水。该预报方法充分发挥多种动力因子的优势，全面地反映暴雨过程的共性、个性特征。长时间序列的统计检验结果表明，集合动力因子的降水预报技巧评分略高于 GFS 模式自身的降水预报技巧评分，但存在一定的过度预报。

集合动力因子暴雨预报方法实际上是数值模式预报产品的动力释用，属于数值模式预报产品的再次加工，与数值模式自身的降水预报形成互补，为预报员做暴雨预报提供参考。这种预报方法的计算量小，很容易与其他数值模式，例如，WRF，ARPS 和 GRAPES 等模式进行耦合，可以提供更丰富的预报产品。

集合动力因子暴雨预报方法的最大优势在于对暴雨的落区预报有极大优势，据贵州省气象台的使用表明，对暴雨落区预报的准确率可达 70%。湖北省气象台利用该方法对 207 个暴雨个例进行了回报检验，也发现个别好的因子对暴雨落区预报可达 77%。这么高的预报准确率有些人不敢相信，但我们深信，该预报方法对暴雨落区预报确实明显有效。是好是坏，希望对该方法有兴趣的读者用暴雨实例亲自进行检验，以得出自己的可靠结论。

参考文献

常越，薛纪善，何金海. 2000. 水汽场初值调整及其对华南降水预报贡献的研究. 应用气象学报，**11**：35-46.

程丛兰，陈明轩，王建捷，等. 2013. 基于雷达外推临近预报和中尺度数值预报融合技术的短时定量降水预报试验. 气象学报，**71**(3)：397-415.

程麟生，冯伍虎. 2001. "987"突发大暴雨及中尺度低涡结构的分析和数值模拟. 大气科学，**25**(4)：465-478.

程鹏，郑启锐，张涛. 2007. 数值降水预报结果的并集集成方法及其试验研究. 暴雨灾害，**26**：256-260.

楚艳丽，王振会，冉令坤，等. 2013. 台风莫拉克(2009)暴雨过程中位势切变形变波作用密度诊断分析和预报应用. 物理学报，**62**(9)：099201.

邓国，龚建东，邓莲堂，等. 2010. 国家级区域集合预报系统研发和性能检验. 应用气象学报，

21:513-523.

狄靖月,赵琳娜,张国平,等. 2013. 降水集合预报集成方法研究. 气象,**39**(6):691-698.

丁伟钰,万齐林,黄燕燕,等. 2010. 有云环境下 MODIS 亮温资料的变分同化 II-对暴雨预报的影响. 热带气象学报,**26**:22-30.

丁一汇. 1993. 1991 年江淮流域持续性大暴雨的研究. 北京. 气象出版社,255.

丁一汇. 1994. 暴雨和中尺度气象学问题. 气象学报,**52**(3):274-284.

房春花,崔春光,李武阶,等. 2003. 使用不同的天气尺度初值作强对流暴雨预报的差别及其原因. 大气科学,**27**:281-288.

冯文,万齐林,陈子通,等. 2008. 逐时云迹风资料同化对暴雨预报的模拟试验. 气象学报,**66**:500-512.

高守亭,赵思雄,周晓平,等. 2003. 次天气尺度及中尺度暴雨系统研究进展. 大气科学,**27**(4):618-627.

郭锐,李泽椿,张国平. 2010. ATOVS 资料在淮河暴雨预报中的同化应用. 气象,**36**(2):1-12.

李博,赵思雄. 2009. 用 SMAT 建立台风暴雨预报模型的试验研究. 气象,**35**:3-12.

李娟,朱国富. 2008. 直接同化卫星辐射率资料在暴雨预报中的应用研究. 气象,**34**:36-43.

李泽椿,陈德辉. 2002. 国家气象中心集合数值预报业务系统的发展及应用. 应用气象学报,**13**:1-15.

刘还珠,赵声蓉,陆志善,等. 2004. 国家气象中心气象要素的客观预报——MOS 系统. 应用气象学报,**15**(2):181-191.

柳艳菊,马开玉. 1996. 南海台风暴雨统计释用预报方法探讨. 气象科学,**16**:173-177.

齐彦斌,冉令坤,洪延超. 2010. 强降水过程中热力切变平流参数的诊断分析. 大气科学,**34**(6):1201-1213.

钱维宏,李进,单晓龙. 2013. 中期模式扰动风在 2010 年区域暴雨预报中的天气学释用. 中国科学,**5**:862-873.

冉令坤,楚艳丽. 2009. 强降水过程中垂直螺旋度和散度通量及其拓展形式的诊断分析. 物理学报,**58**(11):8094-8106.

冉令坤,李娜,高守亭. 2013. 华东地区强对流降水过程湿斜压涡度的诊断分析. 大气科学,**37**(6):1261-1273.

冉令坤,刘璐,李娜. 2013. 台风暴雨过程中位势散度波作用密度分析和预报应用研究. 地球物理学报,**56**(10).

冉令坤,齐彦斌,郝寿昌. 2014. "7.21"暴雨过程动力因子分析和预报研究. 大气科学,**38**(2).

冉令坤,周玉淑,杨文霞. 2011. 强对流降水过程动力因子分析和预报研究. 物理学报,**60**(9):099201.

孙建华,赵思雄,傅慎明,等. 2013. 2012 年 7 月 21 日北京特大暴雨的多尺度特征. 大气科学,**3**:705-718.

陶诗言,方宗义,蔡则怡,等. 1980. 中国之暴雨. 北京:科学出报社:225.

王建生，熊秋芬．2007．支持向量机方法在单站降水预报中的应用探讨．暴雨灾害，**26**：159-162.

王叶红，赵玉春，崔春光．2006．多普勒雷达估算降水和反演风在不同初值方案下对降水预报影响的数值研究．气象学报，**64**：485-499.

吴贤笃，冉令坤，李娜，等．2013．一次东风波暴雨的动力因子预报研究．高原气象，**32**(5).

杨帅，陈斌，高守亭．2013．水汽螺旋度和热力螺旋度在华北强"桑拿天"过程中的分析及应用．地球物理学报，**56**(7)：2185-2194.

岳彩军，寿亦萱，寿绍文，等．2007．湿 ***Q*** 矢量释用技术及其在定量降水预报中的应用．应用气象学报，**18**：666-676.

曾晓青，邵明轩，王式功，等．2008．基于交叉验证技术的 KNN 方法在降水预报中的应用．应用气象学报，**19**：471-478.

张德山，邵明轩，穆启占，等．2006．密云水库流域性暴雨的短期预报方法研究．气象，**32**：1-66.

张文龙，范水勇，陈敏．2012．中尺度模式探空资料在北京局地暴雨预报中的应用．暴雨灾害，**31**(1)：8-14.

张小玲，陶诗言，孙建华．2010．基于"配料"的暴雨预报．大气科学，**34**(4)：754- 756.

赵声蓉，赵翠光，邵明轩．2009．事件概率回归估计与降水等级预报．应用气象学报，**20**：521-519.

钟元，余晖，滕卫平，等．2009．热带气旋定量降水预报的动力相似方案．应用气象学报，**20**：17-27.

周兵，徐海明，吴国雄，等．2002．云迹风资料同化对暴雨预报影响的数值模拟．气象学报，**60**：309-317.

Bright David R, Steven L. Mullen. 2002. Short-Range Ensemble Forecasts of Precipitation during the Southwest Monsoon. *Wea. Forecasting*, **17**: 1080-1100.

Davies-Jones R. 1991. The frontogenetical forcing of secondary circulations. Part I: The duality and generalization of the ***Q*** vector. *J. Atmos. Sci.*, **48**: 497-509.

Gao Shouting, Ran Lingkun. 2009. Diagnosis of wave activity in a heavy-rainfall event. *J. Geophys Res.*, **114**: D08119.

Gao Shouting, Wang Xingrong and Zhou Yushu. 2004. Generation of generalized moist potential vorticity in a frictionless and moist adiabatic flow. *Geophys. Res. Lett.*, **31**, L12113, doi: 10.1029/2003GL019152.

Gao S T, Li X F, Tao W K, *et al*. 2007. Convective and moist vorticity vectors associated with tropical oceanic convection: a three-dimensional cloud-resolving model simulation. *J. Geophys. Res.*, **112**: D01105.

Gao S, Li X. 2010. Precipitation equation and their applications to the analysis of diurnal variation of tropical oceanic rain-fall. *J. Geophys. Res.*, 115, D08204, doi: 10.1029/20095001245.

Gao S, Xu P, Li N, Zhou Y. 2014. Second order potential vorticity and its potential applications. *Sci. Chi.* :*Earth Sciences*,**57**:2428-2434.

Hoskins B J, Dagbici I and Darics H C. 1978. A new look at the Omega equation. *Quart. J. Roy. Meteor. Soc.*,**104**:31-38.

Liang Z M, Lu C G, Tollerud E I. 2010. Diagnostic study of generalized moist potential vorticity in a non-uniformly saturated atmosphere with heavy precipitation. *Quart. J. Roy. Meteor. Soc.*,**136**:1275-1288.

Molteni F, Buizza R. 1999. Validation of the ECMWF ensemble prediction system using empirical orthogonal function. *Mon. Wea. Rev.*,**127**:2346-2358.

Ran L K, Li N, Gao S T. 2013. PV-based diagnostic quantities of heavy precipitation: solenoidal vorticity and potential solenoidal vorticity. *Journal of Geophysical Research*,**118**: 5710-5723.

Toth Z, Kalnay E. 1997. Ensemble forecasting at NCEP and the breeding method. *Monthly Weather Review*,3297-3319.

Wu X D, Ran L K, Chu Y L. 2011. Diagnosis of a moist thermodynamic advection parameter in heavy-rainfall events. *Advances in Atmospheric Sciences*,**28**:957-972.

Yao X, Yu Y and Shou S. 2004. Diagnostic analyses and application of the moist ageostrophic ***Q*** vector. *Adv. Atmos. Sci.*, **21**, 96-102, doi:10.1007/BF02915683.

Yue C J. 2009. The ***Q*** vector analysis of the heavy rainfall from Meiyu front cyclone: A case study. *Acta Meteor. Sinica*, **66**:3-7.

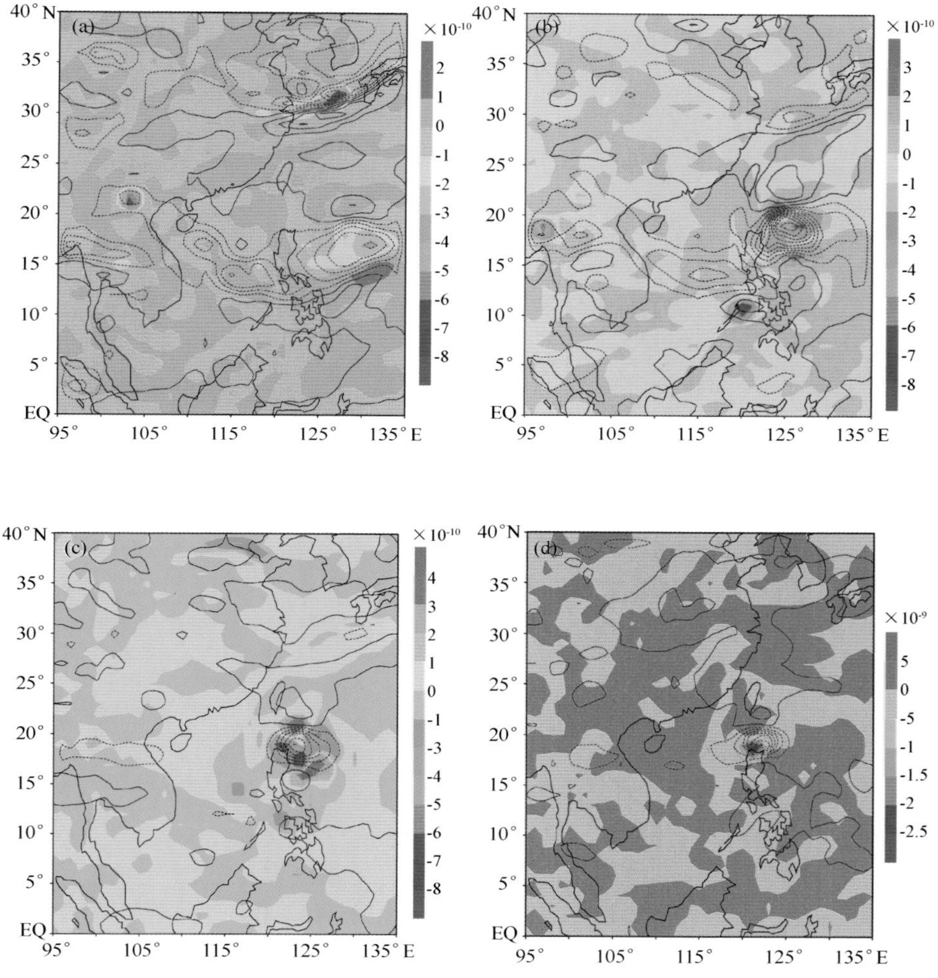

图 13.6.2　2004 年 6 月 27 日—6 月 30 日 500 hPa 上 0000 UTC 的水汽位涡平流(阴影)与 0600 UTC 的水汽位涡(实线)分布

(a)6 月 27 日;(b)6 月 28 日;(c)6 月 29 日;(d)6 月 30 日

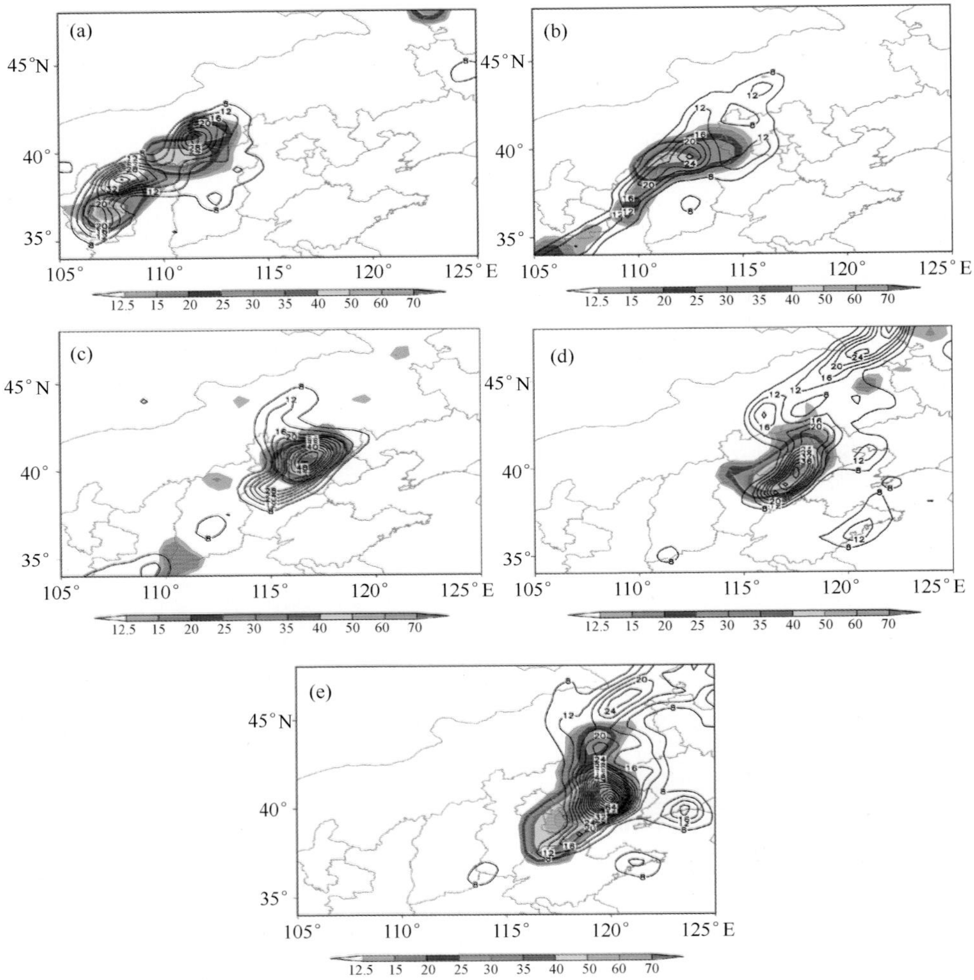

图 13.7.2　2012 年 7 月 21 日 0000 UTC—22 日 0000 UTC 的二阶湿位涡绝对值垂直积分（$\langle | Q_{ns}^{*} | \rangle$，单位：$10^{-8}\ \mathrm{m^3\ K\ s^{-2}\ kg^{-2}}$）的水平分布

彩色区为 6 h 累积降水（单位：mm）

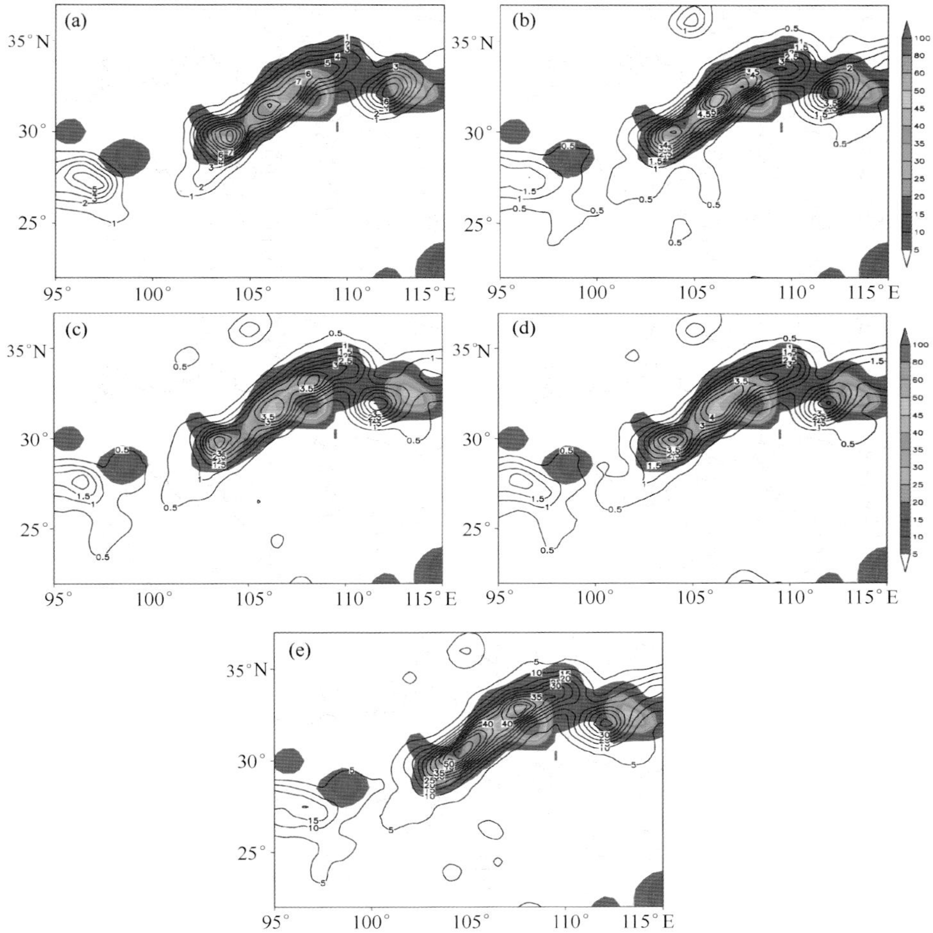

图 15.3.1　2010 年 7 月 17 日 0000 UTC 地形暴雨中(a)凝结潜热波作用密度(10^{-7} s^{-1})，(b)凝结潜热位涡波作用密度(10^{-6} s^{-1})，(c)凝结潜热位势散度波作用密度(10^{-6} s^{-1})，(d)凝结潜热位势切变变形波作用密度(10^{-6} s^{-1})和(e)凝结潜热位势伸缩变形波作用密度(10^{-6} s^{-1})，其中阴影区为 6 h 累积观测降水(mm)

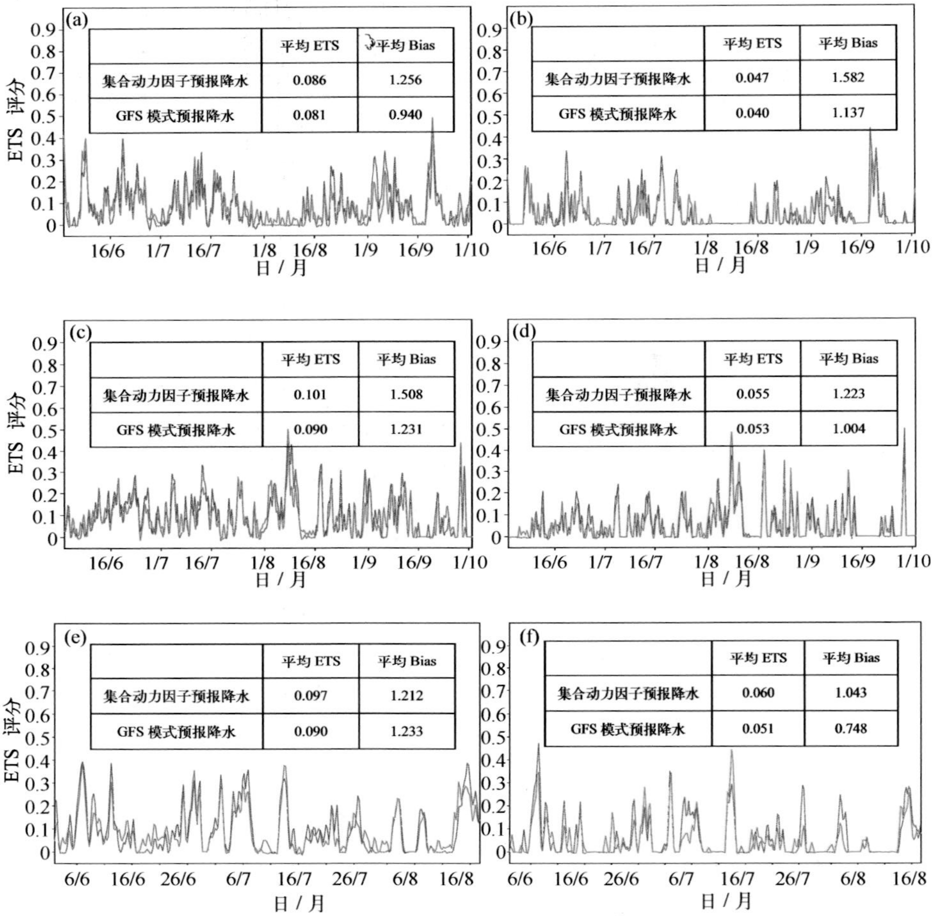

图 15.4.1 2010 年 6 月 2 日 0000 UTC—10 月 1 日 0000 UTC(间隔 6 h,共 489 个时间点)华南地区(20°—35°N,105°—125°E)大于 10 mm(a)和 20 mm(b)的集合动力因子(蓝虚线)和 GFS 模式(红线)24 h 预报的 6 h 累积降水的 ETS 评分;(c)和(d)分别与(a)和(b),但为 2012 年 6 月 2 日 0000 UTC—10 月 1 日 0000 UTC(间隔 6 h,共 489 个时间点);(e)和(f)分别与(a)和(b),但为 2013 年 6 月 2 日 0000 UTC—8 月 16 日 1800 UTC(间隔 6 h,共 308 个时间点)